食品安全抽样检验实战手册

实战手册

全流程模拟训练

国家酒类产品质量检验检测中心（湖南）

长沙市食品药品检验所

组织编写

化学工业出版社

·北京·

内容简介

本书紧密结合食品安全抽样检验的实际工作需求，内容涵盖食品安全抽样检验的基本概念、抽样方法、检验项目、数据分析及结果判定等关键环节，同时结合典型案例和常见问题，提供6000余道丰富的练习题与答案解析，旨在帮助读者全面掌握食品安全抽样检验的核心知识与技能、巩固理论知识并提升实践能力。

本书是专为食品安全监管人员、检验检测机构从业人员及相关专业学生设计的实用参考书，注重实用性与针对性。书中6000余道题目覆盖各类考点与实操场景，既可作为日常学习的参考资料，也可用于备考相关技能比赛和职业资格考试。

图书在版编目（CIP）数据

食品安全抽样检验实战手册：全流程模拟训练／国家酒类产品质量检验检测中心（湖南），长沙市食品药品检验所组织编写. -- 北京：化学工业出版社，2025.11. -- ISBN 978-7-122-48825-1

Ⅰ. TS207. 7-62

中国国家版本馆 CIP 数据核字第 2025YH5620 号

责任编辑：高　宁　仇志刚
文字编辑：丁海蓉　刘悦林
责任校对：李雨晴
装帧设计：韩　飞

出版发行：化学工业出版社
　　　　　(北京市东城区青年湖南街 13 号　邮政编码 100011)
印　　装：北京建宏印刷有限公司
787mm×1092mm　1/16　印张 30½　字数 771 千字
2025 年 10 月北京第 1 版第 1 次印刷

购书咨询：010-64518888　　　　　售后服务：010-64518899
网　　址：http://www.cip.com.cn

定　　价：198.00 元　　　　　　版权所有　违者必究

编写人员名单

主　审：秦寄军

主　编：汪　辉　常晓途

副主编：秦寄军　钟菲菲　李　奔

编　委（按姓氏笔画排序）

冉　丹　刘子音　刘腊兰　李　灿　李　奔

杨丽霞　肖　泳　言　剑　汪　辉　宋　晟

张　丽　林　源　周兴旺　周新悌　胡丽俐

钟菲菲　秦　龙　秦寄军　袁　圆　黄　辉

常晓途　崔晓娇　谢芳云　谭　震　黎　瑛

前　言

食品安全是民生之本，健康之基，更是社会和谐稳定的重要保障。党中央、国务院始终坚持以人民为中心理念，将食品安全摆在治国理政的重要位置，提出"最严谨的标准、最严格的监管、最严厉的处罚、最严肃的问责"的"四个最严"要求，推动《中华人民共和国食品安全法》及其实施条例等法律法规的修订与完善，持续深化监管体制机制改革，不断推进食品安全全链条监管体系建设。随着我国食品产业快速发展，新业态、新工艺层出不穷，食品供应链日益复杂化、全球化，食品安全风险隐患呈现出隐蔽性高、技术性强、跨界传播速度快等新特点，食品安全监管工作形势依然严峻，在这一背景下，食品安全抽检作为监管的有效抓手和技术支撑，其科学性、规范性和高效性直接关系到监管效能和人民群众获得感的提升。

为深入贯彻落实习近平总书记关于食品安全工作的重要批示精神，适应新时代食品安全监管工作需要，提升食品安全抽样检验队伍的专业化、规范化、标准化水平，我们组织编写了这本《食品安全抽样检验实战手册：全流程模拟训练》一书。本书的编委团队汇聚湖南省食品安全领域的众多精英，其中包括：代表湖南省在第二届全国市场监管系统食品安全抽检监测技能大比武活动中荣获团体二等奖的汪辉、常晓途、肖泳、李灿、秦龙等优秀选手；各届大比武培训团队成员；来自长沙市食品药品检验所〔（国家酒类产品质量检验检测中心（湖南）〕、湖南省产商品质量检验研究院和长沙县综合检测中心等多家专业检测机构多年从事食品安全抽检的专业技术人员。本书的编写同时得到湖南省市场监督管理局科技计划项目（项目编号：2024KJJH32、KJJH202538、KJJH202539、KJJH202540、KJJH202541）的大力支持。在编写过程中，项目组和各位专业技术人员深入基层调研，广泛收集一线监管人员和检验人员的实际需求，共同完成这本兼具理论性和实用性的实战手册。

全书内容系统全面，结构科学合理，共分为六大模块：第一部分"法律法规基础"由常晓途、秦龙、秦寄军、林源、周新恔等编写，系统梳理食品安全监管法律法规建设体系；第二部分"检验检测技术"由肖泳、胡丽俐、杨丽霞、刘子音、谭震等编写，详细讲解各类食品检测方法原理与操作要点；第三部分"信息系统应用"由张丽、言剑等编写，重点介绍国家食品安全抽样检验信息系统的操作规范；第四部分"监督抽检细则"由谢芳云、宋晟等编写，深入解读各类食品安全监督抽检实施细则；第五部分"标准解析"由汪辉、周兴旺、黎瑛、钟菲菲、黄辉等编写，全面剖析食品安全基础标准；第六部分"产品检验实务"由李灿、袁圆、崔晓娇、冉丹、李奔、刘腊兰等编写，主要阐述了产品检验的核心技术与方法体系。

本书编写坚持"理论指导实践，实践验证理论"的原则，通过典型案例分析、标准化操作指引和实战训练题库，帮助读者实现从知识掌握向能力提升的转化。在内容架构上采用模块化设计，突出核心要点；在语言表达上追求专业性与通俗性的平衡，确保不同基础水平的读者都能从中获益。

衷心感谢全体编委的辛勤付出，特别致敬各位专家在繁忙工作之余的倾情奉献。因时间和编者水平有限，书中难免存在不足之处，恳请业界同仁不吝指正，我们将持续完善。

编著者
2025 年 6 月

目 录

第 一 部 分
法律法规知识

第一章

食品安全抽样检验相关法律法规及规章

● **核心知识点** ●

一、抽样计划：食品安全抽检监测计划包括监督抽检计划、评价性抽检计划和风险监测计划。

二、抽样单位：可以由市场监管部门自行抽样或者委托承检机构抽样。

三、抽样人员：实施抽检分离，随机确定抽样人员，抽样人员检验人员不得为同一人。

四、抽样：分为现场抽样与网络抽样。

（一）现场抽样流程：抽样告知→信息核查→样品抽取→封样→填写抽样单→现场信息采集→样品费用支付→抽样文书交付→样品运输。

（二）网络抽样流程：信息核查→样品购买→购买过程信息采集→拆包与查验→封样过程信息采集→抽样文书填写（无需交付）。

五、检验与记录：承检机构应当建立检验结果复验程序（微生物、螨、寄生虫项目除外)，在检验结果不合格或存疑等情况时，应当对同批次样品进行再次检验并保存原始记录，确保数据准确可靠。

六、检验结果质量控制：承检机构应当选取加标回收、人员比对、设备比对或实验室间比对等质控方式确保数据的准确性。

七、复检备份样品的处理：各级市场监管部门原则上自检验结论作出之日起一个月后，可按规范程序和有关要求组织对合格复检备份样品合理再利用。

八、复检与异议的申请：在食品经营环节抽样的，被抽样单位与标称的食品生产者协商一致后，由其中一方提出。对于进口食品，被抽样单位与境内代理商进口商协商一致后，由其中一方提出。

九、复检与异议处理时限：

复检报告：自收到备份样品之日起十个工作日内，向受理复检的市场监管部门提交复检结论。

现场抽样过程异议：自受理之日起二十个工作日内，完成异议审核，并将最终的审核结论书面告知申请人。

对样品真实性、检验方法、标准适用或网络抽样过程等有异议：自受理之日起三十个工作日内，完成异议审核，并将最终的审核结论书面告知申请人。

十、信息发布：风险监测信息不予公布。

　　食品安全抽样检验作为食品安全监管体系的关键构成部分，其程序遵循的相关法律法规及规章制度是确保检验过程合法性和结果权威性的重要基石。这些法律规范不仅为抽样检验工作提供了制度框架，还保障了检验活动的正当执行及检验结果的公信力。

　　本章依据现行的食品安全法律法规及规章要求，紧密结合监管实践需求，通过深入剖析典型案例与模拟操作训练，阐述法律规范在抽样检验中的实际应用逻辑。通过本章的系统练习，读者将能够精确把握食品安全抽样检验的法律界限，清晰理解监管部门、检验机构及食品生产经营者的权责分配，增强将法律条款转化为实际操作的能力。

第一节　基础知识自测

一、单选题

1. （　　）市场监督管理部门可根据本行政区域食品生产许可审查工作的需要，对地方特色食品制定食品生产许可审查细则，在本行政区域内实施，并报国家市场监督管理总局备案。

A. 国务院

B. 省、自治区、直辖市

C. 设区的市级

D. 县级

2. 抽样人员应当使用《食品安全抽样检验抽样单》详细记录抽样信息，记录保存期限不得少于（　　）年。

A. 一　　B. 两　　C. 三　　D. 五

3. 对符合要求的样品，承检机构应当在抽样后（　　）个工作日内完成样品接收工作，将检验样品和复检备份样品分别加贴相应标识后，按照要求入库存放。

A. 三　　B. 五　　C. 七　　D. 十

4. 承检机构在检验过程中发现《食品抽检发现严重食品安全风险情形参考表》所列情形的，应当立即对样品信息、检验结果等进行核实，在（　　）内填写《食品安全抽样检验限时报告情况表》上传国家食品安全抽样检验信息系统。

A. 12 小时　　　　　B. 24 小时

C. 48 小时　　　　　D. 36 小时

5. 各级市场监督管理部门原则上自检验结论作出之日起（　　）后，可按照规范程序和有关要求组织对合格复检备份样品合理再利用。

A. 半个月　　　　　B. 一个月

C. 两个月　　　　　D. 三个月

6. 受理复检申请的市场监管部门须告知复检申请人，应当自收到复检机构支付复检费用通知之日起（　　）个工作日内，先行支付复检费用，逾期不支付的，视为自行放弃复检。

A. 一　　B. 三　　C. 五　　D. 七

7. 食品生产经营者在申请复检和异议处理期间，不应当采取的行为是（　　）。

A. 封存不合格食品

B. 暂停生产、经营不合格食品

C. 继续生产、经营不合格食品

D. 召回不合格食品

8. 某机构执行国家市场监督管理总局评价性抽检任务时，抽样单编号中的任务级别代码应为（　　）。

A. GBJ　　　　　　　B. GBC

C. GBP　　　　　　　D. GJC

9. 《中华人民共和国食品安全法实施条例》自（　　）起施行。

A. 2009 年 7 月 20 日

B. 2015 年 10 月 1 日

C. 2019 年 12 月 1 日

D. 2021 年 4 月 29 日

10. 食品生产经营许可的有效期为（　　）。

A. 永久　　B. 5 年　　C. 3 年　　D. 1 年

11.《中华人民共和国食品安全法实施条例》的制定依据是（　　）。

A.《中华人民共和国消费者权益保护法》

B.《中华人民共和国产品质量法》

C.《中华人民共和国农产品质量安全法》

D.《中华人民共和国食品安全法》

12. 以下哪项不属于县级以上地方人民政府食品安全监督管理部门的职责？（　　）

A. 组织查处食品安全违法行为

B. 开展食品安全监督管理工作

C. 制定食品安全国家标准

D. 公布食品安全信息

13. 省、自治区、直辖市人民政府卫生行政部门应当自食品安全地方标准公布之日起（　　）个工作日内，将地方标准报国务院卫生行政部门备案。

A. 60　　　B. 30　　　C. 15　　　D. 10

14. 接受食品生产经营者委托贮存、运输食品的，应当如实记录委托方和收货方的名称、地址、联系方式等内容。记录保存期限不得少于贮存、运输结束后（　　）年。

A. 1　　　B. 2　　　C. 3　　　D. 4

15. 非食品生产经营者从事对温度、湿度等有特殊要求的食品贮存业务的，应当自取得营业执照之日起（　　）个工作日内报所在地县级人民政府食品安全监督管理部门备案。

A. 10　　　B. 15　　　C. 20　　　D. 30

16.（　　）以上人民政府食品安全监督管理部门应当在其网站上公布注册或者备案的特殊食品的标签、说明书。

A. 省级　　　　　　　B. 市级

C. 县级　　　　　　　D. 以上都不对

17.（　　）以上人民政府食品安全监督管理部门会同同级有关部门负责食品安全事故调查处理。

A. 省级　　　　　　　B. 市级

C. 县级　　　　　　　D. 以上都不对

18. 县级以上人民政府食品安全监督管理部门依照《中华人民共和国食品安全法》第一百一十条的规定实施查封、扣押措施，查封、扣押的期限不得超过（　　）日；情况复杂的，经实施查封、扣押措施的食品安全监督管理部门负责人批准，可以延长，延长期限不得超过（　　）日。

A. 10；20　　　　　　B. 15；30

C. 30；45　　　　　　D. 45；60

19. 发布未依法取得资质认定的食品检验机构出具的食品检验信息，或者利用上述检验信息对食品、食品生产经营者进行等级评定，欺骗、误导消费者的，由县级以上人民政府食品安全监督管理部门责令改正，有违法所得的，没收违法所得，并处（　　）罚款；拒不改正的，处（　　）罚款；构成违反治安管理行为的，由公安机关依法给予治安管理处罚。

A. 10万元以上20万元以下；20万元以上50万元以下

B. 10万元以上30万元以下；30万元以上50万元以下

C. 10万元以上50万元以下；50万元以上100万元以下

D. 20万元以上50万元以下；50万元以上100万元以下

20. 网络食品交易第三方平台提供者和通过自建网站交易食品的生产经营者应当记录、保存食品交易信息，保存时间不得少于产品保质期满后（　　）个月；没有明确保质期的，保存时间不得少于（　　）年。

A. 3；1　　B. 3；2　　C. 6；1　　D. 6；2

21. 入网销售保健食品、特殊医学用途配方食品、婴幼儿配方乳粉的食品生产经营者，应当公示的信息有（　　）。

A. 产品注册证书或者备案凭证

B. 持有广告审查批准文号的应当公示广告审查批准文号，并链接至市场监督管理部门网站对应的数据查询页面。

C. 食品生产经营许可证

D. 以上都对

22. 食盐零售单位销售散装食盐，或者餐饮服务提供者采购、贮存、使用散装食盐的，由县级以上市场监督管理部门责令改正；拒不改正的，给予警告，并处（　　）罚款。

A. 2000 元以上 5000 元以下

B. 5000 元以上 1 万元以下

C. 5000 元以上 3 万元以下

D. 1 万元以上 3 万元以下

23.《食用农产品市场销售质量安全监督管理办法》自（　　）起施行。

A. 2023 年 6 月 30 日

B. 2023 年 12 月 1 日

C. 2024 年 1 月 1 日

D. 2024 年 3 月 1 日

24.《食用农产品市场销售质量安全监督管理办法》中所称食用农产品市场销售不包括（　　）。

A. 超市销售食用农产品

B. 集中交易市场批发食用农产品

C. 生鲜店销售食用农产品

D. 食用农产品收购

25. （　　）以上市场监督管理部门应当与同级农业农村等相关部门建立健全食用农产品市场销售质量安全监督管理协作机制，加强信息共享，推动产地准出与市场准入衔接，保证市场销售的食用农产品可追溯。

A. 省级　　　　　　　B. 市级

C. 县级　　　　　　　D. 以上都不对

26. 食用农产品的产品质量合格凭证可以是（　　）。

A. 承诺达标合格证

B. 自检合格证明

C. 有关部门出具的检验检疫合格证明

D. 以上都对

27. 销售者委托运输食用农产品的，应当对承运人的食品安全保障能力进行审核，并监督承运人加强运输过程管理，如实记录委托方和收货方的名称或者姓名、地址、联系方式等内容，记录保存期限不得少于运输结束后（　　）年。

A. 半　　　　B. 一　　　　C. 二　　　　D. 三

28. 下列做法错误的是（　　）。

A. 销售牛肉时在柜台上方使用红色照明灯

B. 超市销售冷鲜肉

C. 配送公司将净菜销售给餐饮单位

D. 以上做法都错误

29. 实行统一配送销售方式的食用农产品销售企业，所属各销售门店应当保存总部的配送清单，提供可查验相应凭证的方式。配送清单保存期限不得少于（　　）个月。

A. 一　　　　B. 二　　　　C. 三　　　　D. 六

30. 省级市场监督管理部门针对食品生产经营新业态、新技术、新模式，补充制定相应的食品生产经营监督检查要点，并在出台后（　　）日内向国家市场监督管理总局报告。

A. 10　　　　B. 20　　　　C. 30　　　　D. 45

31. 市场监督管理部门应当每（　　）年对本行政区域内所有食品生产经营者至少进行（　　）次覆盖全部检查要点的监督检查。

A. 半，一　　　　　　B. 一，一

C. 两，一　　　　　　D. 三，一

32. 食品生产经营监督检查结果对消费者有重要影响的，食品生产经营者应当按照规定在食品生产经营场所醒目位置张贴或者公开展示监督检查结果记录表，并保持至（　　）。

A. 检查后 3 个月　　　B. 检查后 6 个月

C. 检查后一年　　　　D. 下次监督检查

33. 县级以上市场监督管理部门应当加强专业化职业化检查员队伍建设，（　　）对检查人员开展培训与考核，提升检查人员食品安全法律、法规、规章、标准和专业知识等方面的能力和水平。

A. 定期　　　　　　　B. 每半年

C. 每年　　　　　　　D. 以上都不对

34. 定量包装商品是指（　　）。

A. 任何预包装商品

B. 以销售为目的，在一定量限范围内具有

统一的质量、体积、长度、面积、计数标注等标识内容的预包装商品

C. 食品类预包装商品

D. 药品

35.《定量包装商品计量监督管理办法》的实施日期是（　　）。

A. 2005 年 5 月 30 日　B. 2006 年 6 月 1 日

C. 2023 年 1 月 1 日　D. 2023 年 6 月 1 日

36. 定量包装商品的生产者、销售者应当在其商品包装的哪个位置标注定量包装商品的净含量？（　　）

A. 商品顶部　　　　　B. 商品底部

C. 显著位置　　　　　D. 任意位置

37. 单件定量包装商品的实际含量与标注净含量之差的最大允许量值称为（　　）。

A. 允许误差　　　　　B. 允许短缺量

C. 计量偏差　　　　　D. 净含量误差

38. 违反《定量包装商品计量监督管理办法》规定的行为，若《中华人民共和国产品质量法》已有规定，应如何处理？（　　）

A. 依照《中华人民共和国产品质量法》处罚

B. 依照《定量包装商品计量监督管理办法》处罚

C. 两者均可

D. 双重处罚

39. 对因水分变化引起净含量变化较大的定量包装商品，生产者应采取什么措施？（　　）

A. 改变包装

B. 提高价格

C. 采取措施保证在规定条件下商品净含量的准确

D. 无须采取措施

40. 以长度、面积、计数单位标注净含量的定量包装商品，是否必须标注"净含量"三个字？（　　）

A. 必须　　　　　　　B. 不必

C. 视情况而定　　　　D. 以上都不对

41. 市场监督管理部门对适用何种程序作出的行政处罚决定的相关信息，应当记录于国家企业信用信息公示系统，并向社会公示？（　　）

A. 简易程序　　　　　B. 一般程序

C. 普通程序　　　　　D. 特别程序

42. 仅受到（　　）行政处罚的不予公示。法律、行政法规另有规定的除外。

A. 较低数额罚款　　　B. 警告

C. 没收违法所得　　　D. 通报批评

43. 市场监督管理部门公示行政处罚信息，应当遵循哪些原则？（　　）

A. 合法、公正、公开、透明

B. 合法、及时、公正、规范

C. 合法、客观、公开、规范

D. 合法、客观、及时、规范

44. 作出行政处罚决定的市场监督管理部门和行政处罚当事人登记地在同一省、自治区、直辖市的，市场监督管理部门应当自作出行政处罚决定之日起（　　）个工作日内将行政处罚信息公示。

A. 5　　　B. 7　　　C. 10　　　D. 20

45. 仅受到通报批评或者较低数额罚款的行政处罚信息自公示之日起届满（　　）个月的，停止公示。其他行政处罚信息自公示之日起届满（　　）年的，停止公示。

A. 1；1　　B. 2；1　　C. 3；2　　D. 3；3

46. 行政处罚信息公示达到规定时限要求，且符合一定条件时，可以向作出行政处罚决定的市场监督管理部门申请提前停止公示，下列条件不包括（　　）。

A. 已经主动消除危害后果和不良影响

B. 已经自觉履行行政处罚决定中规定的义务

C. 一年内未再次受到行政处罚

D. 未在经营异常名录和严重违法失信名单中

47. 市场监督管理部门实施行政处罚实行回避制度，回避决定作出之前，案件调查（　　）。

A. 依据市场监督管理部门负责人集体讨论决定是否停止

B. 依据负责人意见决定是否停止

C. 停止

D. 不停止

48. 对当事人的同一违法行为，两个以上市场监督管理部门都有管辖权的，由（　　）管辖。

A. 最先收到的市场监督管理部门

B. 当事人经常居住地或办公场所所在地市场监督管理部门

C. 上一级市场监督管理部门指定

D. 最先立案的市场监督管理部门

49. 市场监督管理部门对违法行为线索，应当自发现线索或者收到材料之日起（　　）内予以核查。

A. 5 个工作日　　　　　B. 10 个工作日

C. 15 个工作日　　　　D. 20 个工作日

50. 市场监督管理部门发现立案查处的案件不属于本部门管辖的，应当将案件移送有管辖权的市场监督管理部门，受移送的市场监督管理部门对管辖权有异议的，应当（　　）。

A. 报请共同的上一级市场监督管理部门指定管辖，或者自行移送

B. 报请共同的上一级市场监督管理部门指定管辖，不得再自行移送

C. 自行移送有管辖权的其他市场监督管理部门

D. 将案件退回

51. 违法事实确凿并有法定依据，对自然人处以（　　）以下、对法人或者其他组织处以（　　）以下罚款或者警告的行政处罚的，可以当场作出行政处罚决定。法律另有规定的，从其规定。

A. 一百元，一千元　　　B. 二百元，二千元

C. 二百元，三千元　　　D. 三百元，三千元

52. 应当自发现线索或者收到材料之日起十五个工作日内予以核查，由市场监督管理部门负责人决定是否立案。决定立案的，

应当填写（　　）。

A. 案件来源登记表

B. 立案审批表

C. 行政处罚案件有关事项审批表

D. 检查建议书

53. 某市场监督管理部门在调查一起食品安全案件时，发现当事人涉嫌销售过期食品。在调查过程中，当事人提供了相关证据证明自己并未销售过期食品。此时，市场监督管理部门应当如何处理？（　　）

A. 立即撤销案件

B. 继续调查核实证据

C. 对当事人进行行政处罚

D. 将案件移送司法机关处理

54. 当事人要求听证的，可以在告知书送达回证上签署意见，也可以自收到告知书之日起（　　）个工作日内提出。

A. 三　　　B. 五　　　C. 七　　　D. 十

55. 听证主持人应当自接到办案人员移交的案件材料之日起（　　）个工作日内确定听证的时间、地点，并应当于举行听证的（　　）个工作日前将听证通知书送达当事人。

A. 三，五　　　　　　B. 三，七

C. 五，七　　　　　　D. 五，十

56. 行政机关在以下哪个领域推行建立综合行政执法制度？（　　）

A. 教育　　　　　　　B. 商务

C. 体育　　　　　　　D. 生态环境

57. 以下哪个不是行政处罚的种类？（　　）

A. 行政拘留的强制执行

B. 责令停产停业

C. 没收违法所得

D. 警告

58. 以下哪个不是行政处罚的设定原则？（　　）

A. 公正原则

B. 处罚与教育相结合原则

C. 公开原则

D. 效率优先原则

59. 以下哪个不属于行政处罚听证程序的范围？（　　）

A. 警告
B. 吊销许可证
C. 较大数额罚款
D. 责令停产停业

60. 某市场监督管理部门在检查一家企业时，发现该企业存在违法行为。在立案调查过程中，该企业主动消除了违法行为危害后果，并积极配合执法人员调查。此时，市场监督管理部门应当如何处理？（　　）

A. 对该企业从重处罚
B. 对该企业从轻或减轻处罚
C. 对该企业不予处罚
D. 将该企业移送司法机关处理

61. 限制人身自由的行政处罚权只能由谁行使？（　　）

A. 全国人大常委会　　B. 国务院
C. 公安机关　　　　　D. 人民法院

62. 以下哪一项不属于行政处罚的简易程序？（　　）

A. 表明执法身份
B. 收集证据
C. 填写预定格式、编有号码的行政处罚决定书
D. 当场收缴罚款

63. 行政机关在收集证据时，在证据可能灭失或者以后难以取得的情况下，经行政机关负责人批准，可以先行登记保存，并应当在（　　）日内及时作出处理决定。

A. 三　　B. 五　　C. 七　　D. 十

64. 行政机关在调查或者进行检查时，执法人员不得少于（　　）人。

A. 1　　B. 2　　C. 3　　D. 4

65. 行政处罚决定书应当在宣告后当场交付当事人；当事人不在场的，行政机关应当在（　　）日内依照民事诉讼法的有关规定，将行政处罚决定书送达当事人。

A. 三　　B. 五　　C. 七　　D. 十

66. 当事人逾期不履行行政处罚决定的，作出行政处罚决定的行政机关可以采取以下哪项措施？（　　）

A. 依法拍卖查封、扣押的财物
B. 每日按罚款数额的百分之三加处罚款
C. 申请人民法院强制执行
D. 以上都是

67. 当事人对行政处罚决定不服，申请行政复议或者提起行政诉讼的，行政处罚是否停止执行？（　　）

A. 不停止执行　　　　B. 停止执行
C. 视情况而定　　　　D. 由复议机关决定

68. 行政机关在收集证据时，可以采取抽样取证的方法，是否正确？（　　）

A. 错误　　　　　　　B. 正确
C. 视情况而定　　　　D. 需要特别批准

69. 行政机关及其执法人员当场收缴罚款的，必须向当事人出具什么？（　　）

A. 正式发票
B. 收款凭证
C. 财政部门统一制发的专用票据
D. 以上都是

70. 以下哪个选项不属于行政处罚的简易程序？（　　）

A. 执法人员当场收缴罚款
B. 执法人员当场作出行政处罚决定
C. 执法人员当场填写预定格式且编有号码的行政处罚决定书
D. 当事人申请听证

71. 行政机关在作出行政处罚决定时，发现违法行为涉嫌犯罪的，应当如何处理？（　　）

A. 及时将案件移送司法机关处理
B. 在作出行政处罚决定后移送司法机关处理
C. 在作出行政处罚决定的同时，向同级公安机关移送
D. 自行调查处理

72. 在生产环节开展监督抽检和评价性抽检时，应在生产企业的（　　）内抽样。

A. 原辅料库　　　　　B. 成品库已检区
C. 成品库待检区　　　D. 生产线

73. 开展网络抽样时，应当将（　　）报送

至组织实施抽样检验工作的市场监管部门。

A.《网络抽样人员信息登记表》

B.《网络抽样人员信息备案表》

C.《网络抽样账号登记表》

D.《网络抽样账号备案表》

74. 使用手机 APP 进行网络抽样时，抽样单的"网店网址"填写为"××（手机 APP）"，××代表（ ）。

A. APP 应用的名称

B. 被抽样网店首页地址

C. 被抽样样品展示地址

D. 以上均可

75. "学校及周边"为校园及周边区域范围，一般指校园周边（ ）范围。

A. 100 米　　　　　　B. 200 米

C. 300 米　　　　　　D. 500 米

76. 食用农产品抽样时，在抽样现场由被抽样单位通过进货单、合格证等凭证提供供货单位（非农产品生产者）信息的，"第三方企业性质"选择（ ）。

A. 经销商　　　　　　B. 供应商

C. 代理商　　　　　　D. 其他

77. 承检机构应当在合格检验结论作出后（ ）个工作日内将检验结论报送组织实施抽样检验工作的市场监督管理部门；在不合格检验结论作出后（ ）个工作日内将检验结论报送组织实施抽样检验工作的市场监督管理部门。

A. 五；三　　　　　　B. 五；二

C. 七；三　　　　　　D. 七；二

78. 提出样品真实性异议申请时，应当同时提交佐证材料，包括但不限于（ ）等佐证材料。

A. 企业生产记录　　　B. 企业销售记录

C. 实物鉴别意见　　　D. 以上都对

79. 各级市场监管部门应当谨慎稳妥公布可能（ ）的抽检信息。

A. 涉及区域性风险　　B. 涉及系统性风险

C. 造成社会较大影响　D. 以上都对

80. 市、县两级抽检监测计划和工作方案

中，食用农产品抽检应当覆盖规定的重点品种和必检项目；自选品种和项目应当结合当地实际，经（ ）市场监管部门同意后实施。

A. 总局　　　　　　　B. 省级

C. 市级　　　　　　　D. 市、县两级

81.《婴幼儿配方乳粉产品配方注册管理办法》是国家市场监督管理总局第（ ）号令。

A. 49　　B. 60　　C. 64　　D. 80

82.《婴幼儿配方乳粉产品配方注册管理办法》自（ ）起开始施行。

A. 2023 年 8 月 1 日

B. 2023 年 10 月 1 日

C. 2022 年 8 月 1 日

D. 2022 年 10 月 1 日

83. 国家市场监督管理总局自批准之日起（ ）个工作日内公布婴幼儿配方乳粉产品配方注册信息。

A. 7　　B. 10　　C. 20　　D. 30

84.《食品安全抽样检验管理办法》（2019年新版）已于 2019 年 7 月 30 日经国家市场监督管理总局 2019 年第 11 次局务会议审议通过，2019 年 8 月 8 日国家市场监督管理总局令第（ ）号公布，自（ ）起施行。

A. 15，2019 年 10 月 1 日

B. 15，2019 年 8 月 1 日

C. 76，2019 年 10 月 1 日

D. 76，2019 年 8 月 1 日

85. 下列（ ）不属于食品安全抽样检验工作计划和工作方案的内容。

A. 抽样环节　　　　　B. 抽样方法

C. 抽样时间　　　　　D. 抽样数量

86. 县级以上地方市场监督管理部门收到监督抽检不合格检验结论后，应当按照（ ）市场监督管理部门的规定，在 5 个工作日内将检验报告和抽样检验结果通知书送达被抽样食品生产经营者、食品集中交易市场开办者、网络食品交易第三方平

台提供者，并告知其依法享有的权利和应
当承担的义务。

A. 上级　　　　　　B. 市级

C. 省级　　　　　　D. 省级以上

87. 因客观原因不能及时确定复检机构的，可以延长（　　）个工作日，并向申请人说明理由。

A. 2　　　B. 3　　　C. 5　　　D. 7

88. 复检机构无正当理由不得拒绝复检任务，确实无法承担复检任务的，应当在（　　）个工作日内向相关市场监督管理部门作出书面说明。

A. 2　　　B. 3　　　C. 5　　　D. 7

89.（　　）可以派员观察复检机构的复检实施过程，复检机构应当予以配合。

A. 市场监管部门　　　B. 组织抽检部门

C. 被抽样人员　　　　D. 初检机构

90. 向国家市场监督管理总局提出异议申请的，国家市场监督管理总局（　　）委托申请人住所地省级市场监督管理部门负责办理。

A. 应当　　　　　　B. 可以

C. 不得　　　　　　D. 视情况

91. 在复检和异议期间，食品生产经营者不得停止履行实施风险控制措施等义务。食品生产经营者未主动履行的，市场监督管理部门应当（　　）。

A. 责令其履行

B. 给予警告

C. 进行告诫

D. 处五千至五万元罚款

92. 食品安全风险监测结果表明存在食品安全隐患的，（　　）市场监督管理部门应当组织相关领域专家进一步调查和分析研判，确认有必要通知相关食品生产经营者的，应当及时通知。

A. 组织抽检的　　　B. 住所地

C. 省级　　　　　　D. 省级以上

93. 接到通知的食品生产经营者应当立即进行自查，发现食品不符合食品安全标准或

者有证据证明可能危害人体健康的，应当依照食品安全法第（　　）条的规定停止生产、经营，实施食品召回，并报告相关情况。

A. 六十三　　　　　B. 六十八

C. 七十三　　　　　D. 七十八

94. 食品经营者收到监督抽检不合格检验结论后，应当按照国家市场监督管理总局的规定在（　　）公示相关不合格产品信息。

A. 被抽样食品包装袋上

B. 国家企业信用信息公示系统

C. 被抽检经营场所显著位置

D. 食品生产经营者信用档案

95. 市场监督管理部门应当在（　　）内完成不合格食品的核查处置工作。需要延长办理期限的，应当书面报请负责核查处置的市场监督管理部门负责人批准。

A. 60 日　　　　　　B. 60 个工作日

C. 90 日　　　　　　D. 90 个工作日

96. 市场监督管理部门应当通过政府网站等媒体及时向社会公开监督抽检结果和不合格食品核查处置的相关信息，并按照要求将相关信息记入（　　）。

A. 国家食品安全抽样检验信息系统

B. 国家企业信用信息公示系统

C. 食品生产经营者信用档案

D. 政府门户网站

97. 市场监督管理部门应当依法将食品生产经营者受到的行政处罚等信息归集至（　　），记于食品生产经营者名下并向社会公示。

A. 国家食品安全抽样检验信息系统

B. 国家企业信用信息公示系统

C. 食品生产经营者信用档案

D. 政府门户网站

98. 承检机构应按规范采取（　　）等方式妥善保存备份样品。

A. 冷冻　　　　　　B. 冷藏

C. 冷冻或冷藏　　　D. 常温

99. 对食用农产品销售者、集中交易市场开

办者经营不合格食用农产品等违法行为，市场监管部门应当依法予以查处，并开展（　　）。

A. 专项整治　　　　B. 跟踪抽检

C. 风险监测　　　　D. 案件稽查

100.（　　）依照本法和国务院规定的职责，组织开展食品安全风险监测和风险评估。

A. 国务院食品安全监督管理部门

B. 国家标准化行政部门

C. 国务院卫生行政部门

D. 国务院农业农村部门

101. 县级人民政府食品安全监督管理部门可以在乡镇或者特定区域设立（　　）。

A. 办事点　　　　　B. 政务窗口

C. 业务管理部　　　D. 派出机构

102. 国家建立（　　），对食源性疾病、食品污染以及食品中的有害因素进行监测。

A. 食品安全风险监测制度

B. 食品安全风险评估制度

C. 食品安全抽样检验制度

D. 食品安全委员会

103.（　　）负责组织食品安全风险评估工作，成立由医学、农业、食品、营养、生物、环境等方面的专家组成的食品安全风险评估专家委员会进行食品安全风险评估。

A. 国务院食品安全监督管理部门

B. 国家标准化行政部门

C. 国务院卫生行政部门

D. 国务院农业行政部门

104. 食品安全风险评估结果由（　　）公布。

A. 国务院食品安全监督管理部门

B. 国务院卫生行政部门

C. 国家标准化行政部门

D. 国务院农业行政部门

105. 制定食品安全标准，应当以保障公众（　　）为宗旨，做到科学合理、安全可靠。

A. 生命安全　　　　B. 身体健康

C. 生活质量　　　　D. 食品健康

106. 食品安全国家标准由（　　）提供国家标准编号。

A. 国务院

B. 国务院卫生行政部门

C. 国务院食品安全监督管理部门

D. 国务院标准化行政部门

107. 国家（　　）食品生产企业制定严于食品安全国家标准或者地方标准的企业标准，在本企业适用，并报省、自治区、直辖市人民政府卫生行政部门备案。

A. 要求　　B. 支持　　C. 鼓励　　D. 提倡

108. 对食品安全标准执行过程中的问题，（　　）以上人民政府卫生行政部门应当会同有关部门及时给予指导、解答。

A. 县级　　B. 市级　　C. 省级　　D. 乡镇

109. 省级以上人民政府卫生行政部门应当会同同级食品安全监督管理、农业行政等部门，分别对食品安全国家标准和地方标准的执行情况进行（　　）。

A. 宣贯解释　　　　B. 跟踪评价

C. 意见反馈　　　　D. 效果评估

110. 利用新的食品原料生产食品，或者生产食品添加剂新品种、食品相关产品新种，应当向国务院卫生行政部门提交相关产品的安全性评估材料。国务院卫生行政部门应当自收到申请之日起（　　）内组织审查；对符合食品安全要求的，准予许可并公布；对不符合食品安全要求的，不予许可并书面说明理由。

A. 60 日　　　　　B. 60 个工作日

C. 90 日　　　　　D. 90 个工作日

111. 餐具、饮具集中消毒服务单位应当对消毒餐具、饮具进行（　　），检验合格后方可出厂，并应当随附消毒合格证明。

A. 低温冷藏　　　　B. 低温冷冻

C. 集中检验　　　　D. 逐批检验

112. 生产经营（　　）应当按照规定显著标示。

A. 婴幼儿配方食品　　B. 临期食品

C. 转基因食品　　　　D. 保健食品

113. 保健食品原料目录和允许保健食品声称的保健功能目录,由国务院食品安全监督管理部门会同国务院卫生行政部门、国家(　　)制定、调整并公布。

A. 标准化行政部门

B. 中医药管理部门

C. 农业农村部门

D. 疾病预防控制中心

114. 进口的保健食品应当是出口国(地区)主管部门(　　)的产品。

A. 已经通过备案

B. 准许上市销售

C. 市面销量较好

D. 无食品安全风险舆论

115. 婴幼儿配方食品生产企业应当实施从原料进厂到成品出厂的全过程质量控制,对出厂的婴幼儿配方食品实施(　　),保证食品安全。

A. 逐批检验　　　　B. 集中检验

C. 随机抽检　　　　D. 分层抽检

116. 国家(　　)对进出口食品安全实施监督管理。

A. 农业行政部门

B. 食品安全监督管理部门

C. 出入境检验检疫部门

D. 卫生行政部门

117. 发生食品安全事故需要启动应急预案的,(　　)应当立即成立事故处置指挥机构,启动应急预案,依照《中华人民共和国食品安全法》第一百零五条第一款和应急预案的规定进行处置。

A. 县级以上人民政府

B. 县级以上食品安全监督管理部门

C. 县级以上卫生行政部门

D. 县级以上公安机关

118. 县级以上人民政府食品安全监督管理部门根据食品安全风险监测、风险评估结果和食品安全状况等,确定监督管理的重点、方式和频次,实施(　　)。

A. 重点管理　　　　B. 动态管理

C. 风险分级管理　　D. 梯度管理

119. 明知当事人未取得食品生产经营许可从事食品生产经营活动,或者未取得食品添加剂生产许可从事食品添加剂生产活动,仍为其提供生产经营场所或者其他条件的,由县级以上人民政府食品安全监督管理部门责令停止违法行为,没收违法所得,并处(　　)罚款。

A. 五千元至五万元

B. 五万元至十万元

C. 五千元至十万元

D. 十万元至二十万元

120. 食品生产经营者采购或者使用不符合食品安全标准的食品原料、食品添加剂、食品相关产品的,违法生产经营的食品、食品添加剂货值金额不足一万元的,处(　　)罚款。

A. 五千元至五万元

B. 五万元至十万元

C. 五千元至十万元

D. 十万元至二十万元

121. 在广告中对食品作虚假宣传,欺骗消费者,或者发布未取得批准文件、广告内容与批准文件不一致的保健食品广告的,依照(　　)的规定给予处罚。

A.《中华人民共和国食品安全法》

B.《中华人民共和国消费者权益保护法》

C.《中华人民共和国广告法》

D.《保健食品管理办法》

122. 农产品质量安全标准由(　　)主管部门商有关部门推进实施。

A. 农业农村　　　　B. 市场监管

C. 卫生行政　　　　D. 标准化

123. 食品生产者采购农产品等食品原料,应当依照(　　)的规定查验许可证和合格证明,对无法提供合格证明的,应当按照规定进行检验。

A. 农贸市场入场规定

B. 中华人民共和国食品安全法

C. 中华人民共和国农产品质量安全法

D. 经营者义务

124. 国务院农业农村主管部门应当会同国务院有关部门制定国家农产品质量安全突发事件应急预案，并与国家食品安全事故应急预案（　　）。

A. 相结合　　　　　B. 相衔接

C. 相独立　　　　　D. 相区分

125.《中华人民共和国农产品质量安全法》自（　　）起施行。

A. 2023 年 1 月 1 日　B. 2023 年 8 月 1 日

C. 2024 年 1 月 1 日　D. 2024 年 8 月 1 日

126. 食用后已经或者可能导致一般健康损害的属于（　　）。

A. 一级召回　　　　B. 二级召回

C. 三级召回　　　　D. 四级召回

127. 对违法添加非食用物质、腐败变质、病死畜禽等严重危害人体健康和生命安全的不安全食品，食品生产经营者应当立即（　　）。

A. 启动一级召回　　B. 启动二级召回

C. 启动三级召回　　D. 就地销毁

128. 食品经营者不配合食品生产者召回不安全食品的，由市场监督管理部门给予警告，并处（　　）罚款。

A. 五千元至三万元

B. 一万元至三万元

C. 五千元至五万元

D. 一万元至五万元

129.《食品召回管理办法》自（　　）起施行。

A. 2015 年 9 月 1 日　　B. 2016 年 9 月 1 日

C. 2018 年 9 月 1 日　　D. 2019 年 9 月 1 日

130. 检验机构应当建立（　　）的样品无害化处置程序并保存相关审批、处置记录。

A. 备份　　　　　　B. 已处理

C. 临近保质期　　　D. 超过保存期限

131.（　　）负责食品补充检验方法的制定工作。

A. 国家卫生健康委员会

B. 国家市场监督管理总局

C. 农业农村部

D. 检验检测机构

132. 食品补充检验方法项目的同一起草单位原则上同一批次申报数量不得超过（　　）项。

A. 两　　　B. 三　　　C. 四　　　D. 五

133. 食品补充检验方法自发布之日起（　　）个工作日内在市场监管总局网站上公布，并列入食品补充检验方法数据库供公众免费查阅、下载。

A. 10　　　B. 15　　　C. 20　　　D. 30

134. 发布的食品补充检验方法属于（　　），可作为主要起草人申请科研奖励和参加专业技术资格评审的证明材料。

A. 国家标准　　　　B. 个人专利

C. 合作专利　　　　D. 科技成果

135. 检验检测机构资质认定部门自受理申请之日起，应当在（　　）个工作日内，依据检验检测机构资质认定基本规范、评审准则的要求，完成对申请人的技术评审。

A. 20　　B. 30　　C. 60　　D. 90

136. 检验检测机构资质认定证书有效期为（　　）年。

A. 3　　　B. 4　　　C. 5　　　D. 6

137. 检验检测机构需要延续资质认定证书有效期的，应当在其有效期届满（　　）前提出申请。

A. 一个月　　　　　B. 两个月

C. 三个月　　　　　D. 六个月

138. 被撤销资质认定的检验检测机构，（　　）年内不得再次申请资质认定。

A. 一　　　B. 二　　　C. 三　　　D. 五

139. 检验检测机构申请资质认定时提供虚假材料或者隐瞒有关情况的，资质认定部门应当不予受理或者不予许可。检验检测机构在（　　）年内不得再次申请资质认定。

A. 一　　　B. 三　　　C. 四　　　D. 六

140. 检验检测机构违反《检验检测机构资

质认定管理办法》规定，转让、出租、出借资质认定证书或者标志，伪造、变造、冒用资质认定证书或者标志，使用已经过期或者被撤销、注销的资质认定证书或者标志的，由县级以上市场监督管理部门责令改正，处（　　）罚款。

A. 一万元　　　　　　　B. 一万元以下

C. 三万元　　　　　　　D. 三万元以下

141. 从事检验检测活动的人员，不得同时在（　　）个以上检验检测机构从业。

A. 两　　　B. 三　　　C. 四　　　D. 五

142. 检验检测机构与委托人（　　）对不涉及国家有关强制性规定的检验检测规程或者方法等作出约定。

A. 不得　　　　　　　　B. 可以

C. 应当　　　　　　　　D. 依据实际情况

143. 检验检测机构应当对检验检测原始记录和报告进行归档留存，保存期限不少于（　　）年。

A. 2　　　B. 4　　　C. 5　　　D. 6

144. 省级市场监督管理部门可以结合风险程度、能力验证及监督检查结果、投诉举报情况等，对本行政区域内检验检测机构进行（　　）。

A. 分级监管　　　　　　B. 分类监管

C. 分块监管　　　　　　D. 委托监管

145. 食品质量安全管理岗位人员的法规知识抽查考核合格率要达到（　　）。

A. 80%以上　　　　　　B. 90%以上

C. 95%以上　　　　　　D. 100%

146. 地方各级党委和政府应当对落实食品安全重大部署、重点工作情况进行（　　）。

A. 跟踪督办　　　　　　B. 履职检查

C. 评议考核　　　　　　D. 专项督查

147. 因食品安全违法被吊销许可证的企业，其法定代表人、直接负责的主管人员和其他直接责任人员，自处罚决定作出之日起（　　）年内不得担任食品安全总监、食品安全员。

A. 三　　　B. 五　　　C. 十　　　D. 七

148. 食品安全总监按照职责要求直接对本企业主要负责人负责，协助主要负责人做好食品安全管理工作，下列哪项不属于食品安全总监的职责？（　　）

A. 组织拟定食品安全管理制度

B. 组织拟定并督促落实食品安全风险防控措施

C. 组织开展职工食品安全教育、培训、考核

D. 记录和管理从业人员健康状况、卫生状况

149. 食品生产经营企业未按规定建立食品安全管理制度，或者未按规定配备、培训、考核食品安全总监、食品安全员等食品安全管理人员，或者未按责任制要求落实食品安全责任的，由县级以上地方市场监督管理部门依照《中华人民共和国食品安全法》第一百二十六条第一款的规定责令改正，给予警告；拒不改正的，处（　　）罚款；情节严重的，责令停产停业，直至吊销许可证。法律、行政法规有规定的，依照其规定。

A. 一千元到一万元　　　B. 三千元到五万元

C. 五千元到五万元　　　D. 一万元到五万元

150. 《食品生产经营企业落实食品安全主体责任监督管理规定》自（　　）起施行。

A. 2022年1月1日

B. 2022年11月1日

C. 2023年1月1日

D. 2023年11月1日

151. 《保健食品原料目录与保健功能目录管理办法》自（　　）起施行。

A. 2018年10月1日

B. 2019年10月1日

C. 2020年10月1日

D. 2021年10月1日

152. 县级以上（　　）应当每年向社会公布反食品浪费情况，提出加强反食品浪费措施，持续推动全社会反食品浪费。

A. 地方人民政府　　　B. 市场监管部门

C. 发展改革部门　　　D. 商务主管部门

153. 国务院（　　）应当加强对全国反食品浪费工作的组织协调；会同国务院有关部门每年分析评估食品浪费情况，整体部署反食品浪费工作，提出相关工作措施和意见，由各有关部门落实。

A. 人民政府　　　　　B. 市场监管部门

C. 发展改革部门　　　D. 商务主管部门

154. 国家（　　）应当加强粮食仓储流通过程中的节粮减损管理，会同国务院有关部门组织实施粮食储存、运输、加工标准。

A. 人民政府

B. 粮食和物资储备部门

C. 发展改革部门

D. 商务主管部门

155. （　　）应当指导、督促学校加强反食品浪费教育和管理。

A. 地方人民政府　　　B. 市场监管部门

C. 发展改革部门　　　D. 教育行政部门

156. 县级以上地方人民政府民政、市场监督管理部门等建立（　　），引导食品生产经营者等在保证食品安全的前提下向有关社会组织、福利机构、救助机构等组织或者个人捐赠食品。

A. 捐赠评估制度

B. 捐赠通报机制

C. 捐赠需求对接机制

D. 捐赠成效考核机制

157. 餐饮服务经营者诱导、误导消费者超量点餐造成明显浪费的，由县级以上地方人民政府市场监督管理部门或者县级以上地方人民政府指定的部门责令改正，给予警告；拒不改正的，处（　　）罚款。

A. 一千元到一万元　　B. 两千元到两万元

C. 一万元到五万元　　D. 一万元到十万元

158. 食品生产经营者在食品生产经营过程中造成严重食品浪费的，由县级以上地方人民政府市场监督管理部门或者县级以上地方人民政府指定的部门责令改正，拒不

改正的，处（　　）罚款。

A. 一千元到一万元　　B. 五千元到五万元

C. 一万元到五万元　　D. 一万元到十万元

159. 广播电台、电视台、网络音视频服务提供者制作、发布、传播宣扬量大多吃、暴饮暴食等浪费食品的节目或者音视频信息的，由广播电视、网信等部门按照各自职责责令改正，给予警告；拒不改正或者情节严重的，处（　　）罚款，并可以责令暂停相关业务、停业整顿，对直接负责的主管人员和其他直接责任人员依法追究法律责任。

A. 一千元到一万元　　B. 五千元到五万元

C. 一万元到五万元　　D. 一万元到十万元

160. 《中华人民共和国反食品浪费法》自（　　）起施行。

A. 2019 年 4 月 29 日

B. 2020 年 4 月 29 日

C. 2021 年 4 月 29 日

D. 2022 年 4 月 29 日

二、多选题

161. 食品生产许可证应当载明的内容有（　　）。

A. 食品类别　　　　　B. 许可证编号

C. 生产地址　　　　　D. 签发人

162. 食品经营许可证应当载明的内容有（　　）。

A. 经营场所　　　　　B. 主体业态

C. 日常监督管理机构　D. 经营项目

163. 食品经营主体业态为学校、托幼机构食堂应标注（　　）。

A. 学校自营食堂

B. 学校承包食堂（含承包企业名称）

C. 托幼机构自营食堂

D. 托幼机构承包食堂（含承包企业名称）

164. 供餐对象为中小学生的学校食堂、托幼机构食堂不得申请的食品经营项目有（　　）。

A. 生食类食品制售　　B. 冷荤类食品制售

C. 冷加工糕点制售　　D. 自制饮品制售

165. 通过网络仅销售预包装食品的，应当在其经营活动主页面显著位置公示其（ ）等相关备案信息。

A. 食品经营者名称　　B. 经营场所地址

C. 备案编号　　　　　D. 食品经营许可证

166. 承担食品安全评价性抽检的抽样人员应当熟悉（ ）。

A. 食品和食用农产品分类

B. 国家食品安全抽样检验信息系统的使用

C.《国家食品安全监督抽检实施细则》

D. 食品安全标准

167. 网络抽样时，抽样人员应当确认（ ）中至少有一方处于组织实施抽样检验工作的市场监管部门监管辖区内，同时核查营业执照、许可证等相关证件。

A. 网络食品交易经营者

B. 食品生产企业

C. 委托加工方

D. 受委托加工方

168. 承检机构应当建立检验人员持证上岗制度，加强（ ）等方面的培训考核，确保检验人员能力持续满足承检工作需求。

A. 食品安全法律法规

B. 标准规范

C. 质量控制要求

D. 实验室安全与防护知识

169. 下列（ ）等情况，承检机构应当拒绝接收，并在《食品安全抽样检验样品移交确认单》中填写拒收理由，及时报告组织实施抽样检验工作的市场监管部门。

A. 抽样文书信息与实际样品不符

B. 样品数量不能满足检验或复检要求

C. 样品性状改变可能对检验结论产生影响

D. 封条破损

E. 封样缺少防拆封措施

170. 监督抽检和评价性抽检应当按照（ ）进行。

A. 食品安全标准

B. 注册或者备案的特殊食品产品技术要求

C. 国家有关规定确定的检验项目和检验

方法

D. 承检机构自制的检验方法

171. 承检机构应当选取（ ）等质控方式确保数据的准确性。

A. 加标回收　　　　　B. 人员比对

C. 实验室间比对　　　D. 设备比对

172. 复检申请的提出方可能是（ ）。

A. 被抽样单位

B. 标称的食品生产者

C. 进口食品境内代理商

D. 进口食品进口商

173. 食品生产经营者对（ ）等事项有异议时，可向组织实施抽样检验工作的市场监管部门提出书面申请。

A. 抽样过程　　　　　B. 样品真实性

C. 检验方法　　　　　D. 标准适用

174. 某执法人员进行案件稽查时，可在（ ）进行抽样。

A. 企业生产线

B. 企业原辅料仓库

C. 企业半成品库

D. 餐饮单位加工制作间

175. 在抽样单中勾选"任务类别"时，可能出现的勾选情况有（ ）。

A. 勾选"监督抽检"

B. 勾选"风险监测"

C. 勾选"评价性抽检"

D. 同时勾选"监督抽检"和"风险监测"

176. 现场抽样时，需要被抽样单位签字的抽样文书有（ ）。

A.《食品安全抽样检验告知书》

B.《食品安全抽样检验封条》

C.《食品安全抽样检验抽样单》

D.《食品安全抽样信息记录表》

177. 填写抽样单时，存在多个第三方企业信息时，以下说法正确的是（ ）。

A. 国产食品第三方企业信息：委托商＞经销商＞代理商、出品商等

B. 国产食品第三方企业信息：委托商＞代理商、出品商＞经销商等

C.进口食品第三方企业：代理商、进口商＞经销商＞委托商等

D.进口食品第三方企业：代理商、进口商＞委托商＞经销商等

178. 婴幼儿配方食品、婴幼儿辅助食品、特殊医学用途配方食品检出（　　），属于食品抽检发现严重食品安全风险情形。

A.沙门氏菌

B.克罗诺杆菌属（阪崎肠杆菌）

C.黄曲霉毒素 M_1

D.黄曲霉毒素 B_1

179. 以下哪些食品不得对其制定食品安全地方标准？（　　）

A.保健食品

B.婴幼儿配方食品

C.特殊医学用途配方食品

D.普通食品

180. 食品生产企业制定企业标准时，应当遵循哪些原则？（　　）

A.不得低于食品安全国家标准或地方标准要求

B.可以低于食品安全国家标准或地方标准要求

C.制定的企业标准应当公开

D.制定的企业标准无须公开

181. 国务院卫生行政部门应当及时公布（　　）。

A.新的食品原料目录

B.食品添加剂新品种目录

C.食品相关产品新品种目录

D.传统既是食品又是中药材的物质目录

182. 以下说法正确的是（　　）。

A.保健食品生产工艺有原料提取、纯化等前处理工序的，生产企业应当具备相应的原料前处理能力

B.保健食品广告按照非处方药广告管理

C.对保健食品之外的其他食品，不得声称具有保健功能

D.保健食品不得与普通食品或者药品混放销售

183. 以下说法正确的是（　　）。

A.国家实行食品安全违法行为举报奖励制度，对查证属实的举报，给予举报人奖励

B.有关部门应当对食品安全违法行为举报人的信息予以公开表扬，为其他人树立榜样

C.举报人举报所在企业食品安全重大违法犯罪行为的，应当加大奖励力度

D.食品安全违法行为举报奖励资金纳入各级人民政府预算

184. 国务院食品安全监督管理部门应当会同国务院有关部门建立守信联合激励和失信联合惩戒机制，结合食品生产经营者信用档案，建立严重违法生产经营者黑名单制度，将食品安全信用状况与（　　）等相衔接，及时向社会公布。

A.准入　　B.融资　　C.信贷　　D.征信

185. 网络食品交易第三方平台提供者应当建立（　　）等制度，并在网络平台上公开。

A.入网食品生产经营者审查登记

B.严重违法行为平台服务停止

C.食品安全投诉举报处理

D.食品安全违法行为制止及报告

186. 《食盐质量安全监督管理办法》的制定依据是（　　）。

A.《中华人民共和国食品安全法》

B.《食盐专营办法》

C.《中华人民共和国食品安全法实施条例》

D.《中华人民共和国产品质量法》

187. 以下做法错误的是（　　）。

A.将液体盐（含天然卤水）作为食盐销售

B.食盐零售单位销售散装食盐

C.餐饮服务提供者采购、贮存、使用散装食盐

D.食盐销售单位销售无标签食盐

188. 县级以上市场监督管理部门在（　　）等工作中，发现食盐质量安全隐患的，应当依法采取有效措施，预防和控制食盐质量安全风险。

A. 监督检查　　　　B. 风险监测

C. 抽样检验　　　　D. 案件查处

189. 以下可以作为食用农产品的产品质量合格凭证的有（　　）。

A. 生产者或者供货者出具的承诺达标合格证

B. 有关部门出具的检验检疫合格证明

C. 自检合格证明

D. 供货者提供的销售凭证

190. 在严格执行食品安全标准的基础上，鼓励食用农产品销售企业通过应用（　　）等促进食用农产品高质量发展。

A. 推荐性国家标准　　B. 行业标准

C. 团体标准　　　　　D. 企业标准

191. 带包装销售食用农产品的，鼓励在包装上标明（　　）或者（　　）、以及最佳食用期限等内容。

A. 生产日期　　　　　B. 包装日期

C. 保质期　　　　　　D. 贮存条件

192. 食用农产品批发市场开办者的管理义务有（　　）。

A. 入场销售者登记建档

B. 入场查验

C. 抽样检验

D. 统一销售凭证格式

193. 批发市场开办者应当向入场销售者提供（　　）等项目信息的统一销售凭证。

A. 摊位信息　　　　　B. 批发市场名称

C. 销售者名称　　　　D. 产地

194. 县级以上市场监督管理部门按照本行政区域食品安全年度监督管理计划，对集中交易市场开办者、销售者及其委托的贮存服务提供者遵守本办法情况进行日常监督检查的内容有（　　）。

A. 对集中交易市场的食品安全总监、食品安全员随机进行监督抽查考核并公布考核结果

B. 对食用农产品进行抽样，送有资质的食品检验机构进行检验

C. 向当事人和其他有关人员调查了解与食

用农产品销售活动和质量安全有关的情况

D. 对食用农产品销售、贮存等场所、设施、设备，以及信息公示情况等进行现场检查

195. 下列哪些行为拒不改正，处五千元以上三万元以下罚款？（　　）

A. 未按要求建立入场销售者档案并及时更新的

B. 加工、销售即食食用农产品，未采取有效措施做好食品安全防护，造成污染的

C. 未按照食用农产品类别实施分区销售，经营条件不符合食品安全要求的

D. 批发市场开办者未按要求向入场销售者提供统一格式的销售凭证或者指导入场销售者自行印制符合要求的销售凭证的

196. 监督检查应当遵循的原则是（　　）。

A. 风险管理　　　　　B. 属地负责

C. 公平公正　　　　　D. 程序规范

197. 食品生产环节监督检查要点应当包括（　　）等情况。

A. 食品生产者资质　　B. 从业人员管理

C. 半成品检验　　　　D. 产品销售

198. 食品销售环节监督检查要点应当包括（　　）等情况。

A. 经营场所环境卫生　B. 食品召回

C. 食品安全事故处置　D. 食品销售者资质

199. 以下哪些商品属于《定量包装商品计量监督管理办法》的监管范围？（　　）。

A. 预包装茶饮料　　　B. 散装大米

C. 药品　　　　　　　D. 预包装糕点

200. 下列哪些情况属于违反《定量包装商品计量监督管理办法》的行为。（　　）

A. 定量包装商品未标注净含量

B. 净含量标注与实际含量之差大于允许短缺量

C. 标注净含量的字符高度不符合规定

D. 商品生产日期模糊不清

201. 以下哪些信息属于行政处罚信息摘要的内容。（　　）

A. 行政处罚决定书文号

B. 行政处罚当事人的家庭住址

C. 行政处罚内容

D. 作出行政处罚决定的行政机关名称

202. 市场监督管理部门在作出行政处罚决定前，应当告知当事人哪些内容。（　　）

A. 拟作出的行政处罚内容及事实、理由、依据

B. 当事人依法享有的陈述、申辩权

C. 申请行政复议或者提起行政诉讼的途径和期限

D. 行政处罚的履行方式和期限

203. 市场监督管理部门在行政处罚中，对于当事人的陈述、申辩，应当（　　）。

A. 认真听取

B. 核实情况

C. 不得因当事人陈述、申辩而加重处罚

D. 可以视情况忽略当事人的陈述、申辩

204. 市场监督管理部门在实施行政处罚时，以下哪些情形应当回避。（　　）

A. 执法人员与案件有直接利害关系

B. 执法人员与案件当事人有私人恩怨

C. 执法人员的近亲属与案件有直接利害关系

D. 执法人员曾参与过案件的前期调查

205. 市场监督管理部门在立案时，应当考虑哪些因素。（　　）

A. 是否有明确的违法主体

B. 是否有初步证据证明存在违法行为

C. 是否需要立即采取强制措施

D. 是否属于本部门管辖范围

206. 以下哪些情形属于市场监督管理部门可以不予立案的情形。（　　）

A. 案件涉及多个部门管辖，难以确定具体管辖部门

B. 当事人有证据足以证明没有主观过错

C. 初次违法且危害后果轻微并及时改正

D. 违法行为轻微并及时改正且没有造成危害后果

207. 市场监督管理部门拟作出下列何种行政处罚决定时，应当告知当事人有要求听证的权利。（　　）

A. 责令停产停业、责令关闭、限制从业

B. 降低资质等级、吊销许可证件或者营业执照

C. 对自然人处以一万元以上、对法人或者其他组织处以十五万元以上罚款

D. 其他较重的行政处罚

208. 听证主持人在听证程序中行使的职责有（　　）。

A. 决定举行听证的时间、地点

B. 审查听证参加人资格

C. 维持听证秩序

D. 决定听证的中止或者终止，宣布听证结束

209. 听证通知书中应当载明（　　），并告知当事人有申请回避的权利。

A. 听证时间、听证地点及听证主持人的姓名

B. 听证员的姓名

C. 记录员的姓名

D. 翻译人员的姓名

210. 出现下列哪种情形，可以中止听证？（　　）

A. 当事人死亡或者终止，需要确定相关权利义务承受人的

B. 需要通知新的证人到场或者需要重新鉴定的

C. 当事人无正当理由拒不到场参加听证的

D. 当事人未经听证主持人允许中途退场的

211. 听证报告应当包括的内容有（　　）。

A. 听证案由

B. 听证的时间、地点

C. 听证的基本情况

D. 听证人员、听证参加人

212. 行政机关在作出行政处罚决定之前，应当告知当事人哪些内容？（　　）

A. 作出行政处罚的依据

B. 作出行政处罚决定的事实和理由

C. 当事人依法享有的权利

D. 行政处罚的履行方式和期限

213. 以下哪些情形属于市场监督管理部门应当从轻或者减轻行政处罚的情形？（　　）

A. 违法行为轻微并及时纠正，没有造成危害后果的

B. 配合市场监督管理部门查处违法行为有立功表现的

C. 主动消除或者减轻违法行为危害后果的

D. 受他人胁迫有违法行为的

214. （　　）有权设定行政处罚。

A. 地方性法规　　　　B. 部门规章

C. 行政法规　　　　　D. 法律

215. 餐饮加工食品包括（　　）。

A. 餐饮经营者采购的食品来源于其他餐饮经营者加工制作的食品

B. 餐饮经营者采购的由食品小作坊生产的食品

C. 餐饮经营者（含中央厨房）加工自制的食品

D. 超市等食品销售场所现场制售的食品

216. 开展网络抽样时，被抽样单位无法提供发票或收据的，（　　）可作为购样凭证。

A. 银行流水　　　　　B. 物流凭证

C. 网络支付截图　　　D. 订单明细

217. 通过美团外卖平台购买样品，需要填写的抽样文书有（　　）。

A. 食品安全抽样检验告知书

B. 食品安全抽样检验工作质量及工作纪律反馈单

C. 食品安全抽样检验封条

D. 食品安全抽样检验抽样单

218. 网络抽样的对象包括（　　）。

A. 网络交易平台经营者

B. 自建网站经营者

C. 网络平台内经营者

D. 通过其他网络服务开展网络交易活动的经营者

219. 县级以上地方市场监管部门组织实施的抽样检验工作发现严重食品安全风险的，涉及食用农产品、进口食品和学校、托幼机构、养老机构等集中用餐单位的食堂，还应当通报同级（　　）等部门。

A. 农业农村部门　　　B. 教育部门

C. 海关部门　　　　　D. 民政部门

220. 在复检样品移交时，如发现存在（　　）等情形的，市场监管部门会同有关部门依法查处责任单位和责任人员。

A. 调换样品

B. 人为破坏样品封条

C. 储运条件不符

D. 人为破坏样品外包装

221. 现场抽样时，抽样人员应当将填写完整的（　　）交付被抽样单位。

A.《食品安全抽样检验告知书》

B.《食品安全抽样检验抽样单》

C.《食品安全抽样检验工作质量及工作纪律反馈单》

D.《食品安全抽样检验样品购置费用告知书》（如有）

222. 抽样人员应当根据样品特性和检验目的进行合理贮存、运输。对于（　　）等要求的样品，抽样人员应当采取适当措施，保证样品运输过程符合标准或样品标示要求的运输条件。

A. 易碎

B. 冷冻

C. 冷藏

D. 有其他特殊贮运条件

223. 下列做法正确的是（　　）。

A. 在生产企业抽样时，抽取用于出口的食品作为监督抽检的样品

B. 风险监测抽取的样品不留备样，"备样数量"填写"/"

C. 在生产企业流水线上抽取半成品作为风险监测样品

D. 在生产企业抽样时，抽取"试制"食品作为监督抽检的样品

224. 对于工业加工食品、食品添加剂，包装分类根据包装形式选择（　　）。

A. 无包装　　　　　　B. 预包装

C. 非定量包装　　　　D. 散装称重

225. 抽取保健食品时，保健食品功能类别可填写（　　）。

A. 缓解视疲劳　　　　B. 祛黄褐斑

C. 调节肠道菌群　　　D. 降血压

226. 抽取（　　）时，抽样单选择"特殊食品注册号"或"保健食品批准文号"。

A. 特殊医学用途配方食品

B. 依法应注册的婴幼儿配方乳粉

C. 特殊膳食食品

D. 保健食品

227. 抽样时，"营业执照号/统一社会信用代码"按照有效资质证书信息填写，注意字母大写且不包含字母（　　）。

A. I　　　　B. Z　　　　C. V　　　　D. S

228. 进行监督抽检时，当单位类型为"生产"时，可以选择的"抽样地点"有（　　）。

A. 运奶车　　　　　　B. 原辅料库

C. 小作坊　　　　　　D. 半成品库

229. 进行监督抽检时，当单位类型为"流通"时，可以选择的"抽样地点"有（　　）。

A. 专卖店　　　　　　B. 母婴用品店

C. 酒坊　　　　　　　D. 食材配送中心

230. 进行监督抽检时，当单位类型为"餐饮"时，可以选择的"抽样地点"有（　　）。

A. 糕点店　　　　　　B. 中央厨房

C. 集体用餐配送单位　D. 鲜卤店

231. 进行监督抽检时，样品类型可能有（　　）。

A. 食品相关产品　　　B. 工业加工食品

C. 食品添加剂　　　　D. 食用农产品

232. 《食品安全抽样检验样品移交确认单》对样品的检查内容有（　　）。

A. 封条　　　　　　　B. 样品包装

C. 样品数量　　　　　D. 样品批号

233. 出现在《食品安全监督抽检（评价性抽检）检验报告》上的字段有（　　）。

A. 检验开始日期　　　B. 被抽样单位地址

C. 被抽样单位名称　　D. 备样数量

234. 《保健食品监督抽检检验报告》中有，但是《食品安全监督抽检（评价性抽检）检验报告》中没有的字段是（　　）。

A. 标称生产者地址　　B. 被抽样单位地址

C. 被抽样单位名称　　D. 标称生产者名称

235. 下列选项中属于食品抽检发现严重食品安全风险情形且可能造成急性危害的是（　　）。

A. 婴幼儿配方食品检出沙门氏菌

B. 婴幼儿配方食品检出三聚氰胺

C. 蒸馏白酒中氰化物超限量

D. 腌腊肉制品中检出亚硝酸盐>1000mg/kg

236. 下列选项中属于食品抽检发现严重食品安全风险情形且可能造成亚急性危害的是（　　）。

A. 婴幼儿辅助食品检出镉超限量

B. 蒸馏白酒中甲醇超限量

C. 猪肉中检出五氯酚酸钠>1800μg/kg

D. 韭菜中检出甲拌磷>1.2mg/kg

237. 收到《食品安全抽样检验结果通知书》的单位可能有（　　）。

A. 标称食品生产者

B. 食品集中交易市场开办者

C. 网络交易平台经营者

D. 消费者

238. 复检申请书必须附具的相关材料有（　　）。

A. 有效的企业标准

B. 申请人营业执照或其他资质证明文件（复印件加盖公章）

C. 抽样单

D. 食品安全抽样检验结果通知书（或其他证明材料）

239. 《复检机构确定通知书》上告知联系方式的人员有（　　）。

A. 复检申请人

B. 初检机构联系人

C. 复检机构联系人

D. 受理复检市场监管部门联系人

240.《复检备份样品确认单》需要签字的有（　　）。

A. 初检机构

B. 复检机构

C. 申请人

D. 受理复检市场监管部门经手人

241. 婴幼儿配方乳粉产品配方注册管理，应当遵循（　　）的原则。

A. 科学　　B. 严格　　C. 公开

D. 公平　　E. 公正

242. 婴幼儿配方乳粉产品配方注册申请人（以下简称申请人）应当对提交材料的（　　）负责，并承担法律责任。

A. 真实性　B. 完整性　C. 有效性

D. 合法性　E. 安全性

243. 承检机构进行检验，应当尊重科学，恪守职业道德，保证出具的检验数据和结论（　　），不得出具虚假检验报告。

A. 真实　　B. 科学　　C. 客观

D. 公正　　E. 公平

244. 下列哪些食品应当作为食品安全抽样检验工作计划的重点？（　　）

A. 流通范围广　　　　B. 地方特色食品

C. 消费量大　　　　　D. 消费者投诉多

E. 已在境外有食品安全风险舆论但暂未造成健康危害的

245. 抽样单位应当建立食品抽样管理制度，明确（　　），加强对抽样人员的培训和指导，保证抽样工作质量。

A. 岗位职责　　　　　B. 工作纪律

C. 抽样流程　　　　　D. 检验方法

E. 报送方式

246.（　　）中的食品安全抽样活动，应当由食品安全行政执法人员进行或者陪同。

A. 风险监测　　　　　B. 案件稽查

C. 事故调查　　　　　D. 专项整治

E. 监督检查

247.（　　）中的抽样，不受抽样数量、抽样地点、被抽样单位是否具备合法资质

等限制。

A. 风险监测　　　　　B. 案件稽查

C. 事故调查　　　　　D. 应急处置

E. 专项整治

248. 市场监督管理部门开展网络食品安全抽样检验时，应当记录（　　）等信息。

A. 买样人员　　　　　B. 注册账号

C. 收货地址　　　　　D. 联系方式

E. 付款账户

249. 抽样人员发现食品生产经营者（　　），应当报告有管辖权的市场监督管理部门进行处理。

A. 已经停产停业

B. 涉嫌违法

C. 生产经营的食品及原料没有合法来源

D. 无正当理由拒绝接受食品安全抽样

E. 坚持不收取样品费用

250. 食品安全监督抽检应当采用食品安全标准规定的检验项目和检验方法。没有食品安全标准的，应当采用依照法律法规制定的（　　）。

A. 临时限量值　　　　B. 临时检验方法

C. 补充限量值　　　　D. 补充检验方法

E. 其他检验方法

251. 复检费用包括（　　）产生的相关费用。

A. 检验费用　　　　　B. 购买费用

C. 样品寄送　　　　　D. 样品处理

E. 保证金

252. 在食品安全监督抽检工作中，食品生产经营者可以对其生产经营食品的（　　）等事项依法提出异议处理申请。

A. 抽样过程　　　　　B. 样品真实性

C. 检验方法　　　　　D. 检验期限

E. 标准适用

253. 县级以上地方市场监督管理部门组织的监督抽检，检验结论存在（　　）等情形的，应当依法及时处理并逐级报告至国家市场监督管理总局。

A. 不合格食品含有违法添加的非食用物质

B. 致病性微生物严重超出标准限量

C. 农药残留严重超出标准限量

D. 兽药残留严重超出标准限量

E. 生物毒素严重超出标准限量

254. 可能对公共利益产生重大影响的食品安全监督抽检信息，市场监督管理部门应当在信息公布前加强分析研判，科学、准确公布信息，必要时，应当通报相关部门并报告（　　）或者（　　）。

A. 同级人民政府

B. 同级卫生行政部门

C. 同级疾病预防机构

D. 上级市场监督管理部门

E. 同级食品安全委员会

255. 监督抽检是指市场监督管理部门按照法定程序和食品安全标准等规定，以排查风险为目的，对食品组织的（　　）等活动。

A. 抽样　　B. 检验　　C. 复检

D. 分析　　E. 处理

256. 风险监测是指市场监督管理部门对没有食品安全标准的风险因素，开展（　　）的活动。

A. 抽样　　B. 检验　　C. 监测

D. 分析　　E. 处理

257. 在中华人民共和国境内从事（　　）活动，应当遵守《中华人民共和国食品安全法》。

A. 食品生产经营者使用食品添加剂、食品相关产品

B. 食品添加剂的生产经营

C. 用于食品的包装材料、容器、洗涤剂、消毒剂的生产经营

D. 食品的贮存和运输

E. 用于食品生产经营的工具、设备的生产经营

258. （　　）制定并公布食品安全国家标准。

A. 国务院食品安全监督管理部门

B. 国家标准化行政部门

C. 国务院卫生行政部门

D. 国务院农业农村部门

E. 国务院

259. 各级人民政府应当加强食品安全的宣传教育，普及食品安全知识，鼓励（　　）开展食品安全法律、法规以及食品安全标准和知识的普及工作，倡导健康的饮食方式，增强消费者食品安全意识和自我保护能力。

A. 社会组织

B. 基层群众性自治组织

C. 基层党政机关

D. 食品生产经营者

E. 市民群众

260. 国家对农药的使用实行严格的管理制度，加快淘汰剧毒、高毒、高残留农药，推动替代产品的研发和应用，鼓励使用（　　）的农药。

A. 无毒　　B. 低毒　　C. 无残留

D. 低残留　E. 高效

261. 国家建立食品安全风险监测制度，对（　　）进行监测。

A. 食品安全

B. 食源性疾病

C. 食品污染

D. 食品应急事故

E. 食品中的有害因素

262. 食品安全风险监测结果表明可能存在食品安全隐患的，县级以上人民政府卫生行政部门应当及时将相关信息通报（　　），并报告（　　）和（　　）。

A. 同级食品安全监督管理等部门

B. 上级食品安全监督管理等部门

C. 本级疾病预防控制机构

D. 本级人民政府

E. 上级卫生行政部门

263. 县级以上人民政府食品安全监督管理部门和其他有关部门、食品安全风险评估专家委员会及其技术机构，应当按照（　　）的原则，组织食品生产经营者、食

品检验机构、认证机构、食品行业协会、消费者协会以及新闻媒体等，就食品安全风险评估信息和食品安全监督管理信息进行交流沟通。

A. 科学　　B. 客观　　C. 及时

D. 公平　　E. 公开

264. 制定食品安全标准，应当以保障公众身体健康为宗旨，做到（　　）。

A. 科学合理　　　　　B. 安全可靠

C. 真实客观　　　　　D. 技术先进

E. 实际可行

265. 食品中农药残留、兽药残留的限量规定及其检验方法与规程由（　　）制定。

A. 国务院食品安全监督管理部门

B. 国务院卫生行政部门

C. 国家标准化行政部门

D. 国务院农业行政部门

E. 国务院商务主管部门

266. 禁止生产经营下列哪些食品、食品添加剂、食品相关产品？（　　）

A. 用超过保质期的食品原料、食品添加剂生产的食品、食品添加剂

B. 超范围使用食品添加剂的食品

C. 超限量使用食品添加剂的食品

D. 营养成分不符合食品安全标准的专供婴幼儿和其他特定人群的主辅食品

E. 口味不佳的主辅食品

267. 国家对食品生产经营实行许可制度。从事（　　）活动，应当依法取得许可。

A. 食品生产　　　　　B. 食品销售

C. 食品运输　　　　　D. 预包装食品经营

E. 餐饮服务

268. 食品生产加工小作坊和食品摊贩等从事食品生产经营活动，应当保证所生产经营的食品（　　），食品安全监督管理部门应当对其加强监督管理。

A. 安全　　B. 卫生　　C. 无毒

D. 无害　　E. 营养

269. 禁止将剧毒、高毒农药用于（　　）等国家规定的农作物。

A. 蔬菜　　　　　　　B. 瓜果

C. 茶叶　　　　　　　D. 中药材

270. （　　）应当建立农业投入品使用记录制度。

A. 市场监督管理部门

B. 农民专业合作经济组织

C. 食用农产品的生产企业

D. 农贸市场销售者

E. 农业农村部门

271. 食品生产经营者应当对召回的食品采取（　　）等措施，防止其再次流入市场。

A. 下架　　　　　　　B. 无害化处理

C. 自行处理　　　　　D. 销毁

272. 预包装食品的包装上应当有标签，标签应当标明（　　）事项。

A. 名称、规格、净含量、生产日期

B. 成分或者配料表

C. 贮存条件

D. 产品标准代号

E. 生产许可证编号

273. 保健食品声称保健功能，应当具有科学依据，不得对人体产生（　　）危害。

A. 急性　　B. 亚急性　　C. 慢性

D. 亚慢性　　E. 轻微

274. （　　）生产企业应当按照注册或者备案的产品配方、生产工艺等技术要求组织生产。

A. 普通食品

B. 保健食品

C. 特殊医学用途配方食品

D. 婴幼儿配方乳粉

E. 其他婴幼儿配方食品

275. 复检机构名录由国务院（　　）等部门共同公布。

A. 认证认可监督管理

B. 标准化行政

C. 食品安全监督管理

D. 卫生行政

E. 农业行政

276. 向我国境内（　　）应当向国家出入

境检验检疫部门备案。

A. 出口食品的境外出口商

B. 出口食品的境外代理商

C. 出口食品的境外生产企业

D. 进口食品的进口商

E. 进口食品的代销商

277. 食品安全事故应急预案应当对（　　）等作出规定。

A. 食品安全事故分级

B. 事故处置组织指挥体系与职责

C. 预防预警机制

D. 处置程序

E. 应急保障措施

278. 县级以上人民政府食品安全监督管理部门接到食品安全事故的报告后，应当立即会同同级卫生行政、农业行政等部门进行调查处理，并采取哪些措施防止或者减轻社会危害？（　　）

A. 开展应急救援工作，组织救治因食品安全事故导致人身伤害的人员

B. 封存可能导致食品安全事故的食品及其原料，并立即进行检验

C. 封存被污染的食品相关产品，并责令进行清洗消毒

D. 对确认属于被污染的食品及其原料，责令食品生产经营者依照《中华人民共和国食品安全法》第六十三条的规定召回或者停止经营

E. 做好信息发布工作，依法对食品安全事故及其处理情况进行发布，并对可能产生的危害加以解释、说明

279. 调查食品安全事故，应当坚持（　　）的原则，及时、准确查清事故性质和原因，认定事故责任，提出整改措施。

A. 实事求是　　　　　B. 尊重科学

C. 真实客观　　　　　D. 公平公正

E. 诚实守信

280. 食品安全年度监督管理计划应当将下列哪些事项作为监督管理的重点。（　　）

A. 专供婴幼儿和其他特定人群的主辅食品

B. 发生食品安全事故风险较高的食品生产经营者

C. 保健食品生产过程中的添加行为和按照注册或者备案的技术要求组织生产的情况

D. 保健食品标签、说明书以及宣传材料中有关功能宣传的情况

E. 食品安全风险监测结果表明可能存在食品安全隐患的事项

281. 对有不良信用记录的食品生产经营者增加监督检查频次，对违法行为情节严重的食品生产经营者，可以通报（　　）。

A. 行政审批部门

B. 投资主管部门

C. 证券监督管理机构

D. 认证机构

E. 金融投资机构

282. 经营未按规定进行检疫或者检疫不合格的肉类，或者生产经营未经检验或者检验不合格的肉类制品，尚不构成犯罪的，由县级以上人民政府食品安全监督管理部门没收违法所得和违法生产经营的食品，并可以没收用于违法生产经营的工具、设备、原料等物品；违法生产经营的食品货值金额不足一万元的，并处（　　）罚款；货值金额一万元以上的，并处货值金额（　　）罚款。

A. 五万元到十万元

B. 十万元到十五万元

C. 十万元到二十万元

D. 十到二十倍

E. 十五到三十倍

283. 违反《中华人民共和国食品安全法》第一百三十二条规定，未按要求进行食品贮存、运输和装卸的，由县级以上人民政府食品安全监督管理等部门按照各自职责分工责令改正，给予警告；拒不改正的，（　　），并处（　　）罚款。

A. 责令停产停业　　　B. 吊销许可证

C. 五千元到五万元　　D. 一万元到五万元

E. 一万元到十万元

284. 食品检验机构、食品检验人员出具虚假检验报告的，由授予其资质的主管部门或者机构撤销该食品检验机构的检验资质，没收所收取的检验费用，并处检验费用（ ）罚款，检验费用不足一万元的，并处（ ）罚款。

A. 1～5 倍　　　　　　B. 5～10 倍

C. 1～10 倍　　　　　　D. 5 万元～10 万元

E. 10 万元～20 万元

285. （ ）应当加强农产品质量安全管理。

A. 农贸市场

B. 农民

C. 农产品生产企业

D. 农民专业合作社

E. 农业社会化服务组织

286. 标签、标识存在虚假标注的食品属于（ ），食品生产者应当在知悉食品安全风险后（ ）内启动召回。

A. 一级召回　　　　　　B. 二级召回

C. 三级召回　　　　　　D. 48 小时

E. 72 小时

287. 食品生产经营者停止生产经营、召回和处置的不安全食品存在较大风险的，应当在停止生产经营、召回和处置不安全食品结束后（ ）内向县级以上地方市场监督管理部门（ ）报告情况。

A. 5 个工作日内　　　　B. 7 个工作日内

C. 10 个工作日内　　　　D. 电子邮件或书面

E. 书面

288. 检验机构应当按照国家有关法律法规的规定，实施（ ），规范危险品、废弃物、实验动物等的管理和处置，加强安全检查，制定安全事故应急处置程序，保障实验室安全和公共安全。

A. 实验室管理制度　　　B. 实验室安全控制

C. 人员健康保护　　　　D. 环境保护

E. 设备保护

289. 检验机构应当建立检验结果复验程序，在检验结果（ ）等情况时进行复验并保存记录，确保数据结果准确可靠。

A. 合格　　B. 不合格　　C. 错误

D. 存疑　　E. 偏离

290. 食品检验机构应当建立食品安全风险信息报告制度，在检验工作中发现食品存在严重安全问题或高风险问题，以及（ ）食品安全风险隐患时，应当及时向所在地县级以上食品药品监督管理部门报告，并保留书面报告复印件、检验报告和原始记录。

A. 区域性　　　　　　B. 多环节

C. 系统性　　　　　　D. 行业性

E. 流行性

291. 食品补充检验方法制定应科学可靠，具有（ ）。

A. 安全性　　　　　　B. 实用性

C. 准确性　　　　　　D. 可操作性

E. 可推广性

292. 食品补充检验方法可用于（ ）。

A. 食品的抽样检验

B. 食品安全案件调查处理

C. 食品安全风险监测

D. 食品安全事故处置

E. 食品安全风险评估

293. 检验检测机构资质认定工作应当遵循（ ）的原则。

A. 统一规范　　　　　　B. 客观公正

C. 科学准确　　　　　　D. 公平公开

E. 便利高效

294. 申请资质认定的检验检测机构应当符合（ ）条件。

A. 具有与其从事检验检测活动相适应的检验检测技术人员和管理人员

B. 具有固定的工作场所，工作环境满足检验检测要求

C. 具备从事检验检测活动所必需的检验检测设备设施

D. 具有并有效运行保证其检验检测活动独立、公正、科学、诚信的管理体系

E. 具有足够的业务能力和一定的客户数量

295. 检验检测机构资质认定程序分为（　　）和（　　）。

A. 一次办结程序　　　B. 简易程序

C. 一般程序　　　　　D. 告知承诺程序

E. 逐级审批程序

296. 检验检测机构及其人员从事检验检测活动应当遵守法律、行政法规、部门规章的规定，遵循（　　）原则，恪守职业道德，承担社会责任。

A. 尊重科学　　　　　B. 客观独立

C. 公开透明　　　　　D. 公平公正

E. 诚实信用

297. 检验检测机构应当按照国家有关强制性规定的（　　）等要求进行检验检测。

A. 样品管理

B. 仪器设备管理与使用

C. 检验检测规程或者方法

D. 操作人员数量

E. 数据传输与保存

298. 检验检测机构应当在其官方网站或者以其他公开方式对其遵守法定要求、独立公正从业、履行社会责任、严守诚实信用等情况进行自我声明，并对声明内容的（　　）负责。

A. 科学性　　　　　　B. 真实性

C. 全面性　　　　　　D. 准确性

E. 客观性

299. 我国食品安全工作的基本原则是（　　）。

A. 坚持安全第一　　　B. 坚持问题导向

C. 坚持依法监管　　　D. 坚持改革创新

E. 坚持共治共享

300. 实施农药兽药使用减量和产地环境净化行动。开展高毒高风险农药淘汰工作，（　　）年内分期分批淘汰现存的（　　）种高毒农药。

A. 3　　　　B. 5　　　　C. 10

D. 15　　　E. 20

301. 建立地方党政领导干部食品安全工作责任制，应当遵循以下原则：（　　）。

A. 坚持党政同责、一岗双责，权责一致、齐抓共管，失职追责、尽职免责

B. 坚持谋发展必须谋安全，管行业必须管安全，保民生必须保安全

C. 坚持强化法治理念，健全法规制度、标准体系，重典治乱，加大检查执法力度，依法从严惩处违法犯罪行为

D. 坚持牢固树立风险防范意识，强化风险监测、风险评估和供应链管理，提高风险发现与处置能力

E. 坚持综合运用考核、奖励、惩戒等措施，督促地方党政领导干部履行食品安全工作职责，确保党中央、国务院关于食品安全工作的决策部署贯彻落实

302. 地方各级党委主要负责人应当全面加强党对本地区食品安全工作的领导，认真贯彻执行党中央关于食品安全工作的方针政策、决策部署和指示精神，上级党委的决定和相关法律法规要求，职责主要包括：（　　）。

A. 建立健全党委常委会委员食品安全相关工作责任清单，督促党委常委会其他委员履行食品安全相关工作责任，并将食品安全工作纳入地方党政领导干部政绩考核内容

B. 加强食品安全工作部门领导班子建设、干部队伍建设和机构建设，不断提升食品安全治理能力

C. 协调各方重视和支持食品安全工作，加强食品安全宣传，把握正确舆论导向，营造良好工作氛围

D. 加强食品安全监管能力、执法能力建设，整合监管力量，优化监管机制，提高监管、执法队伍专业化水平，建立健全食品安全财政投入保障机制，保障监管、执法部门依法履职必需的经费和装备

E. 落实高质量发展要求，推进食品及食品相关产业转型升级，不断提高产业发展水平

303. 食品生产经营企业应当建立健全食品

安全管理制度，落实食品安全责任制，依法配备与（ ）等相适应的食品安全总监、食品安全员等食品安全管理人员，明确企业主要负责人、食品安全总监、食品安全员等的岗位职责。

A. 企业规模　　　　B. 食品类别

C. 风险等级　　　　D. 管理水平

E. 安全状况

304. 在依法配备食品安全员的基础上，哪些食品生产经营企业、集中用餐单位的食堂应当配备食品安全总监？（ ）

A. 特殊食品生产企业

B. 大中型连锁餐饮企业

C. 大中型连锁销售企业

D. 用餐人数 300 人以上的学校食堂

E. 用餐人数或者供餐人数超过 1000 人的单位

305. 食品生产经营企业应当为食品安全总监、食品安全员提供必要的（ ），充分保障其依法履行职责。

A. 工作条件　　　　B. 教育培训

C. 交通工具　　　　D. 岗位待遇

E. 设备设施

306. （ ）制定、调整并公布保健食品原料目录和保健功能目录。

A. 国家市场监督管理总局

B. 国家标准化管理委员会

C. 国家卫生健康委员会

D. 国家中医药管理局

E. 农业农村部

307. 下列哪些情形不得列入保健食品原料目录？（ ）

A. 存在食用安全风险

B. 原料安全性不确切

C. 无法制定技术要求进行标准化管理

D. 不具备工业化大生产条件

E. 法律法规以及国务院有关部门禁止食用

308. 提出拟纳入或者调整保健食品原料目录的建议应当包括下列哪些材料？（ ）

A. 原料名称，必要时提供原料对应的拉丁学名、来源、使用部位以及规格等

B. 用量范围及其对应的功效

C. 工艺要求、质量标准、功效成分或者标志性成分及其含量范围和相应的检测方法、适宜人群和不适宜人群相关说明、注意事项等

D. 人群食用不良反应情况

E. 原料近年来在国外的食用历史和风险评估情况

309. 属于下列哪些情形的，不得列入保健功能目录？（ ）

A. 涉及疾病的预防、治疗、诊断作用

B. 庸俗或者带有封建迷信色彩

C. 效用不明显难以见效

D. 功能有重复的

E. 可能误导消费者等其他情形

310. 国家坚持（ ）的原则，采取技术上可行、经济上合理的措施防止和减少食品浪费。

A. 多措并举　　　　B. 精准施策

C. 科学管理　　　　D. 部门联动

E. 社会共治

311. 国家倡导（ ）的消费方式，提倡简约适度、绿色低碳的生活方式。

A. 文明　　　　　　B. 健康

C. 绿色　　　　　　D. 节约资源

E. 保护环境

312. 国家倡导文明、健康、节约资源、保护环境的消费方式，提倡（ ）的生活方式。

A. 规律有序　　　　B. 张弛有度

C. 简约适度　　　　D. 绿色低碳

E. 勤俭节约

313. 各级人民政府应当加强对反食品浪费工作的领导，确定反食品浪费目标任务，建立健全反食品浪费工作机制，组织对食品浪费情况进行（ ），加强监督管理，推进反食品浪费工作。

A. 抽查　　B. 监测　　C. 调查

D. 分析　　E. 评估

314. 餐饮服务经营者应当采取下列哪些措施防止食品浪费？（　　）

A. 建立健全食品采购、储存、加工管理制度，加强服务人员职业培训，将珍惜粮食、反对浪费纳入培训内容

B. 主动对消费者进行防止食品浪费提示提醒，在醒目位置张贴或者摆放反食品浪费标识，或者由服务人员提示说明，引导消费者按需适量点餐

C. 提升餐饮供给质量，按照标准规范制作食品，合理确定数量、分量，提供小份餐等不同规格选择

D. 提供团体用餐服务的，应当将防止食品浪费理念纳入菜单设计，按照用餐人数合理配置菜品、主食

E. 提供自助餐服务的，应当主动告知消费规则和防止食品浪费要求，提供不同规格餐具，提醒消费者适量取餐

315. 单位食堂应当加强食品采购、储存、加工动态管理，根据用餐人数采购、做餐、配餐，提高原材料利用率和烹饪水平，按照（　　）的原则提供饮食，注重饮食平衡。

A. 绿色　　B. 健康　　C. 经济

D. 规范　　E. 营养

316. 超市、商场等食品经营者应当对其经营的食品加强日常检查，对临近保质期的食品分类管理，作（　　）出售。

A. 无害化处理　　　　B. 特别标示

C. 混搭存放　　　　　D. 集中陈列

E. 销毁

317. 个人应当树立（　　）的消费理念，外出就餐时根据个人健康状况、饮食习惯和用餐需求合理点餐、取餐。

A. 文明　　B. 健康　　C. 理性

D. 绿色　　E. 低碳

318. （　　）应当将厉行节约、反对浪费作为群众性精神文明创建活动内容，纳入相关创建测评体系和各地市民公约、村规民约、行业规范等，加强反食品浪费宣传

教育和科学普及，推动开展"光盘行动"，倡导文明、健康、科学的饮食文化，增强公众反食品浪费意识。

A. 机关　　　　　　　B. 人民团体

C. 社会组织　　　　　D. 企业事业单位

E. 基层群众性自治组织

319. 食品检验检测技术机构要结合自身工作特点积极探索研究，创新方式方法，对不同保质期和储运要求的食品或检验合格产品的备样，通过（　　）等多种方式进行分类处置。

A. 捐赠　　　　　　　B. 拍卖

C. 合规留用　　　　　D. 冷冻储藏

E. 无害化处理

320. 餐饮服务经营者应当按照（　　）的原则，使用食品添加剂。

A. 先购　　B. 先进　　C. 先出

D. 先用　　E. 先处理

三、判断题

321. 因食品安全国家标准发生重大变化，国家和省级市场监督管理部门决定组织重新核查而换发的食品生产许可证，其发证日期以重新批准日期为准，有效期自重新发证之日起计算。（　　）

322. 食品生产许可被注销的，许可证编号可以再次使用。（　　）

323. 已经取得食品生产许可的食品生产者，在其生产加工场所或者通过网络销售其生产的食品，应当依法取得食品经营许可。（　　）

324. 向医疗机构、药品零售企业销售特定全营养配方食品的经营企业，应当取得食品经营许可或者进行备案。（　　）

325. 中央厨房、集体用餐配送单位应具备自行或者委托食品检验的条件。（　　）

326. 市、县两级抽检监测计划和工作方案中食用农产品全部为规定的重点品种。（　　）

327. 某检测公司因人力资源紧张，先派公司王某参与中秋专项监督抽检工作，后又

安排其参与中秋专项监督抽检的防腐剂项目检测工作。（　　）

328. 委托抽样的，各级市场监管部门应积极支持配合承检机构开展工作，在样品采集、陪同抽样、运输等方面提供必要的帮助。（　　）

329. 网络抽样时，抽样人员使用已备案的账户登录网络交易平台，检索平台内的拟抽检食品，以消费者身份购买样品。（　　）

330. 某机构收到网络抽样物流包裹后，由抽样人员李某对物流单据记载的订单信息进行核对，确认无误后拆包、查验，对检验样品和复检备份样品分别封样。（　　）

331. 复核不合格微生物项目的微生物检验领域关键技术人员可以与样品检验人员为同一人。（　　）

332. 承检机构必须自收到评价性抽检样品之日起 20 个工作日内出具检验报告。（　　）

333. 初检机构应当保证复检备份样品完好，并保证备份样品运输过程符合相关标准或样品标示的贮存条件和备份样品的在途安全。（　　）

334. 若遇到无正当理由拒绝或阻挠食品安全抽样工作的情况，抽样人员应宣传抽样相关法律法规，告知拒绝抽样的后果。（　　）

335. 在餐饮环节抽取的切割完的肉片等没有进行二次加工，仍属于食用农产品。（　　）

336. 餐饮经营者采购的由食品生产者（含企业、小作坊）生产的食品，归为相应的工业加工食品类别。（　　）

337. 国家将食品安全知识纳入国民素质教育内容，普及食品安全科学常识和法律知识，提高全社会的食品安全意识。（　　）

338. 食品生产企业制定企业标准的，可在公司网站上公布供公众收费查阅。（　　）

339. 食品安全监督管理部门应当对企业食品安全管理人员进行全覆盖监督考核。（　　）

340. 生产经营转基因食品应当显著标示，标示办法由国务院食品安全监督管理部门制定。（　　）

341. 对添加食品安全国家标准规定的选择性添加物质的婴幼儿配方食品，可以以选择性添加物质命名。（　　）

342. 食品安全监督管理部门依照《中华人民共和国食品安全法》、《中华人民共和国食品安全法实施条例》对违法单位或者个人处以 30 万元以上罚款的，由省级以上人民政府食品安全监督管理部门决定。（　　）

343. 通过自建网站交易的食品生产经营者应当在通信主管部门批准后 30 个工作日内，向所在地省级市场监督管理部门备案，取得备案号。（　　）

344. 网络食品交易第三方平台提供者应当设置专门的网络食品安全管理机构或者指定专职食品安全管理人员，对平台上的食品经营行为及信息进行检查。（　　）

345. 特殊医学用途配方食品中全营养配方食品不得进行网络交易。（　　）

346. 因网络食品交易引发食品安全事故或者其他严重危害后果的，也可以由网络食品安全违法行为发生地或者违法行为结果地的县级以上地方市场监督管理部门管辖。（　　）

347. 食盐零售单位可以销售散装食盐。（　　）

348. 供货者提供的销售凭证、食用农产品采购协议等凭证不可以作为食用农产品的进货凭证。（　　）

349. 销售者通过去皮、切割等方式简单加工、销售即食食用农产品的，应当设有单独的操作间，做好食品安全防护，防止交叉污染。（　　）

350. 实行统一配送销售方式的食用农产品销售企业，对统一配送的食用农产品可以由企业总部统一建立进货查验记录制度并保存进货凭证和产品质量合格凭证。（　　）

351. 集中交易市场开办者应采用信息化手段统一采集食用农产品进货、贮存、运输、交易等数据信息，提高食品安全追溯能力和水平。（　　）

352.集中交易市场开办者应为入场销售者提供满足经营需要的冷藏、冷冻、保鲜等专业贮存场所，提高食品安全保障能力和水平。（　　）

353.集中交易市场开办者应当配备食品安全总监。（　　）

354.市、县级市场监督管理部门可以采用国家规定的快速检测方法对食用农产品质量安全进行抽查检测，抽查检测结果确定食用农产品不符合食品安全标准的，可以作为行政处罚的证据。（　　）

355.被抽查人对快速检测结果有异议的，可以自收到检测结果时起四小时内申请复检。复检采用跟初检一致的检测方法。（　　）

356.县级以上地方市场监督管理部门按照国家市场监督管理总局的规定，根据风险管理的原则，结合食品生产经营者的食品类别、业态规模、风险控制能力、信用状况、监督检查等情况，将食品生产经营者的风险等级从高到低分为A级风险、B级风险、C级风险、D级风险四个等级。（　　）

357.市场监督管理部门应当对特殊食品生产者，风险等级为B级、A级的食品生产者，风险等级为A级的食品经营者以及中央厨房、集体用餐配送单位等高风险食品生产经营者实施重点监督检查，并可以根据实际情况增加日常监督检查频次。（　　）

358.同一包装内含有多件同种定量包装商品的，只需标注总净含量即可。（　　）

359.被授权的计量检定机构对于定量包装商品的检验，无须考虑储存和运输等环境条件可能引起的商品净含量的合理变化。（　　）

360.批量定量包装商品的平均实际含量可以小于其标注净含量。（　　）

361.定量包装商品的生产者、销售者标注净含量时，必须标注"净含量"三个中文字。（　　）

362.对于涉及国家秘密、商业秘密、个人隐私的行政处罚信息，市场监督管理部门可以视情况决定是否公示。（　　）

363.市场监督管理部门公示行政处罚信息前，无须告知行政处罚当事人相关信息将被公示。（　　）

364.市场监督管理部门在调查取证时，可以先行登记保存与案件有关的证据，但无须制作先行登记保存证据文书。（　　）

365.市场监督管理部门派出机构在本部门确定的权限范围内以本部门的名义实施行政处罚。（　　）

366.立案前核查或者监督检查过程中依法取得的证据材料，不可作为案件的证据使用。（　　）

367.收集、调取的书证、物证不能是复制件、影印件或者抄录件。（　　）

368.对有违法嫌疑的物品或者场所进行检查时，可以不通知当事人到场。（　　）

369.市场监督管理部门抽样取证时，可以不通知当事人到场。（　　）

370.听证人员包括听证主持人、听证员、记录员和监督员。（　　）

371.办案人员可以担任听证主持人、听证员或记录员。（　　）

372.当事人、第三人可以委托一人代为参加听证。（　　）

373.地方政府规章可以对违反行政管理秩序的行为设定吊销营业执照的行政处罚。（　　）

374.违法行为在三年内未被发现的，不再给予行政处罚。（　　）

375.未经审核或者经审核不符合要求的电子技术监控设备记录，可以作为行政处罚的证据。（　　）

376.设区的市人民政府无权决定将县级人民政府部门的行政处罚权交由乡镇人民政府、街道办事处行使。（　　）

377.对于初次违法且危害后果轻微并及时改正的，可以不予行政处罚。（　　）

378.外国人、无国籍人、外国组织在中华人民共和国领域内有违法行为，应当给予

行政处罚的，不适用《中华人民共和国行政处罚法》。（　　）

379. 行政处罚听证会，当事人只能亲自参加，不能委托律师代理。（　　）

380. 作出罚款决定的行政机关应当与收缴罚款的机构合并。（　　）

381. 在中华人民共和国境内生产销售的婴幼儿配方乳粉产品配方注册管理，适用《婴幼儿配方乳粉产品配方注册管理办法》。（　　）

382. 婴幼儿配方乳粉产品配方申请人应当为拟在中华人民共和国境内生产并销售婴幼儿配方乳粉的生产企业或者拟向中华人民共和国出口婴幼儿配方乳粉的境外生产企业。（　　）

383. 市场监督管理部门应当按照科学、公开、公平、公正的原则，以保障公众身体健康和生命安全为导向，依法对食品生产经营活动全过程组织开展食品安全抽样检验工作。（　　）

384. 省级以上市场监督管理部门建立省级食品安全抽样检验信息系统，定期分析食品安全抽样检验数据，加强食品安全风险预警，完善并督促落实相关监督管理制度。（　　）

385. 已在境外造成健康危害并有证据表明可能在国内产生危害的食品应当作为食品安全抽样检验工作计划的重点。（　　）

386. 抽样人员执行现场抽样任务时不得少于2人，并向被抽样食品生产经营者出示抽样检验告知书。（　　）

387. 抽样数量原则上应当满足检验的要求。（　　）

388. 食品安全监督抽检中的样品都为检验样品。（　　）

389. 现场抽样时，样品、抽样文书以及相关资料应当由抽样人员5日内携带或者寄送至承检机构，不得由被抽样食品生产经营者自行送样和寄送文书。（　　）

390. 对于样品的寄送，因客观原因需要延长送样期限的，应当经实施抽样检验的承检机构同意。（　　）

391. 食品安全监督抽检的检验结论合格的，承检机构应当自检验结论作出之日起3个月内妥善保存复检备份样品。复检备份样品剩余保质期不足3个月的，及时按程序进行捐赠等合理化利用。（　　）

392. 向国家市场监督管理总局提出复检申请的，国家市场监督管理总局可以委托复检申请人住所地省级市场监督管理部门负责办理。（　　）

393. 复检机构与复检申请人属于同一地区的，不得接受复检申请。（　　）

394. 复检样品的递送方式由市场监管部门和申请人协商确定。（　　）

395. 市场监督管理部门应当自收到复检结论之日起5个工作日内，将复检结论单独通知申请人。（　　）

396. 对抽样过程有异议的，市场监督管理部门应当自受理之日起20个工作日内，完成异议审核，并将审核结论电话告知申请人。（　　）

397. 调换样品、伪造检验数据或者出具虚假检验报告的，市场监督管理部门五年内不得委托其承担抽样检验任务。（　　）

398. 对易腐烂变质的蔬菜、水果等食用农产品样品，需进行均质备份样品的，应当在现场抽样时立即进行均质备份，可采取拍照或摄像等方式对样品均质备份进行记录。（　　）

399. 抽检发现的不合格食用农产品涉及种植、养殖环节的，由组织抽检的市场监管部门及时向产地同级农业农村部门通报；涉及进口环节的，及时向出口地海关通报。（　　）

400. 食用农产品的市场销售、有关质量安全标准的制定、有关安全信息的公布和《中华人民共和国食品安全法》对农业投入品作出规定的，应当遵守《中华人民共和国农产品质量安全法》的规定。（　　）

401. 省、自治区、直辖市人民政府卫生行政部门会同国务院食品安全监督管理等部门，根据国家食品安全风险监测计划，结合本行政区域的具体情况，制定、调整本行政区域的食品安全风险监测方案，报国务院卫生行政部门备案并实施。（　　）

402. 食品安全标准是强制执行的标准。（　　）

403. 食品中农药残留、兽药残留的限量规定及其检验方法与规程由国务院卫生行政部门、国务院农业行政部门会同国务院食品安全监督管理部门制定。（　　）

404. 屠宰畜、禽的检验规程由国务院农业行政部门会同国务院食品安全监督管理部门制定。（　　）

405. 对通过良好生产规范、危害分析与关键控制点体系认证的食品生产经营企业，认证机构应当依法实施跟踪调查；对不再符合认证要求的企业，应当依法撤销认证，并向社会公布。（　　）

406. 实行统一配送经营方式的食品经营企业，可以由企业总部统一查验供货者的许可证和食品合格证明文件，进行食品进货查验记录。（　　）

407. 餐饮服务提供者应当公开加工过程，公示食品原料及其来源等信息。（　　）

408. 列入保健食品原料目录的原料一般情况下只能用于保健食品生产，但特殊医学用途配方食品通过审批后可以使用原料目录的原料进行生产。（　　）

409. 必须以分装方式生产婴幼儿配方乳粉，同一企业不得用同一配方生产不同品牌的婴幼儿配方乳粉。（　　）

410. 向我国境内出口食品的境外食品生产企业应当经国家出入境检验检疫部门备案。（　　）

411. 对有不良记录的进口商、出口商和出口食品生产企业，应当加强对其进出口食品的检验检疫。（　　）

412. 医疗机构发现其接收的病人属于食源性疾病病人或者疑似病人的，应当按照规定及时将相关信息向所在地县级食品安全监督管理部门报告。（　　）

413. 发生食品安全事故，县级以上人民政府食品安全监督管理部门应当立即会同有关部门进行事故责任调查，督促有关部门履行职责，向本级人民政府和上一级人民政府食品安全监督管理部门提出事故责任调查处理报告。（　　）

414. 县级以上人民政府食品安全监督管理部门在食品安全监督管理工作中可以采用国家规定的快速检测方法对食品进行抽查检测。（　　）

415. 农产品批发市场应当按照规定设立或者委托检测机构，对进场销售的农产品质量安全状况进行逐批检验；发现不符合农产品质量安全标准的，应当要求销售者立即停止销售，并向所在地市场监督管理、农业农村等部门报告。（　　）

416. 上级农业农村主管部门监督抽查的同一批次农产品，下级农业农村主管部门不得重复抽查。（　　）

417. 遵纪守法，恪守职业道德是从事农产品质量安全检测工作人员的唯一要求。（　　）

418. 食品集中交易市场的开办者、食品经营柜台的出租者、食品展销会的举办者发现食品经营者经营的食品属于不安全食品的，应当先向市场监管部门进行报告，等监管人员作出决定后再进行处理。（　　）

419. 标签、标识存在瑕疵，食用后不会造成健康损害的食品，食品生产者应当改正并立即召回。（　　）

420. 实施一级召回的，食品生产者应当自公告发布之日起10日内完成召回工作。（　　）

421. 因生产者无法确定、破产等原因无法召回不安全食品的，市场监管部门应当在其职能范围内主动召回不安全食品。（　　）

422. 食品生产经营者主动采取停止生产经营、召回和处置不安全食品措施，消除或

者减轻危害后果的，依法从轻或者减轻处罚；违法情节轻微并及时纠正，没有造成危害后果的，不予行政处罚。（　　）

423. 市场监管总局食品快速检测方法制定程序参照《食品补充检验方法管理规定》执行。（　　）

424. 申请资质认定的检验检测机构，应当向县级以上市场监管部门提交书面申请和相关材料，并对其真实性负责。（　　）

425. 对上一许可周期内违反市场监管法律、法规、规章行为的检验检测机构，资质认定部门应当采取书面审查方式，对于符合要求的，予以延续资质认定证书有效期。（　　）

426. 检验检测机构依法设立的从事检验检测活动的分支机构，通过本部的资质认定证书副本从事相关检验检测活动。（　　）

427. 因应对突发事件等需要，资质认定部门可以公布符合应急工作要求的检验检测机构名录及相关信息，允许相关检验检测机构临时承担应急工作。（　　）

428. 资质认定部门根据技术评审需要和专业要求，可以自行或者委托专业技术评价机构组织实施技术评审。（　　）

429. 地（市）、县级市场监督管理部门负责本行政区域内检验检测机构监督管理工作。（　　）

430. 需要分包检验检测项目的，检验检测机构应当分包给具备相应条件和能力的检验检测机构，并事先取得拟承担分包项目的检验检测机构的同意。（　　）

431. 任何单位和个人有权向省级以上市场监督管理部门举报检验检测机构违反《检验检测机构管理办法》规定的行为。（　　）

432. 县级以上市场监督管理部门可以根据工作需要，定期组织检验检测机构能力验证工作，并公布能力验证结果。（　　）

433. 县级以上市场监督管理部门发现检验检测机构存在不符合《检验检测机构管理办法》规定，但无须追究行政和刑事法律责任的情形的，可以采用说服教育、提醒纠正等非强制性手段予以处理。（　　）

434. 地方党政领导干部及时报告失职行为并主动采取补救措施，有效预防或者减少食品安全事故重大损失、挽回社会严重不良影响，或者积极配合问责调查，并主动承担责任的，按照有关规定不予追究责任。（　　）

435. 因食品安全犯罪被判处有期徒刑以上刑罚的人员，终身不得担任食品安全总监、食品安全员。（　　）

436. 保健食品原料目录的制定、按照传统既是食品又是中药材物质目录的制定、新食品原料的审查等工作应当区分开来。（　　）

437. 餐饮服务经营者应当通过在菜单上标注食品分量、规格、建议消费人数等方式充实菜单信息，为消费者提供点餐提示，根据消费者需要提供公勺公筷和打包服务。（　　）

438. 餐饮服务经营者可以对参与"光盘行动"的消费者给予奖励；也可以对造成明显浪费的消费者收取处理厨余垃圾的相应费用，收费标准应当明示。（　　）

439. 《中华人民共和国反食品浪费法》规定，餐饮服务经营者未主动对消费者进行防止食品浪费提示提醒的，由县级以上地方人民政府市场监督管理部门或者县级以上地方人民政府指定的部门责令改正，给予警告，拒不改正的，处一千元以上一万元以下罚款。（　　）

440. 食品添加剂应当跟食品、食品相关产品存放在同一区域，并且标注"食品添加剂"字样。（　　）

第二节　综合能力提升

一、单选题

441. 原则上评价性抽检计划和风险监测计划由（　　）市场监管部门制定并组织实施。

A. 总局和省级　　　　B. 地方各级

C. 省级和市级　　　　D. 市级和县级

442. 抽样检验的样品由（　　）保存。

A. 被抽样单位

B. 组织抽检的市场监管部门

C. 承检机构

D. 抽样单位

443. 某承检机构于 2024 年 4 月 8 日抽取一批次生产日期为 2024 年 3 月 6 日且保质期为 6 个月的糕点，该机构于 2024 年 5 月 8 日出具该糕点脱氢乙酸项目不合格的检验报告，根据《食品安全抽样检验工作规范》，该样品的复检备份样品至少要保存至（　　）。

A. 2024 年 10 月 8 日

B. 2024 年 11 月 8 日

C. 2024 年 9 月 6 日

D. 2024 年 8 月 8 日

444. 以下说法正确的是：（　　）。

A. 有权提出异议的相关单位应在收到不合格结论通知之日起七个工作日内提出现场抽样异议

B. 市场监管部门受理网络抽检异议和现场抽检异议后的异议审核最长周期是一样的

C. 市场监管部门受理网络抽检异议和现场抽检异议后的异议审核最长周期是不一样的

D. 有权提出异议的相关单位应当在抽样完成之日起七个工作日内提出网络抽样异议

445. 某抽样人员在超市抽取一批次执行标准为 GB 8537 的矿泉水，在《食品安全抽样检验告知书》中填写的被抽检食品类别应为（　　）。

A. 饮料　　　　　　　B. 包装饮用水

C. 饮用天然矿泉水　　D. 其他类饮用水

446. 抽样人员在抽取食用农产品时，填写《食品安全抽样检验抽样单》样品信息中的日期相关信息优先顺序为（　　）。

A. 包装标注日期＞肉品品质检验合格证上的生产日期＞动物检疫合格证的检疫日期＞进货单上或者被抽样单位提供的购进日期

B. 包装标注日期＞进货单上或者被抽样单位提供的购进日期＞肉品品质检验合格证上的生产日期＞动物检疫合格证的检疫日期

C. 肉品品质检验合格证上的生产日期＞动物检疫合格证的检疫日期＞包装标注日期＞进货单上或者被抽样单位提供的购进日期

D. 进货单上或者被抽样单位提供的购进日期＞包装标注日期＞肉品品质检验合格证上的生产日期＞动物检疫合格证的检疫日期

447. 某抽样人员在超市进行抽检，该超市的面积为 4800 m^2，在填写《食品安全抽样检验抽样单》时，抽样地点应选（　　）。

A. 大型超市　　　　　B. 中型超市

C. 小型超市　　　　　D. 微型超市

448. 某机构 2025 年执行地市级监督抽检搭载风险检测任务时，可能的抽样单单号为（　　）。

A. DJC254301215567630666

B. DBJ244301215567630666

C. DBC254301215567630666

D. DBP244301215567630666

449. 食用农产品市场销售不包括（　　）。

A. 农贸市场中的商户销售活鸡

B. 超市销售新鲜水果

C. 生鲜店销售鲜蛋

D. 收购农户种植的新鲜蔬菜

450. 某批发市场建立了 A 商户的销售者档案，商户 A 于 2024 年 3 月 8 日退出该市场，该批发市场应保存 A 商户的入场销售者档案信息至（　　）。

A. 2024 年 4 月 9 日　　B. 2024 年 5 月 9 日

C. 2024 年 6 月 9 日　　D. 2024 年 9 月 9 日

451. 以下哪个案例属于市场监督管理部门应当公示且不得提前停止公示的行政处罚信息？（　　）

A. 东营区某冷鲜肉店因经营超过保质期的冷冻猪肉被罚款 10 万元

B. 某公司因违法行为被降低资质

C. 某超市因摆放商品不规范被通报批评

D. 某工厂因噪声污染被责令整改

452. 某市场监督执法人员于 2024 年 6 月 1 日对某超市销售 A 项目不符合国家标准食品的违法行为进行立案，其间，超市提出对 A 项目提出复检，花费时间 10 日，按照建议程序且此案件不延期，该案件最迟应于（　　）作出处理决定。

A. 2024 年 8 月 30 日

B. 2024 年 9 月 10 日

C. 2024 年 9 月 11 日

D. 2024 年 9 月 29 日

453. 当在酒店后厨抽取切割完且没有进行二次加工的禽肉时，"样品类型"应选（　　）。

A. 工业加工食品　　　B. 餐饮加工食品

C. 食用农产品　　　　D. 其他

454. 市场监管总局在 A 省组织评价性抽检，检出 B 省 C 市某企业生产的一批次食品不合格，该企业应向（　　）市场监管部门提出复检。

A. 总局　　B. A 省　　C. B 省　　D. C 市

455. 某企业于 2024 年 12 月 5 日（周三）提出复检，市场监管部门当日收到材料，后于 12 月 13 日告知企业要补充提供材料，企业于 12 月 16 日补齐材料，则复检的受理时间为（　　）。

A. 2024 年 12 月 5 日

B. 2024 年 12 月 13 日

C. 2024 年 12 月 16 日

D. 以上都不对

456. 抽样人员在淘宝的"湖湘特产店"购买样品，抽样单的"网店商铺名称"应填写为（　　）。

A. 湖湘特产店（淘宝）

B. 湖湘特产店

C. 淘宝湖湘特产店

D. 淘宝网湖湘特产店

457. 当抽取煎炸过程用油、水产品养殖用水时，样品来源应该选择为（　　）。

A. "其他"，并注明具体情况

B. "加工/自制"

C. "外购"

D. 打斜杠

458. 下列说法正确的是（　　）。

A. 抽样单中食用农产品的包装分类为"无包装"

B. 抽样单中食用农产品的储存条件应选"冷藏"或"冷冻"

C. 风险监测抽取的样品可不留备样，"备样数量"填写"/"

D. 在网络平台抽取进口食用农产品，抽样类型选择"进口食品抽样"

459. 对食用农产品进行抽样，日期字段可能的选项有（　　）。

A. 生产日期　　　　　B. 购进日期

C. 检疫日期　　　　　D. 以上都对

460. 各级市场监管部门应当及时将已发布的抽检信息统一纳入国家食品安全抽样检验信息系统，涉及（　　）样品信息应在系统中进行标注。

A. "一老一小"　　　　B. "你点我检"

C. "节令食品"　　　　D. "网红餐饮"

461. 审评机构应当对申请配方的科学性和安全性以及产品配方声称与产品配方注册内容的一致性进行审查，自受理之日起完成审评工作的最长时限是（　　）。

A. 40个工作日　　　B. 60个工作日

C. 80个工作日　　　D. 90个工作日

462. 抽样人员现场抽样时，应当记录被抽样食品生产经营者的营业执照、许可证等（　　）信息。

A. 许可　　　　　　B. 证照

C. 身份　　　　　　D. 可追溯

463. 现场抽样的，抽样人员应当采取有效的防拆封措施，对检验样品和复检备份样品分别封样，并由抽样人员和被抽样食品生产经营者（　　）确认。

A. 签字　　　　　　B. 盖章

C. 签字或者盖章　　　D. 签字和盖章

464. 风险监测、案件稽查、事故调查、应急处置等工作中，在没有规定的检验方法的情况下，可以采用其他检验方法分析查找食品安全问题的原因。所采用的方法应当遵循技术手段先进的原则，并取得（　　）市场监督管理部门同意。

A. 国家　　　　　　B. 省级

C. 组织或实施抽检的　D. 国家或省级

465. 初检机构应当自复检机构确定后（　　）个工作日内，将备份样品移交至复检机构。因客观原因不能按时移交的，经受理复检的市场监督管理部门同意，可以延长（　　）个工作日。

A. 3；3　　B. 5；5　　C. 7；5　　D. 7；7

466. 食品生产经营者收到监督抽检不合格检验结论后，应当立即采取封存不合格食品，暂停生产、经营不合格食品，通知相关生产经营者和消费者，召回已上市销售的不合格食品等风险控制措施，排查不合格原因并进行整改，及时向（　　）市场监督管理部门报告处理情况，积极配合市场监督管理部门的调查处理，不得拒绝、逃避。

A. 组织抽检的　　　B. 住所地

C. 省级　　　　　　D. 省级以上

467. 食品经营者收到监督抽检不合格检验结论后，应当按照（　　）的规定在被抽检经营场所显著位置公示相关不合格产品信息。

A. 组织抽检的市场监督管理部门

B. 住所地市场监督管理局

C. 省级以上市场监督管理局

D. 国家市场监督管理总局

468. 食品经营者未按规定公示相关不合格产品信息的，由市场监督管理部门责令改正；拒不改正的，给予警告，并处（　　）罚款。

A. 两千元到三万元　　B. 两千元到五万元

C. 一万元到三万元　　D. 一万元到五万元

469. 检验机构存在哪些情形的，市场监督管理部门终生不得委托其承担抽样检验任务？（　　）

A. 调换样品、伪造检验数据或者出具虚假检验报告的

B. 利用抽样检验工作之便牟取不正当利益的

C. 违反规定事先通知被抽检食品生产经营者的

D. 未按照规定的时限和程序报告不合格检验结论，造成严重后果的

470. 县级以上地方人民政府对本行政区域的食品安全监督管理工作负责，统一领导、组织、协调本行政区域的食品安全监督管理工作以及食品安全突发事件应对工作，建立健全食品安全全程监督管理工作机制和（　　）机制。

A. 信息共享　　　　B. 联动协调

C. 追责问责　　　　D. 全程追溯

471. （　　）卫生行政、农业行政部门应当及时相互通报食品、食用农产品安全风险监测信息。

A. 省级人民政府

B. 省级以上人民政府

C. 本级人民政府

D. 国务院

472. （　　）卫生行政、农业行政部门应

当及时相互通报食品、食用农产品安全风险评估结果等信息。

A. 省级人民政府

B. 省级以上人民政府

C. 本级人民政府

D. 国务院

473. 非食品生产经营者从事食品贮存、运输和装卸的，应当符合（　　）规定。

A. 有专职或者兼职的食品安全专业技术人员、食品安全管理人员和保证食品安全的规章制度

B. 具有合理的设备布局和工艺流程，防止待加工食品与直接入口食品、原料与成品交叉污染，避免食品接触有毒物、不洁物

C. 贮存、运输和装卸食品的容器、工具和设备应当安全、无害，保持清洁，防止食品污染，并符合保证食品安全所需的温度、湿度等特殊要求，不得将食品与有毒、有害物品一同贮存、运输

D. 直接入口的食品应当使用无毒、清洁的包装材料、餐具、饮具和容器

474. （　　）不是普通食品的标签应当标注的内容。

A. 贮存条件

B. 产品标准代号

C. 生产许可证编号

D. 主要营养成分及其含量

475. 事故单位在发生食品安全事故后未进行处置、报告的，由有关主管部门按照各自职责分工责令改正，给予警告；隐匿、伪造、毁灭有关证据的，责令停产停业，没收违法所得，并处（　　）罚款。

A. 五千元至五万元

B. 五万元至十万元

C. 十万元至二十万元

D. 十万元至五十万元

476. 下列哪项不是召回公告应当包括的内容？（　　）

A. 食品名称、商标、规格、生产日期、批次

B. 召回原因、等级、起止日期、区域范围

C. 相关食品生产经营者的义务和消费者退货及赔偿的流程

D. 召回的预期效果

477. 食品补充检验方法项目起草单位应根据所起草方法的技术特点，原则上选择不少于（　　）家食品检验机构，委托开展实验室间验证。验证单位的选择应具有代表性和公信力，其中至少包含（　　）家食品复检机构。

A. 3；1　　B. 3；2　　C. 5；1　　D. 5；2

478. 检验检测机构未依法取得资质认定，擅自向社会出具具有证明作用的数据、结果的，依照法律、法规的规定执行；法律、法规未作规定的，由县级以上市场监督管理部门责令限期改正，处（　　）罚款。

A. 一万元　　　　　B. 一万元及以下

C. 三万元　　　　　D. 三万元及以下

479. 检验检测机构应当向所在地（　　）市场监督管理部门报告持续符合相应条件和要求、遵守从业规范、开展检验检测活动以及统计数据等信息。

A. 县级　　B. 市级　　C. 省级　　D. 本级

480. 国务院（　　）应当加强对餐饮行业的管理，建立健全行业标准、服务规范；会同国务院市场监督管理部门等建立餐饮行业反食品浪费制度规范，采取措施鼓励餐饮服务经营者提供分餐服务、向社会公开其反食品浪费情况。

A. 人民政府

B. 粮食和物资储备部门

C. 发展改革部门

D. 商务主管部门

二、多选题

481. （　　）、特殊医学用途配方食品、婴幼儿配方食品、（　　）、（　　）等食品的生产许可，由省、自治区、直辖市市场监督管理部门负责。

A. 保健食品　　　　B. 婴幼儿辅助食品

C. 食盐　　　　　　D. 地方特色食品

482. 利用自动设备仅销售预包装食品的，备案人应当提交（　　）等材料。

A. 每台设备的具体放置地点

B. 备案编号的展示方法

C. 食品安全风险管控方案

D. 仅销售预包装食品备案信息采集表

483. 某园区新开办餐厅的食品经营许可证中可出现以下（　　）餐饮服务项目。

A. 热食类食品制售　　B. 生食类食品制售

C. 半成品制售　　　　D. 自制饮品制售

484. 无实体门店经营的互联网食品经营者申请食品经营许可证时，不得申请（　　）。

A. 预包装食品销售　　B. 热食类食品制售

C. 自制饮品制售　　　D. 散装熟食销售

485.《食品安全抽样检验抽样单》更改（　　）信息，由两名抽样人员签字或抽样单位盖章确认即可。

A. 营业执照信息　　　B. 经营许可证信息

C. 生产许可证信息　　D. 样品标称信息

486. 执行监督抽检任务时，普通抽样和网络抽样都需要采集的信息有：（　　）。

A. 被抽样品的完整包装（标签）信息

B. 样品购置凭证

C. 营业执照、许可证、备案凭证等资质证明文件照片

D. 成功下单后的订单信息

487. 承检机构应当建立检验结果复验程序，以下哪些项目除外？（　　）

A. 铜绿假单胞菌　　　B. 大肠菌群

C. 甜蜜素　　　　　　D. 寄生虫

488. 市场监管部门可能在收到复检申请书后第（　　）工作日确定复检机构。

A. 三个　　B. 五个　　C. 八个　　D. 十个

489. 以下说法正确的是（　　）。

A. 若批发市场（农贸市场）现场提供的证照上无经营者名称或为符号（如＊）等不能获得具体名称时，抽样单以批发市场（农贸市场）名称＋摊主姓名填写

B. 当被抽样单位营业执照和经营许可证的

名称信息不一致时，以被抽样单位确认的信息为准，无法确认的以新发证件为准

C. 被抽样单位的营业执照与许可证地址不一致的，以许可证的信息为准

D. 经营环节抽样时，若无经营许可证，只有备案信息的，经营许可证号填写"/"，备注中填写"备案号为××"

E. 当实际地址与被抽样单位证件不一致时，按照"省（自治区、直辖市）、市（地、州、盟）、县（市、区、旗）、乡（镇）"的格式填写被抽样单位的实际地址

490. 某机构在流通领域抽取一批次蜜饯，食品安全抽样信息记录表中的区域类型可能为（　　）。

A. 高速公路服务区　　B. 网购

C. 学校及周边　　　　D. 景点及周边

491. 以下哪些情况属于食品抽检发现严重食品安全风险情形。（　　）

A. 监督抽检时，发现某中学食堂抽检的一批次样品亚硝酸盐项目为600mg/kg

B. 评价性抽检时，发现某超市抽检的一批次样品克伦特罗项目为10μg/kg

C. 监督抽检时，发现某幼儿园食堂抽检的一批次样品孔雀石绿项目为100μg/kg

D. 评价性抽检时，发现某超市抽检的一批次样品甲拌磷项目为1.4mg/kg

492. 以下说法正确的是（　　）。

A. 特殊医学用途配方食品生产企业应当按照食品安全国家标准规定的检验项目对出厂产品实施逐批检验

B. 特殊医学用途配方食品中的全营养配方食品应当通过医疗机构或者药品零售企业向消费者销售

C. 特殊医学用途配方食品中的特定全营养配方食品广告按照处方药广告管理，其他类别的特殊医学用途配方食品广告按照非处方药广告管理

D. 医疗机构、药品零售企业销售全营养配方食品的，不需要取得食品经营许可

493. 对网络食品交易第三方平台提供者分

支机构的食品安全违法行为的查处，有管辖权的市场监管部门是（　　）。

A. 网络食品交易第三方平台提供者所在地的县级市场监管部门

B. 网络食品交易第三方平台提供者所在地的省级市场监管部门

C. 分支机构所在地的市级市场监管部门

D. 分支机构所在地的县级市场监管部门

494. 以下做法正确的是（　　）。

A. 某超市销售新鲜杨梅使用了防腐剂山梨酸，在销售包装上进行了标注：使用防腐剂山梨酸

B. 某水果店销售切块即食水果，在包装上标注：制作日期为 2024 年 11 月 28 日

C. 某生鲜店在销售辣椒时，标注：产地湖南省

D. 某杂货店销售草莓时，在销售包装上标注：冷藏时，保质期为 3 天

495. 集中交易市场开办者应当在醒目位置及时公布（　　）等信息。

A. 本市场食品安全管理制度

B. 食品安全总监

C. 食用农产品抽样检验信息

D. 市场自查结果

496. 保健食品生产环节监督检查要点与普通食品生产监督检查要点相比，还应包括（　　）等情况。

A. 注册备案要求执行

B. 生产质量管理体系运行

C. 原辅料管理

D. 原料前处理

497. 下列说法正确的是（　　）。

A. 市场监督管理部门根据需要可以聘请相关领域专业技术人员参加监督检查

B. 实施飞行检查应当覆盖检查要点所有检查项目

C. 市场监督管理部门实施监督检查，可以根据需要，依照食品安全抽样检验管理有关规定，对被检查单位生产经营的原料、半成品、成品等进行抽样检验

D. 监督检查记录以及相关证据，可以作为行政处罚的依据

498. 以下哪些案例属于违反《定量包装商品计量监督管理办法》的行为？（　　）

A. 某公司生产定量包装蜜饯，平均实际含量低于标注净含量

B. 某公司销售定量包装大米，未标注净含量

C. 某公司使用未经检定的计量器具生产定量包装商品

D. 某公司定量包装商品标注净含量的字符高度不符合规定

499. 行政处罚信息公示达到规定时限要求，且同时符合以下哪些条件的，可以向作出行政处罚决定的市场监督管理部门申请提前停止公示？（　　）

A. 已经自觉履行行政处罚决定中规定的义务

B. 未因同一类违法行为再次受到市场监督管理部门行政处罚

C. 受到责令停产停业行政处罚并改正

D. 已经主动消除危害后果和不良影响

E. 未在经营异常名录和严重违法失信名单中

500. 以下哪一项不属于应当不予行政处罚的情形？（　　）

A. 十六周岁的未成年人有违法行为的

B. 精神病人、智力残疾人在不能辨认或者不能控制自己行为时有违法行为的

C. 违法行为轻微并及时改正，没有造成危害后果的

D. 初次违法且危害后果轻微的

501. 申请人应当具备与所生产婴幼儿配方乳粉相适应的（　　），符合粉状婴幼儿配方食品良好生产规范要求。

A. 研发能力　　　　B. 经济能力

C. 生产能力　　　　D. 检验能力

E. 销售能力

502. 市场监督管理部门应当按照（　　）的原则，以发现和查处食品安全问题为导

向，依法对食品生产经营活动全过程组织开展食品安全抽样检验工作。

A. 科学　　B. 高效　　C. 公平
D. 公正　　E. 公开

503. 抽样人员应当保存购物票据，并对（　　）等通过拍照或者录像等方式留存证据。

A. 抽样人员　　　　　B. 抽样场所
C. 贮存环境　　　　　D. 包装外观
E. 样品信息

504. 买样人员应当通过截图、拍照或者录像等方式记录被抽样网络食品生产经营者信息、（　　）等。

A. 样品网页展示信息　B. 订单信息
C. 快递信息　　　　　D. 收货日期
E. 支付记录

505. （　　）中的检验结论的通报和报告，不受《食品安全抽样检验管理办法》的规定时限限制。

A. 风险监测　　　　　B. 案件稽查
C. 事故调查　　　　　D. 专项整治
E. 应急处置

506. 有下列（　　）情形之一的，不予复检。

A. 检验结论为微生物指标不合格的
B. 复检备份样品未超过保质期的
C. 逾期提出复检申请的
D. 法律、法规、规章以及食品安全标准规定的不予复检的其他情形
E. 其他原因导致备份样品无法实现复检目的的

507. 检验机构存在哪些情形的，市场监督管理部门五年内不得委托其承担抽样检验任务？（　　）

A. 调换样品、伪造检验数据或者出具虚假检验报告的
B. 利用抽样检验工作之便牟取不正当利益的
C. 违反规定事先通知被抽检食品生产经营者的

D. 擅自发布食品安全抽样检验信息的
E. 未按照规定的时限和程序报告不合格检验结论，造成严重后果的

508. 食用农产品销售者无法提供（　　）的，市场监管部门应当依法予以查处。

A. 进货查验记录
B. 合法进货凭证
C. 产品真实合法来源
D. 有效身份证明
E. 销售记录

509. 有下列情形之一的，应当进行食品安全风险评估：（　　）。

A. 通过食品安全风险监测或者接到举报发现食品、食品添加剂、食品相关产品可能存在安全隐患的
B. 为制定或者修订食品安全国家标准提供科学依据需要进行风险评估的
C. 为确定监督管理的重点领域需要进行风险评估的
D. 为确定监督管理的重点品种需要进行风险评估的
E. 为确定监督管理的重点人群需要进行风险评估的

510. 省级以上人民政府卫生行政部门应当在其网站上公布制定和备案的食品安全（　　），供公众免费查阅、下载。

A. 国家标准　　　　　B. 地方标准
C. 企业标准　　　　　D. 行业标准
E. 国际标准

511. 食品生产企业应当就下列（　　）事项制定并实施控制要求。

A. 原料采购、原料验收、投料等原料控制
B. 生产工序、设备、贮存、包装等生产关键环节控制
C. 原料检验、半成品检验、成品出厂检验等检验控制
D. 运输和交付控制
E. 销售和流通控制

512. 下列哪些属于依法应当备案的保健食品在备案时需要提供的材料？（　　）

A. 研发报告　　　B. 产品配方
C. 生产工艺　　　D. 标签
E. 说明书

513. 国家出入境检验检疫部门应当收集、汇总下列哪些进出口食品安全信息，并及时通报相关部门、机构和企业?（　　）

A. 出入境检验检疫机构对进出口食品实施检验检疫发现的食品安全信息

B. 食品行业协会和消费者协会等组织、消费者反映的进口食品安全信息

C. 境内食品抽检发现的不合格处置信息的风险信息汇总分析报告

D. 国际组织、境外政府机构发布的风险预警信息及其他食品安全信息，以及境外食品行业协会等组织、消费者反映的食品安全信息

E. 其他食品安全信息

514. 食品召回计划应当包括下列哪些内容?（　　）

A. 召回原因及危害后果

B. 召回等级、流程及时限

C. 消费者退货及赔偿的流程

D. 相关食品生产经营者的义务和责任

E. 召回的预期效果

515. 有下列哪些情形的，检验检测机构应当向资质认定部门申请办理变更手续?（　　）

A. 法定代表人发生变更

B. 最高管理者发生变更

C. 技术负责人发生变更

D. 检验检测报告授权人发生变更

E. 机构部门发生变更

516. 专业技术评价机构、评审人员在评审活动中有下列哪些情形之一的，资质认定部门可以根据情节轻重，对其进行约谈、暂停直至取消委托其从事技术评审活动?（　　）

A. 未按照资质认定基本规范、评审准则规定的要求和时间实施技术评审的

B. 对同一检验检测机构既从事咨询又从事

技术评审的

C. 与所评审的检验检测机构有利害关系或者其评审可能对公正性产生影响，进行回避的

D. 透露工作中所知悉的国家秘密、商业秘密或者技术秘密的

E. 向所评审的检验检测机构谋取不正当利益的

517. 检验检测机构出具的检验检测报告存在下列（　　）情形之一的，并且数据、结果存在错误或者无法复核的，属于不实检验检测报告。

A. 样品的采集、标识、分发、流转、制备、保存、处置不符合标准等规定

B. 使用未经检定或者校准的仪器、设备、设施的

C. 违反国家有关强制性规定的检验检测规程或者方法的

D. 未按照标准等规定传输、保存原始数据和报告的

E. 改变关键检验检测条件的

518. 检验检测机构出具的检验检测报告存在下列（　　）情形之一的，属于虚假检验检测报告。

A. 未经检验检测的

B. 未按照标准等规定传输、保存原始数据和报告的

C. 减少、遗漏或者变更标准等规定的应当检验检测的项目的

D. 调换检验检测样品或者改变其原有状态进行检验检测的

E. 伪造检验检测机构公章或者检验检测专用章，或者伪造授权签字人签名或者签发时间的

519. 我国食品安全工作到 2035 年的总体目标是:（　　）。

A. 基本实现食品安全领域国家治理体系和治理能力现代化

B. 食品安全标准水平进入世界前列

C. 区域性、系统性重大食品安全风险基本

得到控制

D. 生产经营者责任意识、诚信意识和食品质量安全管理水平明显提高

E. 食品安全风险管控能力达到国际先进水平

520. 食品生产经营企业等单位有食品安全法规定的违法情形，除依照食品安全法的规定给予处罚外，有下列哪些情形之一的，对单位的法定代表人、主要负责人、直接负责的主管人员和其他直接责任人员处以其上一年度从本单位取得收入的 1 倍以上 10 倍以下罚款？（　　）

A. 违法金额巨大

B. 违法行为性质恶劣

C. 违法行为造成严重后果

D. 多次实施违法行为

E. 故意实施违法行为

三、判断题

521. 对食品生产加工小作坊的监督管理，参照《食品生产许可管理办法》执行。（　　）

522. 中央厨房、集体用餐配送单位、集中用餐单位食堂等可配备专职或者兼职的食品安全管理人员。（　　）

523. 某监督抽检任务的承检机构在校园附近餐饮店抽取食用农产品，监管人员可以不予陪同。（　　）

524. 某抽样人员在超市抽取了一批次饮料回到承检机构，发现该批次样品抽样单中的生产日期填写错误，遂自己根据样品标签划改生产日期后签字，重新拍照抽样单上传国家食品安全抽样检验信息系统。（　　）

525. 抽样人员必须当场向被抽样单位支付样品购置费。（　　）

526. 某县级监督抽检任务承检机构收样人员，对收到的不同生产批次的网络抽检食品进行了退样处理。（　　）

527. 对于收到的食品为不同生产批次的，选取其中满足检验及复检要求的某一批次食品为抽检样品，其余不同批次食品应当

同复检备份样品一并管理，并在抽样单备注栏说明。（　　）

528. 某县级市场监管部门组织实施的抽样检验工作中发现严重食品安全风险涉及进口食品，遂将相应情况通报同级海关。（　　）

529. 合格备份样品应当自检验结论作出之日起三个月内妥善保存，剩余保质期不足三个月的，应当保存至保质期结束。（　　）

530. 某被抽样单位申请派员观察复检实施过程，复检机构应当予以配合。（　　）

531. 对抽样过程有异议的，申请人应当在抽样完成之日起七个工作日内，向组织实施抽样检验工作的市场监管部门提出书面申请，并提交相关证明材料。（　　）

532. 当抽样单位发现被抽样单位的"单位地址"与证件不一致时，应立即停止抽样，并将相应情况告知组织抽检的市场监管部门。（　　）

533. 抽样人员在生产者成品库抽取无包装食品时，生产者信息全部填写"/"。（　　）

534. GB 2760—2024《食品安全国家标准 食品添加剂使用标准》于 2024 年 2 月 8 日发布，将在 2025 年 2 月 8 日起实施，食品生产企业可于 2025 年 2 月 8 日前实施该标准并公开提前实施情况。（　　）

535. 进口食用农产品的包装或者标签应当符合我国法律、行政法规的规定和食品安全标准的要求并标示生产者的名称、地址和联系方式。（　　）

536. 销售者贮存食用农产品时，应当定期检查，及时清理腐败变质、油脂酸败、带泥带虫或者感官性状异常的食用农产品。（　　）

537. 对无法提供承诺达标合格证或者其他产品质量合格凭证的食用农产品，集中交易市场开办者不得允许其进入市场销售。（　　）

538. 对同一食品生产经营者，上级市场监督管理部门已经开展监督检查的，下级市场监督管理部门三个月内不能再重复检查

已检查的项目。（　　）

539. 询问笔录经核对无误后，由被询问人在笔录结尾处签名、盖章或者以其他方式确认。（　　）

540. 某行政机关根据内部规定对某公司违法行为给予行政处罚。（　　）

541. 已经取得婴幼儿配方乳粉产品配方注册证书及生产许可的企业集团母公司或者其控股子公司不得使用同一企业集团内其他控股子公司或者企业集团母公司已经注册的婴幼儿配方乳粉产品配方。（　　）

542. 市场监督管理部门组织实施的食品安全监督抽检和评价性抽检的抽样检验工作，适用《食品安全抽样检验管理办法》。（　　）

543. 县级以上地方市场监督管理部门应当根据上级市场监督管理部门制定的抽样检验年度计划，制定本行政区域的食品安全抽样检验工作方案。（　　）

544. 食品安全抽样工作应当遵守随机选取抽样数量、随机确定抽样人员的要求。（　　）

545. 风险监测、案件稽查、事故调查、应急处置中的抽样，不受抽样方法、抽样地点、被抽样单位是否具备合法资质等限制。（　　）

546. 食品安全抽样检验实行承检机构与检验人负责制。承检机构出具的食品安全检验报告应当加盖机构公章，并有检验人的签名或者盖章。承检机构对出具的食品安全检验报告负责。（　　）

547. 承检机构应当自寄送样品之日起 20 个工作日内出具检验报告。市场监督管理部门与承检机构另有约定的，从其约定。（　　）

548. 地方市场监督管理部门组织或者实施食品安全监督抽检的检验结论不合格的，抽样地与标称食品生产者住所地不在同一省级行政区域的，抽样地市场监督管理部门应当在收到不合格检验结论后通过食品安全抽样检验信息系统及时通报标称的食品生产者住所地市场监督管理部门。（　　）

549. 利用抽样检验工作之便牟取不正当利益的，市场监督管理部门终身不得委托其承担抽样检验任务。（　　）

550. 无正当理由 1 年内 2 次拒绝承担复检任务的，由省级以上市场监督管理部门商有关部门撤销其复检机构资质并向社会公布。（　　）

551. 对通报的食品安全风险信息以及医疗机构报告的食源性疾病等有关疾病信息，国务院卫生行政部门认为必要的，及时调整国家食品安全风险监测计划。（　　）

552. 患有国务院卫生行政部门规定的有碍食品安全疾病的人员，不得从事接触跟食品相关的工作。（　　）

553. 首次进口补充维生素、矿物质等营养物质的保健食品，应当报国务院食品安全监督管理部门注册。（　　）

554. 食品生产企业必须设有本企业独立的检验室，对所生产的食品进行检验。（　　）

555. 食品经营者履行了《中华人民共和国食品安全法》规定的进货查验等义务，有充分证据证明其不知道所采购的食品不符合食品安全标准，并能如实说明其进货来源的，应当免予处罚。（　　）

556. 检验检测机构资质认定推行网上审批，有条件的市场监督管理部门可以颁发资质认定电子证书。（　　）

557. 检验检测机构及其人员应当对其出具的检验检测报告负责，依法承担民事和行政法律责任。（　　）

558. 县级以上地方市场监督管理部门应当定期逐级上报年度检验检测机构监督检查结果等信息，并将检验检测机构违法行为查处情况通报上级市场监督管理部门和同级有关行业主管部门。（　　）

559. 企业应当建立食品安全月调度制度。企业主要负责人每月至少听取一次食品安全员管理工作情况汇报，对当月食品安全日常管理、风险隐患排查治理等情况进行工作总结，对下个月重点工作作出调度安排，形成《每月食品安全调度会议纪要》。（　　）

560. 餐饮服务经营者应当运用信息化手段分析用餐需求，通过建设中央厨房、配送中心等措施，对食品采购、运输、储存、加工等进行科学管理。（　　）

四、填空题

561. 食品生产许可实行_____原则，即同一个食品生产者从事食品生产活动，应当取得一个食品生产许可证。

562. 仅销售预包装食品的，应当报所在地_____地方市场监督管理部门备案。

563. 食品安全抽检监测计划包括_____计划、_____计划和_____计划。

564. 食品安全事故按照国家食品安全事故应急预案实行_____管理。

565. 国家建立_____制度，依托现有资源加强职业化检查员队伍建设，强化考核培训，提高检查员专业化水平。

566. 两个以上市场监督管理部门都有管辖权的网络食品安全违法案件，由_____立案查处的市场监督管理部门管辖。

567. 从事连锁经营和批发业务的食用农产品销售企业应当主动加强对采购渠道的审核管理，优先采购附具_____或者其他产品质量合格凭证的食用农产品，不得采购不符合食品安全标准的食用农产品。

568. 从事批发业务的食用农产品销售企业应当建立_____制度，如实记录批发食用农产品的名称、数量、进货日期、销售日期以及购货者名称、地址、联系方式等内容，并保存相关凭证。

569. 即食食用农产品，指以生鲜食用农产品为原料，经过_____、_____、_____等简单加工后，可供人直接食用的食用农产品。

570. 县级以上地方市场监督管理部门应当按照规定在覆盖所有食品生产经营者的基础上，结合食品生产经营者信用状况，随机选取_____、随机选派_____

实施监督检查。

571. 对因_____等因素引起净含量变化较大的定量包装商品，生产者应当采取措施保证在规定条件下商品净含量的准确。

572. 市场监督管理部门应当依照《中华人民共和国保守国家秘密法》以及其他法律法规的有关规定，建立健全行政处罚信息_____机制。

573. 市场监督管理部门应当严格履行行政处罚信息公示职责，按照_____的原则建立健全行政处罚信息公示内部审核和管理制度。

574. 对当事人的违法行为依法不予行政处罚的，市场监督管理部门应当对当事人进行_____。

575. 设定和实施行政处罚必须以_____为依据，与违法行为的事实、性质、情节以及社会危害程度相当。

576.《食品安全抽样检验管理办法》适用市场监督管理部门组织实施的食品安全监督抽检和_____的抽样检验工作。

577. 市场监督管理部门应当与承担食品安全抽样、检验任务的_____签订_____，明确双方权利和义务。

578. 抽样人员可以从食品经营者的_____、_____以及食品生产者的_____中随机抽取样品，不得由食品生产经营者自行提供样品。

579. 现场抽样的，抽样人员应当采取有效的_____措施，对检验样品和复检备份样品分别封样，并由抽样人员和被抽样食品生产经营者签字或者盖章确认。

580. 未经组织实施抽样检验任务的市场监督管理部门同意，承检机构不得_____或者_____检验任务。

581. 县级以上地方市场监督管理部门收到监督抽检不合格检验结论后，应当按照省级以上市场监督管理部门的规定，在 5 个工作日内将检验报告和抽样检验结果通知书送达_____、_____、_____，并告知其依法享有的权利和应当承担的义务。

582. 异议申请材料不符合要求或者证明材料不齐全的，市场监督管理部门应当_____或者_____、_____告知申请人需要补正的全部内容。

583. 市场监督管理部门公布食品安全监督抽检不合格信息，包括_____、_____、_____、_____、_____、_____、_____、_____等。

584. 食品安全工作实行_____、_____、_____、_____，建立_____、_____的监督管理制度。

585. 制定食品安全标准，应当以保障公众身体健康为宗旨，做到_____、_____。

586. 食品生产企业应当建立食品原料、食品添加剂、食品相关产品进货查验记录制度，如实记录食品原料、食品添加剂、食品相关产品的_____、_____、_____、_____、_____以及_____、_____、_____等内容，并保存相关凭证。

587. 依法应当注册的保健食品，注册时应当提交保健食品的_____、_____、_____、_____、_____等材料及_____，并提供相关证明文件。

588. 媒体编造、散布虚假食品安全信息的，使公民、法人或者其他组织的合法权益受到损害的，依法承担_____、_____、_____、_____等民事责任。

589. 资质认定证书内容包括_____、_____、_____、_____、_____。

_____。

590. 食品生产经营企业应当建立基于食品安全风险防控的动态管理机制，结合企业实际，落实自查要求，制定食品安全风险管控清单，建立健全_____、_____、_____工作制度和机制。

五、简答题

591. 抽检监测计划和工作方案的具体内容包括什么？

592. 食品抽检发现哪些情形属于食品抽检发现严重风险快速应对机制所称的严重食品安全风险？

593. 哪些情形可以认定为《食品安全法》第一百二十五条第二款规定的标签、说明书瑕疵情形？

594. 市场监督管理部门作出行政处罚决定，应当制作行政处罚决定书，并加盖本部门印章。行政处罚决定书应包括什么内容？

595. 行政处罚的种类有哪几种？

596. 申请婴幼儿配方乳粉产品配方注册，应当向国家市场监督管理总局提交哪些材料？

597. 食品安全标准应当包括哪些内容？

598. 反食品浪费工作方案从哪几个方面执行？

599. 哪些食品应当作为食品安全抽样检验工作计划的重点？

600. 食品安全抽检中存在哪些情形的，市场监督管理部门应当按照有关规定依法处理并向社会公布；构成犯罪的，依法移送司法机关处理？

第 二 部 分

食品检验检测基础知识

第二章

食品化学分析基础知识

● **核心知识点** ●

一、化学分析法

以物质的化学反应为基础的一种经典分析方法，包括定性分析和定量分析，定量分析法包括重量法和容量法。

二、重量法

通过称量物质的质量来确定被测组分含量的分析方法，适用于食品中水分、灰分、脂肪等成分的测定。

三、容量法

通过测量已知浓度的滴定液消耗量来确定被测成分含量的分析方法，分为以下四种：

（一）酸碱滴定法：适用于酸度、蛋白质的测定；

（二）氧化还原滴定法：适用于还原糖、维生素 C 的测定；

（三）络合滴定法：适用于铁、维生素 A 的测定；

（四）沉淀滴定法：适用于氯离子的测定。

四、分析方法的评价指标

（一）精密度：多次平行测定结果相互接近的程度；

（二）准确度：测定值与真实值的接近程度；

（三）灵敏度：分析方法所能检测到的最低限量。

食品化学分析技术作为检测食品成分的重要手段，被广泛应用于评估食品质量和安全性，在食品工业和食品安全监管中发挥着重要作用。科学的方法和标准化的操作在食品化学分析中至关重要，可确保分析结果的准确性和可靠性。

本章参考大连轻工业学院等编的《食品分析》（第一版）、阙建全主编的《食品化学》（第三版）和巢强国主编的《食品质量检验——粮油及制品类》（第一版）等书籍，围绕食品化学分析的基本原理、技术手段及应用范围，设计了一系列层次分明的训练任务，旨在提升读者的化学分析技能。通过本章的系统练习，读者将熟练掌握滴定分析、重量分析等经典化学分析技术在食品检验中的应用技巧。

第一节　基础知识自测

一、单选题

1. 以下不属于食品样品中待测成分的净化方法的是（　　）。
A. 固相萃取　　　　　B. 凝胶渗透色谱
C. 索氏提取　　　　　D. 皂化法

2. 微波消解的样品量不宜过大，一般有机样品不能超过（　　）克，无机样品不能超过（　　）克。
A. 1.0，5　　　　　　B. 0.5，5
C. 1.0，10　　　　　 D. 0.5，10

3. 还原糖检验过程中，加入中性醋酸铅溶液做澄清剂，样液中残留的铅离子必须加（　　）除去，否则加热会使铅与还原糖反应，导致测定结果（　　）。
A. 乙酸钠，偏高　　　B. 草酸钠，偏低
C. 氯化钠，偏高　　　D. 乙酸铵，偏低

4. 酶水解法测定淀粉，按还原糖的测定方法测定葡萄糖含量，然后乘以校正因子（　　），即可得到淀粉的含量。
A. 0.86　　B. 0.75　　C. 0.90　　D. 0.95

5. 食品中淀粉测定步骤中，使用（　　）乙醇洗去可溶性糖类。
A. 75%　　B. 80%　　C. 85%　　D. 90%

6. 高效液相色谱法测定食品中维生素 B_2，使用的激发波长和发射波长分别是（　　）。
A. 375nm，435nm　　B. 462nm，522nm
C. 440nm，525nm　　D. 325nm，294nm

7. 火焰原子吸收光谱法测定食品中铁含量时，选择的波长为（　　）。
A. 248.3nm　　　　　B. 510nm
C. 213.8nm　　　　　D. 440nm

8. 甘汞是指（　　）。
A. HgS　　　　　　　B. HgI_2
C. $HgCl_2$　　　　　　D. Hg_2Cl_2

9. 植物蛋白的酸水解液中以（　　）为主。
A. 3-氯-1,2-丙二醇　　B. 2-氯-1,3-丙二醇
C. 1,3-二氯-2-丙醇　　D. 2,3-二氯-1-丙醇

10. 氢气瓶瓶身颜色为（　　），瓶身上的字样颜色为（　　）。
A. 银灰色，红色　　　B. 深绿色，红色
C. 灰色，绿色　　　　D. 草绿色，白色

11. 滴定法测定食品中挥发性盐基氮，滴定终点的颜色为（　　）。
A. 无色　　　　　　　B. 蓝紫色
C. 黄色　　　　　　　D. 红色

12. 分光光度法测定水产品中的组胺使用的试剂不包括（　　）。
A. 对硝基苯胺　　　　B. 亚硝酸钠
C. 碳酸钠　　　　　　D. 三乙胺

13. 碱性乙醚提取法测定乳与乳制品中脂肪时，加入的碱是（　　）。
A. 氢氧化钠　　　　　B. 碳酸钠
C. 氨水　　　　　　　D. 三乙胺

14. 正常生牛乳的酸度为（　　）。
A. 12～16°T　　　　　B. 10～18°T

C. 10～16°T
D. 12～18°T

15. 适用于粮食酸度测定的方法为（　　）。

A. 酚酞指示剂法　　B. pH 计法

C. 电位滴定仪法　　D. 以上都可以

16. 不属于蒸馏酒的是（　　）。

A. 白酒　　　　　　B. 伏特加

C. 威士忌　　　　　D. 清酒

17. 牛乳中掺入豆浆可用（　　）鉴定。

A. 相对密度计法　　B. 脲酶检验法

C. 玫瑰红酸法　　　D. 溴甲酚紫法

18. 饼干的水分含量为（　　）。

A. 12%～14%　　　B. 5%～8%

C. 2.5%～4.5%　　D. 0.5%～2.0%

19. 灰分是标示食品中（　　）总量的一项指标。

A. 无机盐　　　　　B. 氧化物

C. 无机成分　　　　D. 有机物

20. 在面粉加工中，常以总灰分含量评定面粉等级，富强粉的总灰分为（　　）。

A. 0.3%～0.5%　　B. 0.6%～0.9%

C. 1.0%～1.5%　　D. 1.6%～2.0%

21. 酸不溶性灰分的测定是向总灰分或水不溶性灰分中加入（　　）。

A. 硫酸　　B. 盐酸　　C. 硝酸　　D. 醋酸

22. 高锰酸钾滴定法测定食品中的钙含量，滴定终点的颜色为（　　）。

A. 无色　　　　　　B. 蓝色

C. 微红色　　　　　D. 橙色

23. 酸性条件下，（　　）与硫氰酸钾作用，生成血红色的络合物。

A. Fe^{2+}　　　　　　B. Fe^{3+}

C. Cr^{3+}　　　　　　D. Cr^{5+}

24. 硫氰酸盐比色法测定食品中铁含量，加入的过硫酸钾是作为（　　）。

A. 还原剂　　　　　B. 氧化剂

C. 络合剂　　　　　D. 沉淀剂

25. 在 pH 2～9 的溶液中，（　　）与邻二氮菲生成红色络合物。

A. Fe^{2+}　　B. Fe^{3+}　　C. Cr^{3+}　　D. Cr^{5+}

26. 为防止碘在高温灰化时挥发损失，灰化样品时常加入（　　）。

A. 氨水　　　　　　B. 氢氧化钾

C. 硫酸　　　　　　D. 磷酸

27. 分析酒类的总酸度，测定结果通常用（　　）表示。

A. 柠檬酸　　　　　B. 苹果酸

C. 酒石酸　　　　　D. 乙酸

28. 测定样品中总挥发酸含量时，须加少许（　　）使结合态挥发酸游离出来，便于蒸馏。

A. 氢氧化钠　　　　B. 氨水

C. 磷酸　　　　　　D. 硫酸

29. 食品中挥发酸含量滴定前必须将蒸馏液加热到（　　），使其终点明显，以提高测定精度。

A. 60～65℃　　　　B. 65～70℃

C. 70～75℃　　　　D. 75～80℃

30. 电位法测定食品的 pH 值，测定值可准确到（　　）pH 单位。

A. 0.1　　B. 0.05　　C. 0.02　　D. 0.01

31. 玻璃电极不用时，宜浸在（　　）中。

A. 饱和氯化钠　　　B. 蒸馏水

C. 缓冲液　　　　　D. 盐酸

32. （　　）适用于贝类中脂肪含量的测定。

A. 索氏提取法　　　B. 酸水解法

C. 盖勃法　　　　　D. 氯仿-甲醇提取法

33. 测定大米中的可溶性糖时，常用（　　）作提取剂。

A. 70%～75%乙醇溶液

B. 水

C. 石油醚

D. 50%～55%乙醇溶液

34. 用还原糖法测定蔗糖，选用直接滴定法时，应采用（　　）标准转化糖溶液标定碱性酒石酸铜溶液。

A. 1.0%　　　　　　B. 0.5%

C. 0.2%　　　　　　D. 0.1%

35. 蒽酮比色法测定总糖含量，如果要求测定结果不包含淀粉，样品处理应采用

（　　　）作提取剂。

A. 60％硫酸　　　　　B. 52％高氯酸

C. 80％乙醇　　　　　D. 10％氨水

36. 如果要求淀粉含量测定结果不包括糊精，需要用（　　　）洗涤样品残渣。

A. 水　　　　　　　　B. 10％乙醇

C. 50％乙醇　　　　　D. 80％乙醇

37. 样品中脂肪含量高于（　　　）时，应先脱脂，再进行粗纤维的测定。

A. 1％　　B. 2％　　C. 3％　　D. 5％

38. 重量法测定粗纤维的恒重要求是（　　　）。

A. 烘干＜1mg，灰化＜0.5mg

B. 烘干＜0.5mg，灰化＜0.5mg

C. 烘干＜1mg，灰化＜1mg

D. 烘干＜0.5mg，灰化＜1mg

39. 鸡蛋的蛋白质换算系数为（　　　）。

A. 5.46　　B. 6.38　　C. 5.71　　D. 6.25

40. 甲基红-溴甲酚绿混合指示剂在酸性溶液中呈（　　　）。

A. 绿色　　B. 红色　　C. 灰色　　D. 无色

41. 凯氏定氮法测定蛋白质，如果干样品超过 5g，可按每克试样（　　　）mL 的比例增加硫酸用量。

A. 1　　　B. 2　　　C. 5　　　D. 10

42. 凯氏定氮法测定蛋白质，硼酸吸收液的温度不应超过（　　　），否则将对氨的吸收作用减弱而造成损失。

A. 40℃　　B. 45℃　　C. 50℃　　D. 55℃

43. 大部分氨基酸在碱性溶液中能与茚三酮作用，生成（　　　）化合物。

A. 砖红色　　　　　　B. 褐色

C. 橙色　　　　　　　D. 蓝紫色

44. 在氯仿溶液中，维生素 A 与三氯化锑可生成（　　　）可溶性络合物。

A. 粉红色　　　　　　B. 蓝色

C. 橙黄色　　　　　　D. 白色

45. 在氯仿溶液中，维生素 D 与三氯化锑可生成（　　　）可溶性络合物。

A. 粉红色　　　　　　B. 蓝色

C. 橙黄色　　　　　　D. 白色

46. 进行硝酸盐测定时，使用完的镉柱应用（　　　）除去表面的氧化镉，不用时用（　　　）封盖。

A. 稀盐酸，水　　　　B. 水，水

C. 稀盐酸，稀盐酸　　D. 水，稀盐酸

47. 盐酸副玫瑰苯胺比色法测定食品中二氧化硫，显色反应最适温度为（　　　）。

A. 10～15℃　　　　　B. 15～20℃

C. 20～25℃　　　　　D. 25～30℃

48. 碘量法测定二氧化硫，使用的指示剂为（　　　）。

A. 酚酞　　B. 甲基红　　C. 亚甲蓝　　D. 淀粉

49.（　　　）与双硫腙螯合能力很强，在酸性条件下其余金属离子都不产生干扰。

A. 铅离子　　　　　　B. 汞离子

C. 镉离子　　　　　　D. 铁离子

50. 在弱酸性介质中，四价锡离子与苯芴酮生成（　　　）络合物。

A. 橙红色　　　　　　B. 褐色

C. 白色　　　　　　　D. 蓝紫色

51. 在碱性溶液中，铜离子与二乙基二硫代氨基甲酸钠生成（　　　）络合物。

A. 橙红色　　　　　　B. 红褐色

C. 棕黄色　　　　　　D. 蓝紫色

52. 在酸性溶液中，六价铬离子与二苯碳酰二肼反应特效性很强，生成（　　　）络合物。

A. 紫红色　　　　　　B. 橙红色

C. 棕黄色　　　　　　D. 蓝紫色

53. 氟离子选择性电极常用的膜材料是（　　　）。

A. 氟化钠　　　　　　B. 氟化铝

C. 氟化钙　　　　　　D. 氟化镧

54. 实验室一级用水的电导率（25℃）要求为（　　　）mS/m。

A. ≤0.01　　　　　　B. ≤0.05

C. ≤0.10　　　　　　D. ≤0.50

55. 吸光度（254nm，1cm 光程）≤0.01 是对实验室（　　　）用水的要求。

A. 一级 B. 二级 C. 三级 D. 四级

56. 化学试剂中的优级纯代号为（　　），标志颜色为（　　）。

A. G. R.，蓝色　　　　B. A. R.，红色

C. G. R.，绿色　　　　D. C. P.，绿色

57. 标准滴定溶液的浓度要求精确到（　　）位有效数字。

A. 2　　　B. 3　　　C. 4　　　D. 5

58. 容积为 10mL 的滴定管，其最小分度值为（　　）mL。

A. 0.01　　B. 0.02　　C. 0.05　　D. 0.1

59. 根据有效数字的运算规则 0.0121＋25.64＋1.05782＝（　　）。

A. 26.70992　　　　B. 26.7099

C. 26.710　　　　　D. 26.71

60. 根据有效数字的运算规则 0.0121×25.64×1.05782＝（　　）。

A. 0.32818　　　　B. 0.3282

C. 0.328　　　　　D. 0.33

61. 气瓶内气体不得用尽，剩余残压不应小于（　　）MPa。

A. 0.2　　B. 0.5　　C. 0.8　　D. 1.0

62. 在实验室发生盐酸灼伤，在大量水冲洗后，应用（　　）冲洗，然后送医。

A. 饱和碳酸氢钠溶液　B. 饱和硼酸溶液

C. 25％氨水　　　　D. 20％醋酸溶液

63. 大米通过直径（　　）mm 圆孔筛，留存在直径（　　）mm 圆孔筛上的碎米为小碎米。

A. 2.5，2.0　　　　B. 2.0，1.5

C. 1.5，1.0　　　　D. 2.0，1.0

64. 油脂的过氧化值测定，使用（　　）作为标准滴定液。

A. 硫酸钠　　　　　B. 硫代硫酸钠

C. 碘化钾　　　　　D. 高锰酸钾

65. 粗细度是衡量（　　）质量的重要指标。

A. 大米　　B. 小麦　　C. 面粉　　D. 高粱

66. 罗维朋比色计可用于测定油脂的（　　）。

A. 色泽　　　　　　B. 酸度

C. 密度　　　　　　D. 折射率

67.（　　）常用于判断油脂的酸败程度。

A. 不皂化物　　　　B. 皂化价

C. 碘价　　　　　　D. 羰基价

68. 糕点和糖果中的糖类一般用水提取，为避免提出可溶性淀粉，温度控制在（　　）。

A. 40～45℃　　　　B. 45～50℃

C. 50～55℃　　　　D. 55～60℃

69. 酒精计法不适用于（　　）的酒精度测定。

A. 白酒　　B. 啤酒　　C. 葡萄酒　　D. 果酒

70. 密度瓶法测量啤酒样品的酒精度，重复条件下获得的两次独立测定结果的绝对差值不得超过（　　）。

A. 0.1％vol　　　　B. 0.2％vol

C. 0.5％vol　　　　D. 1.0％vol

71. 酒精计法中所使用的酒精计和温度计分度值要求分别为（　　）。

A. 0.1％vol，0.2℃　B. 0.2％vol，0.1℃

C. 0.1％vol，0.1℃　D. 0.2％vol，0.2℃

72.（　　）是白酒中影响最大的香味物质。

A. 醇类　B. 醛类　C. 酸类　D. 酯类

73.（　　）是清香型白酒和凤香型白酒中含有的主要酯类。

A. 乙酸乙酯　　　　B. 丁酸乙酯

C. 乳酸乙酯　　　　D. 己酸乙酯

74. 直接测定食盐含量时使用的指示剂为（　　）。

A. 铬黑 T　　　　　B. 铬酸钾

C. 酸性铬蓝 K　　　D. 甲基红

75. 光谱漫反射比恒等于 1 的理想完全发射漫射体表面的白度为（　　）。

A. 0　　B. 20　　C. 50　　D. 100

76. 糖的比旋光度是指 1mL 含 1g 糖的溶液在其透光层为（　　）时使偏振光旋转的角度。

A. 0.01m　B. 0.05m　C. 0.1m　D. 0.5m

77. 在相同温度下，（　　）在水中溶解度最大。

A. 果糖　　B. 葡萄糖　　C. 蔗糖　　D. 乳糖

78. 葡萄糖的熔点为（　　）。

A. 95℃　　　　　　B. 103℃

C. 125℃　　　　　　D. 146℃

79. 油脂在（　　）的作用下发生的水解称为皂化反应。

A. 热　　　　　　　B. 酸

C. 碱　　　　　　　D. 脂解酶

80. 史卡尔法是定期测定处于（　　）油脂的过氧化值的变化，确定油脂出现氧化性酸败的时间。

A. 50℃　　B. 60℃　　C. 70℃　　D. 80℃

二、多选题

81. 食品中需采用质量分析法进行测定的成分包括（　　）。

A. 水分　　　　　　B. 灰分

C. 脂肪　　　　　　D. 蛋白质

82. 容量分析法包括（　　）。

A. 酸碱滴定法　　　B. 氧化还原滴定法

C. 配位滴定法　　　D. 沉淀滴定法

83. 国家标准的编号由（　　）组成。

A. 标准的代号　　　B. 标准发布的顺序号

C. 标准发布的年号　D. 标准的类别号

84. 样品保存的原则有（　　）。

A. 稳定待测成分　　B. 防止污染

C. 防止腐败变质　　D. 稳定水分

85. 以下适用于食品中无机元素测定的前处理方法有（　　）。

A. 湿消化法　　　　B. 干灰化法

C. 微波消化法　　　D. 液液萃取法

86. 可以应用直接干燥法进行水分测定的食品包含（　　）。

A. 白砂糖　　B. 大米　　C. 肉松　　D. 牛奶

87. 蛋白质换算因子为 6.25 的食品包含（　　）。

A. 玉米　　B. 花生　　C. 小米　　D. 高粱

88. 蛋白质检测方法主要有（　　）。

A. 凯氏定氮法　　　B. 分光光度法

C. 燃烧法　　　　　D. 近红外法

89. 碳水化合物可分为（　　）。

A. 单糖　　　　　　B. 蔗糖

C. 多糖　　　　　　D. 低聚糖

90. 高锰酸钾滴定法测定还原糖的特点有（　　）。

A. 适用于各类食品

B. 有色样液也不受影响

C. 方法准确度优于直接滴定法

D. 方法重现性优于直接滴定法

91. 斐林试剂是由（　　）混合配制而成的。

A. 硫酸铜、次甲基蓝　B. 亚铁氰化钾

C. 酒石酸钾钠　　　　D. 氢氧化钠

92. 以下关于淀粉检验说法正确的是（　　）。

A. 淀粉酶水解前，要加热使淀粉糊化

B. 盐酸水解淀粉的专一性不如淀粉酶

C. 酸水解应使用回流装置

D. 淀粉水解至糊精消失，溶液开始呈无色

93. 脂溶性维生素包括（　　）。

A. 维生素 A　　　　　B. 维生素 B

C. 维生素 C　　　　　D. 维生素 D

94. 关于液相色谱法测定食品中的维生素 D，以下说法正确的是（　　）。

A. 当试样中不含维生素 D_2 时，可用维生素 D_2 作内标测定维生素 D_3

B. 当试样中不含维生素 D_3 时，可用维生素 D_3 作内标测定维生素 D_2

C. 当试样中同时含维生素 D_2 和维生素 D_3 时，用外标法测定

D. 正相液相色谱用于维生素 D 的净化

95. 食品中的总灰分按溶解性能可分为（　　）。

A. 水溶性灰分　　　　B. 水不溶性灰分

C. 酸溶性灰分　　　　D. 酸不溶性灰分

96. EDTA 滴定法测定食品中钙含量，以下表述错误的是（　　）。

A. 柠檬酸钠是防止钙磷结合形成沉淀

B. 加入钙红指示剂

C. 滴定时，溶液 pH 值应为 7～9

D. 到达当量点时，溶液从蓝色变为紫红色

97. 以下哪些方法可以用于食品中钾、钠的测定？（　　　）

A. 火焰原子吸收光谱法

B. 火焰原子发射光谱法

C. 电感耦合等离子体发射光谱法

D. 电感耦合等离子体质谱法

98. 以下属于人工合成甜味剂的有（　　　）。

A. 木糖醇　　　　　　B. 三氯蔗糖

C. 阿斯巴甜　　　　　D. 甜菊糖苷

99. 以下属于人工合成色素的有（　　　）。

A. 类胡萝卜素　　　　B. 苋菜红

C. 叶绿素铜钠盐　　　D. 柠檬黄

100. 食品中农药残留的常见种类为（　　　）。

A. 有机氯农药　　　　B. 有机磷农药

C. 氨基甲酸酯农药　　D. 拟除虫菊酯农药

101. 兽药残留主要包括（　　　）。

A. 抗生素类　　　　　B. β 受体激动剂类

C. 激素类　　　　　　D. 驱虫药类

102. 以下关于黄曲霉毒素说法正确的有（　　　）。

A. 易溶于甲醇，难溶于水

B. 对光很稳定

C. 对氧化剂稳定

D. 在碱性溶液中稳定

103. 以下关于苯并[a]芘说法正确的有（　　　）。

A. 难溶于水，易溶于苯、甲苯

B. 在紫外线照射下，呈蓝紫色荧光

C. 有致癌性和致畸性

D. 在碱性溶液中稳定

104. 食品中的多氯联苯主要来源于环境污染，通过生物富集作用，（　　　）等食品中含量较高。

A. 海产品　　　　　　B. 乳制品

C. 植物油　　　　　　D. 大米

105. 关于邻苯二甲酸酯说法正确的有（　　　）。

A. 是目前使用最广的增塑剂

B. 可通过呼吸、饮食和皮肤接触进入人体内

C. 属于食品添加剂

D. 可通过包装材料迁移至食品

106. 为防治仓储害虫，常用的粮食熏蒸剂有（　　　）。

A. 氯化苦　　　　　　B. 马拉硫磷

C. 甲基毒死蜱　　　　D. 磷化物

107. 可用于评价油脂酸败及高温劣变的指标有（　　　）。

A. 过氧化值　　　　　B. 酸价

C. 极性组分　　　　　D. 苯并[a]芘

108. 用指示剂滴定法测定食用油中的过氧化值应注意（　　　）。

A. 避免阳光直射

B. 滴定时要剧烈振摇溶液

C. 三氯甲烷和乙酸的比例对测定结果有影响

D. 加入碘化钾后静置的时间要控制好

109. 瓶身为黑色的气体包括（　　　）。

A. 二氧化碳　　　　　B. 氮气

C. 二氧化氮　　　　　D. 压缩空气

110. 以下试剂中可以作为酸价测定的指示剂有（　　　）。

A. 酚酞　　　　　　　B. 碱性蓝 6B

C. 麝香草酚酞　　　　D. 结晶紫

111. （　　　）可以作为测定挥发性盐基氮的标准滴定溶液。

A. 盐酸　　　　　　　B. 硼酸

C. 硫酸　　　　　　　D. 三氯乙酸

112. 关于用碱性乙醚提取法测定乳与乳制品中脂肪说法正确的有（　　　）。

A. 加入乙醇的目的是沉淀蛋白质，溶解醇溶性物质

B. 加入石油醚是为了降低乙醚的极性

C. 该方法适用于灭菌乳、生乳、婴幼儿配方食品中脂肪测定

D. 抽取物应全部是脂溶性成分，否则测定结果偏低

113. 盖勃法测定牛乳中脂肪说法正确的有

（　　）。

A. 应严格控制硫酸的浓度

B. 硫酸的浓度过浓会使牛乳炭化

C. 加入异戊醇以促使脂肪析出

D. 该方法适用于灭菌乳、生乳、巧克力奶糖中脂肪测定

114.（　　）都属于发酵酒。

A. 啤酒　　B. 葡萄酒　C. 白酒　　D. 黄酒

115. 亚硝酸盐快速检验常用的方法有（　　）。

A. 紫外分光光度法　　B. 格氏法

C. 联苯胺-冰乙酸法　　D. 安替比林法

116. 常见氰化物快速检验的方法有（　　）。

A. 普鲁士蓝法　　　　B. 对硝基苯甲醛法

C. 苦味酸试纸法　　　D. 紫外分光光度法

117. 腐竹中可能违法添加的非食用物质有（　　）。

A. 吊白块　　　　　　B. 苏丹红

C. 硫化钠　　　　　　D. 硼酸与硼砂

118. 可能添加吊白块的食品品种包括（　　）。

A. 腐竹　　B. 粉丝　　C. 面粉　　D. 竹笋

119.（　　）可以用于测定香辛料中的水分含量。

A. 直接干燥法　　　　B. 减压干燥法

C. 蒸馏法　　　　　　D. 卡尔·费休法

120. 食品在灰化时，（　　）元素会挥发散失。

A. 氯　　　B. 碘　　　C. 铅　　　D. 硫

121. 关于灰化温度说法正确的是（　　）。

A. 鱼类及海产品、谷类及其制品、乳制品≤550℃

B. 果蔬及其制品、砂糖及其制品、肉制品≤525℃

C. 灰化温度过高，将引起挥发损失，而且会出现熔融，使碳粒无法氧化

D. 灰化温度过低，则灰化速度慢、时间长，不易灰化完全

122.（　　）元素属于微量元素。

A. 铁　　　B. 锌　　　C. 镁　　　D. 硫

123. 挥发酸是指食品中易挥发的有机酸，如（　　）。

A. 甲酸　　B. 乙酸　　C. 乳酸　　D. 丁酸

124. 用乳酸表示总酸度测定结果的食品有（　　）。

A. 调味品　B. 肉类　　C. 水产品　D. 乳品

125. 关于食品中总酸度测定说法正确的有（　　）。

A. 使用的蒸馏水中不能含有 CO_2

B. 滴定时消耗 NaOH 体积最好在 10～15mL

C. 可选用酚酞作终点指示剂

D. 适用于深色的果汁

126. 关于索氏提取法测定脂肪说法正确的有（　　）。

A. 提取溶剂中含水会使测定结果偏高

B. 提取时水浴温度不可过高

C. 挥发乙醚或石油醚时，可以用火加热

D. 样品应干燥后研细

127. 酸水解法不适于（　　）中脂肪含量的测定。

A. 猪肉　　B. 鸡蛋　　C. 甜炼乳　D. 鲫鱼

128.（　　）需经脱脂后再以水进行提取其中的可溶性糖。

A. 乳酪　　　　　　　B. 米粉

C. 巧克力　　　　　　D. 蛋黄酱

129. 蛋白质含量大于 15% 的食品有（　　）。

A. 猪肉　　B. 带鱼　　C. 大米　　D. 大豆

130. 在消化反应中，为加速蛋白质的分解，常加入（　　）作为催化剂。

A. 硫酸钾　　　　　　B. 醋酸铵

C. 硫酸铜　　　　　　D. 氨水

131. 蛋白质消化过程中可以防止泡沫外溢的方法有（　　）。

A. 开始消化时小火加热，并时时摇动

B. 加入少量辛醇

C. 加入少量硅油

D. 注意控制热源强度

132. 自动凯氏定氮法测定蛋白质时使用的

试剂包括（　　）。

A. 40％NaOH 溶液　　B. 硫酸铜

C. 磷酸缓冲液　　　　D. 浓硫酸

133. 对酸稳定的维生素有（　　）。

A. 维生素 A　　　　　B. 维生素 B_1

C. 维生素 C　　　　　D. 维生素 D

134. 靛酚滴定法测定维生素 C，（　　）等杂质会使结果偏高。

A. Fe^{2+}　　　　　B. Cu^{2+}

C. 硫酸盐　　　　　　D. 硫代硫酸盐

135. 盐酸萘乙二胺法测定食品中亚硝酸盐含量，饱和硼砂的作用是（　　）。

A. 亚硝酸盐提取剂　　B. 显色剂

C. 标准溶液　　　　　D. 蛋白质沉淀剂

136. 在碱性条件下，双硫腙与（　　）生成红色螯合物。

A. 铅离子　　　　　　B. 锌离子

C. 镉离子　　　　　　D. 汞离子

137. 银盐法测砷的过程中，氯化亚锡的作用有（　　）。

A. 将 As^{5+} 还原成 As^{3+}

B. 还原反应中生成的碘

C. 抑制氢气生成速度

D. 抑制锑的干扰

138. 使用氟离子选择电极法测氟含量，配制总离子强度调节缓冲液需使用（　　）。

A. 乙酸钠　　　　　　B. 乙酸

C. 柠檬酸钠　　　　　D. 高氯酸

139. 我国标准物质分为（　　）。

A. 一级标准物质 GBW（E）

B. 一级标准物质 GBW

C. 二级标准物质 GBW（E）

D. 二级标准物质 GBW

140.（　　）属于常用的溶液浓度表示方法。

A. 溶质的质量分数

B. 溶质的质量浓度

C. 溶质的体积分数

D. 溶质的物质的量浓度

141. 关于标准溶液说法正确的有（　　）。

A. 制备标准溶液的浓度系指 20℃时的浓度

B. 标定标准溶液时，平行试验不得少于 6 次，两人各进行 3 次平行测定

C. 配制浓度 ≤0.02mol/L 的标准溶液时，应于临用前将浓度高的标准溶液稀释，必要时重新标定

D. 滴定分析用标准溶液在常温（15～25℃）下保存时间一般不得超过 2 个月

142. 容积为（　　）mL 的滴定管，其最小分度值为 0.1mL。

A. 10　　B. 25　　C. 50　　D. 100

143.（　　）等金属元素的测定，干法灰化法不适用，需采用湿法消化法。

A. 砷　　B. 汞　　C. 铅　　D. 钠

144. 某标准中规定锰含量应为 0.30％～0.60％，采用修约值比较法，当测定值为（　　）时，判定为不符合标准要求。

A. 0.294　　　　　　B. 0.295

C. 0.605　　　　　　D. 0.606

145. 大米不完善粒包括（　　）。

A. 未熟粒　　　　　　B. 病斑粒

C. 野生粟粒　　　　　D. 霉变粒

146. 白酒感官质量包括（　　）。

A. 色泽　　B. 香气　　C. 口味　　D. 风格

147.（　　）属于杂醇油。

A. 甲醇　　　　　　　B. 乙醇

C. 丙醇　　　　　　　D. 正戊醇

148. 啤酒特有的技术指标包括（　　）。

A. 泡持性　　　　　　B. 原麦汁浓度

C. 总酸　　　　　　　D. 二氧化硫

149. 计算酱油中无盐固形物的含量需要用到的参数有（　　）。

A. 总固形物　　　　　B. 铵盐

C. 总酸　　　　　　　D. 氯化物

150. 关于亚铁氰化钾说法正确的有（　　）。

A. 常温下为白色粉末

B. 是一种抗结剂

C. 属低毒食品添加剂

D. 酸性条件下与硫酸亚铁生成蓝色复盐

151. 让蛋白质变性的方法有（　　）。

A. 高温加热

B. 高能射线照射

C. 加入高浓度的有机溶剂

D. 加入高浓度的脲

152. 可以用于评价油脂氧化程度的指标有（　　）。

A. 过氧化值　　　　　B. 碘值

C. 羰基价　　　　　　D. 酸价

153. 水溶性维生素包括（　　）。

A. 视黄醇　　　　　　B. 泛酸

C. 叶酸　　　　　　　D. 维生素 K

154. 维生素 A 在（　　）不稳定。

A. 紫外线照射下　　　B. 碱性条件下

C. 弱酸性条件下　　　D. 无机强酸中

155. 维生素 D 主要包括（　　）。

A. 维生素 D_1　　　　B. 维生素 D_2

C. 维生素 D_3　　　　D. 维生素 D_5

156. 下列选项中关于维生素 E 说法正确的有（　　）。

A. 自然界中共有 8 种

B. 对热稳定

C. 对酸不稳定

D. 是一种重要的抗氧化剂

157. 淀粉酶包括（　　）。

A. α-淀粉酶

B. β-淀粉酶

C. 葡萄糖淀粉酶

D. 多聚半乳糖醛酸酶

158 依据蛋白酶最适 pH 的不同，分为（　　）。

A. 巯基蛋白酶　　　　B. 酸性蛋白酶

C. 中性蛋白酶　　　　D. 碱性蛋白酶

159. 火腿等肉制品中的亚硝酸盐具有（　　）功能。

A. 发色剂　　　　　　B. 甜味剂

C. 防腐剂　　　　　　D. 酸度调节剂

160. 下列选项中关于茶多酚说法正确的有（　　）。

A. 容易被氧化

B. 与三氯化铁反应生产紫蓝色沉淀

C. 易溶于水

D. 茶叶中常见的有 6 种

三、判断题

161. 食品中的营养素指蛋白质、脂肪、膳食纤维、维生素和矿物质五大类。（　　）

162. 分析脂肪酸种类和含量的常用方法是气相色谱法。（　　）

163. 斐林试剂与样品中的还原糖反应生成砖红色沉淀。（　　）

164. 维生素 A 标准溶液临用前需用紫外分光光度法标定其浓度。（　　）

165. 高效液相色谱法和荧光光度法测定食品中维生素 B_1，使用的激发波长都是 375nm。（　　）

166. 钼蓝分光光度法测定食品中磷含量，在 440nm 波长处测定其吸光度进行定量。（　　）

167. 盐酸副玫瑰苯胺分光光度法测定食品中二氧化硫，要严格控制反应过程中盐酸的用量。（　　）

168. 谷物、大豆、香辛料，特别是干红辣椒易受到赭曲霉毒素 A 污染。（　　）

169. 展青霉素最常见于苹果及其制品中。（　　）

170. 五价砷毒性大于三价砷，无机砷比有机砷的毒性更强。（　　）

171. 包装材料环氧树脂可水解产生 3-氯-1，2-丙二醇，造成食品污染。（　　）

172. 氮气瓶身颜色为黑色，瓶身上的字样颜色为红色。（　　）

173. 米糠油的冷溶剂指示剂滴定法测定酸价只能用碱性蓝 6B 指示剂。（　　）

174. 油脂通过柱层析技术的分离，非极性组分首先被洗脱并蒸干溶剂后称重，油脂试样扣除非极性组分的剩余部分即为极性组分。（　　）

175. 挥发性盐基氮是指植物性食品在腐败过程中，蛋白质分解产生的氨和胺类等碱性含氮物质。（　　）

176. 乳与乳制品中脂肪不能直接被乙醚、石油醚提取，需预先处理使脂肪游离出来，再进行测定。（　　）

177. 液态样品主要由水分和可溶性固形物组成，因此可以先测出样品中固形物含量，再间接求出水分含量。（　　）

178. 干燥器内硅胶吸湿后效能会减低，当硅胶蓝色减退或变红时需及时更换。（　　）

179. 水溶性灰分反映的是可溶性的钾、钠、钙等的氧化物和盐类的总量。（　　）

180. 酸不溶性灰分反映的是食品中原来存在的氧化铝的含量。（　　）

181. 灰分可以评价食品的加工精度和食品的品质。（　　）

182. 果汁、牛乳等液体试样宜先置于水浴上蒸发至近干，再进行炭化。（　　）

183. 果蔬等水分含量高的样品不可以取测定水分后的干燥试样直接进行炭化。（　　）

184. 完全灰化后，铁含量高的食品，残灰呈褐色；锰、铜含量高的食品，残灰呈蓝绿色。（　　）

185. 不经炭化而直接灰化的样品，炭粒容易被包住，灰化不完全。（　　）

186. 灰化后所得残渣可留作钙、磷、铁等成分的分析。（　　）

187. 样品中若含有 CO_2 和 SO_2 等易挥发成分，对总挥发酸的测定有影响，故在测定中应排除它们的干扰。（　　）

188. 新的 pH 计电极必须预先浸在蒸馏水或 0.1mol/L 盐酸溶液中 24 小时以上才能使用。（　　）

189. 使用玻璃电极测试 pH 值时，为了尽量减小误差，应选用 pH 值与待测样液相近的标准缓冲溶液校正仪器。（　　）

190. 甘汞电极中的氯化钾为饱和溶液，为避免在室温升高时，氯化钾变为不饱和，建议加入少许氯化钾晶体。（　　）

191. 玻璃电极的玻璃球膜上有油污，应将玻璃电极依次浸入乙醇、乙醚、乙醇中清洗，最后再用蒸馏水冲洗干净。（　　）

192. 乙醚和石油醚都可以用来直接提取食品中游离的脂肪。（　　）

193. 索氏提取法测得的只是游离态脂肪。（　　）

194. 氯仿-甲醇提取法适合于结合态脂类，特别是磷脂含量高的样品。（　　）

195. 直接滴定法测定的总糖含量中包含淀粉。（　　）

196. 酸水解法和酶水解法都适用于富含果胶质的样品中淀粉含量测定。（　　）

197. 脂肪会妨碍酶对淀粉的作用和可溶性糖类的去除，故所有样品都要用乙醚脱脂。（　　）

198. 凯氏定氮法测定蛋白质的试验中，所用试剂溶液应用无氨蒸馏水配制。（　　）

199. 一般样品消化至透明后，继续消化 30min 即可，但对于奶酪样品需要适当延长蛋白质消化时间。（　　）

200. 电位滴定法可以直接测定浑浊或深色样品中的游离氨基酸含量。（　　）

201. 三氯化锑比色法测定维生素 D 为维生素 D_2 和维生素 D_3 之和。（　　）

202. 维生素 E 在碱性条件下与空气接触易被氧化，因此皂化时应用氮气保护或加入焦性没食子酸。（　　）

203. 薄层色谱法测定苯甲酸时，样品需经酸化处理再进行提取。（　　）

204. 富含脂肪的样品，为防止乙醚萃取糖精时发生乳化，可先在酸性条件下用乙醚萃取脂肪。（　　）

205. 中和滴定法测定食品中二氧化硫，试剂用水、样液用水都要新煮沸过的蒸馏水。（　　）

206. 硫化氢对砷斑法测砷有干扰，需要除尽。（　　）

207. 硒的测定过程中，使用的混合消化液一般不含硫酸，因为市售硫酸中硒含量很高。（　　）

208. 基准试剂可用来直接配制标准溶液，并校正或标定其他化学试剂。（　　）

209. 一般溶液配制的浓度要求不高，只需保留1～2位有效数字。（ ）

210. 阿贝折射仪不能直接测出蔗糖溶液内含糖量的质量分数。（ ）

211. 电子天平需预热30min后，才能进行称量。（ ）

212. 酸度计测定溶液的pH时，指示电极是甘汞电极。（ ）

213. 某一次滴定管的读数为12.34mL，最后一位"4"是估读出来的，是可疑的。（ ）

214. 黄粒米含量多，仅影响大米的外观色泽，不影响其质量。（ ）

215. 熔点可以用来评定油脂的纯度。（ ）

216. 氰酸盐在高温高湿条件或与碱作用下分解放出氢氰酸。（ ）

217. 比容是用来描述面包膨松程度的物理量，指的是面包的质量除以面包的体积。（ ）

218. 酒的澄清度是指酒液的清澈程度，是衡量酒体外观质量的一个重要指标。（ ）

219. 黄酒是一种压榨酒，酒液应澄清透明，允许有正常的瓶底聚集物。（ ）

220. 半甜黄酒、甜黄酒的固形物应用实测值减去糖分后的数值表示。（ ）

第二节 综合能力提升

一、单选题

221. 乳粉水分含量控制在（ ）范围内，可以抑制微生物生长繁殖，延长其保存期。

A.1.5%～2.0%　　　B.2.0%～2.5%

C.2.5%～3.0%　　　D.3.0%～3.5%

222. 固体样品在磨碎过程中，要防止样品中水分含量变化，一般水分含量在（ ）以下为安全水分范围。

A.8%　　B.14%　　C.20%　　D.26%

223. 可用于提取鸡蛋中磷脂的溶剂是（ ）。

A.乙醚　　　　　　B.石油醚

C.乙腈　　　　　　D.氯仿-甲醇

224. 金属钠着火可以选择（ ）进行灭火。

A.泡沫灭火器　　　B.二氧化碳灭火器

C.砂土　　　　　　D.水

225. 某标准中规定锰含量应为0.30%～0.60%，当测定值为（ ）时，可判定为符合标准要求。

A.0.295　　　　　　B.0.301

C.0.605　　　　　　D.0.606

226. 某标准中规定铅含量≤0.05mg/kg，当测定值为（ ）时，可判定为符合标准要求。

A.0.046　　　　　　B.0.054

C.0.055　　　　　　D.0.056

227. 钼蓝比色法测磷化物含量，使用的还原剂是（ ）。

A.氢化铝锂　　　　B.氯化亚锡

C.硼氢化钠　　　　D.硫酸亚铁

228. 饼干中的碱度测定运用了（ ）。

A.氧化还原滴定　　B.络合滴定

C.酸碱中和滴定　　D.沉淀滴定

229. 真空包装的水产加工品，流通标准规定其水分活度要在（ ）以下。

A.0.97　　　　　　B.0.94

C.0.91　　　　　　D.0.86

230. 蛋白质在酸催化下水解，（ ）被破坏。

A.精氨酸　　　　　B.胱氨酸

C.半胱氨酸　　　　D.色氨酸

231. （ ）常用作果汁中的抗氧化剂。

A.抗坏血酸　　　　B.TBHQ

C. BHT
D. BHA

232. （　　）mol/L 的氯化钠溶液可以增加蛋白质在水中的溶解度。

A. 0.1～1
B. 1.0～2.0
C. 2.0～3.0
D. 3.0～4.0

233. 下列物质中，（　　）能与维生素 C 快速反应，同时还会破坏胡萝卜素、维生素 B_1 和叶酸。

A. 硫酸盐
B. 硝酸盐
C. 亚硝酸盐
D. 亚硫酸盐

234. 泸州大曲的主要呈香物质为（　　）。

A. 乙酸乙酯及乳酸乙酯
B. 己酸乙酯及乳酸乙酯
C. 乙酸乙酯及己酸乙酯
D. 丁酸乙酯及乳酸乙酯

235. 乙基麦芽酚常被加入油脂中作为（　　）。

A. 香精
B. 香气物质前体
C. 风味酶
D. 香味增强剂

236. 味精中有食盐存在时，人会感到味精的鲜味增强，出现这种现象是由于（　　）。

A. 味的相乘作用
B. 味的消杀作用
C. 味的对比作用
D. 味的变调作用

237. （　　）是唯一作为食品酸化剂使用的无机酸。

A. 磷酸
B. 乙酸
C. 盐酸
D. 碳酸

238. （　　）的防腐效果不受 pH 值的影响。

A. 丙酸
B. 尼泊金酯
C. 二氧化硫
D. 亚硝酸盐

239. 面粉处理剂中，具有漂白和氧化双重作用的是（　　）。

A. L-半胱氨酸盐酸盐
B. L-抗坏血酸
C. 偶氮甲酰胺
D. 碳酸镁

240. 下列物质中不属于食品中天然有害物质的是（　　）。

A. 刀豆氨酸
B. 龙葵碱
C. 茄苷
D. 玉米赤霉烯酮

二、多选题

241. 利用待测成分的挥发性进行提取的项目包括（　　）。

A. 猪肉中的挥发性盐基氮
B. 纯净水中的三氯甲烷
C. 可乐中的糖精钠
D. 鱼肉中的 N-亚硝胺

242. 下列糖类中属于还原糖的是（　　）。

A. 蔗糖
B. 果糖
C. 葡萄糖
D. 乳糖

243. 以下项目在测定过程中需要避光的有（　　）。

A. 维生素 A
B. 维生素 B_1
C. 维生素 C
D. 维生素 K_1

244. （　　）合成色素在酸性条件下被聚酰胺吸附，在碱性条件下解吸。

A. 胭脂红
B. 柠檬黄
C. 亮蓝
D. 番茄红素

245. 玉米赤霉烯酮和脱氧雪腐镰刀菌烯醇往往共同存在于污染的（　　）中。

A. 玉米
B. 小麦
C. 山楂
D. 花生

246. 对挥发性盐基氮有限量要求的样品包括（　　）。

A. 鲜鸡肉
B. 鲜猪肉
C. 鲜鸡蛋
D. 冷冻贝类

247. 易产生高组胺的鱼类包括（　　）。

A. 金枪鱼
B. 秋刀鱼
C. 沙丁鱼
D. 小黄鱼

248. 以（　　）为分析项目的样品，必须在避光条件下保存。

A. 胡萝卜素
B. 黄曲霉毒素 B_1
C. 维生素 B_1
D. 甜蜜素

249. 关于分析方法的评价说法正确的是（　　）。

A. 精密度高低可用偏差来衡量
B. 准确度高低可用误差来表示
C. 精密度代表方法的稳定性和重现性
D. 准确度主要由系统误差决定

250. 现有一样品的水分含量小于 80%，可能的食品种类是（　　）。

A. 鱼类
B. 蛋类
C. 猪肉
D. 蔬菜

251. （　　） 在用直接干燥法测定水分前需加入精制海砂或无水硫酸钠，搅拌均匀。

A. 牛乳　　B. 炼乳　　C. 糖浆　　D. 果酱

252. 电位法进行 pH 值测定，样品处理正确的有 （　　）。

A. 牛乳直接取样测定

B. 称取 10g 猪肉末，加无 CO_2 蒸馏水 100mL，浸泡 30min （随时摇动），过滤后取滤液测定

C. 蔬菜榨汁后取汁液直接测定

D. 将水果罐头液固混合捣碎成浆状后，取浆状物测定

253. 直接滴定法测定还原糖时，不适合作样品澄清剂的是 （　　）。

A. 中性醋酸铅

B. 乙酸锌和亚铁氰化钾溶液

C. 硫酸铜和氢氧化钠溶液

D. 活性炭

254. 银盐法和砷斑法都可以进行砷的测定，两种方法都使用到的试剂有 （　　）。

A. 溴化汞乙醇　　　　B. 碘化钾

C. 酸性氯化亚锡　　　D. 乙酸铅

255. （　　） 溶液需要使用棕色酸式滴定管盛装。

A. 硝酸银　　　　　　B. 氢氧化钠

C. 氯化钾　　　　　　D. 高锰酸钾

256. （　　） 不能被皂化。

A. 芝麻油　　　　　　B. 柴油

C. 石蜡　　　　　　　D. 润滑油

257. （　　） 对酸度这一质量指标有要求。

A. 面包　　　　　　　B. 苏打饼干

C. 蛋糕　　　　　　　D. 绿豆饼

258. （　　） 可以用来测定味精中的谷氨酸钠。

A. 浊度计　　　　　　B. 电位滴定仪

C. 旋光仪　　　　　　D. 分光光度计

259 依据体积变化进行玻璃化转变温度的测定方法有 （　　）。

A. 热差法　　　　　　B. 松弛图谱分析

C. 热膨胀计法　　　　D. 折射系数法

260. 具有变旋现象的二糖有 （　　）。

A. 蔗糖　　　　　　　B. 麦芽糖

C. 纤维二糖　　　　　D. 棉籽糖

三、判断题

261. 直接滴定法测定还原糖时，可以用硫酸铜和氢氧化钠溶液作为澄清剂处理样液。（　　）

262. 样品中的游离棉酚经丙酮提取后，在乙醇溶液中与苯胺反应生成黄色的二苯胺棉酚。（　　）

263. 水果硬糖的水分含量一般控制在 2.0% 以下，否则会出现反潮现象。（　　）

264. 测定柠檬汁中的水分可以用卡尔·费休法。（　　）

265. 当灰化水果、蔬菜时，瓷坩埚内壁的釉层会部分溶解，反复多次使用后，往往难以得到恒重。（　　）

266. 测定可溶性糖时，用乙醇溶液作提取剂，提取液不用除蛋白质。（　　）

267. 微量凯氏定氮法和常量凯氏定氮法所用的试剂完全相同。（　　）

268. 标准中规定的各限量值未加说明时，测定值均采用全数值比较法。（　　）

269. 油脂中油酸的含量可以用 0.503 乘以油脂的酸价得出。（　　）

270. 采用甲醛法测定酱油中氨基酸态氮时，总酸不需要单独再进行测定。（　　）

271. 用凯氏定氮法测定氨基酸态氮，测定值就是酱油中氨基酸态氮的含量。（　　）

272. 一种蛋白酶很难将蛋白质彻底水解为游离的氨基酸。（　　）

273. 双缩脲反应是蛋白质的专一颜色反应。（　　）

274. 2mol/L 的硝酸钾溶液可降低蛋白质在水中的溶解度。（　　）

275. 所有的糖测定旋光度时，都应现配现测。（　　）

276. 葡萄糖的黏度随温度的升高而降低。（　　）

277. 硫胺素是最不稳定的一种维生素。（　　）

278. 脂溶性维生素对光敏感，水溶性维生素在光照下比较稳定。（　　）

279. 合成色素大都是水溶性色素，天然色素多数是脂溶性的。（　　）

280. 胭脂红的水溶液在长期放置后会变成黑色。（　　）

四、填空题

281. 食品理化检验中常用的五大类方法分别为_____、_____、_____、_____、_____。

282. 依据《中华人民共和国标准化法》的规定，我国标准分为_____级，分别是_____、_____、_____、_____。

283. 酸水解法测定食品中的脂肪含量包含_____和_____。

284. 用示差折光检测器测定食品中的蔗糖，是根据蔗糖的_____与浓度成正比进行校正定量。

285. 酶-重量法测定总膳食纤维，需要从总膳食纤维残渣中扣除_____和_____含量以计算样品中总膳食纤维的含量。

286. 火焰原子吸收光谱法测定食品中钙含量时，加入_____作为释放剂，消除干扰，提高测定灵敏度。

287. 氧气瓶身颜色为_____，瓶身上的字样颜色为_____。

288. 深色油脂样品中酸价的测定，使用碱性蓝 6B 作指示剂时，滴定终点颜色由_____变为_____。

289. 盖勃法测定牛乳中脂肪，加入_____破坏乳的胶体性，将乳中的酪蛋白钙盐转变成可溶性的重硫酸酪蛋白，使脂肪游离出来。

290. 乳的酸度是反映其新鲜程度的重要指标，分为_____和_____，两者之和为_____。

291. 直接干燥法适用于在_____℃范围内不含或含其他挥发性成分极微且对热稳定的各种食品。

292. 一般样品以灼烧至灰分呈_____，无碳粒存在并达到_____为灰化完全。

293. 总酸度是指食品中_____的总量，包括_____和_____。

294. 具有还原性的糖和在测定条件下能水解为还原性单糖的蔗糖的总量称为_____。

295. 可溶性膳食纤维和不溶性膳食纤维之和称为_____。

五、简答题

296. 请列举控制和消除误差的方法。

297. 食品中总灰分的测定过程中，可以采用哪些方法来加速灰化？

298. 请列出索氏提取法测定脂肪含量的适用范围和特点。

299. 采用直接滴定法测定还原糖含量时，影响主要操作的因素有哪些？

300. 当进行酸价测定的试样颜色较深，终点判断困难时，可使用哪些方法弥补？

第三章

食品仪器分析基础知识

● **核心知识点** ●

一、食品仪器分析的定义

食品仪器分析是以物质的物理或物理化学性质为基础,通过精密仪器对食品的成分、污染物及品质指标进行定性或定量检测的技术体系。食品仪器分析技术具有快速、准确、高效、自动化等特点,能够实现对食品的快速检测和全面分析,为食品安全监管提供有力支持。

二、食品仪器分析的分类及应用

食品仪器分析主要包括光谱法、色谱法、质谱法、电化学分析法和核磁共振分析法等,主要应用于食品的一般成分分析、微量元素分析、农药残留分析、兽药残留分析、霉菌毒素分析、食品添加剂分析和其他有害物质的分析等。

光谱法主要包括紫外-可见吸收光谱法、红外吸收光谱法、原子发射光谱法、原子吸收光谱法、拉曼光谱法、荧光光谱法等。

色谱法主要包括气相色谱法、液相色谱法、薄层色谱法、凝胶色谱法等。

质谱法主要包括气相色谱-质谱联用技术、液相色谱-质谱联用技术、电感耦合等离子体质谱联用技术、高分辨质谱联用技术等。

电化学分析法主要包括电位分析法、伏安分析法、离子选择电极法、极谱分析法等。

仪器分析技术凭借其卓越的灵敏度与精确度，已成为现代食品安全检测领域的主流方法，尤其在痕量成分分析方面展现出无可比拟的优势。检验流程的标准化操作与数据的可靠性验证是确保检验结果科学性的关键环节。

本章参考朱鹏飞、陈集主编的《仪器分析教程》、朱明华、胡坪编的《仪器分析》（第四版）等书籍，聚焦色谱法、光谱法、质谱法等主流仪器分析技术的原理与应用，结合实际操作演练，引导读者深入理解并掌握仪器分析方法的检测流程及操作规范。通过本章的系统练习，读者将能够了解气相色谱、原子吸收光谱、液相色谱串联质谱等核心技术的参数设置与数据分析逻辑，有效提升对复杂样品的高效检测能力，为后续食品检验工作奠定坚实的理论基础。

第一节 基础知识自测

一、单选题

1. 可见光的光谱范围是（   ）。

A. 400～760nm B. 10～200nm

C. 200～400nm D. 100～400nm

2. 下列电子跃迁方式中，所需要的能量最大的是（   ）。

A. $\sigma \rightarrow \sigma^*$ B. $n \rightarrow \sigma^*$

C. $\pi \rightarrow \pi^*$ D. $n \rightarrow \pi^*$

3. 符合吸收定律的溶液稀释时，其最大吸收峰波长位置（   ）。

A. 不移动

B. 向长波移动

C. 不移动，吸收峰值降低

D. 向短波移动

4. 气相色谱中程序升温最适用于分离（   ）组分。

A. 分配范围宽 B. 沸程宽

C. 沸点近 D. 几何异构体

5. 在色谱分析中，如果确认两个组分能完全分开，则分离度要≥（   ）。

A. 0.5 B. 1 C. 1.5 D. 2

6. 近紫外光区的波谱范围是（   ）。

A. 400～760nm B. 10～200nm

C. 200～400nm D. 100～400nm

7. 原子吸收光谱是（   ）光谱。

A. 带状 B. 网状 C. 云状 D. 线状

8. 原子吸收光谱仪的光源是（   ）。

A. 氘灯 B. 硅碳棒

C. 空心阴极灯 D. 钨灯

9. 可见光和单色光是互补的，黄光的互补色光是（   ）光。

A. 紫红 B. 绿 C. 蓝 D. 橙

10. 朗伯-比尔定律中的比尔定律是吸光度与（   ）呈正比关系。

A. 光程 B. 浓度 C. 温度 D. 波长

11. 可以高强度的鉴定官能团的吸收峰称为（   ）。

A. 合频峰 B. 差频峰

C. 泛频峰 D. 基频峰

12. 红外分析操作技术中，固体试剂的纯度应达到（   ）级别。

A. 光谱纯 B. 化学纯

C. 分析纯 D. 实验试剂

13. 气相色谱检测器中浓度型检测器有（   ）。

A. ECD B. FPD C. NPD D. FID

14. 凝胶色谱分离组分后，出峰的次序为（   ）。

A. 分子量由大到小 B. 分子量由小到大

C. 极性由强到弱 D. 极性由弱到强

15. 紫外-可见分光光度计中能发出紫外线的光源是（   ）。

A. 氘灯 B. 硅碳棒

C. 空心阴极灯 D. 钨灯

16. 在相同条件下，同一样品进行多次测定，测定值有大有小，误差时正时负，但通过测量次数的增加，存在的误差可减小，这种误差称为（　　）。

A. 仪器误差   B. 系统误差

C. 偶然误差   D. 试剂误差

17. 采用标准曲线法测定溶液浓度时配制标准溶液梯度一般不得少于（　　）个。

A. 6   B. 5   C. 4   D. 3

18. 原子化器的作用是（　　）。

A. 发射出原子蒸汽吸收所需要的锐线光源

B. 将试样中待测元素转化为基态原子

C. 吸收光源发出的特征谱线

D. 产生足够多的激发态原子

19. 火焰原子吸收分光光度法最常用的燃气和助燃气为（　　）。

A. 氢气-空气   B. 氮气-空气

C. 乙炔-空气   D. 氩气-空气

20. 两相溶剂萃取法的原理为（　　）。

A. 依据物质在两相溶剂中分配比不同

B. 依据物质的类型不同

C. 依据物质的熔点不同

D. 依据物质的沸点不同

21. 双波长分光光度计的输出信号是（　　）。

A. 样品在测定波长的吸收与参比波长的吸收之差

B. 样品在测定波长的吸收与参比波长的吸收之比

C. 样品吸收与参比吸收之差

D. 样品吸收与参比吸收之比

22. 在紫外-可见分光光度法测定中，使用参比溶液的作用是（　　）。

A. 调节仪器透光率的零点

B. 消除试剂等非测定物质对入射光吸收的影响

C. 调节入射光的光强度

D. 吸收入射光中测定所需要的光波

23. 利用两相间分配的分析方法是（　　）。

A. 热分析法   B. 光学分析法

C. 电化学分析法   D. 色谱分析法

24. 下列哪种分析方法是以散射光谱为基础的？（　　）

A. 拉曼光谱法   B. 原子发射光谱法

C. X荧光光谱法   D. 原子吸收光谱法

25. 仪器分析与化学分析比较，其灵敏度一般（　　）。

A. 比化学分析低   B. 比化学分析高

C. 相差不大   D. 不能判断

26. 纸色谱是在滤纸上进行的（　　）分析法。

A. 柱层   B. 过滤   C. 色层   D. 薄层

27. 气相色谱分析的仪器中，色谱分离系统是装填了固定相的色谱柱，色谱柱的作用是（　　）。

A. 感应混合物各组分的浓度或质量

B. 将其混合物的量信号转变成电信号

C. 分离混合物组分

D. 与样品发生化学反应

28. 在气固色谱分析中使用的活性炭、硅胶、活性氧化铝等都属于（　　）。

A. 固定液   B. 液体固定相

C. 担体   D. 固体固定相

29. 在气相色谱中，直接表征组分在固定相中停留时间长短的参数是（　　）。

A. 保留时间   B. 死时间

C. 相对保留值   D. 调整保留时间

30. 气相色谱中与含量成正比的是（　　）。

A. 峰面积   B. 保留时间

C. 保留体积   D. 相对保留值

31. 在气液色谱柱内，被测物质中各组分的分离是基于（　　）。

A. 各组分在固定相中浓度的差异

B. 各组分在吸附剂上吸附性能的差异

C. 各组分在吸附剂上脱附能力的差异

D. 各组分在固定相和流动相间的分配性能的差异

32. 用色谱法进行定量时，要求混合物中每一个组分都需要出峰的方法是（　　）。

A. 叠加法   B. 归一化法

C. 外标法   D. 内标法

33. 气相色谱分析影响组分之间分离程度的最大因素是（　　）。

A. 柱温　　　　　　　　B. 进样量

C. 气化室温度　　　　　D. 载体粒度

34. 死时间的定义为（　　）。

A. 死时间是指不被固定相保留的组分

B. 死时间是指不被流动相保留的组分的保留时间

C. 死时间是指样品从进样开始到出现最大峰高所需要的时间

D. 死时间是指样品从进样开始到出现最大峰面积所需要的时间

35. 在气-液色谱系统中，被分离组分与固定液分子的类型越相似，它们之间（　　）。

A. 作用力越大，保留值越小

B. 作用力越大，保留值越大

C. 作用力越小，保留值越小

D. 作用力越小，保留值越大

36. 色谱体系的最小检测量是指恰能产生与噪声相鉴别的信号时（　　）。

A. 组分在气相中的最小物质量

B. 组分在液相中的最小物质量

C. 进入色谱柱的最小物质量

D. 进入单独一个检测器的最小物质量

37. 利用电流-电压特性进行分析的相应分析方法是（　　）。

A. 电导法　　　　　　　B. 电位分析法

C. 库仑法　　　　　　　D. 极谱分析法

38. 在光学分析法中，采用钨灯做光源的是（　　）。

A. 分子光谱　　　　　　B. 原子光谱

C. 可见分子光谱　　　　D. 红外光谱

39. 同一电子能级，振动态变化时所产生的光谱波长范围是（　　）。

A. 紫外光区　　　　　　B. 微波区

C. 可见光区　　　　　　D. 红外光区

40. 下面四个电磁辐射区中，频率最小的是（　　）。

A. 无线电波区　　　　　B. 可见光区

C. X 射线区　　　　　　D. 红外光区

41. 在分光光度法中，运用朗伯-比尔定律进行定量分析采用的入射光为（　　）。

A. 单色光　　　　　　　B. 白光

C. 紫外光　　　　　　　D. 可见光

42. 所谓的真空紫外区，其波长范围是（　　）。

A. 100～300nm　　　　B. 200～400nm

C. 400～800nm　　　　D. 10～200nm

43. 射频区的电磁辐射的能量相当于（　　）。

A. 内层电子的跃迁

B. 核自旋能级的跃迁

C. 电子自旋能级的跃迁

D. 核能级的跃迁

44. 棱镜或光栅可作为（　　）。

A. 分光元件　　　　　　B. 感光元件

C. 聚焦元件　　　　　　D. 滤光元件

45. 电磁辐射的微粒性表现在哪种性质上？（　　）

A. 波长　　B. 波数　　C. 频率　　D. 能量

46. 溶剂对电子光谱的影响较为复杂，改变溶剂的极性，（　　）。

A. 会使吸收带的最大吸收波长发生变化

B. 精细结构并不会消失

C. 对测定影响不大

D. 不会引起吸收带形状的变化

47. 玻璃电极使用前，需要（　　）。

A. 在水溶液中浸泡 24h

B. 在碱性溶液中浸泡 1h

C. 在酸性溶液中浸泡 1h

D. 测量的 pH 不同，浸泡溶液也不同

48. 电位滴定中，通常采用（　　）的方法来确定滴定终点体积。

A. 指示剂法　　　　　　B. 二阶微商法

C. 标准加入法　　　　　D. 标准曲线法

49. 使用离子选择性电极时在标准溶液和样品溶液中加入 TISAB 的目的是（　　）。

A. 提高响应速率

B. 消除干扰离子

C. 维持溶液具有相同的活度系数和副反应系数

D. 提高测定结果的精确度

50. 原子吸收线的劳伦兹变宽是基于（　　）。

A. 原子与其他种类气体粒子的碰撞

B. 原子与其同类气体粒子的碰撞

C. 外部电场对原子的影响

D. 原子的热运动

51. 空心阴极灯中对发射线宽度影响最大的因素是（　　）。

A. 填充气体　　　　　B. 灯电流

C. 阴极材料　　　　　D. 阳极材料

52. 红外吸收光谱的产生是由于（　　）。

A. 分子振动-转动能级的跃迁

B. 分子外层电子振动-转动能级的跃迁

C. 原子外层电子振动-转动能级的跃迁

D. 分子外层电子的能级跃迁

53. 原子吸收分析中光源的作用是（　　）。

A. 产生紫外线

B. 产生具有足够浓度的散射光

C. 提供试样蒸发和激发的能量

D. 发射待测元素的特征谱线

54. 测量 pH 值时，需要用标准 pH 溶液定位，这是为了（　　）。

A. 消除不对称电位和液接电位的影响

B. 避免产生碱差

C. 避免产生酸差

D. 消除温度的影响

55. 用红外吸收光谱法测定有机物结构时试样应该是（　　）。

A. 纯物质　　　　　B. 单质

C. 任何试样　　　　　D. 混合物

56. 液相色谱适宜的分析对象是（　　）。

A. 高沸点大分子有机化合物

B. 低沸点小分子有机化合物

C. 所有化合物

D. 所有有机化合物

57. 在原子吸收法中，能够导致谱线峰值产生位移和轮廓不对称的变宽应是（　　）。

A. 热变宽　　　　　B. 场致变宽

C. 压力变宽　　　　　D. 自吸变宽

58. 在液相色谱法中，提高柱效最有效的途径是（　　）。

A. 降低流动相流速　　B. 提高柱温

C. 降低板高　　　　　D. 减小填料粒度

59. 吸附作用在下面哪种色谱方法中起主要作用？（　　）

A. 液-固色谱法　　　B. 液-液色谱法

C. 离子交换法　　　　D. 键合相色谱法

60. 吸光物质的摩尔吸光系数与（　　）有关。

A. 吸收物质浓度　　　B. 入射光波长

C. 吸收池材料　　　　D. 吸收池厚度

61. 用酸度计测试液的 pH 值，先用与试液 pH 相近的标准溶液（　　）。

A. 消除干扰离子　　　B. 调零

C. 减免迟滞效应　　　D. 定位

62. 在原子吸收分析法中，被测定元素的灵敏度、准确度在很大程度上取决于（　　）。

A. 空心阴极灯　　　　B. 原子化系统

C. 火焰　　　　　　　D. 分光系统

63. 使用氢火焰离子化检测器时，最适宜的载气为（　　）。

A. He　　　B. Ar　　　C. N_2　　　D. H_2

64. 用酸度计测定溶液的 pH 值时，预热后应选用（　　）进行校正。

A. 至少两种标准缓冲溶液校正

B. pH 值为 6.86 的缓冲溶液校正

C. 0.1mol/L 的标准酸溶液校正

D. 0.1mol/L 的标准碱溶液校正

65. 电位滴定法是根据（　　）来确定滴定终点的。

A. 电极电位　　　　　B. 电位突跃

C. 电位大小　　　　　D. 指示剂颜色变化

66. 离子选择性电极的选择性主要取决于（　　）。

A. 待测离子活度

B. 离子浓度

C. 测定温度

D. 电极膜活性材料的性质

67. 质谱法中,离子源的作用是( )。

A. 分析离子 　　　　　 B. 检测离子

C. 产生离子 　　　　　 D. 分离离子

68. 质谱仪中,质量分析器的作用是( )。

A. 记录离子 　　　　　 B. 检测离子

C. 产生离子 　　　　　 D. 分离离子

69. 质谱分析中,m/z 比值表示的是( )。

A. 离子的动能 　　　　 B. 离子的质量

C. 离子的电荷 　　　　 D. 离子的质荷比

70. 质谱分析中,( )离子化技术常用于生物大分子的分析。

A. 电喷雾 　　　　　　 B. 热解析

C. 电子轰击 　　　　　 D. 化学电离

71. 质谱法中,同位素峰是指( )。

A. 同一种元素的不同离子

B. 同一元素的不同质量离子

C. 同一离子的不同电荷状态

D. 同元素的同质量离子

72. 分配比是指在一定温度、压力下,组分在气液两相间达到分配平衡时( )。

A. 组分在液相中与组分在流动相中的浓度比

B. 气相所占据的体积与液相所占据的体积比

C. 组分在气相中的停留时间与组分在液相中的停留时间之比

D. 分配在液相中的质量与分配在气相中的质量之比

73. 柱效率用理论塔板数 n 或理论塔板高度 h 表示,柱效率越高则( )。

A. n 越小,h 越大 　　 B. n 越小,h 越小

C. n 越大,h 越小 　　 D. n 越大,h 越大

74. 在液相色谱中,常用作固定相,并且可用作键合相基体的物质是( )。

A. 硅胶 　　　　　　　 B. 分子筛

C. 活性炭 　　　　　　 D. 氧化铝

75. 填充柱气相色谱分析混合醇试样,合适的固定液为( )。

A. 甲基硅油 　　　　　 B. 角鲨烷

C. 硅胶 　　　　　　　 D. 聚乙二醇

76. 在液相色谱中,梯度洗脱适用于分离( )。

A. 异构体

B. 极性变化范围宽的试样

C. 沸点相差大的试样

D. 沸点相近,官能团相同的化合物

77. 分析生物大分子如蛋白质、核酸等时,常用( )。

A. 液-液分配色谱 　　　 B. 吸附色谱

C. 排阻色谱法 　　　　　 D. 离子色谱

78. 在气液色谱固定相中担体的作用是( )。

A. 吸附样品

B. 分离样品

C. 脱附样品

D. 提供大的表面支撑固定液

79. 色谱分析中,归一化法的优点是( )。

A. 不需校正因子 　　　 B. 不需定性

C. 不用标样 　　　　　 D. 不需准确进样

80. 原子荧光使用微波消解法处理样品时不能加入( )试剂。

A. HNO_3 　　　　　　 B. HCl

C. $HClO_4$ 　　　　　　 D. H_2O_2

二、多选题

81. 预混合型火焰原子化器的组成部分有( )。

A. 雾化器 　　　　　　 B. 雾化室

C. 燃烧器 　　　　　　 D. 漂移管

82. 红外光谱实验技术中固体试样的制备方法主要有( )。

A. 压片法 　　　　　　 B. 糊状法

C. 薄膜法 　　　　　　 D. 溶液法

83. 紫外可见光的吸收带跟苯环相关的是哪些个吸收带?( )

A. B 带 　　 B. C 带 　　 C. D 带 　　 D. E 带

84. 当分子中比原来多了生色团之后，分子的吸收带会发生什么现象？（　　）

A. 蓝移　　B. 红移　　C. 增色　　D. 减色

85. 比较吸收光谱法一般比较吸收谱图的哪些参数？（　　）

A. 吸收峰的数目　　　B. 吸收峰的位置

C. 吸收带的形状　　　D. 摩尔吸光系数

86. （　　）统称为泛频峰。

A. 合频峰　　　　　　B. 差频峰

C. 倍频峰　　　　　　D. 基频峰

87. 红外光谱仪吸收池的材料是（　　）。

A. 溴化钾　B. 玻璃　　C. 氯化钠　D. 石英

88. 按照分析原理可以将色谱法分类为（　　）。

A. 吸附色谱　　　　　B. 排阻色谱

C. 分配色谱　　　　　D. 离子交换色谱

89. 色谱的区域宽度有哪些？（　　）

A. 峰宽　　　　　　　B. 半峰宽

C. 标准偏差　　　　　D. 峰高

90. 色谱法的基本理论主要包括（　　）。

A. 相似相溶　　　　　B. 塔板理论

C. 速率理论　　　　　D. 超临界流体

91. 高效液相色谱仪检测器中属于浓度型检测器的有（　　）。

A. DAD　B. RID　　C. ELSD　D. FLD

92. 下列方法中属于溶剂提取法的有（　　）。

A. 萃取法　　　　　　B. 蒸馏法

C. 过滤法　　　　　　D. 浸提法

93. 下列物质中可用来直接配制标准溶液的有（　　）。

A. 浓盐酸　　　　　　B. 基准 $K_2Cr_2O_7$

C. 基准 $CaCO_3$　　　D. 固体 NaOH

94. 下列哪种光源是线光源？（　　）

A. 空心阴极灯　　　　B. 激光

C. 钨灯　　　　　　　D. 硅碳棒

95. 用电子天平称量样品时，哪些步骤必不可少？（　　）

A. 预热　　　　　　　B. 调水平

C. 置零　　　　　　　D. 清洗硫酸纸

96. 在比色法中，显色反应的显色剂选择原则正确的是（　　）。

A. 显色剂的 ε 值愈大愈好

B. 显色剂的 ε 值愈小愈好

C. 显色反应产物的 ε 值愈大愈好

D. 显色反应产物和显色剂，在同一光波下的 ε 值相差愈大愈好

97. 下列为原子吸收分光光度计的必需结构部件的是（　　）。

A. 光源　　　　　　　B. 原子化器

C. 单色器　　　　　　D. 检测系统

98. 按流动相的物态可将色谱法分为（　　）

A. 气相色谱　　　　　B. 固相色谱

C. 液相色谱　　　　　D. 混合色谱

99. 下列为可见分光光度计必需的结构部件的是（　　）

A. 光源　　　　　　　B. 单色器

C. 吸收池　　　　　　D. 检测系统

100. 气相色谱常用的载气有（　　）

A. 氮气　B. 氢气　　C. 氦气　　D. 氧气

101. 热导检测器（TCD）可选用（　　）为载气。

A. 氮气　B. 氢气　　C. 氦气　　D. 氧气

102. 原子吸收分光光度计，根据原子化器的不同，分为（　　）。

A. 氢火焰离子化　　　B. 火焰光度

C. 火焰原子化　　　　D. 石墨炉原子化

103. 下列为 HPLC 通用型检测器的是（　　）。

A. 紫外-可见光检测器

B. 蒸发光散射检测器

C. 荧光检测器

D. 示差折光检测器

104. 气相色谱法中，液体固定相中载体大致可分为哪两类？（　　）。

A. 硅胶　　　　　　　B. 硅藻土

C. 非硅藻土　　　　　D. 凝胶

105. 在气液色谱中，首先流出色谱柱的组分是（　　）。

A. 溶解能力小的　　　　B. 溶解能力大的

C. 挥发性大的　　　　　D. 吸附能力大的

106. 表示色谱柱效率可以用（　　）。

A. 分配系数　　　　　　B. 塔板高度

C. 理论塔板数　　　　　D. 保留值

107. 在 HPLC 法中，为改变色谱柱选择性，可进行如下哪种操作？（　　）

A. 改变固定相的种类

B. 改变色谱柱的长度

C. 改变流动相的种类和配比

D. 改变检测器的设置波长

108. 载气分子量的大小对（　　）有直接影响。

A. 载气流速　　　　　　B. 涡流扩散项

C. 传质阻力项　　　　　D. 分子扩散项

109. 下列关于原子吸收分光光度计说法正确的是（　　）。

A. 雾化器的作用是使试液雾化

B. 原子吸收分光光度计的光源主要是空心阴极灯

C. 测定时，助燃气流速越快越好

D. 测定时，火焰的温度越高越有利于测定

110. 下列分析方法中属于光学分析法的是（　　）。

A. 发射光谱法　　　　　B. 电位分析法

C. 气相色谱法　　　　　D. 分光光度法

111. 评价气相色谱检测器性能好坏的指标有（　　）。

A. 灵敏度与检测限

B. 检测器的线性范围

C. 检测器体积的大小

D. 基线噪声与漂移

112. 下列说法中正确的是（　　）。

A. 色谱图上峰的个数一定等于试样中的组分数

B. 色谱峰的区域宽度体现了组分在柱中的运动情况

C. 依据色谱峰的面积可以进行定量分析

D. 依据色谱峰的保留时间可以进行定性分析

113. 下列分析方法中属于仪器分析的是（　　）。

A. 电化学分析法　　　　B. 化学沉淀称重法

C. 色谱法　　　　　　　D. 光度分析法

114. 可见光区、紫外光区、红外光区、无线电波四个电磁波区域中，能量最大和最小的区域分别是（　　）和（　　）。

A. 可见光区　　　　　　B. 紫外光区

C. 红外光区　　　　　　D. 无线电波

115. 下列分析方法中属于电化学分析法的有（　　）。

A. 色谱法　　　　　　　B. 极谱法

C. 电导分析法　　　　　D. 伏安法

116. 下列分析方法中属于光谱法的是（　　）。

A. 原子发射法　　　　　B. 核磁共振法

C. 折射法　　　　　　　D. 原子吸收法

117 依据辐射能量传递方式分类，光谱法可分为（　　）。

A. 发射光谱　　　　　　B. 吸收光谱

C. 荧光光谱　　　　　　D. 拉曼光谱

118. 下列光谱中属于带光谱的有（　　）。

A. AES　　　　　　　　B. UV

C. IR　　　　　　　　　D. AAS

119. 当下述哪些参数改变时，不会引起分配系数的变化？（　　）

A. 柱长增加　　　　　　B. 相比减小

C. 流动相流速减小　　　D. 固定相改变

120. 测量溶液 pH 通常所使用的两支电极为（　　）。

A. 玻璃电极　　　　　　B. Ag-AgCl 电极

C. 饱和甘汞电极　　　　D. 标准甘汞电极

121. 分光光度法的吸光度与（　　）有关。

A. 液层的高度　　　　　B. 液层的厚度

C. 溶液的浓度　　　　　D. 入射光的波长

122. 下列试剂中可用于气体管路清洗的是（　　）。

A. 丙酮

B. 乙醚

C. 甲醇

D. 5%氢氧化钠水溶液

123. 气相色谱仪的安装与调试对下列哪些条件有要求？（　　）

A. 一般要求控制温度在 10～40℃，空气的相对湿度应控制到≤85%

B. 室内不应有易燃易爆和腐蚀性气体

C. 实验室应远离强电场、强磁场

D. 仪器应有良好的接地，最好设有专线

124. 下列方法中属于气相色谱定量分析方法的有（　　）。

A. 相对保留值测量　　B. 峰面积测量

C. 峰高测量　　　　　D. 标准曲线法

125. 以下哪些是气相色谱仪的主要部件？（　　）

A. 程序升温装置　　　B. 恒温箱

C. 梯度淋洗装置　　　D. 气化室

126. 组成气相色谱仪器的六大系统中，关键部件是（　　）。

A. 载气系统　　　　　B. 柱分离系统

C. 检测系统　　　　　D. 数据处理系统

127. 气相色谱仪气路系统的检漏包括（　　）。

A. 气源至色谱柱之间的检漏

B. 气化室至检测器出口间的检漏

C. 钢瓶至减压阀间的检漏

D. 气化室密封圈的检漏

128. 可选用氧气减压阀的气体钢瓶有（　　）。

A. 氮气钢瓶　　　　　B. 空气钢瓶

C. 氢气钢瓶　　　　　D. 乙炔钢瓶

129. 下列关于气体钢瓶的使用正确的是（　　）。

A. 开启时只要不对准自己即可

B. 使用钢瓶中气体时，必须使用减压器

C. 钢瓶应放在阴凉、通风的地方

D. 减压器可以混用

130. 以下关于高压气瓶使用、储存管理叙述正确的是（　　）。

A. 储存气瓶应旋紧瓶帽，放置整齐，留有通道，妥善固定

B. 充装可燃气体的气瓶，注意防止产生静电

C. 冬天高压瓶阀冻结，可用蒸汽加热解冻

D. 空瓶、满瓶混放时，应定期检查，防止泄漏、腐蚀

131. 高压气瓶内装气体按物理性质可分为（　　）。

A. 惰性气体　　　　　B. 压缩气体

C. 液体气体　　　　　D. 溶解气体

132. 固定相用量大，对气相色谱的影响为（　　）。

A. 对检测器灵敏度要求提高

B. 峰宽加大

C. 柱容量大

D. 保留时间长

133. 下列气相色谱操作条件中，不正确的是（　　）。

A. 在使最难分离的组分尽可能分离的前提下，尽可能采用较低的柱温

B. 实际选择载气流速时，一般略高于最佳流速

C. 检测室温度应低于柱温

D. 汽化温度愈高愈好

134. 气相色谱法中一般选择汽化室温度（　　）。

A. 比柱温高 30%～50%

B. 比柱温高 30%～70%

C. 比样品组分中最高沸点高 30%～70%

D. 比样品组分中最高沸点高 30%～50%

135. 色谱柱老化的目的有（　　）。

A. 使固定液转变成液体

B. 促使固定液涂渍更均匀牢固

C. 除去固定相中残留溶剂

D. 除去固定相中易挥发杂质

136. 提高载气流速则（　　）。

A. 组分间分离变差　　B. 柱容量下降

C. 保留时间增加　　　D. 峰宽变小

137. 气相色谱中与含量成正比的是（　　）。

A. 峰面积　　　　　　B. 峰高

C. 保留时间　　　　　D. 保留体积

138. 气相色谱常见的定量分析方法有（　　）。

A. 内标法　　　　　B. 归一化法

C. 标准曲线法　　　D. 校正因子法

139. 气相色谱分析中使用归一化法定量的前提是（　　）。

A. 组分必须是有机物

B. 所有的组分都要被分离开

C. 检测器必须对所有组分产生响应

D. 所有的组分都要能流出色谱柱

140. 使用甘汞电极时，下列操作正确的是（　　）。

A. 电极内饱和 KCl 溶液应完全浸没内电极，同时电极下端要保持少量的 KCl 晶体

B. 电极下端的陶瓷芯毛细管应通畅

C. 使用时，先取下电极下端口的小胶帽，上侧加液口的小胶帽不必取下

D. 电极玻璃弯管处不应有气泡

141. 下列物质可以在烘箱中烘干的是（　　）。

A. 碳酸钠　　　　　B. 重铬酸钾

C. 邻苯二甲酸氢钾　D. 硼砂

142. 下列选项中蒸馏装置安装使用正确的是（　　）。

A. 各个铁夹不要夹得太紧或太松

B. 整套装置应安装合理端正、气密性好

C. 温度计水银球应插入蒸馏烧杯内液面下

D. 各个塞子孔道应尽量做到紧密套进各部件

143. ICP-AES 中，关于"在炬焰中进行的过程"的选项正确的是（　　）。

A. 激发

B. 原子化

C. 发射元素的特征谱线

D. 吸收待测元素的特征谱线

144. 原子荧光联用分析技术中，下列可以和原子荧光仪联用的技术有（　　）。

A. 色谱　　　　　B. 氢化物发生器

C. 直流电弧　　　D. 流动注射

145. 氢化物原子荧光光谱法的特点有（　　）。

A. 以气体形式进样，进样效率高

B. 被测组分能够与基体分离，降低干扰

C. 固体样品分析

D. 元素不同价态分析

146. 在 ICP-AES 中，氩气作用是（　　）。

A. 冷却炬管

B. 还原样品

C. 产生等离子体气体

D. 雾化和输送样品溶液

147. 发射光谱对检测器的主要要求包括（　　）。

A. 灵敏度高，响应速度快

B. 产生的电信号与照射到它上面的光强有恒定的函数关系

C. 产生的电信号易于检测、放大，噪声低

D. 波长响应范围大

148. 原子吸收光谱法中常见的主要干扰有（　　）。

A. 电离干扰　　　　B. 光谱干扰

C. 物理干扰　　　　D. 化学干扰

149. ICP-MS 仪器在痕量成分检测方面优势很大，其分析的特点有（　　）。

A. 动态线性范围宽

B. 灵敏度高

C. 检测限低

D. 可同时测量多种元素

150. ICP 光谱仪中的等离子炬管有三种气体通过，它们分别是（　　）。

A. 辅助气　　　　　B. 助燃气

C. 冷却气　　　　　D. 雾化气

151. ICP 所用的气动雾化器有三种基本类型，它们分别是（　　）。

A. 正交型雾化器　　B. 高盐量雾化器

C. 同心雾化器　　　D. 石英雾化器

152. ICP-AES 与 ICP-MS 相比具有的缺点是（　　）。

A. 可在大气压下连续工作

B. 可测痕量元素

C. 光谱干扰比 ICP-MS 大

D. 不比 ICP-MS 具有更好的检出限

153. 气质联用仪常用的质量分析器种类很多，以下符合的是（　　）。

A. 离子阱分析器　　　B. 四极杆分析器

C. 氢火焰检测器　　　D. 飞行时间分析器

154. 液质联用仪常用的离子源有（　　）。

A. 大气压光电离源（APPI）

B. 基质辅助激光解析电离源（MALDI）

C. 电喷雾离子源（ESI）

D. 大气压化学电离源（APCI）

155. 气质联用仪日常维护的部件有（　　）。

A. 进样口衬管　　　B. 隔垫

C. 离子源　　　D. 泵油

156. 气质联用仪中气体捕集阱可以有效地除去载气中的（　　）。

A. 水分　　　B. 氧气

C. 烃类物质　　　D. 二氧化碳

157. 气质联用仪中处于真空系统中的部分是（　　）。

A. 进样系统　　　B. 离子源

C. 检测器　　　D. 质量分析器

158. 造成气质基线不稳定的原因可能有（　　）。

A. 载气不纯　　　B. 进样口污染

C. 进样系统堵塞　　　D. 离子源污染

159. 影响气相色谱定量准确性的因素有（　　）。

A. 进样重复性

B. 分流时是否有歧视效应

C. 样品气化是否完全

D. 定量测定时气压大小

160. 气相色谱使用分流进样时，总流量等于（　　）之和。

A. 隔垫吹扫流量　　　B. 尾吹气流量

C. 分流出口流量　　　D. 柱流量

三、判断题

161. 高锰酸钾溶液呈现紫红色，是因为它吸收了白光中的紫红光。（　　）

162. 空心阴极灯工作时产生的明暗相间的瑰丽现象称为辉光放电。（　　）

163. 朗伯-比尔定律中的朗伯定律是吸光度与光程成反比关系。（　　）

164. 误差有绝对误差和相对误差，绝对误差有正有负，相对误差也有正有负。（　　）

165. 有机化合物成键电子的能级间隔越小，受激跃迁时吸收电磁辐射的波长越短。（　　）

166. 色谱分析从进样开始至每个组分流出曲线达最大值时所需时间称为保留时间，其可以作为气相色谱定性分析的依据。（　　）

167. 一个组分的色谱峰其保留值可用于定性分析，峰高或峰面积可用于定量分析，峰宽可用于衡量柱效率，色谱峰形越窄，说明柱效率越低。（　　）

168. 氢火焰离子化检测器是一种高灵敏度的检测器，适用于微量有机化合物的分析，其主要部件是离子室。（　　）

169. 分离度表示两个相邻色谱峰的分离程度，以两个组分保留值之差与其平均峰宽值之比表示。（　　）

170. 色谱定量分析中的定量校正因子可分为绝对校正因子和相对校正因子。（　　）

171. 气相色谱定性分析中，在适宜色谱条件下标准物与未知物保留时间一致，则可以肯定两者为同一物质。（　　）

172. 仪器分析与化学分析比较，其准确度一般比化学分析高。（　　）

173. 物质的紫外-可见吸收光谱的产生是由于原子核内层电子的跃迁。（　　）

174. 同一电子能级振动态变化时所产生的光谱波长范围是红外光区。（　　）

175. 通常空心阴极灯是用钨棒做阴极，待测元素做阳极，灯内充低压惰性气体。（　　）

176. 紫外-可见分光光度计中，棱镜或光栅可作为聚焦元件。（　　）

177. 原子吸收光度计中，单色器通常位于火焰之后，这样可分掉火焰的杂散光并防止光电管疲劳。（　　）

178. 氟离子选择电极在使用前需用低浓度的氟溶液浸泡数小时，其目的是检查电极的好坏。（　　）

179. 离子选择性电极的作用原理是基于电极内部溶液与外部溶液之间产生的电位差。（　　）

180. 色谱法对未知物分析的定性专属性较好。（　　）

181. 实现峰值吸收的条件之一是：发射线的中心频率与吸收线的中心频率一致。（　　）

182. 高效液相色谱法采用梯度洗脱，是为了改变被测组分的保留值，提高分离度。（　　）

183. 火焰原子化法比石墨炉原子化法的原子化程度高，所以试样用量少。（　　）

184. 拿比色皿时只能拿毛玻璃面，不能拿透光面，擦拭时必须用擦镜纸擦透光面，不能用滤纸擦。（　　）

185. 吸光溶液的最大吸收波长与溶液浓度无关。（　　）

186. 在紫外-可见分光光度计中用的是氘灯。（　　）

187. 在紫外分光光度法中，既可以用石英比色皿，也可以用玻璃比色皿。（　　）

188. 在电位分析法的装置中常用的参比电极是玻璃电极。（　　）

189. 原子吸收光谱法中光源的作用是提取足够强的散射光。（　　）

190. 气相色谱法所能分析的样品应是可挥发，且热稳定的。（　　）

191. 在质谱分析中，分子离子峰可以用于确定分子的组成。（　　）

192. 提高柱温会使各组分的分配系数 K 值增大。（　　）

193. 离子色谱法的分离原理是离子交换平衡。（　　）

194. 在气固色谱中，各组分在吸附剂上分离的原理是各组分的溶解度不一样。（　　）

195. 气相色谱分析样品中各组分的分离是基于分离度的不同。（　　）

196. 在气液色谱中，色谱柱使用的上限温度取决于固定液的沸点。（　　）

197. 气相色谱检测器的温度必须保证样品不出现气化现象。（　　）

198. 正确开启气相色谱仪的程序是先送电后送气。（　　）

199. 将气相色谱用的担体进行酸洗主要是除去担体中的金属氧化物。（　　）

200. 毛细色谱柱的分离效果低于填充色谱柱。（　　）

201. 常用酸碱指示剂是一些有机弱酸或弱碱。（　　）

202. 天平室要经常敞开通风，以防室内过于潮湿。（　　）

203. 天平的分度值越小，灵敏度越高。（　　）

204. 实验室中干燥剂二氯化钴变色硅胶失效后，呈现蓝色。（　　）

205. 缓冲溶液是对溶液 pH 值起稳定作用的溶液。（　　）

206. 优级纯试剂的标签颜色是红色。（　　）

207. 电感耦合等离子体呈环状，其核心温度约为 10000K。（　　）

208. ICP-AES 中，ICP 光源所用的氩气纯度需要在 0.999 以上。（　　）

209. 不改变其他条件，在原子吸收光谱中，减小狭缝，可能消除化学干扰。（　　）

210. ICP-AES 中，矩管由三重同心管组成，工作时有三路氩气分别进入矩管，其中通入中心管的一路称为载气。（　　）

211. 在 ICP-MS 分析中，洗净后的容量瓶和消解罐常用 $10\% \sim 30\%$ 的盐酸浸泡。（　　）

212. 在原子荧光分析中，无论是连续光源或是线光源，光源强度越高，其测量线性工作范围越窄。（　　）

213. 在原子荧光分析中，如果火焰中生成难熔氧化物，则荧光信号降低。（　　）

214. 原子荧光分析的光谱干扰比火焰发射分析法的光谱干扰多。（　　）

215. 安装原子荧光仪的室内温度应该控制在 10～35℃。（　　）

216. 电位滴定中，一般都是以甘汞电极作参比电极，铂电极或玻璃电极作指示电极。（　　）

217. 石墨炉原子化的工作原理是用较大电流通过电阻发热体加热试样，使其蒸发和原子化，使待测元素形成基态原子。（　　）

218. ICP-MS 中，重质量元素的传输效率低于中质量以及轻质量元素。（　　）

219. 在质谱图中，被称为基峰或标准峰的是分子离子峰。（　　）

220. GC-MS 采用的氦气纯度为 99.99%。（　　）

第二节　综合能力提升

一、单选题

221. 气相色谱中专用于测硫和磷的检测器是（　　）。

A. ECD　　　B. FPD　　　C. NPD　　　D. TCD

222. 在进行食品中有机氯农药检测时，灵敏度最高的检测器是（　　）。

A. ECD　　　B. FPD　　　C. NPD　　　D. TCD

223. 吸收池的装液量一般不得少于（　　）杯。

A. 0.5　　　　　　　　B. 0.33333333333

C. 0.66666666667　　　D. 0.6

224. 标定 HCl 溶液常用的基准物质是（　　）。

A. 邻苯二甲酸氢钾　　B. 无水碳酸钠

C. 氢氧化钠　　　　　D. 草酸

225. 硝酸接触皮肤后会引起皮肤红肿疼痛，严重者起水泡呈烫伤状，误接触后应立即用大量流动水冲洗，再用（　　）水溶液冲洗，最后再用清水冲洗。

A. 12%硫酸亚铁

B. 0.5%硫代硫酸钠

C. 2%碳酸氢钠

D. 2%硼酸

226. 检查气瓶是否漏气可采用的方法是（　　）。

A. 用鼻子闻　　　　　B. 用手试

C. 听是否有漏气声音　D. 用肥皂水涂抹

227. 在原子吸收光谱分析中，若组分较复杂且被测组分含量较低时，为了简便、准确地进行分析，最好选择何种方法进行分析？（　　）

A. 标准加入法　　　　B. 间接测定法

C. 内标法　　　　　　D. 工作曲线法

228. 进行已知成分的有机混合物的定量分析，宜采用（　　）。

A. 核磁共振法　　　　B. 色谱法

C. 原子吸收光度法　　D. 红外光谱法

229. 当下述什么参数改变时，会引起分配比的增加？（　　）

A. 流动相流速减小　　B. 相比增加

C. 固定相量增加　　　D. 柱长增加

230. 如果试样中组分的沸点范围很宽，分离不理想，可采取的措施为（　　）。

A. 降低柱温

B. 程序升温

C. 采用最佳载气线速

D. 选择合适的固定相

231. 分光光度法分析中，如果显色剂无色，而被测试液中含有其他有色离子时，宜选择（　　）作参比液消除影响。

A. 掩蔽掉被测离子的待测液

B. 蒸馏水

C. 不加显色剂的待测液

D. 掩蔽掉被测离子并加入显色剂的溶液

232. 对于难分离的组分,分离不理想且保留值十分接近,为提高他们的气相色谱分离效率,最好采用的措施是（　　）。

A. 改变载体流速　　　B. 改变流动相

C. 改变固定相　　　　D. 改变载体性质

233. 在长 1m 的色谱柱上测得两组分的分离度为 0.75,要使两组分完全分离,则柱长应为（　　）。

A. 1.5m　B. 2m　C. 3m　　D. 4m

234. 在液相色谱中,为了提高分离效果应采用的装置是（　　）。

A. 加温　　　　　　　B. 梯度淋洗

C. 高压泵　　　　　　D. 储液瓶

235.（　　）应对色谱柱进行老化。

A. 色谱柱每次使用后

B. 更换了载气或燃气

C. 每次安装了新的色谱柱后

D. 分析完一个样品后,准备分析其他样品之前

236. 下列元素不能在四级杆 ICP-MS 中区分出来的是（　　）。

A. ^{204}Hg 和 ^{204}Pb　　　B. ^{10}B 和 ^{11}B

C. ^{27}Al 和 ^{29}Si　　　D. ^{204}Pb 和 ^{206}Pb

237. 在 ICP-MS 分析中,（　　）可消除质谱型干扰。

A. 选择无干扰的同位素

B. 稀释样品

C. 标准加入法

D. 内标法

238. 原子吸收光度法中的背最干扰表现为下述（　　）情形。

A. 火焰中产生的分子吸收

B. 火焰中被测元素发射的谱线

C. 火焰中干扰元素发射的谱线

D. 光源产生的非共振线

239. ICP-AES 中,如果炬管有过热现象,为避免烧坏炬管,应采取的措施是（　　）。

A. 增加载气流量　　　B. 关氩气开关

C. 调节辅助气流量　　　D. 加大氩气气流量

240. ICP-MS 点不着火时,首先排查的是（　　）。

A. 氩气不纯　　　　　　B. 采样锥污染

C. 雾化器堵塞　　　　　D. 炬管堵塞

二、多选题

241. 下列属于四位有效数字的是（　　）。

A. 1.3000　　　　　　B. 0.1002

C. 1.031　　　　　　　D. 0.589

242. 下列关于存储化学品说法正确的是（　　）。

A. 遇火、遇潮容易燃烧、爆炸或产生有毒气体的化学危险品,不得在露天、潮湿、漏雨或低洼容易积水的地点存放

B. 化学危险物品应当分类、分项存放,相互之间保持安全距离

C. 防护和灭火方法相互抵触的化学危险品,不得在同一仓库或同一储存室存放

D. 受阳光照射易燃烧、易爆炸或产生有毒气体的化学危险品和桶装、罐装等易燃液体、气体应当在密闭地点存放

243. 关于提高分析准确度的方法,以下描述正确的是（　　）。

A. 增加平行测定次数,可以减小偶然误差

B. 回收试验可以判断分析过程是否存在系统误差

C. 只要提高测量值的精密度,就可以提高测量的准确度

D. 通过对仪器进行校准减免偶然误差

244. 氢火焰点不燃的原因可能是（　　）。

A. 空气流量太小或空气大量漏气

B. 点火极短路或断圈

C. 喷嘴漏气或被堵塞

D. 氢气漏气或流量太小

245. 气相色谱仪在使用中若出现峰不对称,应如何排除?（　　）

A. 增加进样量

B. 减少进样量

C. 确保汽化室和检测器的温度合适

D. 减少载气流量

246. 下列关于老化描述正确的是（ ）。

A. 设置老化温度时，不允许超过固定液的最高使用温度

B. 依据涂渍固液的百分数合理设置老化温度

C. 老化时间与所用检测器的灵敏度和类型有关

D. 老化时间的长短与固定液的特性有关

247. 关于 ICP-MS 采样锥和截取锥的维护，说法正确的是（ ）。

A. 不需要维护

B. 定期检查维护

C. 二次水超声清洗

D. 使用专用洗涤剂清洗

248. 在原子吸收光谱分析中，为了防止回火，各种火焰点燃和熄灭时，燃气与助燃气的开关必须遵守的原则是（ ）。

A. 先开燃气，后关燃气

B. 先开助燃气，后关助燃气

C. 后开燃气，先关燃气

D. 后开助燃气，先关助燃气

249. ICP-AES 分析中高含量的元素时使用内标法可以克服（ ）。

A. 环境温度变化带来的影响

B. 试样中元素含量不一致带来的影响

C. 仪器分析条件波动带来的影响

D. 试样溶液基体不一致带来的影响

250. ICP-AES 分析中（ ）方法可以有利于抑制和消除电离干扰。

A. 采用适当的观察高度和较高的高频功率

B. 采用较低的载气压力或流量

C. 加入碱金属来抵消影响

D. 基体匹配

251. 从实际工作出发，ICP-MS 常用的工作曲线方法有（ ）。

A. 标准加入法   B. 内标法

C. 单点校正法   D. 标准曲线法

252. GC-MS 真空泄漏时，可检测特征峰来判定，下列选项中正确的是（ ）。

A. 18（水）   B. 28（氮气）

C. 32（氧气）   D. 40（氩气）

253. 造成气质联用仪漏气的原因可能有（ ）。

A. 进样口隔垫老化

B. 进样口柱接头松动或损坏

C. 毛细管柱破损或断裂

D. 质谱端柱接头松动或损坏

254. 下列化合物中分子离子峰为偶数的是（ ）。

A. C_6H_6 B. $C_4H_2N_6O$

C. $C_6H_5NO_2$ D. $C_9H_{10}O_2$

255. 在气质联用仪中物质各组分出峰时间与（ ）有关。

A. 色谱柱的长度

B. 组分的极性

C. 组分的沸点

D. 组分与色谱柱的吸附能力

256. 气质联用仪气化温度的选择原则有（ ）。

A. 不会造成分解

B. 组分快速气化

C. 气化温度不一定比沸点高

D. 气化温度一定比沸点高

257. 下列哪些途径可能提高柱效？（ ）

A. 调节载气流速

B. 降低担体粒度

C. 将试样进行预分离

D. 减小固定液液膜厚度

258. 下列描述正确的是（ ）。

A. 色谱峰越窄，理论塔板数就越多

B. 色谱峰越窄，理论塔板数就越少

C. 色谱峰越窄，理论塔板高度就越大

D. 色谱峰越窄，理论塔板高度就越小

259. GC-MS 调谐中 MS 的调整包含（ ）。

A. 灵敏度调整   B. 质量数调整

C. 分辨率调整   D. 相对强度调整

260. 单四极杆 GC-MS 的数据采集模式包括（ ）。

A. SCAN   B. SIM

C. MRM
D. dMRM

三、判断题

261. 紫外-可见分光光度法分析中，测量波长不能大于溶剂的极限波长。（　　）

262. 色谱分析中，组分流出色谱柱的先后顺序，一般符合沸点规律，即高沸点组分先流出，低沸点组分后流出。（　　）

263. 色谱峰的宽或窄，反映了组分在色谱柱内传质阻力的大或小。（　　）

264. 复合电极使用完后要浸泡在蒸馏水中。（　　）

265. 当注入色谱柱的单个组分的量超出柱容量，则出现后伸峰。（　　）

266. 气相色谱分析腐蚀性气体宜选用氟载体。（　　）

267. 使用碱式滴定管正确的操作是左手捏于稍低于玻璃珠近旁。（　　）

268. 天平和砝码应定期检定，按照规定最长检定周期不超过一年。（　　）

269. 应用密度计法测定样品的密度可以根据测得的温度和视密度查得样品的 20℃ 标准密度。（　　）

270. 原子吸收法测定钙时，加入氯化锶的作用是还原剂。（　　）

271. 在 ICP 光谱分析中，铁元素含量过高会产生电离干扰。（　　）

272. ICP-AES 分析中的化学干扰，比起火焰原子吸收光谱或火焰原子发射光谱分析要轻微得多，因此化学干扰在 ICP 发射光谱分析中常常可以忽略不计。（　　）

273. ICP-MS 法可使用优级纯的硝酸或过氧化氢来降低试剂空白。（　　）

274. 原子吸收中，为消除磷酸根对钙的干扰可加入酒石酸作为保护剂。（　　）

275. 原子吸收中，为消除铝对镁的干扰，可加入 EDTA 作为保护剂。（　　）

276. ICP-MS 中，无机酸的干扰从小到大的顺序为过氧化氢＜硝酸＜氢氟酸＜硫酸。（　　）

277. ICP-MS 测量时，发现蠕动泵出液管不排液，应停止测量，立即灭火。（　　）

278. Ag-AgCl 参比电极的电极电位取决于电极内部溶液中的 Ag^+ 和 Cl^- 活度之和。（　　）

279. 气质联用仪的真空泵系统有机械泵和分子涡轮泵。（　　）

280. 气质联用仪所采用的 DB-5 色谱柱是强极性的。（　　）

四、填空题

281. 紫外-可见分光光度计通常用_____作为检测器。

282. 气相色谱中通常用_____来定性。

283. 高效液相色谱通常用_____来定量。

284. 原子吸收光谱仪的光源是一种能辐射出谱带半宽度极窄的辐射线的光源，叫_____光源。

285. 色谱法常用的总分离效能指标为_____。

286. 内标法的关键是选择合适的_____。

287. 扣除掉死时间后的保留时间，称为_____。

288. 本身没有生色作用，但是在有生色团的条件下，可以使物质增色和红移的基团是_____。

289. 选择固定液时，一般根据_____原则。

290. 质谱分析中，_____可以提供分子结构的信息。

291. 装在高压气瓶的出口，用来将高压气体调节到较小的压力的是_____。

292. 气-液色谱的固定相是由高沸点物质固定液和_____担体组成。

293. 气质联用仪常用_____作为载气。

294. 在光谱分析中，失去电子的原子叫_____。

295. 有机化合物在电子轰击离子源中有可

能产生分子离子、同位素离子和＿＿＿＿＿＿
＿＿＿＿＿。

五、问答题

296. 气相色谱仪的基本组成包括哪些部分？简述气相色谱分离的原理。

297. 紫外分光光度计由哪些部分组成，并说明各组成部分的作用。

298. 在高效液相色谱中，对流动相进行脱气的主要作用是什么？

299. 三重四级杆质谱仪的扫描模式主要包括哪几种？

300. 简述电喷雾离子源（ESI）和大气压化学电离源（APCI）的原理。

第四章

食品微生物分析基础知识

● **核心知识点** ●

一、微生物的主要特点：①形态微小，结构简单；②代谢旺盛，繁殖快速；③适应性强，易变异；④种类繁多，分布广泛。

二、微生物的形态与结构

特征	原核微生物	真核微生物	非细胞微生物（病毒）
代表类群	细菌、古菌	真菌（霉菌、酵母）、藻类、原生动物	DNA病毒、RNA病毒、亚病毒
细胞结构	无核膜（拟核）	有核膜	无细胞结构
细胞壁成分	细菌：肽聚糖（革兰+/-差异） 古菌：假肽聚糖/多糖	真菌：几丁质/葡聚糖 藻类：纤维素/硅质 原生动物：无或蛋白质壳	无细胞壁（部分有包膜）
细胞膜	磷脂双分子层（古菌含醚键）	磷脂双分子层+甾醇	无
核糖体	70s	80s	无
运动器官	鞭毛	鞭毛/纤毛	无
特殊结构	荚膜、芽孢、菌毛	菌丝体、孢子	包膜
遗传物质	环状DNA（拟核+质粒）	线状DNA（染色体+细胞器DNA）	DNA或RNA（单/双链）
细胞器	无膜结构细胞器	线粒体、内质网、高尔基体等	无
繁殖方式	二分裂为主	有丝分裂、无性（出芽/孢子）、有性（配子/接合）	依赖宿主复制（吸附→注入→装配→释放）

三、微生物的营养与代谢

（一）微生物的营养物质包括：碳源、氮源、能源、无机盐、生长因子、水；营养类型主要有光能自养型、光能异养型、化能自养型、化能异养型；营养物质进入细胞的方式有单纯扩散、促进扩散、主动运输等。

（二）微生物的代谢包括生物氧化、有氧呼吸、无氧呼吸、发酵等。

四、微生物的生长与控制

（一）单细胞微生物的典型生长曲线：迟缓期→对数期→稳定期→衰亡期。

（二）物理因素如温度（最适、最低、最高）、pH（最适范围）、氧气（好氧、厌氧、兼性厌氧、微好氧、耐氧）、渗透压、辐射（紫外线、电离辐射）等，及化学因素如营养物质、化学物质对微生物生长的影响。

（三）常见物理杀菌方法的应用

杀菌方法	作用机制	应用
干热	蛋白质变性	烘箱加热灭菌玻璃器皿和金属物品，火焰灼烧微生物
湿热	蛋白质变性	高压蒸汽灭菌培养基等不能干热灭菌、不被湿热破坏的物品
巴斯德消毒法	蛋白质变性	灭菌牛奶、乳制品和啤酒中的病原菌
冷藏	降低酶反应速率	可保藏新鲜食品；不能杀死大多数微生物
冷冻	极大地降低酶反应速率	可保藏新鲜食品；不能杀死大多数微生物；可用于菌种保藏
紫外线	蛋白质和核酸变性	用于降低手术室、动物房和培养室空气中的微生物数量

食品微生物分析是评估食品卫生安全的关键技术，其核心在于精准检测食品中潜在的致病菌、腐败菌及指示菌，从而确保食品的食用安全性。随着食品工业的快速发展，微生物污染问题日趋复杂，对检测技术的精确度和灵敏度提出了更高要求。

本章参考黄秀梨等主编的《微生物学》等书籍，围绕食品微生物分析的基本原理、常用技术手段及其在食品安全检验中的实际应用，通过系统讲解与案例分析，帮助读者深入理解微生物分析方法的原理、选择原则及操作细节。通过本章的系统练习，读者将逐步掌握微生物培养、分离、鉴定等基本操作技能，并且能够结合具体案例解析微生物检测数据的实际意义，为后续的食品检验工作奠定坚实的理论基础。

第一节　基础知识自测

一、单选题

1. 富营养的湖泊或水库所见到的水华常常就是由（　　）形成的。

A. 蓝细菌　　　　　　B. 放线菌
C. 古菌　　　　　　　D. 支原体

2. 以下经革兰氏染色可能为阳性的微生物是（　　）。

A. 立克次氏体　　　　B. 支原体
C. 细菌　　　　　　　D. 衣原体

3. 以下微生物无细胞壁结构的是（　　）。

A. 立克次氏体　　　　B. 支原体
C. 细菌　　　　　　　D. 衣原体

4. 以下微生物对青霉素不敏感的是（　　）。

A. 立克次氏体　　　　B. 支原体
C. 细菌　　　　　　　D. 衣原体

5. 霉菌有性繁殖进行至减数分裂时，其染色体倍数为（　　）。

A. $4n$　　　B. $n+n$　　　C. $2n$　　　D. n

6. 以下对病毒的特点描述错误的是（　　）。

A. 形态微小，但在光学显微镜下易看到
B. 无细胞结构
C. 缺乏完整的酶系统和能量代谢系统
D. 对抗生素不敏感

7. 病毒的一步生长曲线不包含（　　）这一时期。

A. 潜伏期　　　　　　B. 裂解期

C. 平稳期　　　　　　D. 对数期

8. 微生物细胞需要量最大的元素是（　　）。

A. 碳　　B. 氮　　C. 氧　　D. 磷

9. 下列微生物为自养型微生物的是（　　）。

A. 大肠杆菌　　　　　B. 蓝细菌
C. 金黄色葡萄球菌　　D. 酵母菌

10. 以下4种物质运输方式不需要特异载体蛋白的是（　　）。

A. 自由扩散　　　　　B. 促进扩散
C. 主动运输　　　　　D. 基团转位

11. 以下4种物质运输方式运输速度最慢的是（　　）。

A. 基团转位　　　　　B. 主动运输
C. 促进扩散　　　　　D. 自由扩散

12. 各类微生物都有其各自生长的pH范围，一般来说细菌的最适pH范围在（　　）这一范围。

A. 7.0～8.0　　　　　B. 7.5～8.5
C. 3.8～6.0　　　　　D. 4.0～5.8

13. 各类微生物都有其各自生长的pH范围，一般来说酵母菌的最适pH范围在（　　）这一范围。

A. 7.0～8.0　　　　　B. 7.5～8.5
C. 3.8～6.0　　　　　D. 4.0～5.8

14. 各类微生物都有其各自生长的pH范围，一般来说霉菌的最适pH范围在

（　　　）这一范围。

A. 7.0～8.0　　　　B. 7.5～8.5

C. 3.8～6.0　　　　D. 4.0～5.8

15. 以下不属于合成培养基的优点的是（　　　）。

A. 化学成分确定

B. 精确定量

C. 取材方便

D. 实验的可重复性高

16. 以下培养基可用于微好氧细菌的培养和细菌运动能力的确定的是（　　　）。

A. 固体培养基　　　　B. 半固体培养基

C. 液体培养基　　　　D. 气体培养基

17. 以下不属于无分支单细胞微生物群体在迟缓期的特点的是（　　　）。

A. 代谢活跃

B. 体积增大

C. 大量合成细胞分裂所需的酶类

D. 细胞分裂速度最快

18. 无分支单细胞在以下（　　　）阶段的细胞分裂速度最快。

A. 迟缓期　　　　　　B. 对数期

C. 稳定期　　　　　　D. 衰亡期

19. 无分支单细胞在以下（　　　）阶段的总菌数达到最大值。

A. 迟缓期　　　　　　B. 对数期

C. 稳定期　　　　　　D. 衰亡期

20. 以下阶段新生的细胞数目与死亡的细胞数目相等的是（　　　）。

A. 迟缓期　　　　　　B. 对数期

C. 稳定期　　　　　　D. 衰亡期

21. 细菌的芽孢最可能产生在（　　　）阶段。

A. 迟缓期　　　　　　B. 对数期

C. 稳定期　　　　　　D. 衰亡期

22. 无分支单细胞微生物在（　　　）阶段菌体细胞最有可能呈现多种形态。

A. 迟缓期　　　　　　B. 对数期

C. 稳定期　　　　　　D. 衰亡期

23. 温度是影响微生物生长的一个重要因素，所以每种微生物都有（　　　）种基本温度。

A. 4　　　B. 3　　　C. 2　　　D. 1

24. 某微生物最低生长温度为 5～15℃，最适生长温度为 20～35℃，最高生长温度为 45℃左右，其属于（　　　）。

A. 嗜冷微生物　　　　B. 耐冷微生物

C. 中温微生物　　　　D. 嗜热微生物

25. 以下微生物在试管中液体培养基培养时通常生长在培养基表面的是（　　　）。

A. 专性好氧菌　　　　B. 微好氧菌

C. 兼性厌氧菌　　　　D. 厌氧菌

26. （　　　）通过初次加热，杀死细菌营养体，同时刺激芽孢萌发，当芽孢萌发转变为营养体后，在下次的加热中被杀死。

A. 水煮沸法　　　　　B. 间歇灭菌法

C. 高压蒸汽锅法　　　D. 烘箱热空气法

27. 通过辐射可控制微生物的生长，紫外线在（　　　）范围内杀菌效果最好。

A. 100～200nm　　　B. 150～250nm

C. 200～300nm　　　D. 300～400nm

28. 醇类为脂溶剂，可使膜损伤，同时还能使蛋白质变性，此外，低级醇还是脱水剂，因而具有杀菌能力，实际工作中最常用的醇是（　　　）。

A. 丁醇　　B. 丙醇　　C. 甲醇　　D. 乙醇

29. 通过破坏菌体细胞膜的结构，造成胞内物质泄漏，蛋白质变性，菌体死亡，进而达到控制微生物生长的目的，属于（　　　）消毒剂。

A. 醇类　　　　　　　B. 醛类

C. 表面活性剂　　　　D. 染料

30. 青霉素是通过（　　　）机制控制微生物的生长。

A. 抑制细胞壁的合成

B. 破坏细胞膜的功能

C. 抑制蛋白质的合成

D. 阻碍核酸的合成

31. 具有抗药性的质粒是（　　　）。

A. F 因子　　　　　　B. R 因子

C. Col 因子　　　　　　　D. 降解质粒

32. 下列选项中属于微生物按发生的方式分类的突变类型为（　　）。

A. 自发突变　　　　　　　B. 形态突变

C. 染色体畸变　　　　　　D. 基因突变

33. 紫外线可以作为诱变剂诱发微生物突变，其主要生物学效应是对 DNA 的作用，包括使 DNA 链断裂、DNA 分子内部和分子间交联、核酸和蛋白质交联、嘧啶碱的水合作用以及胸腺嘧啶二聚体的形成，其中主要机制是（　　）。

A. DNA 链断裂

B. DNA 分子内部和分子间交联

C. 核酸和蛋白质交联

D. 胸腺嘧啶二聚体的形成

34. 最适用于细菌营养缺陷型菌株的检出为（　　）。

A. 点种法

B. 夹层检出法

C. 限量补充培养基检出法

D. 影印法

35. 最适用于放线菌、酵母菌等形成小菌落的微生物育种中营养缺陷型菌株的检出为（　　）。

A. 点种法

B. 夹层检出法

C. 限量补充培养基检出法

D. 影印法

36. 原生质体融合技术及育种步骤包含：①原生质体的制备；②原生质体融合；③原生质体再生；④融合子的检出和鉴定，其顺序正确的是（　　）。

A. ①→②→③→④　　　B. ①→③→②→④

C. ④→②→③→①　　　D. ②→①→③→④

37. 土壤中微生物的数量和种类都很多，主要包括细菌、放线菌、真菌、藻类、原生动物和病毒等类群，其中（　　）类型的微生物数量最多。

A. 细菌　　　　　　　　　B. 放线菌

C. 真菌　　　　　　　　　D. 病毒

38. 最高生长温度在 45～80℃ 范围的微生物属于嗜热微生物，（　　）微生物是主要的嗜热微生物。

A. 细菌　　　　　　　　　B. 古细菌

C. 真菌　　　　　　　　　D. 放线菌

39. 在含盐量（　　）以上的高盐环境中生长的微生物称为极端嗜盐微生物。

A. 20%　　　　　　　　　B. 30%

C. 35%　　　　　　　　　D. 40%

40. 微生物与生物环境存在各种相互关系，其中两种生物共处于一个生境时双方有害属于（　　）关系。

A. 共生　　　　　　　　　B. 种间共处

C. 互生　　　　　　　　　D. 竞争

41. （　　）元素是构成生物体的最基本元素。

A. 碳　　　B. 氢　　　C. 氧　　　D. 氮

42. 利用微生物进行污水处理时，pH 是影响反硝化反应的重要因素，其最适宜的 pH 范围是（　　）。

A. 6.0～7.0　　　　　　　B. 6.0～7.5

C. 6.5～7.5　　　　　　　D. 7.0～8.0

43. 磷是导致水体富营养化的主要限制因素，当水体中总磷含量高于（　　）mg/L 或总氮含量高于 0.2mg/L 时即被视为富营养化水体。

A. 0.02　　B. 0.05　　C. 0.1　　D. 0.2

44. 具有核仁、核膜细胞核的生物类群是（　　）。

A. 古菌　　　　　　　　　B. 细菌

C. 真核生物　　　　　　　D. 病毒

45. 光能自养型微生物的能源来源是（　　）。

A. CO_2　　B. 光　　C. H_2　　D. NH_4^+

46. 真核微生物属于（　　）营养类型。

A. 光能自养型　　　　　　B. 光能异养型

C. 化能自养型　　　　　　D. 化能异养型

47. 在伊红美蓝（EMB）培养基上呈现深紫色菌落的是（　　）。

A. 大肠杆菌　　　　　　　B. 沙门氏菌

C. 志贺氏菌　　　　　　　D. 链球菌

二、多选题

48. 常见的细菌有 3 种基本形态，分别为（　　）。

A. 杆状　B. 球状　C. 螺旋状　D. 梨状

49. 细菌细胞质的颗粒部分主要包括（　　）。

A. 核糖体　　　　　　　　B. 贮藏性颗粒

C. 载色体　　　　　　　　D. 质粒

50. 有些细菌在细胞壁外分泌一个厚度不定的富含水分的多糖黏胶外层——糖被，糖被的种类主要分为（　　）。

A. 荚膜或大荚膜　　　　　B. 微荚膜

C. 黏液层　　　　　　　　D. 菌胶团

51. 以下属于嗜冷微生物耐低温机制的有（　　）。

A. 不饱和脂肪酸含量增加

B. 其蛋白质在低温下能保持结构上的完整性

C. 其酶在低温下具有很高的活性

D. 在 0℃时仍具有合成蛋白质的能力

52. 以下微生物需寄生才可存活的是（　　）。

A. 立克次氏体　　　　　　B. 支原体

C. 细菌　　　　　　　　　D. 衣原体

53. 以下属于酵母菌无性繁殖方式的是（　　）。

A. 芽殖　　　　　　　　　B. 裂殖

C. 无性孢子　　　　　　　D. 子囊孢子

54. 粗糙脉孢菌菌丝的细胞壁包含（　　）等物质。

A. 几丁质层　　　　　　　B. 蛋白质层

C. 葡萄糖蛋白质网层　D. 葡聚糖层

55. 依据病毒的基因组组成及复制方式，病毒可分为（　　）。

A. DNA 病毒

B. RNA 病毒

C. DNA 与 RNA 反转录病毒

D. 亚病毒因子

56. 以下属于亚病毒因子的有（　　）。

A. 类病毒　　　　　　　　B. 卫星病毒

C. 卫星核酸　　　　　　　D. 朊毒体

57. 以下可能为病毒化学组成成分的是（　　）。

A. 核酸　　　　　　　　　B. 蛋白质

C. 脂质　　　　　　　　　D. 糖类

58. 以下因素会影响病毒吸附过程的有（　　）。

A. 温度　　　　　　　　　B. pH

C. 离子浓度　　　　　　　D. 蛋白酶

59. 以下亚病毒因子能独立复制的有（　　）。

A. 类病毒　　　　　　　　B. 卫星病毒

C. 卫星核酸　　　　　　　D. 朊毒体

60. 在微生物的生长过程中，有 6 大要素物质是其需要的营养物质，下列（　　）属于其要素物质。

A. 碳源　　　　　　　　　B. 氮源

C. 能量　　　　　　　　　D. 无机盐

61. 无机盐在微生物生长过程中的生理作用有（　　）。

A. 参与细胞内的物质构成

B. 酶激活剂

C. 调节渗透压

D. 调节 pH

62. 下列物质中能为微生物生长提供生长因子的天然物质有（　　）。

A. 酵母膏　　　　　　　　B. 蛋白胨

C. 麦芽　　　　　　　　　D. 动植物组织

63. 微生物生长过程所需的生长因子的主要功能包括（　　）。

A. 提供能量

B. 提供微生物细胞重要化学物质

C. 作为辅助因子

D. 作为酶的激活剂

64. 水是微生物营养物质中不可缺少的一种物质，水在微生物生长过程中的作用有（　　）。

A. 作为营养物质和代谢产物的良好溶剂

B. 参与细胞内的一系列化学反应

C. 作为营养物质提供能量

D. 维持生物大分子结构的稳定

65. 依据能源、供氢体和碳源来源可将微生物营养类型划分为（　　）。

A. 光能自养型　　　　　B. 光能异养型

C. 化能自养型　　　　　D. 化能异养型

66. 营养物质主要通过（　　）方式进入微生物细胞。

A. 自由扩散　　　　　B. 促进扩散

C. 主动运输　　　　　D. 基团转位

67. 以下物质运输方式需要消耗能量的有（　　）。

A. 自由扩散　　　　　B. 促进扩散

C. 主动运输　　　　　D. 基团转位

68. 微生物培养基根据制备后培养基的物理状态可分为（　　）。

A. 固体培养基　　　　　B. 半固体培养基

C. 液体培养基　　　　　D. 气体培养基

69. 微生物培养基根据培养基的功能可分为（　　）。

A. 基本培养基　　　　　B. 选择培养基

C. 鉴别培养基　　　　　D. 加富培养基

70. 以下属于微生物生长繁殖的测定方法——总细胞计数法的有（　　）。

A. 血细胞计数板法　　　B. 涂片计数法

C. 比浊法　　　　　D. 涂布平板法

71. 以下属于微生物生长量测定方法的有（　　）。

A. 湿重法　　　　　B. 干重法

C. 含氮量测定法　　　　D. DNA含量测定法

72. 以下方法可以缩短或消除微生物群体迟缓期的有（　　）。

A. 增加接种量

B. 采用最适种龄

C. 选择繁殖速率快的菌种

D. 尽量保持接种前后所处的培养基基质和条件一致

73. 依据微生物的生长温度范围，可将微生物划分为（　　）。

A. 嗜冷微生物　　　　　B. 耐冷微生物

C. 中温微生物　　　　　D. 嗜热微生物

E. 超嗜热微生物

74. 以下属于pH值影响微生物生长机制的有（　　）。

A. 影响生活环境中营养物质的可给态

B. 影响有毒物质的毒性

C. 影响菌体细胞膜的带电荷性质

D. 影响细胞膜的稳定性

75. 下列方法中可以达到控制微生物生长的目的的方法有（　　）。

A. 干热灭菌法　　　　　B. 冷冻法

C. 辐射　　　　　D. 过滤

76. 以下消毒方法属于巴氏消毒法的是（　　）。

A. 低温维持法　　　　　B. 高温瞬时法

C. 超高温度瞬时法　　　D. 间歇灭菌法

77. 下列选项中属于微生物对化学治疗剂抗药性的抗性机制的有（　　）。

A. 缺乏某类药物作用的结构

B. 化学治疗剂不能穿过细胞膜进入胞内

C. 化学治疗剂被变为无活性的形式

D. 药物的作用部位被修饰改变

78. 下列选项中证明DNA是遗传物质的实验有（　　）。

A. 烟草花叶病毒的拆分和重建实验

B. 噬菌体侵染细菌的实验

C. 基因的分离和自由组合实验

D. 肺炎双球菌的转化实验

79. 细菌基因转移形式包含（　　）。

A. 接合　　B. 转化　　C. 转导　　D. 突变

80. 微生物按突变的表型可分为（　　）。

A. 形态突变　　　　　B. 生理生化突变

C. 抗性突变　　　　　D. 致病性突变

81. 微生物基因突变类型按碱基特性的改变可分为（　　）。

A. 置换　　　　　B. 缺失

C. 插入　　　　　D. 移码突变

E. 同义突变

82. 下列选项中属于染色体畸变的类型有（　　）。

A. 缺失　　B. 重复　　C. 倒位　　D. 易位

83. 微生物营养缺陷型菌株的筛选过程包括（　　）。

A. 中间培养　　　　　B. 淘汰野生型

C. 营养缺陷型检出　　D. 营养缺陷型鉴定

84. 制备原生质体主要使用酶法消化，其中可用蜗牛酶制备原生质体的微生物包括（　　）。

A. 细菌　　　　　　　B. 放线菌

C. 霉菌　　　　　　　D. 酵母

85. 制备原生质体主要使用酶法消化，其中可用溶菌酶制备原生质体的微生物包括（　　）。

A. 细菌　　B. 放线菌　　C. 霉菌　　D. 酵母

86. 基因工程中的基因分离、重组涉及一系列的酶促反应，其过程所用到的酶主要有（　　）。

A. 限制性核酸内切酶

B. 限制性核酸外切酶

C. 反转录酶

D. 连接酶

87. 下列选项中属于基因工程中使用的载体的有（　　）。

A. 细菌质粒　　　　　B. 噬菌体 DNA

C. 黏粒　　　　　　　D. 动植物病毒

88. 下列选项中属于细菌质粒常带的抗性标记的有（　　）。

A. 四环素抗性　　　　B. 氨苄青霉素抗性

C. 卡那霉素抗性　　　D. 氯霉素抗性

89. 土壤作为微生物良好的栖息地，其优势包含（　　）。

A. 为微生物的生长提供了良好的碳源、氮源和能源

B. 提供了微生物生长所需的大量和微量矿质元素

C. 具有一定的保温性能

D. 土壤渗透压与微生物细胞的渗透压相近

90. 土壤微生物的数量、类群和分布受（　　）因素的影响。

A. 土壤结构　　　　　B. 土壤层次

C. 温度　　　　　　　D. 水分

91. 空气中的微生物主要有（　　）。

A. 细菌　　　　　　　B. 真菌

C. 病毒　　　　　　　D. 放线菌

92. 人体肠道中的正常菌群包括拟杆菌、大肠杆菌、双歧杆菌、乳杆菌、粪链球菌、产气荚膜梭菌、腐败梭菌和纤维素分解菌等，其中占优势的是（　　）。

A. 拟杆菌　　　　　　B. 大肠杆菌

C. 双歧杆菌　　　　　D. 粪链球菌

93. 微生物在氮素循环中的作用包括（　　）。

A. 固氮作用　　　　　B. 同化作用

C. 氨化作用　　　　　D. 硝化作用

94. 实验表明，环境中农药的清除主要是靠（　　）微生物的降解作用。

A. 细菌　　　　　　　B. 真菌

C. 病毒　　　　　　　D. 放线菌

95. 生物膜法即以生物膜为净化主体的污水处理方式，膜的形成具有一定的规律，包括（　　）。

A. 初生　　　　　　　B. 生长

C. 成熟　　　　　　　D. 老化剥落

96. 以下属于基因工程菌的构建内容的是（　　）。

A. 重组污染物降解基因

B. 优化污染物降解途径

C. 重组污染物摄入相关基因

D. 改善对污染物的生物可利用性

97. 影响微生物生物降解的环境因素有（　　）。

A. 温度　　　　　　　B. 湿度

C. 酸碱度　　　　　　D. 微生物营养物质

98. 可作为柠檬酸生产的菌株有（　　）。

A. 青霉　　B. 毛霉　　C. 曲霉　　D. 木霉

99. 抗生素在生产生活中有广泛应用，能产抗生素的微生物类群包含（　　）。

A. 细菌　　　　　　　B. 真菌

C. 放线菌　　　　　　D. 支原体

100. 一般情况下细菌菌落的特征包含

（　　　）。

A. 湿润　　　　　　B. 黏稠

C. 易挑起　　　　　D. 质地均匀

101. 下列选项中属于霉菌的有性孢子的有（　　　）。

A. 卵孢子　　　　　B. 接合孢子

C. 子囊孢子　　　　D. 孢囊孢子

102. 微生物代谢的显著特点包含（　　　）。

A. 代谢旺盛　　　　B. 代谢极为多样性

C. 代谢的严格调节　D. 代谢的灵活性

103. 原生质体融合的方法有（　　　）。

A. 化学融合　　　　B. 物理融合

C. 生物融合　　　　D. 自然融合

三、判断题

104. 依据进化水平、生物性状和细胞结构的差异，可以把自然界中具有细胞结构的微生物分为原核微生物和真核微生物。（　　　）

105. 革兰氏阳性菌的细胞壁主要成分为肽聚糖和脂多糖。（　　　）

106. 球形体是指在有螯合剂（如乙二胺四乙酸，EDTA）等存在的条件下用溶菌酶部分除去革兰氏阳性菌的细胞壁而形成的缺损型细胞。（　　　）

107. 细菌的细胞器包含线粒体。（　　　）

108. 细菌的核区 DNA 是一个很长的闭合环状双链。（　　　）

109. 性丝只存在于大肠杆菌与其他肠道杆菌的雄株（F^+ 或 Hfr 株）菌的表面。（　　　）

110. 有些细菌在细胞壁外分泌一个厚度不定的富含水分的多糖黏胶外层——糖被。产糖被细菌在固体培养基上形成表面湿润、有光泽、黏液状的光滑型，即 R 型菌落。（　　　）

111. 蓝细菌是一大类群分布极广、异质的、绝大多数情况下营产氧光合作用的、古老的真核微生物。（　　　）

112. 古菌、细菌、真核生物均为有核仁、核膜的细胞核。（　　　）

113. 古菌、细菌均无复杂内膜细胞器。（　　　）

114. 真核微生物主要包括真菌、单细胞藻类和原生动物。（　　　）

115. 真菌可进行光合作用。（　　　）

116. 酵母菌的细胞结构与高等生物相似，具有高尔基体。（　　　）

117. 病毒对抗生素不敏感，但对干扰素敏感。（　　　）

118. 病毒为专性活细胞内寄生的微生物。（　　　）

119. 病毒可同时含 DNA 和 RNA 两种遗传物质。（　　　）

120. 一些真核生物的 RNA 病毒基因组与其宿主细胞的 mRNA 一样，5′端有帽子结构，3′端有 poly(A) 尾巴。（　　　）

121. 有的病毒仅编码一种蛋白质。（　　　）

122. 病毒的复制一般可分为吸附、侵入、脱壳、生物合成、装配、释放 5 个阶段。（　　　）

123. 病毒侵入是指病毒或其一部分进入宿主细胞的过程，是一个不依赖能量的步骤。（　　　）

124. 两种不同的病毒同时或先后感染同一宿主细胞时，一种病毒抑制另外一种病毒增殖的现象，称为病毒的干扰。（　　　）

125. 使半数实验动物死亡的病毒剂量称为半数感染剂量。（　　　）

126. 朊病毒是一类具有侵染性并能在宿主细胞内复制的小分子无免疫性疏水蛋白质。（　　　）

127. 二甲苯、酚等有毒的物质可以被少数微生物作为碳源物质来利用。（　　　）

128. 糖类是微生物最广泛利用的碳源，尤其是葡萄糖。（　　　）

129. 生长因子是微生物生长所不可缺少的微量有机物质。（　　　）

130. 微生物中的水以自由水和结合水两种形式存在。（　　　）

131. 细胞壁和细胞膜是物质进出微生物细胞的必经之路。（　　　）

132. 细胞膜的基本结构是脂质双分子层，

但物质的通透性与物质的脂溶性程度相关性不强。（　　）

133. 自由扩散是营养物质进入微生物细胞最简单的一种运输方式。（　　）

134. 自由扩散不需要载体蛋白但需要能量。（　　）

135. 自养微生物的培养基可以完全由无机盐组成。（　　）

136. 异养微生物的生物合成能力较弱，所以培养基中至少要有一种有机物，通常为葡萄糖。（　　）

137. 为了获取代谢产物或是作为发酵培养基，培养基的C/N比应该低一些，以使微生物生长不致过剩而有利于代谢产物的积累。（　　）

138. 不同微生物对碳源与氮源的比例（即C/N比）要求相同。（　　）

139. 在微生物的培养基中加入作为指示剂的染料以指示培养基的pH变化。（　　）

140. 鉴别培养基是通过加入不妨碍目的微生物生长而抑制非目的微生物生长的物质以达到选择的目的培养基。（　　）

141. 微生物学中将在实验条件下从一个单细胞繁殖得到的后代称为纯培养。（　　）

142. 由于同步群体内细胞个体之间的差异，1～2代之后，群体内的各个细胞个体就会因为生长周期的代时差异而处于不同的生长阶段，再次出现非同步生长。（　　）

143. 所谓微生物分批培养是指微生物置于一定容积的培养基中，经过培养生长，最后一次性收获的培养方式。（　　）

144. 细菌细胞周期可分为4个时期：G_1期、S期、G_2期和M期。（　　）

145. 细菌生长曲线的不同时期反映的是群体而不是单个细胞的生长规律。（　　）

146. 丝状微生物生长通常以单位时间内微生物细胞的物质量（主要是干重）的变化来表示。（　　）

147. 丝状微生物与无分支单细胞微生物相同，其群体生长曲线迅速生长期的繁殖以几何倍数增加。（　　）

148. 严格厌氧菌的死亡并不是被气态的氧所杀死，而是由于不能解除某些代谢产物的毒性而死亡。（　　）

149. 能够杀死或消除材料或物体上全部微生物的方法称为消毒。（　　）

150. 微生物群体在一定时间内死亡细胞的比例与起始微生物的总数无关，而与加热的温度有关，温度越高，一定时间内细胞死亡数目的比例就越高，灭菌所需的时间也就越短。（　　）

151. 将物品置于水中，加热到100℃，维持15min以上，可以杀死物品上存在的细菌和真菌及其芽孢和孢子。（　　）

152. 在微生物研究或生产实践中，我们常常需要控制不期望的微生物生产，其中低温是通过降低酶反应速率使微生物生长受到抑制，进而杀死微生物。（　　）

153. 紫外线具有杀菌作用是因为它可以被蛋白（约280nm）和核酸（约260nm）吸收，导致这些分子变性失活。（　　）

154. 过滤除菌可代替巴氏消毒用于啤酒生产。（　　）

155. 第一个被发现的生长因子类似物就是磺胺类药物，也是人类第一个成功地用于特异性抑制某种微生物的生长以治疗疾病的化学治疗剂。（　　）

156. 微生物的抗药性是由染色体或质粒DNA所编码的。（　　）

157. 微生物的遗传物质主要有两类：核染色体和染色体外的遗传因子。（　　）

158. 所有病毒及具有典型细胞结构的生物体的遗传物质都是DNA。（　　）

159. 真核微生物的核外遗传物质主要存在于细胞器和质粒中。（　　）

160. 只有处于感受态的细菌才能吸收外源DNA实现转化。（　　）

161. 移码突变容易发生在具有重复碱基的位置。（　　）

162. 在原生质体制备过程中酶没有最佳浓

度，其浓度越高越好。（ ）

163. 淡水和海水两类水体中微生物的种类和数量分布相差不大。（ ）

164. 最高生长温度在 $45\sim80℃$ 范围的微生物属于嗜热微生物，古菌是主要的嗜热微生物。（ ）

165. 互生是两种微生物紧密生活在一起，彼此依赖，生理上相互分工协作，有的达到了难以分离的程度，或组织上形成了新的结构，彼此分离各自就不能很好地生活。（ ）

166. 参与生物固氮的生物都是原核微生物。（ ）

167. 利用微生物制取天然生物防腐剂已成为食品保藏研究的热点，其中乳酸菌产生的细菌素能有效抑制革兰氏阳性菌而达到防腐的作用。（ ）

第二节 综合能力提升

一、单选题

168. 极端环境下的典型嗜热微生物是指一般生长在（ ）℃以上高温环境中的极端微生物。

A. 90℃   B. 85℃   C. 80℃   D. 70℃

169. 极端环境微生物适用于作为酶制剂的生产菌为（ ）。

A. 嗜热微生物   B. 嗜碱微生物
C. 嗜冷微生物   D. 嗜盐微生物

170. 下列选项中属于霉菌培养特征的有（ ）。

A. 表面湿润黏稠

B. 菌落较小而疏松

C. 颜色单调

D. 在液体培养基中生长时，菌丝生长呈球状

171. 葡萄糖进入酵母细胞属于（ ）类型的物质运输方式。

A. 自由扩散   B. 促进扩散
C. 主动运输   D. 基团转位

172. 有些代谢产物的生产中还需要加入作为它们组成部分的元素或前体物质，如生产维生素 B_{12} 时需要加入（ ）。

A. 肝蛋白胨   B. 氯化物
C. 钴盐   D. 苯乙酸

173. 用于微生物的分离、鉴定，活菌计数及菌种保藏的琼脂含量应为（ ）。

A. 0.5%～1.0%   B. 1.5%～2.0%
C. 1.0%～3.0%   D. 大于 2.5%

174. 在工业上用于大规模发酵的培养基为（ ）。

A. 固体培养基   B. 半固体培养基
C. 液体培养基   D. 气体培养基

175. 如需分离真菌（ ）不适用添加到培养基中。

A. 孟加拉红   B. 链霉素
C. 金霉素   D. 青霉素

176. 一般微生物细胞的含氮量比较稳定，故可用凯氏定氮法等测其总氮量，再乘以系数（ ）即为粗蛋白含量。

A. 5.25   B. 6.25
C. 6.3   D. 7.25

177. 为了缩短或消除无分支单细胞微生物的迟缓期，应该选择处于（ ）阶段的菌种进行培养。

A. 迟缓期   B. 对数期
C. 稳定期   D. 衰亡期

178. pH 影响微生物的生长，（ ）微生物最适合在酸性条件下生长。

A. 沙门氏菌   B. 金黄色葡萄球菌
C. 霉菌   D. 放线菌

179. 青霉素是通过（ ）机制控制微生

物的生长。

A. 抑制细胞壁的合成

B. 破坏细胞膜的功能

C. 抑制蛋白质的合成

D. 阻碍核酸的合成

180. 生物可以以一定的频率自然发生突变，此频率范围是（　　）。

A. $10^{-9}\sim10^{-5}$ 　　　B. $10^{-8}\sim10^{-5}$

C. $10^{-9}\sim10^{-6}$ 　　　D. $10^{-9}\sim10^{-4}$

181. 下列试验中不属于突变结果与原因不对应性的试验的为（　　）。

A. 变量试验 　　　B. 涂布试验

C. 平板影印试验 　　　D. 紫外照射试验

182. 下列（　　）技术可检测是否存在基因片段的缺失和突变。

A. 反向 PCR 　　　B. 多重 PCR

C. 不对称 PCR 　　　D. 定量 PCR

183. （　　）技术可方便、快速、大量地制备单链 DNA，使 DNA 序列测定的模板制备更为简便。

A. 反向 PCR 　　　B. 多重 PCR

C. 不对称 PCR 　　　D. 定量 PCR

184. 菌种保存有多种方法，其中菌种可以保存时间最长的方法是（　　）。

A. 冷冻干燥保藏法

B. 液氮保藏法

C. 斜面保藏法

D. 液体石蜡覆盖保藏法

185. 主要适用于霉菌、酵母菌、放线菌、好氧性细菌等保存，且方法简单不需要特殊装置的菌种保存方法是（　　）。

A. 冷冻干燥保藏法

B. 液氮保藏法

C. 斜面保藏法

D. 液体石蜡覆盖保藏法

186. 寄生微生物菌种保藏最佳的保存方法是（　　）。

A. 冷冻干燥保藏法

B. 液氮保藏法

C. 宿主保藏法

D. 液体石蜡覆盖保藏法

187. 下列微生物中属于生产者的是（　　）。

A. 硝化细菌 　　　B. 乳酸菌

C. 肺炎双球菌 　　　D. 枯草杆菌

188. 在油气微生物勘探时，可通过在油气藏上方土壤中（　　）的形成而预测下伏油气藏的存在。

A. 嗜碱微生物类群 　　　B. 嗜烃微生物类群

C. 嗜酸微生物类群 　　　D. 嗜热微生物类群

189. 以下霉菌无菌丝横隔的是（　　）。

A. 曲霉 　　B. 青霉 　　C. 木霉 　　D. 毛霉

190. 唯一可应用于油料物质和粉料物质灭菌的方法是（　　）。

A. 烘箱热空气法 　　　B. 火焰焚烧法

C. 高压蒸汽锅法 　　　D. 间歇灭菌法

191. 利用生物处理法进行废水处理，下列不属于好氧微生物的是（　　）。

A. 无色杆菌属 　　　B. 芽孢杆菌属

C. 动胶菌属 　　　D. 假单胞菌属

二、多选题

192. 菌落与菌苔的应用包含（　　）。

A. 菌种的分离与纯化

B. 菌种的鉴定和保藏

C. 微生物的选种和育种

D. 菌种的计数和测定

193. 常见的典型极端环境微生物有（　　）。

A. 产甲烷菌 　　　B. 嗜热微生物

C. 嗜酸微生物 　　　D. 嗜碱微生物

194. 以下属于嗜热微生物耐高温机制的有（　　）。

A. 呼吸链蛋白质的热稳定性高

B. 由于 tRNA 的 G、C 碱基含量高，提供了较多的氢键

C. 细胞膜上含有高比例的长链饱和脂肪酸

D. 不饱和脂肪酸含量增加

195. 以下（　　）微生物对四环素敏感。

A. 立克次氏体 　　　B. 支原体

C. 细菌 　　　D. 衣原体

196. 以下物质属于微生物生长因子的是（　　）。

A. 维生素　　　　　B. 氨基酸

C. 嘌呤碱　　　　　D. 无机盐

197. 以下物质运输方式其溶质运输方向由高浓度→低浓度运输的有（　　）。

A. 自由扩散　　　　B. 促进扩散

C. 主动运输　　　　D. 基团转位

198. 微生物的固体培养基中需加入凝固剂，作为凝固剂以下属于其特性的有（　　）。

A. 不被微生物分解利用

B. 凝固点温度对微生物无害

C. 保水性好

D. 透明度好

199. 以下操作方法可获得微生物纯培养的有（　　）。

A. 稀释涂布法　　　B. 稀释倒平板法

C. 划线分离法　　　D. 显微操作法

200. 为了使微生物处于同一生长阶段需要采取同步培养，以下属于同步培养方法的是（　　）。

A. 诱导法　　　　　B. 选择法

C. 发酵法　　　　　D. 比浊法

201. 影响微生物代时间（群体细胞数目扩大 1 倍所需的时间）长短的因素有（　　）。

A. 营养成分　　　　B. 营养物浓度

C. 温度　　　　　　D. 菌种状态

202. 抗生素控制微生物生长的作用机制有（　　）。

A. 抑制细胞壁的合成

B. 破坏细胞膜的功能

C. 抑制蛋白质的合成

D. 阻碍核酸的合成

203. 以下特性属于基因自发突变特点的是（　　）。

A. 自发性　　　　　B. 不对应性

C. 独立性　　　　　D. 稀有性

204. 细菌细胞壁的主要生理功能包括（　　）。

A. 保护细菌免受机械性或其他外力的破坏

B. 维持细胞特有的形状

C. 屏障保护功能

D. 赋予细胞特定的抗原性

三、判断题

205. L 型细菌是指一种因自发突变而形成的细胞壁缺损的细菌，它的细胞膨大对渗透压十分敏感。（　　）

206. 微生物不能利用结合水。（　　）

207. 天然培养基适用于工业大规模的微生物发酵。（　　）

208. 硝酸纤维素滤膜法是最经典的使细胞获得同步生长的方法。（　　）

209. 微生物连续培养主要有两种类型，即恒化器和恒浊器，其中恒浊器在培养过程培养基的总体积保持不变。（　　）

210. 当微生物群体被接种到新鲜培养基中，开始一段时间内细胞生长速率接近零。（　　）

211. 高压蒸汽灭菌是通过增加温度和压力双重加持来杀死微生物。（　　）

212. 原生质体融合就是将双亲株的微生物细胞分别通过酶解去壁，使之形成原生质体，然后在低渗条件下混合，可通过物理的、化学的或生物的方法，使双亲株的原生质体间发生相互凝集和融合的过程。（　　）

四、填空题

213. 革兰氏染色的主要过程：细胞涂片→初染→媒染→_____→复染→观察。

214. 细菌细胞膜蛋白质（包括酶）主要以两种形式同膜脂质相结合：内在蛋白（整合蛋白）和_____（周边蛋白）。

215. 芽孢是为数不多的产芽孢细菌在生长发育后期在其菌体内形成的一个圆形或椭圆形、厚壁、折光性强、具_____的休眠体，芽孢成熟后从菌体中释放。

216. 酵母菌通常分为_____和无性繁殖两类。

217. 霉菌主要依赖形成各种_____和有性孢子进行繁殖。

218. 病毒的蛋白质主要在构成病毒结构和_____过程中发挥作用。

219. 细胞膜由于具有高度_____而在营养物质的进入与代谢产物排出上起着极其重要的作用。

220. 自由扩散是物质非特异的由浓度较高一侧被动或自由地透过细胞膜向低浓度一侧扩散的过程，其驱动力是细胞膜两侧物质的_____，即浓度梯度。

221. 微生物的生长表现在微生物的_____与群体生长两个水平上。

222. 基因工程的简要操作过程：获取_____→体外重组→载体传递→选择或筛选。

五、简答题

223. 简述细菌的革兰氏染色机制。

224. 微生物的主要特点有哪些？

225. 如何从多种细菌的混合样中分离支原体？

第五章

食品 DNA 分析基础知识

● **核心知识点** ●

一、DNA 提取方法根据植物源性、动物源性、细菌及样品含油、糖、酚类等进行选择。

二、DNA 扩增可以根据检测目标和用途选择合适的聚合酶和方法。

三、避免样品之间污染；避免样品粉碎产生的粉尘污染；避免 PCR 产物产生的气溶胶污染。

食品 DNA 分析技术作为一项前沿的检测手段，通过分析食品中的 DNA 成分，有效评估食品的真实性与来源的可靠性。面对日益复杂的食品安全问题，DNA 分析技术凭借其高特异性和高灵敏度，在识别转基因成分、检测物种掺假等方面展现出巨大的应用潜力。

本章将简要概述食品 DNA 分析的基本原理、常用技术手段及其在食品安全检验中的实际应用。通过本章的系统练习，读者将掌握 DNA 提取、PCR 扩增、基因测序等关键技术的操作要点与应用场景，为后续开展食品安全检验工作提供坚实的理论与技术支持。

第一节　基础知识自测

一、单选题

1. 聚合酶链式反应中 DNA 片段的增加倍数为（　　）。

A. 2　　　　　　　　　B. 4

C. 16　　　　　　　　D. 几何倍数

2. DNA 变性是使 DNA 分子互补碱基对之间的（　　）断裂。

A. 氢键　　　　　　　B. 磷酸二酯键

C. 糖苷键　　　　　　D. 共价键

3. 分子克隆操作的主要对象是（　　）。

A. 酶　　　　　　　　B. 蛋白质

C. 细胞　　　　　　　D. 基因

4. 限制性核酸内切酶是从核酸分子的内部水解（　　），使之断裂成小片段。

A. 氢键　　　　　　　B. 磷酸二酯键

C. 糖苷键　　　　　　D. 共价键

5. PCR 反应初期，靶序列 DNA 片段的增加呈（　　）形式。

A. 指数　　B. 快速　　C. 停滞　　D. 平台

6. *Taq* DNA 聚合酶耐高温特性与 PCR 反应的哪个特点有关？（　　）

A. 灵敏度高　　　　　B. 特异性强

C. 简便　　　　　　　D. 快速

7. PCR 反应的变性温度一般为（　　）℃。

A. 55　　B. 72　　C. 85　　D. 94

8. 荧光基团一般标记在 PCR 引物的（　　）。

A. 5′端　　B. 3′端　　C. 两端　　D. 中间

9. RT-qPCR 技术是基于（　　）的原理发展起来的。

A. 荧光激发

B. 荧光发射

C. 荧光共振能量转移

D. 能量转移

10. RT-qPCR 荧光扩增结果是一条（　　）形曲线。

A. 直线　　B. S　　　C. L　　　D. 弧线

11. 由于荧光背景的存在，RT-qPCR 反应的最初 3～15 个循环的荧光信号变化不大，接近一条直线。根据这条直线可以设置（　　）。

A. 基线　　B. 基数　　C. 阈值　　D. Ct 值

12. （　　）是 RT-qPCR 荧光扩增曲线指数增长期上的一个值，可作为荧光强度标准，一般设置在 3～15 个循环的荧光信号标准偏差的 10 倍，可以由仪器自动设置，也可以手动设置。

A. 基线　　　　　　　B. 基数

C. 荧光阈值　　　　　D. 循环阈值

13. RT-qPCR 中每个模板的（　　）值与该模板的起始拷贝数的对数存在线性关系。

A. Ct　　B. Cf　　C. Cr　　D. Cs

14. RT-qPCR 扩增曲线重复性好，一般复孔 Ct 值相差小于（　　）。

A. 1　　　B. 0.5　　C. 0.2　　D. 0.1

15. RT-qPCR 定量检测标准曲线的斜率为（　　）时，认为扩增接近理论情况 100%。

A. 90%～110%　　　　B. 80%～110%

C. 80%～120%　　　　D. 70%～120%

16. 环介导等温扩增技术引物是根据 DNA 序列的（　　）个特异性片段设计 2 对引物。

A. 2　　　B. 3　　　C. 4　　　D. 6

17. 环介导等温扩增技术使用的聚合酶是（　　）。

A. *Taq* DNA 聚合酶

B. Ex *Taq* DNA 聚合酶

C. *Taq* Plus DNA 聚合酶

D. Bst DNA 聚合酶

18. 下面哪个反应是可以在一个恒温器里完成的？（　　）

A. PCR　　　　　　　B. qPCR

C. LAMP　　　　　　D. 数字 PCR

19. （　　）DNA 的 COI 基因进化速率快，在多种动物中存在明显的序列变异性，可以作为通用 DNA 条形码广泛用于动物的物种识别和鉴定，是公认的动物通用 DNA 条形码。

A. 核糖体　　　　　　B. 线粒体

C. 叶绿体　　　　　　D. 质体

二、多选题

20. 定性 PCR 检测方法有（　　）等检测方法。

A. 常规 PCR　　　　　B. 实时荧光 PCR

C. 等温扩增　　　　　D. 基因芯片

E. 蛋白芯片

21. DNA 的质量包括提取的 DNA 分子的（　　）。

A. 平均长度

B. 化学纯度

C. DNA 序列及双螺旋的完整性

D. 含量

22. PCR 全过程包括的三个基本步骤是（　　）。

A. 变性　　B. 退火　　C. 延伸　　D. 延长

23. PCR 反应到达平台期所需 PCR 循环次数取决于以下哪些因素？（　　）

A. 模板的拷贝数

B. PCR 扩增效率

C. *Taq* DNA 聚合酶的活性

D. 非特异性产物的竞争

24. PCR 技术的特点有哪些？（　　）

A. 特异性强

B. 灵敏度高

C. 快速

D. 对标本的纯度要求低

25. PCR 出现非特异性产物时应采取以下哪些措施？（　　）

A. 提高退火温度

B. 减少 *Taq* DNA 聚合酶的浓度

C. 缩短延伸时间

D. 降低引物浓度

E. 减少扩增循环次数

26. 获得目的 DNA 片段的方法有（　　）。

A. 人工化学合成

B. 逆转录制备 cDNA

C. 构建基因组文库

D. PCR 扩增

27. 生物芯片是将生物分子探针排布在硅片等材料上，用于检测目标分子。以下选项可以用作生物分子探针的是（　　）。

A. 细胞　　　　　　　B. 蛋白质

C. 核酸　　　　　　　D. 多肽

28. DNA 聚合酶具有以下哪些重要特点？（　　）

A. 热稳定性　　　　　B. 保真度

C. 扩增速度　　　　　D. 特异性

29. 下列选项属于 RT-qPCR 技术使用的探针的是（　　）。

A. TaqMan 探针　　　B. 分子信标

C. 杂交探针　　　　　D. 荧光染料

30. 以下选项属于 RT-qPCR 所使用的荧光化学方法的是（　　）。

A. DNA 结合染料法　　B. 水解探针法

C. 杂交探针法　　　　D. 荧光引物法

31. 以下选项属于饱和荧光染料的有（　　）。

A. Eva Green　　　　　B. SYBR Green Ⅰ

C. LC Green　　　　　D. Solis Green

32. RT-qPCR 荧光扩增曲线一般分为哪几个时期？（ ）

A. 基线期　　　　　　B. 指数期

C. 线性期　　　　　　D. 平台期

33. 以下哪些因素会造成 RT-qPCR 中 Ct 值过大？（ ）

A. 模板浓度过低　　　B. 模板浓度过高

C. 存在 PCR 抑制物　　D. 扩增效率低

34. 以下哪些因素会造成 RT-qPCR 中 Ct 值过小？（ ）

A. 模板浓度过高　　　B. 试剂存在污染

C. 引物设计不合理　　D. 模板浓度过低

35. 良好的 RT-qPCR 扩增曲线具备以下哪些特征？（ ）

A. 基线期平整　　　　B. 指数期明显

C. 曲线整体平滑　　　D. 重复性好

36. Bst DNA 聚合酶具有以下哪些特点？（ ）

A. 较强的热稳定性

B. 链置换活性

C. $5' \rightarrow 3'$ DNA 聚合酶活性

D. $5' \rightarrow 3'$ 外切核酸酶活性

37. LAMP 扩增过程包括哪几个阶段？（ ）

A. 起始阶段　　　　　B. 循环扩增

C. 变性　　　　　　　D. 延伸

38. LAMP 扩增产物可以通过以下哪些方式检测？（ ）

A. 电泳检测　　　　　B. 荧光检测

C. 浊度检测　　　　　D. 目测

39. LAMP 技术的特点有哪些？（ ）

A. 高效快速　　　　　B. 高灵敏度

C. 高特异性　　　　　D. 产物检测方便

E. 操作简单

40. 数字 PCR 技术的特点有哪些？（ ）

A. 高灵敏度　　　　　B. 高精确度

C. 高耐受性　　　　　D. 高重现性

E. 绝对定量

41. 微液滴数字 PCR 的核酸定量结果主要取决于哪些要素？（ ）

A. 微液滴生成过程的均一性

B. 生成微液滴数

C. 检测微液滴数

D. 检测微液滴中含有模板的阳性微液滴数

42. 理想的 DNA 条形码系统应满足以下哪些条件？（ ）

A. 具有足够的可变性

B. 可以标准化

C. 包含足够的系统发育信息

D. 具有高度保守的位点

E. 靶 DNA 区域应足够短

43. 基因组和（ ）基因组是植物 DNA 条形码的合适选择。

A. 核糖体　　　　　　B. 线粒体

C. 叶绿体　　　　　　D. 质体

44. DNA 条形码技术有哪些特点？（ ）

A. 成本低　　　　　　B. 速度快

C. 准确性高　　　　　D. 绝对定量

三、判断题

45. 勤换手套是核酸检测中防止污染的一种方式。（ ）

46. PCR 反应的退火温度设置一般比引物的 T_m 值高 5～10℃。（ ）

47. PCR 循环次数越多，PCR 产物越多，所以 PCR 程序尽量设置多循环数。（ ）

48. PCR 反应中，过量的 Mg^{2+} 会使 Taq DNA 聚合酶催化活性降低。（ ）

49. PCR 反应中，dNTP 浓度过高会提高错配率。（ ）

50. 当 DNA 中 GC 含量愈高时，DNA 的熔解温度愈高。（ ）

51. Taq DNA 聚合酶的耐高温特性与 PCR 反应的特异性无关。（ ）

52. 毛发、细胞等粗制的 DNA 可以用于 PCR 扩增检测。（ ）

53. 引物的长短与 PCR 反应的特异性无关。（ ）

54. PCR 引物的 $5'$ 端和 $3'$ 端都可以修饰荧光基团。（ ）

55. DNA 结合染料法 RT-qPCR 技术的扩

增序列是特异性的。（　　）

56. 探针法和荧光引物法 RT-qPCR 技术的扩增序列是特异性的。（　　）

57. 特定的扩增基因片段起始含量与 RT-qPCR 的指数扩增时间无关。（　　）

58. RT-qPCR 中 Ct 值与样本的起始拷贝数成反比。（　　）

59. RT-qPCR 中 Ct 值的大小不会影响定量分析结果的准确性。（　　）

60. RT-qPCR 中 Ct 值具有重现性，分析时一般取 15～35，Ct 值太大或太小都会影响定量分析结果的准确性。（　　）

61. 数字 PCR 是一项基于单分子目标基因 PCR 扩增的绝对定量技术。（　　）

62. 理想的 DNA 条形码系统应具有高度保守的位点，便于 PCR 通用引物的设计，从而实现 DNA 扩增和测序。（　　）

第二节　综合能力提升

一、单选题

63. 用核酸蛋白分析仪测定 DNA 浓度，1 OD_{260} 双链 DNA 约为（　　）$\mu g/mL$。

A. 40　　B. 50　　C. 30　　D. 38

64. 用核酸蛋白分析仪测定 DNA 浓度，1 OD_{260} 单链 DNA 约为（　　）$\mu g/mL$。

A. 20　　B. 50　　C. 30　　D. 40

65. 用浊度法可以检测 LAMP 扩增产物，是因为 DNA 片段在大量合成时，生成了白色的副产物——（　　）沉淀，继而出现肉眼可见的浑浊现象。

A. 焦磷酸镁　　　　B. 碳酸钙

C. 焦磷酸钙　　　　D. 碳酸镁

66. RT-qPCR 定量检测标准曲线的斜率理论值为（　　）表示扩增斜率为 100%。

A. —1　　　　　　B. —3.25

C. —3.32　　　　　D. —4.15

67. DNA（　　）技术是利用高通量测序手段快速获取混合样本中所有物种的混合条形码扩增序列，并通过生物信息学分析手段来鉴定混合样本中物种组成及相对丰度的方法。

A. 超级条形码　　　B. 宏条形码

C. 微条形码　　　　D. 扩增

二、多选题

68. 琼脂糖凝胶电泳中，DNA 分离是根据 DNA 的（　　）被电泳分离。

A. 电荷　　　　　　B. 拷贝数

C. 分子量　　　　　D. 含量

69. DNA 含量定量可以采用哪些方法？（　　）

A. 紫外光谱法

B. 可见光谱法

C. 琼脂糖电泳法

D. 实时荧光 PCR 法

70. DNA 提取方法中，CTAB 提取缓冲液中一般含有哪些成分？（　　）

A. CTAB　　　　　B. NaCl

C. Tris-HCl　　　　D. EDTA

71. PCR 预混液中含有哪些成分？（　　）

A. 镁离子　　　　　B. dNTP

C. DNA 聚合酶　　　D. 蛋白酶

72. DNA 条形码技术的主要操作流程为。（　　）

A. 对样品进行预处理

B. DNA 提取

C. PCR 扩增

D. PCR 产物检测与纯化

E. 序列测定及质量评估

三、判断题

73. 转基因产品检测阴性结果可以表述为"不含转基因成分"。（　　）

74. DNA 条形码技术可以在种的水平上进行准确、可靠的鉴定。（　　）

75. 在物种鉴定方面，DNA 序列信息可以替代形态数据。（　　）

76. Bst DNA 聚合酶具有 5′→3′DNA 聚合酶活性，但不具有 5′→3′外切核酸酶活性。（　　）

77. 在 LAMP 反应体系中，内引物的浓度高于外引物的浓度。（　　）

四、填空题

78. 每个 PCR 反应管内的荧光信号到达设定的＿＿＿＿＿＿时所经历的循环数称为 Ct 值。

79. 在引物确定的条件下，PCR 退火温度越＿＿＿＿＿＿，扩增的特异性越好。

80. RNA 的扩增需要先逆转录成＿＿＿＿＿＿后才能进行正常 PCR 循环。

81. GC 含量越高的 DNA 解链温度越＿＿＿＿＿＿。

82. PCR 扩增程序的退火温度提高，可以提高 PCR 反应的＿＿＿＿＿＿；降低退火温度可增加 PCR 反应的＿＿＿＿＿＿。

83. PCR 程序设置中，在得到足够产物的条件下应尽可能＿＿＿＿＿＿循环次数。

84. PCR 循环次数过多将增加＿＿＿＿＿＿产物，循环次数太少，则产率偏低。

85. DNA 变性是使 DNA 分子互补碱基对之间的＿＿＿＿＿＿键断裂。

86. 双链 DNA 变性一半所需的温度称为 DNA 的＿＿＿＿＿＿。

87. PCR 反应后期，靶序列 DNA 片段的增加会出现停止效应，这种效应称＿＿＿＿＿＿期。

88. PCR 反应中引物与模板的结合是遵循＿＿＿＿＿＿原则的。

89. 依据预加工的区间分隔和液滴分隔，并基于反应样品制备时液滴生成方式和反应结束后扩增结果读取方式等的不同，一般可将数字 PCR 分为两类：＿＿＿＿＿＿数字 PCR 和＿＿＿＿＿＿数字 PCR。

90. 数字 PCR 是由基于样品稀释和＿＿＿＿＿＿分布数据处理的巢式 PCR 定量技术发展而来的。

91. ＿＿＿＿＿＿PCR 是一项基于单分子目标基因 PCR 扩增的绝对定量技术，它可以直接获得目标基因的拷贝数，不再依赖标准曲线或标准品来确定目标基因拷贝数，从而对目标基因进行绝对定量。

92. DNA ＿＿＿＿＿＿技术是利用生物体内能代表该物种的、标准的、有足够变异的、易扩增且相对较短的 DNA 片段来进行物种身份确认的生物技术。

93. DNA 条形码技术可应用于物种鉴别和产地溯源的原理是：不同产地的物种可能会因为环境的变化，导致基因组 DNA 发生一定的＿＿＿＿＿＿，DNA 条形码技术恰好能检测出这种碱基差异。

94. 与传统 DNA 条形码相比，＿＿＿＿＿＿条形码更容易从发生降解的样本中获得。

95. 基因芯片是将待测的生物样本经过标记后与芯片上特定位置的探针进行杂交，根据生物学上的＿＿＿＿＿＿原则来确定靶序列，经激光共聚集显微镜扫描，用计算机的系统对荧光信号进行比对和检测，并快速得出所需要的信息。

96. 基因芯片的制备技术主要是两类：＿＿＿＿＿＿和合成后点样法。

五、问答题

97. 简述 PCR 技术原理。

98. 简述 PCR 反应过程。

99. 简述 PCR 引物设计的原则。

100. PCR 预防污染的措施有哪些。

101. 简述 TaqMan 探针法定量 PCR 的原理。

第 三 部 分

国家食品安全抽样
检验信息系统

第六章

国家食品安全抽样检验信息系统

● **核心知识点** ●

一、基础表模块，对抽检的食品分类、检测项目、判定标准、检测标准等数据进行统一管理，为后续检验检测提供基础数据支撑。监管部门和机构的重点在于基础表的生成、审核，同时要关注国家食品安全标准的更新。

二、计划管理模块，要理清各级监管部门、监管部门与机构的业务关系，各种不同类型的抽检的区别。

三、抽样管理模块和抽样 APP，抽样人员应掌握 APP 抽样、纸质抽样单抽样、补录等不同形式的操作流程；抽样单各字段的填写要求；样品接收人员掌握样品接收和提交的要求和时限。

四、检验检测，本模块的使用对象主要是检验检测机构，主检人、审核人、批准人、报告发送人不同的角色要掌握角色的权限和操作的时限；市场监管部门在该模块仅有退修权限。

五、核查处置，该模块仅监管部门的人员使用。要掌握不同业务的时限与填写要求。

六、公共管理，该模块用于对监管部门、机构人员的权限设置及审核。需掌握不同角色的权限。

国家食品安全抽样检验信息系统作为食品安全监管领域的重要信息化支撑平台，其科学设计与规范运行对保障检验数据的准确性、提升管理效率具有至关重要的作用。该系统通过信息化手段实现了食品安全抽样检验工作的全流程管理，包括计划制订、抽样检验、数据录入、报告生成、核查处置、信息发布、数据分析等多个环节，为食品安全监管提供了全面、及时、准确的数据保障。

本章将围绕国家食品安全抽样检验信息系统的功能模块、操作流程及其在实际工作中的应用展开详细讲解。通过本章的系统练习，读者将了解该系统的主要功能与运行机制，熟练掌握系统操作的核心技能，为高效开展食品安全抽样检验工作提供有力支持，推动食品安全监管向科学化、智能化方向发展。

第一节　基础知识自测

一、单选题

1. 系统生成的抽样编号的任务级别字母为"ZJC"，代表的是（　　）。

A. 转移支付的监督抽检任务

B. 总局支付的监督抽检任务

C. 总局本级的监督抽检搭载风险监测任务

D. 转移支付的监督抽检搭载风险监测任务

2. 下列不属于普通食品五大字段的是（　　）。

A. 营业执照/社会信用代码

B. 生产许可证编号

C. 样品批号

D. 生产日期

3. 在国家食品安全抽样检验信息系统中，监管部门给抽样机构部署任务时，下列说法错误的是（　　）。

A. 选择食品分类一般选大类即可，方便后期调整

B. 利用模板批量导入时，如果只部署到食品大类，其他食品分类应填入斜杠

C. 采样数量可以为正数、负数

D. 利用模板批量导入时，表格内容要严格与系统内容一致

4. 某市级市场监管部门计划组织开展本市的校园专项抽检任务，在国家食品安全抽样检验信息系统中制订计划时，选取对应的报送分类A建议为（　　）。

A. 抽检监测（市级本级）

B. 抽检监测（市级转移）

C. 抽检监测（市级专项）

D. 市级农产品专项抽检

5. 在国抽信息系统检验数据填报中，（　　）可以自定义检验项目。

A. 普通食品　　　　　　B. 保健食品

C. 市、县级农产品　　　D. 餐饮食品

6. 为提高抽样效率，抽样人员到达抽样现场前，可提前校验锁定样品批次，该操作可锁定批次（　　）小时。

A. 1　　　　B. 2　　　　C. 3　　　　D. 5

7. 抽样APP中，抽样单默认的排序方式是（　　）。

A. 按下达时间显示最早

B. 按更新时间显示最早

C. 按下达时间显示最新

D. 按更新时间显示最新

8. 在国家食品安全抽样检验信息系统中，任务下达后，下列哪些字段仍能修改？（　　）

A. 任务来源　　　　　　B. 部署机构

C. 检验机构　　　　　　D. 抽样人员

9. 在国家食品安全抽样检验信息系统中，抽样人员可在（　　）填写样品信息？

A. 抽样APP　　　　　　B. PC端

C. 抽样APP或PC端　　D. 以上都不正确

10. 在国家食品安全抽样检验信息系统公共管理模块，监管部门对业务关系进行审核，审核类型包括（　　）。

A. 新增关系　　　　　B. 删除关系

C. 新增关系和删除关系　D. 以上都不对

11. 在国家食品安全抽样检验信息系统基础表模块，下列（　　）状态的数据不能直接删除。

A. 新建　　　　　　B. 审核不通过

C. 已退修　　　　　D. 停用

12. 某县级任务的承检机构在填报数据时发现基础表错误需要联系（　　）去进行退修操作。

A. 本检验机构　　　B. 县级监管部门

C. 市级监管部门　　D. 省级监管部门

13. 经授权的县级任务承检机构人员，在国家食品安全抽样检验信息系统基础表模块进行基础表生成操作后提交，首先由（　　）进行第一步审核。

A. 本检验机构基础表审核人员

B. 县级监管部门基础表审核人员

C. 市级监管部门基础表审核人员

D. 省级监管部门基础表审核人员

14. 某省市场监管局人员想在国家食品安全抽样检验信息系统中增加报送分类 A，应联系（　　）来进行添加。

A. 县级管理员　　　B. 市级管理员

C. 省级管理员　　　D. 总局管理员

15. 在网购抽样时，若生产企业和被抽样单位是同一家单位，样品来源应选择（　　）。

A. 加工自制　　　　B. 委托生产

C. 外购　　　　　　D. 其他

16. 核查处置中的异议登记的处置时限是（　　）。

A. 12 个工作日　　　B. 12 个自然日

C. 5 个工作日　　　D. 5 个自然日

17. 在国家食品安全抽样检验信息系统中，核查处置的延期第一次最多可延期（　　）天。

A. 10　　　B. 20　　　C. 30　　　D. 40

18. 在国家食品安全抽样检验信息系统中，核查处置任务产生（除 24 小时限时任务）时，处理人员在（　　）会收到系统短信。

A. 任务产生的 5 分钟内

B. 当天 8 点到 18 点之间

C. 第二天的 8 点前

D. 第二天的 8 点到 18 点之间

19. 在国家食品安全抽样检验信息系统中，在（　　）签完章后，签发日期即可在报告中生成。

A. 主检人　　　　　B. 审核人

C. 批准人　　　　　D. 发送人

20. 食品安全抽样检验抽样单编号由抽检系统自动生成，当前三位为 XBJ 时，代表任务级别为（　　）。

A. 国家　　B. 省局　　C. 市局　　D. 县局

21. 关于任务删除，下列说法错误的是（　　）。

A. 正在抽样中的任务删除无须审核，已完成抽样任务删除需要审核

B. 当抽样单下达后未进行提交，删除后无须审核

C. 抽样提交后，省、市、县级任务均由任务下达人员进行抽样单删除，由省局进行审核

D. 抽样提交后，任务为国抽本级任务时，需提交至总局进行审核，当任务为中央转移任务时，需提交至省局审核

22. 食品安全抽样检验抽样单编号前三位为 GZC 时，代表任务级别为：（　　）。

A. 国家　　B. 省局　　C. 市局　　D. 县局

23. 关于国家食品安全抽样检验信息系统计划管理，下列说法错误的是（　　）。

A. 在报送分类 B 中不设置校验规则，则没有样品批次限制，没有接样时间限制

B. 只有设置了业务关系，才会显示采样机构

C. 配套食品分类时，可用 excel 批量导入，表格中只需填写食品分类

D. 报送分类 B 激活后可以减少任务批次总数，但只能减少未部署的剩余批次数

24. 关于基础表停用数据的说法正确的是（　　）。

A. 基础表审核通过的数据可以停用

B. 已退修的数据可以停用

C. 待审核的数据可以停用

D. 不通过的数据可以停用

25. 某样品的结论为"纯监测不判定样品"，则该样品在国家食品安全抽样检验信息系统上显示任务类别应为（　　）。

A. 监督抽检

B. 风险监测

C. 监督抽检搭载风险监测

D. 评价性抽检

26. 市、县级农产品专项任务中，在国家食品安全抽样检验信息系统中基础表信息由谁维护？（　　）

A. 省级监管部门　　　B. 市级监管部门

C. 县级监管部门　　　D. 以上都不正确

27. 在同一报送分类 B 下，流通环节的同一被抽样单位，同一家抽样机构一次性最多抽取（　　）批次样品。

A. 1　　　B. 3　　　C. 5　　　D. 10

28. 在同一报送分类 B 下，生产环节的同一被抽样单位，同一家抽样机构一次性最多抽取（　　）批次样品。

A. 1　　　B. 3　　　C. 5　　　D. 10

29. 在国家食品安全抽样检验信息系统中，市级抽检任务的抽样环节中，某抽样人员在填写抽样时，五大字段内容填写错误且无法进行修改时，应由（　　）来进行修改。

A. 总局管理员

B. 省级监管部门普通管理员

C. 省级超级管理员

D. 市级管理员

30. 12 小时限的报告何时生成核查处置信息？（　　）

A. 主检人数据填报提交后

B. 报告审核人员审核后

C. 报告批准人员批准后

D. 报告发送人发送后

31. 关于抽样单编号说法错误的是（　　）。

A. 专项抽检任务在抽样单编号末尾增加"ZX"

B. 报送分类 B 中含有"抽检跟踪"时，在抽样单编号末尾会自动增加 GZ

C. "SBF"代表的是省级风险监测任务

D. 抽样单规则由 3 位任务级别字母加 17 位阿拉伯数字组成，特殊情况在编号后增加 2 位任务性质字母

32. 县级以上地方市场监督管理部门应当按照规定通过（　　），及时报送食品安全抽样检验数据。

A. 国家食品安全风险监测信息系统

B. 省级食品安全风险监测信息系统

C. 国家食品安全抽样检验信息系统

D. 省级食品安全抽样检验信息系统

33. 在国家食品安全抽样检验信息系统基础表模块中，检验机构（非牵头机构）发现已经审核通过的基础表数据中存在错误，想进行退修操作，需要联系（　　）去进行退修操作。

A. 本检验机构　　　　B. 县级监管部门

C. 市级监管部门　　　D. 省级监管部门

34. 在国家食品安全抽样检验信息系统基础表模块中，新增的基础库数据随基础表进行审核，（　　）审核通过后，该基础库数据所有人都可以使用。

A. 省级监管部门　　　B. 牵头机构

C. 秘书处　　　　　　D. 本单位

35. 在国家食品安全抽样检验信息系统中，某市市场监管局人员在系统中想增加报送分类 A，应联系（　　）来进行添加。

A. 省级超级管理员　　B. 省级管理员

C. 市级管理员　　　　D. 总局管理员

36. 以下哪种类型的抽检不需要录入国家食品安全抽样检验信息系统？（　　）

A. 监督抽检　　　　　B. 评价性抽检

C.行业协会委托抽检　D.风险监测

37. 国家食品安全抽样检验信息系统的公共管理模块下，县级监管部门管理员可以在用户权限设置中，维护（　　）审核通过的业务权限。

A.本部门人员

B.检验机构人员

C.本市下所有县级监管部门人员

D.以上均可

38. 国家食品安全抽样检验信息系统中，某地市级市场监管部门制定食用农产品专项抽检计划，制定报送分类 B 计划提交后由（　　）审核。

A.检验机构人员　　　B.县级监管人员

C.市级监管人员　　　D.省级监管人员

39. 在国家食品安全抽样检验信息系统中，在基础表生成中复制数据功能中市级计划不可复制（　　）计划的基础表。

A.县级抽检　　　　　B.市级抽检

C.省级抽检　　　　　D.国抽

40. 在数据下载模块下载数据，一次最多只能下载 3 个月的数据，"3 个月"是对下列哪个字段的限制？（　　）

A.抽样时间　　　　　B.更新时间

C.第一次提交时间　　D.报告时间

41. 关于信息公布的操作，下列说法正确的是（　　）。

A.普通食品和保健食品可以在同一 excel 表中上传

B.合格食品和不合格食品可以在同一 excel 表中上传

C.合格食品的规格型号信息可填可不填

D.大米、香米等稻米类的谷物加工品中检出镉不合格时，市、县级市场监管部门无权公布

42. 下列不属于不合格食品公示内容的是（　　）。

A.不合格项目　　　　B.检测值

C.标准值　　　　　　D.判定标准

43. 在信步云自服务平台添加印章的顺序

是（　　）。

A.印章管理—添加印章—应用授权—用户授权

B.印章管理—添加印章—用户授权—印章授权

C.添加印章—印章管理—应用授权—用户授权

D.添加印章—印章管理—用户授权—应用授权

44. 用抽样 APP 抽样时，需先进行抽样批次校验，对场所 10 批次校验进行校验时，校验项为（　　）。

A.营业执照号/社会信用代码

B.食品大类

C.被抽样单位名称

D. SC 号

45. 某样品经过检验，检验项目的结论为"合格项""不判定项"，则该样品的任务类别应为（　　）。

A.监督抽检

B.风险监测

C.监督抽检搭载风险监测

D.评价性抽检

46. 用抽样 APP 填写抽样场所时，下列说法正确的是（　　）。

A.所在地只能通过地址选择填写

B.单位名称、营业执照/社会信用代码、许可证号三个字段可实现信息自动带出

C.自动带出的字段不能手动修改

D.当被抽样单位同时有营业执照和经营许可证时，需要核验营业执照的名称和食品经营许可证的名称是否一致，当两者的信息不一致时，填报其中一个证件的信息即可

47. 下列关于抽样的说法正确的是（　　）。

A.对食用农产品的抽样，必须有抽样人员和监管人员的签字

B.必须上传不少于 4 张的抽样照片

C.需要有 2 名抽样人员的签名，签名中间用英文的逗号隔开

D. 若抽样的样品执行企业标准时，在抽样过程中需上传企业标准

48. 关于抽样单的填写正确的是（　　）。

A. 被抽样单位的"单位地址"按照营业执照和许可证填写，若营业执照与许可证地址不一致的，以被抽样单位确认的信息为准，无法确认的以新发证件为准

B. "营业执照号/统一社会信用代码"按照有效资质证书信息填写，注意字母大写且不包含字母"I、O、Z、S"

C. 若企事业单位食堂或者学校食堂等经营主体无营业执照抽样时，法定代表人按照实际经营者填写

D. "联系人""联系电话"按抽样时接待人员的姓名及电话填写

49. 下列不属于接样管理的是（　　）。

A. 抽样单和样品无误正常接收样品

B. 因各种原因删除作废样品或删除重录样品

C. 因各种原因拒收样品

D. 修改报送分类等抽样信息

50. 检验报告的签发时间为（　　）的时间。

A. 主检人提交

B. 批准人第一次签章提交

C. 报告发送人第一次发送

D. 最后更新

51. 报告完全提交后退修，是退修给（　　）。

A. 主检人　　　　B. 审核人

C. 批准人　　　　D. 接样人

52. 在国家食品安全抽样检验信息系统检验检测模块，不合格的数据底色会变成（　　）。

A. 红色　B. 白色　C. 蓝色　D. 绿色

53. 关于复检申请，需在国家食品安全抽样检验信息系统填写复检相关信息，下列说法错误的是（　　）。

A. 复检受理时间不得早于复检申请时间

B. 复检完成时间不得早于复检受理时间

C. 复检结果应填写检验结果和单位

D. 复检结论选择复检合格、复检不合格或放弃复检

54. 关于异议延期登记说法正确的是（　　）。

A. 总局本级和中央转移支付任务由总局管理员申请放开

B. 省、市、县级任务由管理员进行解除超期操作

C. 延期成功后，不再受 12 个工作日的限制

D. 延期登记一次只能操作 1 批次，延期后不可恢复

55. 以下哪种抽检结论不能生成核查处置任务？（　　）

A. 抽检不合格样品并监测不判定样品

B. 抽检合格样品并监测问题样品

C. 纯抽检不合格样品

D. 纯监测不判定样品

56. 异议审核后，短信不会通知（　　）。

A. 各级市场监管部门核查处置负责人

B. 待领取时发给可以领取的人

C. 办理中发给已领取的人

D. 审核中发给审核与已领取的人

57. 关于核查处置的延伸处理，下列说法错误的是（　　）。

A. 可以选择延伸办结还是不办结，办结的会进入处置完毕标签页；不办结的继续处理

B. 延伸后的任务在待领取环节

C. 延伸后，可通过抽样单编号在各环节查看办理情况

D. 延伸时填写了部分内容，延伸后的单位不可查看发起延伸单位填报的内容

58. 下列报送分类 A 的抽检任务产生的核查处置任务，不需要二级审核的是（　　）。

A. 抽检监测（食品抽检司）

B. 抽检监测（食品抽检司专项）

C. 抽检监测（省级本级）

D. 抽检监测（市级本级）

59. 当有不合格报告时，生成核查任务时发现抽样单无误但用户在系统选择地区错误时，省内地区修改请找省级管理员，跨省地区修改请找（　　）。

A. 县级管理员　　　　　B. 市级管理员

C. 省级管理员　　　　　D. 国家管理员

60. 关于主检人的权限，不包含（　　）。

A. 将报告退回至抽样模块

B. 为报告签上主检个人章和单位章

C. 将报告提交至审核人

D. 修改抽样信息

61. 当基础表的数据发生变化时，变化后的数据如何在检验检测模块出现？（　　）

A. 检验检测模块自动更新

B. 主检人重新登录

C. 主检人重置基础表

D. 报告退回接样再提交

62. 关于退修说法正确的是（　　）。

A. 完全提交后的退修，可退修给主检人、审核人

B. 主检人可将样品退回给抽样人员

C. 审核人只能将报告退回给主检人

D. 报告发送人可将报告退回给主检人

63. 在数据下载模块下载数据，下列说法错误的是（　　）。

A. 文件生成记录 3 天后会自动删除

B. 只能下载近 3 个月更新的数据

C. 机构只能下载本机构提交的数据

D. 下载数量过多时，系统采用任务排队的方式处理下载请求

64. 问题产品检验结论、项目分类的维护，由（　　）来维护。

A. 总局选定专业能力较强的人

B. 牵头机构

C. 总局秘书处

D. 技术委员会

二、多选题

65. 新国抽信息系统核查处置模块，核查处置概况查询可以根据（　　）查询条件进行搜索。

A. 抽样单编号　　　　　B. 生产企业名称

C. 被抽样企业名称　　　D. 任务来源

66. 下列属于普通食品五大字段的是（　　）。

A. 营业执照/社会信用代码

B. 生产许可证编号

C. 抽样日期

D. 生产日期

67. 国家食品安全抽样检验信息系统中，抽样的校验规则包括（　　）。

A. 同一场所、当前季度内

B. 同一生产许可证编号、当前季度内

C. 同一生产许可证编号、样品名称、生产批号、当前季度内

D. 接样日期最多不得超过抽样日期

68. 在国家食品安全抽样检验信息系统中，省局可以选择的报送分类 A 包括（　　）。

A. 抽检监测（省级本级）

B. 抽检监测（省级转移）

C. 抽检监测（省级专项）

D. 市级农产品专项抽检

69. 在国家食品安全抽样检验信息系统中，省局可以生成基础表的报送分类 A 包括（　　）。

A. 抽检监测（省级本级）

B. 抽检监测（省级转移）

C. 抽检监测（省级专项）

D. 市级农产品专项抽检

70. 抽样任务在抽样终端提交后，接样人员接样时可以修改的信息是（　　）。

A. 样品名称　　　　　B. 生产企业名称

C. 抽样环节　　　　　D. 食品大类

71. 在国家食品安全抽样检验信息系统中，任务类别包括（　　）。

A. 监督抽检

B. 风险监测

C. 监督抽检搭载风险监测

D. 评价性抽检

72. 抽检任务下达后，在国家食品安全抽样

检验信息系统无法更改的字段是（　　）。

A. 任务来源　　　　　B. 样品名称

C. 检验机构名称　　　D. 部署机构

73. 下列哪些属于保健食品的五大字段？（　　）

A. 营业执照/社会信用代码

B. 样品批号

C. 生产日期

D. 批准文号

74. 在国家食品安全抽样检验信息系统基础表模块，组织抽检方为市级监管部门，（　　）可以维护该计划的基础表。

A. 该市级监管部门有基础表权限的人员

B. 国家级监管部门有基础表权限的人员

C. 上级省级监管部门有基础表权限的人员

D. 拥有该市级基础表权限的检验机构人员

75. 新国抽信息系统检验检测模块，填报页面以下哪些字段是下拉框格式的？（　　）

A. 结果判定　　　　　B. 检验依据

C. 判定依据　　　　　D. 备注

76. 需要单独上传的文书信息应包括（　　）。

A. 抽样单电子版

B. 工作质量及工作纪律反馈单

C. 告知书电子版

D. 企业标准文件

77. 在国家食品安全抽样检验信息系统中，当检验结论为（　　）时，该样品会进入核查处置环节。

A. 纯抽检不合格样品

B. 抽检不合格并监测不判定样品

C. 纯监测不判定样品

D. 抽检合格并监测问题样品

78. 某省级监管部门把中央转移支付任务逐级部署给市级监管部门组织抽检，在国家食品安全抽样检验信息系统中，（　　）能解除检验报告填报超期限制。

A. 机构人员　　　　　B. 县级人员

C. 市级人员　　　　　D. 省级人员

79. 以下关于账号的禁用/删除的说法正确的是（　　）。

A. 省级超级管理员禁用/删除的账号只能由省级超级管理员进行恢复操作

B. 省级超级管理员可对所有用户进行删除

C. 被禁用/删除的用户仍可登录系统

D. 市、县监管部门普通管理员删除的账号能由省级超级管理员以及总局超级管理员进行恢复

80. 下列哪些权限属于省级管理员的权限？（　　）

A. 可维护本省所有监管部门的业务关系

B. 可查看所在地是本辖区内的机构的业务关系及机构上级业务机构是本部门的机构的业务关系

C. 可审核上级业务机构属于本部门的业务关系

D. 可对审核通过的本部门的监管人员及辖区内市级监管部门人员进行权限设置

81. 在使用电子签章生成检验报告时，Ukey 信息无法读取可尝试采取（　　）措施。

A. 检查证书助手版本是否为最新版本

B. 重新插入 Ukey，或退出证书助手重新启动

C. 查看证书是否在有效期内

D. 使用谷歌浏览器进行操作，操作时关闭其他版本浏览器，避免浏览器间发生冲突

82. 下列说法正确的是（　　）。

A. 机构名称、统一信用代码由省级联络员统一提交，项目组修改

B. 机构的单位地址、电子邮箱、传真、邮编由机构管理员修改

C. 机构联系人、法人由机构管理员进行修改

D. 监管单位法人名称、地址、传真、邮编、联系电话、联系人、邮箱由监管部门管理员进行修改

83. 在国家食品安全抽样检验信息系统中，（　　）字段下达后只能删除重录，不能直接修改。

A. 任务来源   B. 部署机构

C. 检验机构   D. 食品大类

84. 新国抽信息系统检验检测模块，（   ）状态下的任务，可直接退回给接样人员。

A. 待填报   B. 待签章

C. 待审核   D. 待批准

85. 以下哪级管理员可对已发送的报告进行退修？（   ）

A. 总局管理员   B. 省级管理员

C. 市级管理员   D. 县级管理员

86. 关于核查处置任务生成的说法正确的是（   ）。

A. 当不合格样品有第三方信息且企业性质为"委托"时，生成委托环节处置任务

B. 所有食品类别（不特指食用农产品）中，当不合格样品的生产企业名称是"/"时，不生成生产环节处置任务

C. 最多可以生成生产、经营、网抽、委托四个环节的核查处置任务

D. 是否进口选择"是"时，不会生成核查处置的生产环节任务

87. 关于各级用户在数据下载模块操作权限范围说法正确的是（   ）。

A. 检验检测机构用户可以下载本机构承检任务的数据

B. 省局用户可下载国抽系统中本省任务、本省抽样、本省生产的抽检数据，本省所有省、市、县抽批次的数据

C. 市局用户可下载国抽系统中本市任务、本市抽样、本市生产的抽检数据，本市所有市、县抽批次的数据

D. 县局用户可下载国抽系统中本县任务、本县抽样、本县生产的抽检数据，本县所有县抽批次的数据

88. 关于基础库的四级分类维护，下列说法正确的是（   ）。

A. 总局管理员可以维护每一级的食品分类

B. 牵头机构可以维护本机构负责的食品类别的每一级食品分类

C. 省级管理员没有维护四级分类的权限

D. 需要审核的四级分类最终由总局秘书处审核

89. 市、县级监管部门在国家食品安全抽样检验信息系统中计划制定过程中哪些项可以新建或修改内容？（   ）

A. 报送分类 A   B. 报送分类 B

C. 食品分类   D. 任务类别

90. 在新国抽信息系统中，省超级管理员在公共管理模块下用户权限设置页面可配置（   ）人员审核通过的业务权限。

A. 辖区内监管部门人员

B. 辖区内检验机构人员

C. 非辖区内监管部门人员

D. 非本辖区内的人员但业务类型是本省的任务类型的人员

91. 为避免重复抽样，抽样时可进行查重，样品 1 批次校验项包括（   ）。

A. 样品名称   B. 生产许可证编号

C. 生产日期   D. 食品大类

92. 生产许可证号 3 批次校验项为（   ）。

A. 样品名称   B. 生产许可证编号

C. 生产日期   D. 食品大类

93. 国家食品安全抽样检验信息系统新增扫描"样品条码"功能，扫描样品条形码后可自动带出（   ）。

A. 生产许可证编号   B. 样品名称

C. 企业名称   D. 生产日期

94. 关于抽样批次校验正确的是（   ）。

A. 校验通过，可将该批次锁定 2 小时

B. 批次锁定功能不支持多批次锁定

C. 批次校验要先选定报送分类 A 和报送分类 B

D. 批次校验不支持多种校验项同时校验

95. 关于国家食品安全抽样检验信息系统基础表审核，下列说法正确的是（   ）。

A. 退修只能退修审核通过的数据

B. 退修后的数据不能删除

C. 不通过的审核操作只能审核待审核的数据

D. 审核不通过的数据可进行删除操作

96. 某一样品，国家食品安全抽样检验信息系统显示的任务类别为监督抽检，该样品的结论可能为（　　）。

A. 纯监测不判定样品

B. 纯抽检不合格样品

C. 纯抽检合格样品

D. 纯检测问题样品

97. 在国家食品安全抽样检验信息系统中，（　　）新增维护的基础库数据，需要经过牵头机构、秘书处审核通过后，才可以全国可见可用。

A. 总局管理员

B. 牵头机构人员

C. 检验机构人员

D. 省级监管部门人员

98. 下列说法正确的是（　　）。

A. 抽样时填写的内容会随时保存，当使用的移动端出现故障换移动端登录后，可调出填写的抽样信息

B. 所有打红心的字段都是必填项，如果确实没有内容填写，需手动输入"斜杠"

C. 没有打红心的字段如果没有内容可以空着不填写

D. 抽样提交后，若五大字段错误，可退回删除后重录

99. 关于电脑端补录抽样单，下列说法正确的是（　　）。

A. 电脑端补录与 APP 抽样一样，需下达任务后才能进行

B. 在抽样列表的"正在抽样"标签下，点击"新增纸质抽样单"，开始录入样品信息

C. 纸质抽样单可由抽样人员或接样人员录入

D. 抽样时间可以自由选择，无须当天录入系统，但也受 5 个工作日接样时间限制

100. 抽样管理模块下的解除限制包括（　　）。

A. 解除接样时间限制

B. 解除同一场所、当前季度内抽检批次的限制

C. 解除报告提交时间限制

D. 解除同一生产许可证编号、当前季度内抽检批次的限制

101. 新的工作规范实施后，抽样单包括（　　）。

A. 食品安全抽样检验抽样单（非食用农产品）

B. 食品安全抽样检验抽样单（食用农产品）

C. 食品安全抽样检验抽样单（网络抽检）

D. 食品安全抽样检验抽样单（非网络抽检）

102. 下列选项中关于网络抽检的说法正确的是（　　）。

A. 网络抽样中，被抽样单位的"单位名称"和"单位地址"按照网店公示的营业执照或其他相关资质证书填写

B. "网店商铺名称"按照"平台＋被抽样网店入驻网络食品交易平台的店名"填写

C. 执行网络抽检的抽样人员需备案

D. "网店网址"按照被抽样网店首页地址填写

103. 在新国抽信息系统核查处置环节，县级监管人员领取（　　）任务填报后需两级审核。

A. 国抽　　　B. 省抽　　　C. 市抽　　　D. 县抽

104. 检验检测模块的各用户的角色包括（　　）。

A. 主检人　　　　　　B. 审核人

C. 批准人　　　　　　D. 报告发送人

105. 下列选项中关于接样的说法正确的是（　　）。

A. 样品接收后，可退回删除

B. 接样可对部分抽样信息、样品信息进行修改

C. 样品接收在接样管理模块完成

D. 样品接收完成提交后，该样品流转至检验检测模块

106. 关于在检验检测模块的数据填报，下列选项中正确的是（　　）。

A. 依据实际检测，在文本框中输入检验项目名称的关键字可以快速定位检验项目

B. 标准最小允许限、标准最大允许限可手动修改

C. 企业标准可以在检验检测模块上传

D. 主检人可以进行批量签章

107. 主检人在配置单位签章时，可添加的单位签章有（　　）。

A. 监督抽检章

B. 风险监测章

C. 评价性抽检章

D. 监督抽检搭载风险监测章

108. 下列说法正确的是（　　）。

A. 保健食品可以自定义检验项目

B. 保健食品的风险监测不可以出具监督抽检报告

C. 市、县级食用农产品抽检，包含必检和选检品种

D. 市、县级食用农产品抽检的必检项目，可以录入"未检验"

109. 以下哪些情况，承检机构可自行修改，无须申请退修？（　　）

A. 抽样人员抽样信息提交前，样品删除、信息修改（包括五大字段）

B. 抽检数据未完全提交时（即出具报告前），除五大字段外，其他信息均可自行修改

C. 样品完全提交前的删除

D. 任何修改均需要提出申请

110. 当有不合格/问题报告时，需给不同环节的对应地区领取权限的用户发送短信，下列说法正确的是（　　）。

A. "12 小时限时报告" / "24 小时限时报告"是主检人提交后第一时间发送短信

B. "非 24 小时限时报告"是完全提交后当天不发第二天早上 8 点发送信息

C. "非 24 小时限时报告"第一个工作日发 1 条（领取通知）

D. "非 24 小时限时报告"第三个工作日早上发 1 条（未领取的超期提示）短信

111. 核查处置任务的领取和处置都有时间限制，下列关于核查处置时间限制说法正确的是（　　）。

A. 当有不合格/问题报告时，从生成报告开始 5 个工作日内依法依职责启动核查处置，如在系统里没有填报相关内容并提交启动情况，视为超期

B. 从生成报告开始核查处置工作应在 3 个月内完成，如在系统里没有按时审核完毕核查处置内容，视为超期

C. 两次超期不影响系统数据填写提交，只是后台留作记录，以备考核

D. 在列表中处置时限列，使用"颜色加数字"提示超期情况

112. 协查机构在填写协查任务时需填写（　　）。

A. 办理联系人

B. 办理联系人电话

C. 文件上传

D. 协查处置情况

113. 下列报送分类 A 的抽检任务产生的核查处置任务中，由市级管理员来审核的是（　　）。

A. 市级本级　　　　　　B. 市级专项

C. 市级转移　　　　　　D. 县级本级

114. 下列报送分类 A 的抽检任务产生的核查处置任务中，最终由省级管理员来审核的是（　　）。

A. 抽检监测（食品抽检司）

B. 抽检监测（食品抽检司专项）

C. 抽检监测（中央转移）

D. 抽检监测（省级本级）

115. 下列报送分类 A 的抽检任务产生的核查处置任务，需要一级审核的是（　　）。

A. 抽检监测（省级专项）

B. 抽检监测（市级专项）

C. 抽检监测（省级本级）

D. 抽检监测（市级本级）

116. 报告类别的选择包括（　　）。

A. 合格报告

B. 一般不合格报告

C. 一般问题报告

D. 12 小时限时报告/24 小时限时报告

117. 下列选项中关于"12 小时限时报告/24 小时限时报告"的说法正确的是（ ）。

A. 须在 12 小时/24 小时内进行核查处置并采取措施

B. 核查处置不必等到出具检验报告

C. 核查处置完成后不能退回修改

D. 异议申请应向省级局申请

118. 企业标准的上传可由（ ）上传。

A. 抽样人员　　　　B. 主检人

C. 接样人员　　　　D. 报告发送人员

119. 关于审核人的权限，下列说法正确的是（ ）。

A. 可将报告退回给主检人和接样人员

B. 可将报告提交给审核人

C. 可查看抽样照片、抽样单、抽样检验告知书

D. 签上个人电子签章

120. 在数据下载过程中，出现异常情况，下列处理方式正确的是（ ）。

A. 出现页面显示不正常或者页面打不开的情况，清理浏览器缓存

B. 新打开页面被浏览器拦截，释放被拦截窗口

C. 长时间停留在时钟页面未进入分析页面，尝试按 Ctrl＋F5 刷新页面

D. 与工程师联系，请求帮助

121. 在数据下载模块，不能下载（ ）。

A. 抽检数据　　　　B. 异议处理数据

C. 核查处置数据　　D. 食品公示数据

122. 以下哪些用户，经本机构管理员授权后，可以拥有国家食品安全抽样检验信息系统的数据下载权限？（ ）

A. 机构管理员

B. 主检人

C. 接样人员

D. 监管部门普通工作人员

123. 北京 CA 和华测 CA 的说法正确的是（ ）。

A. 驱动互不干扰，可同时使用

B. 同一账号可拥有两个 CA 同时使用

C. 抽样人员也可绑定签章

D. 各角色添加签章的流程不同

124. 下列选项中关于牵头机构人员基础表权限说法正确的是（ ）。

A. 由抽检司、秘书处用户在"基础表模块"下的"用户权限设置"进行设置

B. 在指派四级分类时，需指派到食品细类

C. 牵头机构编辑人员，可做国抽基础表选辑工作

D. 牵头机构审核人员，可做国抽基础表审核工作

125. 关于配置承检机构人员基础表权限，下列说法正确的是（ ）。

A. 若地区只选择省，机构用户可编制该省局的基础表

B. 若地区选择省、市，机构用户可编制该市局的基础表

C. 若地区选择省、市、县，机构用户可编制该县局的基础表

D. 选择食品大类可以做这个食品大类下的所有食品细类的基础表

126. 配置承检机构人员基础表权限时（ ）。

A. 需选择具体的报送分类 A 和报送分类 B

B. 由省、市、县各级监管部门管理员指派机构人员做基础表的编制工作

C. 可指派给承检机构的任意人员

D. 可指派给不承担本监管部门任务的承检机构

127. 配置监管部门人员基础表权限时（ ）。

A. 需勾选"是否为账号管理员"

B. 需勾选"是否访问基础表模块"

C. 需要选择或确认"地方市场局级别"

D. 该操作由各级市场监管部门的监管部门管理员账号操作

128. 基础表中哪些选项的审核最终由秘书处完成？（ ）

A. 检验项目　　　　B. 四级分类

C. 判定依据　　　　　D. 检验依据

129. 各省根据本省的管理模式，可自定义基础表审核流程，下列说法正确的是（　　）。

A. 可采用逐级审核模式

B. 可采用扁平化审核模式

C. 最后由省局审核

D. 最后由任务下达部门审核

130. 关于基础表的审核，下列说法正确的是（　　）。

A. 逐级审核是指从编制基础表的环节，依次提交上一级主管市场监管部门，直至省级市场监管局

B. 扁平化审核是指从编制基础表环节，提交至组织抽检方审核后，直接提交至省级市场监管部门

C. 总局管理员在基础表审核页面进行随机操作，食品大类和牵头机构配对，由配对的牵头机构承担食品大类的互审工作

D. 省级监管部门编制审核的基础表，不经牵头机构、秘书处审核，也可使用。

131. 牵头机构生成基础表与审核流程包括（　　）。

A. 牵头机构编辑人生成基础表

B. 牵头机构审核人审核基础表

C. 牵头机构互审基础表

D. 抽检司审核基础表

132. 关于基础表的复制，下列说法正确的是（　　）。

A. 可以复制相同食品类别的基础表数据

B. 可以跨食品类别复制

C. 在执行复制操作时，必须要进行勾选，可多选，也可全选

D. 只有牵头机构审核通过的基础表数据，才可以复制

133. 关于基础表的生成和审核，下列说法正确的是（　　）。

A. 基础表中各个项目的排列顺序，根据生成的顺序排列，审核后不能再调整顺序

B. 基础表停用的审核顺序与基础表生成审核流程一致

C. 基础表复制，可以复制当年的基础表，也可以复制往年的基础表

D. 新增、引用、修改后的基础表数据，在离开页面前应先进行暂存操作

134. 下列选项中关于跨类复制的说法正确的是（　　）。

A. 进行跨类复制时，在"产品数据详情"页面选择食品分类只能选择一个

B. 跨类复制可以在同一计划下不同食品之间相互复制

C. 在基础表生成"产品分类数据详情页面"里操作

D. 提示"无匹配数据复制"时，检查是否为重复复制

135. 下列说法正确的是（　　）。

A. 机构注册完成后，管理员账号登录系统，即可开展抽检工作

B. 一个机构可维护多种业务关系

C. 机构注册后的审核，由对应的监管部门对业务关系进行确认和审核

D. 个人在注册时，选错了机构，可找省级超级管理员修改

三、判断题

136. 国抽信息系统的用户，遗忘登录密码导致无法登录系统，可通过"找回密码"功能重置密码。（　　）

137. 在国家食品安全抽样检验信息系统中，新增"智能问答"模块，用户可以通过系统首页的"智能问答"，搜索解决系统使用中的常见问题。（　　）

138. 在国家食品安全抽样检验信息系统中，必须经过审核才能删除抽样任务。（　　）

139. 在国家食品安全抽样检验信息系统中填写抽样单时，可使用"引用其他抽样单"功能快速填写，保健食品和普通食品之间可以相互引用。（　　）

140. 在国家食品安全抽样检验信息系统中接收样品时，发现该样品不符合接样要求，可拒收该样品。（　　）

141. 接样人员拒收样品后，抽样人员仍可

使用该抽样单编号，进行抽样单补录。（　　）

142. 市、县级监管部门制定"食用农产品抽检"后，无须单独维护基础表数据，由省级监管部门统一维护。（　　）

143. 当用 UKey 登录国抽信息系统时，插入 UKey 在系统登录页面，选择 USB 证书登录，输入密码后点击"登录"按钮即可完成登录。（　　）

144. 在检验模块填报检验结果时，无法输入上下标。（　　）

145. 网页端及 APP 端密码输入错误超过10 次，账号将被锁定，锁定后需向本机构管理员申请解锁。（　　）

146. 无法抽检、拒收的抽样任务，释放任务批次数，但不释放抽样单编号，不可进行原单号补录。（　　）

147. 当核查处置完成提交后，发现错误希望退回时，国抽任务找总局管理员进行退回，省抽任务找省级管理员进行退回。（　　）

148. 抽样 APP 中，在抽样信息填报时点击"上一页、下一页"按钮时，系统会自动保存已填报信息。（　　）

149. 在国家食品安全抽样检验信息系统中，市监管部门可部署新任务给抽样机构，也可部署新任务给县级监管部门。（　　）

150. 在国家食品安全抽样检验信息系统校验任务部署时可以批量上传校验信息。（　　）

151. 在国家食品安全抽样检验信息系统中，抽样完成提交后，抽样单编号不能修改。（　　）

152. 国家食品安全抽样检验信息系统中，抽样人员使用纸质抽样单补录时，任务下达人员仍须下达任务给抽样人员。（　　）

153. 在国家食品安全抽样检验信息系统中，抽样任务列表删除正在抽样中的任务，无须审核。（　　）

154. 抽样单信息填报时，抽样日期系统默

认为当天日期，如有提交或打印操作，以先发生的动作为主。（　　）

155. 抽检系统不合格核查处置时限，复检异议时间不会自动扣除，需手动设置。（　　）

156. 核查处置任务中地区的修改，只能在任务未领取时修改。（　　）

157. 由于核查处置人员变动，需要修改接收短信手机号时，应由管理员在公共管理模块的用户权限设置处修改。（　　）

158. 中央转移支付抽样任务的删除，由国家局进行审核。（　　）

159. 总局管理员新增、修改、停用基础表数据均无需审核。（　　）

160. 监管部门可以查看本辖区内承检机构的所有数据。（　　）

161. 各级监管部门管理员实时查看任务情况，主要包括正在抽样、抽样完成、正在接样、无法抽检、已拒收、检验完成等任务状态。（　　）

162. 在公布不合格食品信息时，如果同一批次样品有多个不合格项目，则需要分开公示，每个不合格项目一行。（　　）

163. 信息发布时，需同时公布生产企业和被抽样企业所在省份。（　　）

164. 各级监管部门在进行信息公示时，除了要公示抽检信息，还需要提供不合格项目小知识。（　　）

165. 国家食品安全抽样检验信息系统的信息发布模块，具有信息查重功能，普通食品和保健食品均可以验重。（　　）

166. 当单位名称发生改变时，在国家食品安全抽样检验信息系统申请修改后，UKey 中的单位名称也会随之更新。（　　）

167. 对于无法抽样的情况，填写无法抽样原因时可选择"常用原因"快速填写，也可输入自己常用的原因保存为"常用原因"。（　　）

168. 无法抽样任务不占任务数量，可重新下达任务。（　　）

169. 国家食品安全抽样检验信息系统中，各级监管部门可部署新任务给抽样机构，也可部署新任务给下一级监管部门，下一级监管部门也可将该任务部署给再下一级监管部门。（　　）

170. 对抽检样品的条形码进行填写时，可扫描样品上的条形码，带出数据源中相关字段信息，没有条形码时可以填写斜杠。（　　）

171. 抽样基数、抽样数量、备样数量需填写数字和单位，若忘记填写单位的，可在接样时补上。（　　）

172. 销售农产品以及仅销售预包装食品的经营主体无食品经营许可证的，不能抽样。（　　）

173. 抽样人员的 CA 签章配置，可在抽样 APP 中完成。（　　）

174. 抽样 APP "我的任务" 中可以查看该账号下任务的各种状态，包括之后检验报告的结论。（　　）

175. 样品抽样完成后，必须要先打印再提交，否则提交后无法再打印抽样单。（　　）

176. 抽样 APP 软件支持安卓系统手机、苹果系统手机安装。（　　）

177. 电脑端抽样无须下达任务。（　　）

178. 市、县级监管部门管理员不具有对抽样单进行解除限制的权限。（　　）

179. 检验目的/任务类型字段也需要接样角色确认清楚，在检测模块无法修改，如有问题需退修回来接样角色修改。（　　）

180. 国抽业务必须使用电子版检验报告进行签名提交，其他级别业务不强制使用电子版检验报告。（　　）

181. 在检验检测模块填报数据时，"加载历史数据" 用于自动加载相同报送分类的最后一次提交的检验数据。（　　）

182. 检验检测模块的单位签章配置，只能由主检人完成。（　　）

183. 国家食品安全抽样检验信息系统可通过报告单编号来验明检验报告的真伪，且可查看并下载报告。（　　）

184. 在国家食品安全抽样检验信息系统核查处置模块领取任务时，发现抽样地区填写错误，必须退修后进行修改，否则核查处置人员无法正常领取核查处置任务。（　　）

185. 异议登记成功后，核查处置不能进行处置结果提交，否则会报错；当异议审核完成后，核查处置才可以继续。（　　）

186. 在进行异议审核时，要对填报的复检信息、异议处置信息进行检查，红色字体是终端字段，必须保证正确，无修改机会。（　　）

187. 当异议登记时，发现抽样编号有感叹号提示，且内容为 "已超过异议提出期限" 时，说明没有在出报告后的 12 天内在系统里进行异议登记。（　　）

188. 当样品异议登记成功后，该样品被退回，会使这条数据流转到 "已删除" 状态。（　　）

189. 在核查处置过程中，当用户需要外省进行协作时，可以在办理中点击发起协查按钮，进行发起协查，需填写协查单位，可给多个单位发送协查函。（　　）

190. 延伸后的任务协查单位可在待领取环节查看，此时重新计时 90 天的核查处置时限。（　　）

191. 延伸如果被退回，不可再次发起延伸处理。（　　）

192. 核查处置的延伸只能延伸给平级，转办只能转办给下一级。（　　）

193. 县级局人员不具备核查处置审核权限。（　　）

194. 核查处置任务的审核，采用谁的任务谁审核的方式进行。（　　）

195. 当核查处置完成提交后，发现错误希望退回时，所有任务均由省级局退回，包括国抽任务、省抽任务。（　　）

第二节　综合能力提升

一、单选题

196. 某县级任务的承检机构抽样人员样品信息填写有误，但已提交无法修改，此时删除任务后由（　　）来审核。

A. 承检机构管理员　　B. 县级管理员

C. 市级管理员　　　　D. 省级管理员

197. 国抽系统中抽样单号 SBP24430000004442040ZX 中"SBP"代表什么信息？（　　）

A. 省级监督抽检

B. 省级风险监测

C. 省级评价性抽检

D. 省级监督抽检搭载风险监测

198. 在国家食品安全抽样检验信息系统的基础表模块下，下列（　　）状态的数据不可以删除。

A. 新建　　　　　　　B. 审核不通过

C. 已退修　　　　　　D. 停用

199. 在国家食品安全抽样检验信息系统的基础表模块下，检验机构监管部门人员新增一条判定依据，随基础表审核，省级监管部门审核完基础表后还需要经过（　　）次审核后该判定依据所有人才可以使用。

A. 1　　　B. 2　　　C. 3　　　D. 4

200. 在国家食品安全抽样检验信息系统中，业务人员在用户权限申请页，选择业务类型下拉框没有数据，以下哪种说法是不正确的？（　　）

A. 系统问题

B. 所属部门没有业务关系

C. 所属部门的业务类型已经都申请过并审核通过

D. 所属部门的业务类型已经都申请过但还未审核

201. 下列选项中对抽样单编号"SJC24430000565740582ZX"解释错误的

是（　　）。

A. 该任务为 2024 年的任务

B. 该任务为专项任务

C. 该任务为湖南省局任务

D. 该任务为本级监督抽检任务

202. 关于信息公示的情况，下列说法错误的是（　　）。

A. 食品大类必须按照每年总局计划中的食品大类填写

B. 抽样编号不能有空格、回车等特殊字符，字母大小写不用区分

C. 不能有"？"

D. 所有字段必须填写

203. 总局本级的评价性抽检任务的信息公布由（　　）公布。

A. 总局抽检司

B. 总局秘书处

C. 被抽样单位所在省的省局

D. 生产企业所在省的省局

204. 关于检验项目的维护，下列说法错误的是（　　）。

A. 总局管理员新增、修改、停用无须审核

B. 监管部门、牵头机构/承检机构新增数据随基础表审核，完全审核通过后全国可见

C. 监管部门、牵头机构/承检机构修改/停用需在基础库的审核页面进行审核

D. 监管部门、牵头机构/承检机构新增、修改、停用最终由抽检司审核

205. 关于数字证书，下列说法正确的是（　　）

A. UKey 绑定后需要解绑的，需要省级管理员解绑

B. 主检人、审核人、批准人、报告发送人需要在电脑端操作的，均要申请普通个人数字证书

C.每个单位可根据抽样人员人数申请抽样章

D.每个数字证书的有效期为3年

206.国家食品安全抽样检验信息系统基础表模块，下列（　　）状态的数据不可以提交。

A.新建　　　　　　　B.审核不通过

C.已退修　　　　　　D.待审核

207.下列选项中关于生产日期、购进日期、加工日期、检疫日期、消毒日期、其他日期的填写原则，错误的是（　　）。

A.网络抽样中无包装的食品和食用农产品，日期勾选"其他日期"，应填写"其他日期为订单生成日期"

B.工业加工食品、食品添加剂，按照食品标签或进货单上标明填写生产日期

C.餐饮自制食品，按实际售卖日期填写

D.消毒餐饮具，勾选"消毒日期"

208.下列说法错误的是（　　）。

A."检测机构名称""结论""填报日期"为不可修改字段

B.样品接收后的修改，应先由主检人退回

C.接样时，接样人员需确认检验目的/任务类型，该字段在检测模块无法修改

D.样品完全提交后的退修，可以退回主检人、审核人、批准人、报告发送人

209.下列选项中不属于监管部门在检验检测模块主要功能的是（　　）。

A.预览报告　　　　　B.修改样品信息

C.退修　　　　　　　D.解除限制

210.国抽任务的异议登记，由（　　）进行登记。

A.国家市场监督管理总局

B.涉及的省级监管部门

C.涉及的市级监管部门

D.涉及的县级监管部门

211.下列选项中关于异议处置的填写正确的是（　　）。

A.告知生产企业日期和告知被抽样单位日期，不得早于出具检验报告时间

B.异议处置结果可选择"异议认可""异议不认可"

C.复检状态是"未提复检"时，此字段默认"未提复检"

D.电子附件的上传，需将多个文件合并为一个，并转化为pdf格式上传

212.当异议审核通过后，发现有问题需要退回时，下列操作正确的是（　　）。

A.国抽需要总局管理员进行退回

B.国转移任务和省级任务需要省级管理员进行退回

C.市级任务由市级管理员进行退回

D.县级任务由县级管理员进行退回

213.核查处置任务的审核，按（　　）给不同账号审核权限。

A.任务来源　　　　　B.报送分类A

C.部署机构　　　　　D.任务类别

214.关于各级管理员的说法正确的是（　　）。

A.各级市场监管部门，均包含普通管理员和超级管理员

B.机构的管理员，分为普通管理员和超级管理员

C.市级的普通管理员可以由市级超级管理员授权

D.省级管理员的权限，可查看所在地是本辖区内的机构的业务关系，不可查看外省机构上的业务关系

215.下列选项中关于市县级农产品专项的必检品种说法错误的是（　　）。

A.总局的基础表中必检项目不可删除、不可修改

B.各省可在总局必检项目的基础上，视情况增加必检项目

C.必须有不少于2项的选检项目

D.全国各省市的必检品种一致

二、多选题

216.在新国抽信息系统中，市级管理员在公共管理模块下用户权限设置页面可配置（　　）审核过的业务权限。

A. 本部门人员

B. 下级县级监管部门人员

C. 检验机构人员

D. 本省其他市级监管部门人员

217. 抽样 APP 在填写时，会自动引用上一单中的抽样信息，包括（　　）。

A. 抽样场所信息

B. 抽样生产企业信息

C. 抽样样品信息

D. 第三方企业相关信息

218. 抽样人员在填写抽样单时，选择的食品大类为（　　），抽样环节为流通，抽样地点会出现"母婴店"选项。

A. 婴幼儿配方食品

B. 特殊膳食食品

C. 特殊医学配方食品

D. 保健食品

219. 依据总局的要求，在对食用农产品进行抽样时，需要监管人员陪同并签字，但在（　　）情况下监管人员签字为非必填项。

A. 抽样地点为"网购"

B. 任务类别为"监督抽检"

C. 任务类别为"风险监测"

D. 任务类别为"评价性抽检"

220. 关于国抽系统中计划部署模块，下列说法正确的是？（　　）

A. 检验机构可以进行计划部署

B. 省局管理员可对本省及以下所有人员配置"计划部署"权限

C. 计划部署中在给采样机构部署任务时，选择的是机构任务

D. 某机构已计划数/总数为 10/10，说明该机构不可以继续下达抽样单号

221. 用户确实无法找到正确的密码且之前注册时填写的手机号不准确或已变更，无法自行完成找回密码，需要进行密码重置时，其步骤包括（　　）。

A. 用户上报该情况至省级管理员

B. 省级管理员确认人员身份

C. 省级管理员填写相关申请表

D. 省级管理员向技术支持群内客服人员发起重置操作申请

222. 下列选项中关于基础表删除/退修数据的说法正确的是（　　）。

A. 国抽系统基础表审核过程中，退修只能退修审核通过的数据

B. 退修后的数据可以删除

C. 不通过的审核操作只能审核待审核的数据

D. 审核不通过的数据可进行删除操作

223. 某检验机构接样人员在做省抽任务时，因接样时间超时导致无法提交，可以联系（　　）来进行解除接样时间限制。

A. 机构管理员　　　　B. 省局普通管理员

C. 省局超级管理员　　D. 总局管理员

224. B 省 C 市的检验检测机构承担了外省市 A 的抽检任务，报告提交后发现数据填报有误，需退回修改，以下哪些可以对其进行退修操作？（　　）

A. 总局管理员

B. A 省的省级局管理员

C. B 省的省级局管理员

D. C 市的市级局管理员

225. 抽样 APP 抽样时，登录后显示"暂无数据"，可能的原因是（　　）。

A. APP 端长时间登录未操作导致强制退出

B. 选错任务类型

C. 任务未下达

D. 抽样人员选择错误

226. 在国家食品安全抽样检验信息系统的管理计划制定中批量上传食品分类时报错，应排查（　　）。

A. 是否是使用新食抽系统下载的批量模板

B. 食品分类是否与国家食品安全抽样检验信息系统所列名称完全一致

C. 括号是否使用英文括号

D. 网络是否通畅

227. 在检验检测模块填报提交签章时，提示 UKey 用户信息提示无数据，如何排

查？（　　）

A. 检查用户证书助手是否为最新版本

B. 重新插入 UKey

C. 重新启动证书助手

D. 检查证书是否在有效期内

228. 在国家食品安全抽样检验信息系统中，市级监管部门在做基础表时，可复制（　　）计划的基础表。

A. 总局本级　　　　　B. 中央转移支付

C. 省级本级　　　　　D. 市级专项

229. 在抽样管理模块的抽样任务查询菜单中，可以查询（　　）的任务状态。

A. 正在抽样　　　　　B. 抽样完成

C. 无法抽检、已拒收　D. 检验完成

230. 网络抽检过程中，抽样人员发现国家食品安全抽样检验信息系统中的网络平台有误，该如何操作？（　　）

A. 该错误信息是系统预录信息不及时更新造成的，抽样人员按系统提供信息录入即可

B. 抽样人员发现错误后，手动修改网络平台信息

C. 省级及省以下任务的网络平台信息的新增、变更，由省级联络员审核同意后提交至信息中心

D. 网络平台信息的更改由项目组实施

231. 抽样管理模块的解除限制，可由（　　）操作执行。

A. 总局管理员

B. 省级超级管理员

C. 省级管理员

D. 任务来源部门的管理员

232. 下列选项中关于异议申报的说法，正确的是（　　）。

A. 异议登记从核查处置模块进入登记

B. 在异议登记时，点击"异议登记"按钮后，页面的上方自动带出该不合格样品基础信息

C. 在异议列表中，抽样单编号出现感叹号提示，说明该批次已超过异议提出期限

D. 在异议列表中，抽样单编号出现感叹号提示，说明该批次已被行政处罚无法进行异议登记

233. 下列关于核查处置任务生成的说法正确的是（　　）。

A. 如果生产企业名称写"/"时，不生成生产环节任务

B. 外卖餐饮在经营环节、网抽环节生成核查处置任务

C. 委托生产的进口食品，生成委托环节的核查处置任务

D. 不合格样品有第三方信息且企业性质为"委托"时，生成委托环节处置任务

234. 在核查处置模块填写"产品控制"内容时，下列（　　）不是必填项。

A. 未完全召回原因　　B. 现场照片

C. 已销售的情况　　　D. 封存的情况

235. 在核查处置模块的"预警信息"子菜单下，关于该功能的说法正确的是（　　）。

A. 展示当年全国四级抽检任务中，同一生产企业不合格批次在 2 批次以上的企业预警信息

B. 支持展示生产企业、经营企业、委托企业的监督抽检以及风险检测的预警信息

C. 具有核查处置权限的账号都可查看此功能

D. 各级账号只能查看本地区范围内数据

三、判断题

236. 在国抽信息系统录入样品信息，当把样品录入完提交后，五大字段信息需要修改，可向任务来源部门提交申请，由省超级管理员修改。（　　）

237. 抽样 APP 中，电子签章时，如选择签两个抽样员签名，可分别选择北京 CA 与华测 CA 进行签章。（　　）

238. 在国家食品安全抽样检验信息系统中，报送分类 B 计划激活后，若暂无抽样，该报送分类可以删除。（　　）

239. 任务下达是指具有下达权限的机构人

员将任务指派给具体抽样人，但不可以实时查看任务完成情况。（ ）

240. 只有机构管理员或监管部门的管理员才能查看用户权限。（ ）

241. 省级超级管理员在"用户权限管理"页面能看到与之有业务关系的所有用户。（ ）

242. 机构超级管理员与机构管理员权限的区别在于机构超级管理员可以设置机构人员为机构管理员。（ ）

243. 任务下达时，选择"食品四级分类"内容，食品大类为必填项，其他三级分类为非必填项，可以在接样时进行补充。（ ）

244. 使用登录首页"找回密码"功能，可通过注册信息中的手机号验证后自行找回密码，也可执行重置密码操作。（ ）

245. 仅总局管理员和牵头机构的指定用户可以维护国家食品安全抽检系统中基础表的四级分类。（ ）

246. 某机构 A 的工作人员注册国抽系统账号时，填写组织名称时错选了 B 机构，可申请由机构 A 的机构管理员在系统中进行修改。（ ）

247. 食用农产品生产许可证编号是"/"时，不生成生产环节处置任务。（ ）

248. 当抽检任务在国家食品安全抽样检验信息系统中下达后，食品细类一定可以进行修改。（ ）

249. 国家食品安全抽样检验信息系统中的数据下载中心，可以批量下载抽样数据、检验数据以及检验报告。（ ）

250. 样品接收后，除五大字段外，其余字段均可修改。（ ）

251. 当异议审核完毕时，核查处置各环节办理中状态，增加一个"终止"按钮，用户根据异议情况可以操作"终止"某一环节后处置工作，必填字段填写"/"。（ ）

252. 处置人员在办理案件时，如碰到案件涉及或需其他单位协助调查时，可通过系统中的协查函功能，进行案件信息传递，以及协查结果填报。（ ）

253. 核查处置只可对办理中的状态进行终止，且谁办理谁终止（审核人及管理员都不行），终止不需要审核。（ ）

254. 原已处置完毕的 24 小时限时报告，在检验检测环节发生退回的，重新提交后自动调整为 12 小时限时报告。（ ）

四、填空题

255. 在国抽系统设置用户权限时，在_____模块下，勾选_____会出现计划制定菜单。

256. 新国抽信息系统基础表模块，组织抽检方为县级监管部门，_____和_____可以维护该计划的基础表。

257. 系统中限时报告数据，除已核查处置完毕的数据外均调整为 12 小时限时报告。其中，_____检出 12 小时限时报告规定情形以外的不合格或问题样品时，应当在 24 小时内限时报告。

258. 机构管理员/各级监管部门管理员可对国家食品安全抽样检验信息系统中涉及的用户信息以及业务权限进行配置以及审核，在_____模块进行操作。

259. 市场监管部门和检验机构的基础信息变更，都由_____统一提交变更资料至总局系统管理部门后，由项目组处理变更相关信息。

260. 核查处置中，省级局管理人员可对_____的任务进行地区修改的操作。

261. 当不合格样品有第三方信息且企业性质为"委托"时，生成_____环节处置任务。

262. 在创建报送分类 B 的时候，报送分类 B 的名字中包含"跟踪抽检"字样，则抽样编号末尾会自动加上"_____"。

263. 在国家食品安全抽样检验信息系统中批量下载检验报告，建议在空闲时间段下载，该时间段为_____。

264. 签章证书有效期为一年，证书到期前

_____天内，可以办理更新业务。

265. 抽样人员登录抽样 APP 移动端，登录提示账号被禁用，可联系_____。

266. 监管部门账号被删除后，可联系_____恢复账号。

267. 国家食品安全抽样检验信息系统的 CA 签章支持_____和_____两种签章。

268. 北京 CA 数字证书包含 4 种类型：_____、_____、_____、_____。

269. 新规范实施后，在食品安全抽样封条中新增_____签字数据项。

270. 2024 年 1 月 1 日后开展的食品安全抽样检验，检验报告需要使用_____或_____关键字对应的规则进行签章。

271. 在抽样 APP 上开始抽样后，第一个页面是抽样基础信息和抽样单位信息。除_____、_____和_____可以做修改，其余字段都无法在 APP 上做修改。

272. 电脑端抽样，在_____标签下录入抽样单。

273. 想在抽样管理模块中拥有删除列表的账号权限，应开通_____权限。

274. 在国家食品安全抽样检验信息系统核查处置模块，根据业务分为_____和_____两个子模块。

五、简答题

275. 如何配置承检机构人员基础表权限？

276. 国抽系统中的计划制订的操作步骤包括哪些？

277. 抽样单删除后，重新录入为何提示抽样单编号重复？

278. 异议登记超期无法做延期该如何处理？

279. 核查处置超期该如何处理？

第 四 部 分
食品安全监督抽检实施细则

第七章

食品安全监督抽检实施细则

● **核心知识点** ●

　　食品安全监督抽检中，食品四级分类体系是以食品生产许可的分类体系为基础，结合各产品标准、食品安全国家标准进行分类，分为：食品大类（一级）、食品亚类（二级）、食品次亚类（三级）、食品细类（四级）。《食品安全监督抽检实施细则（2025 年版）》中覆盖粮食加工品、食用油、油脂及其制品、调味品、肉制品、乳制品、饮料、方便食品、饼干、罐头、冷冻饮品、速冻食品、薯类和膨化食品、糖果制品、茶叶及相关制品、酒类、蔬菜制品、水果制品、炒货食品及坚果制品、蛋制品、可可及焙烤咖啡产品、食糖、水产制品、淀粉及淀粉制品、糕点、豆制品、蜂产品、保健食品、特殊膳食食品、特殊医学用途配方食品、婴幼儿配方食品、餐饮食品、食品添加剂、畜禽肉及副产品、蔬菜、水产品、水果类、鲜蛋、豆类、生干坚果与籽类食品，共三十九个食品大类。

　　《食品安全监督抽检实施细则（2025 年版）》对上述三十九大类食品监督抽检的适用范围、产品种类、检验依据、抽样、检验项目、检验应注意的问题及判定原则与结论等内容做出了详细的规定。

食品安全监督抽检作为保障食品安全的重要手段，其实施细则的制定与执行直接关系到抽检工作的规范性与科学性，完善的实施细则可以确保抽检工作的有序开展与结果的准确可靠。

本章将深入解析食品安全监督抽检的具体实施细则，涵盖样品分类、检验要求及结果报告等多个方面。通过本章的系统练习，读者将掌握食品安全监督抽检的实施流程与关键环节，提升在实际工作中的操作规范性，确保抽检工作的科学性与实效性，为食品安全监管提供坚实的技术保障。

第一节　基础知识自测

一、单选题

1.《食品安全监督抽检实施细则（2025年版）》将食品样品分为（　　）大类。

A. 31　　　B. 32　　　C. 39　　　D. 42

2. 依据《食品安全监督抽检实施细则（2025年版）》的规定，专用小麦粉不包括（　　）。

A. 饺子用小麦粉　　　B. 高筋小麦粉

C. 面条用小麦粉　　　D. 自发小麦粉

3. 依据《食品安全监督抽检实施细则（2025年版）》的规定，2024年1月抽取的小麦粉，偶氮甲酰胺的检测方法为（　　）。

A. SN/T 4677—2016

B. GB 5009.283—2021

C. GB 1886.108—2015

D. DB34/T 1541—2011

4. 依据《食品安全监督抽检实施细则（2025年版）》的规定，大米产品不包括（　　）。

A. 籼米　　　　　　B. 糙米

C. 蒸谷米　　　　　D. 红线米

5. 依据《食品安全监督抽检实施细则（2025年版）》的规定，下列属于谷物加工品的是（　　）。

A. 混合杂粮　　　　B. 糙米

C. 蒸谷米　　　　　D. 留胚米

6. 依据《食品安全监督抽检实施细则（2025年版）》的规定，下列不属于其他谷物碾磨加工品的是（　　）。

A. 燕麦片　　　　　B. 糯米粉

C. 绿豆粉　　　　　D. 小米粉

7. 依据《食品安全监督抽检实施细则（2025年版）》的规定，下列不属于生湿面制品的是（　　）。

A. 生切面　　　　　B. 饺子皮

C. 鲜面条　　　　　D. 米粉

8. 依据《食品安全监督抽检实施细则（2025年版）》的规定，黄色生湿面制品需检测的色素项目是（　　）。

A. 日落黄　　　　　B. 喹啉黄

C. 柠檬黄　　　　　D. 胭脂红

9. 依据《食品安全监督抽检实施细则（2025年版）》的规定，蝴蝶面（其他谷物粉类制成品）的下列检测项目中，限玉米制品检测的项目是（　　）。

A. 黄曲霉毒素 B_1

B. 苯甲酸及其钠盐（以苯甲酸计）

C. 大肠菌群

D. 山梨酸及其钾盐（以山梨酸计）

10. 依据《食品安全监督抽检实施细则（2025年版）》的规定，其他粮食加工品，在哪些情况下需检测微生物项目？（　　）

A. 无包装食品

B. 流通环节从大包装中分装的样品

C. 餐饮环节从大包装中分装的样品

D. 产品明示标准和质量要求作出规定产品

11. 依据《食品安全监督抽检实施细则

（2025 年版）》的规定，在企业的成品库房抽取玉米油小包装产品［净含量＜15L（kg）］时，应从同一批次样品堆的不同部位抽取适当数量的样品，抽样数量约 3L（kg），且不少于（　　）个独立包装。

A. 8　　　　B. 4　　　　C. 10　　　　D. 6

12. 依据《食品安全监督抽检实施细则（2025 年版）》的规定，在网络食品经营平台抽取同一批次待销产品大豆油大包装产品［净含量≥（　　）L（kg）］时，应从同一批次待销产品中抽取不少于 2 个独立包装。

A. 5　　　　B. 15　　　　C. 10　　　　D. 20

13. 依据《食品安全监督抽检实施细则（2025 年版）》的规定，下列植物油样品不需要检验溶剂残留量项目的是（　　）。

A. 玉米油　　　　　　　B. 花生油

C. 大豆油　　　　　　　D. 核桃油

14. 依据《食品安全监督抽检实施细则（2025 年版）》的规定，下列样品不属于食用动物油脂的是（　　）。

A. 食用猪油　　　　　　B. 食用黄油

C. 食用牛油　　　　　　D. 鱼油

15. 依据《食品安全监督抽检实施细则（2025 年版）》的规定，2025 年 3 月 8 日抽取的酱油样品，三氯蔗糖项目的检测方法为（　　）。

A. GB 5009.298—2023

B. GB 22255—2014

C. GB 25531—2010

D. GB 22255—2008

16. 依据《食品安全监督抽检实施细则（2025 年版）》的规定，食醋样品中限产品明示标准和质量要求有限量规定时检测的项目是（　　）。

A. 总酸（以乙酸计）

B. 不挥发酸（以乳酸计）

C. 对羟基苯甲酸酯类及其钠盐

D. 菌落总数

17. 依据《食品安全监督抽检实施细则

（2025 年版）》的规定，香辛料调味油是萃取或添加香辛料植物或籽粒中呈味成分于植物油的香辛料制品。下列样品不属于香辛料调味油的是（　　）。

A. 花椒油　　　　　　　B. 胡椒油

C. 芝麻调味油　　　　　D. 芥末油

18. 依据《食品安全监督抽检实施细则（2025 年版）》的规定，下列样品不属于鸡粉、鸡精调味料的是（　　）。

A. 鸡精调味料　　　　　B. 鸡精粉

C. 鸡味调味料　　　　　D. 菇精调味料

19. 依据《食品安全监督抽检实施细则（2025 年版）》的规定，2024 年 2 月抽取的辣椒酱样品，不需要检测的项目是（　　）。

A. 安赛蜜

B. 苯甲酸及其钠盐（以苯甲酸计）

C. 山梨酸及其钾盐（以山梨酸计）

D. 甜蜜素（以环己基氨基磺酸计）

20. 依据《食品安全监督抽检实施细则（2025 年版）》的规定，下列样品不属于其他液体调味料的是（　　）。

A. 酱汁　　　　　　　　B. 糟卤

C. 鸡汁调味料　　　　　D. 鱼露

21. 依据《食品安全监督抽检实施细则（2025 年版）》的规定，下列样品不属于食用盐的是（　　）。

A. 低钠食用盐　　　　　B. 风味食用盐

C. 榨菜盐　　　　　　　D. 特殊工艺食用盐

22. 依据《食品安全监督抽检实施细则（2025 年版）》的规定，下列样品属于风味食用盐的是（　　）。

A. 日晒盐　　　　　　　B. 螺旋藻盐

C. 雪花盐　　　　　　　D. 鱼籽盐

23. 依据《食品安全监督抽检实施细则（2025 年版）》的规定，2024 年 6 月 3 日抽取的精制盐，总砷（以 As 计）项目的检验依据为（　　）。

A. GB 5009.11—2024

B. GB 5009.11—2014

C. GB/T 5009.11—2003

D. GB/T 5009.11—2003

24. 依据《食品安全监督抽检实施细则（2025 年版）》的规定，以下酿造酱需要进行大肠菌群计数检验的是（　　）。

A. 谷物和（或）豆类为主要原料经发酵而制成的酿造酱

B. 产品明示标准和质量要求有限量规定的以蚕豆等为原料经发酵而制成的豆瓣酱

C. 预包装或非定量包装食品

D. 产品明示标准和质量要求有限量规定的预包装或非定量包装酿造酱

25. 依据《食品安全监督抽检实施细则（2025 年版）》的规定，下列不属于调理肉制品（非速冻）检验项目的是（　　）。

A. 苯甲酸及其钠盐（以苯甲酸计）

B. 山梨酸及其钾盐（以山梨酸计）

C. 亚硝酸盐

D. 脱氢乙酸及其钠盐（以脱氢乙酸计）

26. 依据《食品安全监督抽检实施细则（2025 年版）》的规定，调理肉制品（非速冻）的铅（以 Pb 计）检验项目，限生产日期在（　　）之后的食品检测。

A. 2023 年 3 月 8 日（含）

B. 2023 年 8 月 8 日（含）

C. 2023 年 6 月 30 日（含）

D. 2023 年 12 月 30 日（含）

27. 依据《食品安全监督抽检实施细则（2025 年版）》的规定，下列样品不属于熏烧烤肉制品的是（　　）。

A. 油炸猪肉　　　　B. 叫花鸡

C. 熏烤鸡翅　　　　D. 烤鸽子

28. 依据《食品安全监督抽检实施细则（2025 年版）》的规定，下列样品不属于熏煮香肠火腿制品的是（　　）。

A. 红肠　　　　　　B. 云南火腿肉

C. 圆火腿　　　　　D. 里脊火腿

29. 依据《食品安全监督抽检实施细则（2025 年版）》的规定，生产日期在（　　）后的肉松样品，需检测铅（以 Pb 计）项目。

A. 2023 年 3 月 8 日（含）

B. 2023 年 8 月 8 日（含）

C. 2023 年 6 月 30 日（含）

D. 2023 年 12 月 30 日（含）

30. 依据《食品安全监督抽检实施细则（2025 年版）》的规定，下列项目中熏烧烤肉制品不需要检验的项目是（　　）。

A. 苯并[a]芘

B. 亚硝酸盐（以亚硝酸钠计）

C. 氯霉素

D. 安赛蜜

31. 依据《食品安全监督抽检实施细则（2025 年版）》的规定，执行标准为 SB/T 10381 的罐头工艺生产的酱卤肉制品需要进行哪个微生物项目的检验？（　　）

A. 商业无菌　　　　B. 菌落总数

C. 大肠菌群　　　　D. 沙门氏菌

32. 依据《食品安全监督抽检实施细则（2025 年版）》的规定，超高温灭菌乳指以生牛（羊）乳为原料，添加或不添加复原乳，在连续流动的状态下，加热到至少（　　）并保持很短时间的灭菌，再经无菌灌装等工序制成的液体产品。

A. 132℃　　　　　B. 120℃

C. 140℃　　　　　D. 150℃

33. 依据《食品安全监督抽检实施细则（2025 年版）》的规定，调制乳是以不低于（　　）的生牛（羊）乳或复原乳为主要原料，添加其他原料或食品添加剂或营养强化剂，采用适当的杀菌或灭菌等工艺制成的液体产品。

A. 0.7　　B. 0.8　　C. 0.85　　D. 0.9

34. 依据《食品安全监督抽检实施细则（2025 年版）》的规定，液体乳（灭菌乳）的（　　）项目，限全脂产品检测。

A. 非脂乳固体　　　　B. 酸度

C. 脂肪　　　　　　　D. 丙二醇

35. 依据《食品安全监督抽检实施细则（2025 年版）》的规定，调制乳粉指的乳固体含量不低于（　　　）。

A. 0.6　　B. 0.65　　C. 0.7　　D. 0.75

36. 依据《食品安全监督抽检实施细则（2025 年版）》的规定，稀奶油指以乳为原料，分离出的含脂肪的部分，添加或不添加其他原料、食品添加剂和营养强化剂，经加工制成的脂肪含量为（　　）的产品。

A. 10.0%～80.0%　　B. 20.0%～80.0%

C. 20.0%～90.0%　　D. 10.0%～90.0%

37. 依据《食品安全监督抽检实施细则（2025 年版）》的规定，下列选项中不属于液体乳（发酵乳）检测项目的是（　　　）。

A. 大肠菌群　　　　　B. 酵母

C. 霉菌　　　　　　　D. 乳酸菌数

38. 依据《食品安全监督抽检实施细则（2025 年版）》的规定，下列项目中不属于食品添加剂红曲黄色素监督抽检检验项目的是（　　　）。

A. 干燥减量　　　　　B. 黄曲霉毒素 B_1

C. 灼烧残渣　　　　　D. 铅（Pb）

39. 依据《食品安全监督抽检实施细则（2025 年版）》的规定，再制干酪指以干酪为主要原料，添加其他原料，添加或不添加食品添加剂和营养强化剂，经加热、搅拌、乳化等工艺制成的产品，其原料中，干酪比例应大于（　　　）。

A. 0.8　　B. 0.4　　C. 0.6　　D. 0.5

40. 依据《食品安全监督抽检实施细则（2025 年版）》的规定，2025 年 3 月 6 日抽取的奶片样品，应检测的防腐剂项目是（　　　）。

A. 苯甲酸及其钠盐（以苯甲酸计）

B. 山梨酸及其钾盐（以山梨酸计）

C. 脱氢乙酸及其钠盐（以脱氢乙酸计）

D. 纳他霉素

41. 依据《食品安全监督抽检实施细则（2025 年版）》的规定，灭菌工艺生产的调制乳需要进行哪些微生物项目的检验？（　　　）

A. 商业无菌

B. 菌落总数、大肠菌群

C. 菌落总数、大肠菌群及霉菌和酵母菌总数

D. 均不需检验

42. 依据《食品安全监督抽检实施细则（2025 年版）》的规定，下列不属于茶饮料的是（　　　）。

A. 原茶汁（茶汤）　　B. 茶浓缩液

C. 茶固体饮料　　　　D. 奶茶饮料

43. 依据《食品安全监督抽检实施细则（2025 年版）》的规定，调味面制品的检验项目中，限产品明示标准和质量要求有限量规定时检测的项目不包括（　　　）。

A. 酸价（以脂肪计）（KOH）

B. 菌落总数

C. 霉菌

D. 沙门氏菌

44. 依据《食品安全监督抽检实施细则（2025 年版）》的规定，下列不属于水果类罐头的是（　　　）。

A. 开心果罐头　　　　B. 果酱罐头

C. 橘子罐头　　　　　D. 黄桃罐头

45. 依据《食品安全监督抽检实施细则（2025 年版）》的规定，下列蔬菜类罐头监督抽检项目中，限腌渍的蔬菜罐头检测的是（　　　）。

A. 铅（以 Pb 计）

B. 脱氢乙酸及其钠盐（以脱氢乙酸计）

C. 乙二胺四乙酸二钠

D. 二氧化硫残留量

46. 依据《食品安全监督抽检实施细则（2025 年版）》的规定，下列食用菌罐头监督抽检项目中，含姬松茸产品不检测的是（　　　）。

A. 苯甲酸及其钠盐（以苯甲酸计）

B. 脱氢乙酸及其钠盐（以脱氢乙酸计）

C. 乙二胺四乙酸二钠

D. 二氧化硫残留量

47. 依据《食品安全监督抽检实施细则

（2025 年版）》的规定，下列食用菌罐头监督抽检项目中，含香菇产品不检测的是（　　）。

A. 乙二胺四乙酸二钠

B. 二氧化硫残留量

C. 铅（以 Pb 计）

D. 脱氢乙酸及其钠盐（以脱氢乙酸计）

48. 依据《食品安全监督抽检实施细则（2025 年版）》的规定，下列食用菌罐头监督抽检项目中，限金针菇罐头检测的是（　　）。

A. 铅（以 Pb 计）

B. 脱氢乙酸及其钠盐（以脱氢乙酸计）

C. 乙二胺四乙酸二钠

D. 二氧化硫残留量

49. 依据《食品安全监督抽检实施细则（2025 年版）》的规定，下列其他罐头监督抽检项目中，限坚果及籽类罐头和八宝粥罐头检测的是（　　）。

A. 山梨酸及其钾盐（以山梨酸计）

B. 乙二胺四乙酸二钠

C. 苯甲酸及其钠盐（以苯甲酸计）

D. 黄曲霉毒素 B_1

50. 依据《食品安全监督抽检实施细则（2025 年版）》的规定，其他类冷冻饮品的组合型制品，冷冻饮品部分所占质量比率不低于（　　）。

A. 0.4　　B. 0.5　　C. 0.6　　D. 0.7

51. 依据《食品安全监督抽检实施细则（2025 年版）》的规定，在对速冻面米食品进行监督抽检时，不需要检测的项目是（　　）。

A. 铅（以 Pb 计）

B. 糖精钠（以糖精计）

C. 黄曲霉毒素 B_1

D. 甜蜜素（以环己基氨基磺酸计）

52. 依据《食品安全监督抽检实施细则（2025 年版）》的规定，下列速冻调理肉制品监督抽检项目中，限速冻熟制调理肉制品检测的是（　　）。

A. 过氧化值（以脂肪计）

B. 亚硝酸盐

C. 菌落总数

D. 金黄色葡萄球菌

53. 依据《食品安全监督抽检实施细则（2025 年版）》的规定，生产日期为 2024 年 5 月 14 日的预先包装但需要计量称重的散装即食膨化食品，沙门氏菌及金黄色葡萄球菌项目判定依据是（　　）。

A. GB 29921

B. GB 31607

C. GB 29921 及 GB 31607 均可

D. 无须进行沙门氏菌及金黄色葡萄球菌项目的检验

54. 依据《食品安全监督抽检实施细则（2025 年版）》的规定，预包装的巧克力样品只需要进行哪一微生物项目的检验？（　　）

A. 菌落总数　　　　　B. 大肠菌群

C. 沙门氏菌　　　　　D. 金黄色葡萄球菌

55. 依据《食品安全监督抽检实施细则（2025 年版）》的规定，下列项目中，不属于果冻样品监督抽检项目的是（　　）。

A. 安赛蜜

B. 糖精钠（以糖精计）

C. 脱氢乙酸及其钠盐（以脱氢乙酸计）

D. 菌落总数

56. 依据《食品安全监督抽检实施细则（2025 年版）》的规定，下列不属于绿茶生产加工工艺的是（　　）。

A. 杀青　　B. 揉捻　　C. 干燥　　D. 发酵

57. 依据《食品安全监督抽检实施细则（2025 年版）》的规定，对茶叶样品实施监督抽检时，应抽取生产日期为（　　）及之后的产品。

A. 2020 年 3 月 1 日

B. 2020 年 4 月 8 日

C. 2020 年 2 月 15 日

D. 2020 年 6 月 30 日

58. 依据《食品安全监督抽检实施细则

（2025 年版）》的规定，在对白酒样品进行监督抽检时，产品的规格型号中应填写产品的（　　　）。

A. 酒精度　　　　　　B. 香型

C. 发酵工艺　　　　　D. 体积

59. 依据《食品安全监督抽检实施细则（2025 年版）》的规定，在对黄酒样品进行监督抽检时，若检出苯甲酸但（　　　），依据 GB/T 13662—2018《黄酒》产品发酵及贮存过程中自然产生的苯甲酸含量判定为合格。

A. ≤0.03g/kg　　　　B. ≤0.04g/kg

C. ≤0.05g/kg　　　　D. ≤0.075g/kg

60. 依据《食品安全监督抽检实施细则（2025 年版）》的规定，在对啤酒样品进行监督抽检时，产品的备注栏中应填写产品的（　　　）。

A. 酒精度　　　　　　B. 原麦汁浓度

C. 色度　　　　　　　D. 杀菌工艺

61. 依据《食品安全监督抽检实施细则（2025 年版）》的规定，下列蜜饯监督抽检项目中，限果脯类产品检测的是（　　　）。

A. 乙二胺四乙酸二钠

B. 二氧化硫残留量

C. 铅（以 Pb 计）

D. 脱氢乙酸及其钠盐（以脱氢乙酸计）

62. 依据《食品安全监督抽检实施细则（2025 年版）》的规定，下列水果干制品监督抽检项目中，限干枸杞检测的是（　　　）。

A. 铅（以 Pb 计）

B. 氯氰菊酯和高效氯氰菊酯

C. 啶虫脒

D. 山梨酸及其钾盐（以山梨酸计）

63. 依据《食品安全监督抽检实施细则（2025 年版）》的规定，下列果酱样品监督抽检项目中，不适用于添加乳酸菌（活菌）的果酱的是（　　　）。

A. 脱氢乙酸及其钠盐（以脱氢乙酸计）

B. 菌落总数

C. 大肠菌群

D. 霉菌

64. 依据《食品安全监督抽检实施细则（2025 年版）》的规定，未添加乳酸菌（活菌）的蜜饯样品，当产品明示标准和质量要求作出规定时，以下哪项微生物项目不需要进行检验？（　　　）

A. 菌落总数　　　　　B. 大肠菌群

C. 霉菌　　　　　　　D. 酵母

65. 依据《食品安全监督抽检实施细则（2025 年版）》的规定，油炸花生米需要进行那些微生物指标的检验？（　　　）

A. 大肠菌群

B. 霉菌

C. 大肠菌群和霉菌

D. 菌落总数和大肠菌群

66. 依据《食品安全监督抽检实施细则（2025 年版）》的规定，下列炒货食品及坚果制品样品监督抽检项目中，除豆类食品外的产品检测的是（　　　）。

A. 过氧化值（以脂肪计）

B. 黄曲霉毒素 B_1

C. 苯甲酸及其钠盐（以苯甲酸计）

D. 二氧化硫残留量

67. 依据《食品安全监督抽检实施细则（2025 年版）》的规定，下列再制蛋样品监督抽检项目中，除糟蛋外的产品检测的是（　　　）。

A. 苯甲酸及其钠盐（以苯甲酸计）

B. 大肠菌群

C. 菌落总数

D. 沙门氏菌

68. 依据《食品安全监督抽检实施细则（2025 年版）》的规定，在对可可制品进行监督抽检时，不检测沙门氏菌的样品类型是（　　　）。

A. 可可液块　　　　　B. 可可饼块

C. 可可粉　　　　　　D. 可可脂

69. 依据《食品安全监督抽检实施细则（2025 年版）》的规定，在对红糖进行监督抽检时，限预包装食品和非定量包装食品检测的项目是（　　）。

A. 总糖分　　　　　　B. 不溶于水杂质

C. 干燥失重　　　　　D. 二氧化硫残留量

70. 依据《食品安全监督抽检实施细则（2025 年版）》的规定，在对方糖进行监督抽检时，执行 QB/T 1214 的方糖产品不检测的项目是（　　）。

A. 总糖分　　　　　　B. 蔗糖分

C. 干燥失重　　　　　D. 二氧化硫残留量

71. 依据《食品安全监督抽检实施细则（2025 年版）》的规定，在对生食动物性水产品进行监督抽检时，仅即食海蜇检测的项目是（　　）。

A. 挥发性盐基氮　　　B. 铝的残留量

C. 多氯联苯　　　　　D. 副溶血性弧菌

72. 依据《食品安全监督抽检实施细则（2025 年版）》的规定，在对其他淀粉制品进行监督抽检时，限虾味片检测的项目是（　　）。

A. 苯甲酸及其钠盐（以苯甲酸计）

B. 二氧化硫残留量

C. 铝的残留量（干样品，以 Al 计）

D. 山梨酸及其钾盐（以山梨酸计）

73. 依据《食品安全监督抽检实施细则（2025 年版）》的规定，下列发酵性豆制品检验项目中，豆豉类产品不检测的项目是（　　）。

A. 铅（以 Pb 计）

B. 黄曲霉毒素 B$_1$

C. 苯甲酸及其钠盐（以苯甲酸计）

D. 大肠菌群

74. 依据《食品安全监督抽检实施细则（2025 年版）》的规定，在非发酵性豆制品（豆干、豆腐、豆皮等）的检验项目中，经臭卤浸渍的产品不检测的是（　　）。

A. 丙酸及其钠盐、钙盐（以丙酸计）

B. 铅（以 Pb 计）

C. 苯甲酸及其钠盐（以苯甲酸计）

D. 铝的残留量（干样品，以 Al 计）

75. 依据《食品安全监督抽检实施细则（2025 年版）》的规定，在对蜂蜜样品进行监督抽检的过程中，氧氟沙星项目限生产日期在（　　）之后的产品检测。

A. 2023 年 12 月 1 日（含）

B. 2023 年 10 月 1 日（含）

C. 2023 年 8 月 1 日（含）

D. 2023 年 2 月 1 日（含）

76. 依据《食品安全监督抽检实施细则（2025 年版）》的规定，蜂产品制品中蜂蜜、蜂王浆（含蜂王浆冻干品）、蜂花粉或其混合物在成品中含量应大于（　　）。

A. 0.3　　B. 0.5　　C. 0.6　　D. 0.8

77. 依据《食品安全监督抽检实施细则（2025 年版）》的规定，蜂王浆冻干片需要进行哪些微生物项目的检验？（　　）

A. 菌落总数和大肠菌群

B. 菌落总数、大肠菌群及霉菌

C. 菌落总数、大肠菌群及霉菌和酵母菌总数

D. 不需要进行微生物项目的检验

78. 依据《食品安全监督抽检实施细则（2025 年版）》的规定，婴幼儿谷类辅助食品的亚油酸项目，仅适用于脂肪含量（　　）的婴幼儿高蛋白谷物辅助食品。

A. ≥0.6g/100kJ　　　B. ≥0.7g/100kJ

C. ≥0.8g/100kJ　　　D. ≥1.0g/100kJ

79. 依据《食品安全监督抽检实施细则（2025 年版）》的规定，下列婴幼儿谷类辅助食品检验项目中，不适用于添加蔬菜和水果的产品检测的是（　　）。

A. 硝酸盐（以 NaNO$_3$ 计）

B. 亚硝酸盐（以 NaNO$_2$ 计）

C. 脲酶活性定性测定

D. 大肠菌群

80. 依据《食品安全监督抽检实施细则（2025 年版）》的规定，下列婴幼儿罐装辅助食品检验项目中，仅限于番茄酱与番茄汁产品检测的是（　　）。

A. 亚硝酸盐（以 NaNO$_2$ 计）

B. 总汞（以 Hg 计）

C. 霉菌

D. 总钠

81. 依据《食品安全监督抽检实施细则（2025 年版）》的规定，下列特殊医学用途婴儿配方食品监督抽检项目中，仅限于液态食品检测项目的是（　　）。

A. 果聚糖

B. 商业无菌

C. 菌落总数

D. 克罗诺杆菌属（阪崎肠杆菌）

82. 依据《食品安全监督抽检实施细则（2025 年版）》的规定，婴儿配方食品监督抽检项目中，铜的检验依据是（　　）。

A. GB 5009.13 第一法

B. GB 5009.13 第二法

C. GB 5009.13 第三法

D. GB 5009.13 第四法

83. 依据《食品安全监督抽检实施细则（2025 年版）》的规定，下列项目中不属于餐饮食品花卷（自制）监督抽检项目的是（　　）。

A. 苯甲酸及其钠盐（以苯甲酸计）

B. 糖精钠（以糖精计）

C. 铝的残留量（干样品，以 Al 计）

D. 脱氢乙酸及其钠盐（以脱氢乙酸计）

84. 依据《食品安全监督抽检实施细则（2025 年版）》的规定，在对食品添加剂明胶进行监督抽检时，铅（Pb）的检测方法为（　　）。

A. GB 5009.12 第一法

B. GB 5009.12 第二法

C. GB 5009.12 第三法

D. GB 5009.12

85. 依据《食品安全监督抽检实施细则（2025 年版）》的规定，在对食品添加剂蜂蜡进行监督抽检时，不需要检测的项目是（　　）。

A. 纯白地蜡、石蜡及其他蜡

B. 脂肪、日本蜡、松脂和皂质

C. 巴西棕榈蜡

D. 镉（Cd）

86. 依据《食品安全监督抽检实施细则（2025 年版）》的规定，下列执行标准为 GB 30616 的食品用香精中，不检测菌落总数项目的是（　　）。

A. 乳化香精

B. 液体香精

C. 浆膏状香精

D. 拌和型固体（粉末）香精

87. 依据《食品安全监督抽检实施细则（2025 年版）》的规定，在对 2025 年 3 月 8 日抽取的羊肉进行监督抽检时，恩诺沙星项目的检测方法为（　　）。

A. GB/T 39999—2021

B. GB/T 22985—2008

C. GB 31656.3—2021

D. GB 31658.17—2021

88. 依据《食品安全监督抽检实施细则（2025 年版）》的规定，在对 2025 年 2 月 8 日抽取的猪心进行监督抽检时，克伦特罗项目的检测方法为（　　）。

A. GB/T 5009.192—2003

B. SB/T 10779—2012

C. SN/T 1924—2011

D. GB/T 22944—2008

89. 依据《食品安全监督抽检实施细则（2025 年版）》的规定，2024 年 6 月 8 日抽取鲜食用菌的咪鲜胺和咪鲜胺锰盐项目检测方法为（　　）。

A. SN/T 5444—2022

B. NY/T 1456—2007

C. GB/T 39671—2020

D. NY/T 4088—2022

90. 依据《食品安全监督抽检实施细则（2025 年版）》的规定，下列样品属于其他水产品的是（　　）。

A. 泥鳅　　　　　　　B. 银鱼

C. 章鱼　　　　　　　D. 马面鲀

91. 依据《食品安全监督抽检实施细则（2025 年版）》的规定，鸡蛋中多西环素的检测方法为（　　）。

A. GB 31659.2—2022

B. GB 31656.11—2021

C. 农业农村部公告第 282 号-2-2020

D. DB37/T 3632—2019

92. 依据《食品安全监督抽检实施细则（2025 年版）》的规定，对生干坚果进行监督抽检时，不需要检测二氧化硫残留量项目的样品是（　　）。

A. 杏仁　　　　　　B. 腰果

C. 核桃　　　　　　D. 扁桃仁

93. 味精水分测定应采用 GB 5009.3—2016《食品安全国家标准　食品中水分的测定》中（　　）。

A. 直接干燥法　　　B. 减压干燥法

C. 蒸馏法　　　　　D. 卡尔·费休法

94. 依据 GB 19965—2005《砖茶含氟量》检测砖茶中的氟，砖茶样品应过 40 目筛，并于（　　）℃下烘干。

A. 60　　B. 70　　C. 80　　D. 90

95. 采用水代法工艺生产的芝麻油，溶剂残留限量值为（　　）。

A. 不得检出　　　　B. 20mg/kg

C. 10mg/kg　　　　D. 以上均不是

96. GB 23200.113—2018《食品安全国家标准　植物源性食品中 208 种农药及其代谢物残留量的测定　气相色谱-质谱联用法》检测农药残留量，所用内标为（　　）。

A. 氘代乙酰甲胺磷　B. 环氧七氯 B

C. 氘代甲胺磷　　　D. 氘代甲拌磷

97. 依据 GB 6227.1—2010《食品安全国家标准　食品添加剂　日落黄》可知，日落黄中含有（　　）。

A. 苏丹红Ⅰ号　　　B. 苏丹红Ⅱ号

C. 苏丹红Ⅲ号　　　D. 苏丹红Ⅳ号

二、多选题

98. 依据《食品安全监督抽检实施细则（2025 年版）》的规定，通用小麦粉包括（　　）等。

A. 标准粉　　　　　B. 普通粉

C. 全麦粉　　　　　D. 自发小麦粉

E. 低筋小麦粉

99. 依据《食品安全监督抽检实施细则（2025 年版）》的规定，大米产品包括（　　）。

A. 粳米　　　　　　B. 留胚米

C. 黑米　　　　　　D. 发芽糙米

E. 糯米

100. 依据《食品安全监督抽检实施细则（2025 年版）》的规定，普通挂面是以小麦粉为原料，以水、食用盐（或不添加）、碳酸钠（或不添加）为辅料，经过（　　）等工序加工而成的产品。

A. 和面　　　　　　B. 压片

C. 切条　　　　　　D. 悬挂干燥

101. 依据《食品安全监督抽检实施细则（2025 年版）》的规定，花色挂面是在小麦粉的基础上，添加了（　　）等原料，经过和面、压片、切条、悬挂干燥等工序加工而成的产品。

A. 禽蛋　　　　　　B. 蔬菜

C. 水果　　　　　　D. 其他粮食

102. 依据《食品安全监督抽检实施细则（2025 年版）》的规定，其他粮食加工品包括（　　）。

A. 谷物加工品　　　B. 谷物碾磨加工品

C. 谷物粉类制成品　D. 留胚米

103. 依据《食品安全监督抽检实施细则（2025 年版）》的规定，下列属于谷物加工品的是（　　）。

A. 高粱米　B. 稷米　　C. 小米

D. 紫米　　E. 大麦米

104. 依据《食品安全监督抽检实施细则（2025 年版）》的规定，谷物碾磨加工品是指以脱壳的原粮经碾、磨、压等工艺加工的粒、粉、片状粮食制品，包括（　　）和其他谷物碾磨加工品。

A. 玉米粉（片、渣）　B. 米粉

C. 湿米粉　　　　　D. 燕麦米

105. 依据《食品安全监督抽检实施细则（2025 年版）》的规定，其他谷物碾磨加工品包括（　　）等。

A. 蚕豆粉　　　　　　　B. 莜麦粉

C. 混合杂粮粉　　　　　D. 黍米粉

E. 燕麦片

106. 依据《食品安全监督抽检实施细则（2025 年版）》的规定，谷物粉类制成品是指以谷物碾磨粉为主要原料，添加（或不添加）辅料，按不同生产工艺加工制作的食品，包括（　　）。

A. 生湿面制品

B. 发酵面制品

C. 米粉制品

D. 其他谷物粉类制成品

107. 依据《食品安全监督抽检实施细则（2025 年版）》的规定，下列属于发酵面制品的是（　　）。

A. 馒头　　　　　　　　B. 烧麦

C. 葱卷　　　　　　　　D. 速冻包子

108. 依据《食品安全监督抽检实施细则（2025 年版）》的规定，下列属于米粉制品的是（　　）。

A. 年糕　　　　　　　　B. 糍粑

C. 湿米粉　　　　　　　D. 粉丝

109. 依据《食品安全监督抽检实施细则（2025 年版）》的规定，2024 年 6 月 30 日之后生产的（　　），需要检测赭曲霉毒素 A。

A. 绿豆粉　　　　　　　B. 燕麦片

C. 高粱粉　　　　　　　D. 荞麦粉

110. 依据《食品安全监督抽检实施细则（2025 年版）》的规定，下列属于食用植物油的是（　　）。

A. 芝麻油　　　　　　　B. 棉籽油

C. 盐肤木果油　　　　　D. 盐地碱蓬籽油

E. 美藤果油

111. 依据《食品安全监督抽检实施细则（2025 年版）》的规定，对散装食用植物油应考虑所抽样品的（　　）和（　　），从储油罐或油罐车的顶部、中部、底部不同部位取样、混匀，用清洁、卫生的容器分装成小包装并保持样品密封良好。

A. 真实性　　　　　　　B. 均匀性

C. 准确性　　　　　　　D. 代表性

112. 依据《食品安全监督抽检实施细则（2025 年版）》的规定，下列植物油样品中，需要检验黄曲霉毒素 B_1 项目的是（　　）。

A. 花生油　　　　　　　B. 橄榄油

C. 玉米油　　　　　　　D. 芝麻油

E. 菜籽油

113. 依据《食品安全监督抽检实施细则（2025 年版）》的规定，下列植物油样品中，不需要检验苯并[a]芘项目的是（　　）。

A. 花生油　　　　　　　B. 芝麻油

C. 橄榄油　　　　　　　D. 油橄榄果渣油

114. 依据《食品安全监督抽检实施细则（2025 年版）》的规定，下列植物油样品中，需要检验乙基麦芽酚项目的是（　　）。

A. 菜籽油

B. 花生油

C. 芝麻油

D. 含芝麻油的食用植物调和油

115. 依据《食品安全监督抽检实施细则（2025 年版）》的规定，下列植物油样品中，需要检验铅（以 Pb 计）项目的是（　　）。

A. 菜籽油　　　　　　　B. 橄榄油

C. 油茶籽油　　　　　　D. 芝麻油

116. 依据《食品安全监督抽检实施细则（2025 年版）》的规定，鱼油样品仅产品明示标准有要求时检测的项目是（　　）。

A. 酸价　　　　　　　　B. 过氧化值

C. 苯并[a]芘　　　　　　D. 丙二醛

117. 依据《食品安全监督抽检实施细则（2025 年版）》的规定，执行标准为 GB 15196 或产品明示标准和质量有要求的人造黄油样品需进行哪几个微生物项目的检验？（　　）

A. 菌落总数　　　　　　B. 大肠菌群

C. 霉菌　　　　　　　　D. 酵母

118. 依据《食品安全监督抽检实施细则（2025 年版）》的规定，酱油中的对羟基苯甲酸酯类及其钠盐（以对羟基苯甲酸计）项目包括（　　）及其钠盐。

A. 对羟基苯甲酸甲酯

B. 对羟基苯甲酸乙酯

C. 对羟基苯甲酸丙酯

D. 对羟基苯甲酸丁酯

119. 依据《食品安全监督抽检实施细则（2025 年版）》的规定，酿造酱是以谷物和（或）豆类等为主要原料经微生物发酵而制成的半固态的调味品，产品包括（　　）等酿造酱。

A. 黄豆酱　　　　　　　B. 甜面酱

C. 豆瓣酱　　　　　　　D. 香菇酱

120. 依据《食品安全监督抽检实施细则（2025 年版）》的规定，香辛料调味品包括（　　）。

A. 香辛料调味油　　　　B. 干辣椒

C. 花椒粉　　　　　　　D. 花椒

E. 辣椒粉

121. 依据《食品安全监督抽检实施细则（2025 年版）》的规定，下列属于其他固体调味料的是（　　）。

A. 排骨粉调味料　　　　B. 牛肉粉调味料

C. 海鲜粉调味料　　　　D. 菇精调味料

122. 依据《食品安全监督抽检实施细则（2025 年版）》的规定，下列样品属于半固体复合调味料的是（　　）。

A. 蛋黄酱　　　　　　　B. 沙拉酱

C. 辣椒酱　　　　　　　D. 芝麻酱

E. 花生酱

123. 依据《食品安全监督抽检实施细则（2025 年版）》的规定，普通食用盐是指以氯化钠为主要成分，用于食用的盐，包括（　　）等。

A. 雪花盐　　　　　　　B. 精制盐

C. 粉碎洗涤盐　　　　　D. 日晒盐

124. 依据《食品安全监督抽检实施细则（2025 年版）》的规定，下列属于食品生产加工用盐的是（　　）。

A. 腌制盐　　　　　　　B. 泡菜盐

C. 榨菜盐　　　　　　　D. 肠衣盐

125. 依据《食品安全监督抽检实施细则（2025 年版）》的规定，腌腊肉制品包括（　　）等。

A. 传统火腿　　　　　　B. 腊肉

C. 咸肉　　　　　　　　D. 香（腊）肠

126. 依据《食品安全监督抽检实施细则（2025 年版）》的规定，下列项目中属于生产日期为 2024 年 12 月 8 日的红肠样品监督抽检项目的是（　　）。

A. 苯甲酸及其钠盐（以苯甲酸计）

B. 苯并[a]芘

C. 亚硝酸盐（以亚硝酸钠计）

D. 氯霉素

127. 依据《食品安全监督抽检实施细则（2025 年版）》的规定，以下哪种食品需要进行单核细胞增生李斯特氏菌项目的检验？（　　）

A. 散装发酵肉制品

B. 预包装发酵肉制品

C. 预先包装但需要计量称重的发酵肉制品

D. 预包装膨化食品

128. 依据《食品安全监督抽检实施细则（2025 年版）》的规定，下列样品需要检测商业无菌的是（　　）。

A. 橘子罐头

B. 蒙牛纯牛奶利乐包

C. 旺仔调制乳

D. 六个核桃蛋白饮料

129. 依据《食品安全监督抽检实施细则（2025 年版）》的规定，下列项目中属于液体乳（高温杀菌乳）样品（生产日期为 2024 年 3 月 8 日）监督抽检项目的是（　　）。

A. 三聚氰胺　　　　　　B. 沙门氏菌

C. 酵母　　　　　　　　D. 霉菌

130. 依据《食品安全监督抽检实施细则

（2025 年版）》的规定，乳粉指以生牛（羊）乳为原料，经加工制成的粉状产品，分为（ ）。

A. 全脂乳粉 B. 脱脂乳粉

C. 部分脱脂乳粉 D. 调制乳粉

131. 依据《食品安全监督抽检实施细则（2025 年版）》的规定，脱脂乳粉指仅以生牛（羊）乳为原料，经（ ）制成的粉状产品。

A. 分离脂肪 B. 浓缩

C. 灭菌 D. 干燥

132. 依据《食品安全监督抽检实施细则（2025 年版）》的规定，乳清粉和乳清蛋白粉分为（ ）等。

A. 脱盐乳清粉 B. 非脱盐乳清粉

C. 浓缩乳清蛋白粉 D. 分离乳清蛋白粉

133. 依据《食品安全监督抽检实施细则（2025 年版）》的规定，炼乳指以生牛（羊）乳为原料经浓缩去除部分水分制成的产品，和（或）以乳制品为原料经加工制成的相同成分和特性的产品，包括（ ）。

A. 淡炼乳 B. 浓缩牛乳

C. 加糖炼乳 D. 调制炼乳

134. 依据《食品安全监督抽检实施细则（2025 年版）》的规定，奶油包括（ ）。

A. 稀奶油 B. 奶油

C. 黄油 D. 人造奶油

E. 无水黄油

135. 依据《食品安全监督抽检实施细则（2025 年版）》的规定，采用非灭菌工艺制成的液体调制乳需进行哪两个微生物项目的检验？（ ）

A. 金黄色葡萄球菌 B. 菌落总数

C. 大肠菌群 D. 沙门氏菌

136. 依据《食品安全监督抽检实施细则（2025 年版）》的规定，下列选项中关于浓缩乳制品微生物项目检验的要求说法正确的是（ ）。

A. 加糖炼乳需进行菌落总数和大肠菌群的检验

B. 采用商业无菌工艺制成的调制加糖炼乳无须进行商业无菌项目的检验

C. 非商业无菌工艺制成的淡炼乳需进行菌落总数和大肠菌群的检验

D. 采用商业无菌工艺制成的淡炼乳需进行商业无菌项目的检验

137. 依据《食品安全监督抽检实施细则（2025 年版）》的规定，下列说法正确的是（ ）。

A. 添加了需氧和兼性厌氧菌种活菌（未杀菌）的固体饮料不适用于检验菌落总数项目

B. 非预包装固体饮料不能进行菌落总数项目的检验

C. 茶饮料不进行大肠菌群项目的检验

D. 预包装的蛋白饮料需要进行大肠菌群项目的检验

138. 依据《食品安全监督抽检实施细则（2025 年版）》的规定，饮用天然矿泉水的界限指标为锂、（ ）、游离二氧化碳、溶解性总固体，具体检测项目为标签明示的且在标准要求范围内的界限指标。

A. 锶 B. 锌 C. 铜

D. 偏硅酸 E. 硒

139. 依据《食品安全监督抽检实施细则（2025 年版）》的规定，果蔬汁类及其饮料包括（ ）。

A. 果蔬汁（浆）

B. 浓缩果蔬汁（浆）

C. 果味饮料

D. 果蔬汁（浆）类饮料

140. 依据《食品安全监督抽检实施细则（2025 年版）》的规定，以（ ）为原料制成的果蔬汁类及其饮料需检测展青霉素项目。

A. 苹果 B. 梨子 C. 橙子

D. 山楂 E. 柚子

141. 依据《食品安全监督抽检实施细则

（2025 年版）》的规定，蛋白饮料分为（　　）。

A. 含乳饮料　　　　　B. 植物蛋白饮料

C. 乳味饮料　　　　　D. 复合蛋白饮料

142. 依据《食品安全监督抽检实施细则（2025 年版）》的规定，碳酸饮料（汽水）可分为（　　）等。

A. 果汁型碳酸饮料　　B. 果味型碳酸饮料

C. 可乐型碳酸饮料　　D. 其他型碳酸饮料

143. 依据《食品安全监督抽检实施细则（2025 年版）》的规定，其他饮料包括（　　）等产品。

A. 特殊用途饮料类　　B. 咖啡饮料类

C. 植物饮料类　　　　D. 风味饮料类

144. 依据《食品安全监督抽检实施细则（2025 年版）》的规定，下列属于方便食品的是（　　）。

A. 方便面　　　　　　B. 调味面制品

C. 芝麻糊　　　　　　D. 非即食纯藕粉

E. 干吃面

145. 依据《食品安全监督抽检实施细则（2025 年版）》的规定，方便面包括（　　）。

A. 油炸面　　　　　　B. 非油炸面

C. 方便米粉（米线）　D. 方便湿粉丝

146. 依据《食品安全监督抽检实施细则（2025 年版）》的规定，主食类方便食品：以（　　）为主要原料，经加工处理制成的，配以或不配调味料包，只需稍作蒸调或直接用沸水冲泡即可食用的方便食品（原则上作为主食）。

A. 小麦　　B. 大米　　C. 玉米

D. 杂粮　　E. 薯类

147. 依据《食品安全监督抽检实施细则（2025 年版）》的规定，下列选项中属于饼干的是（　　）。

A. 曲奇饼干　　　　　B. 蛋卷

C. 威化饼干　　　　　D. 冰激凌筒

148. 依据《食品安全监督抽检实施细则（2025 年版）》的规定，饼干检验项目中，

仅适用于配料中添加油脂的产品检测的是（　　）。

A. 酸价（以脂肪计）（KOH）

B. 过氧化值（以脂肪计）

C. 铝的残留量（干样品，以 Al 计）

D. 霉菌

149. 依据《食品安全监督抽检实施细则（2025 年版）》的规定，生产日期为 2024 年 1 月 7 日的某品牌预先包装但需计量称重的饼干，需要进行哪几项微生物项目的检验？（　　）

A. 菌落总数　　　　　B. 大肠菌群

C. 霉菌　　　　　　　D. 金黄色葡萄球菌

E. 沙门氏菌

150. 依据《食品安全监督抽检实施细则（2025 年版）》的规定，下列样品属于罐头产品的是（　　）。

A. 畜禽肉类罐头

B. 水产动物类罐头

C. 水果类罐头

D. 蔬菜类罐头

E. 食用菌罐头

151. 依据《食品安全监督抽检实施细则（2025 年版）》的规定，下列样品属于蔬菜类罐头的是？（　　）

A. 番茄酱罐头　　　　B. 圣女果罐头

C. 马蹄罐头　　　　　D. 玉米笋罐头

152. 依据《食品安全监督抽检实施细则（2025 年版）》的规定，水产动物类罐头检验项目中，组胺仅适用于（　　）罐头检测。

A. 鲐鱼　　　　　　　B. 鲹鱼

C. 鲮鱼　　　　　　　D. 沙丁鱼

153. 依据《食品安全监督抽检实施细则（2025 年版）》的规定，对其他罐头进行监督抽检时，黄曲霉毒素 B_1 项目限（　　）制品检测。

A. 藠头　　　　　　　B. 花生

C. 玉米　　　　　　　D. 虫草花

154. 依据《食品安全监督抽检实施细则

（2025 年版）》的规定，对冷冻饮品进行监督抽检时，蛋白质项目限（　　）检测。

A. 冰激凌   B. 雪糕

C. 雪泥   D. 冰棍

155. 依据《食品安全监督抽检实施细则（2025 年版）》的规定，不含活性益生菌的预包装冰激凌样品需要进行哪几项微生物项目的检验？（　　）

A. 菌落总数

B. 大肠菌群

C. 金黄色葡萄球菌

D. 沙门氏菌

E. 单核细胞增生李斯特氏菌

156. 依据《食品安全监督抽检实施细则（2025 年版）》的规定，预包装的即食速冻调理肉制品需要进行哪些微生物项目的检验？（　　）

A. 菌落总数

B. 大肠菌群

C. 金黄色葡萄球菌

D. 沙门氏菌

E. 单核细胞增生李斯特氏菌

157. 依据《食品安全监督抽检实施细则（2025 年版）》的规定，下列选项中属于速冻面米食品的是（　　）。

A. 速冻水饺   B. 速冻玉米粒

C. 速冻手抓饼   D. 速冻八宝饭

158. 依据《食品安全监督抽检实施细则（2025 年版）》的规定，在对速冻面米食品进行监督抽检时，过氧化值（以脂肪计）项目限（　　）的速冻面米食品检测。

A. 以动物性食品为馅料/辅料

B. 以坚果及籽类食品为馅料/辅料

C. 以含乳制品为馅料/辅料

D. 经油脂调制

159. 依据《食品安全监督抽检实施细则（2025 年版）》的规定，下列速冻调理肉制品监督抽检项目中，限即食速冻调理肉制品检测的是（　　）。

A. 菌落总数   B. 大肠菌群

C. 沙门氏菌   D. 金黄色葡萄球菌

E. 单核细胞增生李斯特氏菌

160. 依据《食品安全监督抽检实施细则（2025 年版）》的规定，下列速冻调制水产制品监督抽检项目中，限即食速冻调制水产制品检测的是（　　）。

A. 菌落总数

B. 大肠菌群

C. 沙门氏菌

D. 副溶血性弧菌

E. 单核细胞增生李斯特氏菌

161. 依据《食品安全监督抽检实施细则（2025 年版）》的规定，速冻蔬菜制品包括（　　）。

A. 速冻薯条   B. 速冻黄瓜

C. 速冻玉米   D. 速冻豇豆

162. 依据《食品安全监督抽检实施细则（2025 年版）》的规定，下列样品中属于速冻水果制品的是（　　）。

A. 速冻蔓越莓   B. 速冻辣味芒果片

C. 速冻梨丁   D. 速冻黄桃条

163. 依据《食品安全监督抽检实施细则（2025 年版）》的规定，下列速冻调制水产制品监督抽检项目中，限即食速冻生制动物性调制水产制品检测的是（　　）。

A. 菌落总数

B. 大肠菌群

C. 副溶血性弧菌

D. 单核细胞增生李斯特氏菌

E. 金黄色葡萄球菌

164. 依据《食品安全监督抽检实施细则（2025 年版）》的规定，下列膨化食品监督抽检项目中，产品明示标准为 GB/T 22699—2022 的非定量包装食品不检测的项目是（　　）。

A. 酸价（以脂肪计）（KOH）

B. 过氧化值（以脂肪计）

C. 沙门氏菌

D. 菌落总数

E. 大肠菌群

165. 依据《食品安全监督抽检实施细则（2025年版）》的规定，薯类食品包括（　　）食品等。

A. 干制薯类　　　　　B. 冷冻薯类

C. 薯泥（酱）类　　　D. 薯粉类

E. 其他薯类

166. 依据《食品安全监督抽检实施细则（2025年版）》的规定，胶基糖果是以（　　）等为主要原料，经相关工艺制成的可咀嚼或可吹泡的糖果。

A. 胶基　　B. 食糖　　C. 糖浆

D. 甜味剂　E. 淀粉

167. 依据《食品安全监督抽检实施细则（2025年版）》的规定，巧克力及巧克力制品包括（　　）。

A. 巧克力

B. 巧克力制品

C. 代可可脂巧克力

D. 代可可脂巧克力制品

168. 依据《食品安全监督抽检实施细则（2025年版）》的规定，下列选项中不属于白茶生产工艺的是（　　）。

A. 萎凋　　B. 揉捻　　C. 发酵　　D. 干燥

169. 依据《食品安全监督抽检实施细则（2025年版）》的规定，下列选项中属于黑茶生产工艺的是（　　）。

A. 杀青　　B. 揉捻　　C. 渥堆　　D. 闷黄

E. 干燥

170. 依据《食品安全监督抽检实施细则（2025年版）》的规定，在对代用茶进行监督抽检时，吡虫啉项目限2020年2月15日（含）之后生产的（　　）检测。

A. 金银花（干）

B. 枸杞（干）

C. 菊花（干）

D. 产品明示标准和质量要求有规定的产品

171. 依据《食品安全监督抽检实施细则（2025年版）》的规定，黄酒按产品风格可分为（　　）。

A. 传统型黄酒　　　　B. 清爽型黄酒

C. 半干黄酒　　　　　D. 特型黄酒

E. 红黄酒

172. 依据《食品安全监督抽检实施细则（2025年版）》的规定，葡萄酒按二氧化碳含量分类可分为（　　）。

A. 平静葡萄酒　　　　B. 起泡葡萄酒

C. 低泡葡萄酒　　　　D. 葡萄气酒

173. 依据《食品安全监督抽检实施细则（2025年版）》的规定，在对葡萄酒样品进行监督抽检时，白葡萄酒不检测的色素项目是（　　）。

A. 柠檬黄　　　　　　B. 胭脂红

C. 诱惑红　　　　　　D. 亮蓝

174. 依据《食品安全监督抽检实施细则（2025年版）》的规定，在对果酒样品进行监督抽检时，展青霉素项目限于以（　　）为原料制成的产品检测。

A. 苹果　　B. 山楂　　C. 蓝莓　　D. 西柚

175. 依据《食品安全监督抽检实施细则（2025年版）》的规定，蔬菜制品分为（　　）。

A. 酱腌菜　　　　　　B. 蔬菜干制品

C. 食用菌制品　　　　D. 其他蔬菜制品

176. 依据《食品安全监督抽检实施细则（2025年版）》的规定，在对其他蔬菜制品进行监督抽检时，以（　　）为主要原料的产品不检测二氧化硫残留量。

A. 藠头　　B. 食用菌　C. 萝卜　　D. 大蒜

177. 依据《食品安全监督抽检实施细则（2025年版）》的规定，水果制品包括（　　）。

A. 蜜饯　　　　　　　B. 水果干制品

C. 果酱　　　　　　　D. 速冻水果

178. 依据《食品安全监督抽检实施细则（2025年版）》的规定，下列水果干制品监督抽检项目中，限柿饼检测的是（　　）。

A. 山梨酸及其钾盐（以山梨酸计）

B. 二氧化硫残留量

C. 苯甲酸及其钠盐（以苯甲酸计）

D. 脱氢乙酸及其钠盐（以脱氢乙酸计）

179. 依据《食品安全监督抽检实施细则（2025 年版）》的规定，下列炒货食品及坚果制品样品监督抽检项目中，限瓜子类、花生制品食品检测的是（　　）。

A. 山梨酸及其钾盐（以山梨酸计）

B. 黄曲霉毒素 B_1

C. 苯甲酸及其钠盐（以苯甲酸计）

D. 二氧化硫残留量

180. 依据《食品安全监督抽检实施细则（2025 年版）》的规定，下列再制蛋样品监督抽检项目中，限即食再制蛋制品检测的是（　　）。

A. 苯甲酸及其钠盐（以苯甲酸计）

B. 大肠菌群

C. 菌落总数

D. 山梨酸

181. 依据《食品安全监督抽检实施细则（2025 年版）》的规定，可可脂是以可可豆为原料，经清理、筛选、（　　）等工序制成的产品。

A. 焙炒　　B. 脱壳　　C. 磨浆　　D. 机榨

182. 依据《食品安全监督抽检实施细则（2025 年版）》的规定，在对其他糖样品进行监督抽检时，蔗糖分检验项目限（　　）等产品检测。

A. 糖霜　　　　　　　B. 黄砂糖

C. 全糖粉　　　　　　D. 黄方糖

183. 依据《食品安全监督抽检实施细则（2025 年版）》的规定，下列盐渍鱼样品监督抽检项目中，不需要检测的项目是（　　）。

A. 组胺

B. 铅（以 Pb 计）

C. 镉（以 Cd 计）

D. 多氯联苯

E. 苯甲酸及其钠盐（以苯甲酸计）

184. 依据《食品安全监督抽检实施细则（2025 年版）》的规定，在对面包样品进行监督抽检时，下列项目中不需要检测的

项目是（　　）。

A. 三氯蔗糖

B. 纳他霉素

C. 丙二醇

D. 丙酸及其钠盐、钙盐（以丙酸计）

185. 依据《食品安全监督抽检实施细则（2025 年版）》的规定，执行标准为 GB 1886.174—2024 的非微生物来源的酶制剂需要进行哪些微生物项目的检验？（　　）

A. 菌落总数　　　　　B. 大肠菌群

C. 大肠杆菌　　　　　D. 沙门氏菌

E. 抗菌活性

186. 依据《食品安全监督抽检实施细则（2025 年版）》的规定，其他禽蛋的多西环素项目，限（　　）检测。

A. 鸭蛋　　B. 鹌鹑蛋　　C. 鸽蛋　　D. 鹅蛋

187. 依据《食品安全监督抽检实施细则（2025 年版）》的规定，下列选项中属于微生物关键检测设备的有（　　）。

A. 培养箱　　　　　　B. 均质器

C. 生物安全柜　　　　D. 天平

188. 下列哪些食用菌可加工为干香菇（　　）。

A. 平菇　　　　　　　B. 花菇

C. 厚菇　　　　　　　D. 薄菇

189. 依据 GB/T 10789—2015《饮料通则》，下列饮料中属于碳酸饮料的是（　　）。

A. 可乐　　　　　　　B. 玫瑰苏打水

C. 雪碧　　　　　　　D. 芬达

190. GB 29921—2021《食品安全国家标准 预包装食品中致病菌限量》未规定下列哪些产品的致病菌限量？（　　）

A. 食用盐　　　　　　B. 味精

C. 蜂蜜及蜂蜜制品　　D. 花粉

191. 依据 GB 2762—2022《食品安全国家标准 食品中污染物限量》，哪些干制品中污染物限量不需要根据相应新鲜食品中污染物限量结合其脱水率或浓缩率折算？（　　）

A. 水果干制品　　　　B. 蔬菜干制品

C. 螺旋藻制品　　　　D. 肉类干制品

192. 采用下列方法检测相应项目，需要做平行样的是（　　）。

A. GB 23200.39—2016《食品安全国家标准　食品中噻虫嗪及其代谢物噻虫胺残留量的测定　液相色谱-质谱/质谱法》

B. GB 5009.121—2016《食品安全国家标准　食品中脱氢乙酸的测定》

C. GB/T 20769—2008《水果和蔬菜中 450 种农药及相关化学品残留量的测定　液相色谱-串联质谱法》

D. GB 23200.8—2016《食品安全国家标准　水果和蔬菜中 500 种农药及相关化学品残留量的测定　气相色谱-质谱法》

193. 依据 GB 2763—2021《食品安全国家标准　食品中农药最大残留限量》，应计算氧类似物之和的项目是（　　）。

A. 甲拌磷　　　　B. 倍硫磷

C. 苯线磷　　　　D. 涕灭威

194. 依据 GB 4789.35—2023《食品安全国家标准　食品微生物学检验　乳酸菌检验》可知，乳酸菌包括：（　　）。

A. 乳杆菌属　　　　B. 双歧杆菌属

C. 嗜热链球菌属　　D. 念珠菌

三、判断题

195.《食品安全监督抽检实施细则（2025年版）》将食品样品分为 32 大类。（　　）

196. 依据《食品安全监督抽检实施细则（2025 年版）》的规定，检验机构在检验过程中自行对检验结果进行复验时所采用的样品，应为复检备份样品。（　　）

197. 依据《食品安全监督抽检实施细则（2025 年版）》的规定，在网络食品经营平台进行小麦粉样品抽样时，抽样单和封条无须被抽样单位签字、盖章。（　　）

198. 依据《食品安全监督抽检实施细则（2025 年版）》的规定，手工面是以小麦粉等为主要原料，添加品质改良剂和植物油，经手工加工、晾晒或烘干制成的干面条。（　　）

199. 依据《食品安全监督抽检实施细则（2025 年版）》的规定，配料中含土豆（粉）的挂面需要检测黄曲霉毒素 B₁。（　　）

200. 依据《食品安全监督抽检实施细则（2025 年版）》的规定，八宝米类属于谷物加工品。（　　）

201. 依据《食品安全监督抽检实施细则（2025 年版）》的规定，汤圆粉属于其他谷物碾磨加工品。（　　）

202. 依据《食品安全监督抽检实施细则（2025 年版）》的规定，米线属于生湿面制品。（　　）

203. 依据《食品安全监督抽检实施细则（2025 年版）》的规定，米粉制品是以大米为主要原料，加水浸泡、制浆、压条或挤压等加工工序制成的条状、丝状、块状、片状等不同形状的制品。（　　）

204. 依据《食品安全监督抽检实施细则（2025 年版）》的规定，煎炸粉属于其他谷物粉类制成品。（　　）

205. 依据《食品安全监督抽检实施细则（2025 年版）》的规定，2025 年 1 月 20 日抽取的黑米，镉（以 Cd 计）的检验方法为 GB 5009.15—2017。（　　）

206. 依据《食品安全监督抽检实施细则（2025 年版）》的规定，2025 年 2 月抽取的大米粉，总汞（以 Hg 计）的检验方法为 GB 5009.17—2021。（　　）

207. 依据《食品安全监督抽检实施细则（2025 年版）》的规定，2025 年 3 月 9 日抽取的糍粑，二氧化硫残留量的检验方法为 GB 5009.34—2022。（　　）

208. 依据《食品安全监督抽检实施细则（2025 年版）》的规定，食用油脂制品包括食用氢化油、人造奶油（人造黄油）、起酥油、代可可脂（类可可脂）、植脂奶油等（包括粉末油脂）。（　　）

209. 依据《食品安全监督抽检实施细则

（2025 年版）》的规定，食用氢化油不需要检测大肠菌群项目。（　　）

210. 依据《食品安全监督抽检实施细则（2025 年版）》的规定，酱油包括高盐稀态发酵酱油（含固稀发酵酱油）和低盐固态发酵酱油，不包括酱汁等非发酵工艺生产的产品。（　　）

211. 依据《食品安全监督抽检实施细则（2025 年版）》的规定，2025 年 2 月 6 日抽取的酱油需要检测甜蜜素（以环己基氨基磺酸计）项目。（　　）

212. 依据《食品安全监督抽检实施细则（2025 年版）》的规定，食醋包括固态发酵食醋和液态发酵食醋，不包括非发酵工艺生产的产品。（　　）

213. 依据《食品安全监督抽检实施细则（2025 年版）》的规定，豆瓣酱是以红辣椒、蚕豆为主要原料，食用盐、小麦粉等为辅料，经酿制而成的调味品。如：郫县豆瓣酱。（　　）

214. 依据《食品安全监督抽检实施细则（2025 年版）》的规定，2025 年 2 月 8 日抽取的黄豆酱样品不需要检测安赛蜜项目。（　　）

215. 依据《食品安全监督抽检实施细则（2025 年版）》的规定，调味料酒是以发酵酒、蒸馏酒或食用酒精成分为主体，添加食用盐（可加入植物香辛料），配制加工而成的液体调味品，不包括未添加食用盐或香辛料的黄酒。（　　）

216. 依据《食品安全监督抽检实施细则（2025 年版）》的规定，调味料酒中氨基酸态氮（以氮计）的检测方法为 SB/T 10416—2007，不需要根据判定标准选择。（　　）

217. 依据《食品安全监督抽检实施细则（2025 年版）》的规定，辣椒粉样品中罗丹明 B 项目的判定依据为食品整治办〔2008〕3 号。（　　）

218. 依据《食品安全监督抽检实施细则

（2025 年版）》的规定，花椒粉样品中罗丹明 B 的检验依据为 SN/T 2430—2010。（　　）

219. 依据《食品安全监督抽检实施细则（2025 年版）》的规定，辣椒粉样品不需要检测胭脂红项目。（　　）

220. 依据《食品安全监督抽检实施细则（2025 年版）》的规定，大蒜粉不需要检测二氧化硫残留量项目。（　　）

221. 依据《食品安全监督抽检实施细则（2025 年版）》的规定，固体复合调味料包括鸡粉、鸡精调味料和其他固体调味料以及调味盐。（　　）

222. 依据《食品安全监督抽检实施细则（2025 年版）》的规定，2024 年 7 月抽取的排骨粉调味料样品，那可丁项目的检测方法为 BJS 201802。（　　）

223. 依据《食品安全监督抽检实施细则（2025 年版）》的规定，油辣椒属于其他半固体复合调味料。（　　）

224. 依据《食品安全监督抽检实施细则（2025 年版）》的规定，2024 年 5 月抽取的芝麻酱需要检测黄曲霉毒素 B_1 项目。（　　）

225. 依据《食品安全监督抽检实施细则（2025 年版）》的规定，2025 年 3 月抽取的番茄酱样品需要检测安赛蜜项目。（　　）

226. 依据《食品安全监督抽检实施细则（2025 年版）》的规定，液体复合调味料包括酱油、蚝油、虾油、鱼露及其他液体调味料。（　　）

227. 依据《食品安全监督抽检实施细则（2025 年版）》的规定，味精包括味精（谷氨酸钠）、加盐味精、增鲜味精。（　　）

228. 依据《食品安全监督抽检实施细则（2025 年版）》的规定，螺旋藻盐属于特殊工艺食用盐。（　　）

229. 依据《食品安全监督抽检实施细则

（2025 年版）》的规定，鸡粉、鸡精调味料样品，产品明示标准和质量要求未作限量规定时，无须进行大肠菌群项目的检验。（　　）

230. 依据《食品安全监督抽检实施细则（2025 年版）》的规定，腌腊肉制品不需检测铅（以 Pb 计）项目。（　　）

231. 依据《食品安全监督抽检实施细则（2025 年版）》的规定，糟肉属于发酵肉制品。（　　）

232. 依据《食品安全监督抽检实施细则（2025 年版）》的规定，熟肉干制品包括肉干、肉松、肉脯等。（　　）

233. 依据《食品安全监督抽检实施细则（2025 年版）》的规定，2025 年 3 月 6 日抽取的预包装炸牛排，需检测 N-二甲基亚硝胺项目。（　　）

234. 依据《食品安全监督抽检实施细则（2025 年版）》的规定，流通环节和餐饮环节从大包装中分装的里脊火腿样品不检测微生物。（　　）

235. 依据《食品安全监督抽检实施细则（2025 年版）》的规定，液体乳分为灭菌乳、巴氏杀菌乳、调制乳、发酵乳和高温杀菌乳。（　　）

236. 依据《食品安全监督抽检实施细则（2025 年版）》的规定，保持灭菌乳指以生牛（羊）乳为原料，添加或不添加复原乳，无论是否经过预热处理，在灌装并密封之后经灭菌等工序制成的液体产品。（　　）

237. 依据《食品安全监督抽检实施细则（2025 年版）》的规定，风味发酵乳包括现制现售酸奶。（　　）

238. 依据《食品安全监督抽检实施细则（2025 年版）》的规定，发酵乳是以生牛、羊、骆驼乳或乳粉为原料，经杀菌、发酵后制成的 pH 值降低的产品。（　　）

239. 依据《食品安全监督抽检实施细则（2025 年版）》的规定，干酪指成熟或未成熟的软质、半硬质、硬质或特硬质、可有包衣的乳制品，包括成熟干酪、霉菌成熟干酪、未成熟干酪。（　　）

240. 依据《食品安全监督抽检实施细则（2025 年版）》的规定，霉菌成熟干酪指主要通过干酪内部和（或）表面的特征霉菌生长而促进其成熟的干酪。（　　）

241. 依据《食品安全监督抽检实施细则（2025 年版）》的规定，干酪制品指以干酪（比例大于 25%～50%）为主要原料，添加其他原料，添加或不添加食品添加剂和营养强化剂，经加热、搅拌、乳化等工艺制成的产品。（　　）

242. 依据《食品安全监督抽检实施细则（2025 年版）》的规定，淡炼乳的监督抽检项目包括大肠菌群。（　　）

243. 依据《食品安全监督抽检实施细则（2025 年版）》的规定，以发酵稀奶油为原料的奶油样品监督抽检项目包括酸度。（　　）

244. 依据《食品安全监督抽检实施细则（2025 年版）》的规定，生产日期为 2024 年 11 月 30 日的再制干酪的霉菌项目依据 GB 25192—2022 判定。（　　）

245. 依据《食品安全监督抽检实施细则（2025 年版）》的规定，采用灭菌工艺制作而成的液体调制乳，需进行商业无菌项目的检验。（　　）

246. 依据《食品安全监督抽检实施细则（2025 年版）》的规定，包装饮用水分为饮用天然矿泉水、饮用纯净水、其他类饮用水。（　　）

247. 依据《食品安全监督抽检实施细则（2025 年版）》的规定，农夫山泉的饮用天然水需检测电导率项目。（　　）

248. 依据《食品安全监督抽检实施细则（2025 年版）》的规定，含乳饮料包括配制型含乳饮料、发酵型含乳饮料和乳酸菌饮料等。（　　）

249. 依据《食品安全监督抽检实施细则

（2025 年版）》的规定，蛋白饮料的三聚氰胺项目限配料中含乳的产品检测。（　　）

250. 依据《食品安全监督抽检实施细则（2025 年版）》的规定，奶茶饮料需检测茶多酚项目。（　　）

251. 依据《食品安全监督抽检实施细则（2025 年版）》的规定，调味面制品包括产品标签标识和生产许可申证类别均为调味面制品的产品。（　　）

252. 依据《食品安全监督抽检实施细则（2025 年版）》的规定，热风干燥的方便面需要检测过氧化值（以脂肪计）项目。（　　）

253. 依据《食品安全监督抽检实施细则（2025 年版）》的规定，冲调类方便食品（玉米制品、花生制品）需检测黄曲霉毒素 B_1。（　　）

254. 依据《食品安全监督抽检实施细则（2025 年版）》的规定，2025 年 3 月 1 日抽取的畜禽肉类罐头商业无菌项目的判定依据为 GB 7098。（　　）

255. 依据《食品安全监督抽检实施细则（2025 年版）》的规定，2025 年 3 月 9 日抽取的糖水黄桃罐头，柠檬黄项目的检验依据为 GB/T 21916—2008。（　　）

256. 依据《食品安全监督抽检实施细则（2025 年版）》的规定，冷冻饮品可分为冰激凌、雪糕、雪泥、冰棍、食用冰、甜味冰、其他类。（　　）

257. 依据《食品安全监督抽检实施细则（2025 年版）》的规定，冷冻饮品的菌落总数项目，适用于终产品含有活性菌种（好氧和兼性厌氧益生菌）的产品。（　　）

258. 依据《食品安全监督抽检实施细则（2025 年版）》的规定，速冻面米食品是指以小麦、大米、玉米、杂粮等一种或多种谷物及其制品为原料，或同时配以馅料/辅料，经加工、成型等，速冻而成的食品。（　　）

259. 依据《食品安全监督抽检实施细则（2025 年版）》的规定，在对速冻面米食品进行监督抽检时，菌落总数项目限即食速冻面米食品检测。（　　）

260. 依据《食品安全监督抽检实施细则（2025 年版）》的规定，速冻调理肉制品是指以畜禽肉及副产品为主要原料，配以辅料（含食品添加剂），经调味制作加工，采用速冻工艺（产品热中心温度 ≤ −18℃），在低温状态下贮存、运输和销售的食品。（　　）

261. 依据《食品安全监督抽检实施细则（2025 年版）》的规定，对速冻调制水产制品进行监督抽检时，挥发性盐基氮项目限速冻腌制的生食动物性水产制品及速冻预制动物性水产制品（不含干制品和盐渍制品）检测。（　　）

262. 依据《食品安全监督抽检实施细则（2025 年版）》的规定，速冻谷物食品是以玉米、粟米、小麦等谷物为主要原料，执行 SB/T 10379—2012《速冻调制食品》的速冻玉米、速冻玉米粒、速冻粟米、速冻青麦仁等。（　　）

263. 依据《食品安全监督抽检实施细则（2025 年版）》的规定，预包装即食速冻水果制品需要进行沙门氏菌和金黄色葡萄球菌的检验。（　　）

264. 依据《食品安全监督抽检实施细则（2025 年版）》的规定，产品明示标准为 GB/T 22699 的预先包装但需要计量称重的散装即食膨化食品，不需要做微生物项目的检验。（　　）

265. 依据《食品安全监督抽检实施细则（2025 年版）》的规定，产品明示标准为 QB/T 2686 的预包装马铃薯片样品需要进行菌落总数和大肠菌群项目的检验。（　　）

266. 依据《食品安全监督抽检实施细则（2025 年版）》的规定，含油型膨化食品指用食用油脂煎炸或产品中添加和（或）

喷洒食用油脂的膨化食品。（　　）

267. 依据《食品安全监督抽检实施细则（2025年版）》的规定，2025年3月8日抽取的淀粉软糖，柠檬黄项目的检测方法为 SN/T 1743—2006。（　　）

268. 依据《食品安全监督抽检实施细则（2025年版）》的规定，果冻样品不需要进行霉菌和酵母项目的检验。（　　）

269. 依据《食品安全监督抽检实施细则（2025年版）》的规定，果冻指以水、食糖等为主要原料，辅以增稠剂等食品添加剂，经溶胶、调配、灌装、杀菌、冷却等工序加工而成的胶冻食品。包括含乳型果冻、果肉型果冻等。（　　）

270. 依据《食品安全监督抽检实施细则（2025年版）》的规定，啤酒按色度分为：淡色啤酒、浓色啤酒、黑啤酒。（　　）

271. 依据《食品安全监督抽检实施细则（2025年版）》的规定，醪糟属于其他发酵酒。（　　）

272. 依据《食品安全监督抽检实施细则（2025年版）》的规定，在对酱腌菜样品进行监督抽检时，需检测甜蜜素（以环己基氨基磺酸计）项目。（　　）

273. 依据《食品安全监督抽检实施细则（2025年版）》的规定，若被检产品（水果干制品、果酱）的产品明示标准和质量要求中无微生物的相关限量时，不检测微生物。（　　）

274. 依据《食品安全监督抽检实施细则（2025年版）》的规定，炒货食品及坚果制品分为"开心果、杏仁、扁桃仁、松仁、瓜子"及"其他炒货食品及坚果制品"两类。（　　）

275. 依据《食品安全监督抽检实施细则（2025年版）》的规定，散装的皮蛋样品不需要进行微生物项目的检验。（　　）

276. 依据《食品安全监督抽检实施细则（2025年版）》的规定，在对焙炒咖啡样品进行监督抽检时，咖啡因项目也适用于已除咖啡因的焙炒咖啡。（　　）

277. 依据《食品安全监督抽检实施细则（2025年版）》的规定，白砂糖是指以甘蔗、甜菜汁或原糖液用亚硫酸法或碳酸法等清净处理后，经浓缩、结晶、分蜜及干燥所得的洁白砂糖。精幼砂糖不属于白砂糖。（　　）

278. 依据《食品安全监督抽检实施细则（2025年版）》的规定，在对食糖进行监督抽检时，蔗糖分、总糖分、还原糖分、色值、干燥失重、不溶于水杂质仅在产品明示标准和质量要求有限量规定时进行检测。（　　）

279. 依据《食品安全监督抽检实施细则（2025年版）》的规定，速溶藕粉等可直接用热开水冲调食用的系列产品、魔芋粉及其制品不在淀粉及淀粉制品抽检范围内。（　　）

280. 依据《食品安全监督抽检实施细则（2025年版）》的规定，粽子包括新鲜类粽子、速冻生粽子、真空包装类粽子。（　　）

281. 依据《食品安全监督抽检实施细则（2025年版）》的规定，真空包装类粽子需要进行商业无菌项目的检验。（　　）

282. 依据《食品安全监督抽检实施细则（2025年版）》的规定，非发酵豆制品不需要进行微生物项目的检验。（　　）

283. 依据《食品安全监督抽检实施细则（2025年版）》的规定，蜂蜜不需要进行大肠菌群项目的检验。（　　）

284. 依据《食品安全监督抽检实施细则（2025年版）》的规定，破壁蜂花粉样品微生物项目仅限在产品明示标准和质量要求有限量规定时检测。（　　）

285. 依据《食品安全监督抽检实施细则（2025年版）》的规定，蜂蜜根据蜜源植物分为单花蜜、杂花蜜（百花蜜）。（　　）

286. 依据 GB 4789.2—2022《食品安全国家标准 食品微生物学检验 菌落总数测定》

检测样品中菌落总数，当空白上长了菌落，可扣除空白，计算结果。（　　）

287. 猪血属于食用农产品。（　　）

288. 单核细胞增生李斯特氏菌为革兰氏阳性短杆菌。（　　）

289. GB 5009.3—2016《食品安全国家标准 食品中水分的测定》中恒重是指前后两次质量差不超过 1mg。（　　）

290. 执行标准为 GB/T 20293—2006《油辣椒》的辣椒酱，依据《食品安全监督抽检实施细则（2025 年版）》，食品分类为半固体复合调味料中辣椒酱。（　　）

291. 酱卤肉制品，样品包装分类为非定量包装，可检验大肠菌群、菌落总数，并依据 GB 2726—2016《食品安全国家标准 熟肉制品》进行判定。（　　）

292. 2023 年 1 月 1 日正式实施《小麦粉》（GB/T 1355—2021）国家标准，明确只适用于无添加物的食用小麦粉，就是说通用小麦粉不得添加任何食品添加剂和辅料。（　　）

293. 冰乙酸可以用于白醋的生产。（　　）

294. GB 12456—2021《食品安全国家标准 食品中总酸的测定》第一法适用于果蔬制品、饮料（澄清透明类）、白酒、米酒、白葡萄酒、啤酒和白醋，不适用于陈醋。（　　）

第二节　综合能力提升

一、选择题

295. 依据《食品安全监督抽检实施细则（2025 年版）》的规定，下列不属于玉米粉（谷物碾磨加工品）的是（　　）。

A. 玉米糁　　　　　　B. 玉米渣

C. 玉米淀粉　　　　　D. 玉米粉

296. 依据《食品安全监督抽检实施细则（2025 年版）》的规定，下列属于其他谷物粉类制成品的是（　　）。

A. 年糕　　　　　　　B. 意大利面

C. 糍粑　　　　　　　D. 烧麦皮

297. 依据《食品安全监督抽检实施细则（2025 年版）》的规定，下列植物油样品不需要检验特丁基对苯二酚（TBHQ）项目的是（　　）。

A. 菜籽油　　　　　　B. 玉米油

C. 芝麻油　　　　　　D. 椰子油

298. 依据《食品安全监督抽检实施细则（2025 年版）》的规定，2025 年 4 月 5 日抽取的执行标准为 GB 10146—2015 的食用猪油样品，丙二醛项目的标准指标为（　　）。

A. 0.25mg/100g　　　B. 0.35mg/100g

C. 0.4mg/100g　　　　D. 0.5mg/100g

299. 依据《食品安全监督抽检实施细则（2025 年版）》的规定，调味料酒检验项目中，需要考虑发酵底值的项目是（　　）。

A. 山梨酸及其钾盐

B. 糖精钠（以糖精计）

C. 苯甲酸及其钠盐

D. 脱氢乙酸及其钠盐

300. 依据《食品安全监督抽检实施细则（2025 年版）》的规定，下列样品不属于辣椒酱的是（　　）。

A. 红辣酱　　　　　　B. 油辣椒

C. 剁椒酱　　　　　　D. 辣酱

301. 依据《食品安全监督抽检实施细则（2025 年版）》的规定，食品生产加工用盐检验项目中，限产品明示标准和质量要求有限量规定时检测的是（　　）。

A. 总砷（以 As 计）

B. 碘（以 I 计）

C. 亚铁氰化钾/亚铁氰化钠（以亚铁氰根计）

D. 亚硝酸盐（以 $NaNO_2$ 计）

302. 依据《食品安全监督抽检实施细则（2025 年版）》的规定，以下预包装或预先包装但需要计量称重的即食香辛料产品中，不需要进行沙门氏菌检验的是（　　）。

A. 胡椒油　　　　　　B. 辣椒

C. 青芥酱　　　　　　D. 芥末酱

303. 依据《食品安全监督抽检实施细则（2025 年版）》的规定，2025 年 3 月 9 日抽取的预先包装但需要计量称重的发酵火腿（生产日期为 2025 年 2 月 6 日）样品，不需要检测的微生物项目是（　　）。

A. 沙门氏菌

B. 金黄色葡萄球菌

C. 单核细胞增生李斯特氏菌

D. 大肠菌群

304. 依据《食品安全监督抽检实施细则（2025 年版）》的规定，奶油（黄油）指以乳和（或）稀奶油（经发酵或不发酵）为原料，添加或不添加其他原料、食品添加剂和营养强化剂，经加工制成的脂肪含量不小于（　　）的产品。

A. 0.7　　　B. 0.75　　　C. 0.8　　　D. 0.9

305. 依据《食品安全监督抽检实施细则（2025 年版）》的规定，预包装的茶饮料和碳酸饮料均需要进行以下哪一项微生物项目的检验？（　　）

A. 菌落总数　　　　　　B. 大肠菌群

C. 霉菌　　　　　　　　D. 酵母

306. 依据《食品安全监督抽检实施细则（2025 年版）》的规定，下列其他罐头监督抽检项目中，含杏仁产品不检测的是（　　）。

A. 黄曲霉毒素 B_1

B. 脱氢乙酸及其钠盐（以脱氢乙酸计）

C. 苯甲酸及其钠盐（以苯甲酸计）

D. 乙二胺四乙酸二钠

307. 依据《食品安全监督抽检实施细则（2025 年版）》的规定，下列速冻水果制品监督抽检项目中，限即食速冻水果制品检测的是（　　）。

A. 菌落总数　　　　　　B. 大肠菌群

C. 沙门氏菌　　　　　　D. 副溶血性弧菌

308. 依据《食品安全监督抽检实施细则（2025 年版）》的规定，代可可脂巧克力样品中，代可可脂添加量应超过（　　）（按原始配料计算）。

A. 0.05　　B. 0.1　　C. 0.15　　D. 0.2

309. 依据《食品安全监督抽检实施细则（2025 年版）》的规定，采用 NY/T 1453 检测多菌灵项目时，抽取样品量应不少于（　　）。

A. 1.5kg　　B. 2kg　　C. 2.5kg　　D. 1kg

310. 依据《食品安全监督抽检实施细则（2025 年版）》的规定，在对白酒样品进行监督抽检时，生产日期为 2013 年 5 月 10 日的产品，铅（以 Pb 计）项目依据（　　）判定。

A. GB 2762—2022　　　B. GB 2762—2017

C. GB 2762—2012　　　D. GB 2757—1981

311. 依据《食品安全监督抽检实施细则（2025 年版）》的规定，在对葡萄酒样品进行监督抽检时，若检出苯甲酸但（　　），依据 GB/T 15037—2006《葡萄酒》产品发酵过程中自然产生的苯甲酸含量判定。

A. ≤30mg/L　　　　　　B. ≤40mg/L

C. ≤50mg/L　　　　　　D. ≤75mg/L

312. 依据《食品安全监督抽检实施细则（2025 年版）》的规定，果酱配料中水果、果汁或果浆用量大于等于（　　）。

A. 0.15　　B. 0.2　　C. 0.25　　D. 0.3

313. 依据《食品安全监督抽检实施细则（2025 年版）》的规定，下列预制动物性水产干制品样品的监督抽检过程中，需要检测镉（以 Cd 计）项目的样品是（　　）。

A. 墨鱼干　　　　　　B. 虾皮

C. 鳗鱼干　　　　　　D. 牡蛎干

314. 依据《食品安全监督抽检实施细则（2025 年版）》的规定，下列样品不属于蜂花粉类别的是（　　）。

A. 槐花粉　　　　　B. 松花粉

C. 杂花粉　　　　　D. 碎蜂花粉

315. 依据《食品安全监督抽检实施细则（2025 年版）》的规定，下列保健品中，不测总汞项目的是（　　）。

A. 芦荟软胶囊

B. 钙片

C. 维生素 C 咀嚼片

D. 葡萄糖酸锌口服液（适用成人）

316. 依据《食品安全监督抽检实施细则（2025 年版）》的规定，婴幼儿谷类辅助食品中，谷物应占干物质组成的（　　）以上。

A. 0.25　　B. 0.3　　C. 0.35　　D. 0.45

317. 依据《食品安全监督抽检实施细则（2025 年版）》的规定，产品添加蓝莓的辅食营养补充品的亚硝酸盐（以 $NaNO_2$ 计）项目，检验依据应选择（　　）。

A. GB 5009.33—2016 第一法

B. GB 5009.33—2016 第二法

C. GB 5009.33—2016 第三法

D. GB 5009.33—2016 第四法

318. GB 1886.220—2016《食品安全国家标准 食品添加剂 胭脂红》可知，胭脂红色素中，可能存在微量的（　　）。

A. 苋菜红　　　　　B. 柠檬黄

C. 赤藓红　　　　　D. 日落黄

319. 豆沙包中的馅料，依据 GB 2760—2024《食品安全国家标准 食品添加剂使用标准》的分类为（　　）。

A. 豆粉　　　　　　B. 粮食馅料

C. 糕点馅料　　　　D. 杂粮粉

320. 执行标准为 NY/T 419—2021《绿色食品 稻米》的大米产品，黄曲霉毒素 B_1 标准限量值是（　　）$\mu g/kg$。

A. 5　　　B. 10　　　C. 20　　　D. 2

321. 依据 GB 2762—2022《食品安全国家标准 食品中污染物限量》的规定，黑米、紫米、红线米等色稻米污染物限量限制值按（　　）执行。

A. 糙米

B. 稻谷

C. 其他谷物

D. 其他谷物碾磨加工品

322. 执行 GB 31644—2018《食品安全国家标准 复合调味料》的料酒，在抽检中分类为（　　）。

A. 液体复合调味料

B. 调味料酒

C. 黄酒

二、多选题

323. 依据《食品安全监督抽检实施细则（2025 年版）》的规定，下列属于米粉（谷物碾磨加工品）的是（　　）。

A. 汤圆粉　　　　　B. 糯米粉

C. 黍米粉　　　　　D. 大米粉

324. 依据《食品安全监督抽检实施细则（2025 年版）》的规定，下列属于其他香辛料调味品的是（　　）。

A. 八角　　　　　　B. 花椒粉

C. 胡椒　　　　　　D. 咖喱粉

325. 依据《食品安全监督抽检实施细则（2025 年版）》的规定，下列 2023 年 6 月 8 日生产的其他香辛料调味品中，需要检测丙溴磷项目的是（　　）。

A. 豆蔻　　　　　　B. 孜然

C. 桂皮　　　　　　D. 小茴香籽

326. 依据《食品安全监督抽检实施细则（2025 年版）》的规定，酱卤肉制品包括（　　）、酱牛肉、酱鸭、酱肘子等，还包括糟肉、糟鹅等糟肉类。

A. 白煮羊头　　　　B. 盐水鸭

C. 糟鸡　　　　　　D. 萨拉米香肠

327. 依据《食品安全监督抽检实施细则（2025 年版）》的规定，下列样品属于其他罐头的是（　　）

A. 番茄酱罐头　　　B. 开心果罐头

C. 玉米罐头 D. 番茄沙司罐头

E. 冰糖银耳罐头

328. 依据《食品安全监督抽检实施细则（2025 年版）》的规定，在对速冻面米食品进行监督抽检时，糖精钠（以糖精计）项目限（ ）的食品检测。

A. 配料中含食糖

B. 呈甜味

C. 标签明示 0 蔗糖

D. 配料中含甜味剂

329. 依据《食品安全监督抽检实施细则（2025 年版）》的规定，下列样品属于紧压茶的是（ ）。

A. 沱茶 B. 花砖茶

C. 金尖茶 D. 康砖茶

330. 依据《食品安全监督抽检实施细则（2025 年版）》的规定，下列属于干制食用菌（生产日期为 2024 年 12 月 18 日）监督抽检项目的是（ ）。

A. 铅（以 Pb 计）

B. 总砷（以 As 计）

C. 镉（以 Cd 计）

D. 无机砷（以 As 计）

331. 依据《食品安全监督抽检实施细则（2025 年版）》的规定，下列样品属于其他炒货食品及坚果制品的是（ ）。

A. 西葫芦籽 B. 花生制品

C. 烘炒豆类 D. 夏威夷果

332. 依据《食品安全监督抽检实施细则（2025 年版）》的规定，下列预制动物性水产干制品的监督抽检过程中，需要检测多氯联苯项目的样品是（ ）。

A. 墨鱼干 B. 虾皮 C. 鳗鱼干

D. 银鱼干 E. 鱿鱼干

333. 依据《食品安全监督抽检实施细则（2025 年版）》的规定，以下食品需要进行微生物项目检验的是（ ）。

A. 即食预包装海苔

B. 预包装盐渍裙带菜

C. 预包装非即食鱿鱼丝

D. 预包装生鱼片

334. 依据《食品安全监督抽检实施细则（2025 年版）》的规定，下列特殊医学用途婴儿配方食品监督抽检项目中，仅限于粉状食品检测的项目是（ ）。

A. 水分

B. 杂质度

C. 菌落总数

D. 克罗诺杆菌属（阪崎肠杆菌）

E. 沙门氏菌

335. 依据《食品安全监督抽检实施细则（2025 年版）》的规定，幼儿配方食品监督抽检项目中，不适用于添加蔬菜和水果的产品检测的是（ ）。

A. 硝酸盐（以 $NaNO_3$ 计）

B. 胆碱

C. 菌落总数

D. 杂质度

336. 依据《食品安全监督抽检实施细则（2025 年版）》的规定，下列不属于食品添加剂糖精钠监督抽检项目的是（ ）。

A. 干燥失重

B. 硫酸盐（以 SO_4 计）

C. pH（100g/L 水溶液）

D. 苯甲酸盐和水杨酸盐

337. 依据《食品安全监督抽检实施细则（2025 年版）》的规定，在对 2024 年 6 月 8 日抽取的猪肉进行监督抽检时，氟苯尼考项目可选择的检测方法为（ ）。

A. GB 31656.16—2022

B. GB 31658.5—2021

C. SN/T 1865—2016

D. GB 31658.20—2022

338. 依据《食品安全监督抽检实施细则（2025 年版）》的规定，在对 2024 年 6 月 8 日抽取的鸭肉进行监督抽检时，氯霉素项目可选择的检测方法为（ ）。

A. GB/T 22338—2008

B. GB 31658.2—2021

C. GB/T 20756—2006

D. GB 31658.20—2022

339. 依据《食品安全监督抽检实施细则（2025 年版）》的规定，在对其他禽副产品进行监督抽检时，环丙氨嗪项目限（　　）检测。

A. 肾　　B. 肝　　C. 脂肪　　D. 内脏

340. 依据《食品安全监督抽检实施细则（2025 年版）》的规定，黄瓜中的阿维菌素项目可选择的检测方法为（　　）。

A. GB 23200.19—2016

B. GB 23200.20—2016

C. GB 23200.121—2021

D. GB 23200.8—2016

341. 依据《食品安全监督抽检实施细则（2025 年版）》的规定，下列样品属于海水鱼的是（　　）。

A. 多宝鱼　B. 鲮鱼　　C. 罗非鱼　D. 鲷鱼

342. 依据《食品安全监督抽检实施细则（2025 年版）》的规定，油桃中的克百威项目可选择的检测方法为（　　）。

A. GB 23200.112　　B. GB 23200.121

C. GB 23200.113　　D. NY/T 761

343. 依据《食品安全监督抽检实施细则（2025 年版）》的规定，下列样品不属于食用农产品中豆类的是（　　）。

A. 荷兰豆　B. 扁豆　　C. 赤豆

D. 豌豆　　E. 芸豆

344. 关于农药残留检测，下列哪个方法为气相色谱双柱法（　　）。

A. GB 23200.116—2019 第一法

B. GB 23200.39—2016

C. GB/T 20769—2008

D. NY/T 761—2008 第一部分 方法一

345. 依据 GB/T 23204—2008《茶叶中 519 种农药及相关化学品残留量的测定 气相色谱-质谱法》检验甲拌磷，需检测（　　）成分。

A. 甲拌磷　　　　　B. 甲拌磷砜

C. 甲拌磷亚砜

346. 依据 GB 5009.6—2016《食品安全国家标准 食品中脂肪的测定》，乳及乳制品中脂肪的检测，应采用（　　）。

A. 第一法　　　　　B. 第二法

C. 第三法　　　　　D. 第四法

347. 目前已获批备案保健功能原料包括：（　　）。

A. 人参　　　　　　B. 灵芝

C. 螺旋藻　　　　　D. 大豆分离蛋白

348. 食用油脂制品包括：（　　）。

A. 代可可脂　　　　B. 植脂奶油

C. 食用氢化油　　　D. 奶油

349. 依据 GB 10766—2021《食品安全国家标准 较大婴儿配方食品》以及 GB 10767—2021《食品安全国家标准 幼儿配方食品》，添加活性菌种（好氧和兼性厌氧菌）的产品，不需要检验菌落总数，下列细菌属于好氧和兼性厌氧菌的是：（　　）。

A. 乳双歧杆菌　　　B. 鼠李糖乳杆菌

C. 罗伊氏乳杆菌　　D. 短双歧杆菌

三、判断题

350. 依据《食品安全监督抽检实施细则（2025 年版）》的规定，玉米淀粉属于谷物碾磨加工品。（　　）

351. 依据《食品安全监督抽检实施细则（2025 年版）》的规定，标签上明示"零添加防腐剂"的酱油，检出苯甲酸及其钠盐即可判定为该项目不合格。（　　）

352. 依据《食品安全监督抽检实施细则（2025 年版）》的规定，2025 年 3 月抽取的产品明示标准为 GB/T 20560—2006《地理标志产品 郫县豆瓣》的郫县豆瓣酱样品的氨基酸态氮项目判定依据为 GB 2718—2014。（　　）

353. 依据《食品安全监督抽检实施细则（2025 年版）》的规定，2025 年 2 月抽取的酱卤肉制品的致泻大肠杆菌项目，限预包装羊肉制品及生产日期在 2022 年 3 月 7 日（含）之后的预先包装但需要计量称重的羊肉制品检测。（　　）

354. 依据《食品安全监督抽检实施细则

（2025 年版）》的规定，无水奶油（无水黄油）指以乳和（或）奶油或稀奶油（经发酵或不发酵）为原料，添加或不添加食品添加剂和营养强化剂，经加工制成的脂肪含量不小于 99.5％的产品。（　　）

355. 依据《食品安全监督抽检实施细则（2025 年版）》的规定，从大包装中分装的果味型碳酸饮料样品也需要检测二氧化碳气容量。（　　）

356. 依据《食品安全监督抽检实施细则（2025 年版）》的规定，方便米粉的菌落总数项目，面饼和调料需混合检验。（　　）

357. 依据《食品安全监督抽检实施细则（2025 年版）》的规定，若所抽检的速冻面米食品为含馅制品，则需在皮、馅混合均匀后检测。（　　）

358. 依据《食品安全监督抽检实施细则（2025 年版）》的规定，预包装即食速冻水果制品，当产品质量明示标准和质量要求未作规定时，可不用进行微生物项目的检验。（　　）

359. 依据《食品安全监督抽检实施细则（2025 年版）》的规定，在对白酒样品进行监督抽检时，散装白酒中酒精度经检测参与项目折算，不进行结果判定。（　　）

360. 依据《食品安全监督抽检实施细则（2025 年版）》的规定，在对炒货食品及坚果制品样品进行监督抽检时，食品添加剂类项目检测时，有壳样品需带壳检测，其他样品直接检测。（　　）

361. 依据《食品安全监督抽检实施细则（2025 年版）》的规定，已经申请批准文号的保健食品在保健食品食品安全监督抽检产品范围内。（　　）

362. 依据《食品安全监督抽检实施细则（2025 年版）》的规定，在对保健食品芦荟胶囊进行监督抽检时，芦荟苷项目应取内容物检测，总砷（As）项目应取全样检测。（　　）

363. 依据《食品安全监督抽检实施细则（2025 年版）》的规定，辅食营养补充品监督抽检项目中，黄曲霉毒素 M_1 只限于含谷类、坚果和豆类的产品。（　　）

364. 依据《食品安全监督抽检实施细则（2025 年版）》的规定，生产日期在 2023 年 5 月 6 日的耐力类运动营养食品，应检测肌酸项目。（　　）

365. 依据《食品安全监督抽检实施细则（2025 年版）》的规定，特殊医学用途婴儿配方食品适用于 0～6 月龄的人。（　　）

366. 依据《食品安全监督抽检实施细则（2025 年版）》的规定，婴儿配方食品监督抽检项目中，钾的检验依据是 GB 5009.91—2017《食品安全国家标准　食品中钾、钠的测定》第二法。（　　）

367. 依据《食品安全监督抽检实施细则（2025 年版）》的规定，较大婴儿配方食品监督抽检项目中，脲酶活性定性测定项目限乳基食品检测。（　　）

368. 依据《食品安全监督抽检实施细则（2025 年版）》的规定，餐饮食品主要包括餐饮和流通环节的餐饮加工自制食品和复用餐饮具，也包括非经营单位未经加工过的预包装食品，以及仅简单清洗、切割的食用农产品。（　　）

369. 依据《食品安全监督抽检实施细则（2025 年版）》的规定，复用餐饮具（餐馆自行消毒）的阴离子合成洗涤剂（以十二烷基苯磺酸钠计）项目的检测方法为 GB/T 5750.4—2023。（　　）

370. 依据《食品安全监督抽检实施细则（2025 年版）》的规定，在对 2024 年 6 月 8 日抽取的牛肉进行监督抽检时，氯霉素项目的检测方法为 GB 31658.2—2021。（　　）

371. 依据 GB 2760—2024《食品安全国家标准　食品添加剂使用标准》，过氧化氢可作为食品工业用加工助剂用于鸡爪的漂白。（　　）

372. GB 2762—2022《食品安全国家标准 食品中污染物限量》中"葡萄汁"仅指纯葡萄汁，或浓缩还原至 100%的葡萄汁，其他含有葡萄成分的果蔬汁类及其饮料均不是"葡萄汁"。（　　）

373. 改性淀粉是一种食品添加剂。（　　）

374. 在肯德基抽取的百事可乐样品，依据《食品安全监督抽检实施细则（2025 年版）》分类为饮料，而不是餐饮食品。（　　）

375. 巴沙鱼配料表为巴沙鱼、水、聚磷酸钠、三聚磷酸钠，依据《食品安全监督抽检实施细则（2025 年版）》分类为其他水产制品，不属于食用农产品。（　　）

376. 即食的调味海带（裙带菜）依据《食品安全监督抽检实施细则（2025 年版）》分类为其他水产制品，不属于盐渍藻。（　　）

377. 在餐饮环节抽取的，经过切割、清洗的草鱼，依据《食品安全监督抽检实施细则（2025 年版）》分类为食用农产品。（　　）

378. 鱿鱼中存在甲醛本底。（　　）

四、填空题

379. 依据《食品安全监督抽检实施细则（2025 年版）》的规定，小麦粉分为通用小麦粉和＿＿＿＿＿＿。

380. 依据《食品安全监督抽检实施细则（2025 年版）》的规定，小麦粉样品抽样完成后由抽样人与被抽样单位在抽样单和封条上签字、盖章，当场封样，检验样品、备份样品＿＿＿＿＿＿封样。

381. 依据《食品安全监督抽检实施细则（2025 年版）》的规定，小麦粉样品的运输、贮存应采取有效的防护措施，符合＿＿＿＿＿＿要求或产品实际需要的条件要求。

382. 依据《食品安全监督抽检实施细则（2025 年版）》的规定，为保证样品的真实性，样品应有相应的＿＿＿＿＿＿措施，并保证封条在运输过程中不会破损。

383. 依据《食品安全监督抽检实施细则（2025 年版）》的规定，2025 年 3 月抽取的小麦粉，赭曲霉毒素 A 的检测方法为＿＿＿＿＿＿。

384. 依据《食品安全监督抽检实施细则（2025 年版）》的规定，2024 年 7 月 13 日生产的大米，镉（以 Cd 计）项目的判定依据为＿＿＿＿＿＿。

385. 依据《食品安全监督抽检实施细则（2025 年版）》的规定，挂面包括普通挂面、＿＿＿＿＿＿和手工面等。

386. 依据《食品安全监督抽检实施细则（2025 年版）》的规定，需要检验黄曲霉毒素 B_1 项目的玉米渣样品，抽取样品量不少于 2kg，检验量需大于 1kg，用高速粉碎机将其粉碎，过筛，混合均匀后缩分至＿＿＿＿＿＿g，储存于样品瓶中，密封保存，供检测用。

387. 依据《食品安全监督抽检实施细则（2025 年版）》的规定，2025 年 5 月抽取的谷物加工品，曲霉毒素 B_1 的检测方法为＿＿＿＿＿＿。

388. 依据《食品安全监督抽检实施细则（2025 年版）》的规定，2025 年 3 月 9 日抽取的黑米，镉（以 Cd 计）的检验方法为＿＿＿＿＿＿。

389. 依据《食品安全监督抽检实施细则（2025 年版）》的规定，2025 年 6 月 30 日抽取的包子，甜蜜素（以环己基氨基磺酸计）的检验方法为＿＿＿＿＿＿。

390. 依据《食品安全监督抽检实施细则（2025 年版）》的规定，在网络食品经营平台抽取同一批次待销产品大豆油大包装产品［净含量≥15L（kg）］时，应从同一批次待销产品中抽取不少于＿＿＿＿＿＿个独立包装。

391. 依据《食品安全监督抽检实施细则（2025 年版）》的规定，抽取食用植物样品油时，除食用植物调和油外，"备注栏"里应填写产品的＿＿＿＿＿＿。

392.依据《食品安全监督抽检实施细则（2025 年版）》的规定，2025 年 3 月抽取的花椒样品中苏丹红Ⅰ项目的检验依据为_____。

393.依据《食品安全监督抽检实施细则（2025 年版）》的规定，执行标准为 SB/T 10371 的鸡精中呈味核苷酸二钠的检验依据为_____。

394.依据《食品安全监督抽检实施细则（2025 年版）》的规定，2025 年 5 月抽取的沙拉酱，二氧化钛的检测方法为_____。

395.依据《食品安全监督抽检实施细则（2025 年版）》的规定，2025 年 3 月抽取的麻辣烫底料中罂粟碱的检测方法为_____。

396.依据《食品安全监督抽检实施细则（2025 年版）》的规定，2025 年 2 月抽取的腊肉样品中氯霉素的判定依据为_____。

397.依据《食品安全监督抽检实施细则（2025 年版）》的规定，发酵乳分为发酵乳及_____。

398.依据《食品安全监督抽检实施细则（2025 年版）》的规定，饮用天然矿泉水的硒作界限指标时，必须同时符合_____限量指标的要求。

399.依据《食品安全监督抽检实施细则（2025 年版）》的规定，罐头产品是指以水果、蔬菜、食用菌、畜禽肉、水产动物等为原料，经加工处理、装罐、密封、加热杀菌等工序加工而成的_____的罐装食品。

400.依据《食品安全监督抽检实施细则（2025 年版）》的规定，对 2025 年 3 月 8 日生产的雪糕进行监督抽检时，蛋白质项目按 GB 5009.5—2016 规定的方法测定，其中试样的制备应按_____中 3.3 的方法进行。

401.依据《食品安全监督抽检实施细则

（2025 年版）》的规定，生产日期为 2024 年 12 月 1 日的速冻调制植物性水产制品，其菌落总数项目判定依据为_____。

402.依据《食品安全监督抽检实施细则（2025 年版）》的规定，薯泥（酱）类食品监督抽检项目中，商业无菌项目限_____产品检测。

403.依据《食品安全监督抽检实施细则（2025 年版）》的规定，在对炒货食品及坚果制品样品进行监督抽检时，酸价、过氧化值依据 GB 19300 判定时，样品前处理方法按_____的规定。

404.依据《食品安全监督抽检实施细则（2025 年版）》的规定，总局本级和转移支付食品安全监督抽检微生物检验原始记录中的检测关键培养基，需可追溯至培养基具体品牌、_____及配制记录。

405.油豆腐按 GB 2760—2024《食品安全国家标准 食品添加剂使用标准》分类为_____。

406.在依据基础标准判定时，食品分类应按基础标准的食品分类体系判定。例如对花生酱的食品添加剂、污染物、真菌毒素进行判定时，应依据判定标准的食品分类体系，将其归属于_____。

407.依据《食品安全监督抽检实施细则（2025 年版）》，花生牛奶饮料为_____。

408.执行 GB/T 20822—2007《固液法白酒》、GB/T 20821—2007《液态法白酒》的白酒，甲醇结果需按酒精度_____％折算。

409.生菜在 GB 2763—2021《食品安全国家标准 食品中农药最大残留限量》分类为_____。

410.依据 GB 2760—2024《食品安全国家标准 食品添加剂使用标准》，原 08.03.07.03 肉脯类调整为_____。

411.食用植物调和油配料中每种植物油品种均为压榨工艺，其溶剂残留量不得检出

（检出值小于 10mg/kg 时，视为未检出），其他情况按照_____判定。

412. 产品配料是以芝麻油及其他食用植物油调配而成的芝麻调味油，抽检分类为_____。

413. 科尔沁风干牛肉，抽检分类为_____。

五、简答题

414. 依据《食品安全监督抽检实施细则（2025 年版）》规定，出具抽检检验报告，检验报告中检验结论有几种方式作出判定，分别是什么？

415. 依据《食品安全监督抽检实施细则（2025 年版）》的规定，简述蛋制品的产品种类，并简单举例。

416. 依据《食品安全监督抽检实施细则（2025 年版）》的规定，生产环节抽取的网兜粽子需要进行微生物检验的，抽样时应注意什么？

417. 依据《食品安全监督抽检实施细则（2025 年版）》的规定，简述餐馆自行消毒的复用餐饮具的采样要求。

418. 依据《食品安全监督抽检实施细则（2025 年版）》的规定，在对牛肉进行监督抽检时，磺胺类（总量）项目至少包含哪些成分？如有检出在报告中如何体现？

419. 依据《食品安全监督抽检实施细则（2025 年版）》的规定，简述蔬菜的抽样方法。

420. 请举例说明哪些食品添加剂在哪些食品中存在本底。

421. 当某一产品中同时存在液体和固体，如带汤汁的腌渍菜，检测食品添加剂时，如何制样？

422. 检测带核杨梅中着色剂，应如何制样？

423. 某超市经营的鸡精调味料经食品抽检，检验结果显示谷氨酸钠和呈味核苷酸二钠两个项目不符合 SB/T 10371—2003《鸡精调味品》要求，检验结论为不合格。

市监部门办理该抽检不合格案件时，应当依据《中华人民共和国产品质量法》定性，还是依据《中华人民共和国食品安全法》定性？

424. 抽检一个预包装的带壳南瓜子样品，需检验铅、苯甲酸和酸价，请问需怎样制备样品？

425. 请描述带壳坚果检验菌落总数的样品无菌处理过程。

426. 在肉制品加工过程中使用"驴肉增香膏"该如何定性？

第 五 部 分
基础标准知识

第八章

食品添加剂使用标准

● **核心知识点** ●

一、最大使用量

食品添加剂使用时所允许的最大添加量。

二、最大残留量

食品添加剂或其分解产物在最终食品中的允许残留水平。

三、食品添加剂使用时应符合以下基本要求

（一）不应对人体产生任何健康危害；

（二）不应掩盖食品腐败变质；

（三）不应掩盖食品本身或加工过程中的质量缺陷或以掺杂、掺假、伪造为目的而使用食品添加剂；

（四）不应降低食品本身的营养价值；

（五）在达到预期效果的前提下尽可能降低在食品中的使用量。

四、带入原则

在下列情况下食品添加剂可以通过食品配料（含食品添加剂）带入食品中：

（一）根据本标准，食品配料中允许使用该食品添加剂；

（二）食品配料中该添加剂的用量不应超过允许的最大使用量；

（三）应在正常生产工艺条件下使用这些配料，并且食品中该添加剂的含量不应超过由配料带入的水平；

（四）由配料带入食品中的该添加剂的含量应明显低于直接将其添加到该食品中通常所需要的水平。

五、添加剂比例之和

同一功能且具有数值型最大使用量的食品添加剂（仅限相同色泽着色剂、防腐剂、抗氧化剂)在混合使用时，各自用量占其最大使用量的比例之和不应超过 1。

食品添加剂在现代食品工业中扮演着至关重要的角色，其合理使用对提升食品品质、延长食品保质期具有重要意义。然而，添加剂的滥用或不当使用将直接威胁食品安全与消费者健康。

本章依据 GB 2760—2024《食品安全国家标准 食品添加剂使用标准》，系统阐述食品添加剂的使用原则、使用规定及功能类别等。通过本章的系统练习，读者将能够掌握食品添加剂的基本知识，明确其在不同食品类别中的使用限制，学会结合实际案例判断食品添加剂使用的合规性，为食品安全抽样检验提供准确依据。

第一节　基础知识自测

一、单选题

1. GB 2760—2024《食品安全国家标准 食品添加剂使用标准》实施日期为（　　）。

A. 2024 年 12 月 8 日　　B. 2025 年 1 月 8 日
C. 2025 年 2 月 8 日　　D. 2025 年 3 月 8 日

2. 下列食品添加剂属于抗氧化剂的是（　　）。

A. 丁基羟基茴香醚　　B. 脱氢乙酸
C. 乙基麦芽酚　　　　D. 丙二醇

3. 依据 GB 2760—2024《食品安全国家标准 食品添加剂使用标准》，以下选项中不属于二氧化硫列举的功能是（　　）。

A. 防腐剂　　　　　　B. 酸度调节剂
C. 抗氧化剂　　　　　D. 漂白剂

4. GB 2760—2024《食品安全国家标准 食品添加剂使用标准》附表 E 将食品分为（　　）大类。

A. 16　　B. 22　　C. 29　　D. 32

5. 三氯蔗糖在脱壳熟制坚果与籽类中的最大使用量为（　　）g/kg。

A. 1.0　　B. 2.0　　C. 3.0　　D. 4.0

6. 下列哪个食品添加剂的最大使用量以残留量计？（　　）

A. 脱氢乙酸　　　　　B. 阿斯巴甜
C. 二氧化硫　　　　　D. 三氯蔗糖

7.（　　）作为食品添加剂，仅在糕点表面使用。

A. 苯甲酸　　　　　　B. 山梨酸
C. 脱氢乙酸　　　　　D. 纳他霉素

8. 粉丝、粉条中铝的残留量≤（　　）mg/kg（干样品，以 Al 计）。

A. 100　　B. 200　　C. 300　　D. 500

9. 固体饮料最大使用量为按稀释倍数稀释后液体中的量的食品添加剂有（　　）。

A. 苋菜红　　　　　　B. 胭脂红
C. 亮蓝　　　　　　　D. 日落黄

10. 依据 GB 2760—2024《食品安全国家标准 食品添加剂使用标准》，乙基麦芽酚可以添加到（　　）中。

A. 方便面　　B. 猪油　　C. 菜籽油　　D. 大米

11. 依据 GB 2760—2024《食品安全国家标准 食品添加剂使用标准》，香兰素不可以添加到以下哪些食品中？（　　）

A. 孕妇配方乳粉
B. 0～6 个月婴幼儿配方乳粉
C. 6～12 个月婴幼儿配方乳粉
D. 12～36 个月婴幼儿配方乳粉

12. 依据 GB 2760—2024《食品安全国家标准 食品添加剂使用标准》，可以添加食品用香料、香精的食品有（　　）。

A. 猪油　　B. 奶油　　C. 牛油　　D. 鱼油

13.（　　）能防止或延缓油脂或食品成分氧化分解、变质，提高食品稳定性。

A. 防腐剂　　　　　　B. 抗氧化剂
C. 稳定剂　　　　　　D. 漂白剂

14. 依据 GB 2760—2024《食品安全国家标准 食品添加剂使用标准》，（　　）不得使用山梨酸及其钾盐。

A.食醋　　　　　　　　B.葡萄酒

C.牛肉罐头　　　　　　D.乳酸菌饮料

15. 依据 GB 2760—2024《食品安全国家标准　食品添加剂使用标准》，（　　）不得使用纳他霉素。

A.苹果汁　　　　　　　B.蛋糕

C.蛋黄酱　　　　　　　D.沙拉酱

16. 若食品类别中同时允许使用天门冬酰苯丙氨酸甲酯乙酰磺胺酸（最大使用量乘以（　　）可以转换为阿斯巴甜的用量），当混合使用时，最大使用量不能超过标准规定的阿斯巴甜的最大使用量。

A.0.34　　B.0.44　　C.0.54　　D.0.64

17. 苋菜红和（　　）为同分异构体。

A.赤藓红　　　　　　　B.胭脂红

C.新红　　　　　　　　D.诱惑红

18. 依据 GB 2760—2024《食品安全国家标准　食品添加剂使用标准》，葡萄糖浆属于（　　）。

A.调味糖浆　　　　　　B.淀粉糖

C.餐桌甜味料　　　　　D.其他甜味料

19. 依据 GB 2760—2024《食品安全国家标准　食品添加剂使用标准》，苯甲酸及其钠盐（包括苯甲酸、苯甲酸钠）属于（　　）。

A.抗氧化剂　　　　　　B.防腐剂

C.稳定剂　　　　　　　D.膨松剂

20. 依据 GB 2760—2024《食品安全国家标准　食品添加剂使用标准》，硫酸铝钾（又名钾明矾），硫酸铝铵（又名铵明矾）属于（　　）。

A.抗氧化剂　　　　　　B.防腐剂

C.酸度调节剂　　　　　D.膨松剂

21. 依据 GB 2760—2024《食品安全国家标准　食品添加剂使用标准》，二氧化钛属于（　　）。

A.抗氧化剂　　　　　　B.防腐剂

C.护色剂　　　　　　　D.着色剂

22. 依据 GB 2760—2024《食品安全国家标准　食品添加剂使用标准》，环己基氨基磺酸钠、环己基氨基磺酸钙属于（　　）。

A.甜味剂　　　　　　　B.抗氧化剂

C.防腐剂　　　　　　　D.稳定剂

23. 依据 GB 2760—2024《食品安全国家标准　食品添加剂使用标准》，乙酰磺胺酸钾属于（　　）。

A.甜味剂　　　　　　　B.抗氧化剂

C.防腐剂　　　　　　　D.稳定剂

24. 依据 GB 2760—2024《食品安全国家标准　食品添加剂使用标准》，杨梅中苯甲酸的最大使用量为（　　）。

A.不得使用　　　　　　B.0.1g/kg

C.0.5g/kg　　　　　　　D.1.0g/kg

25. 依据 GB 2760—2024《食品安全国家标准　食品添加剂使用标准》，果酒中二氧化硫及亚硫酸盐最大使用量为（　　），最大使用量以二氧化硫残留量计。

A.不得使用　　　　　　B.0.25g/L

C.0.35g/L　　　　　　　D.0.4g/L

26. 依据 GB 2760—2024《食品安全国家标准　食品添加剂使用标准》，粉丝、粉条中铝的（　　）≤200mg/kg（干样品，以 Al 计）。

A.带入量　　　　　　　B.添加量

C.残留量　　　　　　　D.本底量

27. 依据 GB 2760—2024《食品安全国家标准　食品添加剂使用标准》，丙酸可作为（　　）。

A.酸度调节剂　　　　　B.防腐剂

C.抗氧化剂　　　　　　D.甜味剂

28. 依据 GB 2760—2024《食品安全国家标准　食品添加剂使用标准》，（　　）不得使用丙酸及其钠盐、钙盐（包括丙酸，丙酸钠，丙酸钙）。

A.面包　　B.蛋糕　　C.食醋　　D.橙汁

29. 依据 GB 2760—2024《食品安全国家标准　食品添加剂使用标准》，乙二胺四乙酸二钠最大使用量为 0.07g/kg 的食品为（　　）。

A.果酱　　　　　　　　B.地瓜果脯

C. 腌渍的蔬菜　　　D. 杂粮罐头

30. 依据 GB 2760—2024《食品安全国家标准 食品添加剂使用标准》，（　　）中乙二胺四乙酸二钠最大使用量与其他食品不一致。

A. 腌渍的食用菌和藻类

B. 杂粮罐头

C. 腌渍的蔬菜

D. 蔬菜罐头

31. 依据 GB 2760—2024《食品安全国家标准 食品添加剂使用标准》，以下选项中三氯蔗糖最大使用量最大的食品为（　　）。

A. 调制乳　　　　　B. 微波爆米花

C. 果酱　　　　　　D. 食醋

32. 依据 GB 2760—2024《食品安全国家标准 食品添加剂使用标准》，腐乳的三氯蔗糖最大使用量为（　　）。

A. 0.5g/kg　　　　B. 1.0g/kg

C. 1.5g/kg　　　　D. 5.0g/kg

33. 依据 GB 2760—2024《食品安全国家标准 食品添加剂使用标准》，配制酒中不能使用（　　）铝色淀。

A. 苋菜红　　　　　B. 胭脂红

C. 赤藓红　　　　　D. 诱惑红

34. 爱德万甜在复合调味料中最大使用量为（　　）。

A. 0.5g/kg　　　　B. 0.05g/kg

C. 0.005g/kg　　　D. 0.0005g/kg

35. 依据 GB 2760—2024《食品安全国家标准 食品添加剂使用标准》，液体二氧化碳（煤气化法）可以在（　　）使用。

A. 蒸馏酒

B. 配制酒

C. 发酵酒

D. 其他发酵酒类（充气型）

36. （　　）又名石膏。

A. 硫酸钙　　　　　B. 碳酸钙

C. 磷酸钙　　　　　D. 氯化钙

二、多选题

37. GB 2760—2024《食品安全国家标准 食品添加剂使用标准》规定了以下哪些内容？（　　）

A. 食品添加剂的使用原则

B. 允许使用的食品添加剂品种

C. 使用范围及最大使用量

D. 使用范围及最大使用量或残留量

38. 除了传统意义上的食品添加剂，食品添加剂还包含以下哪些物质？（　　）

A. 食品用香料

B. 胶基糖果中基础剂物质

C. 食品工业用加工助剂

D. 营养强化剂

39. 在（　　）情况下可使用食品添加剂。

A. 保持或提高食品本身的营养价值

B. 作为某些特殊膳食用食品的必要配料或成分

C. 提高食品的质量和稳定性，改进其感官特性

D. 便于食品的生产、加工、包装、运输或者贮藏

40. 在下列哪些情况下食品添加剂可以通过食品配料（含食品添加剂）带入食品中？（　　）

A. 依据 GB 2760—2024《食品安全国家标准 食品添加剂使用标准》，食品配料中允许使用该食品添加剂

B. 食品配料中该添加剂的用量不应超过允许的最大使用量

C. 应在正常生产工艺条件下使用这些配料，并且食品中该添加剂的含量不应超过由配料带入的水平

D. 由配料带入食品中的该添加剂的含量应明显低于直接将其添加到该食品中通常所需要的水平

41. （　　）在混合使用时，各自用量占其最大使用量的比例之和不应超过 1。

A. 相同色泽着色剂　　B. 防腐剂

C. 护色剂　　　　　　D. 抗氧化剂

42. 依据 GB 2760—2024《食品安全国家标准 食品添加剂使用标准》，二氧化硫列举

的功能有（　　）。

A. 防腐剂　　　　　　B. 酸度调节剂

C. 抗氧化剂　　　　　D. 漂白剂

43. 食品添加剂对羟基苯甲酸酯类及其钠盐不包含（　　）。

A. 对羟基苯甲酸甲酯钠

B. 对羟基苯甲酸乙酯钠

C. 对羟基苯甲酸丙酯钠

D. 对羟基苯甲酸丁酯钠

44. 下列添加剂属于甜味剂的有（　　）。

A. 乙酰磺胺酸钾　　　B. 三氯蔗糖

C. 环己基氨基磺酸钠　D. 糖精钠

45. 下列哪些食品添加剂对残留量作了限量要求？（　　）

A. 脱氢乙酸　　　　　B. 亚硝酸钠

C. 二氧化硫　　　　　D. 阿斯巴甜

46. 可以添加食品用香料、香精的食品有（　　）。

A. 饼干　　B. 咖啡　　C. 蜂蜜　　D. 料酒

47. 乙基香兰素可以添加到以下哪些食品中？（　　）

A. 孕妇配方乳粉

B. 6～12 个月婴幼儿配方乳粉

C. 12～36 个月婴幼儿配方乳粉

D. 儿童配方乳粉

48. 下列属于食品添加剂功能类别的是（　　）。

A. 抗结剂　　　　　　B. 乳化剂

C. 水分保持剂　　　　D. 营养强化剂

49. 下列哪些食品添加剂应标明"某食品添加剂（含苯丙氨酸）"（　　）。

A. 环己基氨基磺酸钠

B. 天门冬酰苯丙氨酸甲酯

C. 乙酰磺胺酸

D. 天门冬酰苯丙氨酸甲酯乙酰磺胺酸

50. 依据 GB 2760—2024《食品安全国家标准 食品添加剂使用标准》，（　　）属于液体复合调味料。

A. 配制食醋　　　　　B. 料酒

C. 配制酱油　　　　　D. 蚝油

51. 依据 GB 2760—2024《食品安全国家标准 食品添加剂使用标准》，（　　）属于淀粉糖。

A. 食用葡萄糖　　　　B. 低聚异麦芽糖

C. 果葡糖浆　　　　　D. 麦芽糖

52. 依据 GB 2760—2024《食品安全国家标准 食品添加剂使用标准》，亚硝酸钠、亚硝酸钾属于（　　）。

A. 抗氧化剂　　　　　B. 防腐剂

C. 护色剂　　　　　　D. 着色剂

53. 依据 GB 2760—2024《食品安全国家标准 食品添加剂使用标准》，熏、烧、烤肉类（熏肉、叉烧肉、烤鸭、肉脯等）中硝酸钠（　　）。

A. 不得使用

B. 不得检出

C. 最大使用量为 0.5g/kg

D. 残留量≤30mg/kg

54. 依据 GB 2760—2024《食品安全国家标准 食品添加剂使用标准》，下列选项中乙二胺四乙酸二钠最大使用量一致的食品有（　　）。

A. 果酱　　　　　　　B. 地瓜果脯

C. 包装饮用水　　　　D. 蔬菜罐头

55. 依据 GB 2760—2024《食品安全国家标准 食品添加剂使用标准》，（　　）的三氯蔗糖最大使用量为 1.5g/kg。

A. 蜜饯　　B. 糖果　　C. 酿造酱　D. 果冻

56. 依据 GB 2760—2024《食品安全国家标准 食品添加剂使用标准》，（　　）属于防腐剂。

A. 对羟基苯甲酸丙酯钠

B. 对羟基苯甲酸丁酯钠

C. 苯甲酸

D. 山梨酸

57. 依据 GB 2760—2024《食品安全国家标准 食品添加剂使用标准》，（　　）可用于肉灌肠。

A. 苋菜红　　　　　　B. 胭脂红

C. 赤藓红　　　　　　D. 诱惑红

58. 依据 GB 2760—2024《食品安全国家标准 食品添加剂使用标准》，山梨酸及其钾盐（包括山梨酸，山梨酸钾）功能为（　　）。

A. 防腐剂　　　　　　B. 酸度调节剂

C. 稳定剂　　　　　　D. 抗氧化剂

59. 依据 GB 2760—2024《食品安全国家标准 食品添加剂使用标准》，喹啉黄及其铝色淀（包括喹啉黄，喹啉黄铝色淀）可以在（　　）中使用。

A. 蛋糕　　　　　　　B. 糖果包衣

C. 配制酒　　　　　　D. 饮料

60. 依据 GB 2760—2024《食品安全国家标准 食品添加剂使用标准》，丙二醇列举的功能有（　　）。

A. 稳定剂和凝固剂　　B. 抗结剂

C. 增稠剂　　　　　　D. 防腐剂

61. （　　）分别对带壳熟制坚果与籽类和脱壳熟制坚果与籽类的最大使用量作出了规定。

A. 糖精钠　　　　　　B. 安赛蜜

C. 三氯蔗糖　　　　　D. 甜蜜素

62. 风味发酵乳中可以添加（　　）。

A. β-胡萝卜素

B. 天然胡萝卜素

C. β-阿朴-8′-胡萝卜素醛

D. 天然苋菜红

63. 依据 GB 2760—2024《食品安全国家标准 食品添加剂使用标准》，表 A.2 表 A.1 中例外食品编号对应的食品类别有（　　）。

A. 冷冻蔬菜　　　　　B. 干制蔬菜

C. 蔬菜罐头　　　　　D. 发酵蔬菜制品

64. 依据 GB 2760—2024《食品安全国家标准 食品添加剂使用标准》，表 A.2 "表 A.1 中例外食品编号对应的食品类别" 有（　　）。

A. 大米　　　　　　　B. 大米制品

C. 米粉　　　　　　　D. 米粉制品

65. 依据 GB 2760—2024《食品安全国家标准 食品添加剂使用标准》，表 A.2 "表 A.1 中例外食品编号对应的食品类别" 有（　　）。

A. 婴儿配方食品

B. 较大婴儿和幼儿配方食品

C. 特殊医学用途婴儿配方食品

D. 婴幼儿谷类辅助食品

66. 依据 GB 2760—2024《食品安全国家标准 食品添加剂使用标准》，维生素 C 能按生产需要适量使用的食品有（　　）。

A. 植物油　　　　　　B. 氢化植物油

C. 动物油脂　　　　　D. 无水黄油

67. 依据 GB 2760—2024《食品安全国家标准 食品添加剂使用标准》，咖啡因不得使用于（　　）。

A. 可乐型碳酸饮料　　B. 茶饮料

C. 咖啡饮料　　　　　D. 奶茶

68. 依据 GB 2760—2024《食品安全国家标准 食品添加剂使用标准》，（　　）可以在配制酒中使用。

A. 纽甜　　　　　　　B. 甜蜜素

C. 安赛蜜　　　　　　D. 阿斯巴甜

69. 依据 GB 2760—2024《食品安全国家标准 食品添加剂使用标准》，（　　）不可以在白酒中使用。

A. 三氯蔗糖　　　　　B. 爱德万甜

C. 阿力甜　　　　　　D. 糖精钠

70. 依据 GB 2760—2024《食品安全国家标准 食品添加剂使用标准》，属于蒸馏酒的有（　　）。

A. 白兰地　　　　　　B. 威士忌

C. 朗姆酒　　　　　　D. 伏特加

71. 依据 GB 2760—2024《食品安全国家标准 食品添加剂使用标准》，焦糖色有以下几种工艺？（　　）

A. 苛性硫酸盐法　　　B. 普通法

C. 加氨生产　　　　　D. 亚硫酸铵法

72. 依据 GB 2760—2024《食品安全国家标准 食品添加剂使用标准》，经表面处理的鲜水果中可以添加（　　）。

A. 对羟基苯甲酸乙酯

B. 对羟基苯甲酸甲酯钠

C. 山梨酸钾

D. 乙氧基喹

73. 依据 GB 2760—2024《食品安全国家标准 食品添加剂使用标准》，可以在配制酒中使用的有（ ）。

A. 栀子蓝　　　　　B. 紫胶红

C. 玫瑰茄红　　　　D. 越橘红

74. 依据 GB 2760—2024《食品安全国家标准 食品添加剂使用标准》，下列添加剂为着色剂的有（ ）。

A. 番茄红　　　　　B. 番茄红素

C. 茶黄素　　　　　D. 栀子黄

75. 依据 GB 2760—2024《食品安全国家标准 食品添加剂使用标准》，下列食品中辣椒红不能按生产需要适量使用的有（ ）。

A. 方便米面制品　　B. 冷冻米面制品

C. 糕点　　　　　　D. 饼干

76. 依据 GB 2760—2024《食品安全国家标准 食品添加剂使用标准》，糖精钠的功能不包含（ ）。

A. 甜味剂　　　　　B. 酶制剂

C. 增味剂　　　　　D. 乳化剂

77. 依据 GB 2760—2024《食品安全国家标准 食品添加剂使用标准》，可以在原粮中使用的有（ ）。

A. 丙酸　　　　　　B. 双乙酸钠

C. 二氧化硅　　　　D. 食品用香料

78. 依据 GB 2760—2024《食品安全国家标准 食品添加剂使用标准》，下列不属于着色剂的有（ ）。

A. 落葵红　　　　　B. 栀子黄

C. 密蒙黄　　　　　D. 酸枣色

79. 依据 GB 2760—2024《食品安全国家标准 食品添加剂使用标准》，可以添加甜蜜素的食品有（ ）。

A. 方便米面制品（仅限调味面制品）

B. 焙烤食品馅料及表面用挂浆（仅限焙烤食品馅料）

C. 餐桌甜味料

D. 膨化食品

80. 依据 GB 2760—2024《食品安全国家标准 食品添加剂使用标准》，需要配制成香精进行食品加香的食品用香料包括（ ）。

A. 苯甲酸　　　　　B. 双乙酸钠

C. 肉桂醛　　　　　D. 琥珀酸二钠

81. 依据 GB 2760—2024《食品安全国家标准 食品添加剂使用标准》，柠檬酸的功能有（ ）。

A. 酸度调节剂　　　B. 防腐剂

C. 抗氧化剂　　　　D. 乳化剂

三、判断题

82. 食品添加剂是指为改善食品品质和色、香、味，以及为防腐、保鲜和加工工艺的需要而加入食品中的人工合成或者天然物质。（ ）

83. 食品添加剂的国际编码系统为 CNS。（ ）

84. 食品工业用加工助剂是与食品本身相关，且保证食品加工能顺利进行的各种物质。（ ）

85. GB 2760—2024《食品安全国家标准 食品添加剂使用标准》规定：当某食品配料作为特定终产品的原料时，批准用于上述特定终产品的添加剂允许添加到这些食品配料中，同时该添加剂在终产品中的量应符合本标准的要求。（ ）

86. GB 2760—2024《食品安全国家标准 食品添加剂使用标准》规定：如允许某一食品添加剂应用于某一食品类别时，则允许其应用于该类别下的所有类别食品，另有规定的除外。（ ）

87. GB 2760—2024《食品安全国家标准 食品添加剂使用标准》规定：下级食品类别中与上级食品类别中对于同一食品添加剂的最大使用量规定不一致的，应遵守上级食品类别的规定。（ ）

88. 甜味剂在混合使用时，各自用量占其最大使用量的比例之和不应超过1。（ ）

89. 三氯蔗糖在带壳熟制坚果与籽类的最大使用量为4.0g/kg。（ ）

90. 腌制水产品（仅限海蜇）中铝的残留量≤500mg/kg（以即食海蜇中Al计）。（ ）

91. 食品用香料、香精不包括只产生甜味、酸味或咸味的物质，也不包括增味剂。（ ）

92. 食品用香料、香精在各类食品中按生产需要适量使用。（ ）

93. 甜型葡萄酒中二氧化硫及亚硫酸盐的最大使用量为0.4g/L，最大使用量以二氧化硫残留计。（ ）

94. 餐桌甜味料中三氯蔗糖可按生产需要适量使用。（ ）

95. 食品添加剂对羟基苯甲酸酯类及其钠盐一般指对羟基苯甲酸甲酯、乙酯、丙酯、丁酯及其钠盐。（ ）

96. 蔗糖为甜味剂。（ ）

97. 纳他霉素在肉灌肠中的最大残留量≤10mg/kg。（ ）

98. 亚硝酸钠和硝酸钠均有护色剂和防腐剂的功能。（ ）

99. 葡萄酒中可以使用三氯蔗糖。（ ）

100. 带壳熟制坚果与籽类的三氯蔗糖最大使用量为4.0g/kg。（ ）

101. 酸度调节剂是用以维持或改变食品酸度的物质。（ ）

102. 抗结剂是用于防止颗粒或粉状食品聚集结块，保持其松散或自由流动的物质。（ ）

103. 漂白剂是能够破坏、抑制食品的发色因素，使其褪色或使食品免于褐变的物质。（ ）

104. 依据GB 2760—2024《食品安全国家标准 食品添加剂使用标准》，发酵豆制品中只有臭豆腐可在添加硫酸亚铁。（ ）

105. 依据GB 2760—2024《食品安全国家标准 食品添加剂使用标准》，白油（液体石蜡）可在油脂加工工艺中使用。（ ）

106. 加工助剂应在食品生产加工成成品后包装过程中使用，使用时应具有工艺必要性。（ ）

107. 防腐剂是能防止或延缓油脂或食品成分氧化分解、变质，提高食品稳定性的物质。（ ）

108. 增稠剂是能够提高食品的黏稠度或形成凝胶，从而改变食品的物理性状，赋予食品黏润、适宜的口感，并兼有乳化、稳定或使呈悬浮状态作用的物质。（ ）

109. 食醋可以添加冰乙酸（又名冰醋酸）。（ ）

110. 依据GB 2760—2024《食品安全国家标准 食品添加剂使用标准》，表E.1中04.02.01.04的食品类别为豆芽菜。（ ）

111. 食品用香料是能够用于调配食品香精，并使食品增香的物质。（ ）

112. 依据GB 2760—2024《食品安全国家标准 食品添加剂使用标准》表E.1，其他糖和糖浆包括红糖、赤砂糖、冰片糖、原糖、果糖（蔗糖来源）、糖蜜、部分转化糖、槭树糖浆等。（ ）

113. 依据GB 2760—2024《食品安全国家标准 食品添加剂使用标准》表E.1，蜜饯类和凉果类属于同一细分食品分类号。（ ）

114. 依据GB 2760—2024《食品安全国家标准 食品添加剂使用标准》，牛磺酸是一种食品用合成香料。（ ）

115. 依据GB 2760—2024《食品安全国家标准 食品添加剂使用标准》，液体复合甜味料中阿斯巴甜的最大使用量为3.0g/kg。（ ）

116. 依据GB 2760—2024《食品安全国家标准 食品添加剂使用标准》，巧克力与巧克力制品，除05.01.01以外的可可制品中异麦芽酮糖按生产需要适量使用。（ ）

第二节　综合能力提升

一、单选题

117. 依据 GB 2760—2024《食品安全国家标准 食品添加剂使用标准》，桑葚中苯甲酸的最大使用量为（　　）。

A. 不得使用　　　　　　B. 0.1g/kg

C. 0.5g/kg　　　　　　D. 1.0g/kg

118. 依据 GB 2760—2024《食品安全国家标准 食品添加剂使用标准》，（　　）可用于肉制品的可食用动物肠衣类。

A. 新红　　　　　　　　B. 苋菜红

C. 胭脂红　　　　　　　D. 赤藓红

119. 果冻粉中诱惑红的最大使用量（　　）。

A. 以诱惑红计

B. 以诱惑红计，按冲调倍数增加使用量

C. 以诱惑红计，按稀释倍数增加使用量

D. 以诱惑红计，最大使用量为按稀释倍数稀释后液体中的量

120. 亚铁氰化钾的功能为（　　）。

A. 漂白剂　　　　　　　B. 被膜剂

C. 抗结剂　　　　　　　D. 乳化剂

121. 爱德万甜在冷冻饮品（03.04 食用冰除外）中最大使用量为 0.5（　　）。

A. ‰　　　　　　　　　B. g/kg

C. mg/kg　　　　　　　D. μg/kg

122. 蛋黄酱、沙拉酱中纳他霉素（　　）≤10mg/kg。

A. 最大使用量　　　　　B. 使用量

C. 最大残留量　　　　　D. 残留量

123. 依据 GB 2760—2024《食品安全国家标准 食品添加剂使用标准》，丙二醇列举的功能不包含（　　）。

A. 乳化剂　　　　　　　B. 水分保持剂

C. 抗氧化剂　　　　　　D. 增稠剂

124. （　　）可以添加丙二醇。

A. 面包　　B. 饼干　　C. 蛋糕　　D. 蛋卷

125. 脱壳熟制坚果与籽类的糖精钠最大使用量为（　　）。

A. 0.5g/kg　　　　　　B. 1.0g/kg

C. 1.2g/kg　　　　　　D. 1.5g/kg

126. （　　）的最大使用量以油脂中的含量计。

A. β-胡萝卜素　　　　　B. 特丁基对苯二酚

C. L-苹果酸　　　　　　D. 姜黄素

127. 果酱中茶多酚的最大使用量（　　）。

A. 以儿茶素计

B. 以油脂中儿茶素计

C. 以茶多酚计

D. 以油脂中茶多酚计

128. 依据 GB 2760—2024《食品安全国家标准 食品添加剂使用标准》，既是表 A.2 "表 A.1 中例外食品编号对应的食品类别"，又是表 B.1 "不得添加食品用香料、香精的食品名单"中的是（　　）。

A. 大米　　　　　　　　B. 大米制品

C. 米粉　　　　　　　　D. 米粉制品

129. 依据 GB 2760—2024《食品安全国家标准 食品添加剂使用标准》，咖啡因的功能为（　　）。

A. 水分保持剂　　　　　B. 酸度调节剂

C. 乳化剂　　　　　　　D. 其他

130. 依据 GB 2760—2024《食品安全国家标准 食品添加剂使用标准》，咖啡因在可乐型碳酸饮料中最大使用量为（　　）。

A. 0.05g/kg　　　　　　B. 0.1g/kg

C. 0.15g/kg　　　　　　D. 0.2g/kg

131. 依据 GB 2760—2024《食品安全国家标准 食品添加剂使用标准》，（　　）可以在发酵酒（15.03.01 葡萄酒除外）中使用。

A. 纽甜　　　　　　　　B. 糖精钠

C. 安赛蜜　　　　　　　D. 甜蜜素

132. 依据 GB 2760—2024《食品安全国家标准 食品添加剂使用标准》，（　　）可以在葡萄酒中使用。

A. 山梨酸　　　　　　　B. 纳他霉素

C. 新红　　　　　　　　D. 索马甜

133. 羟基酪醇的功能为（　　）。

A. 防腐剂　　　　　　　B. 抗氧化剂

C. 乳化剂　　　　　　　D. 其他

134. 依据 GB 2760—2024《食品安全国家标准 食品添加剂使用标准》，亚铁氰化钾在盐及代盐制品中的最大使用量为（　　）。

A. 不得使用

B. 0.01g/kg

C. 1.0g/kg

D. 按生产需要适量使用

135. 依据 GB 2760—2024《食品安全国家标准 食品添加剂使用标准》，二氧化碳的功能为（　　）。

A. 稳定剂　　　　　　　B. 酸度调节剂

C. 防腐剂　　　　　　　D. 抗氧化剂

136. 依据 GB 2760—2024《食品安全国家标准 食品添加剂使用标准》，豆腐不得使用（　　）。

A. 丙酸　　　　　　　　B. 硫酸铝钾

C. 阿力甜　　　　　　　D. 山梨糖醇

137. 依据 GB 2760—2024《食品安全国家标准 食品添加剂使用标准》，经表面处理的新鲜蔬菜中可以添加（　　）。

A. 对羟基苯甲酸乙酯

B. 对羟基苯甲酸甲酯钠

C. 山梨酸钾

D. 乙氧基喹

138. 依据 GB 2760—2024《食品安全国家标准 食品添加剂使用标准》，方便米面制品中胭脂红最大使用量为（　　）。

A. 不得使用　　　　　　B. 0.012g/kg

C. 0.12g/kg　　　　　　D. 0.25g/kg

139. 依据 GB 2760—2024《食品安全国家标准 食品添加剂使用标准》，甜菊糖苷最大使用量（　　）。

A. 以甜菊醇计

B. 以甜菊醇当量计

C. 以甜菊醇残留量计

D. 以甜菊醇最大残留量计

140. 依据 GB 2760—2024《食品安全国家标准 食品添加剂使用标准》，氢氧化钾属于（　　）。

A. 酸度调节剂　　　　　B. 碱度调节剂

C. 漂白剂　　　　　　　D. 泡发剂

141. 依据 GB 2760—2024《食品安全国家标准 食品添加剂使用标准》，茶黄素属于（　　）。

A. 着色剂　　　　　　　B. 护色剂

C. 防腐剂　　　　　　　D. 抗氧化剂

142. 依据 GB 2760—2024《食品安全国家标准 食品添加剂使用标准》，下列添加剂可以在果酒中使用的有（　　）。

A. 藻蓝　　　　　　　　B. 紫胶红

C. 紫草红　　　　　　　D. 玉米黄

143. 下列物质为食品添加剂的是（　　）。

A. 辣椒红　　　　　　　B. 辣椒素

C. 二氢辣椒素　　　　　D. 合成辣椒素

144. 食品添加剂日落黄中可能含有（　　）。

A. 苏丹红 I 号　　　　　B. 苏丹红 II 号

C. 苏丹红 III 号　　　　D. 苏丹红 IV 号

145. 依据 GB 2760—2024《食品安全国家标准 食品添加剂使用标准》，β-阿朴-8′-胡萝卜素醛属于（　　）。

A. 着色剂　　　　　　　B. 护色剂

C. 防腐剂　　　　　　　D. 抗氧化剂

146. 依据 GB 2760—2024《食品安全国家标准 食品添加剂使用标准》，α-淀粉酶属于（　　）。

A. 甜味剂　　　　　　　B. 酶制剂

C. 抗结剂　　　　　　　D. 膨松剂

147. 依据 GB 2760—2024《食品安全国家标准 食品添加剂使用标准》，以下食品中糖精钠的最大使用量与其他不一致的是（　　）。

A. 蜜饯　　　　　　　　B. 蜜饯类、凉果类

C. 话化类　　　　　　　D. 果糕类

148. 依据 GB 2760—2024《食品安全国家标准 食品添加剂使用标准》，（　　）葡萄酒二氧化硫最大使用量为 0.4g/L，最大使用量以二氧化硫残留量计。

A. 干型　　　　　　　　B. 半干型

C. 甜型　　　　　　　　D. 半甜型

149. 依据 GB 2760—2024《食品安全国家标准 食品添加剂使用标准》，（　　）不可添加至经表面处理的鲜水果。

A. 对羟基苯甲酸乙酯

B. 2,4-二氯苯氧乙酸

C. 二氧化硫

D. 山梨酸

150. 依据 GB 2760—2024《食品安全国家标准 食品添加剂使用标准》，下列防腐剂还可以用作食品用合成香料的是（　　）。

A. 苯甲酸　　　　　　　B. 山梨酸

C. 脱氢乙酸　　　　　　D. 纳他霉素

151. 依据 GB 2760—2024《食品安全国家标准 食品添加剂使用标准》，预制肉制品中脱氢乙酸的最大使用量为（　　）。

A. 不得使用

B. 0.3g/kg

C. 0.5g/kg

D. 按生产需要适量使用

152. 依据 GB 2760—2024《食品安全国家标准 食品添加剂使用标准》表 E.1，不属于同一细分食品分类号的是（　　）。

A. 绵白糖　　　　　　　B. 红糖

C. 冰片糖　　　　　　　D. 赤砂糖

153. 依据 GB 2760—2024《食品安全国家标准 食品添加剂使用标准》表 B.2，允许使用的食品用天然香料有（　　）种。

A. 218　　B. 288　　C. 318　　D. 388

154. 较 GB 2760—2014《食品安全国家标准 食品添加剂使用标准》，GB 2760—2024《食品安全国家标准 食品添加剂使用标准》中大幅缩小了使用范围的食品添加剂为（　　）。

A. 纳他霉素　　　　　　B. 脱氢乙酸

C. 三氯蔗糖　　　　　　D. 甜蜜素

155. 依据 GB 2760—2024《食品安全国家标准 食品添加剂使用标准》，鲜蛋可以添加（　　）。

A. 白油（又名液体石蜡）

B. BHA

C. BHT

D. 纳他霉素

156. 依据 GB 2760—2024《食品安全国家标准 食品添加剂使用标准》，固体饮料中琥珀酸单甘油酯的最大使用量为 20g/kg（　　）。

A. 以琥珀酸单甘油酯计

B. 按稀释 10 倍计算

C. 按冲调倍数增加使用量

D. 按稀释倍数稀释后液体中的量

二、多选题

157. 下列哪些食品添加剂在混合使用时，各自用量占其最大使用量的比例之和不应超过 1？（　　）。

A. 胭脂红　　　　　　　B. 日落黄

C. 苏丹红　　　　　　　D. 苋菜红

158. 下列哪些食品添加剂在混合使用时，各自用量占其最大使用量的比例之和不应超过 1？（　　）。

A. 二丁基羟基甲苯　　　B. 丁基羟基茴香醚

C. 特丁基对苯二酚　　　D. 二甲基二碳酸盐

159. 依据 GB 2760—2024《食品安全国家标准 食品添加剂使用标准》，（　　）可以使用丙酸及其钠盐、钙盐（包括丙酸、丙酸钠、丙酸钙）。

A. 面条　　B. 叉烧肉　　C. 腐竹　　D. 果酱

160. 依据 GB 2760—2024《食品安全国家标准 食品添加剂使用标准》，月饼中可以添加（　　）。

A. 苯甲酸　　　　　　　B. 山梨酸

C. 脱氢乙酸　　　　　　D. 纳他霉素

161. （ ） 可以在生湿面制品（如面条、饺子皮、馄饨皮、烧麦皮）使用。

A. 富马酸   B. 富马酸一钠

C. 富马酸二钠   D. 富马酸二甲酯

162. 依据 GB 2760—2024《食品安全国家标准 食品添加剂使用标准》，茶（类）饮料不得使用 （ ）。

A. 安赛蜜   B. 茶多酚

C. 咖啡因   D. β-胡萝卜素

163. 依据 GB 2760—2024《食品安全国家标准 食品添加剂使用标准》，腐乳中可以添加 （ ）。

A. 丙酸

B. 三氯蔗糖

C. 红曲红

D. 环己基氨基磺酸钙

164. 依据 GB 2760—2024《食品安全国家标准 食品添加剂使用标准》，不得添加食品用香料、香精的食品有 （ ）。

A. 辣条   B. 酸奶

C. 食用淀粉   D. 茶叶

165. 依据 GB 2760—2024《食品安全国家标准 食品添加剂使用标准》，（ ） 属于熏、烧、烤肉类。

A. 熏肉   B. 叉烧肉

C. 烤鸭   D. 肉脯

166. 依据 GB 2760—2024《食品安全国家标准 食品添加剂使用标准》，乙二胺四乙酸二钠属于 （ ）。

A. 抗氧化剂   B. 防腐剂

C. 稳定剂   D. 凝固剂

167. 依据 GB 2760—2024《食品安全国家标准 食品添加剂使用标准》，（ ） 可以使用三氯蔗糖。

A. 葡萄酒   B. 焙烤食品

C. 再制干酪   D. 水果罐头

168. 依据 GB 2760—2024《食品安全国家标准 食品添加剂使用标准》，（ ） 属于抗氧化剂。

A. 二丁基羟基甲苯   B. 丁基羟基茴香醚

C. 特丁基对苯二酚   D. 维生素 E

169. 下列选项中允许使用脱氢乙酸及其钠盐的食品有 （ ）。

A. 猪肉罐头   B. 腌制的榨菜

C. 蘑菇罐头   D. 鸡精

170. 依据 GB 2760—2024《食品安全国家标准 食品添加剂使用标准》，（ ） 属于热凝固蛋制品。

A. 皮蛋肠   B. 糟蛋

C. 冰蛋黄   D. 蛋黄酪

171. 依据 GB 2760—2024《食品安全国家标准 食品添加剂使用标准》，硝酸钠、硝酸钾属于 （ ）。

A. 抗氧化剂   B. 防腐剂

C. 护色剂   D. 着色剂

172. 合成着色剂的测定一般视产品色泽而定，某食品为绿色，检测以下哪种组合着色剂更合理？（ ）

A. 日落黄＋亮蓝   B. 日落黄＋胭脂红

C. 柠檬黄＋亮蓝   D. 柠檬黄＋胭脂红

173. 依据 GB 2760—2024《食品安全国家标准 食品添加剂使用标准》，仅限使用柠檬黄的食品有 （ ）。

A. 膨化食品   B. 鱼子制品

C. 蛋卷   D. 风味派馅料

174. 依据 GB 2760—2024《食品安全国家标准 食品添加剂使用标准》，山梨酸可以在 （ ） 中使用。

A. 白酒   B. 配制酒

C. 葡萄酒   D. 果酒

175. 依据 GB 2760—2024《食品安全国家标准 食品添加剂使用标准》，二氧化碳可以添加至 （ ） 中。

A. 蒸馏酒

B. 配制酒

C. 发酵酒

D. 其他发酵酒类（充气型）

176. 依据 GB 2760—2024《食品安全国家标准 食品添加剂使用标准》，下列选项中可以用于啤酒加工工艺的加工助剂有（　　）。

A. 丙二醇 B. 单宁

C. 硅胶 D. 聚苯乙烯

177. 依据 GB 2760—2024《食品安全国家标准 食品添加剂使用标准》，下列选项中不是面粉处理剂的是（　　）。

A. 偶氮甲酰胺 B. 过氧化苯甲酰

C. 抗坏血酸 D. 碳酸镁

178. 依据 GB 2760—2024《食品安全国家标准 食品添加剂使用标准》，葡萄酒的分类有（　　）。

A. 无气葡萄酒 B. 起泡葡萄酒

C. 调香葡萄酒 D. 特种葡萄酒

179. 依据 GB 2760—2024《食品安全国家标准 食品添加剂使用标准》表 E.1，下列选项中属于同一细分食品分类号的是（　　）。

A. 巴氏杀菌乳 B. 灭菌乳

C. 高温杀菌乳 D. 调制乳

三、判断题

180. 食品添加剂有人工合成的物质，也有天然物质。（　　）

181. 食品添加剂的中国编码系统为 INS。（　　）

182. 苯甲酸钠、山梨酸钾和丙酸钙在混合使用时，各自用量占其最大使用量的比例之和不应超过 1。（　　）

183. 着色剂是指能与肉及肉制品中呈色物质作用，使之在食品加工、保藏等过程中不致被分解、破坏，呈现良好色泽的物质。（　　）

184. 食品用香料一般配制成食品用香精后用于食品加香，也可直接用于食品加香。（　　）

185. 偶氮甲酰胺为面粉处理剂。（　　）

186. 可在各类食品加工过程中使用，残留量不需限定的加工助剂在制成最终成品之前可以不用除去。（　　）

187. GB 2760—2024《食品安全国家标准 食品添加剂使用标准》胭脂红、柠檬黄、亮蓝功能类别为食用色素。（　　）

188. 食用菌和藻类罐头不得使用山梨酸及其钾盐。（　　）

189. 若食品类别中同时允许使用天门冬酰苯丙氨酸甲酯乙酰磺胺酸（最大使用量乘以 0.64 可以转换为安赛蜜的用量），当混合使用时，最大使用量不能超过标准规定的安赛蜜的最大使用量。（　　）

190. 在允许按生产需要适量使用的食品用香料、香精，在预包装食品包装上可以免除标示。（　　）

191. 依据 GB 2760—2024《食品安全国家标准 食品添加剂使用标准》表 C.1，氮气（液氮）均可在各类食品加工过程中使用，残留量不需限定。（　　）

192. 氮气也是一种食品添加剂。（　　）

193. 西式火腿（熏烤、烟熏、蒸煮火腿）类亚硝酸钠最大使用量 $\leqslant$ 70mg/kg。（　　）

194. 酱卤肉制品类亚硝酸钠残留量 $\leqslant$ 30mg/kg。（　　）

195. 依据 GB 2760—2024《食品安全国家标准 食品添加剂使用标准》，丙酸可作为酸度调节剂。（　　）

196. 依据 GB 2760—2024《食品安全国家标准 食品添加剂使用标准》，丙酸及其钠盐、钙盐最大使用量以丙酸钠计。（　　）

197. 啤酒中三氯蔗糖最大使用量为 0.65g/kg。（　　）

198. 鱼子制品仅限用柠檬黄，不能使用柠檬黄铝色淀。（　　）

199. 果蔬汁（浆）类饮料相应的固体饮料的赤藓红最大使用量按稀释倍数增加使用量。（　　）

200. 月饼中的纳他霉素限饼皮检测。（　　）

201. 带壳熟制坚果与籽类的甜蜜素最大使用量为 1.2g/kg。（　　）

202. 茶饮料中不得检出咖啡因。（　　）

203. 面粉处理剂是促进面粉的增白和提高

制品质量的物质。（　　）

204. 羟基酪醇可以在动物油脂中使用。（　　）

205. 青稞干酒中山梨酸最大使用量为 0.6g/L。（　　）

206. 焦糖色（苛性硫酸盐法）在威士忌中可以按生产需要适量使用。（　　）

207. 依据 GB 2760—2024《食品安全国家标准 食品添加剂使用标准》，月饼中可以添加脱氢乙酸。（　　）

208. 脱膜剂是涂抹于食品外表，起保质、保鲜、上光、防止水分蒸发等作用的物质。（　　）

209. 抗氧化剂是防止食品氧化、腐败变质并且能延长食品储存期的物质。（　　）

210. 膨松剂是在食品加工过程中加入的，能使产品发起形成致密多孔组织，从而使制品具有膨松、柔软或酥脆的物质。（　　）

211. 依据 GB 2760—2024《食品安全国家标准 食品添加剂使用标准》，黄桃干中不得使用糖精钠。（　　）

212. 某企业为防止发酵肉制品异味加重，按需求适量添加了食品用香料、香精。（　　）

213. 依据 GB 2760—2024《食品安全国家标准 食品添加剂使用标准》表 C.1，过氧化氢可在各类食品加工过程中使用，残留量不需限定。（　　）

214. 依据 GB 2760—2024《食品安全国家标准 食品添加剂使用标准》表 E.1，葡萄酒有起泡和半起泡葡萄酒。（　　）

215. 依据 GB 2760—2024《食品安全国家标准 食品添加剂使用标准》表 B.3，允许使用的食品用合成香料名有 1405 种。（　　）

四、填空题

216. 食品用香料包括天然香料和＿＿＿＿＿＿＿＿两种类型。

217. 双乙酸钠（又名二醋酸钠）的功能是作为＿＿＿＿＿＿＿＿使用。

218. 植酸（又名肌醇六磷酸），植酸钠的功能是作为＿＿＿＿＿＿＿＿使用。

219. 水果罐头中甜菊糖苷的最大使用量以甜菊醇＿＿＿＿＿＿＿＿计。

220. 啤酒和麦芽饮料中二氧化硫最大使用量以二氧化硫＿＿＿＿＿＿＿＿计。

221. 植物蛋白饮料中茶多酚最大使用量以＿＿＿＿＿＿＿＿计。

222. 膨化食品中没食子酸丙酯的最大使用量以＿＿＿＿＿＿中的含量计。

223. 发酵肉制品中添加纳他霉素时，需＿＿＿＿＿＿＿使用，混悬液喷雾或浸泡，残留量＜10mg/kg。

224. 食盐中亚铁氰化钾的最大使用量以＿＿＿＿＿＿＿＿计。

225. 风味发酵乳中胭脂虫红铝色淀的最大使用量以＿＿＿＿＿＿＿＿计。

226. 乳酸菌饮料的固体饮料中的山梨酸按稀释倍数＿＿＿＿＿＿使用量。

227. 固体饮料中苋菜红最大使用量为按稀释倍数稀释后＿＿＿＿＿＿＿＿，以苋菜红计。

228. 果冻粉中亮蓝的最大使用量按＿＿＿＿＿＿＿＿倍数增加使用量。

229. 蔗糖脂肪酸酯可用于鸡蛋＿＿＿＿＿＿＿＿＿＿。

230. 稀奶油＿＿＿＿＿＿添加食品用香料、香精。

231. 黑加仑红在果酒中可按生产需要＿＿＿＿＿＿＿＿＿使用。

232. 海藻酸钠（又名褐藻酸钠）最大使用量为 1.0g/kg，适用于＿＿＿＿＿＿＿＿月龄幼儿的其他特殊膳食用食品。

233. 食品添加剂编码用于代替复杂的化学结构名称表述的编码，包括食品添加剂的＿＿＿＿＿＿＿＿系统（INS）和中国编码系统（CNS）。

234. ＿＿＿＿＿＿＿＿是指食品添加剂使用时所允许的最大添加量。

235. ＿＿＿＿＿＿＿＿是赋予食品甜味的物质。

五、简答题

236. 食品添加剂使用时应符合哪些基本要求？

237. 检验机构检出某果酱中日落黄含量为 0.33g/kg，苋菜红含量为 0.34g/kg，柠檬黄含量为 0.35g/kg，依据 GB 2760—2024《食品安全国家标准　食品添加剂使用标准》规定日落黄、苋菜红和柠檬黄的最大使用量分别为 0.5g/kg、0.3g/kg、0.5g/kg，请问该果酱是否合格？如果合格，为什么？

238. 某企业生产的鸭脖熟食检出苯甲酸钠（以苯甲酸计）0.078g/kg，该企业提供配料表为：鸭脖（85%）、大豆油（5%）、酱油（4%，零添加防腐剂）、食醋（3%，添加苯甲酸）、鸡精（2%，添加苯甲酸）、辣椒粉（1%）。请问该鸭脖熟食是否合格？

239. 某款桃汁的固体饮料说明书上注明，取 5g 样品，加入 50mL 水稀释，混匀后饮用。该样品在某检验机构检出赤藓红（以赤藓红计）0.30g/kg，请问该款固体饮料是否合格？为什么？

240. 请列举在哪种食品中可能存在哪些食品添加剂本底？

第九章

食品中真菌毒素限量

● **核心知识点** ●

一、真菌毒素类型及危害

毒素名称	主要产毒真菌	易污染食品	健康危害
黄曲霉毒素 B$_1$	黄曲霉、寄生曲霉	玉米、花生、坚果	强致癌性（肝癌），急性肝损伤
赭曲霉毒素 A	赭曲霉、碳黑曲霉	谷物、咖啡豆、葡萄酒	肾毒性，潜在致癌性
脱氧雪腐镰刀菌烯醇	镰刀菌属	小麦、大麦、玉米	呕吐、免疫抑制（"呕吐毒素"）
玉米赤霉烯酮	镰刀菌属	玉米、小麦	雌激素效应，生殖毒性
展青霉素	扩展青霉	苹果及其制品	神经毒性，致畸性

二、可食用部分

食品原料经过机械手段（如谷物碾磨、水果剥皮、坚果去壳、肉去骨、鱼去刺、贝去壳等）去除非食用部分后，所得到的用于食用的部分。

注 1：非食用部分的去除不可采用任何非机械手段（如粗制植物油精炼过程）。

注 2：用相同的食品原料生产不同产品时，可食用部分的量依生产工艺不同而异。如用麦类加工麦片和全麦粉时，可食用部分按 100% 计算；加工小麦粉时，可食用部分按出粉率折算。

三、分类限量（以黄曲霉毒素 B$_1$ 为例）：

（一）玉米/花生及其制品、花生油、玉米汩：≤20μg/kg。

（二）婴幼儿配方食品：≤0.5μg/kg（以粉状产品计）。

（三）植物油脂（除花生油、玉米油外）：≤10μg/kg。

食品中真菌毒素限量标准是食品安全风险防控体系中不可或缺的组成部分，其核心目标在于通过设定食品中真菌毒素的最大允许含量，来确保食品的安全性，从而有效保障消费者的健康。真菌毒素，作为一类由真菌在食品生长、加工或储存过程中产生的有毒代谢产物，对人体健康构成了显著的威胁。它们可能引发急性或慢性中毒，甚至在某些情况下具有致癌性。

本章依据 GB 2761—2017《食品安全国家标准 食品中真菌毒素限量》，系统介绍了不同食品类别中真菌毒素的限量、应用原则及检测方法等内容。通过本章的系统练习，读者将能够准确理解真菌毒素限量标准的核心要求，掌握对应的检测方法，结合实际案例评估食品中真菌毒素的污染状况，确保食品安全监管的有效性。

第一节　基础知识自测

一、单选题

1. GB 2761—2017《食品安全国家标准 食品中真菌毒素限量》实施日期为（　　）。

A. 2017 年 3 月 17 日

B. 2017 年 5 月 17 日

C. 2017 年 7 月 17 日

D. 2017 年 9 月 17 日

2. GB 2761—2017《食品安全国家标准 食品中真菌毒素限量》未规定食品中（　　）的限量指标。

A. 玉米赤霉烯酮

B. 伏马菌素

C. 脱氧雪腐镰刀菌烯醇

D. 展青霉素

3. 依据 GB 2761—2017《食品安全国家标准 食品中真菌毒素限量》，真菌毒素是真菌在生长繁殖过程中产生的次生有毒（　　）产物。

A. 合成　　B. 衍生　　C. 代谢　　D. 分泌

4. 依据 GB 2761—2017《食品安全国家标准 食品中真菌毒素限量》，加工小麦粉时，可食用部分按（　　）折算。

A. 研磨率　　　　　B. 回收率

C. 出粉率　　　　　D. 去壳率

5. 依据 GB 2761—2017《食品安全国家标准 食品中真菌毒素限量》，限量是指真菌毒素在食品原料和（或）食品成品可食用部分中允许的（　　）水平。

A. 最大可接受　　　B. 最大含量

C. 最大污染　　　　D. 残留量

6. 依据 GB 2761—2017《食品安全国家标准 食品中真菌毒素限量》，制定限量值的食品是对消费者膳食暴露量产生（　　）的食品。

A. 较大影响　　　　B. 影响

C. 较大风险　　　　D. 风险

7. 依据 GB 2761—2017《食品安全国家标准 食品中真菌毒素限量》，可食用部分指食品原料经过（　　）去除非食用部分后，所得到的用于食用的部分。

A. 物理手段　　　　B. 力学手段

C. 生物手段　　　　D. 机械手段

8. 依据 GB 2761—2017《食品安全国家标准 食品中真菌毒素限量》，（　　）中黄曲霉毒素 B_1 限量最高。

A. 玉米　　B. 稻谷　　C. 小麦　　D. 大麦

9. 依据 GB 2761—2017《食品安全国家标准 食品中真菌毒素限量》，下列食品中黄曲霉毒素 B_1 限量与其他食品不一致的是（　　）。

A. 南瓜子　　B. 花生　　C. 松子　　D. 核桃

10. 依据 GB 2761—2017《食品安全国家标准 食品中真菌毒素限量》，下列食品中黄曲霉毒素 B_1 限量与其他食品不一致的是（ ）。

A. 茶籽油 B. 橄榄油

C. 玉米油 D. 稻米油

11. 依据 GB 2761—2017《食品安全国家标准 食品中真菌毒素限量》，下列食品中黄曲霉毒素 B_1 限量为 $10\mu g/kg$ 的是（ ）。

A. 高粱 B. 黑麦 C. 小麦 D. 稻米

12. 依据 GB 2761—2017《食品安全国家标准 食品中真菌毒素限量》，玉米中黄曲霉毒素 B_1 限量为（ ）。

A. $5.0\mu g/kg$ B. $10.0\mu g/kg$

C. $15.0\mu g/kg$ D. $20.0\mu g/kg$

13. 依据 GB 2761—2017《食品安全国家标准 食品中真菌毒素限量》，稻谷中黄曲霉毒素 B_1 限量以（ ）计。

A. 稻谷 B. 稻米 C. 糙米 D. 大米

14. 依据 GB 2761—2017《食品安全国家标准 食品中真菌毒素限量》，稻谷中黄曲霉毒素 B_1 按（ ）规定的方法测定。

A. GB 5009.21 B. GB 5009.22

C. GB 5009.23 D. GB 5009.24

15. 依据 GB 2761—2017《食品安全国家标准 食品中真菌毒素限量》，特殊医学用途婴儿配方食品中黄曲霉毒素 M_1 的限量为（ ）。

A. $0.5\mu g/kg$

B. $0.5\mu g/kg$（以粉状产品计）

C. $0.5\mu g/kg$（以固态产品计）

D. $0.5\mu g/kg$（以豆基产品计）

16. 依据 GB 2761—2017《食品安全国家标准 食品中真菌毒素限量》，脱氧雪腐镰刀菌烯醇按（ ）规定的方法测定。

A. GB 5009.96 B. GB 5009.111

C. GB 5009.185 D. GB 5009.209

17. GB 2761—2017《食品安全国家标准 食品中真菌毒素限量》规定了（ ）中脱氧雪腐镰刀菌烯醇的限量。

A. 玉米 B. 花生 C. 瓜子 D. 芝麻

18. 依据 GB 2761—2017《食品安全国家标

准 食品中真菌毒素限量》，小麦中脱氧雪腐镰刀菌烯醇限量为（ ）。

A. $5.0\mu g/kg$ B. $10\mu g/kg$

C. $100\mu g/kg$ D. $1000\mu g/kg$

19. 依据 GB 2761—2017《食品安全国家标准 食品中真菌毒素限量》，下列食品中展青霉素的限量与其他食品不一致的是（ ）。

A. 果丹皮 B. 苹果干

C. 山楂片 D. 苹果酱

20. GB 2761—2017《食品安全国家标准 食品中真菌毒素限量》对赭曲霉毒素 A 限量作出规定的食品有（ ）。

A. 葡萄酒 B. 青梅酒

C. 苹果酒 D. 山楂酒

21. 依据 GB 2761—2017《食品安全国家标准 食品中真菌毒素限量》，玉米赤霉烯酮按（ ）规定的方法测定。

A. GB 5009.96 B. GB 5009.111

C. GB 5009.185 D. GB 5009.209

22. 依据 GB 2761—2017《食品安全国家标准 食品中真菌毒素限量》，玉米中玉米赤霉烯酮限量为（ ）。

A. $10\mu g/kg$ B. $20\mu g/kg$

C. $50\mu g/kg$ D. $60\mu g/kg$

23. 依据 GB 2761—2017《食品安全国家标准 食品中真菌毒素限量》，下列选项中对乳及乳制品作出了限量要求的项目是（ ）。

A. 展青霉素

B. 黄曲霉毒素 M_1

C. 脱氧雪腐镰刀菌烯醇

D. 玉米赤霉烯酮

24. 依据 GB 2761—2017《食品安全国家标准 食品中真菌毒素限量》，苹果罐头中展青霉素限量为（ ）。

A. $10\mu g/kg$ B. $20\mu g/kg$

C. $50\mu g/kg$ D. $60\mu g/kg$

25. GB 2761—2017《食品安全国家标准 食品中真菌毒素限量》未规定（ ）中

赭曲霉毒素 A 的限量。

A. 可可

B. 烘焙咖啡豆

C. 研磨咖啡（烘焙咖啡）

D. 速溶咖啡

二、多选题

26. GB 2761—2017《食品安全国家标准 食品中真菌毒素限量》规定了食品中（　　）的限量指标。

A. 黄曲霉毒素 B_1　　B. 黄曲霉毒素 G_1

C. 黄曲霉毒素 M_1　　D. 黄曲霉毒素 G_2

27. 可食用部分是指食品原料经过哪些机械手段去除非食用部分后，所得到的用于食用的部分？（　　）

A. 谷物碾磨　　　　B. 水果剥皮

C. 坚果去壳　　　　D. 鱼去刺

28. 依据 GB 2761—2017《食品安全国家标准 食品中真菌毒素限量》，限量是指真菌毒素在（　　）和（或）（　　）可食用部分中允许的最大含量水平。

A. 食品原料　　　　B. 食品加工品

C. 食品半成品　　　D. 食品成品

29. GB 2761—2017《食品安全国家标准 食品中真菌毒素限量》下列食品中对黄曲霉毒素 B_1 作出限量规定的食品有（　　）。

A. 玉米面　　　　　B. 糙米

C. 麦片　　　　　　D. 小麦粉

30. GB 2761—2017《食品安全国家标准 食品中真菌毒素限量》对含（　　）的辅食营养补充品黄曲霉毒素 B_1 作出了限量规定。

A. 谷类　　B. 坚果　　C. 豆类　　D. 籽类

31. 依据 GB 2761—2017《食品安全国家标准 食品中真菌毒素限量》，黄曲霉毒素 B_1 限量为 $20\mu g/kg$ 的是（　　）。

A. 花生　　　　　　B. 花生油

C. 玉米　　　　　　D. 玉米油

32. GB 2761—2017《食品安全国家标准 食品中真菌毒素限量》对以（　　）为主要原料的婴幼儿配方食品中黄曲霉毒素

M_1 作出了限量规定。

A. 乳类　　　　　　B. 乳蛋白制品

C. 豆类　　　　　　D. 大豆蛋白制品

33. GB 2761—2017《食品安全国家标准 食品中真菌毒素限量》规定了（　　）中脱氧雪腐镰刀菌烯醇的限量。

A. 大米　　　　　　B. 小米

C. 小麦　　　　　　D. 大麦

34. 依据 GB 2761—2017《食品安全国家标准 食品中真菌毒素限量》，下列选项中展青霉素未规定限量的食品有（　　）。

A. 葡萄酒　　　　　B. 青梅酒

C. 苹果酒　　　　　D. 山楂酒

35. GB 2761—2017《食品安全国家标准 食品中真菌毒素限量》规定了（　　）中玉米赤霉烯酮的限量。

A. 小麦　　　　　　B. 小麦粉

C. 玉米　　　　　　D. 玉米面

三、判断题

36. 真菌毒素是真菌在生长繁殖过程中产生的次生有毒衍生物。（　　）

37. 粗制植物油精炼过程属于非食用部分的去除。（　　）

38. 用麦类加工麦片和全麦粉以及加工小麦粉时，可食用部分按出粉率折算。（　　）

39. 依据 GB 2761—2017《食品安全国家标准 食品中真菌毒素限量》，限量是真菌毒素和细菌毒素在食品原料和（或）食品成品可食用部分中允许的最大含量水平。（　　）

40. GB 2761—2017《食品安全国家标准 食品中真菌毒素限量》列出了可能对公众健康构成较大影响的真菌毒素。（　　）

41. 无论是否制定真菌毒素限量，食品生产和加工者均应采取控制措施，使食品中真菌毒素的含量达到最低水平。（　　）

42. 当某种真菌毒素限量应用于某一食品类别（名称）时，则该食品类别（名称）内的所有类别食品均适用，有特别规定的除外。（　　）

43. 黄曲霉毒素 B_1 与黄曲霉毒素 M_1 不是同分异构体。（　　）

44. 玉米油和菜籽油中黄曲霉毒素 B_1 的限量值一致。（　　）

45. 以大米及大米蛋白制品为主要原料的婴儿配方食品的黄曲霉毒素 B_1 限量为 $0.5\mu g/kg$（以粉状产品计）。（　　）

46. 含谷类、坚果和豆类的产品的特殊医学用途配方食品的黄曲霉毒素 B_1 限量为 $0.5\mu g/kg$。（　　）

47. GB 2761—2017《食品安全国家标准 食品中真菌毒素限量》规定了食品中黄曲霉毒素 B_1、黄曲霉毒素 M_1、脱氧雪腐镰刀菌烯醇、展青霉素、赭曲霉毒素 A 及玉米赤霉烯酮的限量指标。（　　）

48. 依据 GB 2761—2017《食品安全国家标准 食品中真菌毒素限量》，高粱米的脱氧雪腐镰刀菌烯醇的限量为 $1000\mu g/kg$。（　　）

49. 果丹皮是用山楂制成的卷，展青霉素限量值与山楂片、山楂糕一致。（　　）

50. 脱氧雪腐镰刀菌烯醇又名呕吐毒素。（　　）

第二节　综合能力提升

一、单选题

51. 依据 GB 2761—2017《食品安全国家标准 食品中真菌毒素限量》，用麦类加工麦片和全麦粉时，可食用部分按（　　）计算。

A. 50％　　　　　　B. 60％

C. 100％　　　　　D. 出粉率

52. 依据 GB 2761—2017《食品安全国家标准 食品中真菌毒素限量》，（　　）中黄曲霉毒素 B_1 限量最高。

A. 南瓜子　B. 花生　　C. 松子　　D. 核桃

53. 依据 GB 2761—2017《食品安全国家标准 食品中真菌毒素限量》，小米和大米中黄曲霉毒素 B_1 限量分别为（　　）。

A. $5.0\mu g/kg$，$5.0\mu g/kg$

B. $5.0\mu g/kg$，$10\mu g/kg$

C. $10\mu g/kg$，$10\mu g/kg$

D. $10\mu g/kg$，$20\mu g/kg$

54. 依据 GB 2761—2017《食品安全国家标准 食品中真菌毒素限量》，以大豆及大豆蛋白制品为主要原料的运动营养食品中黄曲霉毒素 B_1 的限量为（　　）。

A. $0.5\mu g/kg$

B. $0.5\mu g/kg$（以粉状产品计）

C. $0.5\mu g/kg$（以固态产品计）

D. $0.5\mu g/kg$（以豆基产品计）

55. 依据 GB 2761—2017《食品安全国家标准 食品中真菌毒素限量》，稻谷中黄曲霉毒素 M_1 按（　　）规定的方法测定。

A. GB 5009.21　　　B. GB 5009.22

C. GB 5009.23　　　D. GB 5009.24

56. 依据 GB 2761—2017《食品安全国家标准 食品中真菌毒素限量》，乳及乳制品中的乳粉，黄曲霉毒素 M_1 限量按（　　）折算。

A. 粉状产品　　　　B. 固体产品

C. 乳粉　　　　　　D. 生乳

57. 依据 GB 2761—2017《食品安全国家标准 食品中真菌毒素限量》，赭曲霉毒素 A 按（　　）规定的方法测定。

A. GB 5009.96　　　B. GB 5009.111

C. GB 5009.185　　　D. GB 5009.209

58. 依据 GB 2761—2017《食品安全国家标准 食品中真菌毒素限量》，对植物油作出了限量要求的项目是（　　）。

A. 黄曲霉毒素 B_1

B. 赭曲霉毒素 A

C. 脱氧雪腐镰刀菌烯醇

D. 玉米赤霉烯酮

59. 依据 GB 2761—2017《食品安全国家标准 食品中真菌毒素限量》，对烘焙咖啡作出了限量要求的项目是（　　）。

A. 展青霉素

B. 黄曲霉毒素 M_1

C. 脱氧雪腐镰刀菌烯醇

D. 赭曲霉毒素 A

60. 依据 GB 2761—2017《食品安全国家标准 食品中真菌毒素限量》，含（　　）的孕妇及乳母营养补充食品中黄曲霉毒素 M_1 的限量为 0.5μg/kg。

A. 豆类　　　　　　　B. 大豆蛋白制品

C. 乳类　　　　　　　D. 乳蛋白制品

二、多选题

61. 依据 GB 2761—2017《食品安全国家标准 食品中真菌毒素限量》，黄曲霉毒素 B_1 限量为 5.0μg/kg 的是（　　）。

A. 纳豆　　B. 西瓜子　　C. 酱油　　D. 醋

62. 依据 GB 2761—2017《食品安全国家标准 食品中真菌毒素限量》，以下哪些食品制定了黄曲霉毒素 B_1 限量？（　　）

A. 豆腐　　B. 豆豉　　C. 腐乳　　D. 腐竹

63. 可食用部分是食品原料经过哪些机械手段去除非食用部分后，所得到的用于食用的部分？（　　）

A. 贝去壳

B. 水果剥皮

C. 粗制植物油精炼过程

D. 鱼去刺

64. GB 2761—2017《食品安全国家标准 食品中真菌毒素限量》规定了（　　）中脱氧雪腐镰刀菌烯醇的限量。

A. 麦片　　　　　　　B. 小麦粉

C. 玉米面　　　　　　D. 玉米渣

65. 依据 GB 2761—2017《食品安全国家标准 食品中真菌毒素限量》，下列食品中展青霉素限量一致的食品有（　　）。

A. 苹果汁　　　　　　B. 苹果酒

C. 山楂汁　　　　　　D. 山楂酒

66. GB 2761—2017《食品安全国家标准 食品中真菌毒素限量》规定了（　　）中赭曲霉毒素 A 的限量。

A. 黄豆　　B. 绿豆　　C. 红豆　　D. 黑豆

67. 依据 GB 2761—2017《食品安全国家标准 食品中真菌毒素限量》，下列食品中赭曲霉毒素 A 限量一致的食品有（　　）。

A. 烘焙咖啡豆

B. 研磨咖啡（烘焙咖啡）

C. 速溶咖啡

D. 红豆

68. 依据 GB 2761—2017《食品安全国家标准 食品中真菌毒素限量》，对大米作了限量要求的项目有（　　）。

A. 黄曲霉毒素 B_1

B. 黄曲霉毒素 M_1

C. 赭曲霉毒素 A

D. 脱氧雪腐镰刀菌烯醇

69. 依据 GB 2761—2017《食品安全国家标准 食品中真菌毒素限量》，对玉米作了限量要求的项目有（　　）。

A. 黄曲霉毒素 B_1　　　B. 赭曲霉毒素 A

C. 展青霉素　　　　　　D. 玉米赤霉烯酮

70. 依据 GB 2761—2017《食品安全国家标准 食品中真菌毒素限量》未规定食品中（　　）的限量指标。

A. 呕吐毒素　　　　　　B. 赭曲霉毒素 A

C. 伏马毒素　　　　　　D. 桔青霉素

三、判断题

71. 依据 GB 2761—2017《食品安全国家标准 食品中真菌毒素限量》测定柑橘时，可食用部分为柑橘剥皮后的部分。（　　）

72. 依据 GB 2761—2017《食品安全国家标准 食品中真菌毒素限量》测定坚果时，须带壳粉碎后测定。（　　）

73. 非食用部分的去除可采用机械手段或非机械手段。（　　）

74. 依据 GB 2761—2017《食品安全国家标

准 食品中真菌毒素限量》，限量仅对食品成品作出了规定。（　　）

75. 唐菖蒲伯克霍尔德氏菌（椰毒假单胞菌酵米面亚种）毒素属于真菌毒素。（　　）

76. 未制定限量的真菌毒素，食品生产和加工者均应稍加控制，使食品中真菌毒素达到可接受的含量。（　　）

77. 稻谷和大米中黄曲霉毒素 B_1 的限量值一致。（　　）

78. 以大豆及大豆蛋白制品为主要原料的特殊医学用途配方食品（特殊医学用途婴儿配方食品涉及的品种除外）的黄曲霉毒素 B_1 限量为 $0.5\mu g/kg$（以粉状产品计）。（　　）

79. 花生、玉米、花生制品、玉米制品、花生油、玉米油的黄曲霉毒素 B_1 的限量均为 $20\mu g/kg$。（　　）

80. 依据 GB 2761—2017《食品安全国家标准 食品中真菌毒素限量》，麦片的脱氧雪腐镰刀菌烯醇的限量为 $1000\mu g/kg$。（　　）

四、填空题

81. GB 2761—2017《食品安全国家标准 食品中真菌毒素限量》规定了食品中黄曲霉毒素 B_1、黄曲霉毒素 M_1、脱氧雪腐镰刀菌烯醇、展青霉素、＿＿＿＿＿＿＿＿及玉米赤霉烯酮的限量指标。

82. GB 2761—2017《食品安全国家标准 食品中真菌毒素限量》中规定的真菌毒素的限量值的单位均为＿＿＿＿＿＿。

83. 黄曲霉毒素 B_1、玉米赤霉烯酮、脱氧雪腐镰刀菌烯醇均为＿＿＿＿＿＿毒素。

84. 加工小麦粉时，可食用部分按＿＿＿＿＿折算。

85. ＿＿＿＿＿＿是真菌毒素在食品原料和（或）食品成品可食用部分中允许的最大含量水平。

86. 食品中真菌毒素限量以食品通常的＿＿＿＿＿＿＿＿部分计算，有特别规定的除外。

87. 制定限量值的食品是对消费者＿＿＿＿＿＿产生较大影响的食品。

88. 依据 GB 2761—2017《食品安全国家标

准 食品中真菌毒素限量》，特殊医学用途婴儿配方食品的黄曲霉毒素 M_1 限量值以＿＿＿＿＿＿＿＿＿＿＿计。

89. GB 2761—2017《食品安全国家标准 食品中真菌毒素限量》规定了以苹果、＿＿＿＿＿＿＿为原料制成的产品中展青霉素的限量。

90. 依据 GB 2761—2017《食品安全国家标准 食品中真菌毒素限量》，＿＿＿＿＿＿＿＿中赭曲霉毒素 A 的限量为 $2.0\mu g/kg$。

五、简答题

91. 某市市场监督管理局根据市民投票情况组织开展了"你点我检"抽检工作并公布了抽检相关信息。根据《深圳市市场监督管理局 2024 年食品安全抽样检验情况通报（"你点我检"专项）》，本次抽检共 303 批次，涉及经营主体 170 家。检测不合格的产品均已按规定实施后续核查处理。其中某品牌豆豉检出不合格样品 1 批次，不合格项目为黄曲霉毒素 B_1，其含量为 $10.6\mu g/kg$。请问豆豉属于哪一类豆制品？其黄曲霉毒素限量为多少？导致该产品不合格的可能原因是什么？

92. 据欧盟食品饲料类快速预警系统（RASFF）消息，2024 年下半年，欧盟通报我国某出口葡萄干不合格。报道显示，我国出口波兰的葡萄干检出赭曲霉毒素 A，含量为 $20.7\mu g/kg$、最大残留限量为 $8\mu g/kg$。GB 2761—2017《食品安全国家标准 食品中真菌毒素限量》未制定葡萄干中赭曲霉毒素 A 的限量，因此未出口的同一批次产品无须任何处理，在我国可以销售，你认为是否正确？为什么？

93. 某市市场监督管理局关于 7 批次不合格食品核查处置情况的通告（2024 年第 1 期）显示，某面粉厂生产的一批次小麦粉脱氧雪腐镰刀菌烯醇不符合食品安全国家标准，检验结论为不合格。请问小麦粉中脱氧雪腐镰刀菌烯醇的限量为多少？该项目按哪个标准规定的方法测定？

食品中污染物限量

● 核心知识点 ●

　　一、可食用部分：食品原料经过机械手段（如谷物碾磨、水果剥皮、坚果去壳、肉去骨、鱼去刺、贝去壳等）去除非食用部分后，所得到的用于食用的部分。

　　二、限量：污染物在食品原料和（或）食品成品可食用部分中允许的最大含量水平。

　　三、对于肉类干制品、干制水产品、干制食用菌，限量指标对新鲜食品和相应制品都有要求的情况下，干制品中污染物限量应以相应新鲜食品中污染物限量结合其脱水率或浓缩率折算。如果干制品中污染物含量低于其新鲜原料的污染物限量要求，可判定符合限量要求。脱水率或浓缩率可通过对食品的分析、生产者提供的信息以及其他可获得的数据信息等确定。有特别规定的除外。

　　四、对于制定甲基汞限量的食品可先测定总汞，当总汞含量不超过甲基汞限量值时，可判定符合限量要求而不必测定甲基汞；否则，需测定甲基汞含量再作判定。

　　五、对于制定无机砷限量的食品可先测定其总砷，当总砷含量不超过无机砷限量值时，可判定符合限量要求而不必测定无机砷；否则，需测定无机砷含量再作判定。

　　六、芹菜属于茎类蔬菜。

　　七、其他新鲜蔬菜包括瓜果类、鳞茎类和水生类、芽菜类；竹笋、黄花菜等多年生蔬菜。

食品中污染物限量是食品安全管理中的核心内容之一，其目的是通过设定各类污染物在食品中的最大允许含量，确保食品的安全性，保障消费者健康。食品中污染物是食品在生产、加工、包装、贮存、运输、销售等过程中产生的或由环境污染带入的化学性危害物质。

本章依据 GB 2762—2022《食品安全国家标准 食品中污染物限量》，系统解读了标准中食品中污染物的范围、限量及应用原则等。通过本章的系统练习，读者将了解食品污染物限量标准的具体要求，提升食品安全风险评估和控制能力，为食品安全抽样检验提供科学依据。

第一节　基础知识自测

一、单选题

1. GB 2762—2022《食品安全国家标准 食品中污染物限量》实施日期为（　　）。

A. 2022 年 5 月 22 日

B. 2022 年 5 月 30 日

C. 2023 年 6 月 22 日

D. 2023 年 6 月 30 日

2. 污染物是指食品在从生产（包括农作物种植、动物饲养和兽医用药）、加工、包装、贮存、运输、销售，直至食用等过程中产生的或由环境污染带入的、非有意加入的（　　）危害物质。

A. 物理性　　　　　B. 化学性

C. 生物性　　　　　D. 辐射性

3. 可食用部分是指食品原料经过机械手段（如谷物碾磨、水果剥皮、坚果去壳、肉去骨、鱼去刺、贝去壳等）去除（　　）后，所得到的用于食用的部分。

A. 不必要的部分　　B. 非食用部分

C. 内脏部分　　　　D. 内核部分

4. 限量是指污染物在食品原料和（或）食品成品（　　）中允许的最大含量水平。

A. 可食用部分　　　B. 非食用部分

C. 不必要的部分　　D. 须留下的部分

5. 依据 GB 2762—2022《食品安全国家标准 食品中污染物限量》规定，干制蔬菜铅（以 Pb 计）的限量为（　　）。

A. 0.1mg/kg　　　　B. 0.5mg/kg

C. 0.8mg/kg　　　　D. 1.0mg/kg

6. 依据 GB 2762—2022《食品安全国家标准 食品中污染物限量》规定，下列食品中铅（以 Pb 计）的限量最低的是（　　）。

A. 豆浆　　B. 干豆　　C. 豆干　　D. 豆腐

7. 依据 GB 2762—2022《食品安全国家标准 食品中污染物限量》规定，下列食品中铅（以 Pb 计）的限量与其他食品不一致的是（　　）。

A. 生乳　　　　　　B. 巴氏杀菌乳

C. 灭菌乳　　　　　D. 调制乳

8. 依据 GB 2762—2022《食品安全国家标准 食品中污染物限量》规定，下列食品中铅（以 Pb 计）的限量最低的是（　　）。

A. 稀奶油　　　　　B. 灭菌乳

C. 发酵乳　　　　　D. 干酪

9. 依据 GB 2762—2022《食品安全国家标准 食品中污染物限量》规定，下列食品中铅（以 Pb 计）的限量与其他食品不一致的是（　　）。

A. 糯米酒　　　　　B. 米香型白酒

C. 啤酒　　　　　　D. 葡萄酒

10. 依据 GB 2762—2022《食品安全国家标准 食品中污染物限量》规定，液态婴幼儿配方食品中根据（　　）的比例折算铅（以 Pb 计）的限量。

A. 6∶1

B. 8∶1

C. 10∶1

D. 企业提供的冲调倍数

11. 依据 GB 2762—2022《食品安全国家标准 食品中污染物限量》规定，1~10 岁人群的特殊医学用途配方食品铅（以 Pb 计）的限量为（　　）。

A. 0.15mg/kg

B. 0.15mg/kg（以固态产品计）

C. 0.5mg/kg

D. 0.5mg/kg（以固态产品计）

12. 依据 GB 2762—2022《食品安全国家标准 食品中污染物限量》规定，植物油脂包括食用植物调和油及添加了（　　）的调和油。

A. 猪油　　　　　　　　B. 牛油

C. 鱼油　　　　　　　　D. 磷虾油

13. 依据 GB 2762—2022《食品安全国家标准 食品中污染物限量》规定，包装饮用水的铅按（　　）规定的方法测定。

A. GB 5749　　　　　　B. GB/T 5750

C. GB 8537　　　　　　D. GB 8538

14. 依据 GB 2762—2022《食品安全国家标准 食品中污染物限量》规定，其他食品的铅按（　　）规定的方法测定。

A. GB 5009.11　　　　　B. GB 5009.12

C. GB 5009.15　　　　　D. GB 5009.17

15. 依据 GB 2762—2022《食品安全国家标准 食品中污染物限量》规定，大米中镉（以 Cd 计）的限量为（　　）。

A. 0.1mg/kg　　　　　　B. 0.2mg/kg

C. 0.3mg/kg　　　　　　D. 0.4mg/kg

16. 依据 GB 2762—2022《食品安全国家标准 食品中污染物限量》规定，小麦、小麦粉和麦片中镉（以 Cd 计）的限量分别为（　　）。

A. 0.1mg/kg；0.1mg/kg；0.1mg/kg

B. 0.1mg/kg；0.1mg/kg；0.2mg/kg

C. 0.2mg/kg；0.2mg/kg；0.1mg/kg

D. 0.2mg/kg；0.2mg/kg；0.2mg/kg

17. 依据 GB 2762—2022《食品安全国家标准 食品中污染物限量》规定，芹菜属于（　　）。

A. 叶菜蔬菜　　　　　　B. 茎类蔬菜

C. 芽菜类　　　　　　　D. 鳞茎类和水生类

18. 依据 GB 2762—2022《食品安全国家标准 食品中污染物限量》规定，下列食用菌中镉（以 Cd 计）的限量最高的是（　　）。

A. 羊肚菌　　　　　　　B. 鸡枞

C. 香菇　　　　　　　　D. 姬松茸

19. 依据 GB 2762—2022《食品安全国家标准 食品中污染物限量》规定，其他食品的镉按（　　）规定的方法测定。

A. GB 5009.11　　　　　B. GB 5009.12

C. GB 5009.15　　　　　D. GB 5009.17

20. GB 2762—2022《食品安全国家标准 食品中污染物限量》未规定（　　）中总砷（以 As 计）的限量。

A. 玉米　　B. 稻谷　　C. 小麦　　D. 青稞

21. 依据 GB 2762—2022《食品安全国家标准 食品中污染物限量》规定，添加（　　）的婴幼儿谷类辅助食品高于其他婴幼儿谷类辅助食品中无机砷（以 As 计）的限量。

A. 肉类　　　　　　　　B. 水产

C. 动物内脏　　　　　　D. 藻类

22. 依据 GB 2762—2022《食品安全国家标准 食品中污染物限量》规定，食品中的锡按（　　）规定的方法测定。

A. GB 5009.12　　　　　B. GB 5009.15

C. GB 5009.16　　　　　D. GB 5009.17

23. 依据 GB 2762—2022《食品安全国家标准 食品中污染物限量》规定，氢化植物油中镍（以 Ni 计）的限量为（　　）。

A. 0.1mg/kg　　　　　　B. 0.5mg/kg

C. 1.0mg/kg　　　　　　D. 2.0mg/kg

24. 依据 GB 2762—2022《食品安全国家标准 食品中污染物限量》规定，水产动物及其制品中铬（以 Cr 计）的限量为（　　）。

A. 0.5mg/kg　　　　　　B. 1.0mg/kg

C. 1.5mg/kg　　　　　　D. 2.0mg/kg

25. 依据 GB 2762—2022《食品安全国家标

准 食品中污染物限量》规定，亚硝酸盐（以 $NaNO_2$ 计）的限量不适用于添加（　　）的孕妇及乳母营养补充食品。

A. 乳类　　　　　　　　B. 豆类

C. 肉类　　　　　　　　D. 蔬菜类

26. 依据 GB 2762—2022《食品安全国家标准 食品中污染物限量》规定，亚硝酸盐（以 $NaNO_2$ 计）的限量仅适用于添加（　　）的较大婴儿配方食品。

A. 乳基产品

B. 乳基产品（不含豆类成分）

C. 豆基产品

D. 豆基产品（不含乳类成分）

27. 依据 GB 2762—2022《食品安全国家标准 食品中污染物限量》规定，酱腌菜中亚硝酸盐（以 $NaNO_2$ 计）的限量为（　　）。

A. 0.2mg/kg　　　　　　B. 2.0mg/kg

C. 20mg/kg　　　　　　D. 200mg/kg

28. 依据 GB 2762—2022《食品安全国家标准 食品中污染物限量》规定，特殊医学用途婴儿配方食品中硝酸盐（以 $NaNO_3$ 计）的限量为（　　）。

A. 100mg/kg

B. 100mg/kg（以液态产品计）

C. 100mg/kg（以半固态产品计）

D. 100mg/kg（以固态产品计）

29. 依据 GB 2762—2022《食品安全国家标准 食品中污染物限量》规定，苯并[a]芘按（　　）规定的方法测定。

A. GB 5009.25　　　　　B. GB 5009.26

C. GB 5009.27　　　　　D. GB 5009.28

30. GB 2762—2022《食品安全国家标准 食品中污染物限量》规定了（　　）中苯并[a]芘的限量。

A. 鱼糜制品　　　　　　B. 腌制水产品

C. 熏、烤水产品　　　　D. 发酵水产品

31. 依据 GB 2762—2022《食品安全国家标准 食品中污染物限量》规定，（　　）中苯并[a]芘的限量值最低。

A. 玉米　　　　　　　　B. 烤肉

C. 稀奶油　　　　　　　D. 玉米油

32. GB 2762—2022《食品安全国家标准 食品中污染物限量》未规定（　　）中 N-二甲基亚硝胺的限量。

A. 鱼糜制品　　　　　　B. 水产品罐头

C. 鱼子制品　　　　　　D. 腌制水产品

33. 依据 GB 2762—2022《食品安全国家标准 食品中污染物限量》规定，水产干制品限量不需要折算脱水率的项目为（　　）。

A. 铅　　　　　　　　　B. 甲基汞

C. 无机砷　　　　　　　D. N-二甲基亚硝胺

34. 依据 GB 2762—2022《食品安全国家标准 食品中污染物限量》规定，多氯联苯按（　　）规定的方法测定。

A. GB 5009.123　　　　B. GB 5009.141

C. GB 5009.190　　　　D. GB 5009.191

35. 依据 GB 2762—2022《食品安全国家标准 食品中污染物限量》规定，水产动物中多氯联苯的限量为（　　）。

A. 10μg/kg　　　　　　B. 100μg/kg

C. 20μg/kg　　　　　　D. 200μg/kg

36. 依据 GB 2762—2022《食品安全国家标准 食品中污染物限量》规定，3-氯-1,2-丙二醇按（　　）规定的方法测定。

A. GB 5009.123　　　　B. GB 5009.141

C. GB 5009.190　　　　D. GB 5009.191

二、多选题

37. GB 2762—2022《食品安全国家标准 食品中污染物限量》规定了食品中（　　）的限量指标。

A. 铅　　　B. 镉　　　C. 汞　　　D. 砷

38. GB 2762—2022《食品安全国家标准 食品中污染物限量》的污染物是指除（　　）以外的污染物。

A. 农药残留　　　　　　B. 兽药残留

C. 生物毒素　　　　　　D. 放射性物质

39. 无论是否制定污染物限量，食品（　　）均应采取控制措施，使食品中污染物的含量达到最低水平。

A. 生产者　　　　　　　B. 加工者

C. 运输者　　　　　　　D. 销售者

40. 对于（　　），限量指标对新鲜食品和相应制品都有要求的情况下，干制品中污染物限量应以相应新鲜食品中污染物限量结合其脱水率或浓缩率折算。

A. 肉类干制品　　　　　B. 干制水产品

C. 干制食用菌　　　　　D. 干制水果

41. 脱水率或浓缩率可通过（　　）等确定。有特别规定的除外。

A. 对食品的分析

B. 生产者提供的信息

C. 经验值

D. 其他可获得的数据信息

42. 依据 GB 2762—2022《食品安全国家标准 食品中污染物限量》规定，除了（　　）以外，谷物及其制品中铅（以 Pb 计）的限量为 0.2mg/kg。

A. 麦片

B. 面筋

C. 粥类罐头

D. 带馅（料）面米制品

43. 依据 GB 2762—2022《食品安全国家标准 食品中污染物限量》规定，铅（以 Pb 计）的限量以干重计的食品有（　　）。

A. 银耳制品　　　　　　B. 木耳制品

C. 螺旋藻　　　　　　　D. 螺旋藻制品

44. 依据 GB 2762—2022《食品安全国家标准 食品中污染物限量》规定，下列食品中铅（以 Pb 计）的限量值一致的有（　　）。

A. 葡萄酒　　　　　　　B. 青梅酒

C. 山楂酒　　　　　　　D. 苹果酒

45. 依据 GB 2762—2022《食品安全国家标准 食品中污染物限量》规定，下列食品中铅（以 Pb 计）的限量较高的有（　　）。

A. 蔓越莓　B. 醋栗　　C. 蓝莓　　D. 草莓

46. 依据 GB 2762—2022《食品安全国家标准 食品中污染物限量》规定，新鲜蔬菜是指（　　）的蔬菜。

A. 未经加工的　　　　　B. 经表面处理的

C. 去皮或预切的　　　　D. 冷冻

47. GB 2762—2022《食品安全国家标准 食品中污染物限量》规定了哪些食品中铅（以 Pb 计）的限量？（　　）

A. 膨化食品　　　　　　B. 果冻

C. 蜂蜜　　　　　　　　D. 松花粉

48. 依据 GB 2762—2022《食品安全国家标准 食品中污染物限量》规定，下列与稻谷中镉（以 Cd 计）的限量一致的有（　　）。

A. 黄花菜　B. 芹菜　　C. 胡萝卜　D. 菜豆

49 依据 GB 2762—2022《食品安全国家标准 食品中污染物限量》规定，下列食品中对镉（以 Cd 计）作出了限量的有（　　）。

A. 鸡心　　B. 鸭肾　　C. 鸡胗　　D. 鸡肝

50. 依据 GB 2762—2022《食品安全国家标准 食品中污染物限量》规定，下列与稻谷中镉（以 Cd 计）的限量一致的有（　　）。

A. 黄鱼　　B. 基围虾　C. 海蟹　　D. 虾蛄

51. GB 2762—2022《食品安全国家标准 食品中污染物限量》未规定（　　）中镉（以 Cd 计）的限量。

A. 婴幼儿配方食品

B. 辅食营养补充品

C. 运动营养食品

D. 婴幼儿谷类辅助食品

52. GB 2762—2022《食品安全国家标准 食品中污染物限量》规定了（　　）中甲基汞（以 Hg 计）的限量。

A. 肉类　　B. 木耳　　C. 鲨鱼　　D. 鲜蛋

53. 依据 GB 2762—2022《食品安全国家标准 食品中污染物限量》规定，（　　）及以上鱼类的制品除外，肉食性鱼类及其制品中甲基汞（以 Hg 计）的限量均为 1.0mg/kg。

A. 金枪鱼　B. 金目鲷　C. 枪鱼　　D. 鲨鱼

54. GB 2762—2022《食品安全国家标准 食品中污染物限量》规定了（　　）中汞（以 Hg 计）的限量。

A. 大米　　B. 小麦　　C. 玉米　　D. 糙米

55. 依据 GB 2762—2022《食品安全国家标准 食品中污染物限量》规定，（　　）中砷（以 As 计）的限量均为 0.1mg/kg。

A. 生乳　　　　　　　B. 调制乳

C. 发酵乳　　　　　　D. 调制乳粉

56. 依据 GB 2762—2022《食品安全国家标准 食品中污染物限量》规定，（　　）中无机砷（以 As 计）的限量均为 0.1mg/kg。

A. 牛油　　　　　　　B. 猪油

C. 鱼油　　　　　　　D. 磷虾油

57. GB 2762—2022《食品安全国家标准 食品中污染物限量》规定了（　　）除外的调味品中总砷（以 As 计）的限量。

A. 水产调味品　　　　B. 复合调味料

C. 香辛料类　　　　　D. 其他调味料

58. 依据 GB 2762—2022《食品安全国家标准 食品中污染物限量》规定，下列食品中铬（以 Cr 计）的限量值一致的有（　　）。

A. 稻谷　　B. 玉米　　C. 燕麦　　D. 荞麦

59. 依据 GB 2762—2022《食品安全国家标准 食品中污染物限量》规定，下列食品中铬（以 Cr 计）的限量一致的有（　　）。

A. 麦片　　B. 干黄豆　　C. 牛肉　　D. 高粱

60. GB 2762—2022《食品安全国家标准 食品中污染物限量》未规定硝酸盐（以 $NaNO_3$ 计）限量的食品有（　　）。

A. 酱腌菜

B. 乳粉

C. 饮用纯净水

D. 特殊医学用途婴儿配方食品

61. 依据 GB 2762—2022《食品安全国家标准 食品中污染物限量》规定，硝酸盐（以 $NaNO_3$ 计）的限量不适用于添加（　　）和（　　）的婴幼儿谷类辅助食品。

A. 蔬菜　　　　　　　B. 水果

C. 肉类　　　　　　　D. 水产类

62. GB 2762—2022《食品安全国家标准 食品中污染物限量》规定，（　　）中苯并 [a] 芘的限量为 10μg/kg。

A. 鱼油　　　　　　　B. 磷虾油

C. 烤虾　　　　　　　D. 玉米糁

63. 依据 GB 2762—2022《食品安全国家标准 食品中污染物限量》规定，熟制动物性水产干制品限量不需要折算脱水率的项目为（　　）。

A. 铅　　　　　　　　B. 苯并 [a] 芘

C. 多氯联苯　　　　　D. N-二甲基亚硝胺

64. 依据 GB 2762—2022《食品安全国家标准 食品中污染物限量》规定，干制食用菌限量（木耳及其制品、银耳及其制品除外）需要折算脱水率的项目为（　　）。

A. 甲基汞　　　　　　B. N-二甲基亚硝胺

C. 无机砷　　　　　　D. 多氯联苯

65. GB 2762—2022《食品安全国家标准 食品中污染物限量》规定了食品中（　　）的限量指标。

A. 3-氯-1,2-丙二醇　　B. N-二甲基亚硝胺

C. 多氯联苯　　　　　D. 苯并 [a] 芘

66. 依据 GB 2762—2022《食品安全国家标准 食品中污染物限量》规定，冷冻饮品包括（　　）。

A. 雪糕　　B. 雪泥　　C. 食用冰　　D. 冰棍

三、判断题

67. GB 2762—2022《食品安全国家标准 食品中污染物限量》规定了食品中铬的限量指标。（　　）

68. 依据 GB 2762—2022《食品安全国家标准 食品中污染物限量》规定，如果干制品中污染物含量低于其新鲜原料的污染物限量要求，可判定符合限量要求。（　　）

69. 依据 GB 2762—2022《食品安全国家标准 食品中污染物限量》规定，水果干类中铅（以 Pb 计）的限量不需要按照脱水率折算。（　　）

70. 依据 GB 2762—2022《食品安全国家标准 食品中污染物限量》规定，白酒和黄酒的铅（以 Pb 计）的限量值一致。（　　）

71. 依据 GB 2762—2022《食品安全国家标

准 食品中污染物限量》规定，包装饮用水中铅（以 Pb 计）的限量为 0.01mg/L。（　　）

72. 1～10 岁人群与 10 岁以上人群的特殊医学用途配方食品中铅（以 Pb 计）的限量值不一致。（　　）

73. 依据 GB 2762—2022《食品安全国家标准 食品中污染物限量》规定，新鲜香辛料（如姜、葱、蒜等）铅（以 Pb 计）的限量应按对应的新鲜蔬菜（或新鲜水果）类别执行。（　　）

74. 依据 GB 2762—2022《食品安全国家标准 食品中污染物限量》规定，茶汤中铅（以 Pb 计）的限量为 5.0mg/kg。（　　）

75. 依据 GB 2762—2022《食品安全国家标准 食品中污染物限量》规定，皮蛋中铅（以 Pb 计）的限量为 0.2mg/kg。（　　）

76. 依据 GB 2762—2022《食品安全国家标准 食品中污染物限量》规定，畜禽内脏中铅（以 Pb 计）的限量值比肉类中的高。（　　）

77. 依据 GB 2762—2022《食品安全国家标准 食品中污染物限量》规定，稻谷与大米中镉（以 Cd 计）的限量值一致。（　　）

78. 依据 GB 2762—2022《食品安全国家标准 食品中污染物限量》规定，木耳及其制品中镉（以 Cd 计）的限量为 0.5mg/kg（干重计）。（　　）

79. 依据 GB 2762—2022《食品安全国家标准 食品中污染物限量》规定，所有包装饮用水中铅（以 Pb 计）的限量值一致。（　　）

80. 依据 GB 2762—2022《食品安全国家标准 食品中污染物限量》规定，枪鱼与金枪鱼中甲基汞（以 Hg 计）的限量值不一致。（　　）

81. 依据 GB 2762—2022《食品安全国家标准 食品中污染物限量》规定，对于制定甲基汞限量的食品可先测定总汞，当总汞含量不超过甲基汞限量值时，可判定符合限量要求而不必测定甲基汞。（　　）

82. 依据 GB 2762—2022《食品安全国家标准 食品中污染物限量》规定，其他食品的砷按 GB 5009.11 规定的方法测定。（　　）

83. 依据 GB 2762—2022《食品安全国家标准 食品中污染物限量》规定，鱼类及其制品中总砷（以 As 计）的限量为 0.1mg/kg。（　　）

84. 依据 GB 2762—2022《食品安全国家标准 食品中污染物限量》规定，松茸及其制品除外，其余食用菌及其制品中无机砷（以 As 计）的限量值均一致。（　　）

85. 依据 GB 2762—2022《食品安全国家标准 食品中污染物限量》规定，鱼类调味品低于其他水产调味品中无机砷（以 As 计）的限量。（　　）

86. GB 2762—2022《食品安全国家标准 食品中污染物限量》规定了可可制品、巧克力和巧克力制品中总砷（以 As 计）的限量。（　　）

87. 依据 GB 2762—2022《食品安全国家标准 食品中污染物限量》规定，以水产及动物肝脏为原料的婴幼儿谷类辅助食品高于其他婴幼儿谷类辅助食品中无机砷（以 As 计）的限量。（　　）

88. 依据 GB 2762—2022《食品安全国家标准 食品中污染物限量》规定，对于制定无机砷限量的食品必须测定无机砷。（　　）

89. 依据 GB 2762—2022《食品安全国家标准 食品中污染物限量》规定，仅限于采用镀锡薄钢板容器包装的饮料类食品需测定锡。（　　）

90. 依据 GB 2762—2022《食品安全国家标准 食品中污染物限量》规定，生乳与发酵乳中铬（以 Cr 计）的限量值一致。（　　）

91. 依据 GB 2762—2022《食品安全国家标准 食品中污染物限量》规定，液态婴幼儿配方食品根据 8∶1 的比例折算亚硝酸盐（以 NaNO$_2$ 计）限量。（　　）

92. 依据 GB 2762—2022《食品安全国家标准 食品中污染物限量》规定，亚硝酸盐（以 $NaNO_2$ 计）的限量仅适用于乳基幼儿配方食品（不含豆类成分）。（　　）

93. GB 2762—2022《食品安全国家标准 食品中污染物限量》规定了鸭胗中镉（以 Cd 计）的限量。（　　）

94. 依据 GB 2762—2022《食品安全国家标准 食品中污染物限量》规定，稀奶油与无水奶油中苯并[a]芘的限量值一致。（　　）

95. 多氯联苯以 PCB28、PCB52、PCB101、PCB118、PCB138、PCB153 和 PCB180 总和计。（　　）

96. 依据 GB 2762—2022《食品安全国家标准 食品中污染物限量》规定，苦丁茶和茶叶都属于其他类食品。（　　）

第二节　综合能力提升

一、单选题

97. GB 2762—2022《食品安全国家标准 食品中污染物限量》未规定食品中（　　）的限量指标。

A. 锡　　　　B. 铝　　　　C. 镍　　　　D. 铬

98. GB 2762—2022《食品安全国家标准 食品中污染物限量》未规定肉及肉制品中（　　）的限量指标。

A. 铅　　　　　　　　B. 镉

C. 亚硝酸盐　　　　　D. N-二甲基亚硝胺

99. 依据 GB 2762—2022《食品安全国家标准 食品中污染物限量》规定，下列食品中铅（以 Pb 计）的限量与其他食品不一致的是（　　）。

A. 乳粉　　　　　　　B. 稀奶油

C. 乳清粉　　　　　　D. 调制乳

100. 依据 GB 2762—2022《食品安全国家标准 食品中污染物限量》规定，下列食品中铅（以 Pb 计）的限量最高的是（　　）。

A. 再制干酪　　　　　B. 生乳

C. 灭菌乳　　　　　　D. 发酵乳

101. 依据 GB 2762—2022《食品安全国家标准 食品中污染物限量》规定，固态运动营养饮料与液态运动营养饮料中铅（以 Pb 计）的限量的比值为（　　）。

A. 5∶1　　　　　　　B. 6∶1

C. 8∶1　　　　　　　D. 10∶1

102. 依据 GB 2762—2022《食品安全国家标准 食品中污染物限量》规定，下列食品中铅（以 Pb 计）的限量与其他食品不一致的是（　　）。

A. 花椰菜　B. 菠菜　　C. 豇豆　　D. 生姜

103. 依据 GB 2762—2022《食品安全国家标准 食品中污染物限量》规定，大米和大米粉中镉（以 Cd 计）的限量分别为（　　）。

A. 0.1mg/kg；0.1mg/kg

B. 0.1mg/kg；0.2mg/kg

C. 0.2mg/kg；0.2mg/kg

D. 0.2mg/kg；0.1mg/kg

104. 依据 GB 2762—2022《食品安全国家标准 食品中污染物限量》规定，下列食用菌中镉（以 Cd 计）的限量最低的是（　　）。

A. 松茸　　　　　　　B. 松露

C. 香菇　　　　　　　D. 鸡油菌

105. 依据 GB 2762—2022《食品安全国家标准 食品中污染物限量》规定，头足类水产动物中镉（以 Cd 计）的限量为（　　）。

A. 2.0mg/kg

B. 2.0mg/kg（去除内脏）

C. 2.0mg/kg（去除头部）

D. 2.0mg/kg（去除足部）

106. 依据 GB 2762—2022《食品安全国家标准 食品中污染物限量》规定，其他食品中的汞按（　　）规定的方法测定。

A. GB 5009.11　　　　B. GB 5009.12

C. GB 5009.15　　　　D. GB 5009.17

107. GB 2762—2022《食品安全国家标准 食品中污染物限量》规定了（　　）中汞（以 Hg 计）的限量。

A. 婴幼儿配方食品

B. 辅食营养补充品

C. 婴幼儿罐装辅助食品

D. 婴幼儿谷类辅助食品

108. GB 2762—2022《食品安全国家标准 食品中污染物限量》规定了（　　）中无机砷（以 As 计）的限量。

A. 高粱　　B. 粟　　　C. 稻谷　　D. 大麦

109. 依据 GB 2762—2022《食品安全国家标准 食品中污染物限量》规定，下列食品与其他食品中砷（以 As 计）的限量不一致的（　　）。

A. 辅食营养补充品

B. 粉状运动营养食品

C. 液态运动营养食品

D. 孕妇及乳母营养补充食品

110. 依据 GB 2762—2022《食品安全国家标准 食品中污染物限量》规定，食品中的镍按（　　）规定的方法测定。

A. GB 5009.16　　　　B. GB 5009.17

C. GB 5009.123　　　　D. GB 5009.138

111. 依据 GB 2762—2022《食品安全国家标准 食品中污染物限量》规定，生乳和乳粉中铬（以 Cr 计）的限量分别为（　　）。

A. 0.3mg/kg；1.0mg/kg

B. 0.5mg/kg；1.0mg/kg

C. 0.3mg/kg；2.0mg/kg

D. 0.5mg/kg；2.0mg/kg

112. 依据 GB 2762—2022《食品安全国家标准 食品中污染物限量》规定，下列食品中亚硝酸盐（以 $NaNO_2$ 计）和硝酸盐（以 $NaNO_3$ 计）均有限量的食品有（　　）。

A. 酱腌菜　　　　　　B. 调制乳粉

C. 饮用纯净水　　　　D. 饮用天然矿泉水

113. 依据 GB 2762—2022《食品安全国家标准 食品中污染物限量》规定，亚硝酸盐（以 $NaNO_2$ 计）的限量仅适用于添加（　　）的特殊医学用途配方食品（特殊医学用途婴儿配方食品涉及的品种除外）。

A. 乳基产品

B. 乳基产品（不含豆类成分）

C. 豆类

D. 豆类产品（不含乳类成分）

114. 依据 GB 2762—2022《食品安全国家标准 食品中污染物限量》规定，未添加蔬菜和水果的婴幼儿罐装辅助食品中硝酸盐（以 $NaNO_3$ 计）的限量为（　　）。

A. 0.2mg/kg　　　　B. 2.0mg/kg

C. 20mg/kg　　　　D. 200mg/kg

115. 依据 GB 2762—2022《食品安全国家标准 食品中污染物限量》规定，亚硝酸盐（以 $NaNO_2$ 计）的限量不适用于添加（　　）的婴幼儿罐装辅助食品。

A. 乳基产品

B. 乳基产品（不含豆类成分）

C. 豆类

D. 豆类产品（不含乳类成分）

116. 依据 GB 2762—2022《食品安全国家标准 食品中污染物限量》规定，其他食品中的亚硝酸盐和硝酸盐按（　　）规定的方法测定。

A. GB 5009.12　　　　B. GB 5009.15

C. GB 5009.33　　　　D. GB 5009.123

117. GB 2762—2022《食品安全国家标准 食品中污染物限量》规定了（　　）中苯并[a]芘的限量。

A. 酱卤肉制品　　　　B. 肉类罐头

C. 发酵肉制品　　　　D. 烤肉

118. 依据 GB 2762—2022《食品安全国家标准 食品中污染物限量》规定，（　　）

中苯并[a]芘的限量值最高。

A. 小麦　　　　　　　B. 烤肉

C. 烤鱼　　　　　　　D. 亚麻籽油

119. 依据 GB 2762—2022《食品安全国家标准 食品中污染物限量》规定，（　　）中苯并[a]芘的限量为 5.0μg/kg。

A. 烤鱿鱼　　　　　　B. 奶油

C. 紫米　　　　　　　D. 糙米

120. 依据 GB 2762—2022《食品安全国家标准 食品中污染物限量》规定，N-二甲基亚硝胺按（　　）规定的方法测定。

A. GB 5009.25　　　　B. GB 5009.26

C. GB 5009.27　　　　D. GB 5009.28

121. 依据 GB 2762—2022《食品安全国家标准 食品中污染物限量》规定，肉类干制品限量不需要折算脱水率的项目为（　　）。

A. 铅　　　　　　　　B. 镉

C. 铬　　　　　　　　D. N-二甲基亚硝胺

122. 依据 GB 2762—2022《食品安全国家标准 食品中污染物限量》规定，鲸油中多氯联苯的限量为（　　）。

A. 10μg/kg　　　　　B. 100μg/kg

C. 20μg/kg　　　　　D. 200μg/kg

123. GB 2762—2022《食品安全国家标准 食品中污染物限量》未规定食品中（　　）的限量指标。

A. 丙二醇　　　　　　B. N-二甲基亚硝胺

C. 多氯联苯　　　　　D. 苯并[a]芘

124. 依据 GB 2762—2022《食品安全国家标准 食品中污染物限量》规定，添加（　　）植物蛋白固态调味品中 3-氯-1,2-丙二醇的限量值为 1.0mg/kg。

A. 酸水解　　　　　　B. 碱水解

C. 酶水解　　　　　　D. 傅-可水解

125. 依据 GB 2762—2022《食品安全国家标准 食品中污染物限量》规定，采用镀锡薄钢板容器包装的（　　）中锡的限量值为最高。

A. 饼干　　　　　　　B. 婴幼儿配方食品

C. 饮料　　　　　　　D. 婴幼儿辅助食品

126. 依据 GB 2762—2022《食品安全国家标准 食品中污染物限量》规定，（　　）中的总砷和无机砷无限量要求。

A. 水产调味品　　　　B. 复合调味料

C. 鱼类调味品　　　　D. 香辛料类

127. 依据 GB 2762—2022《食品安全国家标准 食品中污染物限量》规定，其他豆制品包括（　　）。

A. 大豆素肉　　　　　B. 豆沙馅

C. 红芸豆罐头　　　　D. 纳豆

128. 依据 GB 2762—2022《食品安全国家标准 食品中污染物限量》规定，红线米属于（　　）。

A. 谷物碾磨加工品

B. 其他谷物

C. 其他谷物碾磨加工品

D. 其他谷物制品

二、多选题

129. GB 2762—2022《食品安全国家标准 食品中污染物限量》规定了食品中（　　）的限量指标。

A. 3-氯-12-丙二醇　　B. 苯并[a]芘

C. N-二甲基亚硝胺　　D. 多氯联苯

130. 污染物是食品在从生产（包括农作物种植、动物饲养和兽医用药）、加工、包装、贮存、运输、销售，直至食用等过程中产生的或（　　）的化学性危害物质。

A. 由环境污染带入的　　B. 由原料带入的

C. 由包装材料迁移的　　D. 非有意加入的

131. 依据 GB 2762—2022《食品安全国家标准 食品中污染物限量》规定，干制品中污染物限量应以相应新鲜食品中污染物限量结合其（　　）或（　　）折算。

A. 脱水率　　　　　　B. 浓缩率

C. 成品率　　　　　　D. 产出率

132. 依据 GB 2762—2022《食品安全国家标准 食品中污染物限量》规定，除了（　　）以外，水果制品中铅（以 Pb 计）的限量为 0.2mg/kg。

A. 果酱（泥） B. 蜜饯
C. 水果干类 D. 水果罐头

133. 依据 GB 2762—2022《食品安全国家标准 食品中污染物限量》规定，以下食品中的铅项目不需要折算脱水率的是（ ）。

A. 银耳制品 B. 木耳制品
C. 平菇制品 D. 松茸制品

134. 依据 GB 2762—2022《食品安全国家标准 食品中污染物限量》规定，下列食品中铅（以 Pb 计）的限量一致的有（ ）。

A. 花椒
B. 桂皮
C. 多种香辛料混合的香辛料
D. 茴香

135. 依据 GB 2762—2022《食品安全国家标准 食品中污染物限量》规定，下列食品中铅（以 Pb 计）的限量一致的有（ ）。

A. 豉香型白酒 B. 酱香型白酒
C. 啤酒 D. 黄酒

136. 依据 GB 2762—2022《食品安全国家标准 食品中污染物限量》规定，下列食品中铅（以 Pb 计）的限量一致的有（ ）。

A. 花菜 B. 豇豆
C. 结球甘蓝 D. 小油菜

137. 依据 GB 2762—2022《食品安全国家标准 食品中污染物限量》规定，新鲜食用菌是指（ ）的食用菌。

A. 未经加工的 B. 经表面处理的
C. 预切的 D. 冷冻

138. GB 2762—2022《食品安全国家标准 食品中污染物限量》规定了哪些食品中铅（以 Pb 计）的限量？（ ）

A. 苦丁茶 B. 茶叶
C. 干菊花 D. 油菜花粉

139. 依据 GB 2762—2022《食品安全国家标准 食品中污染物限量》规定，下列谷物及其制品中镉（以 Cd 计）的限量一致的有（ ）。

A. 玉米 B. 小麦粉
C. 麦片 D. 大米粉

140. 依据 GB 2762—2022《食品安全国家标准 食品中污染物限量》规定，下列与大米中镉（以 Cd 计）的限量一致的有（ ）。

A. 菠菜 B. 萝卜叶 C. 黄花菜 D. 苋菜

141. 依据 GB 2762—2022《食品安全国家标准 食品中污染物限量》规定，下列食品中对镉（以 Cd 计）作出了限量的有（ ）。

A. 牛肝 B. 羊肾 C. 猪大肠 D. 猪心

142. GB 2762—2022《食品安全国家标准 食品中污染物限量》规定了（ ）中汞（以 Hg 计）的限量。

A. 食用盐 B. 生乳 C. 银耳 D. 鱿鱼

143. GB 2762—2022《食品安全国家标准 食品中污染物限量》规定了（ ）中无机砷（以 As 计）的限量。

A. 稻谷 B. 糙米 C. 红线米 D. 大米

144. 依据 GB 2762—2022《食品安全国家标准 食品中污染物限量》规定，下列谷物及其制品中无机砷（以 As 计）的限量一致的有（ ）。

A. 玉米 B. 稻谷 C. 黑米 D. 小麦

145. 依据 GB 2762—2022《食品安全国家标准 食品中污染物限量》规定，（ ）中砷（以 As 计）的限量均为 0.5mg/kg。

A. 乳粉 B. 灭菌乳
C. 巴氏杀菌乳 D. 调制乳粉

146. GB 2762—2022《食品安全国家标准 食品中污染物限量》规定了（ ）中镍（以 Ni 计）的限量。

A. 植物油脂
B. 氢化植物油
C. 含氢化和（或）部分氢化油脂的油脂制品
D. 其他油脂制品

147. 依据 GB 2762—2022《食品安全国家标准 食品中污染物限量》规定，下列食品中铬（以 Cr 计）的限量一致的有（   ）。

A. 高粱　　　　　　　B. 大米

C. 小麦粉　　　　　　D. 小米

148. 依据 GB 2762—2022《食品安全国家标准 食品中污染物限量》规定，亚硝酸盐（以 $NaNO_2$ 计）和硝酸盐（以 $NaNO_3$ 计）均有限量的食品有（   ）。

A. 乳基婴儿配方食品

B. 特殊医学用途婴儿配方食品

C. 饮用纯净水

D. 生乳

149. GB 2762—2022《食品安全国家标准 食品中污染物限量》规定，（   ）中苯并[a]芘的限量为 $10\mu g/kg$。

A. 稀奶油　　　　　　B. 奶油

C. 无水奶油　　　　　D. 猪油

150. 依据 GB 2762—2022《食品安全国家标准 食品中污染物限量》规定，肉类干制品限量不需要折算脱水率的项目为（   ）。

A. 铅　　　　　　　　B. 苯并[a]芘

C. 汞　　　　　　　　D. N-二甲基亚硝胺

151. 依据 GB 2762—2022《食品安全国家标准 食品中污染物限量》规定，鳕鱼干制品限量需要折算脱水率的项目为（   ）。

A. 铅　　B. 镉　　C. 砷　　D. 铬

152. 依据 GB 2762—2022《食品安全国家标准 食品中污染物限量》规定，（   ）中多氯联苯的限量为 $200\mu g/kg$。

A. 菜籽油　　　　　　B. 猪油

C. 鱼油　　　　　　　D. 磷虾油

153. 依据 GB 2762—2022《食品安全国家标准 食品中污染物限量》规定，采用镀锡薄钢板容器包装的（   ）中锡的限量值一致。

A. 饼干　　　　　　　B. 婴幼儿配方食品

C. 饮料　　　　　　　D. 孕妇奶粉

154. 依据 GB 2762—2022《食品安全国家标准 食品中污染物限量》规定，生干坚果及籽类不包括（   ）。

A. 谷物种子　　　　　B. 可可豆

C. 豆类　　　　　　　D. 咖啡豆

155. 依据 GB 2762—2022《食品安全国家标准 食品中污染物限量》规定，生干坚果及籽类的泥（酱）包括（   ）。

A. 黄豆酱　　　　　　B. 芝麻酱

C. 花生酱　　　　　　D. 玉米酱

156. 依据 GB 2762—2022《食品安全国家标准 食品中污染物限量》规定，蒸馏酒包括（   ）。

A. 白兰地　　　　　　B. 威士忌

C. 伏特加　　　　　　D. 朗姆酒

157. 依据 GB 2762—2022《食品安全国家标准 食品中污染物限量》规定，发酵酒包括（   ）。

A. 葡萄酒　B. 黄酒　C. 果酒　D. 啤酒

158. 依据 GB 2762—2022《食品安全国家标准 食品中污染物限量》规定，其他类食品包括（   ）。

A. 面筋　　B. 茶叶　　C. 蜂蜜　　D. 果冻

三、判断题

159. GB 2762—2022《食品安全国家标准 食品中污染物限量》规定了食品中亚硝酸盐和硝酸盐的限量指标。（   ）

160. 可食用部分不可以用手去除非食用部分。（   ）

161. 依据 GB 2762—2022《食品安全国家标准 食品中污染物限量》规定，某牛肉干中污染物含量低于其新鲜原料的污染物限量要求，其限量值需要折算。（   ）

162. 依据 GB 2762—2022《食品安全国家标准 食品中污染物限量》规定，干制蔬菜中铅（以 Pb 计）的限量需要按照脱水率折算。（   ）

163. 依据 GB 2762—2022《食品安全国家标准 食品中污染物限量》规定，固态运动营养饮料铅（以 Pb 计）的限量是液态运动营养饮料的 8 倍。（   ）

164. 依据 GB 2762—2022《食品安全国家标准 食品中污染物限量》规定，大米与大米粉中镉（以 Cd 计）的限量值一致。（　　）

165. 依据 GB 2762—2022《食品安全国家标准 食品中污染物限量》规定，芹菜属于叶菜蔬菜。（　　）

166. 依据 GB 2762—2022《食品安全国家标准 食品中污染物限量》规定，银耳及其制品中镉（以 Cd 计）的限量为 0.5mg/kg。（　　）

167. 依据 GB 2762—2022《食品安全国家标准 食品中污染物限量》规定，水产制品中镉（以 Cd 计）的限量值为 0.1mg/kg。（　　）

168. 依据 GB 2762—2022《食品安全国家标准 食品中污染物限量》规定，饮用天然矿泉水中镉（以 Cd 计）的限量值比其他包装饮用水低。（　　）

169. 依据 GB 2762—2022《食品安全国家标准 食品中污染物限量》规定，测定双壳贝类中镉（以 Cd 计）项目时，需去壳取全部制备样品。（　　）

170. 依据 GB 2762—2022《食品安全国家标准 食品中污染物限量》规定，对于制定无限砷限量的食品可先测定总砷，当总砷含量超过无机砷的限量值时，需测定无机砷含量再作判定。（　　）

171. 依据 GB 2762—2022《食品安全国家标准 食品中污染物限量》规定，木耳及其制品中汞（以 Hg 计）的限量为 0.1mg/kg（干重计）。（　　）

172. 依据 GB 2762—2022《食品安全国家标准 食品中污染物限量》规定，墨鱼和鲈鱼无机砷（以 As 计）的限量值不一致。（　　）

173. 依据 GB 2762—2022《食品安全国家标准 食品中污染物限量》规定，以水产及动物肝脏为原料的婴幼儿罐装辅助食品高于其他婴幼儿罐装辅助食品中无机砷（以 As 计）的限量。（　　）

174. 依据 GB 2762—2022《食品安全国家标准 食品中污染物限量》规定，仅限于采用铝罐容器包装的婴幼儿配方食品需测定锡。（　　）

175. 依据 GB 2762—2022《食品安全国家标准 食品中污染物限量》规定，液态婴幼儿配方食品根据 10∶1 的比例折算硝酸盐（以 NaNO$_3$ 计）限量。（　　）

176. 依据 GB 2762—2022《食品安全国家标准 食品中污染物限量》规定，亚硝酸盐（以 NaNO$_2$ 计）的限量不适用于添加谷物的婴幼儿罐装辅助食品。（　　）

177. GB 2762—2022《食品安全国家标准 食品中污染物限量》规定了猪肚中镉（以 Cd 计）的限量。（　　）

178. 依据 GB 2762—2022《食品安全国家标准 食品中污染物限量》规定，烤鱼与熏肉中苯并[a]芘的限量值一致。（　　）

179. 依据 GB 2762—2022《食品安全国家标准 食品中污染物限量》规定，奶油与牛油中苯并[a]芘的限量值不一致。（　　）

180. 依据 GB 2762—2022《食品安全国家标准 食品中污染物限量》规定，鱿鱼和金枪鱼中多氯联苯的限量均为 20μg/kg。（　　）

181. 依据 GB 2762—2022《食品安全国家标准 食品中污染物限量》规定，所有调味品（固态调味品除外）中 3-氯-1,2-丙二醇的限量值为 0.4mg/kg。（　　）

182. 依据 GB 2762—2022《食品安全国家标准 食品中污染物限量》规定，紫米属于谷物碾磨加工品。（　　）

183. 依据 GB 2762—2022《食品安全国家标准 食品中污染物限量》规定，玉米面条属于玉米制品。（　　）

184. 依据 GB 2762—2022《食品安全国家标准 食品中污染物限量》规定，豆沙馅属于食品馅料。（　　）

185. 依据 GB 2762—2022《食品安全国家

标准 食品中污染物限量》规定，豆粉属于谷物碾磨加工品。（　　）

186. 依据 GB 2762—2022《食品安全国家标准 食品中污染物限量》规定，葡萄酒和啤酒的铅（以 Pb 计）的限量均为 0.2mg/kg。（　　）

187. 依据 GB 2762—2022《食品安全国家标准 食品中污染物限量》规定，白酒和黄酒中铅（以 Pb 计）的限量较其他酒类高，原因主要是考虑白酒和黄酒采用陶坛储存时受到铅污染的概率较大。（　　）

188. 依据 GB 2762—2022《食品安全国家标准 食品中污染物限量》规定，调味料酒属于黄酒。（　　）

四、填空题

189. 依据 GB 2762—2022《食品安全国家标准 食品中污染物限量》规定，添加酸水解_____的调味品（固态调味品除外）中 3-氯-1，2-丙二醇的限量值为 0.4mg/kg。

190. 依据 GB 2762—2022《食品安全国家标准 食品中污染物限量》规定，芹菜属于_____蔬菜。

191. 食品原料经过_____手段（如谷物碾磨、水果剥皮、坚果去壳、肉去骨、鱼去刺、贝去壳等）去除非食用部分后，所得到的用于食用的部分。

192. GB 2762—2022《食品安全国家标准 食品中污染物限量》规定的污染物是指除农药残留、兽药残留、生物毒素和_____

_____以外的污染物。

193. 食品中污染物限量以食品通常的_____部分计算。

194. _____或浓缩率可通过对食品的分析、生产者提供的信息以及其他可获得的数据信息等确定。

195. 液态婴幼儿配方食品根据_____的比例折算铅的限量。

196. 依据 GB 2762—2022《食品安全国家标准 食品中污染物限量》规定，大米中镉（以 Cd 计）的限量为_____ mg/kg。

197. 依据 GB 2762—2022《食品安全国家标准 食品中污染物限量》规定，孕妇及乳母营养补充食品中亚硝酸盐（以 $NaNO_2$ 计）的限量为 2.0mg/kg，但不适用于添加了_____的产品。

198. 依据 GB 2762—2022《食品安全国家标准 食品中污染物限量》规定，辅食营养补充品中硝酸盐（以 $NaNO_3$ 计）的限量为 100mg/kg，但不适用于添加了_____的产品。

五、简答题

199. 某鲢鱼干制品镉（以 Cd 计）含量为 0.31mg/kg，水分含量为 15%（有效位数写三位），生产者提供的该产品鲜鱼水分含量为 75%（有效位数写三位），则该鲢鱼干制品是否合格？

200. 造成食品中苯并[a]芘不合格的主要原因有哪些？

第十一章

食品中农药最大残留限量

● **核心知识点** ●

一、在配套检测方法中选择满足检测要求的方法进行检测，新实施的食品安全国家标准（GB 23200）同样适用于相应参数的检测。

二、残留物（residue definition）：由于使用农药而在食品、农产品和动物饲料中出现的任何特定物质，包括被认为具有毒理学意义的农药衍生物，如农药转化物、代谢物、反应产物及杂质等。

三、最大残留限量（maximum residue limit（MRL））：在食品或农产品内部或表面法定允许的农药最大浓度，以每千克食品或农产品中农药残留的毫克数表示（mg/kg）。

四、农药的种类有除草剂、杀虫剂、杀菌剂、杀螨剂、熏蒸剂等。

五、部分农药残留物

倍硫磷残留物：倍硫磷及其氧类似物（亚砜、砜化合物）之和，以倍硫磷表示。

甲拌磷残留物：甲拌磷及其氧类似物（亚砜、砜）之和，以甲拌磷表示。

2,4-滴丁酸残留物：2,4-滴丁酸及其游离态和共轭态之和，以2,4-滴丁酸表示。

百菌清残留物：植物源性食品为百菌清；动物源性食品为4-羟基-2,5,6-三氯异二苯腈。

苯醚甲环唑残留物：植物源性食品为苯醚甲环唑；动物源性食品为苯醚甲环唑与1-[2-氯-4-（4-氯苯氧基)-苯基]-2-(1,2,4-三唑)-1-基-乙醇的总和，以苯醚甲环唑表示。

吡虫啉植物源性食品为吡虫啉；动物源性食品为吡虫啉及其含6-氯-吡啶基的代谢物之和，以吡虫啉表示。

氟虫腈残留物：氟虫腈、氟甲腈、氟虫腈砜、氟虫腈硫醚之和，以氟虫腈表示。

克百威残留物：克百威及3-羟基克百威之和，以克百威表示。

涕灭威残留物：涕灭威及其氧类似物（亚砜、砜）之和，以涕灭威表示。

联苯菊酯、氯氟氰菊酯和高效氯氟氰菊酯、氯氰菊酯和高效氯氰菊酯、氰戊菊酯和S-氰戊菊酯、溴氰菊酯、三氯杀螨醇的残留物均为其异构体之和。

六六六残留物：α-六六六、β-六六六、γ-六六六和δ-六六六之和

六、芹菜属于叶菜类（叶柄类）蔬菜。

七、典型食品类别及测定部位

鲜食玉米测定部位包括玉米粒和轴。

西瓜、甜瓜类测定部位为全瓜。

番木瓜测定部位为去除果核的所有部分，残留量计算应计入果核的重量。

椰子测定椰汁和椰肉。

茭白去除外皮测定。

哺乳动物肉类去除骨测定，包括脂肪含量小于10%的脂肪组织

蛋类测定部分为整枚（去壳）。

食品中农药残留限量构成了食品安全管理体系的关键要素，其核心在于通过科学设定农药在食品中的最大残留限量，以保障食品的安全消费，维护公众身体健康。农药残留主要源自农作物种植过程中的农药使用，这些化学物质若未得到妥善处理，可能残留于食品中，构成化学性危害。

本章依据 GB 2763—2021《食品安全国家标准　食品中农药最大残留限量》等标准、农业农村部关于农药方面的公告，介绍了农药的范围、术语和定义以及技术要求等。通过本章的系统练习，读者将了解农药的种类、主要用途、每日允许摄入量（ADI），掌握不同食品类别中农药的最大残留限量值，学会结合实际案例评估食品中农药残留的合规性，为食品安全抽样检验提供技术支持。

第一节　基础知识自测

一、单选题

1. GB 2763—2021《食品安全国家标准　食品中农药最大残留限量》实施日期为（　　）。

A. 2021 年 3 月 3 日　　B. 2021 年 9 月 3 日

C. 2022 年 3 月 3 日　　D. 2022 年 9 月 3 日

2. GB 2763—2021《食品安全国家标准　食品中农药最大残留限量》规定了食品中 2,4-滴丁酸等（　　）种农药（　　）项最大残留限量。

A. 483，7107　　　　B. 497，9054

C. 564，10092　　　D. 583，11095

3. ADI 是（　　）的英文缩写。

A. 最大残留限量　　B. 每日允许摄入量

C. 再残留限量　　　D. 残留物

4. 农药 2,4-滴和 2,4-滴钠盐的主要用途是（　　）。

A. 除草剂　　　　　B. 杀菌剂

C. 杀虫剂　　　　　D. 植物生长调节剂

5. 农药（　　）的残留物为 2,4-滴。

A. 2,4-滴丁酸　　　B. 2,4-滴丁酯

C. 2,4-滴二甲胺盐　D. 2,4-滴异辛酯

6. 农药百菌清在动物源性食品中残留物为（　　）。

A. 百菌清

B. 4-羟基-2,5,6-三氯异二苯腈

C. 氯吡啶酸

D. 2 甲 4 氯异辛酯

7. GB 2763—2021《食品安全国家标准　食品中农药最大残留限量》未规定（　　）类中倍硫磷的最大残留限量。

A. 水果　　　　　　B. 谷物

C. 坚果　　　　　　D. 油料和油脂

8. 依据 GB 2763—2021《食品安全国家标准　食品中农药最大残留限量》，谷物、油料、油脂、蔬菜和水果中的倍硫磷均可按照（　　）规定的方法测定。

A. GB 23200.8　　　B. GB 23200.113

C. GB/T 20769　　　D. NY/T 761

9. 农药苯醚甲环唑在植物源性食品中的残留物为（　　）。

A. 苯醚甲环唑

B. 1-[2-氯-4-(4-氯苯氧基)-苯基]-2-(1,2,4-三唑)-1-基-乙醇

C. 苯醚甲环唑与1-[2-氯-4-(4-氯苯氧基)-苯基]-2-(1,2,4-三唑)-1-基-乙醇的总和，以苯醚甲环唑表示

D. 甲环唑

10. 依据 GB 2763—2021《食品安全国家标准　食品中农药最大残留限量》，（　　）中的苯醚甲环唑可按照 GB 23200.9 规定的方法测定。

A. 谷物　　　　　　B. 干制水果

C. 水果　　　　　　D. 糖料

11. 依据 GB 2763—2021《食品安全国家标准 食品中农药最大残留限量》，（　　）中苯醚甲环唑最大残留限量值最小。

A. 玉米　　B. 葵花籽　C. 洋葱　　D. 苹果

12. 依据 GB 2763—2021《食品安全国家标准 食品中农药最大残留限量》，（　　）的每日允许摄入量（ADI）最小。

A. 2,4-滴　　　　　　B. 苯醚甲环唑

C. 倍硫磷　　　　　　D. 阿维菌素

13. 农药阿维菌素的主要用途是（　　）。

A. 除草剂　　　　　　B. 杀菌剂

C. 杀虫剂　　　　　　D. 植物生长调节剂

14. 姜和香蕉中吡虫啉最大残留限量值分别为（　　）。

A. 0.05mg/kg，0.05mg/kg

B. 0.5mg/kg，0.5mg/kg

C. 0.05mg/kg，0.5mg/kg

D. 0.5mg/kg，0.05mg/kg

15. 依据 GB 2763—2021《食品安全国家标准 食品中农药最大残留限量》，谷物中的吡虫啉均可按照（　　）规定的方法测定。

A. GB/T 23379　　　B. GB/T 20769

C. GB/T 20770　　　D. NY/T 761

16. 农药丙环唑的主要用途是（　　）。

A. 除草剂　　　　　　B. 杀菌剂

C. 杀虫剂　　　　　　D. 植物生长调节剂

17. 农药丙溴磷在下列调味料中最大残留限量的值最大的是（　　）。

A. 干辣椒　　　　　　B. 豆蔻

C. 孜然　　　　　　　D. 小茴香籽

18. 下列选项中主要用途为除草剂的农药是（　　）。

A. 吡唑醚菌酯　　　　B. 草甘膦

C. 丙溴磷　　　　　　D. 苯醚甲环唑

19. 依据 GB 2763—2021《食品安全国家标准 食品中农药最大残留限量》，草甘膦的每日允许摄入量（ADI）为（　　）mg/kg bw。

A. 0.001　B. 0.01　　C. 0.1　　　D. 1

20. 橘和金橘中的毒死蜱的最大残留限量值分别为（　　）。

A. 0.5mg/kg，1mg/kg

B. 0.5mg/kg，0.5mg/kg

C. 1mg/kg，1mg/kg

D. 1mg/kg，0.5mg/kg

21. 依据 GB 2763—2021《食品安全国家标准 食品中农药最大残留限量》，孜然中的多菌灵可按照（　　）规定的方法测定。

A. NY/T 1680　　　　B. GB/T 20769

C. GB/T 20770　　　　D. NY/T 1453

22. 花椰菜、大白菜和芹菜中氟胺氰菊酯最大残留限量值均为（　　）。

A. 0.1mg/kg　　　　　B. 0.2mg/kg

C. 0.5mg/kg　　　　　D. 0.8mg/kg

23. 农药氟环唑在下列食品中最大残留限量值最大的是（　　）。

A. 大豆　　　　　　　B. 菜用大豆

C. 香蕉　　　　　　　D. 小麦

24. 依据 GB 2763—2021《食品安全国家标准 食品中农药最大残留限量》，甲氨基阿维菌素苯甲酸盐的每日允许摄入量（ADI）为（　　）mg/kg bw。

A. 0.0005　B. 0.005　　C. 0.05　　　D. 0.5

25. 农药甲氨基阿维菌素苯甲酸盐的残留物为（　　）。

A. 甲氨基阿维菌素苯甲酸盐

B. 甲氨基阿维菌素苯甲酸盐 B1a

C. 甲氨基阿维菌素苯甲酸盐 B1b

D. 甲氨基阿维菌素苯甲酸盐 B1a 与甲氨基阿维菌素苯甲酸盐 B1b 之和

26. 豆类蔬菜中克百威最大残留限量值为（　　）mg/kg。

A. 0.01　B. 0.02　　C. 0.05　　D. 0.05

27. 农药灭螨醌残留物为灭螨醌及其代谢物（　　）之和，以灭螨醌表示。

A. 羟基灭螨醌　　　　B. 羟甲基灭螨醌

C. 甲基灭螨醌　　　　D. 乙基灭螨醌

28. 农药噻嗪酮在下列水果中最大残留限量值最小的是（　　）。

A. 杧果　　B. 苹果　　C. 火龙果　D. 油桃

29. 测定农药残留时，测定部位为整棵，去除叶的是（　　）。

A. 花椰菜　　　　　　B. 结球甘蓝

C. 结球莴苣　　　　　D. 芥蓝

30. 测定农药残留时，辣椒测定部位为（　　）。

A. 全果

B. 全果（去柄）

C. 全果（去叶）

D. 全果（去柄和叶）

31. 测定农药残留时，茎叶类蔬菜测定部位为整棵，（　　）去除外皮。

A. 水芹　　B. 豆瓣菜　　C. 茭白　　D. 蒲菜

32. 测定农药残留时，测定部位为茎、叶部分的是（　　）。

A. 鱼腥草　　　　　　B. 天麻

C. 甘草　　　　　　　D. 枸杞（干）

33. 氧乐果为（　　）类农药。

A. 有机磷　　　　　　B. 有机氯

C. 氨基甲酸酯　　　　D. 拟除虫菊酯

34. 芸薹属类蔬菜中的敌敌畏的最大残留限量为 0.2mg/kg，（　　）除外。

A. 结球甘蓝　　　　　B. 赤球甘蓝

C. 抱子甘蓝　　　　　D. 球茎甘蓝

35. 下列选项中不属于绿叶类蔬菜的是（　　）。

A. 结球莴苣　　　　　B. 茎用莴苣叶

C. 芋头叶　　　　　　D. 芹菜

36. 下列选项中属于中型油籽类的是（　　）。

A. 棉籽　　　　　　　B. 油茶籽

C. 葵花籽　　　　　　D. 亚麻籽

二、多选题

37. GB 2763—2021《食品安全国家标准 食品中农药最大残留限量》规定了（　　）中 2,4-滴的最大残留限量。

A. 大豆　　B. 高粱　　C. 甘蔗　　D. 坚果

38. 农药倍硫磷的残留物为（　　）之和，以倍硫磷表示。

A. 倍硫磷　　　　　　B. 倍硫磷砜

C. 倍硫磷亚砜　　　　D. 倍硫磷醚

39. 依据 GB 2763—2021《食品安全国家标准 食品中农药最大残留限量》，蔬菜和水果中的倍硫磷可按照（　　）规定的方法测定。

A. GB 23200.8　　　　B. GB 23200.113

C. GB/T 20769　　　　D. NY/T 761

40. 依据 GB 2763—2021《食品安全国家标准 食品中农药最大残留限量》，（　　）中的苯醚甲环唑可按照 GB 23200.8 规定的方法测定。

A. 谷物　　　　　　　B. 干制水果

C. 坚果　　　　　　　D. 糖料

41. 依据 GB 2763—2021《食品安全国家标准 食品中农药最大残留限量》，（　　）中苯醚甲环唑最大残留限量值一致。

A. 花生仁　　　　　　B. 花椰菜

C. 橙　　　　　　　　D. 甜菜

42. 依据 GB 2763—2021《食品安全国家标准 食品中农药最大残留限量》，糖料、蔬菜和水果中的阿维菌素均可按照（　　）规定的方法测定。

A. NY/T 761　　　　　B. NY/T 1379

C. GB 23200.19　　　 D. GB 23200.20

43. 下列选项中主要用途为杀虫剂的农药是（　　）。

A. 阿维菌素　　　　　B. 2,4-滴

C. 倍硫磷　　　　　　D. 苯醚甲环唑

44. 豆类蔬菜中吡虫啉最大残留限量值为 2mg/kg，（　　）和豌豆除外。

A. 菜豆　　　　　　　B. 食荚豌豆

C. 菜用大豆　　　　　D. 蚕豆

45. 依据 GB 2763—2021《食品安全国家标准 食品中农药最大残留限量》，食用菌的除虫脲均可按照（　　）规定的方法测定。

A. NY/T 1720　　　　 B. GB 5009.28

C. GB 5009.147　　　　D. GB 23200.45

46. 鳞茎类蔬菜中啶虫脒最大残留限量值为 0.02mg/kg，（　　）、青蒜、大蒜和韭菜除外。

A. 洋葱　　　　　　　　B. 葱

C. 蒜薹　　　　　　　　D. 百合（鲜）

47. 农药对硫磷在（　　）中最大残留限量均为 0.01mg/kg。

A. 水果　　　　　　　　B. 蔬菜

C. 谷物　　　　　　　　D. 油料和油脂

48. 谷物中的二甲戊灵可按照（　　）规定的方法测定。

A. GB 23200.9　　　　B. GB 23200.24

C. GB 23200.113　　　D. GB 23200.121

49. 农药氟虫腈的残留物有（　　）。

A. 氟虫腈　　　　　　　B. 氟虫腈砜

C. 氟虫腈硫醚　　　　　D. 氟甲腈

50. （　　）水果中甲基对硫磷的最大残留限量值一致。

A. 仁果类

B. 核果类

C. 瓜果类

D. 浆果和其他小型类

51. 下列选项中主要用途为杀菌剂的农药有（　　）。

A. 腈苯唑　　　　　　　B. 甲基异柳磷

C. 己唑醇　　　　　　　D. 克百威

52. 茶叶中乐果可按照（　　）规定的方法测定。

A. GB 23200.116　　　B. GB/T 20769

C. GB/T 5009.145　　　D. GB 23200.113

53. （　　）中三唑磷的最大残留限量值一致。

A. 柑　　　B. 橘　　　C. 橙　　　D. 柚

54. （　　）中乙酰甲胺磷的最大残留限量值为 0.02mg/kg。

A. 芹菜　　B. 木瓜　　C. 茶叶　　D. 菜豆

55. GB 2763—2021《食品安全国家标准 食品中农药最大残留限量》未规定（　　）中异丙威的最大残留限量。

A. 大豆　　B. 小麦　　C. 黄瓜　　D. 茶叶

56. 下列选项中主要用途与狄氏剂一致的农药有（　　）。

A. 茚虫威　　　　　　　B. 异丙威

C. 乙酰甲胺磷　　　　　D. 六六六

57. 依据 GB 2763—2021《食品安全国家标准 食品中农药最大残留限量》，（　　）中的六六六的最大残留限量均为 0.05mg/kg。

A. 杂粮类　　　　　　　B. 大豆

C. 茄果类蔬菜　　　　　D. 柑橘类水果

58. 测定农药残留时，测定部位为整粒的有（　　）。

A. 稻谷　　B. 小麦　　C. 荞麦　　D. 豌豆

59. 测定农药残留时，仁果类水果测定部位参照核果类水果的有（　　）。

A. 苹果　　B. 梨　　　C. 山楂　　D. 枇杷

60. 测定农药残留时，测定部位为去除叶冠部分的是（　　）。

A. 菠萝　　　　　　　　B. 菠萝蜜

C. 榴莲　　　　　　　　D. 火龙果

61. 测定农药残留时，测定部位不是花、果实部分的是（　　）。

A. 车前草　　B. 艾　　C. 金银花　　D. 银杏

62. 豁免制定食品中最大残留限量标准的农药有（　　）。

A. 几丁聚糖　　　　　　B. 混合脂肪酸

C. 苏云金杆菌　　　　　D. 耳霉菌

63. 下列蔬菜属于芽菜类蔬菜的有（　　）。

A. 绿豆芽　　　　　　　B. 黄豆芽

C. 香椿芽　　　　　　　D. 萝卜芽

64. 普通白菜主要包括（　　）。

A. 小油菜　　　　　　　B. 青菜

C. 油麦菜　　　　　　　D. 小白菜

65. 下列选项中属于饮料类的是（　　）。

A. 茶叶　　　　　　　　B. 苹果汁

C. 啤酒花　　　　　　　D. 番茄汁

66. 测定农药残留时，测定部位是全瓜的是（　　）。

A. 西瓜　　　　　　　　B. 冬瓜

C. 南瓜　　　　　　　　D. 哈密瓜

67. 下列项目中，桃和油桃的最大残留限量值不一致的是（　　）。

A. 阿维菌素　　　　　　B. 吡虫啉

C. 吡唑醚菌酯　　　　D. 多菌灵

68. GB 2763—2021《食品安全国家标准 食品中农药最大残留限量》的霜霉威和霜霉威盐酸盐项目，水果类别中仅规定了（　　）中的最大残留限量。

A. 香蕉　　　　　　　B. 苹果
C. 葡萄　　　　　　　D. 瓜果类水果

三、判断题

69. 某种农药的最大残留限量应用于某一食品类别时，在该食品类别下的所有食品均适用，有特别规定的除外。（　　）

70. 依据 GB 2763—2021《食品安全国家标准 食品中农药最大残留限量》，需在配套检测方法中选择满足检测要求的方法进行检测。在本文件发布后，新实施的食品安全国家标准不适用于相应参数的检测。（　　）

71. 再残留限量指的是一些持久性农药虽已禁用，但还长期存在于环境中，从而再次在食品中形成残留，为控制这类农药残留物对食品的污染而制定其在食品中的残留限量，以每千克食品或农产品中农药残留的毫克数表示（mg/kg）。（　　）

72. 依据 GB 2763—2021《食品安全国家标准 食品中农药最大残留限量》，豁免制定食品中最大残留限量标准的农药名单用于界定不需要制定食品中农药最大残留限量的范围。（　　）

73. 高粱中阿维菌素的最大残留限量为 0.05mg/kg。（　　）

74. 农药吡虫啉在植物源性食品中的残留物为吡虫啉及其含 6-氯-吡啶基的代谢物之和，以吡虫啉表示。（　　）

75. 农药丙溴磷在柑、橘、橙中最大残留限量均为 0.2mg/kg。（　　）

76. 除萝卜和胡萝卜以外，根茎类和薯芋类蔬菜中农药敌敌畏最大残留限量均一致。（　　）

77. 农药啶虫脒在辣椒和甜椒中最大残留限量均为 0.2mg/kg。（　　）

78. 枸杞（鲜）和枸杞（干）中的毒死蜱的最大残留限量值均为 1mg/kg。（　　）

79. 食荚豌豆中多菌灵的最大残留限量值在蔬菜中最小。（　　）

80. 农药二甲戊灵的主要用途是作为除草剂。（　　）

81. GB 2763—2021《食品安全国家标准 食品中农药最大残留限量》未规定水果中氟胺氰菊酯的最大残留限量。（　　）

82. 大蒜、韭菜、葱、青蒜中腐霉利最大残留限量值均不一致。（　　）

83. 枸杞（鲜）和枸杞（干）中的己唑醇的最大残留限量分别为 0.5mg/kg 和 2mg/kg。（　　）

84. 干辣椒、叶类调味料、果类调味料中甲胺磷最大残留限量值均一致。（　　）

85. 联苯菊酯的残留物为联苯菊酯及联苯肼酯之和，以联苯菊酯表示。（　　）

86. 农药咪鲜胺和咪鲜胺锰盐的主要用途是作为杀虫剂。（　　）

87. 油料和油脂中炔螨特按照 GB 23200.9 和 NY/T 1652 规定的方法测定。（　　）

88. 辣椒和甜椒中噻虫嗪的最大残留限量值不一致。（　　）

89. 测定农药残留时，鲜食玉米的测定部位包括玉米粒和轴。（　　）

90. 测定农药残留时，香蕉的测定部位为全蕉。（　　）

91. 测定农药残留时，鸡蛋的测定部位蛋黄。（　　）

92. 测定农药残留时，椰子测定椰汁和椰肉。（　　）

93. 辣椒和甜椒中啶虫脒的最大残留限量值不一致。（　　）

94. 番茄和樱桃番茄中百菌清的最大残留限量值一致。（　　）

第二节　综合能力提升

一、单选题

95. GB 2763.1—2022《食品安全国家标准 食品中 2,4-滴丁酸钠盐等 112 种农药最大残留限量》实施日期为（　　）。

A. 2022 年 11 月 11 日

B. 2023 年 2 月 11 日

C. 2023 年 5 月 11 日

D. 2023 年 8 月 11 日

96. MRL 是（　　）的英文缩写。

A. 最大残留限量　　B. 每日允许摄入量

C. 再残留限量　　　D. 残留物

97. 农药 2,4-滴异辛酯的残留物为（　　）。

A. 2,4-滴

B. 2,4-滴异辛酯

C. 2,4-滴异辛酯和 2,4-滴之和

D. 2,4-滴丁酯

98. 农药（　　）的主要用途是作为植物生长调节剂。

A. 2,4-滴钠盐　　　B. 胺鲜酯

C. 胺苯磺隆　　　　D. 矮壮素

99. 依据 GB 2763—2021《食品安全国家标准 食品中农药最大残留限量》，（　　）中倍硫磷的最大残留限量与其他蔬菜不一致。

A. 芹菜　　　　　　B. 结球甘蓝

C. 茄子　　　　　　D. 黄瓜

100. 农药苯菌灵的残留物为（　　）。

A. 苯菌灵

B. 多菌灵

C. 苯菌灵和多菌灵之和，以多菌灵表示

D. 苯菌酮

101. 农药苯醚甲环唑的主要用途是作为（　　）。

A. 除草剂　　　　　B. 杀菌剂

C. 杀虫剂　　　　　D. 植物生长调节剂

102. 依据 GB 2763—2021《食品安全国家标准 食品中农药最大残留限量》，（　　）中苯醚甲环唑最大残留限量值最大。

A. 杨梅　　　　　　B. 猕猴桃

C. 茶叶　　　　　　D. 葡萄干

103. 依据 GB 2763—2021《食品安全国家标准 食品中农药最大残留限量》，倍硫磷的每日允许摄入量（ADI）为（　　）mg/kg bw。

A. 0.001　　　　　　B. 0.007

C. 0.01　　　　　　D. 0.02

104. 农药阿维菌素的残留物为（　　）。

A. 阿维菌素　　　　B. 阿维菌素 B1a

C. 阿维菌素 B1b　　D. 阿维菌素 B1c

105. 菜豆和豇豆中阿维菌素最大残留限量值分别为（　　）。

A. 0.05mg/kg，0.1mg/kg

B. 0.05mg/kg，0.05mg/kg

C. 0.1mg/kg，0.05mg/kg

D. 0.1mg/kg，0.1mg/kg

106. 农药吡唑醚菌酯在下列水果中最大残留限量值最大的（　　）。

A. 香蕉　　　　　　B. 苹果

C. 柠檬　　　　　　D. 杨梅

107. 下列哪个芸薹属类蔬菜中敌敌畏的最大残留限量值与其他的不一致？（　　）

A. 结球甘蓝　　　　B. 花椰菜

C. 青花菜　　　　　D. 芥蓝

108. 坚果中的毒死蜱（　　）GB 23200.113、SN/T 2158 规定的方法测定。

A. 按照　　B. 参照　　C. 执行　　D. 依据

109. GB 2763—2021《食品安全国家标准 食品中农药最大残留限量》只规定了（　　）水果中二甲戊灵最大残留限量。

A. 仁果类　　　　　B. 核果类

C. 柑橘类　　　　　D. 瓜果类

110. 农药氟环唑的主要用途是作为（　　）。

A. 除草剂　　　　　　　B. 杀菌剂

C. 杀虫剂　　　　　　　D. 植物生长调节剂

111. 水果和蔬菜中的氟环唑不可按照（　　）规定的方法测定。

A. GB 23200.8　　　　　B. GB/T 20769

C. GB/T 20770　　　　　D. GB 23200.113

112. 鲜食玉米中腐霉利最大残留限量值为（　　）。

A. 2mg/kg　　　　　　　B. 3mg/kg

C. 5mg/kg　　　　　　　D. 7mg/kg

113. 依据 GB 2763—2021《食品安全国家标准 食品中农药最大残留限量》，己唑醇的每日允许摄入量（ADI）为（　　）mg/kg bw。

A. 0.001　B. 0.005　C. 0.01　D. 0.1

114. 克百威为（　　）类农药。

A. 有机磷　　　　　　　B. 有机氯

C. 氨基甲酸酯　　　　　D. 拟除虫菊酯

115. 农药氯氰菊酯和高效氯氰菊酯在下列食品中最大残留限量值最小的是（　　）。

A. 大豆　　　　　　　　B. 棉籽

C. 葵花籽　　　　　　　D. 花生仁

116. 农药咪鲜胺和咪鲜胺锰盐的残留物为咪鲜胺及其含有（　　）部分的代谢产物之和，以咪鲜胺计。

A. 2,4,6-三氯咪鲜胺　B. 2,4-滴异辛酯

C. 2,4,6-三氯苯酚　　D. 2,4-二氯苯酚

117. 铁棍山药中咪鲜胺最大残留限量值为（　　）mg/kg。

A. 0.1　　B. 0.2　　C. 0.3　　D. 0.4

118. 依据中华人民共和国农业农村部公告第 536 号要求，自 2022 年 9 月 1 日起，撤销甲拌磷、甲基异柳磷、水胺硫磷、灭线磷原药及制剂产品的农药登记，禁止生产。自（　　）起禁止销售和使用。

A. 2022 年 9 月 1 日　B. 2023 年 9 月 1 日

C. 2024 年 9 月 1 日　D. 2025 年 9 月 1 日

119. 下列选项中主要用途是作为杀虫剂的农药为（　　）。

A. 三唑酮　　　　　　　B. 三唑磷

C. 三唑醇　　　　　　　D. 三唑锡

120. 测定农药残留时，测定部位为鳞茎头的是（　　）。

A. 洋葱　　　　　　　　B. 葱

C. 韭菜　　　　　　　　D. 百合（鲜）

121. 测定农药残留时，胡萝卜测定部位为（　　）。

A. 整棵，去除叶

B. 整棵，去除柄

C. 整棵，去除根

D. 整棵，去除顶部叶及叶柄

122. 饮料类、调味料中烯酰吗啉参照（　　）规定的方法测定。

A. GB 23200.8　　　　　B. GB/T 20769

C. GB/T 20770　　　　　D. GB 23200.113

123. 农药苯醚甲环唑在下列水果中最大残留限量值最小的是（　　）。

A. 枇杷　　　　　　　　B. 杏

C. 枣（鲜）　　　　　　D. 蓝莓

124. GB 2763—2021《食品安全国家标准 食品中农药最大残留限量》未规定（　　）中吡虫啉的最大残留限量。

A. 结球甘蓝　　　　　　B. 抱子甘蓝

C. 羽衣甘蓝　　　　　　D. 赤球甘蓝

125. 下列蔬菜不属于鳞茎葱类蔬菜的是（　　）。

A. 大蒜　B. 洋葱　C. 韭葱　D. 薤

126. 橘和金橘中（　　）的最大残留限量值一致。

A. 甲胺磷

B. 氯氟氰菊酯和高效氯氟氰菊酯

C. 咪鲜胺和咪鲜胺锰盐

D. 吡唑醚菌酯

127. 酸浆属于（　　）。

A. 浆果和其他小型水果

B. 热带和亚热带水果

C. 茄果类蔬菜

D. 鳞茎类蔬菜

二、多选题

128. 残留物是由于使用农药而在食品、农

产品和动物饲料中出现的任何特定物质，包括被认为具有毒理学意义的农药衍生物，如（ ）等。

A. 农药转化物　　　　B. 代谢物

C. 反应产物　　　　　D. 杂质

129. 依据 GB 2763—2021《食品安全国家标准 食品中农药最大残留限量》，（ ）中 2,4-滴按照 GB/T 5009.175 规定的方法测定。

A. 蘑菇类（鲜）　　　B. 茄子

C. 高粱　　　　　　　D. 玉米

130. 依据 GB 2763—2021《食品安全国家标准 食品中农药最大残留限量》，（ ）中倍硫磷的最大残留限量值一致。

A. 苹果　　B. 桃子　　C. 樱桃　　D. 橙子

131. 依据 GB 2763—2021《食品安全国家标准 食品中农药最大残留限量》，谷物、蔬菜和水果中的苯醚甲环唑均可按照（ ）规定的方法测定。

A. GB 23200.8　　　　B. GB 23200.9

C. GB 23200.49　　　　D. GB 23200.113

132. 依据 GB 2763—2021《食品安全国家标准 食品中农药最大残留限量》，（ ）中的苯醚甲环唑可按照 GB 23200.49 规定的方法测定。

A. 茶叶　　B. 禽肉类　　C. 蛋类　　D. 生乳

133. 依据 GB 2763—2021《食品安全国家标准 食品中农药最大残留限量》，蔬菜和水果中的吡虫啉均可按照（ ）规定的方法测定。

A. GB/T 23379　　　　B. GB/T 20769

C. GB/T 20770　　　　D. GB 23200.121

134. 下列选项中主要用途是作为除草剂的农药是（ ）。

A. 阿维菌素　　　　　B. 草甘膦

C. 倍硫磷　　　　　　D. 苯醚甲环唑

135. 叶菜类蔬菜中敌敌畏最大残留限量值为 0.2mg/kg，（ ）除外。

A. 菠菜　　　　　　　B. 普通白菜

C. 茎用莴苣叶　　　　D. 大白菜

136. 下列调味料中多菌灵最大残留限量值一致的有（ ）。

A. 干辣椒　B. 孜然　　C. 胡椒　　D. 桂皮

137. 下列食品中（ ）中氟虫腈的最大残留限量值一致。

A. 香蕉　　B. 苹果　　C. 茄子　　D. 橙

138. 瓜类蔬菜中甲氨基阿维菌素苯甲酸盐最大残留限量值为 0.007mg/kg，（ ）除外。

A. 南瓜　　B. 黄瓜　　C. 西葫芦　D. 苦瓜

139. 农药甲拌磷的残留物为（ ）之和，以甲拌磷表示。

A. 甲拌磷　　　　　　B. 甲拌磷砜

C. 甲拌磷亚砜　　　　D. 甲拌磷醚

140. 下列水果中（ ）中联苯菊酯的最大残留限量值一致。

A. 柑　　　B. 橘　　　C. 橙　　　D. 柚

141. 中华人民共和国农业农村部公告 第736 号要求，自 2024 年 6 月 1 日起，撤销含（ ）制剂产品的登记，禁止生产，自 2026 年 6 月 1 日起禁止销售和使用。

A. 氧乐果　　　　　　B. 克百威

C. 灭多威　　　　　　D. 涕灭威

142. 甜菜中氰戊菊酯和 S-氰戊菊酯可按照（ ）规定的方法测定。

A. GB 23200.8　　　　B. GB 23200.11

C. NY/T 761　　　　　D. GB 23200.113

143. 辣椒中噻虫胺和噻虫嗪可按照（ ）规定的方法测定。

A. GB 23200.8　　　　B. GB 23200.39

C. GB 23200.121　　　D. GB/T 20769

144. （ ）中杀扑磷的最大残留限量一致。

A. 小型油籽类　　　　B. 中型油籽类

C. 大型油籽类　　　　D. 油脂

145. 农药涕灭威的残留物为（ ）之和，以涕灭威表示。

A. 涕灭威　　　　　　B. 涕灭威亚砜

C. 涕灭威砜　　　　　D. 涕灭威硫醚

146. 以下农药中主要用途为杀菌剂的

是（　　）。

A. 戊唑酮　　　　　　B. 水胺硫磷

C. 烯酰吗啉　　　　　D. 溴氰菊酯

147. 农药六六六的残留物为（　　）之和。

A. α-六六六　　　　　B. β-六六六

C. γ-六六六　　　　　D. δ-六六六

148. 测定农药残留时，测定部位为整粒的是（　　）。

A. 油菜籽　　　　　　B. 棉籽

C. 花生仁　　　　　　D. 高粱

149. 测定农药残留时，测定部位为全豆（带荚）的是（　　）。

A. 豇豆　　　　　　　B. 食荚豌豆

C. 豌豆　　　　　　　D. 蚕豆

150. 测定农药残留时，残留量计算应计入果核的重量的水果有（　　）。

A. 油桃　　B. 樱桃　　C. 青梅　　D. 李子

151. 测定农药残留时，测定部位不是根、茎部分的是（　　）。

A. 人参　　　　　　　B. 当归

C. 石斛　　　　　　　D. 鱼腥草

152. （　　）中苯醚甲环唑最大残留限量值为 0.2mg/kg

A. 结球甘蓝　　　　　B. 抱子甘蓝

C. 球茎甘蓝　　　　　D. 皱叶甘蓝

153. 下列蔬菜中，属于绿叶葱类蔬菜的是（　　）。

A. 韭菜　　B. 大蒜　　C. 洋葱　　D. 蒜薹

154. 下列选项中，番茄和樱桃番茄的最大残留限量值不一致的是（　　）。

A. 腈菌唑

B. 百菌清

C. 氯氰菊酯和高效氯氰菊酯

D. 马拉硫磷

155. 测定农药残留时，测定部位是全瓜（去柄）的是（　　）。

A. 苦瓜　　　　　　　B. 线瓜

C. 香瓜　　　　　　　D. 白兰瓜

156. 下列选项中，桃和油桃的最大残留限量值一致的是（　　）。

A. 甲氨基阿维菌素苯甲酸盐

B. 腈菌唑

C. 马拉硫磷

D. 戊唑醇

157. （　　）项目中规定了浆果和其他小型类水果的最大残留限量值。

A. 敌敌畏

B. 倍硫磷

C. 氟虫腈

D. 霜霉威和霜霉威盐酸盐

158. 以下农药中，属于氨基甲酸酯类农药的是（　　）。

A. 异丙威　　　　　　B. 霜霉威

C. 涕灭威　　　　　　D. 茚虫威

159. 下列选项中属于大型油籽类的是（　　）。

A. 大豆　　　　　　　B. 花生仁

C. 油菜籽　　　　　　D. 芝麻

三、判断题

160. 豁免制定食品中最大残留限量标准的农药名单用于界定不需要制定食品中农药最大残留限量的范围。（　　）

161. 依据 GB 2763—2021《食品安全国家标准　食品中农药最大残留限量》，注日期的引用文件，仅该日期对应的版本适用于本文件；不注日期的引用文件，其最新版本（包括所有的修改单）适用于本文件。（　　）

162. 农药 2,4-滴、2,4-滴钠盐和 2,4-滴二甲胺盐的残留物均为 2,4-滴。（　　）

163. 橄榄和初榨橄榄油中倍硫磷的最大残留限量一致。（　　）

164. 农药苯醚甲环唑在植物源性食品中的残留物为苯醚甲环唑与1-[2-氯-4-(4-氯苯氧基)-苯基]-2-(1,2,4-三唑)-1-基-乙醇的总和。（　　）

165. 豆类蔬菜和茄果类蔬菜的倍硫磷最大残留限量均为 0.05mg/kg。（　　）

166. 农药草甘膦在仁果类水果中的最大残留限量均为 0.1mg/kg。（　　）

167. 大麦、小麦、燕麦、黑麦和小黑麦中甲拌磷最大残留限量值均一致。（　　）

168. 依据 GB 2763—2021《食品安全国家标准 食品中农药最大残留限量》，农药甲基异柳磷的最大残留限量为临时限量。（　　）

169. 克百威的残留物为克百威及 3-羟基克百威之和，以克百威表示。（　　）

170. 氯氟氰菊酯和高效氯氟氰菊酯的残留物为氯氟氰菊酯（异构体之和）。（　　）

171. 碧螺春中灭多威最大残留限量值为 0.2mg/kg。（　　）

172. 辣椒和甜椒中噻虫胺的最大残留限量值不一致。（　　）

173. 三氯杀螨醇的残留物为三氯杀螨醇（o, p'-异构体和 p, p'-异构体之和）。（　　）

174. 葡萄和葡萄干中烯酰吗啉的最大残留限量值一致。（　　）

175. 测定农药残留时，扁豆测定部位包括全豆（去荚）。（　　）

176. 测定农药残留时，山竹测定部位为全果去核，残留量计算应计入果核的重量。（　　）

177. 测定农药残留时，水产品测定部位为可食部分，去除骨和鳞。（　　）

178. 番茄和樱桃番茄中乐果的最大残留限量值不一致。（　　）

179. 测定农药残留时，鸡蛋测定部位为整枚（去壳）。（　　）

四、填空题

180. ＿＿＿＿＿＿是在食品或农产品内部或表面法定允许的农药最大浓度，以每千克食品或农产品中农药残留的毫克数表示（mg/kg）。

181. ＿＿＿＿＿＿是人类终生每日摄入某物质，而不产生可检测到的危害健康的估计量，以每千克体重可摄入的量表示（mg/kg bw）。

182. ＿＿＿＿＿＿是一些持久性农药虽已

禁用，但还长期存在环境中，从而再次在食品中形成残留，为控制这类农药残留物对食品的污染而制定其在食品中的残留限量，以每千克食品或农产品中农药残留的毫克数表示（mg/kg）。

183. ＿＿＿＿＿＿＿＿＿＿是由于使用农药而在食品、农产品和动物饲料中出现的任何特定物质，包括被认为具有毒理学意义的农药衍生物，如农药转化物、代谢物、反应产物及杂质等。

184. 农药氟氯氰菊酯和高效氟氯氰菊酯的主要用途是＿＿＿＿＿＿。

185. 农药戊唑醇的主要用途是＿＿＿＿＿＿。

186. 甲氨基阿维菌素苯甲酸盐的残留物为＿＿＿＿＿＿＿＿＿＿。

187. 依据 GB 2763—2021《食品安全国家标准 食品中农药最大残留限量》，欧芹的食品分类属于叶类＿＿＿＿＿＿。

188. GB 2763.1—2022《食品安全国家标准 食品中 2,4-滴丁酸钠盐等 112 种农药最大残留限量》规定了食品中 2,4-滴丁酸钠盐等 112 种农药（　　）项最大残留限量。

189. 依据 GB 2763—2021《食品安全国家标准 食品中农药最大残留限量》，魔芋的测定部位为＿＿＿＿＿＿。

五、简答题

190. 某检验机构对农贸市场某商户的台农芒果进行抽样检验。经检验，吡唑醚菌酯、噻虫胺项目不符合 GB 2763—2021《食品安全国家标准 食品中农药最大残留限量》要求，检验结论为不合格。该两个项目均采用同一种方法检测。问题 1：芒果属于什么类水果，如何制备样品？问题 2：吡唑醚菌酯和噻虫胺的主要用途分别是什么？问题 3：该机构采用的什么标准对芒果的吡唑醚菌酯、噻虫胺项目进行检测？问题 4：该方法采用的什么前处理技术？

191. 某检验机构对农贸市场某商户的韭菜进行抽样检验。经检验，韭菜中腐霉利和甲拌磷的结果分别为 1.2mg/kg 和 0.1mg/kg，所检项目不符合 GB 2763—2021《食品安全国家标准　食品中农药最大残留限量》要求，检验结论为不合格。检测方法为 GB 23200.113—2018。问题 1：韭菜属于什么类蔬菜，测定部位为什么？问题 2：腐霉利和甲拌磷的主要用途分别是什么？问题 3：GB 23200.113—2018 采用的什么仪器和离子源？问题 4：甲拌磷的残留物是什么？问题 5：该韭菜的检测结果和检验结论是否正确？

192. 某检验机构对某超市的鸡蛋进行抽样检验。经检验，鸡蛋中氟虫腈项目符合 GB 2763—2021《食品安全国家标准　食品中农药最大残留限量》要求，检验结论不合格。问题 1：该检验机构应采用什么标准对鸡蛋中氟虫腈进行检测？问题 2：该标准采用什么仪器和离子源？问题 3：检测氟虫腈项目至少需要多少枚鸡蛋制备样品？问题 4：氟虫腈的残留物是什么？

第十二章

食品中兽药最大残留限量

● **核心知识点** ●

一、兽药残留限量标准和相关公告规定兽药残留量的几种情形

兽药残留限量标准规定了动物性食品中 104 种（类）可以使用且需要符合最大残留限量的兽药，规定了 154 种允许用于食品动物，但不需要制定残留限量的兽药，规定了 9 种允许作治疗用，但不得在动物性食品中检出的兽药；农业农村部关于兽药方面的公告明确了食品动物中禁止使用的药品及其他化合物清单（21 类）。

二、兽药残留的存在形式

兽药残留是指食品动物用药后，动物产品的任何可食用部分中所有与药物有关的物质的残留，包括药物原形或/和其代谢产物。如：阿莫西林的残留标志物为阿莫西林，恩诺沙星的残留标志物为恩诺沙星与环丙沙星之和。

三、兽药的种类

兽药根据功能和结构分为抗球虫类药物、杀虫类药物、喹诺酮类合成抗菌药、多肽类抗生素兽药、喹诺酮类合成抗菌药、β-内酰胺类抗生素、寡糖类抗生素等等。

食品中兽药残留限量标准是保障食品安全与公众健康的一道重要防线。兽药在动物饲养过程中用于预防和治疗疾病，但若使用不当，其残留可能通过食物链传递给人类，从而给人类带来健康风险。

本章依据 GB 31650—2019《食品安全国家标准 食品中兽药最大残留限量》等标准、农业农村部关于兽药方面的公告，详细介绍不同食品类别中兽药残留的限量值。通过本章的系统练习，读者将了解兽药残留的限量要求、兽药的种类、毒性及对人体健康的影响，学会结合实际案例评估兽药残留的污染情况，为食品安全抽样检验提供坚实的技术支撑。

第一节　基础知识自测

一、单选题

1. 生产日期为 2024 年 2 月 7 日的带鱼，呋喃唑酮代谢物项目应按（　　）进行判定。

A.《动物性食品中兽药最高残留限量》（中华人民共和国农业部公告第 235 号）

B.《食品动物中禁止使用的药品及其他化合物清单》（中华人民共和国农业农村部第 250 号公告）

C.《兽药地方标准废止目录》（中华人民共和国农业部公告第 560 号）

D.《食品安全国家标准 食品中兽药最大残留限量》（GB 31650—2019）

2. 依据《食品安全国家标准 食品中兽药最大残留限量》（GB 31650—2019），测定草鱼中的四环素类化合物时，检验靶组织为（　　）。

A. 肉

B. 皮

C. 皮＋肉

D. 依据具体品种确定

3.《食品安全国家标准 食品中兽药最大残留限量》（GB 31650—2019）中，牛肉的恩诺沙星的最大残留限量为（　　）$\mu g/kg$。

A. 50　　　B. 100　　　C. 200　　　D. 300

4. 依据《食品安全国家标准 食品中 41 种兽药最大残留限量》（GB 31650.1—2022）规定，在鸡蛋中，阿莫西林最大残留限量为（　　）$\mu g/kg$。

A. 3　　　B. 4　　　C. 5　　　D. 6

5. 2023 年 3 月生产的蜂蜜，检验硝基呋喃类化合物的判定依据应为（　　）。

A.《食品安全国家标准 食品中 41 种兽药最大残留限量》（GB 31650.1—2022）

B.《食品安全国家标准 食品中兽药最大残留限量》（GB 31650—2019）

C.《动物性食品中兽药最高残留限量》（中华人民共和国农业部公告第 235 号）

D.《食品动物中禁止使用的药品及其他化合物清单》（中华人民共和国农业农村部公告第 250 号）

6. 依据《食品安全国家标准 食品中兽药最大残留限量》（GB 31650—2019），猪肉中阿苯达唑最大残留限量规定以（　　）计。

A. 阿苯达唑

B. 阿苯达唑-2-氨基砜

C. 阿苯达唑和阿苯达唑-2-氨基砜

D. 阿苯达唑亚砜、阿苯达唑砜、阿苯达唑-2-氨基砜和阿苯达唑

7. 依据《食品安全国家标准 食品中 41 种兽药最大残留限量》（GB 31650.1—2022），在鸡蛋中，阿司匹林最大残留限量为（　　）$\mu g/kg$。

A. 10　　　B. 9　　　C. 8　　　D. 7

8. 在《食品安全国家标准 食品中兽药最大残留限量》（GB 31650—2019）中，家禽不包括（　　）。

A. 鹌鹑　　B. 火鸡　　C. 禾鸡　　D. 鸽

9.《食品安全国家标准　食品中兽药最大残留限量》（GB 31650—2019）的实施日期是（　　）。

A. 2020 年 4 月 1 日　　B. 2019 年 9 月 6 日
C. 2021 年 3 月 6 日　　D. 2020 年 5 月 1 日

10.《食品安全国家标准　食品中兽药最大残留限量》（GB 31650—2019）规定了（　　）种兽药的最大残留限量。

A. 104　　　B. 154　　　C. 9　　　　D. 21

11.《食品安全国家标准　食品中兽药最大残留限量》（GB 31650—2019）规定了（　　）种兽药允许在动物食品中使用，但不需要制定最大残留限量的情况。

A. 104　　　B. 154　　　C. 9　　　　D. 21

12.《食品安全国家标准　食品中兽药最大残留限量》（GB 31650—2019）规定了（　　）种允许在动物食品中作治疗用，但是不得检出的兽药。

A. 104　　　B. 154　　　C. 9　　　　D. 21

13.《食品动物中禁止使用的药品及其他化合物清单》（中华人民共和国农业农村部第250 号公告）包含（　　）种化合物。

A. 104　　　B. 154　　　C. 9　　　　D. 21

14.《食品安全国家标准　食品中兽药最大残留限量》（GB 31650—2019）的发布日期是（　　）。

A. 2020 年 4 月 1 日　　B. 2019 年 9 月 6 日
C. 2021 年 3 月 6 日　　D. 2020 年 5 月 1 日

15.《食品安全国家标准　食品中 41 种兽药最大残留限量》（GB 31650.1—2022）中补充规定家禽恩诺沙星限量值的靶组织是（　　）。

A. 鸡腿　　　　　　　B. 蛋
C. 鸡肾　　　　　　　D. 以上都不是

16. 判定鸡蛋中多西环素的限量值应使用哪个标准？（　　）

A.《食品安全国家标准　食品中 41 种兽药最大残留限量》（GB 31650.1—2022）

B.《食品安全国家标准　食品中兽药最大残留限量》（GB 31650—2019）

C.《食品动物中禁止使用的药品及其他化合物清单》（中华人民共和国农业农村部第250 号公告）

D.《动物性食品中兽药最高残留限量》（中华人民共和国农业农村部第 235 号公告）

17. 氟苯尼考在鸡蛋中的限量值为（　　）。

A. 不得检出　　　　　　B. ≤10μg/kg
C. ≤50μg/kg　　　　　　D. ≤100μg/kg

18. 替米考星属于（　　）类兽药。

A. β-内酰胺　　　　　　B. 抗线虫
C. 大环内酯　　　　　　D. 喹诺酮

19. 托曲珠利属于（　　）类兽药。

A. β-内酰胺　　　　　　B. 抗线虫
C. 抗球虫　　　　　　　D. 喹诺酮

20. 阿莫西林属于（　　）类兽药。

A. β-内酰胺　　　　　　B. 抗线虫
C. 抗球虫　　　　　　　D. 喹诺酮

21. 氯唑西林属于（　　）类兽药。

A. β-内酰胺　　　　　　B. 抗线虫
C. 抗球虫　　　　　　　D. 喹诺酮

22. 依据《食品安全国家标准　食品中兽药最大残留限量》（GB 31650—2019），双甲脒属于（　　）。

A. 已批准动物性食品中最大残留限量规定的兽药

B. 允许作治疗用，但不得在动物性食品中检出的兽药

C. 食品动物中禁止使用的药品及其他化合物清单

D. 允许用于食品动物，但不需要制定残留限量的兽药

23. 依据《食品安全国家标准　食品中兽药最大残留限量》（GB 31650—2019），多西环素属于（　　）。

A. 已批准动物性食品中最大残留限量规定的兽药

B. 允许作治疗用，但不得在动物性食品中检出的兽药

C. 食品动物中禁止使用的药品及其他化合物清单

D. 允许用于食品动物，但不需要制定残留限量的兽药

24. 依据《食品安全国家标准 食品中兽药最大残留限量》（GB 31650—2019），安乃近属于（　　）。

A. 已批准动物性食品中最大残留限量规定的兽药

B. 允许作治疗用，但不得在动物性食品中检出的兽药

C. 食品动物中禁止使用的药品及其他化合物清单

D. 允许用于食品动物，但不需要制定残留限量的兽药

25. 依据《食品安全国家标准 食品中兽药最大残留限量》（GB 31650—2019），磺胺二甲嘧啶属于（　　）。

A. 已批准动物性食品中最大残留限量规定的兽药

B. 允许作治疗用，但不得在动物性食品中检出的兽药

C. 食品动物中禁止使用的药品及其他化合物清单

D. 允许用于食品动物，但不需要制定残留限量的兽药

26. 依据《食品安全国家标准 食品中兽药最大残留限量》（GB 31650—2019），敌百虫属于（　　）。

A. 已批准动物性食品中最大残留限量规定的兽药

B. 允许作治疗用，但不得在动物性食品中检出的兽药

C. 食品动物中禁止使用的药品及其他化合物清单

D. 允许用于食品动物，但不需要制定残留限量的兽药

27. 依据《食品安全国家标准 食品中兽药最大残留限量》（GB 31650—2019），阿司匹林属于（　　）。

A. 已批准动物性食品中最大残留限量规定的兽药

B. 允许作治疗用，但不得在动物性食品中检出的兽药

C. 食品动物中禁止使用的药品及其他化合物清单

D. 允许用于食品动物，但不需要制定残留限量的兽药

28. 依据《食品安全国家标准 食品中兽药最大残留限量》（GB 31650—2019），氯化镁属于（　　）。

A. 已批准动物性食品中最大残留限量规定的兽药

B. 允许作治疗用，但不得在动物性食品中检出的兽药

C. 食品动物中禁止使用的药品及其他化合物清单

D. 允许用于食品动物，但不需要制定残留限量的兽药

29. 依据《食品安全国家标准 食品中兽药最大残留限量》（GB 31650—2019），维生素 A 属于（　　）。

A. 已批准动物性食品中最大残留限量规定的兽药

B. 允许作治疗用，但不得在动物性食品中检出的兽药

C. 食品动物中禁止使用的药品及其他化合物清单

D. 允许用于食品动物，但不需要制定残留限量的兽药

30. 依据《食品安全国家标准 食品中兽药最大残留限量》（GB 31650—2019），氯丙嗪属于（　　）。

A. 已批准动物性食品中最大残留限量规定的兽药

B. 允许作治疗用，但不得在动物性食品中检出的兽药

C. 食品动物中禁止使用的药品及其他化合物清单

D. 允许用于食品动物，但不需要制定残留限量的兽药

31. 依据《食品安全国家标准 食品中兽药

最大残留限量》（GB 31650—2019），地西泮属于（　　）。

A. 已批准动物性食品中最大残留限量规定的兽药

B. 允许作治疗用，但不得在动物性食品中检出的兽药

C. 食品动物中禁止使用的药品及其他化合物清单

D. 允许用于食品动物，但不需要制定残留限量的兽药

32. 依据我国农业农村部公告和国家标准，氯霉素属于（　　）。

A. 已批准动物性食品中最大残留限量规定的兽药

B. 允许作治疗用，但不得在动物性食品中检出的兽药

C. 食品动物中禁止使用的药品及其他化合物清单

D. 允许用于食品动物，但不需要制定残留限量的兽药

33. 依据我国农业农村部公告和国家标准，莱克多巴胺属于（　　）。

A. 已批准动物性食品中最大残留限量规定的兽药

B. 允许作治疗用，但不得在动物性食品中检出的兽药

C. 食品动物中禁止使用的药品及其他化合物清单

D. 允许用于食品动物，但不需要制定残留限量的兽药

34. 依据我国农业农村部公告和国家标准，五氯酚酸钠属于（　　）。

A. 已批准动物性食品中最大残留限量规定的兽药

B. 允许作治疗用，但不得在动物性食品中检出的兽药

C. 食品动物中禁止使用的药品及其他化合物清单

D. 允许用于食品动物，但不需要制定残留限量的兽药

35. 依据我国农业农村部公告和国家标准，阿维拉霉素属于（　　）。

A. 已批准动物性食品中最大残留限量规定的兽药

B. 允许作治疗用，但不得在动物性食品中检出的兽药

C. 食品动物中禁止使用的药品及其他化合物清单

D. 允许用于食品动物，但不需要制定残留限量的兽药

36. 依据《食品安全国家标准　食品中兽药最大残留限量》（GB 31650—2019），阿维菌素的残留标志物为（　　）。

A. 阿维菌素 B1a

B. 阿维菌素 B1b

C. 阿维菌素 B1a 和阿维菌素 B1b

D. 阿维菌素

37. 依据《食品安全国家标准　食品中兽药最大残留限量》（GB 31650—2019），氮哌酮的残留标志物为（　　）。

A. 氮哌酮

B. 氮哌醇

C. 氮哌酮与氮哌醇之和

D. 以上都不是

38. 依据《食品安全国家标准　食品中兽药最大残留限量》（GB 31650—2019），头孢噻呋的残留标志物为（　　）。

A. 头孢噻呋　　　　　B. 去呋喃头孢噻呋

C. 去氢头孢噻呋　　　D. 以上都不是

39. 依据《食品安全国家标准　食品中兽药最大残留限量》（GB 31650—2019），黏菌素的残留标志物为（　　）。

A. 黏菌素 A

B. 黏菌素 B

C. 黏菌素

D. 黏菌素 A 和黏菌素 B 之和

40. 依据《食品安全国家标准　食品中兽药最大残留限量》（GB 31650—2019），氟苯尼考的残留标志物为（　　）。

A. 氟苯尼考

B. 氟苯尼考胺

C. 氟苯尼考与氟苯尼考胺之和

D. 以上都不是

41. 依据《食品安全国家标准 食品中兽药最大残留限量》（GB 31650—2019），托曲珠利的残留标志物为（　　）。

A. 托曲珠利

B. 托曲珠利砜

C. 托曲珠利亚砜

D. 托曲珠利和托曲珠利砜

42. 依据《食品安全国家标准 食品中兽药最大残留限量》（GB 31650—2019），苯丙酸诺龙的残留标志物为（　　）。

A. 苯丙酸诺龙　　　　B. 诺龙

C. 苯丙酸　　　　　　D. 以上都不是

43.《食品动物中禁止使用的药品及其他化合物清单》（中华人民共和国农业农村部第250号公告）规定，猪肉中呋喃唑酮代谢物的残留限量值为（　　）。

A. 不得检出　　　　　B. 50μg/kg

C. 100μg/kg　　　　　D. 200μg/kg

44. 依据《食品动物中禁止使用的药品及其他化合物清单》（中华人民共和国农业农村部第250号公告），水产品雄鱼中氯霉素的残留限量值（　　）。

A. 不得检出　　　　　B. 50μg/kg

C. 100μg/kg　　　　　D. 200μg/kg

45 依据《食品安全国家标准 食品中兽药最大残留限量》（GB 31650—2019），淡水鱼中恩诺沙星的残留限量值为（　　）。

A. 不得检出　　　　　B. 50μg/kg

C. 100μg/kg　　　　　D. 200μg/kg

46. 依据《食品安全国家标准 食品中兽药最大残留限量》（GB 31650—2019），猪肝中甲硝唑的残留限量值为（　　）。

A. 不得检出　　　　　B. 50μg/kg

C. 100μg/kg　　　　　D. 200μg/kg

47. 依据《食品安全国家标准 食品中兽药最大残留限量》（GB 31650—2019），牛肉中林可霉素的残留限量为（　　）。

A. 不得检出　　　　　B. 50μg/kg

C. 100μg/kg　　　　　D. 200μg/kg

48. 依据《食品安全国家标准 食品中兽药最大残留限量》（GB 31650—2019），牛肾中林可霉素的残留限量为（　　）。

A. 不得检出　　　　　B. 100μg/kg

C. 1000μg/kg　　　　　D. 1500μg/kg

49. 羊肉的环丙氨嗪限量值用哪个标准判定？（　　）

A.《食品安全国家标准 食品中41种兽药最大残留限量》（GB 31650.1—2022）

B.《食品安全国家标准 食品中兽药最大残留限量》（GB 31650—2019）

C.《食品动物中禁止使用的药品及其他化合物清单》（中华人民共和国农业农村部第250号公告）

D.《动物性食品中兽药最高残留限量》（中华人民共和国农业农村部第235号公告）

50. 鸡肉中的氧氟沙星限量用哪个标准判定？（　　）

A.《食品安全国家标准 食品中41种兽药最大残留限量》（GB 31650.1—2022）

B.《食品安全国家标准 食品中兽药最大残留限量》（GB 31650—2019）

C.《食品动物中禁止使用的药品及其他化合物清单》（中华人民共和国农业农村部第250号公告）

D.《动物性食品中兽药最高残留限量》（中华人民共和国农业农村部第235号公告）

51. 鸭肉中的环丙氨嗪限量用哪个标准判定？（　　）

A.《食品安全国家标准 食品中41种兽药最大残留限量》（GB 31650.1—2022）

B.《食品安全国家标准 食品中兽药最大残留限量》（GB 31650—2019）

C.《食品动物中禁止使用的药品及其他化合物清单》（中华人民共和国农业农村部第250号公告）

D.《动物性食品中兽药最高残留限量》（中华人民共和国农业农村部第235号公告）

52. 鸡蛋中氟苯尼考的限量值为（　　）。

A. 不得检出　　　　　B. 5μg/kg

C. 10μg/kg　　　　　D. 20μg/kg

53. 鸭蛋中氟苯尼考的限量值为（　　）。

A. 不得检出　　　　　B. 5μg/kg

C. 10μg/kg　　　　　D. 20μg/kg

54. 鸡蛋中恩诺沙星的限量值为（　　）。

A. 不得检出　　　　　B. 5μg/kg

C. 10μg/kg　　　　　D. 20μg/kg

55. 鸭蛋中恩诺沙星的限量值为（　　）。

A. 不得检出　　　　　B. 5μg/kg

C. 10μg/kg　　　　　D. 20μg/kg

56. 鸡蛋中氧氟沙星的限量值为（　　）。

A. 不得检出　　　　　B. 2μg/kg

C. 5μg/kg　　　　　D. 10μg/kg

57. 鸡肉中氧氟沙星限量值为（　　）。

A. 不得检出　　　　　B. 10μg/kg

C. 5μg/kg　　　　　D. 2μg/kg

58. 鸭肉中氧氟沙星限量值为（　　）。

A. 不得检出　　　　　B. 10μg/kg

C. 5μg/kg　　　　　D. 2μg/kg

59. 牛奶中氧氟沙星的限量值为（　　）。

A. 不得检出　　　　　B. 10μg/kg

C. 5μg/kg　　　　　D. 2μg/kg

60. 蜂蜜中氧氟沙星的限量值为（　　）。

A. 不得检出　　　　　B. 10μg/kg

C. 5μg/kg　　　　　D. 2μg/kg

61. 鸡蛋中甲氧苄啶的限量值为（　　）。

A. 不得检出　　　　　B. 5μg/kg

C. 10μg/kg　　　　　D. 20μg/kg

62. 鸡蛋中托曲珠利的限量值为（　　）。

A. 不得检出　　　　　B. 5μg/kg

C. 10μg/kg　　　　　D. 20μg/kg

63. 依据《食品安全国家标准　食品中兽药最大残留限量》（GB 31650—2019），以下哪个选项属于已批准动物性食品中最大残留限量规定的兽药？（　　）

A. 呋喃唑酮　　　　　B. 沙丁胺醇

C. 恩诺沙星　　　　　D. 氯霉素

64. 依据《食品安全国家标准　食品中兽药最大残留限量》（GB 31650—2019），以下哪个选项属于已批准动物性食品中最大残留限量规定的兽药？（　　）

A. 呋喃它酮　　　　　B. 克伦特罗

C. 氧氟沙星　　　　　D. 阿莫西林

65. 依据《食品安全国家标准　食品中兽药最大残留限量》（GB 31650—2019），以下哪个选项属于已批准动物性食品中最大残留限量规定的兽药？（　　）

A. 氯霉素　　　　　B. 诺氟沙星

C. 甲氧苄啶　　　　　D. 孔雀石绿

66. 依据《食品安全国家标准　食品中兽药最大残留限量》（GB 31650—2019），以下哪个选项属于已批准动物性食品中最大残留限量规定的兽药？（　　）

A. 地塞米松　　　　　B. 沙丁胺醇

C. 五氯酚酸钠　　　　D. 阿托品

67. 依据《食品安全国家标准　食品中兽药最大残留限量》（GB 31650—2019），以下哪种兽药允许作治疗用，但不得在动物性食品中检出？（　　）

A. 氯丙嗪　　　　　B. 氯霉素

C. 诺氟沙星　　　　　D. 甲氧苄啶

68. 依据《食品安全国家标准　食品中兽药最大残留限量》（GB 31650—2019），以下哪种兽药允许作治疗用，但不得在动物性食品中检出？（　　）

A. 孔雀石绿　　　　　B. 地西泮

C. 沙丁胺醇　　　　　D. 克伦特罗

69. 依据《食品安全国家标准　食品中兽药最大残留限量》（GB 31650—2019），以下哪种兽药允许作治疗用，但不得在动物性食品中检出？（　　）

A. 呋喃唑酮　　　　　B. 恩诺沙星

C. 甲硝唑　　　　　D. 氯霉素

70. 依据《食品安全国家标准　食品中兽药最大残留限量》（GB 31650—2019），以下哪种兽药允许作治疗用，但不得在动物性食品中检出？（　　）

A. 沙丁胺醇　　　　　B. 地美硝唑

C. 甲氧苄啶　　　　　　D. 孔雀石绿

71. 依据《食品安全国家标准　食品中兽药最大残留限量》（GB 31650—2019），以下哪种兽药允许作治疗用，但不需要制定残留限量？（　　）

A. 恩诺沙星　　　　　　B. 甲硝唑

C. 氯霉素　　　　　　　D. 醋酸

72. 依据《食品安全国家标准　食品中兽药最大残留限量》（GB 31650—2019），以下哪种兽药允许作治疗用，但不需要制定残留限量？（　　）

A. 地西泮　　　　　　　B. 沙丁胺醇

C. 咖啡因　　　　　　　D. 孔雀石绿

73. 依据《食品安全国家标准　食品中兽药最大残留限量》（GB 31650—2019），以下哪种兽药允许作治疗用，但不需要制定残留限量？（　　）

A. 喹乙醇　　　　　　　B. 甲醛

C. 地塞米松　　　　　　D. 沙丁胺醇

74. 依据《食品安全国家标准　食品中兽药最大残留限量》（GB 31650—2019），以下哪种兽药允许作治疗用，但不需要制定残留限量？（　　）

A. 葡萄糖　　　　　　　B. 多西环素

C. 五氯酚酸钠　　　　　D. 孔雀石绿

75. 依据《食品安全国家标准　食品中兽药最大残留限量》（GB 31650—2019），尼卡巴嗪的残留标志物为（　　）。

A. 4,4-二硝基均二苯脲

B. 尼卡巴嗪

C. 尼卡巴嗪胺

D. 尼卡巴嗪酸

二、多选题

76. 乳酶生可用于哪些动物种类？（　　）

A. 羊　　　B. 猪　　　C. 驹

D. 犊　　　E. 牛

77. 白陶土可用于哪些动物种类？（　　）

A. 鸡　　　B. 马　　　C. 牛

D. 羊　　　E. 猪

78　依据《食品安全国家标准　食品中兽药

最大残留限量》（GB 31650—2019），家禽包括（　　）。

A. 鸡　　　B. 火鸡　　　C. 鸭

D. 鹅　　　E. 鹌鹑

79. 依据《食品安全国家标准　食品中兽药最大残留限量》（GB 31650—2019），鱼包括（　　）。

A. 鱼纲

B. 软骨鱼

C. 圆口鱼的水生冷血动物

D. 牛蛙

80. 奶中阿苯达唑的残留标志物为（　　）之和。

A. 阿苯达唑亚砜

B. 阿苯达唑砜

C. 阿苯达唑-2-氨基砜

D. 阿苯达唑

81. 可食组织是指（　　）。

A. 蛋　　　B. 肌肉　　　C. 脂肪

D. 肝　　　E. 肾

82. 杆菌肽的残留标志物为（　　）之和。

A. 杆菌肽 A　　　　　　B. 杆菌肽 B

C. 杆菌肽 C　　　　　　D. 杆菌肽 D

83. 氟苯尼考的残留标志物为（　　）之和。

A. 甲砜霉素　　　　　　B. 氟苯尼考酸

C. 氟苯尼考　　　　　　D. 氟苯尼考胺

84. 恩诺沙星的残留标志物为（　　）之和。

A. 氧氟沙星　　　　　　B. 诺氟沙星

C. 恩诺沙星　　　　　　D. 环丙沙星

85. 双甲脒的残留标志物为（　　）的总和。

A. 1,3-二甲基苯氨

B. 单甲脒

C. 双甲脒

D. 2,4-二甲基苯氨

86. 非班太尔的残留标志物为（　　）之和。

A. 芬苯达唑　　　　　　B. 奥芬达唑

C. 甲硝唑　　　　　　　D. 奥芬达唑砜

87. 倍硫磷的残留标志物为（ ）。

A. 倍硫磷 B. 倍硫磷的代谢物

C. 马拉硫磷 D. 杀螟硫磷

88. 巴胺磷残留标志物为（ ）之和。

A. 马拉硫磷 B. 倍硫磷

C. 巴胺磷 D. 脱异丙基巴胺磷

89. 噻苯达唑残留标志物为（ ）之和。

A. 5-甲基噻苯达唑 B. 噻苯达唑

C. 5-羟基噻苯达唑 D. 3-羟基噻苯达唑

90. 以下（ ）属于允许用于食品动物，但不需要制定残留限量的兽药。

A. 醋酸 B. 阿司匹林

C. 咖啡因 D. 泛酸钙

91. 以下（ ）属于允许用于食品动物，但不需要制定残留限量的兽药。

A. 咖啡因 B. 泛酸钙

C. 硫酸钙 D. 氟苯尼考

92. 以下（ ）属于允许用于食品动物，但不需要制定残留限量的兽药。

A. 胆碱 B. 肾上腺素

C. 乙醇 D. 孔雀石绿

93. 以下（ ）属于允许用于食品动物，但不需要制定残留限量的兽药。

A. 肾上腺素 B. 乙醇

C. 恩诺沙星 D. 葡萄糖

E. 白陶土

94. 以下（ ）属于允许作治疗用，但不得在动物性食品中检出的兽药。

A. 氯丙嗪 B. 地西泮

C. 地美硝唑 D. 甲硝唑

E. 孔雀石绿

95. 以下（ ）属于允许作治疗用，但不得在动物性食品中检出的兽药。

A. 氯丙嗪 B. 地西泮

C. 沙丁胺醇 D. 地美硝唑

E. 甲硝唑

96. 以下（ ）属于允许作治疗用，但不得在动物性食品中检出的兽药。

A. 地西泮 B. 地美硝唑

C. 甲硝唑 D. 苯丙酸诺龙

E. 丙酸睾酮

97. 以下（ ）属于允许作治疗用，但不得在动物性食品中检出的兽药。

A. 甲硝唑 B. 苯丙酸诺龙

C. 丙酸睾酮 D. 环丙沙星

98. 依据《食品安全国家标准 食品中兽药最大残留限量》（GB 31650—2019），以下哪些选项属于已批准动物性食品中最大残留限量规定的兽药？（ ）

A. 多西环素 B. 阿维菌素

C. 敌敌畏 D. 土霉素

99. 依据《食品安全国家标准 食品中兽药最大残留限量》（GB 31650—2019），以下哪些选项属于已批准动物性食品中最大残留限量规定的兽药？（ ）

A. 阿维菌素 B. 敌敌畏

C. 多西环素 D. 呋喃唑酮

100. 以下哪些选项属于《食品动物中禁止使用的药品及其他化合物清单》（中华人民共和国农业农村部第 250 号公告）中的内容？（ ）

A. 氨苯砜 B. 呋喃西林

C. 氯霉素 D. 莱克多巴胺

E. 沙丁胺醇

101. 以下哪些选项属于《食品动物中禁止使用的药品及其他化合物清单》（中华人民共和国农业农村部第 250 号公告）中的内容？（ ）

A. 甲硝唑 B. 呋喃西林

C. 氯霉素 D. 莱克多巴胺

102. 以下哪些选项属于《食品动物中禁止使用的药品及其他化合物清单》（中华人民共和国农业农村部第 250 号公告）中的内容？（ ）

A. 安眠酮 B. 五氯酚酸钠

C. 克百威 D. 沙丁胺醇

E. 孔雀石绿

103. 以下哪些选项属于《食品动物中禁止使用的药品及其他化合物清单》（中华人民共和国农业农村部第 250 号公告）中的内

容？（　　）

A. 五氯酚酸钠　　　　B. 克百威

C. 沙丁胺醇　　　　　D. 孔雀石绿

E. 敌敌畏

104. 去甲肾上腺素可用于哪些动物种类？（　　）

A. 马　　　B. 牛　　　C. 猪

D. 羊　　　E. 狗

105. 以下哪些属于喹诺酮类合成抗菌药？（　　）

A. 恩诺沙星　　　　　B. 环丙沙星

C. 氧氟沙星　　　　　D. 诺氟沙星

106. 以下哪些属于抗球虫药？（　　）

A. 氯羟吡啶　　　　　B. 癸氧喹酯

C. 地克珠利　　　　　D. 二硝托胺

107. 以下哪些属于杀虫药？（　　）

A. 双甲脒　　　　　　B. 卡拉洛尔

C. 氟氯氰菊酯　　　　D. 三氟氯氰菊酯

E. 环丙氨嗪

108. 以下哪些属于糖皮质激素类药？（　　）

A. 地塞米松　　　　　B. 倍他米松

C. 头孢氨苄　　　　　D. 头孢喹肟

109. 以下哪些属于多肽类抗生素兽药？（　　）

A. 阿维拉霉素　　　　B. 维吉尼亚霉素

C. 杆菌肽　　　　　　D. 黏菌素

110. 以下哪些属于氨基糖苷类抗生素？（　　）

A. 卡那霉素　　　　　B. 庆大霉素

C. 安普霉素　　　　　D. 新霉素

111. 以下哪些属于杀虫药？（　　）

A. 氟氯氰菊酯　　　　B. 三氟氯氰菊酯

C. 环丙氨嗪　　　　　D. 新霉素

112. 以下哪些属于食品动物中禁止使用的药品及其他化合物？（　　）

A. 酒石酸锑钾　　　　B. 莱克多巴胺

C. 氯丙嗪　　　　　　D. 孔雀石绿

E. 安眠酮

113. 以下哪些不属于食品动物中禁止使用

的药品及其他化合物？（　　）

A. 孔雀石绿　　　　　B. 呋喃唑酮

C. 恩诺沙星　　　　　D. 阿苯达唑

E. 氟苯尼考

114. 下列选项符合《食品安全国家标准　食品中兽药最大残留限量》（GB 31650—2019）对氟苯尼考的最大残留量规定的为（　　）。

A. 猪肌肉组织 $300\mu g/kg$

B. 鸡肉（产蛋期禁用）$100\mu g/kg$

C. 羊肉（泌乳期禁用）肌肉组织 $200\mu g/kg$

D. 牛肉（泌期禁用）肌肉组织 $200\mu g/kg$

115. 在《食品安全国家标准　食品中兽药最大残留限量》（GB 31650—2019）中，以下哪些属于动物性食品？（　　）

A. 蛋　　　B. 蜂蜜　　　C. 奶

D. 水生哺乳动物　　　E. 兔肉

116. 在《食品安全国家标准　食品中兽药最大残留限量》（GB 31650—2019）中，提供了以下哪些兽药的微生物学ADI？（　　）

A. 阿莫西林　　　　　B. 氨苄西林

C. 安丙啉　　　　　　D. 安谱霉素

117. 依据《食品安全国家标准　食品中兽药最大残留限量》（GB 31650—2019），兽药阿托品可用于以下哪些食品动物？（　　）

A. 猪　　　B. 牛　　　C. 鸡　　　D. 鸭

118. 依据《食品安全国家标准　食品中兽药最大残留限量》（GB 31650—2019），兽药阿司匹林可用于以下哪些食品动物？（　　）

A. 猪　　　B. 牛　　　C. 羊

D. 马　　　E. 产蛋的鸡

119. 依据《食品安全国家标准　食品中兽药最大残留限量》（GB 31650—2019），氯化铵可用于以下哪些食品动物？（　　）

A. 马　　　B. 牛　　　C. 羊

D. 猪　　　E. 兔

120. 依据《食品安全国家标准　食品中兽药最大残留限量》（GB 31650—2019），小檗

碱可用于以下哪些食品动物？（　　）

A. 马　　　B. 牛　　　C. 羊

D. 猪　　　E. 驼

121. 依据《食品安全国家标准 食品中兽药最大残留限量》（GB 31650—2019），咖啡因可用于以下哪些食品动物？（　　）

A. 马　　　B. 牛　　　C. 羊

D. 猪　　　E. 驼

122. 依据《食品安全国家标准 食品中兽药最大残留限量》（GB 31650—2019），氯前列醇可用于以下哪些食品动物？（　　）

A. 马　　　B. 牛　　　C. 羊

D. 猪　　　E. 驼

123. 下列些兽药，泌乳期禁用？（　　）

A. 黄体酮　　　　　B. 阿司匹林

C. 碳酸钙　　　　　D. 氯化钙

三、判断题

124. 氯唑西林在 GB 31650—2019 中规定产蛋期禁用，即表示鸡蛋氯唑西林的限量值为不得检出。（　　）

125. 家养的鹌鹑在《食品安全国家标准 食品中兽药最大残留限量》（GB 31650—2019）中属于家禽。（　　）

126. 鲸鱼属于《食品安全国家标准 食品中兽药最大残留限量》（GB 31650—2019）中的鱼。（　　）

127. 猪蹄膀为《食品安全国家标准 食品中兽药最大残留限量》（GB 31650—2019）中的肌肉组织。（　　）

128. 火鸡属于《食品安全国家标准 食品中兽药最大残留限量》（GB 31650—2019）中的家禽。（　　）

129. 泥鳅不属于《食品安全国家标准 食品中兽药最大残留限量》（GB 31650—2019）中的淡水鱼。（　　）

130.《食品安全国家标准 食品中兽药最大残留限量》（GB 31650—2019）规定，黄鳝中恩诺沙星的残留限量为 $100\mu g/kg$。（　　）

131.《食品安全国家标准 食品中兽药最大残留限量》（GB 31650—2019）规定，氨苯胂酸的残留标志物为总砷。（　　）

132. 依据《食品安全国家标准 食品中兽药最大残留限量》（GB 31650—2019），鸡和火鸡中的氨丙啉残留限量值是一样的。（　　）

133. 依据《食品安全国家标准 食品中兽药最大残留限量》（GB 31650—2019），鸡肉和鸭肉中的阿苯达唑的残留限量值不一样。（　　）

134. 依据《食品安全国家标准 食品中兽药最大残留限量》（GB 31650—2019），牛蛙中恩诺沙星的残留限量为 $100\mu g/kg$。（　　）

135. 依据《食品安全国家标准 食品中兽药最大残留限量》（GB 31650—2019）及补充规定，鸡蛋中恩诺沙星的残留限量为不得检出。（　　）

136. 依据《食品安全国家标准 食品中兽药最大残留限量》（GB 31650—2019），牛肉中多西环素的残留限量为 $200\mu g/kg$。（　　）

137. 依据《食品安全国家标准 食品中兽药最大残留限量》（GB 31650—2019），猪肉和牛肉中多西环素残留限量值一致。（　　）

138. 依据我国食品安全标准和相关公告，猪肉和牛肉中均不得检出沙丁胺醇。（　　）

139. 依据我国食品安全标准和相关公告，猪肾和猪肉中氧氟沙星的限量值是一样的。（　　）

140. 依据我国食品安全标准和相关公告，鸡肉和鸡蛋中氧氟沙星的限量值是一样的。（　　）

141. 依据《食品安全国家标准 食品中兽药最大残留限量》（GB 31650—2019）及补充规定，牛肝比牛肉中氧氟沙星的限量值要高。（　　）

142. 依据《食品安全国家标准 食品中兽药

最大残留限量》（GB 31650—2019），泛酸钙可以用作兽药。（　　）

143. 依据《食品安全国家标准 食品中兽药最大残留限量》（GB 31650—2019），咖啡因不能用作兽药。（　　）

144. 依据《食品安全国家标准 食品中兽药最大残留限量》（GB 31650—2019），鸡肾比鸡肉中苯唑西林的残留限量值要高。（　　）

145. 依据《食品安全国家标准 食品中兽药最大残留限量》（GB 31650—2019），猪肝比猪肉中喹乙醇的残留限量值要高。（　　）

146. 依据《食品安全国家标准 食品中兽药最大残留限量》（GB 31650—2019），判定猪肉中的喹乙醇需要检测喹乙醇和 3-甲基喹噁啉-2-羧酸才能判定。（　　）

147. 依据《食品安全国家标准 食品中兽药最大残留限量》（GB 31650—2019），甲砜霉素属于酰胺醇类抗生素。（　　）

148. 依据《食品安全国家标准 食品中兽药最大残留限量》（GB 31650—2019），母鸡生蛋期间可以使用甲砜霉素。（　　）

149. 依据《食品安全国家标准 食品中兽药最大残留限量》（GB 31650—2019），可以对小鸡投喂抗生素甲砜霉素。（　　）

150. 依据《食品安全国家标准 食品中 41 种兽药最大残留限量》（GB 31650.1—2022），牛奶中氟尼辛的残留标志物为氟尼辛。（　　）

151. 依据《食品安全国家标准 食品中兽药最大残留限量》（GB 31650—2019），禁止给泌乳期的食品动物使用托曲珠利。（　　）

152. 依据《食品安全国家标准 食品中兽药最大残留限量》（GB 31650—2019），不可以给产蛋期的母鸡使用托曲珠利。（　　）

153. 依据《食品安全国家标准 食品中兽药最大残留限量》（GB 31650—2019），苯甲酸雌二醇的残留标志物为雌二醇。（　　）

154. 鸡蛋中恩诺沙星的残留限量用 GB 31650—2019 判定为不得检出。（　　）

155. 鸭蛋中恩诺沙星的残留限量用 GB 31650.1—2022 判定。（　　）

156. 诺氟沙星在所有食品动物的肌肉组织中的限量值均为 $2\mu g/kg$。（　　）

157. 敌百虫属于农药，不能用于食品动物。（　　）

158. 乙醇可以作为兽药用于所有的食品动物。（　　）

159. 葡萄糖由于比较安全，可以作为兽药用于所有的食品动物。（　　）

160. 焦亚硫酸钠是一种食品添加剂，不可以作为兽药用于食品动物。（　　）

161. 维生素 A 是一种维生素，可以作为兽药用于所有的食品动物。（　　）

162. 甲硝唑的靶组织是所有的可食组织。（　　）

163. 猪肉中甲硝唑的残留限量为不得检出。（　　）

第二节　综合能力提升

一、单选题

164. 依据 GB 31650—2019，阿司匹林在以下哪种情况下不能使用？（　　）
A. 猪　　　　　　　B. 泌乳期的牛
C. 羊　　　　　　　D. 马

165. 依据 GB 31650—2019，阿司匹林在以下哪种情况下不能使用？（　　）
A. 猪　　　　　　　B. 牛
C. 羊　　　　　　　D. 产蛋期的鸡

166. 依据农业部公告第 2292 号，以下哪个

属于停止使用的兽药？（　　）

A. 氧氟沙星　　　　　B. 恩诺沙星

C. 达氟沙星　　　　　D. 二氟沙星

167. 依据农业部公告第 2292 号，以下哪个属于停止使用的兽药？（　　）

A. 恩诺沙星　　　　　B. 达氟沙星

C. 沙拉沙星　　　　　D. 诺氟沙星

168. 判定鱼中恩诺沙星限量值时，取样部位是（　　）。

A. 鱼肉

B. 鱼皮

C. 鱼肉和鱼皮

D. 鱼肉、鱼皮和内脏

169. 克伦特罗属于（　　）药。

A. 抗线虫类　　　　　B. 抗球虫类

C. 喹诺酮类　　　　　D. 以上都不是

170. 依据 GB 31650.1—2022，鸭蛋中替米考星的残留限量为（　　）。

A. $5\mu g/kg$　　　　　B. $10\mu g/kg$

C. $15\mu g/kg$　　　　　D. 无法确定

171. 以下物质不属于兽药的是（　　）。

A. 孔雀石绿　　　　　B. 氯丙嗪

C. 氯唑西林　　　　　D. 地西泮

172. 达氟沙星在猪肚中的残留限量为（　　）。

A. $50\mu g/kg$　　　　　B. $100\mu g/kg$

C. 没有制定限量　　　D. 不得检出

173. 依据 GB 31650—2019，规定了以下哪个样品中敌敌畏的限量值？（　　）

A. 猪肉　　B. 牛肉　　C. 羊肉　　D. 鸡肉

二、多选题

174. 以下哪些靶组织中恩诺沙星的残留限量为 $100\mu g/kg$？（　　）

A. 猪肉　　B. 牛肉　　C. 兔肉

D. 鸡肉　　E. 鸭肉

175. 依据《食品安全国家标准 食品中兽药最大残留限量》（GB 31650—2019），以下不属于糖皮质激素类药的有（　　）。

A. 地塞米松　　　　　B. 倍他米松

C. 头孢氨苄　　　　　D. 头孢喹肟

176. 兽药甘油可用于以下哪些动物？（　　）

A. 马　　　B. 牛　　　C. 羊

D. 猪　　　E. 驼

177. 以下哪些兽药在鸡蛋中的残留限量为 $4\mu g/kg$？（　　）

A. 氯唑西林　　　　　B. 氨苄西林

C. 阿莫西林　　　　　D. 达氟沙星

E. 氧氟沙星

178. 以下哪些兽药在鸭蛋中的残留限量为 $10\mu g/kg$？（　　）

A. 氧氟沙星　　　　　B. 达氟沙星

C. 恩诺沙星　　　　　D. 二氟沙星

三、判断题

179. 兽药被停用或禁止使用意味着残留限量一定是不得检出。（　　）

180. 中华人民共和国农业部公告 第 2292 号规定，在食品动物中停止使用氧氟沙星，即食品动物中不得检出氧氟沙星。（　　）

181. 中华人民共和国农业部公告 第 2292 号规定，在食品动物中停止使用诺氟沙星，即食品动物中不得检出诺氟沙星。（　　）

182. 兽药被停用或禁止使用不能等同于残留限量为不得检出。（　　）

183. 依据《食品安全国家标准 食品中兽药最大残留限量》（GB 31650—2019），牛肚中喹乙醇的残留限量值比牛肉中要高。（　　）

184. 检出猪肉中喹乙醇的残留限量只需检测代谢物 3-甲基喹恶啉-2-羧酸即可。（　　）

185. 依据 GB 31650.1—2022 判定鸡蛋中的托曲珠利，只需检测托曲珠利即可判定。（　　）

186. 可以给任何阶段的鸡使用甲砜霉素。（　　）

187. 牛肉和牛奶中氟尼辛的残留标志物是一样的。（　　）

188. 托曲珠利的残留标志物是托曲珠利亚砜。（　　）

四、填空题

189. 兽药残留指食品动物用药后，动物产品的任何可食用部分中所有与药物有关的物质的残留，包括 _____ 或/和其 _____。

190.《食品安全国家标准 食品中兽药最大残留限量》（GB 31650—2019）的可食下水是指除 _____、_____、肝、肾以外的可食部分。

191.《食品安全国家标准 食品中 41 种兽药最大残留限量》（GB 31650.1—2022）所指残留标志物是指动物用药后在靶组织中与总残留物有明确相关性的残留物，可以是药物原形、相关代谢物，也可以是原形与代谢物的加和，或者是可转为 _____ 或 _____ 的残留物总量。

192.《食品安全国家标准 食品中兽药最大残留限量》（GB 31650—2019）所规定的蛋是指 _____ 所产的带壳蛋。

193. 中华人民共和国农业农村部公告第 250 号发布实施后，原农业部公告第 193 号、_____ 号、560 号等文件中的相关内容同时废止。

194.《食品安全国家标准 食品中兽药最大残留限量》（GB 31650—2019）测定草鱼中的四环素类化合物，检验靶组织为：_____。

195. 依据《食品安全国家标准 食品中兽药最大残留限量》（GB 31650—2019），淡水鱼中恩诺沙星的残留限量值为 _____ μg/kg。

196.《食品动物中禁止使用的药品及其他化合物清单》（中华人民共和国农业农村部第 250 号公告）规定，黄鳝叫中孔雀石绿的残留限量为 _____。

197.《食品安全国家标准 食品中 41 种兽药最大残留限量》（GB 31650.1—2022），鸡蛋中的托曲珠利的残留标志物为 _____。

198. 依据兽药分类，恩诺沙星属于 _____ _____ 药。

五、简答题

199. 请列出食品动物中禁止使用的药品及其他化合物清单中 10 种以上化合物。

200.《食品安全国家标准 食品中兽药最大残留限量》（GB 31650—2019）规定了哪些鱼的残留限量？

201.《食品安全国家标准 食品中兽药最大残留限量》（GB 31650—2019）的食品动物是指哪些产品？

食品中营养强化剂

● **核心知识点** ●

《GB 14880—2012 食品安全国家标准 食品营养强化剂使用标准》是我国食品安全标准体系中规范食品营养强化的重要技术法规，由国家卫生健康委员会（原卫生部）发布，自 2013 年 1 月 1 日起正式实施。该标准作为我国食品营养强化领域的核心规范文件，对食品中营养强化剂的使用范围、限量要求、化合物来源等作出了全面系统的规定，旨在科学指导食品企业合理使用营养强化剂，保障消费者营养健康权益。

标准首先明确了营养强化剂的基本概念，即为了增加食品的营养成分而加入的天然或人工合成的营养素和其他营养成分，包括维生素、矿物质、氨基酸等多种类型。在适用范围上，标准涵盖了除特殊膳食用食品外的所有添加营养强化剂的食品，为各类食品的营养强化提供了统一的技术依据。标准特别强调了营养强化的基本原则，要求强化应以弥补膳食营养不足、满足特定人群营养需求为主要目的，不得用于掩盖食品质量缺陷或误导消费者。

在技术要求方面，标准采用了"营养素+食品类别+使用量"的三维管理模式。附录 A 详细列出了不同营养强化剂的允许使用品种、使用范围及使用量，如维生素 C 在风味发酵乳中的添加量为 120~ 240mg/kg。附录 B 则规定了允许使用的营养强化剂化合物来源清单，确保强化剂本身的安全性。此外，标准还对营养强化剂的质量规格等作出了相应规定。

该标准的一个重要特点是体现了风险管理的科学理念。通过对不同人群的营养需求和耐受量的评估，针对性地制定了差异化的限量标准。例如，针对婴幼儿、孕妇等特殊人群的食品，其营养强化要求更为严格。同时，标准还明确规定高脂、高糖、高盐食品不得作为营养强化的载体，以防止这些食品借"营养强化"之名进行不当营销。

随着营养科学的发展和食品工业的进步，国家卫生健康委员会于 2023 年发布了该标准的修订征求意见稿，拟对部分营养素的限量标准、化合物来源清单等进行调整优化，体现了标准体系的动态完善性。GB 14880—2012 的实施，不仅规范了我国食品营养强化剂的使用，也为食品企业的产品研发和质量控制提供了重要依据，对保障国民营养健康发挥了积极作用。

　　食品营养强化剂是提升食品营养价值、促进公众健康的重要物质，其合理使用对改善饮食结构、预防营养缺乏具有重要意义。本章依据 GB 14880—2012《食品安全国家标准　食品营养强化剂使用标准》等，系统解读营养强化剂的种类、使用原则及添加量标准。通过本章的系统练习，读者将了解营养强化剂的基本知识，掌握其在不同食品中的使用范围和添加量限制，学会结合实际案例判断营养强化剂使用的合规性，为食品安全抽样检验提供准确依据。

第一节　基础知识自测

一、单选题

1. 依据 GB 14880—2012《食品安全国家标准　食品营养强化剂使用标准》，以下（　　）营养强化剂允许用于特殊膳食用食品。

A. L-酪氨酸　　　　　　B. 酪蛋白磷酸肽

C. 乳铁蛋白　　　　　　D. 叶黄素

2. 依据 GB 14880—2012《食品安全国家标准　食品营养强化剂使用标准》，营养强化剂核苷酸主要有（　　）化合物类型。

A. 5 种　　B. 6 种　　C. 7 种　　D. 8 种

3. 依据 GB 14880—2012《食品安全国家标准　食品营养强化剂使用标准》，以下（　　）可以应用于巴氏杀菌乳、灭菌乳的营养强化剂。

A. 钙

B. 乳糖酶（β-半乳糖苷酶）

C. 半乳甘露聚糖

D. 钠

4. 依据 GB 14880—2012《食品安全国家标准　食品营养强化剂使用标准》，关于风味发酵乳中维生素 C 使用量要求，以下（　　）正确。

A. 20～100mg/kg　　　B. 100～200mg/kg

C. 120～240mg/kg　　　D. 100～240mg/kg

5. 依据 GB 14880—2012《食品安全国家标准　食品营养强化剂使用标准》，关于风味发酵乳中乳铁蛋白使用量要求，以下（　　）正确。

A. ≤10g/kg　　　　　B. ≤1g/kg

C. 1～5mg/kg　　　　D. 5～10mg/kg

6. GB 14880—2012《食品安全国家标准　食品营养强化剂使用标准》附录 A 规定了 β-胡萝卜素在如下（　　）类别食品中的使用限量。

A. 西式糕点　　　　　B. 固体饮料

C. 人造黄油　　　　　D. 果冻

7. GB 14880—2012《食品安全国家标准　食品营养强化剂使用标准》规定了维生素 A 在固体饮料类别中的使用限量为（　　）。

A. 1000～2000μg/kg

B. 2000～4000μg/kg

C. 4000～17000μg/kg

D. 17000～30000μg/kg

8. GB 14880—2012《食品安全国家标准　食品营养强化剂使用标准》规定了维生素 D 在调制乳中的使用限量为（　　）。

A. 10～40μg/kg　　　B. 40～100μg/kg

C. 100～200μg/kg　　D. 200～500μg/kg

9. GB 14880—2012《食品安全国家标准　食品营养强化剂使用标准》规定了维生素 E 在即使谷物中的使用限量为（　　）。

A. 100～200μg/kg　　　B. 200～1000μg/kg

C. 1～10mg/kg　　　　　D. 10～40mg/kg

10. GB 14880—2012《食品安全国家标准　食品营养强化剂使用标准》规定了铁在酱油中的使用限量为（　　）。

A. 10～50mg/kg　　　　B. 50～100mg/kg

C. 100～180mg/kg　　　D. 180～260mg/kg

11. 依据 GB 14880—2012《食品安全国家标准　食品营养强化剂使用标准》附录 A 规定，调制乳粉（仅限儿童用乳粉）中（　　）营养强化剂的允许使用限量最大。

A. 维生素 E
B. 维生素 K
C. 维生素 B₁
D. 维生素 B₂

12. 依据 GB 14880—2012《食品安全国家标准 食品营养强化剂使用标准》附录 A，固体饮料未规定（　　）营养强化剂的允许使用限量。

A. 胡萝卜素
B. 维生素 A
C. 维生素 K
D. 维生素 D

13. 依据 GB 14880—2012《食品安全国家标准 食品营养强化剂使用标准》附录 A 规定，如下（　　）食品中营养强化剂维生素 C 的允许使用限量最高。

A. 水果罐头
B. 果泥
C. 胶基糖果
D. 豆粉

14. 依据 GB 14880—2012《食品安全国家标准 食品营养强化剂使用标准》附录 A 规定，如下（　　）食品中营养强化剂烟酸（尼克酸）的允许使用限量与其他不一致。

A. 豆粉
B. 大米及其制品
C. 杂粮粉及其制品
D. 面包

15. 依据 GB 14880—2012《食品安全国家标准 食品营养强化剂使用标准》附录 A 规定，如下（　　）不属于其他类营养强化剂。

A. 牛磺酸
B. 肌醇
C. 叶黄素
D. 左旋肉碱

16. 依据 GB 14880—2012《食品安全国家标准 食品营养强化剂使用标准》附录 A 规定，如下（　　）不属于维生素类营养强化剂。

A. 肌醇
B. 胆碱
C. 生物素
D. 叶黄素

17. GB 14880—2012《食品安全国家标准 食品营养强化剂使用标准》附录 A 规定了酪蛋白磷酸肽在风味发酵乳中使用限量为（　　）。

A. 10～1000mg/kg
B. 1～2g/kg
C. ≤1.6g/kg
D. ≤5.0g/kg

18. GB 14880—2012《食品安全国家标准 食品营养强化剂使用标准》附录 A 规定

了乳铁蛋白在含乳饮料中使用限量为（　　）。

A. 10～1000mg/kg
B. 1～2g/kg
C. ≤100mg/kg
D. ≤1.0g/kg

19. 依据 GB 14880—2012《食品安全国家标准 食品营养强化剂使用标准》附录 B 规定，营养强化剂生物素主要的化合物来源是（　　）。

A. L-生物素
B. D-生物素
C. β-胡萝卜素
D. 生育酚

20. GB 14880—2012《食品安全国家标准 食品营养强化剂使用标准》附录 B 未规定以下（　　）矿物质类营养强化剂的化合物来源形式。

A. 钠
B. 钾
C. 钙
D. 铁

21. 依据 GB 14880—2012《食品安全国家标准 食品营养强化剂使用标准》附录 C.1 规定，以下允许用于特殊膳食用食品的营养强化剂钠的化合物来源是（　　）。

A. 硫代硫酸钠
B. 磷酸二氢钠
C. 草酸钠
D. 酒石酸钠

22. GB 14880—2012《食品安全国家标准 食品营养强化剂使用标准》附录 C.2 规定了营养强化剂核苷酸用于以下（　　）食品类别的使用限量。

A. 婴幼儿配方食品
B. 婴幼儿谷物类辅助食品
C. 保健品
D. 固体饮料

23. 依据 GB 14880—2012《食品安全国家标准 食品营养强化剂使用标准》附录 C.2，营养强化剂花生四烯酸（AA 或 ARA）在婴幼儿谷类辅助食品中的使用限量为（　　）。

A. ≤200mg/kg
B. ≤600mg/kg
C. ≤1300mg/kg
D. ≤2300mg/kg

24. 依据 GB 14880—2012《食品安全国家标准 食品营养强化剂使用标准》附录 C.2，营养强化剂乳铁蛋白在婴幼儿配方食品中的使用限量为（　　）。

A. 1.0g/kg
B. 2.0g/kg
C. 5.0g/kg
D. 10.0g/kg

25. 依据 GB 14880—2012《食品安全国家标准 食品营养强化剂使用标准》附录 C.2，营养强化剂低聚半乳糖（乳糖来源）、低聚果糖（菊苣来源）、多聚果糖（菊苣来源）、棉子糖（甜菜来源）在婴幼儿配方食品中单独或混合使用时，限量不超过（　　）。

A. 6.45g/kg
B. 64.5g/kg
C. 3.12g/kg
D. 31.2g/kg

26. 依据 GB 14880—2012《食品安全国家标准 食品营养强化剂使用标准》附录 D.1，以下食品类别属于发酵性豆制品的是（　　）。

A. 腐竹
B. 油皮
C. 大豆蛋白膨化食品
D. 纳豆

27. 依据《关于批准焦磷酸一氢三钠等 5 种食品添加剂新品种的公告》（2012 年 第 15 号）附件 4，维生素 B_1 在果蔬汁（肉）饮料（包括发酵型产品等）中的最大使用量为（　　）。

A. 1～3mg/kg
B. 2～4mg/kg
C. 2～5mg/kg
D. 5～10mg/kg

28. 依据《关于批准紫甘薯色素等 9 种食品添加剂的公告》（2012 年 第 6 号）附件 3 增补低聚果糖等 3 种食品添加剂的质量规格要求，低聚果糖质量分数（以干基计）要求（　　）。

A. ≥92.0%
B. ≥95.0%
C. ≥96.0%
D. ≥98.0%

29. 依据《关于批准酸式焦磷酸钙等 3 种食品添加剂新品种等的公告》（2013 年 第 5 号）附件 1，酸式焦磷酸钙在焙烤食品中最大允许使用量为（　　）。

A. 0.12g/kg
B. 0.57g/kg
C. 0.87g/kg
D. 1.7g/kg

30. 依据《关于批准 L-蛋氨酰甘氨酸盐酸盐为食品添加剂新品种及 3 种食品添加剂扩大使用范围的公告》（2014 年 第 3 号）附件 2 维生素 A 等 3 种扩大使用范围的食品添加剂，维生素 A 在植物蛋白饮料中的最大使用量为（　　）。

A. 100～400μg/kg
B. 400～800μg/kg
C. 600～1400μg/kg
D. 700～1300μg/kg

31. 依据 GB 14880—2012《食品安全国家标准 食品营养强化剂使用标准》，酵母 β-葡聚糖在调制乳（仅限儿童用）中使用限量要求为（　　）。

A. 0.12～0.21g/kg
B. 0.21～0.67g/kg
C. 0.67～0.88g/kg
D. 0.88～1.1g/kg

32. 依据 GB 14880—2012《食品安全国家标准 食品营养强化剂使用标准》，酪蛋白钙肽在婴幼儿辅助食品中使用限量要求为（　　）。

A. ≤0.5g/kg
B. ≤1.0g/kg
C. ≤3.0g/kg
D. ≤5.0g/kg

33. 依据 GB 14880—2012《食品安全国家标准 食品营养强化剂使用标准》，γ-亚麻酸在调制乳粉中使用量要求为（　　）。

A. 2～5g/kg
B. 5～10g/kg
C. 20～50g/kg
D. 50～100g/kg

34. 依据 GB 14880—2012《食品安全国家标准 食品营养强化剂使用标准》，鸟氨酸在特殊膳食用食品用量要求为（　　）。

A. 0.2～0.4g/kg
B. 0.4～1.0g/kg
C. 2.0～5.0g/kg
D. 未作限量要求

35. 依据 GB 14880—2012《食品安全国家标准 食品营养强化剂使用标准》，关于鸟氨酸在特殊膳食用食品中的含量要求，以下说法正确的是（　　）。

A. 不得使用非食用的动植物原料作为单体氨基酸的来源

B. 可以是氨基酸的游离状态

C. 可以是氨基酸的盐酸化合物

D. 含量要求为 2.0～5.0g/kg

36. 依据 GB 14880—2012《食品安全国家标准 食品营养强化剂使用标准》，镁在婴儿配方食品中的含量要求为（　　）。

A. 1.2～3.6mg/100kJ

B. 1.8～3.0mg/100kJ

C. 2.4～3.6mg/100kJ

D. 12.8～4.8mg/100kJ

37. 依据 GB 14880—2012《食品安全国家标准 食品营养强化剂使用标准》，肌醇又名（　　）。

A. 环己六醇　　　　B. 环己六胺

C. 环己四醇　　　　D. 环己二醇

38. 依据 GB 14880—2012《食品安全国家标准 食品营养强化剂使用标准》，维生素 E 在婴儿配方食品中的含量要求为（　　）。

A. 1～5mg/kg　　　B. 5～10mg/kg

C. 12～50mg/kg　　D. 50～100mg/kg

39. 依据 GB 14880—2012《食品安全国家标准 食品营养强化剂使用标准》，核苷酸在婴儿配方食品中的使用量要求为（　　）。

A. 0.12～0.58g/kg　B. 0.58～1.0g/kg

C. 1.12～2.28g/kg　D. 2.16～5.28g/kg

40. 依据 GB 14880—2012《食品安全国家标准 食品营养强化剂使用标准》，关于 2'-岩藻糖基乳糖在特殊膳食用食品中允许的化合物来源为（　　）。

A. 葡萄糖　B. 乳糖　C. 果糖　D. 蔗糖

二、多选题

41. GB 14880—2012《食品安全国家标准 食品营养强化剂使用标准》规定了以下哪几方面的内容？（　　）

A. 食品营养强化的主要目的

B. 使用营养强化剂的要求

C. 可强化食品类别的选择要求

D. 营养强化剂的使用规定

42. 营养素是指食物中具有特定生理作用，能维持机体（　　）所需的物质。

A. 生长、发育　　　B. 活动

C. 繁殖　　　　　　D. 正常代谢

43. 营养素包括（　　）等。

A. 蛋白质、脂肪　　B. 碳水化合物

C. 矿物质　　　　　D. 维生素

44. 特殊膳食用食品是指为满足（　　）等状态下的特殊膳食需求，专门加工或配方的食品。

A. 身体状况　　　　B. 生理状况

C. 疾病　　　　　　D. 紊乱

45. 营养强化的主要目的有（　　）。

A. 弥补食品在正常加工、储存时造成的营养素损失

B. 一定地域范围内，有相当规模的人群出现某些营养素摄入水平低或缺乏，通过强化可以改善其摄入水平低或缺乏导致的健康影响

C. 某些人群由于饮食习惯和（或）其他原因可能出现某些营养素摄入量水平低或缺乏，通过强化可以改善其摄入水平低或缺乏导致的健康影响

D. 补充和调整特殊膳食用食品中营养素和（或）其他营养成分的含量

46. 低聚果糖来源途径有（　　）。

A. 菊苣　B. 蔗糖　C. 白砂糖　D. 甜菜

47. 营养强化剂钾可以采用以下哪些化合物形式添加至特殊膳食用食品中？（　　）

A. 葡萄糖酸钾　　　B. 柠檬酸钾

C. 磷酸二氢钾　　　D. 氯化钾

48. 营养强化剂维生素 B_1 可以采用以下（　　）化合物形式添加至特殊膳食用食品中。

A. 盐酸吡哆醇　　　B. 5'-磷酸吡哆醛

C. 盐酸硫胺素　　　D. 硝酸硫胺素

49. 依据 GB 14880—2012《食品安全国家标准 食品营养强化剂使用标准》附录 B 规定，关于营养强化剂维生素 E 主要的化合物来源有（　　）。

A. d-α-生育酚　　B. dl-α-生育酚

C. d-α-醋酸生育酚　D. d-α-琥珀酸生育酚

50. GB 14880—2012《食品安全国家标准 食品营养强化剂使用标准》规定了维生素 A 在如下（　　）类别食品中的使用限量。

A. 调制乳　B. 植物油　C. 冰激凌　D. 大米

51. GB 14880—2012《食品安全国家标准 食品营养强化剂使用标准》规定了维生素 D 在如下（　　）类别食品中的使用限量。

A. 藕粉　　　　　　B. 饼干

C. 含乳饮料　　　　　　D. 果冻

52. GB 14880—2012《食品安全国家标准 食品营养强化剂使用标准》附录 A 规定了食品中如下（　　）营养强化剂的使用限量。

A. 叶酸　　　　　　　　B. 果聚糖

C. 左旋肉碱　　　　　　D. 酪蛋白磷酸肽

53. GB 14880—2012《食品安全国家标准 食品营养强化剂使用标准》附录 A 规定了（　　）中营养强化剂铁的允许使用限量均为 10～20mg/kg。

A. 调制乳　　　　　　　B. 大米及其制品

C. 饮料类　　　　　　　D. 果冻

54. GB 14880—2012《食品安全国家标准 食品营养强化剂使用标准》附录 A 规定了（　　）中营养强化剂维生素 D 的允许使用限量均为 15～60μg/kg。

A. 豆粉　　B. 豆浆粉　　C. 豆浆　　D. 藕粉

55. 依据 GB 14880—2012《食品安全国家标准 食品营养强化剂使用标准》附录 A 规定，关于营养强化剂肌醇的允许使用量，如下（　　）正确。

A. 果蔬汁饮料为 60～120mg/kg

B. 风味饮料为 60～100mg/kg

C. 茶饮料为 10～300mg/kg

D. 功能饮料为 10～300mg/kg

56. 依据 GB 14880—2012《食品安全国家标准 食品营养强化剂使用标准》附录 A 规定，关于营养强化剂钙的允许使用量，如下（　　）正确。

A. 干酪和再制干酪为 2500～10000mg/kg

B. 冰激凌类为 2400～3000mg/kg

C. 肉灌肠类为 850～1700mg/kg

D. 肉松类为 2500～5000mg/kg

57. 依据 GB 14880—2012《食品安全国家标准 食品营养强化剂使用标准》附录 A，关于固体饮料中营养强化剂的允许使用量规定，如下（　　）正确。

A. 铁为 95～220mg/kg

B. 钙为 2500～10000mg/kg

C. 锌为 3～20mg/kg

D. 镁为 1300～2100mg/kg

58. 依据 GB 14880—2012《食品安全国家标准 食品营养强化剂使用标准》附录 A 规定，如下（　　）属于其他类营养强化剂。

A. L-赖氨酸　　　　　　B. 牛磺酸

C. 左旋肉碱　　　　　　D. 乳铁蛋白

59. 依据 GB 14880—2012《食品安全国家标准 食品营养强化剂使用标准》附录 A 规定，如下（　　）属于维生素类营养强化剂。

A. 肌醇　　　　　　　　B. 胆碱

C. 左旋肉碱　　　　　　D. 生物素

60. 依据 GB 14880—2012《食品安全国家标准 食品营养强化剂使用标准》附录 A 规定，关于营养强化剂 γ-亚麻酸的允许使用量，如下（　　）正确。

A. 调制乳粉为 20～50g/kg

B. 植物油为 20～50g/kg

C. 饮料类为 20～50g/kg

D. 风味发酵乳为 20～50g/kg

61. 依据 GB 14880—2012《食品安全国家标准 食品营养强化剂使用标准》附录 B 规定，关于营养强化剂维生素 A 主要的化合物来源有（　　）。

A. 醋酸视黄酯（醋酸维生素 A）

B. 棕榈酸视黄酯（棕榈酸维生素 A）

C. β-胡萝卜素

D. 全反式视黄醇

62. 依据 GB 14880—2012《食品安全国家标准 食品营养强化剂使用标准》附录 B 规定，关于营养强化剂维生素 D 主要的化合物来源有（　　）。

A. 麦角钙化醇（维生素 D_2）

B. 胆钙化醇（维生素 D_3）

C. 盐酸硫胺素

D. 硝酸硫胺素

63. 依据 GB 14880—2012《食品安全国家标准 食品营养强化剂使用标准》附录 B

规定，关于营养强化剂烟酸（尼克酸）主要的化合物来源有（　　）。

A. 烟酸　　B. 烟酰胺　C. 叶酸　　D. 泛酸

64. 依据 GB 14880—2012《食品安全国家标准 食品营养强化剂使用标准》附录 C 规定，允许用于特殊膳食用食品的营养强化剂钠主要的化合物来源是（　　）。

A. 碳酸氢钠　　　　　B. 磷酸二氢钠

C. 柠檬酸钠　　　　　D. 氯化钠

65. 依据 GB 14880—2012《食品安全国家标准 食品营养强化剂使用标准》附录 C 规定，允许用于特殊膳食用食品的营养强化剂锌的化合物来源有（　　）。

A. 乳酸锌　　　　　　B. 柠檬酸锌

C. 乙酸锌　　　　　　D. 葡萄糖酸锌

66. 依据 GB 14880—2012《食品安全国家标准 食品营养强化剂使用标准》附录 C 规定，允许用于特殊膳食用食品的营养强化剂钙的化合物来源有（　　）。

A. 葡萄糖酸钙　　　　B. L-乳酸钙

C. 磷酸三钙（磷酸钙）D. 氧化钙

67. 依据 GB 14880—2012《食品安全国家标准 食品营养强化剂使用标准》规定，关于营养强化剂钙主要的化合物来源有（　　）。

A. 氯化钙

B. 磷酸三钙（磷酸钙）

C. 维生素 E 琥珀酸钙

D. 骨粉

68. 依据 GB 14880—2012《食品安全国家标准 食品营养强化剂使用标准》附录 C.2，营养强化剂核苷酸来源包括（　　）。

A. 5′单磷酸胞苷（5′-CMP）

B. 5′单磷酸尿苷（5′-UMP）

C. 5′单磷酸腺苷（5′-AMP）

D. 5′-肌苷酸二钠、5′-鸟苷酸二钠、5-尿苷酸二钠、5′-胞苷酸二钠

69. GB 14880—2012《食品安全国家标准 食品营养强化剂使用标准》附录 C.2 规定了（　　）营养强化剂单独或者混合使用，

该类物质总量不超过 64.5g/kg。

A. 聚葡萄糖

B. 棉子糖（甜菜来源）

C. 低聚果糖、多聚果糖（菊苣来源）

D. 低聚半乳糖（乳糖来源）

70. 依据 GB 14880—2012《食品安全国家标准 食品营养强化剂使用标准》附录 D.1，以下属于非发酵性豆制品的是（　　）。

A. 腐竹　　　　　　　B. 油皮

C. 大豆蛋白膨化食品　D. 大豆素肉

71. 依据 GB 14880—2012《食品安全国家标准 食品营养强化剂使用标准》附录 D.1，以下属于脂肪、油和乳化脂肪制品的是（　　）。

A. 氢化植物油　　　　B. 无水乳脂

C. 稀奶油　　　　　　D. 浓缩黄油

72. 依据 GB 14880—2012《食品安全国家标准 食品营养强化剂使用标准》附录 D.1，以下属于饼干类别的是（　　）。

A. 月饼　　　　　　　B. 威化饼干

C. 蛋卷　　　　　　　D. 夹心饼干

73. 依据 GB 14880—2012《食品安全国家标准 食品营养强化剂使用标准》附录 D.1，以下属于熟肉干制品的是（　　）。

A. 肉松类　　　　　　B. 肉干类

C. 肉脯类　　　　　　D. 火腿肠

74. 依据《关于桃胶等 15 种"三新食品"的公告》（2023 年 第 8 号），对调制乳粉中的 D-乳糖和 2′岩藻糖基乳糖进行检测，以下说法正确的是（　　）。

A. 可用示差折光检测器进行检测

B. 可用电雾式检测器进行检测

C. 可用外标法进行定量

D. 可用归一化法进行定量

75. 依据 GB 14880—2012《食品安全国家标准 食品营养强化剂使用标准》，碘的化合物来源有（　　）。

A. 碘酸钾　　　　　　B. 碘化钾

C. 碘化钠　　　　　　D. 碘酸锌

76. 依据 GB 14880—2012《食品安全国家标准 食品营养强化剂使用标准》，以下（　　）属于二十二碳六烯酸（DHA）的化合物来源。

A. 裂壶藻　　　　　　　B. 吾肯氏壶藻

C. 寇氏隐甲藻　　　　　D. 金枪鱼油

77. 依据 GB 14880—2012《食品安全国家标准 食品营养强化剂使用标准》，以下属于硒允许用于特殊膳食用食品化合物来源的有（　　）。

A. 硒酸钠　　　　　　　B. 亚硒酸钠

C. 富硒酵母　　　　　　D. 硒蛋白

78. 依据《关于特殊膳食用食品中氨基酸管理的公告》（2023 年 第 11 号）增补，以下属于天冬氨酸允许用于特殊膳食用食品化合物来源的有（　　）。

A. L-盐酸赖氨酸

B. L-赖氨酸天门冬氨酸盐

C. L-天冬氨酸

D. L-天冬氨酸镁

79. 依据 GB 14880—2012《食品安全国家标准 食品营养强化剂使用标准》，以下属于面包中允许使用的营养强化剂有（　　）。

A. 维生素 B_1　　　　　B. 维生素 B_2

C. 烟酸（尼克酸）　　　D. L-赖氨酸

80. 依据 GB 14880—2012《食品安全国家标准 食品营养强化剂使用标准》，以下属于儿童调制乳允许使用的营养强化剂有（　　）。

A. 低聚果糖

B. 1,3-二油酸 2-棕榈酸甘油三酯

C. 酵母 β-葡聚糖

D. 乳糖-N-新四糖

三、判断题

81. 发酵乳中可以适量添加营养强化剂钙。（　　）

82. 风味发酵乳中钙的允许添加限量为 $250\sim1000$mg/kg。（　　）

83. 乳及乳制品中规定了婴幼儿配方奶粉的营养强化剂使用限量。（　　）

84. 营养强化剂在食品及特殊膳食用食品中的使用范围、使用量应符合 GB 14880—2012《食品安全国家标准 食品营养强化剂使用标准》附录 A 的要求。（　　）

85. 营养强化剂维生素 A 在植物油、人造黄油中允许使用限量一致。（　　）

86. GB 14880—2012《食品安全国家标准 食品营养强化剂使用标准》附录 A 中规定了维生素 A、维生素 K、维生素 D、β-胡萝卜素在调制乳粉（仅限儿童使用乳粉）中的使用限量。（　　）

87. 依据 GB 14880—2012《食品安全国家标准 食品营养强化剂使用标准》附录 A 的规定，食品中营养强化剂铁在西式糕点中的允许使用限量为 $40\sim60$mg/kg。（　　）

88. 依据 GB 14880—2012《食品安全国家标准 食品营养强化剂使用标准》附录 A 的规定，营养强化剂叶酸在儿童用调制乳粉中的允许使用限量比普通调制乳中的允许使用限量更高。（　　）

89. 依据 GB 14880—2012《食品安全国家标准 食品营养强化剂使用标准》附录 A 的规定，营养强化剂生物素只规定了调制乳粉（仅限儿童用乳粉）中的允许使用限量。（　　）

90. 依据 GB 14880—2012《食品安全国家标准 食品营养强化剂使用标准》附录 A 的规定，食品中营养强化剂钾在固体饮料类食品中的允许使用限量为 $1960\sim7040$mg/kg。（　　）

91. 依据 GB 14880—2012《食品安全国家标准 食品营养强化剂使用标准》附录 A 的规定，食品中营养强化剂低聚果糖只规定了在调制乳粉（仅限儿童用乳粉和孕妇用乳粉）中的限量指标。（　　）

92. 依据 GB 14880—2012《食品安全国家标准 食品营养强化剂使用标准》附录 B 的规定，营养强化剂牛磺酸主要的化合物来源是牛磺酸（氨基乙基磺酸）。（　　）

93. 依据 GB 14880—2012《食品安全国家标准 食品营养强化剂使用标准》附录 B 、附录 C 的规定，允许用于食品及特殊膳食用食品的营养强化剂维生素 E 的主要的化合物来源是一致的。（　　）

94. 依据《关于批准焦磷酸一氢三钠等 5 种食品添加剂新品种的公告》（2012 年 第 15 号）附件 4，维生素 B_1 和维生素 B_2 在果蔬汁（肉）饮料（包括发酵型产品等）中的最大使用量相同。（　　）

95. 依据《关于海藻酸钙等食品添加剂新品种的公告》（2016 年 第 8 号）附件 3，调制乳粉（儿童用乳粉和孕产妇用乳粉除外）中 L-苏糖酸镁的允许使用限量以镁计。（　　）

96. 依据《关于海藻酸钙等食品添加剂新品种的公告》（2016 年 第 8 号）附件 3，营养强化剂维生素 K_2 在调制乳粉（仅限儿童用乳粉）中使用量为 420～750μg/kg。（　　）

97. 依据《关于海藻酸钙等食品添加剂新品种的公告》（2016 年 第 8 号）附件 4，营养强化剂左旋肉碱在含乳饮料和风味饮料中最大使用量相同。（　　）

98. 依据《关于抗坏血酸棕榈酸酯（酶法）等食品添加剂新品种的公告》（2016 年 第 9 号）附件 3，食品营养强化剂富硒酵母在大米及其制品和面包中的使用量均为 40～80μg/kg。（　　）

99. 依据《关于爱德万甜等 6 种食品添加剂新品种、食品添加剂环己基氨基磺酸钠（又名甜蜜素）等 6 种食品添加剂扩大用量和使用范围的公告》（2017 年 第 8 号）附件 4，食品营养强化剂（6S）-5-甲基四氢叶酸，氨基葡萄糖盐在固体饮料中的使用限量为 600～ 6000μg/kg。（　　）

100. 依据《关于爱德万甜等 6 种食品添加剂新品种、食品添加剂环己基氨基磺酸钠（又名甜蜜素）等 6 种食品添加剂扩大用量和使用范围的公告》（2017 年 第 8 号）附件 4，食品营养强化剂低聚半乳糖可以采

用高效液相色谱双柱法进行检测。（　　）

101. 依据《关于蝉花子实体（人工培植）等 15 种"三新食品"的公告》（2020 年第 9 号），维生素 K_2 含量以七烯甲萘醌含量标示。（　　）

102. 依据 GB 14880—2012《食品安全国家标准 食品营养强化剂使用标准》，维生素 B_6 在调制乳粉（仅限儿童用）和调制乳（仅限儿童用）中限量一致，均为 1～7mg/kg。（　　）

103. 依据 GB 14880—2012《食品安全国家标准 食品营养强化剂使用标准》，小麦粉中允许使用的营养强化剂有维生素 A、叶酸。（　　）

104. 依据 GB 14880—2012《食品安全国家标准 食品营养强化剂使用标准》，小麦粉中营养强化剂维生素 A 的使用量要求为 600～1200μg/kg。（　　）

105. 小麦粉及小麦粉制品中允许使用的营养强化剂一致。（　　）

106. 营养强化剂铁的化合物来源有硫酸亚铁、葡萄糖酸亚铁、柠檬酸铁铵、富马酸亚铁等。（　　）

107. 饼干中允许使用的营养强化剂包括硒、锌、铁、钙、维生素 D 等。（　　）

108. 威化饼干和蛋卷中营养强化剂维生素 A 使用限量要求不一样。（　　）

109. 依据 GB 14880—2012《食品安全国家标准 食品营养强化剂使用标准》，铁、锌为酱油中允许使用的营养强化剂。（　　）

110. 依据 GB 14880—2012《食品安全国家标准 食品营养强化剂使用标准》，醋中营养强化剂钙的使用要求为 6000～8000mg/kg。（　　）

111. 依据 GB 14880—2012《食品安全国家标准 食品营养强化剂使用标准》食品分类，婴幼儿配方食品分为豆基婴儿配方食品和乳基婴儿配方食品。（　　）

112. 依据 GB 14880—2012《食品安全国家标准 食品营养强化剂使用标准》食品分

类，特殊医学配方食品分为 1~10 岁人群的和 10 岁以上人群的全营养配方食品。（ ）

113. 依据 GB 14880—2012《食品安全国家标

准 食品营养强化剂使用标准》食品分类，除 13.01~13.04 外的其他特殊膳食用食品分为运动营养食品、乳母营养补充食品。（ ）

第二节 综合能力提升

一、单选题

114. GB 14880—2012《食品安全国家标准 食品营养强化剂使用标准》附录 A 规定了维生素 K 在如下（ ）类别食品中的使用限量。

A. 调制乳粉（限儿童使用）

B. 调制乳粉（限老人使用）

C. 调制乳粉（限婴幼儿使用）

D. 固体饮料

115. GB 14880—2012《食品安全国家标准 食品营养强化剂使用标准》附录 A 规定了如下（ ）食品中营养强化剂维生素 B_1 的允许使用限量与其他选项不一致。

A. 大米及其制品　　B. 小麦粉及其制品

C. 面包　　　　　　D. 西式糕点

116. 依据 GB 14880—2012《食品安全国家标准 食品营养强化剂使用标准》附录 B，营养强化剂维生素 K 主要的化合物来源有（ ）。

A. 植物甲萘醌

B. 麦角钙化醇（维生素 D_2）

C. 胆钙化醇（维生素 D_3）

D. 盐酸硫胺素

117. 依据 GB 14880—2012《食品安全国家标准 食品营养强化剂使用标准》附录 B，营养强化剂低聚果糖主要的化合物来源是（ ）。

A. 低聚果糖（甜菜菊来源）

B. 低聚果糖（菊苣来源）

C. 低聚果糖（万寿菊来源）

D. 低聚果糖（菊花来源）

118. 依据 GB 14880—2012《食品安全国家

标准 食品营养强化剂使用标准》附录 C.1，以下允许用于特殊膳食用食品的营养强化剂锌的化合物来源是（ ）。

A. 甘氨酸锌　　　　B. 碳酸锌

C. 赖氨酸锌　　　　D. 葡萄糖酸锌

119. 依据 GB 14880—2012《食品安全国家标准 食品营养强化剂使用标准》附录 C.2，营养强化剂聚葡萄糖在婴幼儿配方食品中的使用限量为（ ）。

A. 1.56~3.125g/kg　B. 3.25~6.45g/kg

C. 15.6~31.25g/kg　D. 32.5~64.5g/kg

120. 依据 GB 14880—2012《食品安全国家标准 食品营养强化剂使用标准》附录 D.1，以下食品类别不同于其他选项的是（ ）。

A. 稀奶油　　　　　B. 无水黄油

C. 人造黄油　　　　D. 氢化植物油

121. 依据《关于批准聚偏磷酸钾作为食品添加剂新品种等的公告》（2013 年 第 8 号）附件 3，低聚果糖（$GF_2+GF_3+GF_4$）指定的检验方法为（ ）。

A. GB/T 23528　　　B. GB/T 22221

C. GB 5009.8　　　　D. GB 5009.255

122. 依据《关于批准抗坏血酸钠等 8 种食品添加剂扩大使用范围用量的公告》（2013 年 第 11 号），营养强化剂乳铁蛋白在婴幼儿配方食品中的最大使用量，以下（ ）说法正确。

A. 以即食状态计，粉状产品按冲调倍数增加使用量

B. 以即食状态计，液体产品按稀释倍数增加使用量

C. 以粉状产品计，液体产品按稀释倍数增加使用量

D. 以液体状态计，粉状产品按冲调倍数增加使用量

123. 依据 GB 14880—2012《食品安全国家标准 食品营养强化剂使用标准》，关于乳铁蛋白在婴幼儿配方食品中的使用要求，以下说法正确的是（   ）。

A. 使用限量要求为 2.0g/L

B. 以即食状态计，液体产品按稀释倍数增加使用量

C. 以液体状态计

D. 固体产品按稀释倍数增加使用量

124. 依据 GB 14880—2012《食品安全国家标准 食品营养强化剂使用标准》中二十二碳六烯酸（DHA）在婴儿配方食品中的使用要求，以下说法不正确的是（   ）。

A. 二十二碳六烯酸（DHA）在婴儿配方食品中的含量要求为 3.6～9.6mg/100kJ

B. 二十二碳六烯酸（DHA）在婴儿配方食品中的含量要求为 40～80mg/100kcal

C. 如果婴儿配方食品中添加了二十二碳六烯酸（22：6n－3），至少要添加相同量的二十碳四烯酸（20：4n－6）

D. 二十碳五烯酸（20：5n－3）的量不应超过二十二碳六烯酸的量。

125. 依据 GB 14880—2012《食品安全国家标准 食品营养强化剂使用标准》，1,3-二油酸 2-棕榈酸甘油三酯在特殊医学用途婴儿配方食品中使用量要求为（   ）。

A. 32～96g/kg   B. 64～126g/kg
C. 126～186g/kg   D. 186～266g/kg

二、多选题

126. 营养强化剂硒可以采用以下（   ）化合物形式特添加至殊膳食用食品中。

A. 硒酸钠   B. 硒酸钙
C. 亚硒酸钠   D. 富硒酵母

127. GB 14880—2012《食品安全国家标准 食品营养强化剂使用标准》附录 A 规定了维生素 K 在如下（   ）类别食品中的使用限量。

A. 调制乳粉（限儿童使用）

B. 调制乳粉（限老人使用）

C. 调制乳粉（限婴幼儿使用）

D. 调制乳粉（限孕产妇使用）

128. 依据 GB 14880—2012《食品安全国家标准 食品营养强化剂使用标准》附录 A，营养强化剂胆碱规定了如下（   ）食品中的允许使用限量。

A. 调制乳粉（仅限儿童用乳粉）

B. 调制乳粉（仅限孕妇用乳粉）

C. 固体饮料

D. 果冻

129. 依据 GB 14880—2012《食品安全国家标准 食品营养强化剂使用标准》附录 A，如下（   ）营养强化剂只规定了调制乳粉的使用量要求，液体乳的允许使用量可以按稀释倍数进行折算。

A. 叶黄素

B. 低聚果糖

C. 花生四烯酸（AA 或 ARA）

D. 1,3-二油酸 2-棕榈酸甘油三酯

130. GB 14880—2012《食品安全国家标准 食品营养强化剂使用标准》附录 C 规定了以下（   ）属于允许用于特殊膳食用食品的营养强化剂。

A. L-蛋氨酸   B. L-酪氨酸
C. L-色氨酸   D. 牛磺酸

131. 依据 GB 14880—2012《食品安全国家标准 食品营养强化剂使用标准》附录 D.1，以下属于淀粉及淀粉类制品的是（   ）。

A. 粉丝   B. 粉条   C. 杂粮粉   D. 藕粉

132. 依据 GB 14880—2012《食品安全国家标准 食品营养强化剂使用标准》附录 D.1，以下属于蛋制品的是（   ）。

A. 卤蛋   B. 冰蛋
C. 松花蛋肠   D. 皮蛋

133. 依据《关于爱德万甜等 6 种食品添加剂新品种、食品添加剂环己基氨基磺酸钠

（又名甜蜜素）等 6 种食品添加剂扩大用量和使用范围的公告》（2017 年　第 8 号），以下属于叶酸允许用于普通食品化合物来源增补的有（　　　）。

A. 叶酸（蝶酰谷氨酸）

B. (6S)-5-甲基四氢叶酸

C. 氨基葡萄糖盐

D. 6S-5-甲基四氢叶酸钙

134. 依据《关于蓝莓花色苷等 14 种"三新食品"的公告》（2023 年　第 3 号），以下不属于维生素 C 允许用于普通食品化合物来源增补的有（　　　）。

A. L-抗坏血酸

B. 抗坏血酸棕榈酸酯（酶法）

C. L-抗坏血酸钠

D. L-抗坏血酸钙

135. 依据 GB 14880—2012《食品安全国家标准　食品营养强化剂使用标准》附录 B，以下属于维生素 B_{12} 的化合物来源的有（　　　）。

A. 氰钴胺　　　　　　B. 盐酸氰钴胺

C. 羟钴胺　　　　　　D. 盐酸硫胺素

136. 依据 GB 14880—2012《食品安全国家标准　食品营养强化剂使用标准》附录 C，以下属于维生素 D 的化合物来源的有（　　　）。

A. 麦角钙化醇　　　　B. 胆钙化醇

C. 盐酸硫胺素　　　　D. 硝酸硫胺素

137. 以下（　　　）营养强化剂可以乳糖为化合物来源，并属于允许用于特殊膳食用食品。

A. 2'-岩藻糖基乳糖　　B. 乳糖-N-新四糖

C. d-核糖　　　　　　D. 半乳甘露聚糖

三、判断题

138. 依据 GB 14880—2012《食品安全国家标准　食品营养强化剂使用标准》附录 A，食品中营养强化剂叶黄素规定了调制乳粉（仅限儿童用乳粉）的限量指标，其液体乳按稀释倍数折算。（　　　）

139. 依据《关于蓝莓花色苷等 14 种"三新食品"的公告》（2023 年　第 3 号），L-硒-甲基硒代半胱氨酸的使用范围和用量与《食品安全国家标准　食品营养强化剂使用标准》（GB14880—2012）中已批准硒的规定一致。（　　　）

140. 依据《关于食品营养强化剂新品种 6S-5-甲基四氢叶酸钙以及氮气等 8 种扩大使用范围的食品添加剂的公告》（2017 年　第 13 号）附件 1，食品营养强化剂新品种 6S-5-甲基四氢叶酸钙在固体饮料类食品中使用限量为 $600 \sim 6000 \mu g/kg$（以叶酸计）。（　　　）

141. 依据 GB 14880—2012《食品安全国家标准　食品营养强化剂使用标准》中的食品分类，果蔬汁（浆）中营养强化剂维生素 E 使用量要求为 $10 \sim 40 mg/kg$。（　　　）

142. 依据 GB 14880—2012《食品安全国家标准　食品营养强化剂使用标准》中的食品分类，果蔬汁（浆）中营养强化剂包括维生素 E、维生素 B_6、铁、γ-亚麻酸、酪蛋白钙肽、酪蛋白磷酸肽等。（　　　）

143. 依据 GB 14880—2012《食品安全国家标准　食品营养强化剂使用标准》中的食品分类，果蔬汁（浆）中营养强化剂维生素 D 的使用量为 $2 \sim 10 \mu g/kg$。（　　　）

144. 依据 GB 14880—2012《食品安全国家标准　食品营养强化剂使用标准》中的食品分类，含乳饮料中营养强化剂维生素 C 的使用量为 $120 \sim 240 mg/kg$。（　　　）

145. 依据 GB 14880—2012《食品安全国家标准　食品营养强化剂使用标准》中的食品分类，复合蛋白饮料中营养强化剂钙的使用量为 $160 \sim 1350 mg/kg$。（　　　）

146. 依据 GB 14880—2012《食品安全国家标准　食品营养强化剂使用标准》中的食品分类，冰激凌类、雪糕类中的营养强化剂有维生素 A、维生素 D 和钙。（　　　）

147. 依据《关于批准焦磷酸一氢三钠等 5 种食品添加剂新品种的公告》（2012 年　第 15 号），营养强化剂钙的化合物来源有乳酸钙、L-乳酸钙、磷酸氢钙、L-苏糖酸钙、

甘氨酸钙、天门冬氨酸钙等。（　　）

四、填空题

148. 营养强化剂是指为了增加食品的营养成分（价值）而加入到食品中的＿＿＿＿的营养素和其他营养成分。

149. 依据 GB 14880—2012《食品安全国家标准 食品营养强化剂使用标准》附录 A，食品中营养强化剂钙在调制乳中的允许使用限量为＿＿＿＿。

150. 依据 GB 14880—2012《食品安全国家标准 食品营养强化剂使用标准》附录 B，营养强化剂烟酸（尼克酸）主要的化合物来源有＿＿＿＿、＿＿＿＿。

151. 依据 GB 14880—2012《食品安全国家标准 食品营养强化剂使用标准》附录 B，营养强化剂肌醇主要的化合物来源为＿＿＿＿。

152. 依据 GB 14880—2012《食品安全国家标准 食品营养强化剂使用标准》附录 B，营养强化剂泛酸主要的化合物来源有＿＿＿＿、＿＿＿＿。

153. 依据 GB 14880—2012《食品安全国家标准 食品营养强化剂使用标准》附录 B，营养强化剂胆碱主要的化合物来源是＿＿＿＿、＿＿＿＿。

154. 依据 GB 14880—2012《食品安全国家标准 食品营养强化剂使用标准》附录 A.1，营养强化剂牛磺酸在豆浆中的使用限量为＿＿＿＿。

155.《关于海藻酸钙等食品添加剂新品种的公告》（2016 年 第 8 号）附件 3《L-苏糖酸镁等 3 种食品营养强化剂新品种》中规定了＿＿＿＿和＿＿＿＿中 L-苏糖酸镁的允许使用限量。

156.《关于海藻酸钙等食品添加剂新品种的公告》（2016 年 第 8 号）附件 3《L-苏糖酸镁等 3 种食品营养强化剂新品种》中规定了食品营养强化剂低聚半乳糖的理化指标有＿＿＿＿、＿＿＿＿等。

157. 依据 GB 14880—2012《食品安全国家标准 食品营养强化剂使用标准》附录 B，营养强化剂左旋肉碱（L-肉碱）主要的化合物来源是＿＿＿＿和＿＿＿＿。

158. 依据 GB 14880—2012《食品安全国家标准 食品营养强化剂使用标准》附录 B，营养强化剂铜主要的化合物来源有＿＿＿＿、＿＿＿＿、＿＿＿＿、＿＿＿＿。

159. 依据 GB 14880—2012《食品安全国家标准 食品营养强化剂使用标准》，巴氏杀菌乳、灭菌乳、调制乳中可以添加营养强化剂的是＿＿＿＿。

160. 依据《关于批准焦磷酸一氢三钠等 5 种食品添加剂新品种的公告》（2012 年 第 15 号），其他乳制品（如乳清粉、酪蛋白粉等），可以使用＿＿＿＿、＿＿＿＿作为营养强化剂。

161. 依据 GB 14880—2012《食品安全国家标准 食品营养强化剂使用标准》，维生素 B_1 使用限量要求为＿＿＿＿。

162. 依据 GB 14880—2012《食品安全国家标准 食品营养强化剂使用标准》，水果罐头中允许使用的营养强化剂为＿＿＿＿。

五、简答题

163. 某检测机构检出某婴儿配方奶粉中低聚半乳糖含量为 1.22g/100g，低聚果糖含量为 3.87g/100g，聚葡萄糖含量为 1.14g/100g，棉子糖含量为 0.55g/100g，该婴儿配方奶粉是否合格？为什么？

164. 某固体饮料中酪蛋白磷酸肽检出含量为 1.88g/kg，依据 GB 14880—2012《食品安全国家标准 食品营养强化剂使用标准》附录 A 中饮料类中酪蛋白磷酸肽的限量指标（≤1.6g/kg），判定该固体饮料不合格。以上做法是否正确，为什么？

165. 某机构检测某婴儿配方奶粉中核苷酸的含量，检测结果以 5′单磷酸胞苷（5′-CMP）、5′单磷酸尿苷（5′-UMP）、5′-肌苷酸二钠、5′-鸟苷酸二钠、5′-尿苷酸二钠、5′-胞苷酸二钠之和计，该做法是否妥当？为什么？

第十四章

食品中致病菌限量

● **核心知识点** ●

一、GB 29921—2021《食品安全国家标准 预包装食品中致病菌限量》

（一）适用范围：适用于表 1 类别中的预包装食品，不适用于执行商业无菌要求的食品、包装饮用水、饮用天然矿泉水。

（二）应用原则：无论是否规定致病菌限量，食品生产、加工、经营者均应采取控制措施，降低食品中的致病菌含量水平及风险可能性。样品的采集和处理按 GB 4789.1 执行，采样方案和检验方法按标准中表 1 规定执行。附录 A 用于界定致病菌限量适用的食品类别。

（三）指标要求：

1. 规定了沙门氏菌、金黄色葡萄球菌、单核细胞增生李斯特氏菌、致泻大肠埃希氏菌、副溶血性弧菌、克罗诺杆菌属（阪崎肠杆菌）等致病菌指标。

2. 规定了致病菌指标的适用范围。如乳制品单核细胞增生李斯特氏菌项目只适用于干酪、再制干酪和干酪制品，水产制品副溶血性弧菌及单核细胞增生李斯特氏菌项目只适用于即食生制动物性水产制品，即食果蔬制品单核细胞增生李斯特氏菌及致泻大肠埃希氏菌项目只适用于去皮或预切的水果、去皮或预切的蔬菜及上述类别混合食品等。

二、GB 31607—2021《食品安全国家标准 散装即食食品中致病菌限量》

（一）适用范围：适用于提供给消费者可直接食用的非预包装食品（含预先包装但需要计量称重的散装即食品）。不适用于餐饮服务中的食品、执行商业无菌要求的食品、未经加工或处理的初级农产品。

（二）食品分类：包括热处理散装即食食品，如熟制肉及其制品；部分或未经热处理的散装即食食品，如凉拌果蔬沙拉；其他散装即食食品，如腌制水产制品等。

（三）应用原则：无论是否规定致病菌限量，食品生产、加工、经营者均应采取控制措施，降低食品中的致病菌含量水平及风险可能性。样品的采集和处理按 GB 4789.1 执行，检验方法按标准中规定执行。

（四）指标要求：

1. 规定了沙门氏菌、金黄色葡萄球菌、单核细胞增生李斯特氏菌、副溶血性弧菌、蜡样芽胞杆菌 5 种致病菌指标。其中，预先包装但需要计量称重的散装即食食品中致病菌限量按照 GB 29921 相应食品类别执行，其他散装即食食品中致病菌限量按标准中表 1 规定执行。

2. 规定了致病菌指标的适用范围。热处理散装即食食品的蜡样芽胞杆菌项目只适用于以米为主要原料制作的食品，部分或未经热处理的散装即食食品中副溶血性弧菌仅适用于含动物性水产品的食品、蜡样芽孢杆菌项目只适用于以米为主要原料制作的食品。

　　食品中致病菌限量标准是预防食源性疾病、保障食品安全的关键措施之一。致病菌可通过多种途径污染食品，进而引发食品安全事件。

　　本章依据 GB 29921—2021《食品安全国家标准 预包装食品中致病菌限量》等标准，详细解读致病菌限量标准的适用范围及检测方法。通过本章的系统练习，读者将掌握食品中致病菌限量标准的基本要求，明确不同食品类别中致病菌的限量值和检测方法，学会结合实际案例评估食品中致病菌的污染情况，确保食品安全监管的有效性。

第一节　基础知识自测

一、单选题

1. GB 2711—2014《食品安全国家标准 面筋制品》规定，面筋制品是以（　　）为原料经加工去除淀粉后制得的蛋白产品，包括油面筋、水面筋、烤麸及其制品。

A. 小麦粉　B. 大豆　　C. 稻谷　　D. 玉米

2. GB 2711—2014《食品安全国家标准 面筋制品》中微生物限量无须检测（　　）。

A. 沙门氏菌　　　　B. 金黄色葡萄球菌
C. 大肠菌群　　　　D. 志贺氏菌

3. 依据 GB 2712—2014《食品安全国家标准 豆制品》中，微生物限量的规定，大肠菌群取样量 n 为（　　）。

A. 4　　　B. 5　　　C. 6　　　D. 7

4. GB 2712—2014《食品安全国家标准 豆制品》中微生物限量无须检测的项目为（　　）。

A. 沙门氏菌　　　　B. 金黄色葡萄球菌
C. 大肠菌群　　　　D. 志贺氏菌

5. 依据 GB 2713—2015《食品安全国家标准 淀粉制品》中微生物限量的规定，大肠菌群采样方案及限量为 $n=5$、$c=2$、$m=$（　　）、$M=10^2$。

A. 10　　B. 20　　C. 40　　D. 100

6. 依据 GB 2714—2015《食品安全国家标准 酱腌菜》中微生物限量的规定，大肠菌群（除非灭菌发酵型产品外）采样方案及限量为 $n=5$、$c=2$、$m=10$、$M=$（　　）。

A. 0　　B. 10　　C. 100　　D. 1000

7. GB 2719—2018《食品安全国家标准 食醋》中规定，食醋的总酸含量（以乙酸计）应≥（　　）g/100mL。

A. 2.5　　B. 3.5　　C. 4.5　　D. 5.5

8. GB 2758—2012《食品安全国家标准 发酵酒及其配制酒》中规定，葡萄酒和其他酒精度大于等于（　　）的发酵酒及其配制酒可免于标示保质期。

A. 10％vol　　　　B. 15％vol
C. 20％vol　　　　D. 30％vol

9. GB/T 4927—2008《啤酒》中规定，冰啤酒是指经冰晶化工艺处理，浊度小于等于（　　）EBC 的啤酒。除特征性外，其他要求应符合相应类型啤酒的规定。

A. 0.6　　B. 0.7　　C. 0.8　　D. 0.9

10. 啤酒宜在（　　）下运输和贮存；低于或高于此温度范围，应采取相应的防冻或防热措施。

A. 0～20℃　　　　B. 5～25℃
C. 4～20℃　　　　D. 5～30℃

11. 依据 GB 8537—2018《食品安全国家标准 饮用天然矿泉水》，微生物限量中各检测项目的取样数量均为（　　）。

A. 3　　　B. 5　　　C. 7　　　D. 10

12. 依据 GB 10769—2010《食品安全国家标准 婴幼儿谷类辅助食品》中微生物限量的规定，沙门氏菌采样方案及限量为 $n=5$、$c=0$、$m=$（　　）。

A. 0/25g　　　　B. 10/25g
C. 20/25g　　　　D. 100/25g

13. 食糖中螨的检验方法为：取食糖
（　　）g 放入 1000mL 锥形瓶中，加 20～
25℃ 的分析实验室用水至瓶的三分之二
处，用洁净的玻璃棒不断搅拌至完全溶
解，补充 20～25℃ 的分析实验室用水至
瓶口处，不使水溢出为止，用洁净的玻片
盖在瓶口上，使玻片与液面接触，静置
15min 左右，取下镜检。

A. 25　　B. 100　　C. 250　　D. 500

14. 依据 GB 17399—2016《食品安全国家标
准 糖果》中微生物限量的规定，大肠菌群
采样方案及限量为 $n=5$、$c=$（　　）、$m=$
10、$M=10^2$。

A. 0　　B. 1　　C. 2　　D. 3

15. 依据 GB 17400—2015《食品安全国家标
准 方便面》中微生物限量的规定，菌落总
数采样方案及限量为 $n=5$、$c=$（　　）、
$m=10^4$、$M=10^5$。

A. 0　　B. 1　　C. 2　　D. 3

16. 依据 GB 19295—2021《食品安全国家标
准 速冻面米与调制食品》中微生物限量的
规定，菌落总数采样方案及限量为 $n=5$、
$c=$（　　）、$m=10^4$、$M=10^5$。

A. 0　　B. 1　　C. 2　　D. 3

17. 依据 GB 19299—2015《食品安全国家标
准 果冻》中微生物限量的规定，霉菌应
≤（　　）CFU/g。

A. 10　　B. 20　　C. 30　　D. 40

18. 依据 GB 19300—2014《食品安全国家标
准 坚果与籽类食品》，经烘炒工艺加工的
熟制坚果与籽类食品霉菌应
≤（　　）CFU/g。

A. 10　　B. 20　　C. 25　　D. 30

19. 依据 GB 19301—2010《食品安全国家标
准 生乳》，其微生物限量中菌落总数应
≤（　　）CFU/g(mL)。

A. 2×10^6　　　　B. 2×10^5
C. 2×10^4　　　　D. 2×10^3

20. 依据 GB 19302—2010《食品安全国家标
准 发酵乳》中微生物限量的规定，霉菌应

≤（　　）CFU/g 或 CFU/mL。

A. 10　　B. 20　　C. 25　　D. 30

21. 依据 GB 19640—2016《食品安全国家标
准 冲调谷物制品》中微生物限量的规定，
霉菌采样方案及限量为 $n=5$、$c=2$、$m=$
（　　）、$M=10^2$。

A. 10　　B. 20　　C. 50　　D. 100

22. 依据 GB 25191—2010《食品安全国家标
准 调制乳》中非灭菌工艺生产的产品其微
生物限量的规定，大肠菌群采样方案及限
量为 $n=5$、$c=2$、$m=1$、$M=$（　　）。

A. 5　　B. 10　　C. 50　　D. 100

23. 依据 GB 25192—2022《食品安全国家标
准 再制干酪和干酪制品》中微生物限量的
规定，霉菌应 ≤（　　）CFU/g。

A. 10　　B. 25　　C. 50　　D. 100

24. 依据 GB 29922—2013《食品安全国家标
准 特殊医学用途配方食品通则》中微生物
限量的规定，大肠菌群采样方案及限量为
$n=5$、$c=2$、$m=10$、$M=$（　　）。

A. 50　　B. 100　　C. 200　　D. 1000

25. 依据 GB/T 8372—2017《牙膏》中样品
卫生指标的规定，霉菌与酵母菌总数应
≤（　　）CFU/g。

A. 50　　B. 100　　C. 200　　D. 500

26. 依据 GB 30616—2020《食品安全国家标
准 食品用香精》中乳化香精微生物指标的
规定，菌落总数应 ≤（　　）CFU/g 或
CFU/mL。

A. 100　　　　　　　B. 1000
C. 5000　　　　　　D. 30000

27. 依据 GB 31636—2016《食品安全国家标
准 花粉》中微生物限量的规定，霉菌应
≤（　　）CFU/g。

A. 20　　　　　　　B. 100
C. 2×10^2　　　　　D. 2×10^3

28. 依据 GB 31637—2016《食品安全国家标
准 食用淀粉》中微生物限量的规定，霉菌
和酵母应 ≤（　　）CFU/g。

A. 10　　B. 10^2　　C. 10^3　　D. 10^4

29. 依据 GB 31637—2016《食品安全国家标准　食用淀粉》中微生物限量的规定，大肠菌群采样方案及限量为 $n = 5$、$c =$ （　　）、$m = 10^2$、$M = 10^3$。

A. 0　　　　B. 1　　　　C. 2　　　　D. 3

30. 依据 QB/T 4067—2010《食品工业用速溶茶》中样品卫生指标的规定，霉菌及酵母应 ≤（　　）CFU/g。

A. 10　　　B. 100　　　C. 500　　　D. 1000

31. 依据 SB/T 10377—2004《粽子》中新鲜、速冻类粽子微生物指标的规定，霉菌计数应 ≤（　　）个/g。

A. 0　　　B. 10　　　C. 20　　　D. 50

32. 依据 SB/T 10415—2007《鸡粉调味料》中样品卫生指标规定的规定，菌落总数应 ≤（　　）CFU/g。

A. 1000　　　　　　B. 1500

C. 10000　　　　　 D. 15000

33. 依据 QB/T 4067—2010《食品工业用速溶茶》中样品卫生指标的规定，菌落总数应 ≤（　　）CFU/g。

A. 10000　　　　　 B. 5000

C. 2000　　　　　　D. 1000

34. 依据 GB/T 8372—2017《牙膏》中样品卫生指标的规定，菌落总数应 ≤（　　）CFU/g。

A. 100　　B. 500　　C. 1000　　D. 5000

35. 依据 GB 7100—2015《食品安全国家标准　饼干》中微生物限量的规定，霉菌应 ≤（　　）CFU/g。

A. 10　　　B. 20　　　C. 50　　　D. 100

36. 依据 GB 7099—2015《食品安全国家标准　糕点、面包》，除添加了霉菌成熟干酪的产品，其余样品微生物限量中霉菌应 ≤（　　）CFU/g。

A. 50　　　B. 100　　　C. 150　　　D. 1000

二、多选题

37. 依据 GB 2712—2014《食品安全国家标准　豆制品》中微生物限量的规定，下列选项中大肠菌群采样方案及限量 n、c、m、M 表述正确的有（　　）。

A. $n = 5$　　　　　　B. $c = 1$

C. $m = 10^2$　　　　 D. $M = 10^3$

38. 依据 GB 2713—2015《食品安全国家标准　淀粉制品》中微生物限量的规定，大肠菌群采样方案及限量 n、c、m、M 分别为（　　）。

A. $n = 5$　　　　　　B. $c = 2$

C. $m = 20$　　　　　 D. $M = 10^2$

39. 依据 GB 2726—2016《食品安全国家标准　熟肉制品》，熟肉制品是指以鲜（冻）禽、禽产品为主要原料加工制成的产品，包括酱卤肉制品类、（　　）、西式火腿类、肉灌肠类、发酵肉制品类、熟肉干制品类和其他熟肉制品。

A. 熏肉类　　　　　　B. 烧肉类

C. 烤肉类　　　　　　D. 油炸肉类

40. 冷冻饮品应贮存在（　　）的专用冷库内；冷冻饮品应在冷冻条件下销售，低温陈列柜的温度应 ≤（　　）。

A. 冷库温度 ≤ −18℃

B. 冷库温度 ≤ −15℃

C. −15℃

D. −18℃

41. 熟啤酒是指经过（　　）或（　　）的啤酒。

A. 巴氏灭菌　　　　　B. 紫外灭菌

C. 瞬时高温灭菌　　　D. 渗透压灭菌

42. GB 7100—2015《食品安全国家标准　饼干》中微生物限量检测项目包含（　　）。

A. 菌落总数　　　　　B. 大肠菌群

C. 霉菌　　　　　　　D. 金黄色葡萄球菌

43. 依据 GB 7100—2015《食品安全国家标准　饼干》中微生物限量的规定，大肠菌群采样方案及限量中 n、c、m、M 分别为（　　）。

A. $n = 5$　　　　　　B. $c = 2$

C. $m = 10$　　　　　 D. $M = 10^2$

44. 依据 GB 10136—2015《食品安全国家标准　动物性水产制品》，即食生制动物性水产制品微生物限量检验项目包含（　　）。

A. 菌落总数

B. 大肠菌群

C. 副溶血性弧菌

D. 单核细胞增生李斯特氏菌

45. 依据 GB 10136—2015《食品安全国家标准 动物性水产制品》中微生物限量的规定，大肠菌群采样方案及限量中 n、c、m、M 分别（　　）。

A. $n = 5$　　　　　B. $c = 2$

C. $m = 10$　　　　D. $M = 10^2$

46. GB 14884—2016《食品安全国家标准 蜜饯》中致病菌检验项目包含（　　）。

A. 金黄色葡萄球菌

B. 沙门氏菌

C. 副溶血性弧菌

D. 致泻大肠埃希氏菌

47. 依据 GB 14884—2016《食品安全国家标准 蜜饯》中微生物限量的规定，大肠菌群采样方案及限量 m、M 分别为（　　）。

A. $m = 10$　　　　B. $m = 10^2$

C. $M = 10^2$　　　D. $M = 10^3$

48. GB 14930.1—2022《食品安全国家标准 洗涤剂》中微生物限量检查项目包括菌落总数及大肠菌群，其限量分别为（　　）CFU/g 或 CFU/mL。

A. 1000　　B. 30　　C. 100　　D. 300

49. GB 14963—2011《食品安全国家标准 蜂蜜》中微生物限量检查项目包括菌落总数、大肠菌群、霉菌计数及（　　）。

A. 嗜渗酵母计数　　B. 沙门氏菌

C. 志贺氏菌　　　　D. 金黄色葡萄球菌

50. 依据 GB 17399—2016《食品安全国家标准 糖果》中微生物限量的规定，大肠菌群采样方案及限量为 $n = $（　　）、$c = $（　　）、$m = 10$、$M = 10^2$。

A. 5　　　B. 4　　　C. 3　　　D. 2

51. GB 19295—2021《食品安全国家标准 速冻面米与调制食品》微生物限量中大肠菌群采样方案及限量 $n = 5$、$c = 2$，m、M

分别为（　　）。

A. $m = 10$　　　　B. $M = 10^2$

C. $m = 10^3$　　　D. $M = 10^4$

52. 依据 GB 19298—2014《食品安全国家标准 包装饮用水》，其微生物限量检查项目包括（　　）。

A. 大肠菌群　　　　B. 铜绿假单胞菌

C. 菌落总数　　　　D. 金黄色葡萄球菌

53. GB 19299—2015《食品安全国家标准 果冻》中微生物限量检查项目包括（　　）。

A. 大肠菌群　　　　B. 菌落总数

C. 霉菌　　　　　　D. 酵母

54. 依据 GB 19299—2015《食品安全国家标准 果冻》，含乳型果冻中菌落总数规定其限量 m、M 分别为（　　）。

A. $m = 10$　　　　B. $M = 10^2$

C. $m = 10^3$　　　D. $M = 10^4$

55. 依据 GB 19302—2010《食品安全国家标准 发酵乳》中微生物限量的规定，大肠菌群采样方案及限量中 m、M 分别为（　　）。

A. $m = 1$　　　　　B. $M = 5$

C. $m = 2$　　　　　D. $M = 10$

56. 依据 GB 19644—2024《食品安全国家标准 乳粉和调制乳粉》中微生物限量的规定，菌落总数（不适用于添加活性菌种的产品）采样方案及限量中 m、M 分别为（　　）。

A. $m = 2 \times 10^4$　　　B. $m = 5 \times 10^5$

C. $M = 2 \times 10^5$　　　D. $M = 2 \times 10^5$

57. GB 19644—2024《食品安全国家标准 乳粉和调制乳粉》中微生物限量检测项目一般包含（　　）。

A. 大肠菌群　　　　B. 金黄色葡萄球菌

C. 沙门氏菌　　　　D. 铜绿假单胞菌

58. 依据 GB 19645—2010《食品安全国家标准 巴氏杀菌乳》中微生物限量的规定，大肠菌群采样方案及限量中 m、M 分别为（　　）。

A. $m=1$ B. $m=2$
C. $M=5$ D. $M=10$

59. GB 19645—2010《食品安全国家标准 巴氏杀菌乳》中微生物限量检测项目一般包含（ ）。
A. 菌落总数 B. 大肠菌群
C. 金黄色葡萄球菌 D. 沙门氏菌

60. GB 25191—2010《食品安全国家标准 调制乳》中非灭菌工艺生产的产品其微生物限量检测项目一般包含（ ）。
A. 菌落总数 B. 大肠菌群
C. 金黄色葡萄球菌 D. 沙门氏菌

61. 依据 GB 25191—2010《食品安全国家标准 调制乳》中非无菌生产的产品其微生物限量的规定，菌落总数采样方案及限量中 $n=5$、$c=2$，m、M 分别为（ ）。
A. $m=20000$ B. $m=50000$
C. $M=200000$ D. $M=100000$

62. 依据 GB 25596—2010《食品安全国家标准 特殊医学用途婴儿配方食品通则》，其微生物限量检测项目一般包含（ ）。
A. 大肠菌群 B. 金黄色葡萄球菌
C. 沙门氏菌 D. 阪崎肠杆菌

63. 依据 GB 30616—2020《食品安全国家标准 食品用香精》，其微生物指标检测项目一般包含（ ）。
A. 菌落总数 B. 大肠菌群
C. 金黄色葡萄球菌 D. 沙门氏菌

64. 依据 GB 31607—2021《食品安全国家标准 散装即食食品中致病菌限量》，散装即食食品中致病菌检测项目均需检测（ ）。
A. 副溶血性弧菌 B. 蜡样芽胞杆菌
C. 金黄色葡萄球菌 D. 沙门氏菌

65. GB 31636—2016《食品安全国家标准 花粉》中即食的预包装产品其微生物限量检测项目一般包含（ ）。
A. 菌落总数 B. 大肠菌群
C. 酵母 D. 霉菌

66. 依据 GB/T 8372—2017《牙膏》，样品中卫生指标规定不得检出（ ）这些微生物。
A. 耐热大肠菌群 B. 铜绿假单胞菌
C. 金黄色葡萄球菌 D. 沙门氏菌

67. 依据 SB/T 10377—2004《粽子》规定，新鲜类、速冻类粽子菌落总数分别≤（ ）CFU/g。
A. 50000 B. 40000
C. 20000 D. 10000

68. GB 17399—2016《食品安全国家标准 糖果》中微生物限量检查项目包括（ ）。
A. 菌落总数 B. 酵母
C. 大肠菌群 D. 霉菌

69. 依据 GB 2717—2018《食品安全国家标准 酱油》中微生物限量的规定，菌落总数采样方案及限量中 m、M 分别为（ ）。
A. $m=10^3$ B. $M=10^4$
C. $m=5\times10^3$ D. $M=5\times10^4$

70. GB 2719—2018《食品安全国家标准 食醋》中微生物限量检查项目包括（ ）。
A. 菌落总数 B. 酵母
C. 大肠菌群 D. 霉菌

71. 依据 GB 2749—2015《食品安全国家标准 蛋与蛋制品》中液蛋制品、干蛋制品、冰蛋制品其微生物限量的规定，菌落总数采样方案及限量 m、M 分别为（ ）。
A. $m=5\times10^4$ B. $m=10^4$
C. $M=10^5$ D. $M=10^6$

72. GB 2758—2012《食品安全国家标准 发酵酒及其配制酒》中微生物限量检查项目包括（ ）。
A. 沙门氏菌 B. 金黄色葡萄球菌
C. 菌落总数 D. 霉菌

三、判断题

73. GB 2712—2014《食品安全国家标准 豆制品》适用于预包装豆制品及大豆蛋白粉。（ ）

74. 依据 GB 2712—2014《食品安全国家标

准 豆制品》，豆浆样品需进行脲酶试验，检验结果应为阴性。（ ）

75. 依据 GB 2714—2015《食品安全国家标准 酱腌菜》，样品应无异味、无异臭。（ ）

76. 食醋是单独或混合使用各种含有淀粉、糖的物料、食用酒精，经微生物发酵酿制而成的液体碱性调味品。（ ）

77. GB 2726—2016《食品安全国家标准 熟肉制品》适用于熟肉制品，不适用于肉类罐头。（ ）

78. 纸和纸板材料及制品的食品接触面上涂覆的蜡应符合食品安全国家标准的相关要求。（ ）

79. 啤酒应贮存于阴凉、干燥、通风的库房中；不得露天堆放，严防日晒、雨淋；可以与潮湿地面直接接触。（ ）

80. 依据 GB 14930.1—2022《食品安全国家标准 洗涤剂》，其微生物限量检查项目包括菌落总数及大肠菌群。（ ）

81. GB 14934—2016《食品安全国家标准 消毒餐（饮）具》中微生物限量检查项目包括大肠菌群和沙门氏菌，其限量均不得检出。（ ）

82. 依据 GB 14963—2011《食品安全国家标准 蜂蜜》，其微生物限量检查项目中志贺氏菌限量要求应为 0/25g。（ ）

83. 依据 GB 17399—2016《食品安全国家标准 糖果》其微生物限量检查项目包括菌落总数及大肠菌群。（ ）

84. 依据 GB 19298—2014《食品安全国家标准 包装饮用水》，其微生物限量检查项目包括菌落总数及大肠菌群。（ ）

85. 依据 GB 19299—2015《食品安全国家标准 果冻》，其微生物限量中酵母应≤20CFU/g。（ ）

86. 依据 GB 19301—2010《食品安全国家标准 生乳》，其微生物限量仅需检查菌落总数。（ ）

87. 依据 GB 19302—2010《食品安全国家

标准 发酵乳》其微生物限量无须检测沙门氏菌。（ ）

88. 依据 GB 19644—2024《食品安全国家标准 乳粉和调制乳粉》，其微生物限量需检测沙门氏菌。（ ）

89. 依据 GB 19645—2010《食品安全国家标准 巴氏杀菌乳》，其微生物限量需检测沙门氏菌及金黄色葡萄球菌。（ ）

90. 依据 GB 25190—2010《食品安全国家标准 灭菌乳》其微生物要求应符合商业无菌要求。（ ）

91. 依据 GB 25191—2010《食品安全国家标准 调制乳》，采用灭菌工艺生产的调制乳其微生物要求应符合商业无菌的要求。（ ）

92. GB 25596—2010《食品安全国家标准 特殊医学用途婴儿配方食品通则》中粉状特殊医学用途婴儿配方食品微生物限量需检测阪崎肠杆菌。（ ）

93. 依据 GB 29922—2013《食品安全国家标准 特殊医学用途配方食品通则》，其微生物限量不得检出金黄色葡萄球菌。（ ）

94. 依据 GB 31607—2021《食品安全国家标准 散装即食食品中致病菌限量》，所有散装即食食品均需检测蜡样芽胞杆菌。（ ）

95. 依据 GB 31607—2021《食品安全国家标准 散装即食食品中致病菌限量》，部分或未经加热处理的散装即食食品不得检出单核细胞增生李斯特氏菌。（ ）

96. 依据 GB/T 8372—2017《牙膏》样品中卫生指标规定不得检出霉菌。（ ）

97. 依据 SB/T 10371—2003《鸡精调味料》，样品中卫生指标规定不得检出霉菌及酵母。（ ）

98. 依据 SB/T 10377—2004《粽子》，真空包装类粽子其微生物指标应符合 GB 13100 中罐头食品商业无菌要求。（ ）

99. 依据 SB/T 10415—2007《鸡粉调味

料》，样品的卫生指标规定不得检出致病菌。（　　）

100. 依据 GB 25596—2010《食品安全国家标准 特殊医学用途婴儿配方食品通则》，其微生物限量检测项目沙门氏菌采样方案及限量中 $m=0/25g$（mL）。（　　）

101. GB 25191—2010《食品安全国家标准 调制乳》微生物限量检测项目中金黄色葡萄球菌采样方案及限量中 $m=0/25g$（mL）。（　　）

102. 依据 GB 19645—2010《食品安全国家标准 巴氏杀菌乳》，其微生物限量检测项目中沙门氏菌采样方案及限量中 $m=0/25g$(mL)。（　　）

103. 依据 GB 19645—2010《食品安全国家

标准 巴氏杀菌乳》，其微生物限量检测项目中金黄色葡萄球菌采样方案及限量中 $m=0/25g$(mL)。（　　）

104. 依据 GB 2717—2018《食品安全国家标准 酱油》，其微生物限量检查项目包括菌落总数及大肠菌群。（　　）

105. 依据 GB 2749—2015《食品安全国家标准 蛋与蛋制品》，符合罐头食品加工工艺的再制蛋制品，其微生物限量应符合罐头食品商业无菌的要求。（　　）

106. 依据 GB 2758—2012《食品安全国家标准 发酵酒及其配制酒》，其微生物限量要求不得检出沙门氏菌和大肠菌群。（　　）

第二节　综合能力提升

一、单选题

107. 依据 GB 2759—2015《食品安全国家标准 冷冻饮品和制作料》中"食用冰"微生物限量的规定，大肠菌群采样方案及限量为 $n=5$、$c=$（　　）、$m=10$。

A. 0　　　　B. 1　　　　C. 2　　　　D. 3

108. 依据 GB 5009.285—2022《食品安全国家标准 食品中维生素 B_{12} 的测定》，将莱士曼氏乳酸杆菌（ATCC 7830）的冻干菌株活化后，接种到乳酸杆菌琼脂培养基上，36℃±1℃ 培养 18～24h。再转种 2～3 代来增强活力。置 2～8℃ 冰箱保存备用。每 15d 转种一次，传代次数不能超过（　　）次。

A. 5　　　　B. 10　　　　C. 15　　　　D. 20

109. GB 2713—2015《食品安全国家标准 淀粉制品》中，微生物限量无须检测（　　）这一项。

A. 沙门氏菌　　　　B. 金黄色葡萄球菌
C. 副溶血性弧菌　　D. 大肠菌群

110. 依据 GB 29921—2021《食品安全国家标准 预包装食品中致病菌限量》，坚果与籽类制品不得检出（　　）。

A. 副溶血性弧菌　　B. 金黄色葡萄球菌
C. 沙门氏菌　　　　D. 阪崎肠杆菌

二、多选题

111. 依据 GB 2749—2015《食品安全国家标准 蛋与蛋制品》，蛋制品种类包含（　　）。

A. 液蛋制品　　　　B. 干蛋制品
C. 冰蛋制品　　　　D. 再制蛋

112. 依据 GB 29921—2021《食品安全国家标准 预包装食品中致病菌限量》，粮食制品不得检出（　　）。

A. 沙门氏菌　　　　B. 金黄色葡萄球菌
C. 志贺氏菌　　　　D. 铜绿假单胞菌

113. 依据 QB/T 4067—2010《食品工业用速溶茶》，其卫生指标规定不得检出的致病菌包含（　　）。

A. 蜡样芽胞杆菌　　B. 志贺氏菌

C. 金黄色葡萄球菌　　　D. 沙门氏菌

114. 依据 GB 29921—2021《食品安全国家标准 预包装食品中致病菌限量》，冷冻饮品需检测的致病菌包括（　　）。

A. 单核细胞增生李斯特氏菌

B. 金黄色葡萄球菌

C. 沙门氏菌

D. 阪崎肠杆菌

三、判断题

115. 依据 GB 2749—2015《食品安全国家标准 蛋与蛋制品》，四类蛋制品不全是以鲜蛋为原料（　　）。

116. 依据 GB 29921—2021《食品安全国家标准 预包装食品中致病菌限量》，肉制品中不得检出沙门氏菌及金黄色葡萄球菌。（　　）

117. 依据 SB/T 10377—2004《粽子》微生物指标的规定，对速冻类粽子菌落总数的控制较新鲜类粽子更严格。（　　）

四、填空题

118. 依据 GB 2714—2015《食品安全国家标准 酱腌菜》，样品状态应＿＿＿＿＿、无霉斑白膜、无正常视力可见的外来异物。

119. 酱油是以大豆和（或）脱脂大豆、小麦和（或）小麦粉和（或）麦麸为主要原料，经＿＿＿＿＿发酵制成的具有特殊色、香、味的液体调味品。

120. GB 2749—2015《食品安全国家标准 蛋与蛋制品》适用于＿＿＿＿＿与蛋制品。

121. 鲜啤酒是指不经巴氏灭菌或瞬时高温灭菌，成品中允许含有一定量活＿＿＿＿＿，达到一定生物稳定性的啤酒。

122. 依据 GB 5009.285—2022《食品安全国家标准 食品中维生素 B_{12} 的测定》，吸适量菌悬液于 10mL 9g/L 氯化钠溶液中，混匀制成测试菌液。用分光光度计，以

9g/L 氯化钠溶液做空白，于＿＿＿＿＿ nm 波长下检测测试菌液的透光率，使测试菌液透光率在 $60\% \sim 80\%$。

123. 依据 GB 14884—2016《食品安全国家标准 蜜饯》中微生物限量的规定，霉菌应 $\leqslant$＿＿＿＿＿ CFU/g。

124. 依据 GB 14934—2016《食品安全国家标准 消毒餐（饮）具》，其微生物限量检查项目包括大肠菌群和＿＿＿＿＿。

125. 依据 GB 14963—2011《食品安全国家标准 蜂蜜》，其微生物限量检查项目中嗜渗酵母计数应 $\leqslant$＿＿＿＿＿ CFU/g。

126. 依据 GB 14963—2011《食品安全国家标准 蜂蜜》，其微生物限量检查项目中金黄色葡萄球菌应为＿＿＿＿＿/25g。

127. 依据 GB 19298—2014《食品安全国家标准 包装饮用水》，其微生物限量检查项目包括＿＿＿＿＿及大肠菌群。

128. 依据 GB 19302—2010《食品安全国家标准 发酵乳》中微生物限量检测项目的规定，酵母应 $\leqslant$＿＿＿＿＿ CFU/g 或 CFU/mL。

129. 依据 GB 19640—2016《食品安全国家标准 冲调谷物制品》中微生物限量的规定，大肠菌群采样方案及限量 $n=5$、$c=2$、$m=$＿＿＿＿＿、$M=10^2$。

130. 依据 GB 19644—2024《食品安全国家标准 乳粉和调制乳粉》中微生物限量的规定，大肠菌群采样方案及限量为 $n=5$、$c=$＿＿＿＿＿、$m=10$、$M=10^2$。

131. 依据 GB 31636—2016《食品安全国家标准 花粉》中即食的预包装产品微生物限量的规定，霉菌应 $\leqslant$＿＿＿＿＿ CFU/g。

132. 依据 GB 31637—2016《食品安全国家标准 食用淀粉》中微生物限量的规定霉菌和酵母应 $\leqslant$＿＿＿＿＿ CFU/g。

五、简答题

133. 请简述食品中沙门氏菌的检验过程。

第十五章

食品标签

● 核心知识点 ●

一、适用范围：适用于直接提供给消费者的预包装食品标签，不适用于散装食品、储运包装标签、现制现售食品。

二、基本原则：

（一）真实性：不得虚假、夸大或误导（如"治疗功能"）。

（二）清晰持久：文字高度≥1.8mm（包装面积＞35cm² 时）。

（三）语言规范：中文为主，外文不得大于汉字（商标除外）。

三、直接向消费者提供的预包装食品标签标示应包括食品名称、配料表、净含量和规格、生产者和（或）经销者的名称、地址和联系方式、生产日期和保质期、贮存条件、食品生产许可证编号、产品标准代号及其他需要标示的内容。

四、保质期豁免：酒精度≥10%的饮料酒；食醋；食用盐；固态食糖类；味精。

五、8 类强制标示过敏原：含有麸质的谷物及其制品、甲壳类及其制品、蛋类及其制品、鱼类及其制品、花生及其制品、大豆及其制品、乳及乳制品、坚果及其制品。

六、营养标签核心营养素：能量、蛋白质、脂肪、碳水化合物、钠。

七、营养标签豁免范围：

下列预包装食品豁免强制标示营养标签：

——生鲜食品，如包装的生肉、生鱼、生蔬菜和水果、禽蛋等；

——乙醇含量≥0.5%的饮料酒类；

——包装总表面积≤100cm² 或最大表面面积≤20cm² 的食品；

——现制现售的食品；

——包装的饮用水；

——每日食用量≤10g 或 10mL 的预包装食品；

——其他法律法规标准规定可以不标示营养标签的预包装食品。

八、"0"界限值：脂肪≤0.5g/100g 可标"0 脂肪"。

九、误差范围：蛋白质≥80%标示值，钠≤120%标示值。

十、特殊食品：婴幼儿配方食品：禁止功能声称。特殊医学用途食品：需标注适用人群和食用方法。

食品标签是消费者了解食品信息、保障自身知情权的重要途径，也是食品安全管理体系的重要组成部分。食品标签上的信息包括食品名称、配料表、日期标示等，对于消费者做出健康选择至关重要。

本章依据 GB 7718—2011《食品安全国家标准 预包装食品标签通则》等标准，解读食品标签的基本要求、内容规范及格式要求。通过本章的系统练习，读者将了解食品标签的设计和标注要求，掌握食品标签的制作规范与法律依据，更加准确地获取食品信息。

第一节　基础知识自测

一、单选题

1. 符合 GB/T 21733—2008《茶饮料》中 5.3.3 和 5.3.4 规定的茶饮料标签不可以声称（　　）。

A. 无糖　　　　　　B. 低糖

C. 低咖啡因　　　　D. 低茶多酚

2. 依据 GB/T 21733—2008《茶饮料》规定，奶茶饮料应在标签上标识（　　）。

A. 奶含量　　　　　B. 茶含量

C. 蛋白质含量　　　D. 咖啡因含量

3. 依据 GB/T 30767—2014《咖啡类饮料》规定，当某品种或某产地咖啡使用量占咖啡原料总量的比例大于（　　）时，可声称使用某品种或某产地的咖啡原料。

A. 0.5　　B. 0.6　　C. 0.7　　D. 0.8

4. GB 7718—2011《食品安全国家标准 预包装食品标签通则》实施日期为（　　）。

A. 2011 年 4 月 20 日

B. 2011 年 10 月 20 日

C. 2012 年 4 月 20 日

D. 2012 年 10 月 20 日

5. GB 7718—2011《食品安全国家标准 预包装食品标签通则》适用于直接提供给消费者的预包装食品标签和非直接提供给消费者的（　　）。

A. 预包装食品标签

B. 食品储运包装标签

C. 散装食品

D. 现制现售食品

6. 预包装食品标签应通俗易懂、有科学依据，（　　）标示封建迷信、色情、贬低其他食品或违背营养科学常识的内容。

A. 不应　　B. 不可　　C. 不得　　D. 不能

7. 预包装食品标签中所有外文不得大于相应汉字，（　　）除外。

A. 商标

B. 进口食品的制造者和地址

C. 国外经销者的名称和地址

D. 网址

8. 预包装食品包装物或包装容器最大表面面积大于 35cm² 时，强制标示内容的文字、符号、数字的高度不得小于（　　）mm。

A. 1.2　　B. 1.5　　C. 1.8　　D. 2

9. 配料表中（　　）不需要标示。

A. 原料　　　　　　B. 辅料

C. 食品添加剂　　　D. 加工助剂

10. 配料表中加入量不超过（　　）的配料可以不按递减顺序排列。

A. 1％　　B. 2％　　C. 3％　　D. 5％

11. 当某种复合配料已有国家标准、行业标准或地方标准，且其加入量小于食品总量的（　　）时，不需要标示复合配料的原始配料。

A. 5％　　B. 15％　　C. 25％　　D. 35％

12. 当净含量（Q）的范围为 $Q \leqslant 50mL$ 或 $Q \leqslant 50g$ 时，净含量字符的最小高度为（　　）mm。

A. 2　　B. 3　　C. 4　　D. 6

13. 特殊膳食类食品和专供婴幼儿的主辅类

食品，应当标示主要营养成分及其含量，标示方式按照（　　）执行。

A. GB 7718　　　　　　B. GB 28050

C. GB 13432　　　　　　D. GB 21922

14. 按照食品配料加入的质量或重量计，按递减顺序一一排列。加入的质量分数不超过（　　）的配料可以不按递减顺序排列。

A. 1%　　B. 2%　　C. 3%　　D. 5%

15. 含量声称是描述食品中（　　）或营养成分含量水平的声称。

A. 添加剂成分含量水平

B. 主要配料含量水平

C. 能量

D. 质量

16. 同时使用外文标示的，其内容应当与中文相对应，外文字号（　　）中文字号。

A. 不得小于　　　　B. 不得等于

C. 不得大于　　　　D. 大于

17. 下列营养成分修约间隔为 1 的是（　　）。

A. 蛋白质　　　　B. 脂肪

C. 碳水化合物　　D. 钠

18. 以下不属于预包装食品营养标签格式的是（　　）。

A. 横排格式　　　　B. 附有外文的格式

C. 文字格式　　　　D. 左右格式

19. 食品标签中含量声称为"脱脂"时，乳粉脂肪含量≤（　　）。

A. 0.5%　B. 1%　　C. 1.5%　D. 2%

20. 食品标签中含量声称为"低胆固醇"时，液体胆固醇含量为≤（　　）mg/100mL。

A. 5　　B. 10　　C. 15　　D. 20

21. 以下不属于碳水化合物（糖）的食品标签含量声称的是（　　）。

A. 无糖　　　　B. 低糖

C. 不含糖　　　D. 低木糖

22. 食品标签中比较声称为"减少能量"的要求为：与参考食品比较，能量值减少（　　）以上。

A. 10%　　B. 15%　　C. 20%　　D. 25%

23. 下列关于锌功能声称标准用语，说法错误的是（　　）。

A. 锌是儿童生长发育的必需元素

B. 锌有助于红细胞形成

C. 锌有助于皮肤健康

D. 锌有助于改善食欲

24. 营养成分功能声称标准用语中，成人一日膳食中胆固醇摄入总量不宜超过（　　）mg。

A. 100　　B. 200　　C. 300　　D. 400

25. 营养成分功能声称标准用语中，每日膳食中脂肪提供的能量比例不宜超过总能量的（　　）。

A. 10%　　B. 20%　　C. 30%　　D. 40%

26. 预包装（　　）和冷冻调理食品不属于豁免标示营养标签的范围。

A. 冷冻饮品　　　　B. 速冻面米制品

C. 淀粉制品　　　　D. 蜜饯

27. 豁免强制标示营养标签的预包装食品有（　　）。

A. 食醋　　B. 酱油　　C. 腐乳　　D. 辣酱

28. 以下不属于核心营养素的是（　　）。

A. 脂肪　　　　B. 钠

C. 膳食纤维　　D. 碳水化合物

29. 食品中脂肪的能量折算系数为（　　）kJ/g。

A. 13　　B. 17　　C. 29　　D. 37

30. 不同食品中蛋白质折算系数不同。对于含有两种或两种以上蛋白质来源的加工食品，统一使用折算系数（　　）。

A. 6.38　　B. 5.95　　C. 6.24　　D. 6.25

31. 在产品保质期内，能量和营养成分的实际含量不应低于标示值的（　　），并应符合相应产品标准的要求。

A. 50%　　　　　　B. 60%

C. 80%　　　　　　D. 120%

二、多选题

32. GB 14963—2011《食品安全国家标准 蜂蜜》对蜂蜜的哪些指标进行了规定？

（　　　）。

A. 果糖和葡萄糖　　　B. 蔗糖

C. 麦芽糖　　　　　　D. 乳糖

33. 依据 GB 14963—2011《食品安全国家标准 蜂蜜》规定，蔗糖含量不高于 10% 的有（　　　）。

A. 桉树蜂蜜　　　　　B. 紫苜蓿蜂蜜

C. 荔枝蜂蜜　　　　　D. 野桂花蜜

34. 依据 GB/T 21733—2008《茶饮料》规定，茶（茶汤）饮料分为（　　　）。

A. 红茶饮料　　　　　B. 绿茶饮料

C. 乌龙茶饮料　　　　D. 花茶饮料

35. GB 7718—2011《食品安全国家标准 预包装食品标签通则》不适用于为预包装食品在储藏运输过程中提供保护的（　　　）的标识。

A. 预包装食品标签

B. 食品储运包装标签

C. 散装食品

D. 现制现售食品

36. 食品标签是指食品包装上的（　　　）及一切说明物。

A. 文字　　B. 图形　　C. 符号　　D. 状态

37. 预包装食品标签应（　　　），应使消费者购买时易于辨认和识读。

A. 清晰　　B. 醒目　　C. 持久　　D. 准确

38. 预包装食品标签应（　　　），不得以虚假、夸大、使消费者误解或欺骗性的文字、图形等方式介绍食品，也不得利用字号大小或色差误导消费者。

A. 真实　　B. 清晰　　C. 醒目　　D. 准确

39. 预包装食品标签可以同时使用外文，但应与中文有对应关系，（　　　）除外。

A. 商标

B. 进口食品的制造者和地址

C. 国外经销者的名称和地址

D. 网址

40. 当（　　　）中已规定了某食品的一个或几个名称时，应选用其中的一个，或等效的名称。

A. 国家标准　　　　　B. 行业标准

C. 地方标准　　　　　D. 团体标准

41. 为不使消费者误解或混淆食品的真实属性、物理状态或制作方法，可以在食品名称前或食品名称后附加相应的词或短语。如（　　　）等。

A. 干燥的　　　　　　B. 浓缩的

C. 复原的　　　　　　D. 粒状的

42. 配料表应按 GB 7718—2011《食品安全国家标准 预包装食品标签通则》相应条款要求标示各种（　　　）。

A. 原料　　　　　　　B. 辅料

C. 食品添加剂　　　　D. 加工助剂

43. 净含量的标示应由（　　　）组成。

A. 净含量　　　　　　B. 数字

C. 法定计量单位　　　D. 比例

44. 下列（　　　）预包装食品可以免除标示保质期。

A. 酒精度大于等于 10% 的饮料酒

B. 食醋

C. 食用盐

D. 固态食糖

45. 当预包装食品包装物或包装容器的最大表面面积小于 10cm^2 时，可以只标示（　　　）。

A. 产品名称

B. 净含量

C. 配料表

D. 生产者（或经销商）的名称和地址

46. 以下（　　　）可能导致过敏反应，如果用作配料，宜在配料表中使用易辨识的名称，或在配料表邻近位置加以提示。

A. 花生及其制品

B. 大豆及其制品

C. 乳及乳制品（包括乳糖）

D. 坚果及其果仁类制品

47. 计算瓶形或罐形包装的表面面积时不包括（　　　）的凸缘。

A. 肩部　　B. 颈部　　C. 顶部　　D. 底部

48. 食品标签上日期的年、月、日可用

（　　）等符号分隔。

A. 空格　　　　　　　B. 斜线

C. 连字符　　　　　　D. 句点

49. 食品标签上保质期可采用以下哪些标示形式？（　　）

A. 最好在……之前食（饮）用

B. ……之前食（饮）用最佳

C. ……之前最佳

D. 保质期××个月

50. 食品标签上的贮存条件可以（　　）。

A. 标示"贮存条件"

B. 标示"贮藏条件"

C. 标示"贮藏方法"

D. 不标示标题

51. 食品标签上贮存条件可以有如下标示：（　　）。

A. 常温保存

B. 冷冻保存

C. 避光保存

D. 请置于阴凉干燥处

52. 添加两种或两种以上同一功能食品添加剂时，下列哪些标示方法正确？（　　）

A. 卡拉胶，瓜尔胶

B. 增稠剂（卡拉胶，瓜尔胶）

C. 卡拉胶，瓜尔胶（407，412）

D. 增稠剂（407，412）

53. GB 7718—2011《食品安全国家标准 预包装食品标签通则》豁免条款中的"固体食糖"包含（　　）。

A. 白砂糖　　　　　　B. 绵白糖

C. 红糖　　　　　　　D. 冰糖

54. 关于食用方法，可标示容器的（　　）等对消费者有帮助的说明内容。

A. 开启方法　　　　　B. 食用方法

C. 烹调方法　　　　　D. 复水再制方法

55. 可能导致过敏反应的食品及其制品有（　　）。

A. 鱼类及其制品　　　B. 蛋类及其制品

C. 花生及其制品　　　D. 大豆及其制品

56. 营养标签中的核心营养素包括（　　）。

A. 蛋白质　　　　　　B. 脂肪

C. 碳水化合物　　　　D. 钠

57. 食品标签的含量声称用语包括（　　）。

A. 含有　　B. 高　　C. 低　　D. 无

58. 预包装食品营养标签标示的任何营养信息，都应（　　），不得标示虚假信息，不得夸大产品的营养作用或其他作用。

A. 真实　　　　　　　B. 客观

C. 可靠　　　　　　　D. 准确

59. 营养成分表中还可选择标示（　　）。

A. 饱和脂肪（酸）　　B. 胆固醇

C. 膳食纤维　　　　　D. 脂肪

60. 下列能量和营养成分"0"界限值（每100g 或 100mL）≤0.5g 的是（　　）。

A. 蛋白质　　　　　　B. 脂肪

C. 碳水化合物　　　　D. 能量

61. 下列营养成分修约间隔为 1 的是（　　）。

A. 能量　　　　　　　B. 脂肪

C. 维生素 A　　　　　D. 钠

62. 营养成分含量的允许误差范围为 80% ～ 180% 标示值的是（　　）。

A. 钠　　　　　　　　B. 维生素 A

C. 脂肪　　　　　　　D. 维生素 D

63. 营养成分含量的允许误差范围为≤120% 标示值的是（　　）。

A. 维生素 C　　　　　B. 脂肪

C. 胆固醇　　　　　　D. 乳糖

64. 豁免强制标示营养标签的预包装食品有（　　）。

A. 生肉　　　　　　　B. 生蔬菜

C. 水果　　　　　　　D. 禽蛋

65. 预包装食品营养标签的格式有（　　）。

A. 仅标示能量和核心营养素的格式

B. 附有外文的格式

C. 文字格式

D. 附有营养声称和（或）营养成分功能声称的格式

66. 食品标签中含量声称为"高"或"富含"蛋白质时，含量要求为（　　）。

A. 每 100g 的含量≥20％ NRV

B. 每 100mL 的含量≥10％ NRV

C. 每 420kJ 的含量≥10％ NRV

D. 每份的含量≥15％ NRV

67. 食品标签中钠的含量声称有（　　）。

A. 无钠　　　　　　　　B. 不含钠

C. 低盐　　　　　　　　D. 极低钠

68. 下列食品标签含量声称与 0％为同义语的有（　　）。

A. 零（0）　　　　　　B. 没有

C. 100％不含　　　　　D. 无

69. 下列关于能量功能声称标准用语说法正确的有（　　）。

A. 人体需要能量来维持生命活动

B. 机体的生长发育和一切活动都需要能量

C. 适当的能量可以保持良好的健康状况

D. 能量摄入过高、缺少运动与超重和肥胖有关

70. 下列关于钙功能声称标准用语说法正确的有（　　）。

A. 钙是人体骨骼和牙齿的主要组成成分，许多生理功能也需要钙的参与

B. 钙是骨骼和牙齿的主要成分，并维持骨密度

C. 钙有助于骨骼和牙齿的发育

D. 钙有助于骨骼和牙齿更坚固

71. 食品中能量折算系数一致的产能营养素为（　　）。

A. 蛋白质　　　　　　　B. 脂肪

C. 碳水化合物　　　　　D. 乙醇（酒精）

72. 下列关于叶酸功能声称标准用语说法正确的有（　　）。

A. 叶酸有助于胎儿大脑和神经系统的正常发育

B. 叶酸有助于红细胞形成

C. 叶酸有助于胎儿正常发育

D. 维生素 C 可以促进铁的吸收

73. 预先定量包装的、未经烹煮、未添加其它配料的（　　）属于 GB 28050—2011《食品安全国家标准 预包装食品营养标签通则》中生鲜食品的范围。

A. 干蘑菇　　　　　　　B. 木耳

C. 鸡蛋　　　　　　　　D. 干水果

74.（　　）不属于豁免标示营养标签的范围。

A. 速冻饺子　　　　　　B. 速冻包子

C. 速冻汤圆　　　　　　D. 速冻虾丸

75. 豁免强制标示营养标签的预包装食品有（　　）。

A. 花椒　　　　　　　　B. 花粉

C. 调味糖浆　　　　　　D. 袋泡茶

76. 食品中碳水化合物的量可按（　　）或者（　　）计算获得。

A. 加法　　　　　　　　B. 减法

C. 乘法　　　　　　　　D. 除法

77. 碳水化合物是指（　　）的总称，是提供能量的重要营养素。

A. 糖（单糖和双糖）　　B. 糖精

C. 寡糖　　　　　　　　D. 多糖

78. 配料中含有以氢化油和（或）部分氢化油为主要原料的产品，如（　　）等，应标示反式脂肪（酸）含量，但是若上述产品中未使用氢化油的，可由企业自行选择是否标示反式脂肪酸含量。

A. 人造奶油　　　　　　B. 起酥油

C. 植脂末　　　　　　　D. 代可可脂

79. 营养素是指食物中具有特定生理作用，能维持机体（　　）以及正常代谢所需的物质，包括蛋白质、脂肪、碳水化合物、矿物质及维生素等。

A. 生长　　B. 发育　　C. 活动　　D. 繁殖

80. 预包装特殊膳食用食品的标签，除应符合 GB 7718 规定的基本要求外，还应符合以下要求：（　　）。

A. 不应对 0～6 月龄婴儿配方食品中的必需成分进行含量声称和功能声称

B. 应符合 GB 28050—2011《食品安全国家标准 预包装食品营养标签通则》的要求

C. 应符合预包装特殊膳食用食品相应产品标准中标签、说明书的有关规定

D. 不应涉及疾病预防、治疗功能

81. 当预包装特殊膳食用食品包装物或包装容器的最大表面面积小于 $10cm^2$ 时，可只标示（　　）和保质期。

A. 产品名称

B. 净含量

C. 生产者（或经销者）的名称和地址

D. 生产日期

82. 特殊膳食用食品的类别主要包括（　　）。

A. 婴幼儿配方食品

B. 婴幼儿辅助食品

C. 特殊医学用途配方食品（特殊医学用途婴儿配方食品涉及的品种除外）

D. 辅食营养补充品

三、判断题

83. 依据 GB/T 21733—2008《茶饮料》规定，果汁茶饮料应在标签上标识果汁含量。（　　）

84. 依据 GB/T 21733—2008《茶饮料》规定，茶浓缩液应在标签上标明稀释倍数。（　　）

85. 依据 GB/T 30767—2014《咖啡类饮料》规定，咖啡类饮料应标示产品的咖啡因含量。（　　）

86. 预先定量包装或者制作在包装材料和容器中的食品，包括预先包装以及预先制作在包装材料和容器中，并且在一定量限围内具有统一标识的食品。（　　）

87. 配料是指在制造或加工食品时使用的，并存在（包括以改性的形式存在）于产品中的任何物质，包括食品添加剂。（　　）

88. 生产日期（制造日期）是指食品成为最终产品的日期，也包括包装或灌装日期，即将食品装入（灌入）包装物或容器中，形成最终销售单元的日期。（　　）

89. 规格是指同一预包装内含有多件预包装食品时，对体积或质量的表述。（　　）

90. 预包装食品标签不应直接或以暗示性的语言、图形、符号，误导消费者将购买的食品或食品的某一性质与另一产品混淆。（　　）

91. 预包装食品标签不应标注或者暗示具有预防、治疗疾病作用的内容，非保健食品不得明示或者暗示具有保健作用。（　　）

92. 预包装食品标签可以与食品或者其包装物（容器）分离，但应与消费者予以说明。（　　）

93. 预包装食品标签的商标应使用规范的汉字。（　　）

94. 预包装食品标签不可以同时使用拼音或少数民族文字。（　　）

95. 加入量小于食品总量 20% 的复合配料中含有的食品添加剂，若符合 GB 2760 规定的带入原则且在最终产品中不起工艺作用的，不需要标示。（　　）

96. 在食品制造或加工过程中，加入的水应在配料表中标示。在加工过程中已挥发的水或其他挥发性配料不需要标示。（　　）

97. 如果在食品标签或食品说明书上特别强调添加了或含有一种或多种有价值、有特性的配料或成分，应标示所强调配料或成分的添加量或在成品中的含量。（　　）

98. 液态食品净含量只能用体积升（L）（l）、毫升（mL）（ml）标示。（　　）

99. 液态食品净含量≥1000mL 时，计量单位用升（L）（l）。（　　）

100. 当净含量（Q）的范围为 $Q>1L$ 或 $Q>1kg$ 时，净含量字符的最小高度为 5mm。（　　）

101. 进口预包装食品应标示原产国国名或地区区名（如香港、澳门、台湾），以及在中国依法登记注册的代理商、进口商或经销者的名称、地址和联系方式，须标示生产者的名称、地址和联系方式。（　　）

102. 食品标签必须按年、月、日的顺序标示日期。（　　）

103. 转基因农产品的直接加工品，标注为"转基因××加工品（制成品）"或者"加工原料为转基因××"。（　　）

104. 包装袋等计算表面面积时应除去封边所占尺寸。（　　）

105. 净含量和沥干物（固形物）可以有如下标示形式（以"糖水梨罐头"为例）：净含量（或净含量/规格）：425克沥干物（或固形物或梨块）：不低于255克（或不低于60％）。（　　）

106. 食品标签日期中年、月、日必须使用分隔符，如斜线、连字符、句点等。（　　）

107. 营养成分表应以一个"方框表"的形式表示（特殊情况除外），方框可为任意尺寸，并与包装的基线垂直，表题为"营养成分表"。（　　）

108. 对除能量和核心营养素外的其他营养成分进行营养声称或营养成分功能声称时，在营养成分表中还应标示出该营养成分的含量及其占营养素参考值（NRV）的百分比。（　　）

109. 食品配料含有或生产过程中使用的氢化和（或）部分氢化油脂较低时，营养成分表中可以不标示出反式脂肪（酸）的含量。（　　）

110. 过多摄入饱和脂肪可使胆固醇增高，摄入量应少于每日总能量的10％。（　　）

111. 反式脂肪酸摄入量应少于每日总能量的5％，过多摄入有害健康。（　　）

112. 维生素 B_1 助于维持神经系统的正常生理功能。（　　）

113. 烟酸有助于维持皮肤和黏膜健康，也有助于维持神经系统的健康。（　　）

114. 维生素 B_2 有助于蛋白质的代谢和利用。（　　）

115. 糖醇是酮基或醛基被置换成羟基的糖类衍生物的总称，属于碳水化合物的一种。（　　）

116. 脂肪的含量可通过测定粗脂肪或总脂肪获得，在营养标签上两者均可标示为"脂肪"。（　　）

117. 食品中碳水化合物按减法计算是以食品总质量为100，减去蛋白质、脂肪、水分、灰分和膳食纤维的质量，所得数值称为"可利用碳水化合物"。（　　）

118. 食品含有皮、骨、籽等非可食部分的，如罐装的排骨、鱼、袋装带壳坚果等，应首先计算可食部，再标示可食部中能量和营养成分含量。（　　）

119. 进口预包装食品可以采用"加贴"等方式标注营养标签，并需符合我国营养标签标准的要求和国家相关规定。（　　）

120. 营养成分是指食物中的营养素和除营养素以外的具有营养和（或）生理功能的其他食物成分。（　　）

121. 适宜摄入量是可以满足某一特定性别、年龄及生理状况群体中绝大多数个体需要的营养素摄入水平。（　　）

122. 预包装特殊膳食用食品中能量和营养成分的含量应以每100g（克）和（或）每100mL（毫升）和（或）每份食品可食部中的具体数值来标示。（　　）

123. 应标示预包装特殊膳食用食品的食用方法、每日或每餐食用量，必要时应标示调配方法或复水再制方法。（　　）

124. 如果开封后的预包装特殊膳食用食品不宜贮存或不宜在原包装容器内贮存，应向消费者特别提示。（　　）

125. 某营养成分在产品标准中无最小值要求或无最低强化量要求的，可不提供该营养成分进行含量声称的依据。（　　）

126. 特殊膳食用食品标签必要时可以涉及疾病预防、治疗功能。（　　）

第二节　综合能力提升

一、单选题

127. 预包装食品标签的（　　）可以不使用规范的汉字。

A. 样品名称　　　　B. 配料表

C. 商标　　　　　　D. 净含量

128. 当净含量（Q）的范围为 $200\text{mL}<Q\leqslant1\text{L}$ 或 $200\text{g}<Q\leqslant1\text{kg}$ 时，净含量字符的最小高度为（　　）mm。

A. 2　　B. 3　　C. 4　　D. 6

129. 同一预包装内含有多个单件预包装食品时，大包装在标示净含量的同时还应标示（　　）。

A. 规格　B. 型号　C. 重量　D. 质量

130. 应清晰标示预包装食品的生产日期和（　　）。

A. 保质期　　　　　B. 过期日期

C. 有效期　　　　　D. 包装日期

131. 当同一预包装内含有多个标示了生产日期及保质期的单件预包装食品时，外包装上标示的保质期应按（　　）的保质期计算。

A. 最早到期的单件食品

B. 最晚到期的单件食品

C. 平均到期时间的食品

D. 中间到期的单件食品

132. 长方体形、圆柱形和近似圆柱形的其他形状的包装物或包装容器表面积的计算方法为：包装物或包装容器的总表面积的（　　）。

A. 10%　B. 20%　C. 30%　D. 40%

133. 对于已有相应国家标准和行业标准的可食用包装物，当加入量小于预包装食品总量的（　　）时，可免于标示该可食用包装物的原始配料。

A. 0.15　B. 0.25　C. 0.35　D. 0.45

134. GB 7718—2011《预包装食品标签通则》豁免条款中的"固体食糖"不包括（　　）。

A. 奶糖　　B. 白砂糖　　C. 红糖　　D. 冰糖

135. 关于预包装食品包装物不规则表面积的计算方法为：不规则形状食品的包装物或包装容器应以呈平面或近似平面的表面为主要展示版面，并以该版面的面积为最大表面面积。如有多个平面或近似平面时，应以其中面积（　　）的一个为主要展示版面。

A. 最大　B. 最小　C. 平均　D. 任一

136. 营养标签标示（　　）时，应采取适当形式使能量和核心营养素的标示更加醒目。

A. 蛋白质　　　　　B. 维生素

C. 碳水化合物　　　D. 钠

137. 营养成分含量占营养素参考值（NRV）的百分数的修约间隔为（　　）。

A. 0.1　B. 0.5　C. 1　D. 10

138. 食品标签含量声称为脱脂时，液体奶和酸奶脂肪含量应≤（　　）。

A. 0.5%　B. 1%　C. 1.5%　D. 2%

139. 食品标签含量声称为无胆固醇时，胆固醇含量为应≤（　　）mg/100g（固体）或 100mL（液体）。

A. 5　　B. 10　　C. 15　　D. 20

140. 食品标签比较声称为"增加或减少膳食纤维"的要求为：与参考食品比较，膳食纤维含量增加或减少（　　）以上。

A. 0.1　B. 0.15　C. 0.2　D. 0.25

141. 下列关于碳水化合物功能声称标准用语说法错误的是（　　）。

A. 碳水化合物是人类生存的基本物质和能量主要来源

B. 碳水化合物是人类能量的主要来源

C. 碳水化合物是血糖生成的主要来源

D. 膳食中碳水化合物应占能量的 50％左右

142. GB 28050—2011《食品安全国家标准 预包装食品营养标签通则》的实施日期为（　　）。

A. 2011 年 10 月 1 日　B. 2012 年 1 月 1 日

C. 2012 年 10 月 1 日　D. 2013 年 1 月 1 日

143. 营养成分功能声称标准用语为：成人每日食盐的摄入量不超过（　　）g。

A. 3　　　B. 6　　　C. 9　　　D. 10

144. 应当标示营养标签的预包装食品有（　　）。

A. 甜味料　　　　　B. 复合调味料

C. 香辛料　　　　　D. 调味品（味精）

145. 营养成分表包括（　　）个基本要素。

A. 3　　　B. 4　　　C. 5　　　D. 6

146. 蛋白质是一种含氮有机化合物，以（　　）为基本单位组成。

A. 多肽　　　　　B. 有机酸

C. 氮源　　　　　D. 氨基酸

147. 总脂肪是通过测定食品中单个脂肪酸含量并折算（　　）总和获得的脂肪含量。

A. 饱和脂肪酸　　　B. 甘油

C. 脂肪酸甘油三酯　D. 不饱和脂肪酸

148. GB 7718—2011 附录 A 给出了规定的能量和（　　）种营养成分的营养素参考值（NRV）。

A. 12　　　B. 22　　　C. 23　　　D. 32

149. 预包装特殊膳食用食品标签对于（　　）中没有列出功能声称标准用语的营养成分，应提供其他国家和（或）国际组织关于该物质功能声称用语的依据。

A. GB 7718　　　　B. GB 28050

C. GB 13432　　　　D. GB 20464

150. 特殊膳食用食品的类别不包括（　　）。

A. 较大婴儿和幼儿配方食品

B. 婴幼儿谷类辅助食品

C. 运动营养食品

D. 儿童配方食品

151.《食品安全国家标准 预包装特殊膳食用食品标签》（GB 13432—2013）规定了特殊膳食用食品标签中具有（　　）的标识要求。

A. 特殊性　　　　　B. 显著性

C. 符合性　　　　　D. 重现性

152. GB 13432—2013 对能量和营养成分标示的修约间隔要求为（　　）。

A. 按四舍五入规则

B. 按 GB/T 8170—2008 执行

C. 不作强制要求

D. 按四舍六入五成双的规则

153. 由于 0～6 月龄婴儿需要全面、平衡的营养，（　　）对其必需成分进行声称。

A. 应当　　　　　B. 不应

C. 必须　　　　　D. 需要

154. GB 13432—2013《食品安全国家标准 预包装特殊膳食用食品标签》的实施日期为（　　）。

A. 2013 年 7 月 1 日　B. 2014 年 7 月 1 日

C. 2015 年 7 月 1 日　D. 2014 年 1 月 1 日

二、多选题

155. 标示（　　）"牌号名称""地区俚语名称"或"商标名称"时，应在食品标签的醒目位置，清晰地标示反映食品真实属性的专用名称。

A."新创名称"　　　B."奇特名称"

C."音译名称"　　　D."外文名称"

156. 应当标注生产者的名称、地址和联系方式。生产者名称和地址应当是依法登记注册、能够承担产品安全质量责任的生产者的名称、地址。有下列（　　）情形之一的，应按下列要求予以标示。

A. 依法独立承担法律责任的集团公司、集团公司的子公司，应标示各自的名称和地址

B. 不能依法独立承担法律责任的集团公司的分公司或集团公司的生产基地，应标示集团公司和分公司（生产基地）的名称、地址；或仅标示集团公司的名称、地址及产地，产地应当按照行政区划标注到地市

级地域

C. 受其他单位委托加工预包装食品的，应标示委托单位和受委托单位的名称和地址；或仅标示委托单位的名称和地址及产地，产地应当按照行政区划标注到地市级地域

D. 进口预包装食品应标示原产国国名或地区区名（如香港、澳门、台湾），以及在中国依法登记注册的代理商、进口商或经销者的名称、地址和联系方式，可不标示生产者的名称、地址和联系方式

157. 食品标签中日期标示不得另外（　　）。

A. 加贴　　　B. 补印　　　C. 涂抹　　　D. 篡改

158. 在国内生产并在国内销售的预包装食品（不包括进口预包装食品），产品标准代号应标示产品所执行的（　　）。

A. 标准代号　　　　　　B. 序列号

C. 年代号　　　　　　　D. 顺序号

159. 下列预包装食品可以免除标示保质期的是（　　）。

A. 酒精度大于等于 10% 的饮料酒

B. 白醋

C. 鸡精

D. 味精

160. 依据产品需要，可以标示容器的（　　）等对消费者有帮助的说明。

A. 开启方法　　　　　　B. 食用方法

C. 烹调方法　　　　　　D. 复水再制方法

161. 以下哪些食品及其制品可能导致过敏反应，如果用作配料，宜在配料表中使用易辨识的名称，或在配料表邻近位置加以提示？（　　）

A. 含有麸质的谷物及其制品（如小麦、黑麦、大麦、燕麦、斯佩耳特小麦或它们的杂交品系）

B. 甲壳纲类动物及其制品（如虾、龙虾、蟹等）

C. 鱼类及其制品

D. 蛋类及其制品

162. 单件预包装食品的净含量（或净含量/规格）可以有如下标示形式：（　　）。

A. 450g

B. 225 克（200 克＋送 25 克）

C. 200 克＋赠 25 克

D.（200＋25）克

163. 以下食品标签日期标示正确是有（　　）。

A. 2024 年 11 月 11 日

B. 2024 11 11

C. 2024/11/11

D. 20241111

164. 食品标签上贮存条件可以有如下标示：（　　）。

A. ××～××℃保存

B. 请置于阴凉干燥处

C. 常温保存，开封后需冷藏

D. 温度：≤××℃，湿度：≤××%

165. 关于不属于 GB 7718—2011《食品安全国家标准 预包装食品标签通则》管理的标示标签情形有（　　）。

A. 预包装食品标签

B. 散装食品标签

C. 储藏运输过程中以提供保护和方便搬运为目的的食品储运包装标签

D. 现制现售食品标签

166. 在同一预包装食品的标签上，所使用的食品添加剂标示正确的有（　　）。

A. 丙二醇

B. 丙二醇（1520）

C. 增稠剂（1520）

D. 增稠剂（丙二醇）

167. GB 7718—2011《食品安全国家标准 预包装食品标签通则》豁免条款中的"固体食糖"为（　　）。

A. 奶糖　　　B. 硬糖　　　C. 红糖　　　D. 冰糖

168. GB 7718—2011《食品安全国家标准 预包装食品标签通则》中，产品标准代号的标题可标示为（　　）。

A. 产品标准号　　　　　B. 产品标准代号

C. 产品标准编号　　　　D. 产品执行标准号

169. 关于预包装食品包装物不规则表面积的计算，下列说法正确的是（　　）。

A. 不规则形状食品的包装物或包装容器应以呈平面或近似平面的表面为主要展示版面，并以该版面的面积为最大表面面积

B. 有多个平面或近似平面时，应以其中面积最大的一个为主要展示版面

C. 包装平面或近似平面的面积相近时，可自主选择主要展示版面

D. 包装总表面积计算可在包装未放置产品时平铺测定，但应除去封边及不能印刷文字部分所占尺寸

170. GB 7718—2011《食品安全国家标准 预包装食品标签通则》推荐标示内容有（　　）。

A. 批号　　　　　　　　B. 食用方法

C. 营养标签　　　　　　D. 致敏物质

171. 可能导致过敏反应的食品及其制品有（　　）。

A. 小麦　　B. 大米　　C. 虾　　D. 蟹

172. 可能导致过敏反应的食品及其制品有（　　）。

A. 鸡蛋　　B. 花生　　C. 大豆　　D. 乳糖

173. 营养成分表是标有（　　）的规范性表格。

A. 食品营养成分名称

B. 含量

C. 占营养素参考值（NRV）百分比

D. 配料比例

174. 营养声称包括（　　）。

A. 参考声称　　　　　　B. 含量声称

C. 比较声称　　　　　　D. 特性声称

175. 食品标签比较声称用语包括（　　）。

A. 含有　　　　　　　　B. 增加

C. 低　　　　　　　　　D. 减少

176. 食品标签营养成分表中还可选择标示（　　）。

A. 多不饱和脂肪（酸）B. 维生素 K

C. 生物素　　　　　　　D. 镁

177. 下列营养成分为"0"的是（　　）。

A. 蛋白质含量为 0.2g

B. 脂肪含量为 2g

C. 碳水化合物含量为 0.2g

D. 钠含量为 2g

178. 营养成分含量的允许误差范围为≥80% 标示值的是（　　）。

A. 蛋白质　　　　　　　B. 维生素 E

C. 碳水化合物　　　　　D. 钠

179. 豁免强制标示营养标签的预包装食品有（　　）。

A. 啤酒　　　　　　　　B. 矿泉水

C. 生鱼　　　　　　　　D. 麻花

180. 下列关于蛋白质功能声称标准用语说法正确的有（　　）。

A. 蛋白质是人体的主要构成物质并提供多种氨基酸

B. 脂肪可辅助脂溶性维生素的吸收

C. 蛋白质有助于构成或修复人体组织

D. 蛋白质是组织形成和生长的主要营养素

181. 下列关于维生素 D 功能声称标准用语说法正确的有（　　）。

A. 维生素 D 可促进钙的吸收

B. 维生素 D 有助于骨骼和牙齿的健康

C. 维生素 D 有助于维持皮肤和黏膜健康

D. 维生素 D 有助于骨骼形成

182. 下列关于铁功能声称标准用语说法正确的有（　　）。

A. 铁是能量代谢、组织形成和骨骼发育的重要成分

B. 铁是血红细胞形成的重要成分

C. 铁是血红细胞形成的必需元素

D. 铁对血红蛋白的产生是必需的

183. （　　）属于 GB 28050—2011 中生鲜食品的范围。

A. 肉馅　　B. 肉块　　C. 冻虾　　D. 肉

184. 对于包装饮用水，依据相关标准标注产品的特征性指标，如（　　）含量范围等，不作为营养信息。

A. 碘化物　　　　　　　B. 偏硅酸

C. 溶解性总固体　　　　D. K^+

185. 应当标示营养标签的预包装食品有（　　）。

A. 咸菜　　　　　　B. 黄酱

C. 豆瓣酱　　　　　D. 淀粉糖

186. 豁免强制标示营养标签的预包装食品有（　　）。

A. 大料　　　　　　B. 酵母

C. 食用淀粉　　　　D. 淀粉糖

187. 下列选项中既是营养强化剂又是食品添加剂的物质有（　　）。

A. 维生素C　　　　B. β-胡萝卜素

C. 核黄素　　　　　D. 碳酸钙

188. 营养成分表的基本要素包括（　　）和NRV%。

A. 表头　　　　　　B. 方框

C. 营养成分名称　　D. 含量

189. 应当按照营养标签标准的要求，强制标注营养标签的情形有（　　）。

A. 企业自愿选择标识营养标签的

B. 标签中有任何营养信息（如"蛋白质≥3.3%"等）的

C. 使用了营养强化剂、氢化和（或）部分氢化植物油的

D. 标签中有营养声称或营养成分功能声称的

190. 食品中"碳水化合物"的加法计算是以（　　）的总和。

A. 淀粉　　　B. 糖　　　C. 蛋白质　D. 脂肪

191. 使能量与核心营养素标示更加醒目的方法有（　　）。

A. 增大字号

B. 改变字体（如斜体、加粗、加黑）

C. 改变颜色（字体或背景颜色）

D. 改变对齐方式或其他方式

192. 对于未规定NRV的营养成分，其"NRV%"可以（　　）等方式表达。

A. 空白　　　B. 斜线　　　C. 0　　　　D. 横线

193. 当预包装特殊膳食用食品中的蛋白质由水解蛋白质或氨基酸提供时，"蛋白质"项可用（　　）任意一种方式来标示。

A. 蛋白质

B. 蛋白质（等同物）

C. 多肽总和

D. 氨基酸总量

194. 含量声称用语包括"含有"（　　）等。

A."提供"　　　　　　B."来源"

C."含"　　　　　　　D."有"

195. 特殊膳食用食品的类别主要包括（　　）。

A. 幼儿配方食品

B. 婴幼儿罐装辅助食品

C. 运动营养食品

D. 辅食营养补充品

三、判断题

196. 预包装食品标签上的生僻字的拼音可以大于相应汉字。（　　）

197. 一个销售单元的包装中含有不同品种、多个独立包装可单独销售的食品，每件独立包装的食品标识应当分别标注。（　　）

198. 即使外包装易于开启识别或透过外包装物能清晰地识别内包装物（容器）上的所有强制标示内容或部分强制标示内容，也应在外包装物上重复标示相应的内容。（　　）

199. 直接或间接向消费者提供的预包装食品标签标示应包括食品名称、配料表、净含量和规格、生产者和（或）经销者的名称、地址和联系方式、生产日期和保质期、贮存条件、食品生产许可证编号、产品标准代号及其他需要标示的内容。（　　）

200. 在加工过程中已挥发的水或其他挥发性配料不需要标示。（　　）

201. 液态食品净含量可以用质量克（g）、千克（kg）标示。（　　）

202. 净含量应与食品名称可以在包装物或容器的不同展示版面标示。（　　）

203. 容器中含有固、液两相物质的食品，且固相物质为主要食品配料时，除标示净含量外，还应以体积或体积分数的形式标

示沥干物（固形物）的含量。（　　）

204. 依法承担法律责任的生产者或经销者的联系方式应标示以下至少一项内容：电话、传真、网络联系方式等，或与地址一并标示的邮政地址。（　　）

205. 预包装食品标签可按实际情况标示贮存条件。（　　）

206. 长方体形包装物或长方体形包装容器计算方法：长方体形包装物或长方体形包装容器的最大一个侧面的高度（cm）乘以宽度（cm）。（　　）

207. 圆柱形包装物、圆柱形包装容器或近似圆柱形包装物、近似圆柱形包装容器的最大表面积计算方法为：包装物或包装容器的高度（cm）乘以圆周长（cm）的30％。（　　）

208. 配料表中各配料之间的分隔方式和标点符号不作特别要求。（　　）

209. 预包装食品标签须标示产品的批号。（　　）

210. 修约间隔是指修约值的最小数值单位。（　　）

211. 可食部是指预包装食品净含量去除其中不可食用的部分后的剩余部分。（　　）

212. 食品营养成分含量应以具体数值标示，数值可通过原料计算或产品检测获得。（　　）

213. 营养标签应标在向消费者提供的最小销售单元的包装上。（　　）

214. 所有预包装食品营养标签强制标示的内容包括能量、核心营养素及其占营养素参考值（NRV）的百分比。（　　）

215. 预包装食品标签一般采用表格格式，不能采用文字格式。（　　）

216. 食品标签中营养声称、营养成分功能声称可以在标签的任意位置。但其字号不得大于食品名称和商标。（　　）

217. 每日膳食中脂肪提供的能量比例不宜超过总能量的30％。（　　）

218. 每天摄入反式脂肪酸不应超过 2.2g，

过多摄入有害健康。（　　）

219. 维生素 C 有助于维持骨骼、牙龈的健康，可以促进铁的吸收。（　　）

220. 维生素 C 和维生素 E 均有抗氧化的作用。（　　）

221. 酒精含量大于等于 0.5％的料酒可以豁免标示营养标签。（　　）

222. 维生素 E 按照 GB 14880 规定作为营养强化剂使用时，应当按照 GB 28050 要求标示其含量及 NRV％（无 NRV 值的无须标示 NRV％）；若仅作为食品添加剂使用，可不在营养标签中标示。（　　）

223. 食品中蛋白质含量可通过"总氮量"乘以"蛋白质折算系数"计算，还可通过食品中多肽含量的总和来确定。（　　）

224. 粗脂肪是食品中一大类不溶于水而溶于有机溶剂（乙醚或石油醚）的化合物的总称，除了甘油三酯外，还包括磷脂、固醇、色素等，可通过索氏抽提法或罗高氏法等方法测定。（　　）

225. 食品中碳水化合物按减法计算是以食品总质量为 100，减去蛋白质、脂肪、水分、灰分的质量，所得数值称为"总碳水化合物"。（　　）

226. 当某营养素有两个名称时，如烟酸（烟酰胺），可以选择标示"烟酸"或"烟酰胺"，也可以标示"烟酸（烟酰胺）"。（　　）

227. 营养标签中维生素 D 的含量单位只能用"微克"或"μg"标示，不可以用国际单位"IU"标示。（　　）

228. 推荐摄入量是营养素的一个安全摄入水平，是通过观察或实验获得的健康人群某种营养素的摄入量。（　　）

229. 预包装特殊膳食用食品应当标示适宜人群。对于特殊医学用途婴儿配方食品和特殊医学用途配方食品，其适宜人群按产品标准要求标示。（　　）

230. 应在标签上标明预包装特殊膳食用食品的贮存条件以及开封后的贮存条件。

（ ）

231. 强化铁高蛋白速溶豆粉应符合 GB 13432—2013《食品安全国家标准 预包装特殊膳食用食品标签》的规定。（ ）

232. 预包装特殊膳食用食品标签应当标示配方中氨基酸的种类和含量。（ ）

四、填空题

233. _____是指预包装食品在标签指明的贮存条件下，保持品质的期限。

234. 应在食品标签的醒目位置，清晰地标示反映食品_____的专用名称。

235. 各种配料应按制造或加工食品时加入量的_____顺序一一排列。

236. 经电离辐射线或电离能量处理过的食品，应在食品名称附近标示"_____"。

237. _____是指预包装食品标签上向消费者提供食品营养信息和特性的说明，包括营养成分表、营养声称和营养成分功能声称。

238. _____是指现场制作、销售并可即时食用的食品。

239. 营养标签中的_____包括蛋白质、脂肪、碳水化合物和钠。

240. 反式脂肪酸是油脂加工中产生的含 1 个或 1 个以上非共轭反式双键的_____脂肪酸的总和，不包括天然反式脂肪酸。

241. _____是为满足特殊的身体或生理状况和（或）满足疾病、紊乱等状态下的特殊膳食需求，专门加工或配方的食品。

242. 能量或营养成分在产品中的含量达到相应产品标准的最小值或允许强化的最低值时，可进行_____。

五、简答题

243. 依据上海市静安区市场监督管理局沪市监静外〔2024〕620 号＊＊＊＊＊＊号行政处罚决定书：经查明，上海某某发展有限公司某某路店销售的食品名称为"某乐黑椒肠"，净含量 260g，经负责人刘某某确认，该产品的标签存在与食品本身分离的情况，两者之间无任何粘连。请问该行为构成了什么违法行为？

244. 某产品含有或者添加了膳食纤维，检测数值为可溶性膳食纤维 2.5 克/100 克，总膳食纤维 3.2 克/100 克，膳食纤维营养素参考值（NRV）为 25 克。请说明营养标签中膳食纤维的含量和 NRV％应如何标示？（列举三种方式）

第 六 部 分
产品标准和检验方法标准知识

第十六章

酒类产品检验相关标准

● 核心知识点 ●

一、白酒的十二大香型

酱香型，以茅台、郎酒为代表；

浓香型，以五粮液、泸州老窖为代表；

清香型，以汾酒、宝丰酒为代表；

凤香型，以西凤酒为代表；

米香型，以桂林三花酒、长乐烧为代表；

兼香型，以白云边、口子窖为代表；

董香型，以董酒为代表；

芝麻香型，以景芝酒为代表；

特香型，以四特酒为代表；

豉香型，以玉冰烧为代表；

老白干香型，以衡水老白干为代表；

馥郁香型，以酒鬼酒为代表。

二、关键工艺特征

浓香型：泥窖固态发酵，己酸乙酯为主体香。

酱香型：高温大曲、堆积发酵，空杯留香持久。

清香型：地缸发酵，乙酸乙酯为主体香。

豉香型：肥猪肉陈酿工艺。

三、酒精度分类

高度酒：40%vol~ 68%vol（特香型、豉香型等有差异）。

低度酒：25%vol~ 40%vol（凤香型、特香型等有差异）。

四、检测关键指标

（一）理化指标

总酸、总酯：按标准折算（如酱香型按 53%vol 折算）。

酸酯总量：浓香型白酒存放> 1 年需检测。

（二）特征组分

浓香型：己酸乙酯（附录 A 测定）。

米香型：β-苯乙醇。

豉香型：二元酸二乙酯总量。

（三）检测方法

气相色谱法（GB/T 10345）：

内标：叔戊醇、乙酸正戊醇、乙酸正丁酯（酯类）、2-乙基丁酸（酸类）。

恒重要求：两次称量差≤2mg（GB/T 10345）。

（四）标签与判定

酒精度允许差：±1.0%vol（标签与实际值）。

蒸馏酒需标注"过量饮酒有害健康"。

五、其他酒类核心标准

（一）葡萄酒（GB/T 15037）

分类：干型（≤4.0g/L糖）、半干型（≤18.0g/L）、甜型（＞45.0g/L）。

运输温度：5℃~35℃，贮存温度：5℃~25℃。

（二）啤酒（GB 4927）

原麦汁浓度：标注允许负偏差（如≥10.0°P时偏差-0.3）。

泡持性：瓶装与听装要求不一致。

（三）白兰地（GB/T 11856.2）

葡萄白兰地酒龄分级：VS（≥2年）、VSOP（≥4年）、XO（≥6年）。

高级醇测定：异丁醇、异戊醇（内标：4-甲基-2-戊醇）。

（四）露酒（GB/T 27588）

抽样要求：≥8瓶（总量不少于3000mL）。

总糖标签偏差：≤10.0%。

　　酒类产品检验相关标准是保障酒类产品质量安全的重要技术依据。本章围绕酒类产品、检验方法相关标准，详细介绍酒类产品标准及检测标准的分类及实际应用。通过本章的系统练习，读者将掌握酒类产品检验标准的基本要求、适用范围及操作步骤，学会结合实际案例评估酒类产品的合规性，为酒类产品的质量安全监管提供技术支持。

第一节　基础知识自测

一、单选题

1. GB/T 10781.1—2021《白酒质量要求 第 1 部分：浓香型白酒》实施日期为（　　）。

A. 2021 年 4 月 1 日

B. 2021 年 10 月 1 日

C. 2022 年 4 月 1 日

D. 2022 年 10 月 1 日

2.（　　）是以粮谷为原料，采用浓香大曲为糖化发酵剂，经泥窖固态发酵，固态蒸馏、陈酿、勾调而成的，不直接或间接添加食用酒精及非自身发酵产生的呈色呈香呈味物质的白酒。

A. 浓香型白酒　　　　B. 酱香型白酒

C. 清香型白酒　　　　D. 凤香型白酒

3. 特香型白酒中高度酒的酒精度范围是（　　）。

A. 40％vol＜酒精度≤68％vol

B. 41％vol≤酒精度≤68％vol

C. 40％vol≤酒精度≤60％vol

D. 45％vol≤酒精度≤68％vol

4.（　　）是以粮谷为原料，采用大曲、小曲、麸曲及酒母等为糖化发酵剂，经缸、池等容器固态发酵，固态蒸馏、陈酿、勾调而成，不直接或间接添加食用酒精及非自身发酵产生的呈色呈香呈味物质的白酒。

A. 酱香型白酒　　　　B. 浓香型白酒

C. 清香型白酒　　　　D. 凤香型白酒

5. 具有以浓郁窖香为主的、舒适的复合香气的白酒为（　　）。

A. 酱香型白酒　　　　B. 浓香型白酒

C. 清香型白酒　　　　D. 凤香型白酒

6. 具有粮香、曲香、果香、花香、芳草香、醇香、糟香等多种香气形成的复合香的白酒为（　　）。

A. 酱香型白酒　　　　B. 清香型白酒

C. 豉香型白酒　　　　D. 馥郁型白酒

7. 低度浓香型白酒自生产日期（　　）执行的指标为酸酯总量。

A. ＞半年　　　　　　B. ＞一年

C. ＞二年　　　　　　D. ＞三年

8. 浓香型白酒中测定己酸含量时按（　　）执行。

A. GB 5009.225

B. GB/T 10781.1—2021《白酒质量要求 第 1 部分：浓香型白酒》附录 A

C. GB/T 10781.1—2021《白酒质量要求 第 1 部分：浓香型白酒》附录 B

D. GB/T 10345—2007

9. 酒精度实测值与标签标示值允许差为（　　）。

A. ±0.1％vol　　　　B. ±0.3％vol

C. ±0.5％vol　　　　D. ±1.0％vol

10. 依据 GB/T 10781.1—2021《白酒质量要求 第 1 部分：浓香型白酒》，白酒中酸酯总量的结果保留（　　）。

A. 至整数　　　　　　B. 一位小数

C. 二位有效数字　　　D. 二位小数

11. GB/T 10781.4—2024《白酒质量要求 第 4 部分：酱香型白酒》实施日期为（　　）。

A. 2024 年 5 月 28 日

B. 2024 年 6 月 1 日

C. 2025 年 5 月 28 日

D. 2025 年 6 月 1 日

12. 产品自生产日期＞一年执行的指标为乙酸＋乙酸乙酯的白酒为（　　）。

A. 芝麻香型白酒　　　B. 清香型白酒

C. 浓酱兼香型白酒　　D. 馥郁香型白酒

13. 依据 GB/T 10781.4—2024《白酒质量要求 第 4 部分：酱香型白酒》规定，总酸、总酯、酸酯总量指标按（　　）酒精度折算。

A. 45％vol　　　　　B. 40％vol

C. 53％vol　　　　　D. 60％vol

14. 依据 GB/T 10781.10—2024《白酒质量要求 第 10 部分：老白干香型白酒》规定，总酸按 GB 12456 描述的方法进行，以（　　）计，单位为克每升（g/L）。

A. 甲酸　　　　　　B. 乙酸

C. 丙酸　　　　　　D. 乳酸

15. 以下白酒中，属于馥郁香型白酒的是（　　）。

A. 三花酒　　　　　B. 白云边

C. 酒鬼酒　　　　　D. 玉冰烧

16. 理化要求中有 β-苯乙醇指标的有（　　）。

A. 浓香型白酒　　　B. 酱香型白酒

C. 米香型白酒　　　D. 馥郁香型白酒

17. 传统生产过程中以地缸为发酵容器的为（　　）。

A. 豉香型白酒　　　B. 董香型白酒

C. 老白干型白酒　　D. 特香型白酒

18. 特香型白酒理化要求中有（　　）指标。

A. 乙酸乙酯　　　　B. 丙酸乙酯

C. 丁酸乙酯　　　　D. 己酸乙酯

19. 凤香型白酒的酒精度实测值与标签标示值允许差为±（　　）。

A. 2.0％vol　　　　B. 1.5％vol

C. 1.0％vol　　　　D. 0.5％vol

20. 芝麻香型白酒的标准为（　　）。

A. GB/T 10781.1—2021

B. GB/T 10781.2—2022

C. GB/T 10781.8—2021

D. GB/T 10781.9—2021

21. 依据（　　）的色泽和外观要求，当酒的温度低于 15℃时，可出现沉淀物质或失光，15℃以上时应逐渐恢复正常。

A. 清香型白酒　　　　B. 芝麻香型白酒

C. 豉香型白酒　　　　D. 馥郁香型白酒

22. （　　）是指以粮谷为原料，采用中温大曲为糖化发酵剂，以地缸等为发酵容器，经固态发酵、固态蒸馏、陈酿、勾调而成的，不直接或间接添加食用酒精及非自身发酵产生的呈色呈香呈味物质的白酒。

A. 凤香型白酒　　　　B. 特香型白酒

C. 老白干型白酒　　　D. 清香型白酒

23. 蒸馏酒中甲醇、氰化物指标均按（　　）酒精度进行折算。

A. 0.45　　B. 0.52　　C. 0.6　　D. 1

24. 依据 GB/T 10345—2022《白酒分析方法》，恒重系指样品经干燥，前后两次称量之差在（　　）以下。

A. 1mg　　B. 2mg　　C. 3mg　　D. 5mg

25. 依据 GB/T 10345—2022《白酒分析方法》，色谱分析试验用水为 GB/T 6682—2008《分析实验室用水规格和试验方法》规定的（　　）水。

A. 二级水或二级以上

B. 三级水或三级以上

C. 四级水或四级以上

D. 以上都不是

26. 品评白酒口味、口感时，将样品注入洁净、干燥的酒杯中，喝入少量样品（　　）于口中，以味觉器官仔细品尝，记下口味、口感特征。

A. 0.5～1.0mL　　　　B. 0.5～1.5mL

C. 0.5～2.0mL　　　　D. 0.5～2.5mL

27. 气相色谱法测定白酒中乙酸乙酯、丁酸乙酯、己酸乙酯、乳酸乙酯、正丙醇、β-苯乙醇时采用（　　）。

A. FID　　　　　　B. FPD

C. ECD　　　　　　D. NPD

28. 气相色谱法测定白酒中乙酸时采用
（　　）作为内标。

A. 2-乙基丁酸　　　　B. 乙酸正丁醇

C. 乙酸正戊醇　　　　D. 乙酸异戊醇

29. 干葡萄酒是指含糖（葡萄糖）小于或等
于（　　）的葡萄酒。

A. 2.0g/L　　　　　　B. 4.0g/L

C. 5.0g/L　　　　　　D. 8.0g/L

30. 低醇葡萄酒是指采用鲜葡萄或葡萄汁经
全部或部分发酵，采用特种工艺加工而成
的、酒精度为（　　）vol 的葡萄酒。

A. 0.5％～5.0％　　　B. 0.5％～7.0％

C. 1.0％～5.0％　　　D. 1.0％～7.0％

31. （　　）不是按色泽分类的葡萄酒。

A. 白葡萄酒　　　　　B. 桃红葡萄酒

C. 洋红葡萄酒　　　　D. 红葡萄酒

32. 葡萄酒中苯甲酸或苯甲酸钠（以苯甲酸
计）的限量为（　　）。

A. 不得使用　　　　　B. ≤10mg/L

C. ≤50mg/L　　　　　D. ≤100mg/L

33. 感官分析时，将酒倒入洁净、干燥的品
尝杯中，起泡和加气起泡葡萄酒在杯中的
高度为（　　）。

A. 二分之一　　　　　B. 三分之一

C. 四分之一　　　　　D. 五分之一

34. （　　）是指真正（实际）发酵度不低
于72％，口味干爽的啤酒。

A. 干啤酒　　　　　　B. 冰啤酒

C. 小麦啤酒　　　　　D. 浑浊啤酒

35. 柏拉图度是指原麦汁浓度的一种国际通
用表示单位，符号为°P，即表示100g 麦芽
汁中含有（　　）的克数。

A. 浸出物　　　　　　B. 二氧化碳

C. 甲醛　　　　　　　D. 双乙酰

36. 桶装（鲜、生、熟）啤酒二氧化碳的含
量不得小于（　　）（质量分数）。

A. 0.25％　　　　　　B. 0.35％

C. 0.45％　　　　　　D. 0.55％

37. 啤酒"不合格项目"不包括（　　）。

A. "缺陷"项目

B. "严重缺陷"项目

C. "严重瑕疵"项目

D. "一般瑕疵"项目

38. 依据 GB/T 27588—2011《露酒》，每
批抽样数独立包装不应少于（　　）瓶，
一式两份，供检验和复验备用。

A. 2　　　　　　　　　B. 4

C. 6　　　　　　　　　D. 8

39. 啤酒宜在（　　）下运输和贮存；低于
或高于此温度范围，应采取相应的防冻或
防热措施。

A. 5～20℃　　　　　　B. 5～25℃

C. 5～30℃　　　　　　D. 5～35℃

40. 将除气后的啤酒收集于具塞锥形瓶中，
温度保持在 15～20℃，密封保存，限制在
（　　）内使用。

A. 1h　　　B. 2h　　　C. 12h　　　D. 24h

41. 瓶装啤酒无菌采样时，先将瓶盖器部位
浸入（　　），用火灼烧残余乙醇。开盖
后，用火灼烧瓶口，再用原盖盖住（或用
消毒的铝片盖住）。

A. 75％乙醇 1min 后

B. 75％乙醇 5min 后

C. 95％乙醇 1min 后

D. 95％乙醇 5min 后

42. 依据需要将啤酒样品密码编号并恒温至
（　　），以同样高度（距杯口 3cm）和注
流速度，对号注入洁净、干燥的啤酒评酒
杯中。

A. 10～15℃　　　　　B. 12～15℃

C. 10～25℃　　　　　D. 12～25℃

43. 将酒样密码编号，置于水浴中调节温度
至 20～25℃，将洁净、干燥的品尝杯对应
酒样编号，对号注入酒样约（　　）。

A. 30mL　　　　　　　B. 40mL

C. 45mL　　　　　　　D. 55mL

44. （　　）是指以水果或果汁（浆）为原
料，经发酵、蒸馏、陈酿、调配而成的蒸
馏酒。

A. 威士忌　　　　　　B. 朗姆酒

C. 白兰地　　　　　　　D. 伏特加

45. 葡萄白兰地酒龄应不少于（　　）。

A. 6 个月　　　　　　　B. 1 年

C. 2 年　　　　　　　　D. 3 年

46. 白兰地中高级醇测定时采用（　　）作为内标。

A. 4-甲基-2-戊醇　　　B. 异戊醇

C. 活性戊醇　　　　　　D. 正戊醇

47. 标示为"VSOP"和/或"久陈"的水果白兰地，酒龄应不小于（　　）。

A. 0.5 年　　　　　　　B. 3 年

C. 4 年　　　　　　　　D. 6 年

48. （　　）是指以甘蔗汁、甘蔗糖蜜、甘蔗糖浆或其他甘蔗加工产物为原料，经发酵、蒸馏、陈酿、调配而成的蒸馏酒。

A. 威士忌　　　　　　　B. 朗姆酒

C. 白兰地　　　　　　　D. 伏特加

49. 优级伏特加总醛（以乙醛计）/［mg/L（100％乙醇）］不大于（　　）。

A. 4　　B. 6　　C. 8　　D. 10

50. 白酒品评时若自然光线不能满足要求，应提供人工均匀、无影、可调控的照明设备，灯光的色温宜采用（　　）。

A. 5000 K　　　　　　B. 5500 K

C. 6000 K　　　　　　D. 6500 K

51. （　　）是指白酒符合清香醇正，具有乙酸乙酯为主体的优雅、协调的复合香气；酒体柔和谐调，绵甜爽净，余味悠长的风味特点。

A. 凤香型（白酒）风格

B. 清香型（白酒）风格

C. 芝麻香型（白酒）风格

D. 董香型（白酒）风格

52. （　　）是指白酒符合醇香秀雅，具有乙酸乙酯和己酸乙酯为主的复合香气，醇厚丰满，甘润挺爽，诸味谐调，尾净悠长的风味特点。

A. 凤香型（白酒）风格

B. 老白干香型（白酒）风格

C. 芝麻香型（白酒）风格

D. 特香型（白酒）风格

二、多选题

53. 下列选项中高度酒酒精度范围一致的有（　　）。

A. 浓香型白酒　　　　　B. 酱香型白酒

C. 凤香型白酒　　　　　D. 芝麻香型白酒

54. 空杯留香持久的白酒有（　　）。

A. 酱香型白酒　　　　　B. 清香型白酒

C. 豉香型白酒　　　　　D. 馥郁型白酒

55. 未规定高度酒和低度酒的标准为（　　）。

A. GB/T 10781.1—2021

B. GB/T 10781.2—2022

C. GB/T 10781.8—2021

D. GB/T 10781.11—2021

56. 生产日期为 2025 年 1 月 1 日生产的高度浓香型白酒，在 2025 年 12 月 1 日检测时需要检测（　　）项目。

A. 总酸　　　　　　　　B. 总酯

C. 己酸乙酯　　　　　　D. 酸酯总量

57. 依据 GB/T 10781.4—2024《白酒质量要求　第 4 部分：酱香型白酒》规定，理化指标（　　）为同一限量值。

A. 固形物　　　　　　　B. 总酸

C. 总酯　　　　　　　　D. 己酸乙酯

58. GB/T 10781.1—2021《白酒质量要求　第 1 部分：浓香型白酒》中己酸乙酯的测定方法为（　　）。

A. 气相色谱法　　　　　B. 高效液相色谱法

C. 离子色谱法　　　　　D. 紫外分光光度法

59. 浓酱兼香型白酒的检验规则和（　　）按 GB/T 10346 的规定执行。

A. 标志　　　　　　　　B. 包装

C. 运输　　　　　　　　D. 贮存

60. 馥郁香型白酒的（　　）指标要以 45.0％vol 酒精度折算。

A. 总酸

B. 总酯

C. 总酸＋总酯

D. 己酸乙酯/乙酸乙酯

61. 豉香型白酒二元酸二乙酯总量的指标包括（　　）。

A. 庚二酸二乙酯　　　B. 辛二酸二乙酯

C. 壬二酸二乙酯　　　D. 癸二酸二乙酯

62. 特香型白酒具有（　　）三香，但均不露头的复合香气。

A. 浓　　B. 清　　C. 酱　　D. 米

63. 下列选项中以大米为主要原料的有（　　）。

A. 特香型白酒　　　B. 米香型白酒

C. 豉香型白酒　　　D. 凤香型白酒

64. 小曲是指酿酒用的糖化发酵剂，多为较小的（　　）。

A. 圆球　　B. 砖形　　C. 方块　　D. 饼状

65. 勾调是指把具有不同（　　）的白酒，按不同比例进行调配，使之符合一定标准，保持白酒特定风格的生产工艺。

A. 色泽　　B. 香气　　C. 口味　　D. 风格

66. 董香型白酒蒸馏工艺可分为（　　）。

A. 复蒸法　　　　　B. 复吹法

C. 双醅法　　　　　D. 双层法

67. 蒸馏酒是指以（　　）等为主要原料，经发酵、蒸馏、勾兑而成的饮料酒。

A. 粮谷　　B. 薯类　　C. 水果　　D. 乳类

68. 发酵酒及其配制酒标签除（　　）和保质期的标识外，应符合 GB 7718 的规定。

A. 酒精度　　　　　B. 原麦汁浓度

C. 原果汁含量　　　D. 警示语

69. 品酒室应光线（　　），以温度 16～26℃、相对湿度 30%～70% 为宜。

A. 充足　　B. 柔和　　C. 适宜　　D. 均匀

70. 葡萄酒按二氧化碳含量可分为（　　）。

A. 平静葡萄酒　　　B. 无泡葡萄酒

C. 起泡葡萄酒　　　D. 有泡葡萄酒

71. 依据 GB/T 15037—2006《葡萄酒》，葡萄酒中的理化指标按 GB/T 15038 检验，（　　）除外。

A. 柠檬酸　　　　　B. 总糖

C. 苯甲酸　　　　　D. 山梨酸

72. 啤酒的"严重瑕疵"项目有（　　）。

A. 双乙酰　　　　　B. 净含量

C. 标签　　　　　　D. 卫生要求

73. 露酒的浸提方法通常包括（　　）。

A. 浸泡　　B. 渗漉　　C. 煎煮　　D. 回流

74. 在保证样品有代表性，而且不损失或少损失酒精的前提下，可用（　　）等方式除去啤酒中的二氧化碳气体。

A. 振摇　　　　　　B. 超声波

C. 搅拌　　　　　　D. 静置

75. 黄酒按含糖量可以分为（　　）。

A. 干黄酒　　　　　B. 半干黄酒

C. 半甜黄酒　　　　D. 甜黄酒

76. 非稻米黄酒的质量等级可分为（　　）

A. 优级　　B. 一级　　C. 二级　　D. 三级

77. 依据 GB/T 13662—2018《黄酒》，测定总糖的亚铁氰化钾滴定法适用于（　　）。

A. 干黄酒　　　　　B. 半干黄酒

C. 半甜黄酒　　　　D. 甜黄酒

78. 依据 GB/T 11856.2—2023《烈性酒质量要求 第 2 部分：白兰地》，测定的高级醇项目包括（　　）。

A. 甲醇　　　　　　B. 异丁醇

C. 异戊醇　　　　　D. 活性戊醇

79. 朗姆酒按颜色可分为（　　）。

A. 白朗姆酒　　　　B. 黑朗姆酒

C. 金朗姆酒　　　　D. 银朗姆酒

80. 白酒品评的评酒桌面颜色宜为中性（　　）或（　　）。

A. 暗色　　　　　　B. 浅灰色

C. 乳白色　　　　　D. 蓝色

81. 建议最佳白酒评酒时间为每日（　　）。

A. 上午 8：00～10：00

B. 上午 9：00～11：00

C. 下午 13：00～16：00

D. 下午 14：00～17：00

82. 依据白酒品评的目的，可以选择合适的品评方式，包括（　　）。

A. 明酒明评　　　　B. 暗酒明评

C. 暗评　　　　　　D. 明酒暗评

三、判断题

83. 浓香型白酒的预包装产品应标识产品类型为"固态法白酒"。（　　）

84. GB/T 10781.9—2021《白酒质量要求 第9部分：芝麻香型白酒》实施日期为2022年3月1日。（　　）

85. 酱香型白酒的高温曲是指在制曲过程中，最高品温控制大于55℃而制成的大曲。（　　）

86. 造沙是酱香型白酒酿酒生产的第二次投料过程。（　　）

87. 堆积是指新投产时，粮粉经拌料、蒸煮糊化、加糖化发酵剂，第一次酿酒发酵的操作。（　　）

88. 轮次酒是指经过一个轮次发酵后蒸馏得到的酒。（　　）

89. 酒头是指蒸馏后期截取出的酒精度较高的馏出物。（　　）

90. 串香是指在甑中以含有乙醇的蒸气穿过固态发酵的酒醅或特制的香醅，使馏出的酒中增加香气和香味的工艺操作。（　　）

91. 蒸馏酒及其配制酒中甲醇指标在粮谷类和其他类的限量要求不一致。（　　）

92. 啤酒应标示原麦汁浓度，以"原麦汁浓度"为标题，以柏拉图度符号"°P"为单位。（　　）

93. 品评香气时，一般嗅闻操作如下：首先将酒杯举起，置酒杯于鼻下10～20mm处微斜30°，头略低，采用匀速、舒缓的吸气方式嗅闻其静止香气，嗅闻时只可对酒吸气，不应呼气。再轻轻摇动酒杯，增大香气挥发聚集，然后嗅闻，记录其香气情况。（　　）

94. 填充色谱柱气相色谱法测定白酒中乙酸乙酯、丁酸乙酯、己酸乙酯、乳酸乙酯、正丙醇、β-苯乙醇时采用乙酸正丁酯作为内标。（　　）

95. 葡萄酒是以鲜葡萄或葡萄汁为原料，经全部或部分发酵酿制而成的，含有一定酒精度的发酵酒。（　　）

96. 干葡萄酒是指含糖（以葡萄糖计）小于或等于4.0g/L的葡萄酒，或者当总糖和总酸（以酒石酸计）的差值小于或等于2.0g/L时，含糖最高为9.0g/L的葡萄酒。（　　）

97. 用软木塞（或替代品）封装的葡萄酒，在贮运时应"正放"或"卧放"。（　　）

98. 感官分析时，将酒倒入洁净、干燥的品尝杯中，一般葡萄酒在杯中的高度为杯身的四分之一～三分之一。（　　）

99. 桶装淡色啤酒无泡持性要求。（　　）

100. 在特型黄酒生产过程中，可添加符合国家规定的、按照传统既是食品又是中药材物质。（　　）

101. 黄酒发酵及贮存过程中会自然产生苯甲酸。（　　）

102. 蒸馏所得葡萄白兰地原酒的最高酒精度应不大于75％vol。（　　）

103. 白兰地品酒室要求光线充足、柔和、适宜，以温度15～30℃，相对湿度40％～70％RH为宜，室内空气应新鲜且无香气及邪杂气味。（　　）

104. 白兰地终产品中甜味物质（以还原糖计）超过5g/L时，还应标示总糖（以还原糖计）的含量或范围。（　　）

105. 白酒品评的照明可采用自然光线和人工照明相结合的方式。（　　）

106. 白酒标准品评杯有无杯脚和有杯脚两款。（　　）

107. 暗酒明评有助于品评人员准确品评酒样。（　　）

第二节 综合能力提升

一、单选题

108. 浓香型白酒中高度酒的酒精度范围是（　　）。

A. 40％vol＜酒精度≤68％vol

B. 40％vol≤酒精度≤68％vol

C. 40％vol≤酒精度≤60％vol

D. 45％vol≤酒精度≤68％vol

109.（　　）是以粮谷为原料，采用一种或多种曲为糖化发酵剂，经固态发酵（或分型固态发酵）、固态蒸馏、陈酿勾调而成的，不直接或间接添加食用酒精及非自身发酵产生的呈色呈香呈味物质，具有浓香兼酱香风格的白酒。

A. 酱香型白酒　　　　B. 浓香型白酒

C. 浓酱兼香型白酒　　D. 清香型白酒

110. 窖香、曲香、蜜香、糟香、焙烤香等复合香气突出的白酒为（　　）。

A. 酱香型白酒　　　　B. 芝麻香型白酒

C. 馥郁香型白酒　　　D. 特香型白酒

111. 2025 年 1 月 1 日生产的高度清香型白酒，在 2026 年 7 月 1 日检测时需要检测（　　）项目。

A. 己酸乙酯

B. 总酯

C. 总酸＋乙酸乙酯＋乳酸乙酯

D. 酸酯总量

112. 高度芝麻香型白酒自生产日期起（　　）内执行的指标为总酸。

A. ≤半年　　　　　　B. ≤一年

C. ≤二年　　　　　　D. ≤三年

113. 优级和一级浓香型白酒理化指标中（　　）为同一限量值。

A. 固形物　　　　　　B. 总酸

C. 总酯　　　　　　　D. 酸酯总量

114. 浓香型白酒中测定酸酯总量时按（　　）执行。

A. GB 5009.225

B. GB/T 10781.1—2021《白酒质量要求第 1 部分：浓香型白酒》附录 A

C. GB/T 10781.1—2021《白酒质量要求第 1 部分：浓香型白酒》附录 B

D. GB/T 10345—2007

115. GB/T 10781.1—2021《白酒质量要求第 1 部分：浓香型白酒》中酸酯总量的结果在重复性条件下获得的两次独立测定结果的绝对差值，不应超过平均值的（　　）。

A. 1％　　　B. 2％　　　C. 3％　　　D. 5％

116. GB/T 10781.2—2022《白酒质量要求第 2 部分：清香型白酒》实施日期为（　　）。

A. 2022 年 2 月 1 日

B. 2022 年 7 月 11 日

C. 2023 年 2 月 1 日

D. 2023 年 7 月 11 日

117. GB/T 10781.8—2021《白酒质量要求第 8 部分：浓酱兼香型白酒》实施日期为（　　）。

A. 2021 年 11 月 26 日　B. 2022 年 6 月 1 日

C. 2022 年 11 月 26 日　D. 2023 年 6 月 1 日

118. 清香型白酒的总酸＋乙酸乙酯＋乳酸乙酯指标按（　　）酒精度折算。

A. 40％vol　　　　　　B. 45％vol

C. 50％vol　　　　　　D. 60％vol

119. GB/T 10781.8—2021《白酒质量要求第 8 部分：浓酱兼香型白酒》中己酸＋己酸乙酯（按 45％vol 折算）含量的结果保留（　　）。

A. 至整数　　　　　　B. 一位小数

C. 两位有效数字　　　D. 小数点后两位

120. 下列选项中采用混蒸混烧和清蒸清烧相结合工艺的是（　　）。

A. 豉香型白酒　　　　B. 董香型白酒

C. 老白干型白酒　　　D. 清香型白酒

121. 豉香型白酒理化要求中有（　　）指标。

A. 乙酸乙酯

B. 己酸乙酯

C. 二元酸（庚二酸、辛二酸、壬二酸）二乙酯总量

D. 乳酸乙酯

122. 下列选项中属于芝麻香型白酒的有（　　）。

A. 景芝酒　　　　　　B. 西凤酒

C. 郎酒　　　　　　　D. 董酒

123. 经红褚条石窖池固态发酵的白酒为（　　）。

A. 四特酒　　　　　　B. 五粮液

C. 酒鬼酒　　　　　　D. 三花酒

124. 清香型白酒的标准为（　　）。

A. GB/T 10781.1—2021

B. GB/T 10781.2—2022

C. GB/T 10781.8—2021

D. GB/T 10781.9—2021

125. 中温曲是指在制曲过程中，最高品温控制在（　　）而制成的大曲。

A. 40～50℃　　　　　B. 50～60℃

C. 大于60℃　　　　　D. 大于80℃

126. （　　）是指经发酵、蒸馏而得到的未经勾调的酒。

A. 组合酒　　　　　　B. 基酒

C. 调香酒　　　　　　D. 调味酒

127. （　　）具有前浓中清后酱的独特风格。

A. 凤香型白酒　　　　B. 特香型白酒

C. 老白干型白酒　　　D. 馥郁香型白酒

128. 特香型白酒理化要求中有（　　）指标。

A. 乙酸＋乙酸乙酯　　B. 丙酸＋丙酸乙酯

C. 丁酸＋丁酸乙酯　　D. 乳酸＋乳酸乙酯

129. 白酒品评的样品的准备是将白酒样品放置于20～25℃环境下（或20～25℃水浴

中保温）平衡温度后，采取（　　）标记后进行感官品评，品评前将白酒样品注入洁净、干燥的品酒杯中，注入量为15～20mL。

A. 标签　　B. 记号笔　　C. 密码　　D. 铅笔

130. 气相色谱法测定白酒中（　　）项目时，采用十四醇作为内标。

A. 己酸　　　　　　　B. 乙酸

C. 二元酸二乙酯　　　D. 丙酸乙酯

131. 半干葡萄酒是指当总糖和总酸（以酒石酸计）的差值小于或等于（　　）时，含糖最高为18.0g/L的葡萄酒。

A. 2.0g/L　　　　　　B. 4.0g/L

C. 5.0g/L　　　　　　D. 8.0g/L

132. 甜葡萄酒是指含糖量大于（　　）的葡萄酒。

A. 12.0g/L　　　　　　B. 18.0g/L

C. 30.0g/L　　　　　　D. 45.0g/L

133. （　　）是指由葡萄生成总酒度为12%（体积分数）以上的葡萄酒中，加入葡萄白兰地、食用酒精或葡萄酒精以及葡萄汁、浓缩葡萄汁、含焦糖葡萄汁、白砂糖等，使其终产品酒精度为15.0%～22.0%（体积分数）的葡萄酒。

A. 利口葡萄酒　　　　B. 冰葡萄酒

C. 山葡萄酒　　　　　D. 贵腐葡萄酒

134. 依据 GB/T 15037—2006《葡萄酒》，下列选项中不属于 A 类不合格项目的是（　　）。

A. 酒精度　　　　　　B. 铜

C. 甲醇　　　　　　　D. 防腐剂

135. 依据 GB/T 15037—2006《葡萄酒》，葡萄酒运输温度宜保持在（　　）。

A. 5～15℃　　　　　　B. 5～20℃

C. 5～25℃　　　　　　D. 5～35℃

136. （　　）是指不经巴氏灭菌或瞬时高温灭菌，而采用其他物理方法除菌，达到一定生物稳定性的啤酒。

A. 熟啤酒　　　　　　B. 生啤酒

C. 鲜啤酒　　　　　　D. 特种啤酒

137. 冰啤酒是指经冰晶化工艺处理，浊度小于等于（　　）的啤酒。

A. 0.5EBC　　　　　B. 0.8EBC

C. 1.0EBC　　　　　D. 2.0EBC

138. 低醇啤酒是指酒精度为（　　）的啤酒。

A. 小于等于 0.5%vol

B. 0.6%～1.5%vol

C. 0.6%～2.5%vol

D. 1.0%～2.0%vol

139. 无醇啤酒是指酒精度小于等于 0.5% vol，原麦汁浓度大于等于（　　）的啤酒。

A. 1.0°P　　　　　B. 2.0°P

C. 3.0°P　　　　　D. 4.0°P

140. 啤酒标签上标注的原麦汁浓度≥10.0°P 时允许的负偏差为"（　　）"。

A. －0.1　　　　　B. －0.2

C. －0.3　　　　　D. －0.4

141. 露酒总糖标签标示值与实测值不得超过（　　）。

A. 0.01　　B. 0.02　　C. 0.05　　D. 0.1

142. 露酒应贮存于阴凉、避免阳光直射、通风良好的场所。不得与有毒、有害、有异味、易挥发、易腐蚀的物品同贮，贮存温度在（　　）之间为宜。

A. 5～20℃　　　　　B. 5～25℃

C. 5～250℃　　　　D. 5～35℃

143. 测定啤酒色度的 EBC 比色计采用（　　）进行仪器校正。

A. 斐林溶液　　　　B. 福林酚溶液

C. 哈同溶液　　　　D. 安钠咖溶液

144. 黄酒产品涉及酒龄的标注，标注酒龄的标示值应（　　）加权平均计算值。

A. 小于　　　　　B. 小于或等于

C. 等于　　　　　D. 大于或等于

145. （　　）是指以麦芽、谷物为原料，经糖化、发酵、蒸馏、陈酿、调配而成的蒸馏酒。

A. 威士忌　　　　B. 朗姆酒

C. 白兰地　　　　D. 伏特加

146. 蒸馏所得水果白兰地原酒的最高酒精度应小于（　　）。

A. 0.65　　B. 0.75　　C. 0.85　　D. 0.95

147. 葡萄白兰地酒龄不小于 6 年，可标示为（　　）。

A. "VS" 和/或 "浅陈"

B. "VSOP" 和/或 "久陈"

C. "XO" 和/或 "特陈"

D. "XXO" 和/或 "臻陈"

148. 黑朗姆酒陈酿时间不应小于等于（　　）。

A. 1 年　　B. 2 年　　C. 3 年　　D. 6 年

149. （　　）是指白酒符合具有浓郁的己酸乙酯为主体的复合香气；酒体醇和谐调，绵甜爽净，余味悠长的风味特点。

A. 酱香型（白酒）风格

B. 浓香型（白酒）风格

C. 米香型（白酒）风格

D. 豉香型（白酒）风格

150. （　　）是指白酒符合醇香清雅，具有乳酸乙酯和乙酸乙酯为主体的自然协调的复合香气；酒体谐调、醇厚甘洌，回味悠长的风味特点。

A. 凤香型（白酒）风格

B. 老白干香型（白酒）风格

C. 芝麻香型（白酒）风格

D. 特香型（白酒）风格

151. （　　）在感官品评时，注入品尝杯酒样宜为 15～20mL。

A. 威士忌　　　　B. 朗姆酒

C. 白兰地　　　　D. 伏特加

二、多选题

152. 低度酒酒精度范围为：25%vol≤酒精度≤40%vol 的白酒有（　　）。

A. 浓香型白酒　　　B. 清香型白酒

C. 芝麻香型白酒　　D. 特香型白酒

153. 规定了高度酒和低度酒分类的白酒有（　　）。

A. 浓香型白酒　　　B. 清香型白酒

C. 馥郁香型白酒　　　 D. 芝麻香型白酒

154. 生产日期为 2025 年 1 月 1 日的高度浓香型白酒，在 2026 年 7 月 1 日检测时需要检测（　　）项目。

A. 总酸　　　　　　　 B. 总酯

C. 己酸＋己酸乙酯　　 D. 酸酯总量

155. 依据 GB/T 10781.2—2022《白酒质量要求 第 2 部分：清香型白酒》规定，（　　）按 GB/T 10345 的规定执行。

A. 总酸　　　　　　　 B. 总酯

C. 固形物　　　　　　 D. 乙酸乙酯

156. 产品自生产日期＞一年执行的指标为己酸＋己酸乙酯的白酒为（　　）。

A. 浓香型白酒　　　　 B. 清香型白酒

C. 浓酱兼香型白酒　　 D. 馥郁香型白酒

157. 轮次是指酱香型白酒生产中原料经投料（下窖）、（　　）、堆积发酵、入窖发酵、蒸馏的生产过程。

A. 蒸煮　 B. 摊晾　 C. 拌曲　 D. 下沙

158. 白酒生产中发酵容器/设备主要有（　　）。

A. 地缸　　　　　　　 B. 石条窖

C. 泥窖　　　　　　　 D. 发酵罐

159. 理化要求中有 β-苯乙醇指标的有（　　）。

A. 茅台酒　　　　　　 B. 三花酒

C. 玉冰烧　　　　　　 D. 酒鬼酒

160. 凤香型白酒具有（　　）和（　　）为主的复合香气。

A. 乙酸乙酯　　　　　 B. 乳酸乙酯

C. 丁酸乙酯　　　　　 D. 己酸乙酯

161. 依据（　　）的色泽和外观要求，当酒的温度低于 10℃时，可出现沉淀物质或失光。10℃以上时应逐渐恢复正常。

A. 凤香型白酒　　　　 B. 米香型白酒

C. 豉香型白酒　　　　 D. 特香型白酒

162. 酿酒原料粮谷是指（　　）和（　　）的原粮和成品粮。

A. 谷物　 B. 玉米　 C. 豆类　 D. 高粱

163. 品评白酒色泽和外观时，将酒杯拿起

以白色评酒桌或白纸为背景，采用（　　）方式观察酒样有无色泽及色泽深浅。然后轻轻摇动，观察酒液澄清度、有无悬浮物和沉淀物，记录其色泽和外观情况。

A. 正视　 B. 俯视　 C. 斜视　 D. 仰视

164. 毛细管色谱柱气相色谱法测定白酒中乙酸乙酯、丁酸乙酯、己酸乙酯、乳酸乙酯、正丙醇、β-苯乙醇时采用（　　）作为内标。

A. 叔戊醇　　　　　　 B. 乙酸正丁酯

C. 乙酸正戊酯　　　　 D. 乙酸异戊酯

165. 葡萄酒按含糖量可分为（　　）。

A. 干葡萄酒　　　　　 B. 半干葡萄酒

C. 半甜葡萄酒　　　　 D. 甜葡萄酒

166. 依据 GB/T 15037—2006《葡萄酒》，下列选项中属于 B 类不合格项目的有（　　）。

A. 总糖　　　　　　　 B. 二氧化碳

C. 铁　　　　　　　　 D. 挥发酸

167. 依据 GB/T 15037—2006《葡萄酒》，复检结果中如有以下三种情况之一时，则判该批产品不合格：（　　）。

A. 一项以上 A 类不合格

B. 一项 B 类超过规定值的 50％

C. A 类项目为规定值有80％以上和 B 类超过规定值的 20％

D. 两项 B 类不合格

168. （　　）仅限于以葡萄酒为酒基的露酒。

A. 铁　　　　　　　　 B. 铜

C. 总酯　　　　　　　 D. 双乙酰

169. 黄酒按产品风格可以分为（　　）。

A. 传统型黄酒　　　　 B. 现代型黄酒

C. 清爽型黄酒　　　　 D. 特型黄酒

170. 依据 GB/T 13662—2018《黄酒》，测定总糖的廉爱农法适用于（　　）。

A. 干黄酒　　　　　　 B. 半干黄酒

C. 半甜黄酒　　　　　 D. 甜黄酒

171. 朗姆酒中非酒精挥发性物质有（　　）。

A. 挥发酸 B. 酯类

C. 醛类 D. 高级醇

三、判断题

172. 凤香型白酒是以粮谷为原料，采用大曲、小曲、麸曲及酒母等为糖化发酵剂，经缸、池等容器固态发酵，固态蒸馏、陈酿、勾调而成，不直接或间接添加食用酒精及非自身发酵产生的呈色呈香呈味物质的白酒。（ ）

173. 当酒的温度低于15℃时，允许出现白色絮状沉淀物质或失光。（ ）

174. GB/T 10781.10—2024《白酒质量要求 第10部分：老白干香型白酒》实施日期为2024年12月1日。（ ）

175. GB/T 10781.11—2021《白酒质量要求 第11部分：馥郁香型白酒》实施日期为2022年4月1日。（ ）

176. 下沙是指浓酱兼香型白酒酿酒生产的第一次投料过程。（ ）

177. 枣香是指陈酿工艺使芝麻香型白酒呈现的类似红枣的香气。（ ）

178. 生产过程部分采用高温大曲为糖化发酵剂生产的产品，可标示为"酱香型白酒"。（ ）

179. 生产日期为半年的豉香型白酒理化要求中有酸酯总量指标。（ ）

180. 酒糟是指酒醅蒸馏取酒之后的物料。（ ）

181. 2013年8月1日以后生产的蒸馏酒及其配制酒应标示"过量饮酒有害健康"，可同时标示其他警示语。（ ）

182. 蒸馏酒及其配制酒中氰化物指标在粮谷类和其他类的限量不一致。（ ）

183. 果酒（葡萄酒除外）应标示原果汁含量，在配料表中以"××%"表示。（ ）

184. 用玻璃瓶包装的啤酒应标示如"切勿撞击，防止爆瓶"等警示语。（ ）

185. 半干葡萄酒是指含糖（葡萄糖）小于或等于18.0g/L的葡萄酒。（ ）

186. 采用鲜葡萄或葡萄汁经全部或部分发酵，采用特种工艺加工而成的、酒精度为0.5%（体积分数）以下的葡萄酒。（ ）

187. 鲜啤酒是指不经巴氏灭菌或瞬时高温灭菌，成品中允许含有一定量活酵母菌，达到一定生物稳定性的啤酒。（ ）

188. 瓶装和听装淡色啤酒的泡持性指标一致。（ ）

189. 水果白兰地酒龄应不少于6个月。（ ）

190. 可使用甜味物质（如食糖、蜂蜜等）调整白兰地口感，终产品中甜味物质（以还原糖计）的质量浓度不应大于15g/L。（ ）

191. 水果白兰地酒龄不小于14年，可标示为"XXO"和/或"臻陈"。（ ）

192. 调配白兰地应在标签中标示"食用酒精"，不应标示食用酒精所用原料。（ ）

193. 白酒品评期间噪音宜控制在40dB以下。（ ）

194. 明酒明评可以避免酒样信息影响品评结果。（ ）

195. 蜜香是指白酒呈现的类似植物花朵散发的香气特征。（ ）

196. 柔和度是指白酒入口时感受的柔顺程度（ ）。

四、填空题

197. _____是单位体积白酒中总酸和总酯的总含量。

198. _____型白酒以粮谷为原料，采用高温大曲等为糖化发酵剂，经固态发酵、固态蒸馏、陈酿、勾调而成的，不直接或间接添加食用酒精及非自身发酵产生的呈色呈香呈味物质，具有酱香特征风格的白酒。

199. _____是将粮醅或酒糟摊晾后拌入一定比例高温曲，堆成特定形状在开放式环境中堆放一定时间的工艺过程。

200. _____是指原料和酒醅分别蒸料和蒸酒的工艺。

201.　＿＿＿＿＿＿＿＿是指用藤条编制成容器，以鸡蛋清等物质配成黏合剂，用白棉布、麻纸裱糊，再以菜油、蜂蜡涂抹内壁，干燥后用于贮酒的容器。

202.　＿＿＿＿＿＿＿＿白酒是以大米等为原料，经传统半固态法发酵、蒸馏、陈酿、勾兑而成的，未添加食用酒精及非白酒发酵产生的呈香呈味物质，具有以乳酸乙酯、β-苯乙醇为主体复合香的白酒。

203.　＿＿＿＿＿＿＿＿发酵法是指采用先固态培菌、固态糖化、液态发酵，或半固态边糖化边发酵，蒸馏生产白酒的工艺。

204.　＿＿＿＿＿＿＿＿是指在蒸酒时，截取酒头和酒尾的操作。

205.　＿＿＿＿＿＿＿＿是指基酒在存有经加热至熟、在酒中浸泡一定时间而成的肥猪肉的容器中进行贮存陈酿的工艺过程。

206.　＿＿＿＿＿＿＿＿是指固态法发酵容器之一，用黄泥、条石、砖、水泥、木材等材料建成，形状多呈长方体。

207.　＿＿＿＿＿＿＿＿是指以蒸馏酒、发酵酒或食用酒精为酒基，加入可食用或药食两用（或符合相关规定）的辅料或食品添加剂，进行调配、混合或再加工制成的、已改变了其原酒基风格的饮料酒。

208.　总固形物减去总糖即为＿＿＿＿＿＿＿＿。

五、简答题

209.　白酒十二大香型有哪些？

210.　白酒感官品评主要有哪几个方面？

211.　某检验机构采用 GB 5009.225—2023《食品安全国家标准　酒和食用酒精中乙醇浓度的测定》第二法（酒精计法）检测出2025 年 1 月生产的伏特加酒、啤酒和豉香型白酒的酒精度分别为 35.9％vol、4.1％vol、51.2％vol，伏特加酒、啤酒和豉香型白酒标签标示的酒精度分别为 35％vol、≥4.0％vol（原麦汁浓度：11°P）、52％vol，该检验机构的检验结论为某伏特加酒、啤酒和豉香型的酒精度项目分别符合 GB/T 11858—2008《伏特加（俄得克）》、GB 4927—2008《啤酒》、GB/T 16289—2018《豉香型白酒》的要求，并分别出具了检验报告。请问该家检验机构出具的三份报告是否合理？为什么？

212.　某检验机构在 2025 年 1 月 10 日测定生产日期为 2012 年 6 月 9 日的酱香型白酒和 2025 年 1 月 1 日生产的浓香型白酒，其中酱香型白酒的铅采用 GB 5009.12—2023《食品安全国家标准　食品中铅的测定》检测，采用 GB 2762—2005《食品安全国家标准　食品中污染物限量》判定；浓香型白酒的总酸采用 GB/T 10345—2022《白酒分析方法》检测，酸酯总量采用 GB/T 10345—2022《白酒分析方法》附录 A 检测，采用 GB/T 10781.1—2021《白酒质量要求　第 1 部分：浓香型白酒》进行判定。请问该家检验机构采用的相关标准是否存在问题？

213.　依据 GB/T 11856.2—2023《烈性酒质量要求　第 2 部分：白兰地》，简述白兰地的分类。

第十七章

产品标准

● **核心知识点** ●

一、基础性标准要求

感官与理化指标

包括色泽、气味、形态等感官要求，以及水分、灰分、蛋白质等理化指标。

例如：根据 GB 25190—2010《食品安全国家标准 灭菌乳》，牛乳蛋白质需大于等于 2.9g/100g。

二、添加剂与污染物控制

（一）添加剂使用规范

例如：乳酸菌饮料原辅料中带入的苯甲酸应按照 GB 2760 执行。

（二）污染物限量

例如：蜂蜜的锌（Zn）应小于等于 25mg/kg。

三、检测方法与仪器

（一）方法选择

例如：根据 GB/T 317—2018《白砂糖》测定干燥失重应使用电热恒温干燥箱。

（二）仪器条件

例如：分光光度比色法测定靛蓝含量使用的波长为 610nm。

四、标签与标识

强制标注内容：产品名称、配料表、生产日期、执行标准号。

例如：根据 GB 2721—2015《食品安全国家标准 食用盐》，低钠盐的产品标签中应标示钾的含量。

食品产品标准是保障食品安全、规范食品生产和流通的重要依据。本章将系统介绍食品产品标准的分类及其在抽样检验中的应用。通过本章的系统练习，读者将了解食品产品标准的基本框架和主要内容，掌握标准在抽样检验中的具体应用方法，学会结合实际案例评估产品标准的合规性，为食品安全抽样检验工作提供科学指导。

第一节　基础知识自测

一、单选题

1. 根据 SB/T 10371—2003《鸡精调味料》，测定谷氨酸钠的含量应称取（　　）g 的均匀样品。

A. 1～2　　B. 2～3　　C. 3～4　　D. 4～5

2. 根据 GB/T 18187—2000《酿造食醋》，以（　　）为原料的液态发酵食醋不要求可溶性无盐固形物。

A. 粮食　　B. 糖　　C. 果类　　D. 酒精

3. 根据 GB/T 1354—2018《大米》，一级籼米的水分含量应小于等于（　　）%。

A. 12.5　　B. 13.5　　C. 14.5　　D. 15.5

4. 根据 GB/T 1354—2018《大米》，一级优质粳米的不完善粒含量应小于等于（　　）%。

A. 2.0　　B. 3.0　　C. 4.0　　D. 5.0

5. 根据 GB 2716—2018《食品安全国家标准 植物油》，哪种油不需要检测过氧化值？（　　）

A. 植物原油

B. 食用植物油

C. 食用调和油

D. 煎炸过程中的食用植物油

6. 根据 GB 2717—2018《食品安全国家标准 酱油》，该标准对理化指标（　　）作出明确规定。

A. 总酸　　　　　　B. 食盐

C. 氨基酸态氮　　　D. 铵盐

7. 根据 GB 2717—2018《食品安全国家标准 酱油》，氨基酸态氮应大于等于（　　）g/100mL。

A. 0.2　　B. 0.3　　C. 0.4　　D. 0.5

8. 根据 SB/T 10416—2007《调味料酒》，料酒检测总酸时应取（　　）mL 试样。

A. 2.0　　B. 5.0　　C. 10.0　　D. 20.0

9. 根据 SB/T 10416—2007《调味料酒》，使用硝酸银标准滴定溶液滴定料酒样品中的氯化钠时，使用的指示剂是（　　）。

A. 甲基红指示剂　　　B. 铬酸钾指示剂

C. 亚甲基蓝指示剂　　D. 酚酞指示剂

10. 根据 GB 2721—2015《食品安全国家标准 食用盐》，低钠盐的产品标签中应标示（　　）的含量。

A. 钠　　B. 钾　　C. 氯　　D. 碘

11. 根据 GB 2721—2015《食品安全国家标准 食用盐》，日晒盐中氯化钠（以干基计）含量应大于等于（　　）g/100g。

A. 96.00　　B. 96.0　　C. 97.00　　D. 97.0

12. 根据 QB/T 5535—2020《食品加工用盐》，采用非仲裁法测定食品加工用盐的水分（游离水）时，恒温干燥箱要求为（　　）℃。

A. 105　　B. 110　　C. 120　　D. 140

13. 根据 QB/T 5535—2020《食品加工用盐》，测定食品加工用盐中亚铁氰化钾的检验方法有（　　）种。

A. 2　　B. 3　　C. 4　　D. 5

14. 根据 QB/T 5535—2020《食品加工用盐》，测定食品加工用盐中碘强化剂的仲裁法是（　　）。

A. GB 5009.42　　　B. GB/T 13025.7

C. GB/T 13025.10　　D. GB/T 13025.9

15. 根据 QB/T 5535—2020《食品加工用盐》，测定食品加工用盐中铅的仲裁法是（　　）。

A. GB 5009.12　　　　B. GB/T 13025.7

C. GB/T 13025.10　　D. GB/T 13025.9

16. 根据 GB 2726—2016《食品安全国家标准　熟肉制品》，该标准不适用于（　　）。

A. 酱卤肉　　　　　　B. 肉灌肠

C. 肉类罐头　　　　　D. 油炸肉

17. 根据 GB 2730—2015《食品安全国家标准　腌腊肉制品》，腊鸭的过氧化值（以脂肪计）应小于等于（　　）g/100g。

A. 0.25　B. 0.5　C. 1.0　D. 1.5

18. GB 2730—2015《食品安全国家标准　腌腊肉制品》对（　　）中的三甲胺氮指标有明确要求，并规定了检验方法。

A. 香肠　B. 火腿　C. 腊肉　D. 腊鸭

19. 根据 GB 19302—2010《食品安全国家标准　发酵乳》，发酵乳中非脂乳固体应大于等于（　　）g/100g。

A. 3.1　B. 2.5　C. 8.1　D. 2.9

20. 根据 GB 19302—2010《食品安全国家标准　发酵乳》，风味发酵乳中蛋白质应大于等于（　　）g/100g。

A. 2.3　　B. 2.5　　C. 2.7　　D. 2.9

21. 根据 GB 19302—2010《食品安全国家标准　发酵乳》，风味发酵乳应使用（　　）测定酸度。

A. GB 5413.3　　　　B. GB 5413.34

C. GB 5413.39　　　　D. GB 5413.40

22. 根据 GB 25190—2010《食品安全国家标准　灭菌乳》，牛乳蛋白质应大于等于（　　）g/100g。

A. 2.7　B. 2.8　C. 2.9　D. 3.0

23. 根据 GB 25190—2010《食品安全国家标准　灭菌乳》，羊乳非脂乳固体应大于等于（　　）g/100g。

A. 2.3　　B. 2.4　　C. 8.1　　D. 8.2

24. 根据 GB 25190—2010《食品安全国家标准　灭菌乳》，羊乳蛋白质应大于等于（　　）g/100g。

A. 2.7　　B. 2.8　　C. 2.9　　D. 3.0

25. 根据 GB 19301—2010《食品安全国家标准　生乳》，羊乳的杂质度应小于等于（　　）mg/kg。

A. 4.0　B. 5.0　C. 6.0　D. 8.0

26. 根据 GB 19301—2010《食品安全国家标准　生乳》，牛乳中脂肪应大于等于（　　）g/100g。

A. 3.0　B. 3.1　C. 3.2　D. 3.3

27. 根据 GB 19301—2010《食品安全国家标准　生乳》，羊乳中蛋白质应大于等于（　　）g/100g。

A. 2.5　B. 2.6　C. 2.7　D. 2.8

28. 根据 GB 25191—2010《食品安全国家标准　调制乳》，调制乳中蛋白质应大于等于（　　）g/100g。

A. 2.3　B. 2.4　C. 2.5　D. 2.6

29. 根据 GB 25191—2010《食品安全国家标准　调制乳》，调制乳中脂肪应大于等于（　　）g/100g。

A. 2.3　B. 2.4　C. 2.5　D. 2.6

30. 根据 GB 25595—2018《食品安全国家标准　乳糖》，乳糖水分检测方法依据 GB 5009.3 中的（　　）。

A. 直接干燥法　　　B. 减压干燥法

C. 蒸馏法　　　　　D. 卡尔·费休法

31. 根据 GB 25595—2018《食品安全国家标准　乳糖》，乳糖中水分含量应小于等于（　　）g/100g。

A. 4.0　B. 5.0　C. 6.0　D. 7.0

32. 根据 GB 25595—2018《食品安全国家标准　乳糖》，乳糖中灰分含量应小于等于（　　）g/100g。

A. 0.2　B. 0.3　C. 0.4　D. 0.5

33. 根据 GB 25595—2018《食品安全国家标准　乳糖》，乳糖（以干基计）含量应大于等于（　　）g/100g。

A. 95.0　B. 99.0　C. 98.0　D. 99.5

34. 根据 GB 13102—2022《食品安全国家标准　浓缩乳制品》，淡炼乳中的蛋白质应大于等于非脂乳固体的（　　）%。

A. 80　　　B. 56　　　C. 34　　　D. 15

35. 根据 GB 13102—2022《食品安全国家标准　浓缩乳制品》，调制炼乳蛋白质含量的计算应以氮(N)×（　　）。

A. 6.25　　B. 6.38　　C. 6.40　　D. 6.55

36. 根据 GB 13102—2022《食品安全国家标准　浓缩乳制品》，全脂淡炼乳的乳固体应大于等于（　　）g/100g。

A. 15　　　B. 20　　　C. 25　　　D. 30

37. 根据 GB 13102—2022《食品安全国家标准　浓缩乳制品》，淡炼乳的酸度应小于等于（　　）°T。

A. 45.0　　B. 46.0　　C. 47.0　　D. 48.0

38. 根据 GB 11674—2010《食品安全国家标准　乳清粉和乳清蛋白粉》，乳清蛋白粉是指以乳清为原料，经分离、浓缩、干燥等工艺制成的蛋白质含量不低于（　　）%的粉末状产品。

A. 20　　　B. 25　　　C. 30　　　D. 35

39. 根据 GB 11674—2010《食品安全国家标准　乳清粉和乳清蛋白粉》，脱盐乳清粉中的乳糖含量要求为大于等于（　　）g/100g。

A. 60.0　　B. 61.0　　C. 62.0　　D. 65.0

40. 根据 GB 11674—2010《食品安全国家标准　乳清粉和乳清蛋白粉》，乳清粉中乳糖含量的检验方法为（　　）。

A. GB 5413.5　　　　B. GB 5413.39
C. GB 5009.8　　　　D. GB 5009.7

41. 根据 SB/T 10170—2007《腐乳》，红腐乳中的水分含量应小于等于（　　）%。

A. 72.0　　B. 75.0　　C. 67.0　　D. 14.0

42. 根据 SB/T 10170—2007《腐乳》，白腐乳中的氨基酸态氮（以氮计）含量应大于等于（　　）g/100g。

A. 0.35　　B. 0.42　　C. 0.60　　D. 0.50

43. 根据 GB 19298—2014《食品安全国家标准　包装饮用水》，包装饮用水的溴酸盐含量应小于等于（　　）mg/L。

A. 0.005　　B. 0.01　　C. 0.05　　D. 0.1

44. 根据 GB 19298—2014《食品安全国家标准　包装饮用水》，以地表水为生产用源水加工的包装饮用水中的阴离子合成洗涤剂含量应小于等于（　　）mg/L。

A. 0.1　　B. 0.2　　C. 0.3　　D. 0.4

45. 根据 GB 19298—2014《食品安全国家标准　包装饮用水》，包装饮用水中的氰化物（以 CN^- 计）含量应小于等于（　　）mg/L。

A. 0.005　　B. 0.01　　C. 0.05　　D. 0.1

46. 根据 GB 19298—2014《食品安全国家标准　包装饮用水》，包装饮用水中的余氯（游离氯）含量应小于等于（　　）mg/L。

A. 0.005　　B. 0.01　　C. 0.05　　D. 0.1

47. 根据 GB 8537—2018《食品安全国家标准　饮用天然矿泉水》，含气天然矿泉水中的耗氧量（以 O_2 计）应小于等于（　　）mg/L。

A. 1.0　　B. 2.0　　C. 1　　D. 2

48. 根据 GB 5749—2022《生活饮用水卫生标准》，生活饮用水的总硬度（以 $CaCO_3$ 计）应小于等于（　　）mg/L。

A. 100　　B. 270　　C. 450　　D. 540

49. 根据 GB 5749—2022《生活饮用水卫生标准》，生活饮用水中的高锰酸钾指数（以 O_2 计）应小于等于（　　）mg/L。

A. 1　　　B. 2　　　C. 3　　　D. 4

50. 根据 GB/T 29602—2013《固体饮料》，声称低咖啡因的产品，咖啡因含量应小于（　　）mg/kg。

A. 40　　B. 50　　C. 60　　D. 100

51. 根据 GB 14963—2011《食品安全国家标准　蜂蜜》，蜂蜜中的锌（Zn）应小于等于（　　）mg/kg。

A. 5　　　B. 15　　　C. 25　　　D. 35

52. 根据 GB 9697—2008《蜂王浆》，蜂王浆优等品的 10-羟基-2-癸烯酸应大于等于（　　）%

A. 1.4　　B. 1.6　　C. 1.8　　D. 2.0

53. 根据 GB/T 21532—2008《蜂王浆冻干

粉》，蜂王浆冻干粉应密封保存在（ ）中。

A．玻璃容器 B．聚四氟乙烯容器

C．铝塑复合薄膜袋 D．棕色玻璃容器

54. 根据 GB 10769—2010《食品安全国家标准 婴幼儿谷类辅助食品》，婴幼儿谷物辅助食品脂肪应小于等于（ ）g/100kJ。

A．0.8 B．3.3 C．1.1 D．4.6

55. 根据 GB 10769—2010《食品安全国家标准 婴幼儿谷类辅助食品》，婴幼儿生制类谷物辅助食品蛋白质应大于等于（ ）g/100kcal。

A．0.33 B．1.4 C．1.1 D．4.6

56. 根据 GB 10769—2010《食品安全国家标准 婴幼儿谷类辅助食品》，婴幼儿谷物辅助食品硝酸盐（以 $NaNO_3$）应小于等于（ ）mg/kg。

A．10 B．20 C．50 D．100

57. 根据 GB 10769—2010《食品安全国家标准 婴幼儿谷类辅助食品》，婴幼儿谷物辅助食品黄曲霉毒素 B_1 应小于等于（ ）μg/kg。

A．0.5 B．1.0 C．2.0 D．5.0

58. 根据 GB/T 317—2018《白砂糖》，精制白砂糖的电导灰分应小于等于（ ）g/100g。

A．0.01 B．0.02 C．0.04 D．0.10

59. 根据 GB 1886.39—2015《食品安全国家标准 食品添加剂 山梨酸钾》，测定食品添加剂山梨酸样品中的干燥减量项目，使用恒温干燥箱要求的温度为（ ）。

A．103℃±1℃ B．103℃±2℃

C．105℃±1℃ D．105℃±2℃

60. 根据 GB 1886.39—2015《食品安全国家标准 食品添加剂 山梨酸钾》，游离碱的测定要求的标准滴定溶液为（ ）。

A．硫酸标准滴定溶液

B．氢氧化钠标准滴定溶液

C．盐酸标准滴定溶液

D．硫代硫酸钠标准滴定溶液

61. 根据 GB 1886.39—2015《食品安全国家标准 食品添加剂 山梨酸钾》，测定醛（以 HCHO 计）前处理过程中需将样品溶液调整 pH 值为（ ）。

A．3 B．4 C．5 D．6

62. 根据 GB 1886.18—2015《食品安全国家标准 食品添加剂 糖精钠》，糖精钠中铅（Pb）应小于等于（ ）mg/kg。

A．1.0 B．2.0 C．3.0 D．3

63. 根据 GB 26404—2011《食品添加剂 赤藓糖醇》，赤藓糖醇的还原糖（以葡萄糖计）的含量应小于等于（ ）%。

A．0.3 B．0.4 C．0.5 D．0.6

64. 根据 GB 2733—2015《食品安全国家标准 鲜、冻动物性水产品》，海蟹的挥发性盐基氮应小于等于（ ）mg/100g。

A．15 B．20 C．25 D．50

65. 根据 GB 19644—2024《食品安全国家标准 乳粉和调制乳粉》，牛乳粉的蛋白质含量应大于等于（ ）g/100g。

A．16.5 B．18.6 C．11.0 D．11.5

66. 根据 GB 19644—2024《食品安全国家标准 乳粉和调制乳粉》，羊乳粉的脂肪含量应大于等于（ ）g/100g。

A．26.0 B．33.0 C．28.0 D．10.0

67. 根据 GB 19644—2024《食品安全国家标准 乳粉和调制乳粉》，马乳粉的复原乳酸度应小于等于（ ）°T。

A．18 B．24 C．6 D．10

68. 根据 GB 19644—2024《食品安全国家标准 乳粉和调制乳粉》，骆驼乳粉的水分含量应小于等于（ ）g/100g。

A．1.0 B．5.0 C．10.0 D．6

69. 根据 GB 1886.19—2015《食品安全国家标准 食品添加剂 红曲米》，红曲米测定恒温水浴要求为（ ）。

A．60℃±1.0℃ B．60℃±2.0℃

C．60℃±0.5℃ D．65℃±1.0℃

70. 根据 GB 1886.19—2015《食品安全国

家标准 食品添加剂 红曲米》，红曲米中水分含量应小于等于（ ）%。

A. 10.0　　B. 14.0　　C. 18.0　　D. 8.0

71. 根据 GB 1886.19—2015《食品安全国家标准 食品添加剂 红曲米》，红曲米的色价含量应大于等于（ ）μ/g。

A. 100　　　　　　B. 500.0

C. 1000.0　　　　D. 1250.0

72. 根据 GB 1886.19—2015《食品安全国家标准 食品添加剂 红曲米》，测定红曲米的色价使用的是（ ）mm 的比色皿。

A. 2　　B. 3　　C. 5　　D. 10

73. 根据 GB 1886.129—2022《食品安全国家标准 食品添加剂 丁香酚》，丁香酚含量应大于等于（ ）%。

A. 96.0　B. 97.0　C. 98.0　D. 99.0

74. 根据 GB 1886.129—2022《食品安全国家标准 食品添加剂 丁香酚》，丁香酚的酸值（以 KOH 计）应小于等于（ ）mg/g。

A. 0.2　　B. 0.5　　C. 0.6　　D. 1.0

75. 根据 GB 1886.129—2022《食品安全国家标准 食品添加剂 丁香酚》，丁香酚的酸值的测定方法为（ ）。

A. GB 19300　　　B. GB 5009.229

C. GB/T 14455.5　D. GB 5009.6

76. 根据 GB 1903.55—2022《食品安全国家标准 食品营养强化剂 L-抗坏血酸钾》，L-抗坏血酸钾的干燥减量应小于等于（ ）%。

A. 0.1　　B. 0.2　　C. 0.22　　D. 0.25

77. 根据 GB 1903.55—2022《食品安全国家标准 食品营养强化剂 L-抗坏血酸钾》，L-抗坏血酸钾（以干基计）应为（ ）。

A. 99.0%～101.0%　B. 100%±1%

C. 99.0%以上　　　D. 99%

78. 根据 GB 1903.57—2022《食品安全国家标准 食品营养强化剂 柠檬酸锰》，柠檬酸锰的硫酸盐（以 SO_4^{2-} 计）应小于等于（ ）%。

A. 0.01　　B. 0.02　　C. 0.03　　D. 0.05

79. 根据 GB 1903.57—2022《食品安全国家标准 食品营养强化剂 柠檬酸锰》，柠檬酸锰的总砷（以 As 计）应小于等于（ ）mg/kg。

A. 1.0　　B. 2.0　　C. 3.0　　D. 5.0

80. 根据 GB 1903.57—2022《食品安全国家标准 食品营养强化剂 柠檬酸锰》，柠檬酸锰的柠檬酸锰含量〔以 $Mn_3(C_6H_5O_7)_2$ 计，干基〕使用的指示剂为（ ）。

A. 甲基红指示剂　　B. 酚酞指示剂

C. 铬黑 T 指示剂　　D. 甲基橙指示剂

81. 根据 GB 1886.357—2022《食品安全国家标准 食品添加剂 靛蓝铝色淀》，靛蓝铝色淀的铅（Pb）含量应小于等于（ ）mg/kg。

A. 1.0　　B. 2.0　　C. 3.0　　D. 5.0

82. 根据 GB 1886.357—2022《食品安全国家标准 食品添加剂 靛蓝铝色淀》，靛蓝铝色淀的盐酸不溶物应小于等于（ ）%。

A. 0.5　　B. 0.8　　C. 1.0　　D. 2.0

83. 根据 GB 1886.357—2022《食品安全国家标准 食品添加剂 靛蓝铝色淀》，分光光度比色法测定靛蓝含量使用的波长为（ ）nm。

A. 580　　　　　　B. 590

C. 600　　　　　　D. 610

二、多选题

84. 除了传统意义上的食品添加剂，食品添加剂还包含以下哪些物质？（ ）

A. 食品用香料

B. 胶基糖果中基础剂物质

C. 食品工业用加工助剂

D. 营养强化剂

85. 根据 GB/T 5494—2019《粮油检验 粮食、油料的杂质、不完善粒检验》，测量小麦的杂质所用的上、下层筛筛孔直径分别为（ ）mm。

A. 4.0　　B. 4.5　　C. 1.0　　D. 1.5

86. 根据 GB/T 5494—2019《粮油检验 粮

食、油料的杂质、不完善粒检验》，大米的杂质总量等于（　　）之和占试样质量的百分比。

A. 糠粉

B. 矿物质或无机杂质

C. 有机杂质

D. 粟米

87. 下面哪些温度点是用于 GB 5009.88—2023《食品安全国家标准 食品中膳食纤维的测定》中测定膳食纤维的？

A. 40℃　　　　　　B. 100℃

C. 105℃　　　　　　D. 130℃

88. 根据 GB/T 1354—2018《大米》，按原料稻谷类型分类，大米分为（　　）。

A. 籼米　　　　　　B. 粳米

C. 籼糯米　　　　　D. 粳糯米

89. 根据 GB 2716—2018《食品安全国家标准 植物油》，哪些油不对极性组分有要求？（　　）

A. 植物原油

B. 食用植物油

C. 食用调和油

D. 煎炸过程中的食用植物油

90. 根据 GB 10146—2015《食品安全国家标准 食用动物油脂》，该标准适用于以下哪些油脂？（　　）

A. 猪油　　B. 牛油　　C. 鱼油　　D. 鸡油

91. 根据 GB 10146—2015《食品安全国家标准 食用动物油脂》，理化指标需检测以下哪些项目？（　　）

A. 酸价（KOH）　　　B. 过氧化值

C. 丙二醛　　　　　　D. 丙二醇

92. 根据 GB 15196—2015《食品安全国家标准 食用油脂制品》，食用油脂制品包括（　　）。

A. 人造奶油　　　　　B. 人造黄油

C. 起酥油　　　　　　D. 调和油

93. 根据 GB 2718—2014《食品安全国家标准 酿造酱》，以下属于酿造酱的有哪些？（　　）

A. 面酱　　　　　　B. 黄酱

C. 番茄酱　　　　　D. 鱼酱

94. 根据 SB/T 10416—2007《调味料酒》，料酒需检测以下哪些理化指标？（　　）

A. 酒精度（20℃）

B. 氨基酸态氮（以氮计）

C. 总酸（以乳酸计）

D. 食盐（以氯化钠计）

95. 根据 GB 2720—2015《食品安全国家标准 味精》，以下谷氨酸钠（以干基计）指标要求正确的有？（　　）

A. 味精≥99.0%

B. 加盐味精≥80.0%

C. 减盐味精≥70.0%

D. 增鲜味精≥97.0%

96. 根据 QB/T 5535—2020《食品加工用盐》，测定食品加工用盐中的水分（游离水）时，当水分含量大于（　　）g/100g，应用（　　）进行测定。

A. 4.0　　　　　　B. 5.0

C. 灼烧法　　　　　D. 干燥失重法

97. GB 2730—2015《食品安全国家标准 腌腊肉制品》对以下哪些产品的过氧化值（以脂肪计）含量要求相同？（　　）

A. 火腿　　B. 腊鸡　　C. 腊肉　　D. 腊肠

98. 根据 GB 19301—2010《食品安全国家标准 生乳》，需检测生乳的（　　）指标。

A. 亚硝酸盐　　　　B. 蛋白质

C. 脂肪　　　　　　D. 杂质度

99. 根据 GB 13102—2022《食品安全国家标准 浓缩乳制品》，淡炼乳的非脂乳固体等于 100% −（　　）% −（　　）% −（　　）%。

A. 水分　　　　　　B. 蔗糖

C. 脂肪　　　　　　D. 乳固体

100. 根据 GB 13102—2022《食品安全国家标准 浓缩乳制品》，调制炼乳分为（　　）。

A. 全脂　　　　　　B. 部分脱脂

C. 脱脂　　　　　　D. 零脂

101. 根据 GB 13102—2022《食品安全国家标准 浓缩乳制品》，调制加糖炼乳应检测（   ）。

A. 蛋白质   B. 水分

C. 脂肪   D. 非脂乳固体

102. 根据 GB 13102—2022《食品安全国家标准 浓缩乳制品》，部分脱脂淡炼乳的脂肪含量应在（   ）~（   ）g/100g 之间。

A. 1.0   B. 2.0   C. 7.5   D. 8.5

103. 根据 GB/T 21732—2008《含乳饮料》，下列选项中蛋白质含量要求正确的是（   ）。

A. 配制型含乳饮料应大于等于 1.0g/100g

B. 配制型含乳饮料应大于等于 0.7g/100g

C. 发酵型含乳饮料应大于等于 1.0g/100g

D. 配制型与发酵型含乳饮料要求一致

104. 根据 GB 11674—2010《食品安全国家标准 乳清粉和乳清蛋白粉》，乳清粉（乳清蛋白粉）对（   ）作出明确规定。

A. 蛋白质   B. 灰分

C. 乳糖   D. 水分

105. 根据 SB/T 10170—2007《腐乳》，腐乳对（   ）指标有明确要求。

A. 水溶性蛋白质

B. 总酸（以乳酸计）

C. 氨基酸态氮（以氮计）

D. 灰分

106. 使用 GB 5009.5—2016《食品安全国家标准 食品中蛋白质的测定》第一法测定蛋白质时使用到的指示剂有？（   ）

A. 甲基红指示剂   B. 橙黄指示剂

C. 溴甲酚绿指示剂   D. 亚甲基蓝指示剂

107. 根据 GB 19298—2014《食品安全国家标准 包装饮用水》，包装饮用水应包含（   ）理化指标。

A. 余氯（游离氯）   B. 三氯甲烷

C. 三氯化碳   D. 氟化物

108. 根据 GB 19298—2014《食品安全国家标准 包装饮用水》，以地表水为生产用源水加工的包装饮用水需检测（   ）。

A. 总 α 放射性

B. 总 β 放射性

C. 总 γ 放射性

D. 氰化物（以 CN⁻ 计）

109. 根据 GB 19298—2014《食品安全国家标准 包装饮用水》，使用蒸馏法加工的饮用纯净水需检测（   ）。

A. 耗氧量

B. 溴酸盐

C. 挥发性酚

D. 氰化物（以 CN⁻ 计）

110. 根据 GB 8537—2018《食品安全国家标准 饮用天然矿泉水》，下列属于限量指标的是？（   ）

A. 锰   B. 锌   C. 镍   D. 银

111. 根据 GB 8537—2018《食品安全国家标准 饮用天然矿泉水》，以下哪些限量指标要求小于等于 0.05mg/L？（   ）

A. 硒   B. 镍   C. 银   D. 总铬

112. 根据 GB 5749—2022《生活饮用水卫生标准》，生活饮用水中毒理指标包括（   ）。

A. 砷   B. 镉   C. 锌   D. 汞

113. 根据 GB 5749—2022《生活饮用水卫生标准》，生活饮用水中毒理指标（   ）要求均小于等于 0.01mg/L。

A. 砷   B. 铅   C. 锌   D. 汞

114. 根据 GB 5749—2022《生活饮用水卫生标准》，生活饮用水中毒理指标（   ）要求均小于等于 0.05mg/L。

A. 氰化物   B. 氟化物

C. 铬（六价）   D. 三氯甲烷

115. 根据 GB 5749—2022《生活饮用水卫生标准》，生活饮用水中毒理指标不包括（   ）。

A. 氰化物   B. 氟化物

C. 氯化物   D. 四氯化碳

116. 根据 GB 5749—2022《生活饮用水卫生标准》，生活饮用水中毒理指标中的三卤甲烷指（   ）之和。

A. 三氯甲烷　　　　　B. 一氯二溴甲烷

C. 二氯一溴甲烷　　　D. 三溴甲烷

117. 根据 GB 5749—2022《生活饮用水卫生标准》，生活饮用水中一般化学指标包含（　　）。

A. 铝　　　B. 铅　　　C. 铁　　　D. 钙

118. 根据 GB 5749—2022《生活饮用水卫生标准》，生活饮用水水质扩展指标中毒理指标包括（　　）。

A. 马拉硫磷　　　　　B. 乐果

C. 铊　　　　　　　　D. 硒

119. 根据 GB/T 29602—2013《固体饮料》，速溶绿茶粉和青茶粉中茶多酚的含量应分别大于等于（　　）mg/kg。

A. 600　　B. 500　　C. 400　　D. 300

120. 根据 GB/T 29602—2013《固体饮料》，调味茶固体饮料对（　　）作出明确要求。

A. 茶多酚含量

B. 果汁含量（质量分数）

C. 乳蛋白质含量（质量分数）

D. 蛋白质含量（质量分数）

121. 根据 GB/T 29602—2013《固体饮料》，（　　）的咖啡因含量应大于等于 200mg/kg。

A. 速溶咖啡

B. 低咖啡因咖啡

C. 速溶/即溶咖啡饮料

D. 研磨咖啡

122. 根据 GB/T 21733—2008《茶饮料》，以下咖啡因含量限量要求一致的有？（　　）

A. 乌龙茶果汁　　　　B. 乌龙茶牛奶茶

C. 乌龙味汽水　　　　D. 乌龙味饮料

123. 根据 GB/T 10792—2008《碳酸饮料（汽水）》，果汁型汽水的二氧化碳气容量（20℃）和果汁含量（质量分数）%分别为多少？（　　）

A. 1.0 倍　　　　　　B. 1.5 倍

C. 2.0%　　　　　　D. 2.5%

124. 根据 GB/T 20980—2021《饼干质量通则》，水分含量小于等于 4.0% 的包括（　　）。

A. 酥性饼干　　　　　B. 曲奇饼干

C. 压缩饼干　　　　　D. 发酵饼干

125. 根据 GB/T 20980—2021《饼干质量通则》，碱度（以碳酸钠计）含量小于等于 0.4% 的包括（　　）。

A. 酥性饼干　　　　　B. 曲奇饼干

C. 压缩饼干　　　　　D. 发酵饼干

126. 根据 GB/T 20980—2021《饼干质量通则》，碱度（以碳酸钠计）含量小于等于 0.3% 的包括（　　）。

A. 蛋卷　　　　　　　B. 威化饼干

C. 曲奇饼干　　　　　D. 煎饼

127. 根据 GB 17401—2014《食品安全国家标准 膨化食品》，含油型膨化食品的酸价（以脂肪计）（KOH）和过氧化值（以脂肪计）应小于等于（　　）。

A. 2.5mg/g　　　　　B. 5mg/g

C. 0.25g/100g　　　　D. 0.5g/100g

128. 根据 GB/T 14456.1—2017《绿茶 第 1 部分：基本要求》，炒青绿茶和晒青绿茶的水分（质量分数）分别小于等于（　　）。

A. 7.0%　　　　　　B. 8.0%

C. 9.0%　　　　　　D. 10.0%

129. 根据 GB/T 14456.1—2017《绿茶 第 1 部分：基本要求》，以下（　　）为参考指标。

A. 茶多酚　　　　　　B. 咖啡因

C. 水溶性灰分　　　　D. 粉末

130. 根据 GB/T 14456.1—2017《绿茶 第 1 部分：基本要求》，茶多酚（质量分数）和儿茶素（质量分数）应分别小于等于（　　）。

A. 10.0%　　　　　　B. 11.0%

C. 7.0%　　　　　　D. 8.0%

131. 根据 GB/T 13738.2—2017《红茶 第 2 部分：工夫红茶》，总灰分（质量分数）小于等于 6.5% 的包括（　　）级茶叶。

A. 特　　　B. 一　　　C. 二　　　D. 三

132. 根据 GB/T 13738.2—2017《红茶 第 2 部分：工夫红茶》，水分（质量分数）小于等于 7.0％的包括（　　）级茶叶。

A. 一　　　B. 二　　　C. 三　　　D. 四

133. 根据 GB/T 13738.2—2017《红茶 第 2 部分：工夫红茶》，一级和二级茶叶的粉末（质量分数）应小于等于（　　）％。

A. 1.0　　B. 1.1　　C. 1.2　　D. 1.3

134. 根据 GB/T 13738.2—2017《红茶 第 2 部分：工夫红茶》，一级和二级大叶种工夫红茶的水浸出物（质量分数）应大于等于（　　）％。

A. 36　　B. 35　　C. 34　　D. 33

135. 根据 GB/T 13738.2—2017《红茶 第 2 部分：工夫红茶》，一级和二级中小叶种工夫红茶的水浸出物（质量分数）应大于等于（　　）％。

A. 32　　B. 30　　C. 28　　D. 26

136. 根据 GB/T 13738.2—2017《红茶 第 2 部分：工夫红茶》，（　　）级茶叶茶多酚（质量分数）大于等于 7.0％。

A. 一　　　B. 二　　　C. 四　　　D. 五

137. 根据 GB/T 13738.2—2017《红茶 第 2 部分：工夫红茶》，（　　）级茶叶粗纤维（质量分数）小于等于 16.5％。

A. 一　　　B. 二　　　C. 四　　　D. 五

138. 根据 GH/T 1091—2014《代用茶》，水分（质量分数）小于等于 13.0％的代用茶包括（　　）。

A. 叶类　　　　　　B. 花类

C. 果（实）类　　　D. 根茎类

139. 根据 GH/T 1091—2014《代用茶》，卫生指标包括（　　）。

A. 二氧化硫　　　　B. 六六六

C. 总灰分　　　　　D. 甲拌磷

140. 根据 GH/T 1091—2014《代用茶》，卫生指标小于等于 0.2mg/kg 的包括（　　）。

A. 三氯杀螨醇　　　B. 敌敌畏

C. 毒死蜱　　　　　D. 三唑磷

141. 根据 GB 14963—2011《食品安全国家标准 蜂蜜》，蜜蜂采集植物的花蜜、分泌物和蜜露应安全无毒，不得来源于（　　）。

A. 雷公藤　　　　　B. 博落回

C. 百合　　　　　　D. 油菜花

142. 根据 GB 10769—2010《食品安全国家标准 婴幼儿谷类辅助食品》，不溶性膳食纤维小于等于 5.0％的包括（　　）。

A. 婴幼儿谷物辅助食品

B. 婴幼儿高蛋白谷物辅助食品

C. 婴幼儿生制类谷物辅助食品

D. 婴幼儿饼干

143. 根据 GB/T 317—2018《白砂糖》，优级白砂糖的蔗糖分应大于等于（　　）g/100g，色值应小于等于（　　）IU。

A. 99.7　　B. 99.8　　C. 25　　D. 60

144. 根据 GB/T 317—2018《白砂糖》，一级白砂糖的还原糖分应小于等于（　　）g/100g，不溶于水杂质应小于等于（　　）mg/kg。

A. 0.10　　B. 0.15　　C. 40　　D. 60

145. 根据 GB 6783—2013《食品安全国家标准 食品添加剂 明胶》，明胶的透射比在波长 450nm 和 620nm 下应分别大于等于（　　）％。

A. 30　　B. 40　　C. 50　　D. 60

146. 根据 GB 6783—2013《食品安全国家标准 食品添加剂 明胶》，明胶的水分与灰分含量应分别小于等于（　　）％。

A. 1.0　　B. 2.0　　C. 14.0　　D. 15.0

147. 根据 GB 1886.39—2015《食品安全国家标准 食品添加剂 山梨酸钾》，食品添加剂山梨酸钾需检测（　　）。

A. 干燥减量

B. 硫酸盐（以 SO_4 计）

C. 砷（As）

D. 二氧化硫

148. 根据 GB 1886.18—2015《食品安全国家标准 食品添加剂 糖精钠》，测定干燥失重要求的干燥温度为（　　）℃，干燥时间为（　　）h。

A. 105　　　B. 120　　　C. 3　　　D. 4

149. 根据 GB 26404—2011《食品安全国家标准 食品添加剂 赤藓糖醇》，赤藓糖醇（以 $C_4H_{10}O_4$ 计，以干基计）的测定使用（　　）色谱仪的（　　）检测器。

A. 气相　　　　　　　B. 高效液相

C. FID　　　　　　　D. 示差折光

150. 根据 GB 1886.1—2021《食品安全国家标准 食品添加剂 碳酸钠》，食品添加剂碳酸钠的（　　）均要求小于等于 2.0mg/kg。

A. 铁（Fe）（以干基计）

B. 铅（Pb）（以干基计）

C. 砷（As）（以干基计）

D. 锌（Zn）（以干基计）

151. 根据 GB 25531—2010《食品安全国家标准 食品添加剂 三氯蔗糖》，食品添加剂三氯蔗糖的水分和灼烧残渣应小于等于（　　）%。

A. 1.0　　　B. 2.0　　　C. 0.5　　　D. 0.7

152. 根据 GB 25531—2010《食品安全国家标准 食品添加剂 三氯蔗糖》，测定食品添加剂三氯蔗糖的甲醇含量使用的内标为（　　）、气相色谱仪检测器为（　　）。

A. 正丙醇　　　　　　B. 异丙醇

C. FID　　　　　　　D. ECD

153. 根据 GB 25531—2010《食品安全国家标准 食品添加剂 三氯蔗糖》，测定食品添加剂三氯蔗糖的甲醇含量检测器进样口温度为（　　）℃、检测器温度为（　　）℃。

A. 200　　　B. 250　　　C. 275　　　D. 300

154. 根据 GB 1886.359—2022《食品安全国家标准 食品添加剂 胶基及其配料》，食品添加剂胶基的（　　）应小于等于 1.5mg/kg。

A. 铁（Fe）　　　　　B. 锌（Zn）

C. 总砷（以 As 计）　　D. 铅（Pb）

155. 根据 GB 10136—2015《食品安全国家标准 动物性水产制品》，（　　）的过氧化值含量应小于等于 4.0g/100g。

A. 鲅鱼　　B. 鱿鱼　　C. 马鲛鱼　　D. 鲑鱼

156. 根据 GB 1886.19—2015《食品安全国家标准 食品添加剂 红曲米》，测定细度 $150\mu m$（100 目）的通过率，使用的标准试验筛是（　　）。

A. $75\mu m$　　　　　　B. $150\mu m$

C. 150 目　　　　　　D. 200 目

157. 根据 GB 1903.55—2022《食品安全国家标准 食品营养强化剂 L-抗坏血酸钾》，L-抗坏血酸钾的铅（Pb）含量的测定可选择方法（　　）或者（　　）。

A. GB 5009.11　　　　B. GB 5009.12

C. GB 5009.75　　　　D. GB 5009.76

158. 根据 GB 1903.55—2022《食品安全国家标准 食品营养强化剂 L-抗坏血酸钾》，L-抗坏血酸钾的总砷（以 As 计）的测定可选择方法（　　）或者（　　）。

A. GB 5009.11　　　　B. GB 5009.12

C. GB 5009.75　　　　D. GB 5009.76

159. 根据 GB 1886.357—2022《食品安全国家标准 食品添加剂 靛蓝铝色淀》，靛蓝铝色淀的靛蓝含量的测定方法包括（　　）。

A. 三氯化钛滴定法　　B. 分光光度比色法

C. 原子荧光法　　　　D. 液相色谱法

160. 根据 GB 1886.19—2015《食品安全国家标准 食品添加剂 红曲米》，红曲米理化指标包括（　　）。

A. 黄曲霉毒素 B_1　　　B. 铅

C. 镉　　　　　　　　D. 色价

161. 根据 GB 1886.129—2022《食品安全国家标准 食品添加剂 丁香酚》，丁香酚的理化指标包括（　　）。

A. 酸值（以 KOH）计

B. 折光指数（20℃）

C. 溶解度（25℃）

D. 总砷

162. 根据 GB 1903.55—2022《食品安全国

家标准 食品营养强化剂 L-抗坏血酸钾》，L-抗坏血酸钾溶解性应为（　）g 试样溶于（　）mL 水中。

A. 1　　　　B. 2　　　　C. 3　　　　D. 4

三、判断题

163. 根据 GB/T 18186—2000《酿造酱油》，铵盐（以氮计）的含量不得超过氨基酸态氮含量的 30%。（　）

164. 根据 GB/T 18186—2000《酿造酱油》，样品中可溶性无盐固形物的含量等于可溶性总固形物的含量减去可溶性有盐固形物的含量。（　）

165. 根据 GB/T 18186—2000《酿造酱油》，测定氨基酸态氮同一样品不需要做平行试验。（　）

166. 根据 GB/T 1536—2021《菜籽油》，一级浸出菜籽油与二级浸出菜籽油的不溶性杂质含量要求一致。（　）

167. 根据 GB/T 18187—2000《酿造食醋》，检测液态发酵食醋的不挥发酸（以乳酸计）应≥0.50g/100mL。（　）

168. 根据 GB/T 18187—2000《酿造食醋》，检测食醋的不挥发酸（以乳酸计）应准确吸取 5mL 样品用于试验。（　）

169. 根据 GB/T 1354—2018《大米》，优质大米的定等指标中有一项及以上达不到优质大米等级质量要求的，逐级降至符合的等级。（　）

170. 根据 GB 2716—2018《食品安全国家标准 植物油》，食用植物调和油产品应以"食用植物调和油"命名。（　）

171. 根据 GB 15196—2015《食品安全国家标准 食用油脂制品》，食用氢化油的过氧化值（以脂肪计）应小于等于 0.13g/100g。（　）

172. 根据 GB 15196—2015《食品安全国家标准 食用油脂制品》，食用氢化油的酸价（以脂肪计）（KOH）应小于等于 1.0g/100g。（　）

173. 根据 GB 2721—2015《食品安全国家

标准 食用盐》，强化碘的食用盐碘含量应符合 GB 26878 的规定。（　）

174. 根据 QB/T 5535—2020《食品加工用盐》，对于构不成批量的食品加工用盐产品，碘强化剂项目符合 GB 26878 要求时，则判该项目合格。（　）

175. 根据 GB 25190—2010《食品安全国家标准 灭菌乳》，牛乳与羊乳的蛋白质检验方法不一致。（　）

176. 根据 GB 25190—2010《食品安全国家标准 灭菌乳》，牛乳酸度要求为 12～18°T。（　）

177. 根据 GB 19301—2010《食品安全国家标准 生乳》，所有牛乳都需测定冰点。（　）

178. 根据 GB 25191—2010《食品安全国家标准 调制乳》，全部用乳粉生产的调制乳应在产品名称下方标明"复原乳"或"复原奶"。（　）

179. 根据 GB 13102—2022《食品安全国家标准 浓缩乳制品》，脱脂淡炼乳与脱脂加糖炼乳的脂肪规定都为小于等于 1.0g/100g。（　）

180. 根据 GB/T 21732—2008《含乳饮料》，发酵型含乳饮料中发酵过程产生的苯甲酸应小于等于 0.03g/kg。（　）

181. 根据 GB/T 21732—2008《含乳饮料》，乳酸菌饮料原辅料中带入的苯甲酸应按照 GB 2760 执行。（　）

182. 根据 GB 11674—2010《食品安全国家标准 乳清粉和乳清蛋白粉》，脱盐乳清粉和非脱盐乳清粉中的水分要求均为小于等于 5.0g/100g。（　）

183. 根据 GB 11674—2010《食品安全国家标准 乳清粉和乳清蛋白粉》，脱盐乳清粉和非脱盐乳清粉中的乳糖要求均为大于等于 61g/100g。（　）

184. 根据 SB/T 10170—2007《腐乳》，青腐乳未对食盐（以氯化钠计）作出要求。（　）

185. 根据 SB/T 10170—2007《腐乳》，白腐乳中的总酸（以乳酸计）含量小于等于 1.30g/100g。（　　）

186. 根据 GB 19298—2014《食品安全国家标准 包装饮用水》，饮用水浑浊度要求一致，均为小于等于 1NTU。（　　）

187. 根据 GB 19298—2014《食品安全国家标准 包装饮用水》，当包装饮用水中添加食品添加剂时，应在产品名称的邻近位置标示"添加食品添加剂用于调节口味"等类似字样。（　　）

188. 根据 GB 19298—2014《食品安全国家标准 包装饮用水》，包装饮用水名称应当真实、科学，不得以水以外的一种或若干种成分来命名包装饮用水。（　　）

189. 根据 GB 8537—2018《食品安全国家标准 饮用天然矿泉水》，矿泉水无须检测阴离子合成洗涤剂。（　　）

190. 根据 GB 8537—2018《食品安全国家标准 饮用天然矿泉水》，界限指标应有一项（或一项以上）符合界限指标要求。（　　）

191. 根据 GB 5749—2022《生活饮用水卫生标准》，生活饮用水当发生影响水质的突发公共事件时，经风险评估，感官性状和一般化学指标可以暂时适当放宽。（　　）

192. 根据 GB 7101—2022《食品安全国家标准 饮料》，添加了大豆的饮料需做脲酶试验。（　　）

193. 根据 GB 7101—2022《食品安全国家标准 饮料》，添加了杏仁的饮料需检测氰化物（以 HCN 计）。（　　）

194. 根据 GB 7101—2022《食品安全国家标准 饮料》，金属灌装果蔬汁需检测锌、铜、铁总和。（　　）

195. 根据 GB/T 29602—2013《固体饮料》，植物蛋白固体饮料比复合蛋白固体饮料的蛋白质含量（质量分数）要求要高。（　　）

196. 根据 GB/T 21733—2008《茶饮料》，绿茶果汁饮料中的茶多酚含量应大于等于 200mg/kg。（　　）

197. 根据 GB 7098—2015《食品安全国家标准 罐头食品》，银耳罐头中的米酵菌酸含量应小于等于 0.25mg/kg。（　　）

198. 根据 GB 9697—2008《蜂王浆》，蜂王浆优等品与合格品的水分要求一致。（　　）

199. 根据 GB 9697—2008《蜂王浆》，蜂王浆优等品与合格品的蛋白质要求一致。（　　）

200. 根据 GB 9697—2008《蜂王浆》，蜂王浆中不得检出淀粉。（　　）

201. 根据 GB/T 21532—2008《蜂王浆冻干粉》，蜂王浆冻干粉的总糖（以葡萄糖计）应小于等于 45%。（　　）

202. 根据 GB 10769—2010《食品安全国家标准 婴幼儿谷类辅助食品》，婴幼儿饼干中钙含量应大于等于 12.0mg/100kJ。（　　）

203. 根据 GB 6783—2013《食品安全国家标准 食品添加剂 明胶》，明胶的铬的检验方法中 GB/T 5009.123 原子吸收石墨炉法为仲裁法。（　　）

204. 根据 GB 1886.37—2015《食品安全国家标准 食品添加剂 环己基氨基磺酸钠（又名甜蜜素）》，环己基氨基磺酸钠（又名甜蜜素）应呈浅黄色固体粉末。（　　）

205. 根据 GB 1886.37—2015《食品安全国家标准 食品添加剂 环己基氨基磺酸钠（又名甜蜜素）》，环己基氨基磺酸钠（又名甜蜜素）的 pH（100g/L 水溶液）应在 5.5～7.5 的范围之间。（　　）

206. 根据 GB 1886.37—2015《食品安全国家标准 食品添加剂 环己基氨基磺酸钠（又名甜蜜素）》，环己基氨基磺酸钠（又名甜蜜素）的无水品和结晶品中，环己基氨基磺酸钠的含量（以干基计）要求一致，均要求在 98.0%～101.0% 之间。（　　）

207. 根据 GB 1886.1—2021《食品安全国

家标准　食品添加剂　碳酸钠》测定总碱量（以 Na_2CO_3 计）使用的指示剂为酚酞。（　　）

208. 根据 GB 1886.1—2021《食品安全国家标准　食品添加剂　碳酸钠》测定水不溶物（以干基计）的温度要求为 50℃±5℃。（　　）

209. 根据 GB 19644—2024《食品安全国家标准　乳粉和调制乳粉》，产品应标明"乳粉"或"调制乳粉"。（　　）

210. 根据 GB 1886.19—2015《食品安全国

家标准　食品添加剂　红曲米》，红曲米中不得检出黄曲霉毒素 B_1。（　　）

211. 根据 GB 1886.129—2022《食品安全国家标准　食品添加剂　丁香酚》，丁香酚是指以丁香罗勒油和月桂叶油等为原料经化学法单离制得及以愈创木酚与烯丙基氯等为原料通过化学合成法制得的食品添加剂。（　　）

212. 根据 GB 1886.129—2022《食品安全国家标准　食品添加剂　丁香酚》，丁香酚含量测定使用的检测器为 ECD。（　　）

第二节　综合能力提升

一、单选题

213. 根据 GB/T 317—2018《白砂糖》，一级白砂糖色值要求为≤（　　）IU。

A. 25　　B. 60　　C. 150　　D. 240

214. 根据 GB/T 317—2018《白砂糖》，测定干燥失重应使用下面哪个仪器？（　　）

A. 电热恒温干燥箱

B. 真空干燥箱

C. 水分测定器

D. 卡尔费休水分测定仪

215. 根据 GB/T 1354—2018《大米》，加工精度不符合 GB/T 1354—2018《大米》要求的产品判为（　　）产品。

A. 不合格　　　　　B. 低等级

C. 一般　　　　　　D. 非等级

216. 根据 GB 2718—2014《食品安全国家标准　酿造酱》，黄豆酱的氨基酸态氮应大于等于（　　）g/100g？

A. 0.2　　B. 0.3　　C. 0.4　　D. 0.5

217. 根据 GB 2720—2015《食品安全国家标准　味精》，以下谷氨酸钠（以干基计）含量从大到小的顺序正确的是？（　　）

A. 味精＞加盐味精＞增鲜味精

B. 味精＞增鲜味精＞加盐味精

C. 增鲜味精＞加盐味精＞味精

D. 增鲜味精＞味精＞加盐味精

218. 日晒盐中氯化钾（以干基计）含量（　　）g/100g 时，符合 GB 2721—2015《食品安全国家标准　食用盐》的规定。

A. 15　　　B. 45　　　C. 55　　　D. 65

219. 根据 GB 11674—2010《食品安全国家标准　乳清粉和乳清蛋白粉》，灰分要求从高到低分为。（　　）

A. 脱盐乳清粉＞乳清蛋白粉＞非脱盐乳清粉

B. 脱盐乳清粉＞非脱盐乳清粉＞乳清蛋白粉

C. 乳清蛋白粉＞脱盐乳清粉＞非脱盐乳清粉

D. 非脱盐乳清粉＞乳清蛋白粉＞脱盐乳清粉

220. 根据 GB 8537—2018《食品安全国家标准　饮用天然矿泉水》，（　　）既是界限指标又是限量指标。

A. 锂　　　B. 硒　　　C. 锰　　　D. 银

221. 根据 GB 10770—2010《食品安全国家标准　婴幼儿罐装辅助食品》，以鳕鱼为原料的产品的铅（mg/kg）应小于等于

（　　）mg/kg。

A. 0. 10　　B. 0. 20　　C. 0. 30　　D. 0. 40

二、多选题

222. 果蔬制品测定总酸含量可以用下面哪些方法？（　　）

A. GB 12456—2021 第一法 酸碱指示剂法

B. GB 12456—2021 第二法 直接滴定法

C. GB 12456—2021 第三法 自动点位滴定法

D. GB 12456—2021 第四法 pH 计点位滴定法

223. 根据 GB 5749—2022《生活饮用水卫生标准》，以下哪些生活饮用水毒理指标要求小于 0.7mg/L？（　　）

A. 氯酸盐　　　　　　　B. 亚氯酸盐

C. 硝酸盐　　　　　　　D. 三氯甲烷

224. 根据 GB 5749—2022《生活饮用水卫生标准》，生活饮用水的原水采用次氯酸钠消毒方式，可能导致出厂水超标风险时，都应对（　　）进行测定。

A. 三氯甲烷　　　　　　B. 四氯化碳

C. 三溴甲烷　　　　　　D. 二氯乙酸

225. 根据 GB/T 20980—2021《饼干质量通则》，水分含量小于等于 4.0% 且碱度（以碳酸钠计）含量小于等于 0.3% 的包括。（　　）

A. 韧性饼干　　　　　　B. 曲奇饼干

C. 蛋圆饼干　　　　　　D. 煎饼

226. 根据 GB 10136—2015《食品安全国家标准 动物性水产制品》，以下（　　）中的组胺含量应小于等于 40mg/100g。

A. 金枪鱼　　　　　　　B. 马鲛鱼

C. 鲤鱼　　　　　　　　D. 带鱼

三、判断题

227. 根据 GB/T 1354—2018《大米》，不管是粳米还是籼米，其杂质含量都是一样的，都是要求小于等于 0.20%。（　　）

228. 根据 GB/T 1354—2018《大米》，一级籼米和一级粳米的碎米（总量）都应小于等于 15%。（　　）

229. 根据 GB 10146—2015《食品安全国家

标准 食用动物油脂》，单一品种的食用动物油脂中可微量掺有其他油脂，但需在标签明示处标明具体含量。（　　）

230. 根据 GB 2719—2018《食品安全国家标准 食醋》，食醋与甜醋的总酸（以乙酸计）要求大于等于 3.5g/mL。（　　）

231. 根据 GB 2718—2014《食品安全国家标准 酿造酱》，黄酱属于半固态复合调味料。（　　）

232. 根据 SB/T 10416—2007《调味料酒》，净含量、感官要求以及理化指标，如有一项或者两项不符合要求时，则判定整批产品不合格。（　　）

233. 根据 GB 2720—2015《食品安全国家标准 味精》，味精比增鲜味精的谷氨酸钠（以干基计）要求要高 2%。（　　）

234. GB 19302—2010《食品安全国家标准 发酵乳》要求发酵乳与风味发酵乳检测脂肪含量。（　　）

235. 根据 GB 19302—2010《食品安全国家标准 发酵乳》，发酵乳与风味发酵乳酸度都是要求大于等于 70°T。（　　）

236. 根据 GB 19302—2010《食品安全国家标准 发酵乳》，发酵乳蛋白质要求比风味发酵乳更严格。（　　）

237. 根据 GB/T 29602—2013《固体饮料》，奶茶的乳蛋白质含量应小于等于 0.5%。（　　）

238. 根据 GB 7098—2015《食品安全国家标准 罐头食品》，鳗鱼罐头无须测定组胺。（　　）

239. 根据 GB 1886.1—2021《食品安全国家标准 食品添加剂 碳酸钠》测定十水碳酸钠的灼烧减量时，应将十水碳酸钠置于 290℃ 高温炉灼烧至质量恒定。（　　）

240. 根据 GB 19300—2014《食品安全国家标准 坚果与籽类食品》，板栗可不检测过氧化值。（　　）

四、填空题

241. 根据 GB 10769—2010《食品安全国家

标准 婴幼儿谷类辅助食品》，碳水化合物的含量等于 100 减去_____、_____、_____、_____、_____的含量。

242. 根据 GB 15196—2015《食品安全国家标准 食用油脂制品》，食用油脂制品包括_____、_____、_____、_____、_____、_____等。

243. 根据 GB 19646—2010《食品安全国家标准 稀奶油、奶油和无水奶油》，非脂乳固体等于 100% 减去_____、_____（含盐奶油还需减去_____）。

244. 根据 GB/T 10792—2008《碳酸饮料（汽水）》，可溶性固形物含量低于_____的产品可以声称为"_____"。

245. 根据 GB 1886.39—2015《食品安全国家标准 食品添加剂 山梨酸钾》，干燥试样以_____为溶剂，_____为助溶剂，以_____为指示剂，用高氯酸标准滴定溶液滴定，根据消耗高氯酸标准滴定溶液的体积计算山梨酸钾含量。

246. 根据 GB 1886.39—2015《食品安全国家标准 食品添加剂 山梨酸钾》，山梨酸钾的干燥减量应小于等于_____%。

247. 根据 GB 1886.39—2015《食品安全国家标准 食品添加剂 山梨酸钾》，硫酸盐（以 SO_4 计）的测定是指硫酸盐和_____在酸性（盐酸）溶液中，生成_____白色沉淀，与标准比浊溶液进行比较，做限量试验。

248. 根据 GB 1886.19—2015《食品安全国家标准 食品添加剂 红曲米》，红曲米是指以大米为原料，用_____发酵培养制得的，呈红色颗粒（或用颗粒制成粉末）的食品添加剂红曲米。

249. 根据 GB 1886.129—2022《食品安全国家标准 食品添加剂 丁香酚》，丁香酚含量测定进样口温度为_____，检测器温度为_____。

250. 根据 GB 1886.357—2022《食品安全国家标准 食品添加剂 靛蓝铝色淀》，测定盐酸不溶物使用的恒温烘箱的温度为_____。

五、简答题

251. 根据 GB 1886.39—2015《食品安全国家标准 食品添加剂 山梨酸钾》，请说明山梨酸钾鉴别试验的方法原理。

252. 根据 GB 1886.357—2022《食品安全国家标准 食品添加剂 靛蓝铝色淀》，请简述仲裁法测定靛蓝含量的原理。

253. 根据 GB/T 13738.2—2017《红茶 第 2 部分：工夫红茶》，请简述工夫红茶的分类。

254. 根据 GB 7101—2022《食品安全国家标准 饮料》，请简述什么是饮料。

第十八章

元素及常规理化检测方法标准

● **核心知识点** ●

一、水分测定

（一）直接干燥法（GB 5009.3—2016 第一法）：适用于多数食品（不适用于水分含量小于 0.5g/100g 的样品）。

（二）减压干燥法：适用于高温易分解及水分较多的样品（如糖、味精）。

（三）蒸馏法：适用于含挥发性成分的样品（如香辛料）。

二、灰分测定（GB 5009.4—2016）

（一）高温炉温度：550℃±25℃（一般样品）、900℃±25℃（淀粉类样品需沸腾的稀盐酸洗涤坩埚）。

（二）恒重判定：两次灼烧质量差≤0.5mg。

（三）含磷样品处理：乳制品需加乙酸镁润湿后炭化。

三、蛋白质测定（GB 5009.5—2016）

（一）凯氏定氮法：检出限 0.5mg/100g，适用于所有食品（非蛋白氮干扰需注意）。

（二）燃烧法：适用于蛋白质≥10g/100g 的固体样品（如粮食）。

四、脂肪测定（GB 5009.6—2016）

（一）索氏抽提法：适用于粮食、肉制品（溶剂为无水乙醚或石油醚）。

（二）碱水解法：适用于乳制品（需碘溶液验证淀粉水解完全）。

五、总砷及无机砷测定（GB 5009.11—2024）

液相色谱-电感耦合等离子体质谱法：热浸提法、微波辅助提取法。

六、铅测定（GB 5009.12—2023）

石墨炉原子吸收光谱法：食盐、酱油、腌渍食品等高盐食品前处理方法可采用除盐操作。

七、镉测定（GB 5009.15—2023）

石墨炉原子吸收光谱法：基改剂为磷酸二氢铵-硝酸钯混合溶液。

八、二氧化硫测定（GB 5009.34—2022）

分光光度法：适用于白糖、淀粉等。

九、钙测定（GB 5009.92—2016）

电感耦合等离子体发射光谱法（ICP-OES)：观测方式为垂直观测。

理化检测方法标准是评估食品质量与安全的重要手段。本章详细介绍了理化检测方法的分类及实际应用。通过本章的系统练习，读者将掌握理化检测方法标准的基本要求、适用范围及操作步骤，学会结合实际案例运用理化检测方法评估食品的质量与安全状况，为食品安全抽样检验提供坚实的技术支撑。

第一节　基础知识自测

一、单选题

1. 依据 GB 5009.3—2016《食品安全国家标准 食品中水分的测定》，适用于糖果类样品水分测定的是第几法？（　　）
A. 第一法　直接干燥法
B. 第二法　减压干燥法
C. 第三法　蒸馏法
D. 第四法　卡尔·费休法

2. 依据 GB 5009.4—2016《食品安全国家标准 食品中灰分的测定》，测定淀粉类食品中灰分所用的坩埚，使用前应用沸腾的（　　）试剂洗涤，再用大量自来水洗涤，最后用蒸馏水冲洗。
A. 稀盐酸溶液　　　　B. 稀硫酸溶液
C. 稀硝酸溶液　　　　D. 高锰酸钾溶液

3. 依据 GB 5009.4—2016《食品安全国家标准 食品中灰分的测定》，测定淀粉类食品中灰分时，高温炉的温度应控制在（　　）。
A. 550℃±25℃　　　　B. 500℃±25℃
C. 650℃±25℃　　　　D. 900℃±25℃

4. 依据 GB 5009.4—2016《食品安全国家标准 食品中灰分的测定》，恒重是指重复灼烧到前后两次称量相差不超过（　　）mg。
A. 0.2　　B. 0.5　　C. 1.0　　D. 2.0

5. 依据 GB 5009.4—2016《食品安全国家标准 食品中灰分的测定》，测定含磷量较高的乳及乳制品中灰分时，样品灼烧前应加入下列（　　），使样品完全润湿，放置10min 后，再进行炭化。
A. 乙酸镁溶液　　　　B. 硫酸镁溶液
C. 水溶液　　　　D. 盐酸溶液

6. 依据 GB 5009.5—2016《食品安全国家标准 食品中蛋白质的测定》，燃烧法适用于蛋白质含量在（　　）以上的粮食、米粉等固体试样的测定 。
A. 5g/100g　　　　B. 6g/100g
C. 10g/100g　　　　D. 15g/100g

7. 依据 GB 5009.5—2016《食品安全国家标准 食品中蛋白质的测定》，凯氏定氮法测定食品中的蛋白质检出限为（　　）。
A. 0.5mg/100g　　　　B. 8mg/100g
C. 0.50mg/100g　　　　D. 0.80mg/100g

8. 依据 GB 5009.6—2016《食品安全国家标准 食品中脂肪的测定》，索氏抽提法中电热鼓风干燥箱温度为（　　）。
A. 90℃±5℃　　　　B. 100℃±5℃
C. 110℃±5℃　　　　D. 120℃±5℃

9. 依据 GB 5009.6—2016《食品安全国家标准 食品中脂肪的测定》，盖勃法试样处理过程中，离心机的转速为（　　）。
A. 8000r/min　　　　B. 1000r/min
C. 1100r/min　　　　D. 10000r/min

10. 依据 GB 5009.6—2016《食品安全国家标准 食品中脂肪的测定》，碱水解法测定含淀粉样品时，为检验淀粉是否水解完全，可加入下列（　　）进行检验。
A. 碘溶液　　　　B. 酚酞溶液
C. 淀粉溶液　　　　D. 甲基橙溶液

11. 依据 GB 5009.7—2016《食品安全国家标准 食品中还原糖的测定》，直接滴定法定量限为（　　）。
A. 0.1g/100g　　　　B. 0.25g/100g

286

C. 0.10g/100g　　　　　D. 0.50g/100g

12. 依据 GB 5009.7—2016《食品安全国家标准 食品中还原糖的测定》，直接滴定法中，试样经除去蛋白质后，以（　　）作指示剂，在加热条件下滴定标定过的碱性酒石酸铜溶液。

A. 酚酞指示剂

B. 碱性蓝 6B 指示剂

C. 亚甲蓝指示剂

D. 百里香酚酞指示剂

13. 依据 GB 5009.8—2023《食品安全国家标准 食品中果糖、葡萄糖、蔗糖、麦芽糖、乳糖的测定》，高效液相色谱法所使用的色谱柱是（　　）。

A. C_{18} 色谱柱　　　　B. 氨基色谱柱

C. 阴离子色谱柱　　　　D. C_8 色谱柱

14. 采用高效液相色谱法测定食品中果糖、葡萄糖、蔗糖、麦芽糖、乳糖时，色谱条件的分离度应大于（　　）。

A. 1　　　B. 1.5　　　C. 2　　　D. 1.2

15. 依据 GB 5009.8—2023《食品安全国家标准 食品中果糖、葡萄糖、蔗糖、麦芽糖、乳糖的测定》，高效液相色谱法测定食品中果糖、葡萄糖、蔗糖、麦芽糖、乳糖的检出限为（　　）。

A. 0.2g/100g　　　　　B. 0.25g/100g

C. 0.3g/100g　　　　　D. 0.30g/100g

16. GB 5009.11—2024《食品安全国家标准 食品中总砷及无机砷的测定》第一篇中增加了哪种检验方法？（　　）

A. 原子荧光光谱法

B. 石墨炉原子吸收光谱法

C. 分光光度法

D. 火焰原子吸收光谱法

17. 依据 GB 5009.11—2024《食品安全国家标准 食品中总砷及无机砷的测定》第二篇，在第一法、第二法中新增的稻米试样中无机砷提取方法是什么？（　　）

A. 热浸提法　　　　　B. 微波辅助提取法

C. 湿法消解　　　　　D. 压力罐消解法

18. 糙米中无机砷限量值为≤（　　）。

A. 0.2mg/kg　　　　　B. 0.1mg/kg

C. 0.35mg/kg　　　　　D. 0.5mg/kg

19. 依据 GB 5009.11—2024《食品安全国家标准 食品中总砷及无机砷的测定》第二篇（第一法液相色谱-原子荧光光谱联用法），需要先确定（　　）种砷形态完全分离后，再测定三价砷和五价砷的混合标准系列。

A. 4　　　　B. 2　　　　C. 3　　　　D. 5

20. 依据 GB 5009.12—2023《食品安全国家标准 食品中铅的测定》，石墨炉原子吸收光谱法测定铅时所用的基体改进剂为（　　）。

A. 磷酸二氢铵　　　　　B. 硝酸钯

C. 磷酸二氢铵-硝酸钯　D. 磷酸氢二铵

21. 依据 GB 5009.12—2023《食品安全国家标准 食品中铅的测定》，石墨炉原子吸收光谱法测定生乳样品中的铅时，其定量限为（　　）。

A. 0.04mg/kg　　　　　B. 0.01mg/kg

C. 0.02mg/kg　　　　　D. 0.03mg/kg

22. 依据 GB 5009.15—2023《食品安全国家标准 食品中镉的测定》，石墨炉原子吸收光谱法是指试样消解处理后，经石墨炉原子化，在波长为（　　）处测定吸光度。

A. 283.3nm　　　　　B. 228.8nm

C. 193.7nm　　　　　D. 357.9nm

23. 依据 GB 5009.15—2023《食品安全国家标准 食品中镉的测定》，石墨炉原子吸收光谱法测定镉时，当精密度要求试样镉含量≤0.1mg/kg 时，在重复性条件下获得的 2 次独立测定结果的绝对差值不得超过算术平均值的（　　）％。

A. 20　　　B. 15　　　C. 10　　　D. 12

24. 依据 GB 5009.17—2021《食品安全国家标准 食品中总汞及有机汞的测定》，原子荧光光谱法测定总汞，配制汞标准储备溶液时，需加下列（　　）进行保存。

A. 重铬酸钾的硝酸溶液（0.05g/L）

B. 重铬酸钾的硫酸溶液（0.05g/L）

C. 硝酸溶液（5+95）

D. 硫酸溶液（5+95）

25. 依据 GB 5009.17—2021《食品安全国家标准　食品中总汞及有机汞的测定》中原子荧光光谱法测定总汞时，该方法的定量限为（　　）。

A. 0.02mg/kg　　　　B. 0.03mg/kg

C. 0.01mg/kg　　　　D. 0.05mg/kg

26. GB 5009.17—2021《食品安全国家标准　食品中总汞及有机汞的测定》微波消解法消解总汞时，消解完后，需要在控温电热板上（　　）℃下赶走棕色气体。

A. 60　　　B. 70　　　C. 80　　　D. 100

27. 依据 GB 5009.17—2021《食品安全国家标准　食品中总汞及有机汞的测定》，压力罐消解法消解总汞时，需放入（　　）恒温干燥箱下保持4～5h。

A. 100℃　　　　　　B. 120℃

C. 150℃　　　　　　D. 180℃

28. 依据 GB 5009.17—2021《食品安全国家标准　食品中总汞及有机汞的测定》，直接进样测汞法的定量限为（　　）。

A. 0.0002mg/kg　　　B. 0.001mg/kg

C. 0.003mg/kg　　　　D. 0.0005mg/kg

29. 采用微波消解法测定食品中总汞时可以选用下列哪种酸进行消解？（　　）

A. 盐酸　　　　　　　B. 硫酸

C. 硝酸　　　　　　　D. 高氯酸

30. 原子荧光光谱法测定总汞时，所用的载气是（　　）。

A. 乙炔　　B. 氮气　　C. 氩气　　D. 氧气

31. 液相色谱-原子荧光光谱联用法测定试样中甲基汞时，应采用下列（　　）进行提取。

A. 5mol/L 盐酸溶液

B. 5mol/L 硝酸溶液

C. 5mol/L 硫酸溶液

D. 5mol/L 高氯酸溶液

32. 液相色谱-原子荧光光谱联用法测定试样中甲基汞时，所使用的载气为（　　）。

A. 氧气　　B. 空气　　C. 氩气　　D. 乙炔

33. 液相色谱-电感耦合等离子体质谱联用法测定试样中甲基汞时，所使用的载气为（　　）。

A. 氢气　　B. 氧气　　C. 氩气　　D. 氮气

34. 依据 GB 5009.17—2021《食品安全国家标准　食品中总汞及有机汞的测定》，液相色谱-电感耦合等离子体质谱联用法测定试样中甲基汞的方法定量限为（　　）。

A. 0.01mg/kg　　　　B. 0.02mg/kg

C. 0.03mg/kg　　　　D. 0.05mg/kg

35. GB 5009.33—2016《食品安全国家标准　食品中亚硝酸盐与硝酸盐的测定》，离子色谱法测定食品中亚硝酸盐的检出限为（　　）。

A. 0.2mg/kg　　　　　B. 0.4mg/kg

C. 0.5mg/kg　　　　　D. 0.3mg/kg

36. 依据 GB 5009.33—2016《食品安全国家标准　食品中亚硝酸盐与硝酸盐的测定》，离子色谱法测定食品中硝酸盐的检出限为（　　）。

A. 0.5mg/kg　　　　　B. 0.4mg/kg

C. 0.8mg/kg　　　　　D. 1mg/kg

37. 依据 GB 5009.34—2022《食品安全国家标准　食品中二氧化硫的测定》，酸碱滴定法测定食品中二氧化硫，所用的标准溶液是（　　）。

A. 氢氧化钾标准溶液

B. 氢氧化钠标准溶液

C. 盐酸标准溶液

D. 硫代硫酸钠标准溶液

38. 依据 GB 5009.34—2022《食品安全国家标准　食品中二氧化硫的测定》，酸碱滴定法测定食品中二氧化硫时，试样测定中所用的吸收液是（　　）溶液。

A. 3%磷酸　　　　　　B. 3%硝酸

C. 3%过氧化氢　　　　D. 3%硫酸

39. 依据 GB 5009.34—2022《食品安全国家标准　食品中二氧化硫的测定》，啤酒、葡萄酒、果酒试样，采样量应大于（　　）。

A. 5L　　　B. 1L　　　C. 2L　　　D. 4L

40. 依据 GB 5009.34—2022《食品安全国家标准　食品中二氧化硫的测定》，对于固体试样，如粮食加工品、固体调味品等采样量应大于（　　）。

A. 200g　　　　　　　B. 400g

C. 600g　　　　　　　D. 800g

41. 在测定食盐中氯离子的含量时，当样品溶液溶解后，用铬酸钾作指示剂，选用下列（　　）滴定。

A. 硝酸银标准滴定溶液

B. 硫代硫酸钠标准滴定溶液

C. 氢氧化钠标准滴定溶液

D. 盐酸标准滴定溶液

42. 依据 GB 5009.88—2023《食品安全国家标准　食品中膳食纤维的测定》，高效液相色谱仪应配置（　　）。

A. 示差折光检测器

B. 蒸发光散射检测器

C. 紫外吸收检测器

D. 光电二极管阵列检测器

43. 依据 GB 5009.88—2023《食品安全国家标准　食品中膳食纤维的测定》，高效液相色谱仪要求柱温箱温度为（　　）。

A. 25℃　　B. 30℃　　C. 80℃　　D. 40℃

44. GB 5009.88—2023《食品安全国家标准　食品中膳食纤维的测定》，高效液相色谱仪要求色谱柱是（　　）。

A. 氨基色谱柱

B. C_{18} 色谱柱

C. 高效水相体积排阻（SEC）凝胶色谱柱

D. 阴离子色谱柱

45. 火焰原子吸收光谱法测定食品中的铁时，其分析波长为（　　）。

A. 283.3nm　　　　　B. 248.3nm

C. 228.8nm　　　　　D. 357.9nm

46. 依据 GB 5009.90—2016《食品安全国家标准　食品中铁的测定》，火焰原子吸收光谱法测定食品中铁的定量限为（　　）。

A. 2.5mg/kg　　　　　B. 3.0mg/kg

C. 2mg/kg　　　　　　D. 5mg/kg

47. 火焰原子吸收光谱法测定食品中的钙时，其分析波长为（　　）。

A. 422.7nm　　　　　B. 357.9nm

C. 324.7nm　　　　　D. 334.5nm

48. EDTA 滴定法测定食品中的钙，选用的指示剂是（　　）。

A. 酚酞指示剂　　　　B. 钙红指示剂

C. 甲基红指示剂　　　D. 甲基橙指示剂

49. 依据 GB 5009.93—2017《食品安全国家标准　食品中硒的测定》，采用氢化物原子荧光光谱法，试样经酸加热消化后，在 6 mol/L（　　）介质中，将试样中六价硒还原成四价硒。

A. 硫酸　　　　　　　B. 硝酸

C. 盐酸　　　　　　　D. 高氯酸

50. 依据 GB 5009.93—2017《食品安全国家标准　食品中硒的测定》，氢化物原子荧光光谱仪所使用的载气是（　　）。

A. 氧气　　B. 氢气　　C. 氩气　　D. 乙炔

51. GB 5009.94—2012《食品安全国家标准　植物性食品中稀土元素的测定》选用下列什么方法进行检验？（　　）

A. 电感耦合等离子体发射光谱法

B. 电感耦合等离子体质谱法

C. 火焰原子吸收光谱法

D. 石墨炉原子吸收光谱法

52. 依据 GB 5009.123—2023《食品安全国家标准　食品中铬的测定》，石墨炉原子吸收光谱法中使用的基体改进剂是（　　）。

A. 磷酸氢二铵

B. 磷酸二氢铵-硝酸钯

C. 硝酸钯

D. 磷酸二氢铵

53. 根据 GB 5009.42—2016《食品安全国家标准　食盐指标的测定》测定食盐中的氯化钠，以下化合物成分计算顺序正确的是（　　）。

A. ①硫酸钙②硫酸钠③硫酸镁④氯化钙
⑤氯化镁⑥氯化钾⑦氯化钠

B. ①硫酸钙②硫酸镁③硫酸钠④氯化钙
⑤氯化镁⑥氯化钾⑦氯化钠

C. ①硫酸镁②硫酸钙③硫酸钠④氯化钙
⑤氯化镁⑥氯化钾⑦氯化钠

D. ①氯化镁②硫酸镁③硫酸钠④氯化钙
⑤硫酸钙⑥氯化钾⑦氯化钠

54. 依据 GB 5009.123—2023《食品安全国家标准 食品中铬的测定》，石墨炉原子吸收光谱法测定食品中铬，其方法定量限为（ ）。

A. 0.03mg/kg　　　B. 0.01mg/kg

C. 0.02mg/kg　　　D. 0.10mg/kg

55. GB 5009.137—2016《食品安全国家标准 食品中锑的测定》的检验方法有（ ）。

A. 氢化物原子荧光光谱法

B. 电感耦合等离子体发射光谱法

C. 电感耦合等离子体质谱法

D. 火焰原子吸收光谱法

56. 氢化物原子荧光光谱法测定食品中锑，湿法消解选用（ ）进行消解。

A. 硝酸　　　　　　B. 硫酸

C. 高氯酸　　　　　D. 硝酸-高氯酸

57. 依据 GB 5009.137—2016《食品安全国家标准 食品中锑的测定》，氢化物原子荧光光谱法的方法定量限为（ ）。

A. 0.05mg/kg　　　B. 0.04mg/kg

C. 0.40mg/kg　　　D. 0.50mg/kg

58. GB 5009.138—2024《食品安全国家标准 食品中镍的测定》的检验方法有（ ）。

A. 石墨炉原子吸收光谱法

B. 氢化物原子荧光光谱法

C. 电感耦合等离子体发射光谱法

D. 电感耦合等离子体质谱法

59. 依据 GB 5009.138—2024《食品安全国家标准 食品中镍的测定》，石墨炉原子吸收光谱法的方法定量限为（ ）。

A. 0.01mg/kg　　　B. 0.02mg/kg

C. 0.05mg/kg　　　D. 0.10mg/kg

60. GB 5009.182—2017《食品安全国家标准 食品中铝的测定》中的分光光度法适用下列（ ）产品的检测。

A. 肉制品　　　　　B. 糕点

C. 面制品　　　　　D. 含铝食品添加剂

61. 依据 GB 5009.182—2017《食品安全国家标准 食品中铝的测定》，测定面制品、豆制品、虾味片、烘焙食品等样品中铝时，应粉碎均匀后，取约30g置（ ）恒温干燥箱中干燥 4h。

A. 85℃　　　　　　B. 80℃

C. 100℃　　　　　D. 105℃

62. 依据 GB 5009.182—2017《食品安全国家标准 食品中铝的测定》，分光光度法测定铝时，所选用的仪器波长为（ ）。

A. 580nm　　　　　B. 550nm

C. 620nm　　　　　D. 600nm

63. 依据 GB 5009.182—2017《食品安全国家标准 食品中铝的测定》，分光光度法的方法定量限为（ ）。

A. 10.0mg/kg　　　B. 25mg/kg

C. 10mg/kg　　　　D. 25.0mg/kg

64. GB 5009.215—2016《食品安全国家标准 食品中有机锡的测定》所使用的检验仪器是（ ）。

A. 气质联用仪

B. 气相色谱-脉冲火焰光度检测器

C. 液相色谱-原子荧光光谱仪联用仪

D. 液相色谱-电感耦合等离子体质谱法联用仪

65. 依据 GB 5009.225—2023《食品安全国家标准 酒和食用酒精中乙醇浓度的测定》，采用密度瓶法测酒中乙醇浓度时，恒重是指密度瓶在重复干燥和称重，直至前 2 次质量差不超过（ ）。

A. 0.5mg　　B. 5mg　　C. 2mg　　D. 10mg

66. 依据 GB 5009.225—2023《食品安全国家标准 酒和食用酒精中乙醇浓度的测定》，

采用密度瓶法测定酒中乙醇浓度时，精密度要求啤酒样品在重复性条件下获得的 2 次独立测定结果的绝对差值不得超过算术平均值的（　　）。

A. 1.0%vol
B. 0.1%vol
C. 0.5%vol
D. 2%vol

67. 依据 GB 5009.225—2023《食品安全国家标准 酒和食用酒精中乙醇浓度的测定》，采用密度瓶法测定酒中乙醇浓度时，结果以重复性条件下获得的 2 次独立测定结果的算术平均值表示，结果应保留至小数点后（　　）。

A. 1 位　　B. 2 位　　C. 整数　　D. 3 位

68. 依据 GB 5009.226—2016《食品安全国家标准 食品中过氧化氢残留量的测定》，碘量法测定食品中的过氧化氢，所使用的标准滴定液是（　　）。

A. 氢氧化钠标准滴定液
B. 硫代硫酸钠标准滴定液
C. 高锰酸钾标准滴定液
D. 氢氧化钾标准滴定液

69. 依据 GB 5009.226—2016《食品安全国家标准 食品中过氧化氢残留量的测定》，钛盐比色法测定食品中的过氧化氢，要求分光光度计配有（　　）比色皿。

A. 1cm　　B. 2cm　　C. 3cm　　D. 5cm

70. 依据 GB 5009.228—2016《食品安全国家标准 食品中挥发性盐基氮的测定》，肉制品中挥发性盐基氮的测定中，样品在碱性溶液蒸出，利用（　　）吸收后，用标准酸溶液滴定计算挥发性盐基氮的含量。

A. 磷酸
B. 甲醛
C. 硼酸
D. 蒸馏水

71. 依据 GB 5009.229—2016《食品安全国家标准 食品中酸价的测定》，当食品中酸价含量为 0～1mg 时，试样最小称样量为（　　）。

A. 10g　　B. 20g　　C. 5g　　D. 30g

72. 依据 GB 5009.229—2016《食品安全国家标准 食品中酸价的测定》，冷溶剂指示剂滴定法不适用下列（　　）产品中酸价的检测。

A. 食用动物油
B. 食用氢化油
C. 膨化食品
D. 植脂奶油

73. 依据 GB 5009.230—2016《食品安全国家标准 食品中羰基价的测定》，该标准使用下列（　　）仪器进行食品中羰基价的检测。

A. 电位滴定仪
B. 分光光度计
C. pH 计
D. 荧光分光光度计

74. 依据 GB 5009.267—2020《食品安全国家标准 食品中碘的测定》，电热耦合等离子体质谱法（ICP-MS）规定，对于复杂基质的样品，内标中可添加适量（　　）使其体积分数为 1%～2%。

A. 甲醇
B. 乙醇
C. 异丙醇
D. 乙腈

75. 依据 GB 5009.267—2020《食品安全国家标准 食品中碘的测定》，气相色谱仪需使用的检测器是（　　）。

A. 热导检测器（TCD）
B. 氢火焰离子化检测器（FID）
C. 电子捕获检测器（ECD）
D. 火焰光度检测器（FPD）

76. 依据 GB 5009.268—2016《食品安全国家标准 食品中多元素的测定》，电感耦合等离子体质谱法测定食品中铅、镉、砷、汞元素时，要求计算结果保留（　　）有效数字。

A. 2 位　　B. 3 位　　C. 4 位　　D. 1 位

77. GB 5009.268—2016《食品安全国家标准 食品中多元素的测定》电感耦合等离子体质谱法中精密度要求样品中各元素含量大于 1mg/kg 时，在重复性条件下获得的两次独立结果的绝对差值不得超过算术平均值的（　　）。

A. 20%　　B. 15%　　C. 10%　　D. 5%

78. GB 5009.269—2016《食品安全国家标准 食品中滑石粉的测定》所用的检验仪器为（　　）。

A. 火焰原子吸收分光光度计

B. 石墨炉原子吸收分光光度计

C. 电感耦合等离子体质谱仪

D. 分光光度计

79. 依据 GB 5009.275—2016《食品安全国家标准 食品中硼酸的测定》，分光光度法测定食品中硼酸的方法定量限是（　　）。

A. 2.50mg/kg　　　　　B. 7.50mg/kg

C. 5.00mg/kg　　　　　D. 2.00mg/kg

80. 依据 GB 5009.297—2023《食品安全国家标准 食品中钼的测定》，石墨炉原子吸收光谱法中所用的基体改进剂是（　　）溶液。

A. 磷酸二氢铵　　　　B. 磷酸氢二铵

C. 硝酸钯　　　　　　D. 氯化钙

81. 依据 GB 12456—2021《食品安全国家标准 食品中总酸的测定》，pH 计电位滴定法测定食品中的总酸（以乙酸计），滴定终定的 pH 值是（　　）。

A. 8　　　B. 7.5　　　C. 8.2　　　D. 9

82. 依据 GB 8538—2022《食品安全国家标准 饮用天然矿泉水检验方法》，若电感耦合等离子体质谱仪被汞污染，需引入（　　）溶液进行清洗。

A. 金溶液　　　　　　B. 硝酸溶液

C. 盐酸溶液　　　　　D. 锌溶液

二、多选题

83. 依据 GB 5009.6—2016《食品安全国家标准 食品中脂肪的测定》，索氏抽提法适用于下列（　　）产品。

A. 水果、蔬菜及其制品

B. 粮食及粮食制品

C. 肉及肉制品

D. 乳及乳制品

84. 以下哪些标准于 2024 年 3 月 6 日实施？（　　）

A. GB 5009.12—2023《食品安全国家标准 食品中铅的测定》

B. GB 5009.15—2023《食品安全国家标准 食品中镉的测定》

C. GB 5009.16—2023《食品安全国家标准 食品中锡的测定》

D. GB 5009.11—2024《食品安全国家标准 食品中总砷及无机砷的测定》

85. GB 5009.6—2016《食品安全国家标准 食品中脂肪的测定》的检验方法有（　　）。

A. 索氏抽提法　　　　B. 酸水解法

C. 碱水解法　　　　　D. 盖勃法

86. 依据 GB 5009.6—2016《食品安全国家标准 食品中脂肪的测定》，索氏抽提法中试样可以用下列（　　）溶剂抽提。

A. 无水乙醚　　　　　B. 石油醚

C. 无水乙醇　　　　　D. 三氯甲烷

87. GB 5009.7—2016《食品安全国家标准 食品中还原糖的测定》的检验方法有（　　）。

A. 直接滴定法

B. 高锰酸钾滴定法

C. 铁氰化钾法

D. 奥氏试剂滴定法

88. 依据 GB 5009.7—2016《食品安全国家标准 食品中还原糖的测定》，直接滴定法适用下列（　　）产品中还原糖的检测。

A. 糖果　　　　　　　B. 糕点

C. 饮料　　　　　　　D. 面制品

89. GB 5009.8—2023《食品安全国家标准 食品中果糖、葡萄糖、蔗糖、麦芽糖、乳糖的测定》的检验方法有（　　）。

A. 高效液相色谱法

B. 离子色谱法

C. 酸水解-莱茵-埃农氏法

D. 莱茵-埃农氏法

90. 依据 GB 5009.11—2024《食品安全国家标准 食品中总砷及无机砷的测定》第一篇 食品中总砷的测定第一法，氢化物发生原子荧光光谱法前处理方法有几种？（　　）

A. 湿法消解　　　　　B. 干灰化法

C. 微波消解法　　　　D. 压力罐消解法

91. GB 5009.12—2023 与 GB 5009.12—2017 相比，主要变化内容有（　　）。

A. 增加了电感耦合等离子体质谱法

B. 增加了石墨炉原子吸收光谱法中需除盐样品的处理方法

C. 删除了二硫腙比色法

D. 修改了第一法石墨炉原子吸收光谱法的检出限和定量限

92. 石墨炉原子吸收光谱法测定食品中的铅时，下列哪些样品前处理方法需要除盐操作？（　　）

A. 糕点　　　　　　　B. 酱油

C. 食盐　　　　　　　D. 火锅底料

93. 石墨炉原子吸收光谱法测定食品中的铅时，前处理方法包括（　　）。

A. 湿法消解　　　　　B. 干灰化法

C. 微波消解法　　　　D. 压力罐消解法

94. GB 5009.15—2023《食品安全国家标准　食品中镉的测定》与 GB 5009.15—2014 相比，主要变化有（　　）。

A. 增加了第二法（电感耦合等离子体质谱法）

B. 删除了干式消解法

C. 修改了石墨炉原子吸收光谱法的基体改进剂

D. 修改了试样制备

95. 依据 GB 5009.15—2023《食品安全国家标准　食品中镉的测定》，石墨炉原子吸收光谱法测定食品中的镉时，前处理方法包括（　　）。

A. 湿法消解　　　　　B. 干灰化法

C. 微波消解法　　　　D. 压力罐消解法

96. GB 5009.16—2023《食品安全国家标准　食品中锡的测定》的检验方法是（　　）。

A. 氢化物原子荧光光谱法

B. 电感耦合等离子体质谱法

C. 电感耦合等离子体发射光谱法

D. 石墨炉原子吸收光谱法

97. 下列哪种检测仪器可以测定食品中甲基汞？（　　）

A. 原子荧光光谱仪

B. 电感耦合等离子体质谱法

C. 液相色谱-原子荧光光谱仪联用仪

D. 液相色谱-电感耦合等离子体质谱联用仪

98. GB 5009.16—2023《食品安全国家标准　食品中锡的测定》与 GB 5009.16—2014 相比，主要变化有（　　）。

A. 增加了电感耦合等离子体质谱法为第二法

B. 增加了电感耦合等离子体发射光谱法为第三法

C. 删除了苯芴酮比色法

D. 修改了第一法氢化物原子荧光光谱法的适用范围

99. GB 5009.17—2021《食品安全国家标准　食品中总汞及有机汞的测定》中总汞的检验方法有哪些？（　　）

A. 原子荧光光谱法

B. 直接进样测汞法

C. 电感耦合等离子体质谱法

D. 冷原子吸收光谱法

100. 依据 GB 5009.17—2021《食品安全国家标准　食品中总汞及有机汞的测定》，直接测汞仪所使用的载气是（　　）。

A. 氧气（99.9%）

B. 空气

C. 氩氢混合气（9∶1，体积比）（99.9%）

D. 氢气

101. 依据 GB/T 5009.18—2003《食品安全国家标准　食品中氟的测定》，氟离子选择电极法测定食品中的氟时，所选用的电极有（　　）。

A. 氟电极　　　　　　B. 电导电极

C. pH 电极　　　　　D. 甘汞电极

102. GB 5009.34—2022《食品安全国家标准　食品中二氧化硫的测定》的检验方法包括（　　）。

A. 电感耦合等离子体质谱法

B. 酸碱滴定法

C. 分光光度法

D. 离子色谱法

103. GB 5009.36—2023《食品安全国家标准 食品中氰化物的测定》有哪些检验方法？（ ）

A. 分光光度法　　　　B. 气相色谱法

C. 气相色谱-质谱法　　D. 离子色谱法

E. 流动注射/连续流动-分光光度法 **104.** GB 5009.75—2014《食品安全国家标准 食品添加剂中铅的测定》的检验方法有（ ）。

A. 二苯基硫巴腙（双硫腙）比色法

B. 石墨炉原子吸收光谱法

C. 电感耦合等离子体发射光谱法

D. 火焰原子吸收光谱法

105. GB 5009.76—2014《食品安全国家标准 食品添加剂中砷的测定》的检验方法有（ ）。

A. 分光光度法

B. 二乙氨基二硫代甲酸银比色法

C. 电感耦合等离子体质谱法

D. 氢化物原子荧光光度法

106. GB 5009.87—2016《食品安全国家标准 食品中磷的测定》的检验方法有（ ）。

A. 钼蓝分光光度法

B. 钒钼黄分光光度法

C. 电感耦合等离子体发射光谱法

D. 电感耦合等离子体质谱法

107. GB 5009.90—2016《食品安全国家标准 食品中铁的测定》的检验方法有（ ）。

A. 火焰原子吸收光谱法

B. 石墨炉原子吸收光谱法

C. 电感耦合等离子体发射光谱法

D. 电感耦合等离子体质谱法

108. 依据 GB 5009.90—2016《食品安全国家标准 食品中铁的测定》，火焰原子吸收光谱法的试样消解方式包括（ ）。

A. 湿法消解　　　　B. 微波消解法

C. 压力罐消解法　　　　D. 干法消解

109. GB 5009.91—2017《食品安全国家标准 食品中钾、钠的测定》的检验方法有（ ）。

A. 火焰原子吸收光谱法

B. 火焰原子发射光谱法

C. 电感耦合等离子体发射光谱法

D. 电感耦合等离子体质谱法

110. GB 5009.92—2016《食品安全国家标准 食品中钙的测定》的检验方法有（ ）。

A. 火焰原子吸收光谱法

B. EDTA 滴定法

C. 电感耦合等离子体发射光谱法

D. 电感耦合等离子体质谱法

111. GB 5009.93—2017《食品安全国家标准 食品中硒的测定》的检验方法有（ ）。

A. 氢化物原子荧光光谱法

B. 荧光分光光度法

C. 电感耦合等离子体质谱法

D. 分光光度法

112. 根据 GB 5009.42—2016《食品安全国家标准 食盐指标的测定》，食盐中氯化钾含量大于 2g/100g 时，按照（ ）测定，氯化钾含量小于 2g/100g 时，按照（ ）测定。

A. 重量法

B. 酸碱滴定法

C. 火焰发射光谱法

D. 电感耦合等离子体质谱法

113. 依据 GB 5009.123—2023《食品安全国家标准 食品中铬的测定》，石墨炉原子吸收光谱法的试样前处理方法有（ ）。

A. 湿式消解法　　　　B. 微波消解法

C. 压力罐消解法　　　　D. 干式消解法

114. GB/T 5009.151—2003《食品中锗的测定》的检验方法有（ ）。

A. 石墨炉原子吸收光谱法

B. 苯基荧光酮分光光度法

C. 原子荧光光谱法

D. 原子吸收分光光度法

115. GB 5009.182—2017《食品安全国家标准　食品中铝的测定》的检验方法有（　　）。

A. 石墨炉原子吸收光谱法

B. 分光光度法

C. 电感耦合等离子体发射光谱法

D. 电感耦合等离子体质谱法

116. 依据 GB 5009.182—2017《食品安全国家标准　食品中铝的测定》，石墨炉原子吸收光谱法的试样前处理方法有（　　）。

A. 湿式消解法　　　　B. 微波消解法

C. 压力罐消解法　　　D. 干法消解

117. GB 5009.225—2023《食品安全国家标准　酒和食用酒精中乙醇浓度的测定》的检验方法有（　　）。

A. 密度瓶法

B. 酒精计法

C. 气相色谱法

D. U 形振荡管数字密度法

118. GB 5009.226—2016《食品安全国家标准　食品中过氧化氢残留量的测定》的检验方法有（　　）。

A. 碘量法　　　　　　B. 钛盐比色法

C. 高锰酸钾滴定法　　D. 目视比色法

119. GB 5009.227—2023《食品安全国家标准　食品中过氧化值的测定》的检验方法有（　　）。

A. 比色法　　　　　　B. 高锰酸钾滴定法

C. 指示剂滴定法　　　D. 电位滴定法

120. 依据 GB 5009.227—2023《食品安全国家标准　食品中过氧化值的测定》，电位滴定法适用于下列（　　）产品的检测。

A. 糕点　　　　　　　B. 膨化食品

C. 食用动植物油脂　　D. 人造奶油

121. GB 5009.228—2016《食品安全国家标准　食品中挥发性盐基氮的测定》的检验方法有（　　）。

A. 半微量定氮法　　　B. 自动凯氏定氮法

C. 微量扩散法　　　　D. 分光光度法

122. GB 5009.229—2016《食品安全国家标准　食品中酸价的测定》的检验方法有（　　）。

A. 比色法

B. 冷溶剂指示剂滴定法

C. 冷溶剂自动电位滴定法

D. 热乙醇指示剂滴定法

123. 依据 GB 5009.229—2016《食品安全国家标准　食品中酸价的测定》，冷溶剂指示剂滴定法使用的指示剂有（　　）。

A. 甲基红指示剂

B. 酚酞指示剂

C. 百里香酚酞指示剂

D. 碱性蓝 6B 指示剂

124. 依据 GB 5009.229—2016《食品安全国家标准　食品中酸价的测定》，冷溶剂指示剂滴定法适用于下列（　　）产品中酸价的检测。

A. 玉米油　　　　　　B. 辣椒油

C. 食用动物油　　　　D. 起酥油

125. GB 5009.235—2016《食品安全国家标准　食品中氨基酸态氮的测定》的检验方法有（　　）。

A. 酸度计法　　　　　B. 比色法

C. 直接滴定法　　　　D. 凯氏定氮法

126. GB 5009.239—2016《食品安全国家标准　食品酸度的测定》的检验方法有（　　）。

A. 电位滴定仪法　　　B. 酚酞指示剂法

C. pH 计法　　　　　D. 分光光度法

127. GB 5009.242—2017《食品安全国家标准　食品中锰的测定》的检验方法有（　　）。

A. 火焰原子吸收光谱法

B. 电感耦合等离子体发射光谱法

C. 石墨炉原子吸收光谱法

D. 电感耦合等离子体质谱法

128. GB 5009.246—2016《食品安全国家标准　食品中二氧化钛的测定》的检验方法

有（　　）。

A. 电感耦合等离子体-原子发射光谱法

B. 二安替比林甲烷比色法

C. 电感耦合等离子体质谱法

D. 石墨炉原子吸收光谱法

129. GB 5009.241—2017《食品安全国家标准　食品中镁的测定》的检验方法有（　　）。

A. 石墨炉原子吸收光谱法

B. 火焰原子吸收光谱法

C. 电感耦合等离子体发射光谱法

D. 电感耦合等离子体质谱法

130. 依据 GB 5009.241—2017《食品安全国家标准　食品中镁的测定》，火焰原子吸收光谱法的前处理方法有（　　）。

A. 湿法消解　　　　　B. 微波消解法

C. 干法灰化　　　　　D. 压力罐消解法

131. GB 5009.267—2020《食品安全国家标准　食品中碘的测定》的检验方法有（　　）。

A. 电感耦合等离子体质谱法

B. 氧化还原滴定法

C. 砷铈催化分光光度法

D. 气相色谱法

132. 依据 GB 5009.268—2016《食品安全国家标准　食品中多元素的测定》，电感耦合等离子体质谱法可以测定（　　）元素。

A. 铅　　　B. 镉　　　C. 磷　　　D. 钼

133. 依据 GB 5009.268—2016《食品安全国家标准　食品中多元素的测定》，电感耦合等离子体质谱法的内标元素有（　　）。

A. 钪　　　B. 铋　　　C. 铯　　　D. 硼

134. GB 5009.297—2023《食品安全国家标准　食品中钼的测定》的检验方法有（　　）。

A. 电感耦合等离子体发射光谱法

B. 石墨炉原子吸收光谱法

C. 火焰原子吸收光谱法

D. 电感耦合等离子体质谱法

135. 依据 GB 5009.297—2023《食品安全

国家标准　食品中钼的测定》，石墨炉原子吸收光谱法的前处理方法有（　　）。

A. 湿式消解法　　　　B. 压力罐消解法

C. 微波消解法　　　　D. 干式消解法

136. GB 12456—2021《食品安全国家标准　食品中总酸的测定》的检验方法有（　　）。

A. 分光光度法

B. 自动电位滴定法

C. pH 计电位滴定法

D. 酸碱指示剂滴定法

137. 依据 GB/T 13662—2018《黄酒》，氧化钙的检验方法有（　　）。

A. 火焰原子吸收光分光光度法

B. 高锰酸钾滴定法

C. EDTA 滴定法

D. 石墨炉原子吸收分光光度法

138. 依据 GB 8538—2022《食品安全国家标准　饮用天然矿泉水检验方法》，多元素测定的检验方法有（　　）。

A. 原子吸收分光光度法

B. 电感耦合等离子体质谱法

C. 原子荧光光谱法

D. 电感耦合等离子体发射光谱法

139. 依据 GB 8538—2022《食品安全国家标准　饮用天然矿泉水检验方法》，溶解性总固体的检验方法有（　　）。

A. 105℃干燥-重量法

B. 120℃干燥-重量法

C. 160℃干燥-重量法

D. 180℃干燥-重量法

140. 依据 GB 8538—2022《食品安全国家标准　饮用天然矿泉水检验方法》，乙二胺四乙酸二钠滴定天然矿泉水中总硬度时，使用不正确的指示剂是（　　）。

A. 酚酞指示剂

B. 甲基橙指示剂

C. 铬黑 T 指示剂

D. 碱性蓝 6B 指示剂

141. 依据 GB 8538—2022《食品安全国家标准　饮用天然矿泉水检验方法》，测定天然矿泉水中总酸度时，采用酚酞作指示剂，滴定终点 pH 值为 8.3。标准滴定溶液使用不正确的是（　　）。

A. 氢氧化钾标准滴定液

B. 氢氧化钠标准滴定液

C. 硫代硫酸钠标准滴定液

D. EDTA 标准滴定液

142. 依据 GB 8538—2022《食品安全国家标准 饮用天然矿泉水检验方法》，镁的检验方法有（　　）。

A. 乙二胺四乙酸二钠滴定法

B. 火焰原子吸收光谱法

C. 石墨炉原子吸收光谱法

D. 原子荧光光谱法

143. 依据 GB 8538—2022《食品安全国家标准 饮用天然矿泉水检验方法》，铜的检验方法有（　　）。

A. 原子荧光光度法

B. 直接滴定法

C. 火焰原子吸收光谱法

D. 石墨炉原子吸收光谱法

144. 依据 GB 8538—2022《食品安全国家标准 饮用天然矿泉水检验方法》，锌的检验方法有（　　）。

A. 火焰原子吸收光谱法

B. 催化示波极谱法

C. 石墨炉原子吸收光谱法

D. 直接滴定法

145. 依据 GB 8538—2022《食品安全国家标准 饮用天然矿泉水检验方法》，以下不适用于天然矿泉水中总铬的检验方法有（　　）。

A. 荧光分光光度法

B. 火焰原子吸收光谱法

C. 原子荧光光度法

D. 石墨炉原子吸收光谱法

146. 依据 GB 8538—2022《食品安全国家标准 饮用天然矿泉水检验方法》，火焰原子吸收光谱法测定天然矿泉水中铅的前处理方法有（　　）。

A. 直接法　　　　　　B. 萃取法

C. 共沉淀法　　　　　D. 巯基棉富集法

147. 依据 GB 8538—2022《食品安全国家标准 饮用天然矿泉水检验方法》，总汞的检验方法有（　　）。

A. 冷原子吸收法

B. 氢化物发生原子荧光光谱法

C. 直接测汞法

D. 石墨炉原子吸收光谱法

三、判断题

148. 把 3 倍空白值的标准偏差（测定次数 $n \geqslant 20$）相对应的质量或浓度称为定量限。（　　）

149. 液体的滴是指蒸馏水自标准滴管流下的一滴的量，在 20℃ 时 20 滴约相当于 1mL。（　　）

150. 密度瓶法测定液体食品相对密度时，是指在（20±2）℃时分别测定充满同一密度瓶内的水及试样的质量，由水的质量可确定密度瓶的容积即试样的体积，根据试样的质量和体积可计算试样的密度，试样密度与水密度的比值为试样相对密度。（　　）

151. 猪肉中水分的测定适用于 GB 5009.3—2016《食品安全国家标准 食品中水分的测定》第三法（蒸馏法）。（　　）

152. 依据 GB 5009.4—2016《食品安全国家标准 食品中灰分的测定》，测定食品中灰分时，若样品灼烧后发现灼烧残渣有炭粒，应向试样中滴入少许水湿润，蒸干水分再次灼烧至无炭粒即表示灰化完全。（　　）

153. GB 5009.5—2016《食品安全国家标准 食品中蛋白质的测定》适用于添加无机含氮物质、有机非蛋白质含氮物质的食品的测定。（　　）

154. GB 5009.6—2016《食品安全国家标准 食品中脂肪的测定》中，碱水解法不适用于乳及乳制品脂肪的测定。（　　）

155. GB 5009.6—2016《食品安全国家标准 食品中脂肪的测定》中的碱水解法适用

于婴儿配方食品中脂肪的测定。（　　）

156. GB 5009.6—2016《食品安全国家标准　食品中脂肪的测定》中的盖勃法适用于乳及乳制品脂肪的测定。（　　）

157. 依据 GB 5009.6—2016《食品安全国家标准　食品中脂肪的测定》，碱水解法是用无水乙醚和石油醚抽提样品的酸水解液，通过蒸馏或蒸发去除溶剂，测定溶于溶剂中的抽提物的质量。（　　）

158. 依据 GB 5009.6—2016《食品安全国家标准　食品中脂肪的测定》，索氏抽提法中恒重是指两次称量之差不超过2mg。（　　）

159. 依据 GB 5009.6—2016《食品安全国家标准　食品中脂肪的测定》，盖勃法原理是在乳中加入硫酸破坏乳胶质性和覆盖在脂肪球上的蛋白质外膜，离心分离脂肪后测量其体积。（　　）

160. 依据 GB 5009.7—2016《食品安全国家标准　食品中还原糖的测定》，奥氏试剂滴定法适用于甜菜块根中还原糖的测定。（　　）

161. 依据 GB 5009.9—2023《食品安全国家标准　食品中淀粉的测定》，酶水解法适用于肉制品中淀粉的测定。（　　）

162. 依据 GB 5009.9—2016《食品安全国家标准　食品中淀粉的测定》，皂化-酸水解法适用于肉制品中淀粉的测定。（　　）

163. 无机砷包括三价砷和砷甜菜碱。（　　）

164. 测定食品中的铅时，所有玻璃器皿及聚四氟乙烯消解内罐均需硝酸溶液（1+5）或硝酸溶液（1+4）浸泡过夜，用自来水反复冲洗，最后用水冲洗干净，并晾干。（　　）

165. 石墨炉原子吸收光谱法测定铅的原理是：试样消解处理后，经石墨炉原子化，在 283.3nm 处测定吸光度。在一定浓度范围内，铅的吸光度值与铅含量成正比，与标准系列比较定量。（　　）

166. 石墨炉原子吸收光谱法测定镉的原理是：试样消解处理后，经石墨炉原子化，在 228.8nm 处测定吸光度。在一定浓度范围内镉的吸光度值与镉含量成正比，与标准系列溶液比较定量。（　　）

167. 原子荧光法测定食品中总汞时，配制标准溶液采用稀重铬酸钾和稀硝酸溶液进行稀释，以确保汞标准溶液的稳定性。（　　）

168. 依据 GB 5009.17—2021《食品安全国家标准　食品中总汞及有机汞的测定》，在测定总汞时，可以选用湿法消解进行前处理。（　　）

169. 测定蔬菜、水果、鱼类、肉类及蛋类中总汞时，应洗净晾干，取可食部分匀浆，装入洁净聚乙烯瓶中，密封，于 2~8℃冰箱冷藏备用。（　　）

170. 依据 GB 5009.17—2021《食品安全国家标准　食品中总汞及有机汞的测定》，直接测汞仪测定粮食，豆类样品时，取可食部分粉碎均匀，粒径达 $425\mu m$ 以下，装入洁净聚乙烯瓶中，密封保存备用。（　　）

171. 直接测汞仪测定总汞所用的样品舟使用前，不需要净化。（　　）

172. 电导率是距离 1cm 和截面积 $1cm^2$ 的两个电极间所测得电阻的倒数，可由电导率仪直接读数。（　　）

173. 可溶性膳食纤维是指能溶于水的膳食纤维部分，包括不可消化的低聚糖和部分多聚糖等。（　　）

174. 火焰原子吸收光谱法测定食品中的钾、钠，分析波长分别为 766.5nm，589.0nm。（　　）

175. EDTA 滴定法测定食品中钙的原理是在适当的 pH 范围内，钙与 EDTA（乙二胺四乙酸二钠）形成金属络合物。以氢氧化钠滴定，在达到当量点时，溶液呈现游离指示剂的颜色。根据 EDTA 用量，计算钙的含量。（　　）

176. 依据 GB 5009.93—2017《食品安全国家标准　食品中硒的测定》，氢化物原子荧光光谱法使用硼氢化钠或硼氢化钾作为还

原剂。（　　）

177. 氢化物原子荧光光谱法测定食品中锑时，微波消解法选用硝酸-高氯酸进行消解。（　　）

178. 石墨炉原子吸收光谱法测定食品中镍的原理是试样消解处理后，经石墨炉原子化，在 232.0nm 处测定吸光度。（　　）

179. 依据 GB/T 5009.151—2003《食品中锗的测定》，原子荧光光谱法可分别测定保健饮品中的锗-132 和无机锗。（　　）

180. 依据 GB 5009.182—2017《食品安全国家标准 食品中铝的测定》，在采样和试样制备过程中，应注意不使试样污染，可以使用任何器具。（　　）

181. GB 5009.215—2016《食品安全国家标准 食品中有机锡的测定》适用于鱼类、贝类、葡萄酒和酱油等样品中二甲基锡、三甲基锡、一丁基锡、二丁基锡、三丁基锡、一苯基锡、二苯基锡、三苯基锡的测定。（　　）

182. 密度瓶法测定酒中乙醇浓度原理是以蒸馏法去除样品中的不挥发性物质，用密度瓶法测出试样 25℃时的密度，通过查询酒精水溶液密度与乙醇浓度（酒精度）对照表，求得在 25℃ 时的乙醇浓度（酒精度）。（　　）

183. 密度瓶法测定含二氧化碳的酒样品中酒精度时，应用振摇，超声波或搅拌等方式除去酒样中的二氧化碳气体，试样去除二氧化碳后，收集于具塞锥形瓶中，临用现配。（　　）

184. 依据 GB 5009.225—2023《食品安全国家标准 酒和食用酒精中乙醇浓度的测定》，酒精计法测定食用酒精的乙醇浓度，无须蒸馏，可直接测定。（　　）

185. 依据 GB 5009.225—2023《食品安全国家标准 酒和食用酒精中乙醇浓度的测定》，气相色谱法测定酒样中乙醇浓度时，试样处理后，无须加入内标溶液，可直接上机。（　　）

186. 依据 GB 5009.225—2023《食品安全国家标准 酒和食用酒精中乙醇浓度的测定》，乙醇标准物质纯度要求 ≥99.0%。（　　）

187. GB 5009.226—2016《食品安全国家标准 食品中过氧化氢残留量的测定》适用于牛奶、饮料、豆制品、水发产品、鸡爪等食品中过氧化氢残留量的测定。（　　）

188. 依据 GB 5009.226—2016《食品安全国家标准 食品中过氧化氢残留量的测定》，钛盐比色法测定食品中过氧化氢的原理是在酸性溶液中，过氧化氢与钛离子生成稳定的橙色络合物。（　　）

189. GB 5009.227—2023《食品安全国家标准 食品中过氧化值的测定》的指示剂检验方法中，所使用器皿不得含有还原性或氧化性物质，且磨砂玻璃表面不得涂油。（　　）

190. GB 5009.227—2023《食品安全国家标准 食品中过氧化值的测定》要求，样品制备过程应避免强光，制备后的油脂需密闭保存，并尽快测定。（　　）

191. GB 5009.228—2016《食品安全国家标准 食品中挥发性盐基氮的测定》不适用皮蛋和咸蛋等腌制蛋制品中挥发盐基氮的测定。（　　）

192. 依据 GB 5009.229—2016《食品安全国家标准 食品中酸价的测定》，冷溶剂自动电位滴定法不适用辣椒油中酸价的测定。（　　）

193. 依据 GB 5009.229—2016《食品安全国家标准 食品中酸价的测定》，热乙醇指示剂滴定法适用于常温下不能被冷溶剂完全溶解成澄清溶液的食用油脂样品。（　　）

194. GB 5009.234—2016《食品安全国家标准 食品中铵盐的测定》，适用于酱油中铵盐的测定。（　　）

195. 依据 GB 5009.235—2016《食品安全国家标准 食品中氨基酸态氮的测定》，酸度计法原理是利用氨基酸的两性作用，加

入甲醛以固定氨基的碱性，使羧基显示出酸性，用氢氧化钾标准溶液滴定后定量，以酸度计测定终点。（　　）

196. 依据 GB 5009.242—2017《食品安全国家标准 食品中锰的测定》，火焰原子吸收光谱法测定食品中锰的分析波长是279.5nm。（　　）

197. 依据 GB 5009.268—2016《食品安全国家标准 食品中多元素的测定》，电感耦合等离子体质谱法测定汞时，只能加金元素做稳定剂。（　　）

198. 依据 GB 5009.268—2016《食品安全国家标准 食品中多元素的测定》，电感耦合等离子体质谱法对于铅同量异位素需采用干扰校正方程。（　　）

199. 依据 GB 5009.268—2016《食品安全国家标准 食品中多元素的测定》，电感耦合等离子体质谱法测定低含量的铬元素不需要采用碰撞/反应模式。（　　）

200. 依据 GB 5009.268—2016《食品安全国家标准 食品中多元素的测定》，电感耦合等离子体发射光谱仪所用工作气是氩气。（　　）

201. 依据 GB 5009.268—2016《食品安全国家标准 食品中多元素的测定》，电感耦合等离子体发射光谱仪原理是样品消解后，由电感耦合等离子体发射光谱仪测定，以元素的特征谱线波长定性；待测元素谱线信号强度与元素浓度成正比进行定量分析。（　　）

202. 依据 GB 5009.297—2023《食品安全国家标准 食品中钼的测定》，石墨炉原子吸收光谱法测定食品中钼的分析波长是313.3nm。（　　）

203. 依据 GB 12456—2021《食品安全国家标准 食品中总酸的测定》，自动电位滴定法测定不适用于调味品中总酸的测定。（　　）

204. 酸碱指示剂滴定法测定食品中的总酸其原理是根据酸碱中和原理，用碱液滴定试液中的酸，以酚酞为指示剂确定滴定终点。按碱液的消耗量计算食品中的总酸含量。（　　）

205. 酸碱指示剂滴定法测定含二氧化碳液体样品时，不需要去除液体样品中的二氧化碳。（　　）

206. 依据 GB 5413.39—2010《食品安全国家标准 乳和乳制品中非脂乳固体的测定》，生乳中非脂乳固体的含量等于总固体含量减去脂肪含量。（　　）

207. 依据 GB 8538—2022《食品安全国家标准 饮用天然矿泉水检验方法》，分光光度法适用于测定天然矿泉水中的铁。（　　）

208. 依据 GB 8538—2022《食品安全国家标准 饮用天然矿泉水检验方法》，分光光度法不适用于测定天然矿泉水中的锰。（　　）

第二节　综合能力提升

一、单选题

209. 按照 GB 2762—2022《食品安全国家标准 食品中污染物限量》，大米中无机砷限量为 0.2mg/kg，当大米产品标识为绿色食品时，大米中无机砷限量为（　　）。

A. 0.2mg/kg　　　　　　B. 0.1mg/kg

C. 0.15mg/kg　　　　　　D. 0.35mg/kg

210. GB 5009.11—2024《食品安全国家标准 食品中总砷及无机砷的测定》第二篇食品中无机砷的测定（第二法 液相色谱-电感耦合等离子体质谱联用法）中当称样量为 1.0g，加入提取试剂体积为 20mL 时，方法定量限为（　　）。

A. 0.02mg/kg　　　　B. 0.10mg/kg

C. 0.20mg/kg　　　　D. 0.05mg/kg

211. 依据 GB 5009.17—2021《食品安全国家标准 食品中总汞及有机汞的测定》，直接进样测汞法测定食品中总汞时，最小称样量约为（　　）。

A. 0.02g　　　　　　B. 0.05g

C. 0.1g　　　　　　D. 0.5g

212. 离子色谱法测定奶粉中亚硝酸盐，检出亚硝酸根离子含量为 0.50mg/kg，其亚硝酸盐（以亚硝酸钠计）的含量为（　　）。

A. 0.5mg/kg　　　　B. 0.75mg/kg

C. 1.0mg/kg　　　　D. 1.5mg/kg

213. 食盐中的碘离子在酸性条件下用次氯酸钠氧化成碘酸根，草酸除去过剩的次氯酸钠，碘酸根氧化碘化钾而游离出单质碘，以淀粉溶液为指示剂，用（　　）滴定，计算碘含量。

A. 硫代硫酸钠标准滴定溶液

B. 氢氧化钠标准滴定溶液

C. 乙二胺四乙酸二钠标准滴定溶液

D. 盐酸标准滴定溶液

214. 依据 GB 5009.7—2016《食品安全国家标准 食品中还原糖的测定》，铁氰化钾法适用下列（　　）产品还原糖的测定。

A. 糖果　　　　　　B. 饮料

C. 小麦粉　　　　　D. 蜜饯

215. 依据 GB 5009.8—2023《食品安全国家标准 食品中果糖、葡萄糖、蔗糖、麦芽糖、乳糖的测定》，配制混合标准储备液前，果糖的干燥温度为（　　）±2℃，葡萄糖、蔗糖、麦芽糖和乳糖干燥温度为（　　）±2℃。

A. 90℃，100℃　　　B. 90℃，96℃

C. 95℃，100℃　　　D. 90℃，90℃

216. 依据 GB 5009.91—2017《食品安全国家标准 食品中钾、钠的测定》，火焰原子吸收光谱法测定食品中的钾、钠时，加入

（　　）可以消除钾、钠产生的电离干扰。

A. 氯化锶溶液　　　　B. 氯化铯溶液

C. 氯化镧溶液　　　　D. 无水氯化铵溶液

217. 火焰原子吸收光谱法测定食品中的钙时，试样经消解处理后，加入（　　）作为释放剂，经原子吸收火焰原子化，在 422.7nm 处测定吸光度。

A. 镧溶液　　　　　　B. 氯化锶溶液

C. 氯化铯溶液　　　　D. 硫酸铁溶液

218. EDTA 滴定法测定食品中的钙时，加入钙红指示剂，滴定终点颜色由紫红色变（　　）为止，记录所消耗 EDTA 溶液的体积。

A. 黄色　　B. 蓝色　　C. 紫色　　D. 橙色

219. 依据 GB 5009.93—2017《食品安全国家标准 食品中硒的测定》，氢化物原子荧光光谱法测定食品中的硒时，试样消解后，需加入下列（　　）消除对硒测定的干扰。

A. 铁氰化钾溶液　　　B. 亚铁氰化钾溶液

C. 草酸溶液　　　　　D. 氯化铁溶液

220. 气相色谱法测定酒样中乙醇浓度时，配制标准溶液中要求乙醇标准溶液恒温至（　　）时，方可使用。

A. 20℃　　B. 25℃　　C. 22℃　　D. 30℃

221. 依据 GB 5009.226—2016《食品安全国家标准 食品中过氧化氢残留量的测定》，碘量法测定食品中的过氧化氢时，过氧化氢本酶单位活力要求大于（　　），并需置于（　　）保存。

A. 200000U/mL，−18℃

B. 200000U/mL，−20℃

C. 20000U/mL，−18℃

D. 20000U/mL，−20℃

222. 依据 GB 5009.229—2016《食品安全国家标准 食品中酸价的测定》，米糠油（稻米油）采用冷溶剂指示剂法测定酸价时，选用（　　）指示剂进行检验。

A. 酚酞指示剂

B. 百里香酚酞指示剂

C. 碱性蓝 6B 指示剂

D. 铬黑 T 指示剂

223. 依据 GB 5009.239—2016《食品安全国家标准 食品酸度的测定》，pH 计法适用于下列（　　）产品中酸度的检测。

A. 面制品　　　　　　B. 生乳

C. 乳粉　　　　　　　D. 糕点

224. 依据 GB 5009.267—2020《食品安全国家标准 食品中碘的测定》，氧化还原滴定法适用下列（　　）产品中碘的检测。

A. 蔬菜　　　　　　　B. 水果

C. 婴幼儿配方食品　　D. 藻类及其制品

225. 依据 GB 5009.268—2016《食品安全国家标准 食品中多元素的测定》，电感耦合等离子体质谱法测定镉元素时，推荐选择的内标元素是（　　）。

A. 铟　　B. 铋　　C. 钪　　D. 锗

226. 依据 GB 5009.268—2016《食品安全国家标准 食品中多元素的测定》，电感耦合等离子体质谱法所用的载气是（　　），碰撞气是（　　）。

A. 氩气，氧气　　　　B. 氩气，氦气

C. 氩气，空气　　　　D. 氩气，氢气

227. 依据 GB 12456—2021《食品安全国家标准 食品中总酸的测定》，酸碱指示剂滴定法测定食品中的总酸不适用于下列（　　）产品的检测。

A. 白酒　　B. 米酒　　C. 啤酒　　D. 陈醋

228. 依据 GB 12456—2021《食品安全国家标准 食品中总酸的测定》，pH 计电位滴定法测定食品中的总酸（以磷酸计），滴定终定的 pH 值范围是（　　）。

A. 8.7～8.8　　　　　B. 8.2～8.3

C. 9.0～9.1　　　　　D. 7.5～7.6

二、多选题

229. 依据 GB 5009.8—2023《食品安全国家标准 食品中果糖、葡萄糖、蔗糖、麦芽糖、乳糖的测定》，高效液相色谱法使用下列（　　）检测。

A. 示差折光检测器

B. 蒸发光散射检测器

C. 紫外吸收检测器

D. 光电二极管阵列检测器

230. GB 5009.11—2024《食品安全国家标准 食品中总砷及无机砷的测定》第一篇第一法（氢化物发生原子荧光光谱法）中，下列哪种食品不适用于微波消解？（　　）

A. 食用菌及其制品　　B. 鱼油

C. 水产调味品　　　　D. 水果制品

231. 下列（　　）样品不适用于 GB 5009.11—2024《食品安全国家标准 食品中总砷及无机砷的测定》第一篇第三法（石墨炉原子吸收光谱法）。

A. 乳粉　　　　　　　B. 植物油

C. 酱油　　　　　　　D. 苹果

232. 依据 GB 5009.17—2021《食品安全国家标准 食品中总汞及有机汞的测定》电感耦合等离子体质谱法测定食品中总汞时，该检验方法推荐选择的同位素和内标元素是（　　）。

A. ^{202}Hg　　　　　B. ^{200}Hg

C. ^{185}Re　　　　　D. ^{200}Bi

233. 原子荧光光谱法测定食品中总汞时，可采用的试样消解方法有（　　）。

A. 微波消解法　　　　B. 湿法消解

C. 压力罐消解法　　　D. 回流消化法

234. GB 5009.17—2021《食品安全国家标准 食品中总汞及有机汞的测定》第二篇中，测定甲基汞时有（　　）检验方法。

A. 液相色谱-电感耦合等离子体质谱联用法

B. 液相色谱-原子荧光光谱联用法

C. 电感耦合等离子体质谱联用法

D. 原子荧光光谱法

235. 下列产品适用于 GB 5009.17—2021《食品安全国家标准 食品中总汞及有机汞的测定》第二篇（食品中甲基汞的测定）的是（　　）。

A. 水产动物及其制品　B. 大米

C. 食用菌　　　　　　D. 调味品

236. GB 5009.87—2016《食品安全国家标

准 食品中磷的测定》中，钒钼黄分光光度法适用于下列（　　）产品的检测。

A. 乳粉　　　　　　　B. 肉制品

C. 婴儿米粉　　　　　D. 水果

237. 依据 GB 5009.229—2016《食品安全国家标准 食品中酸价的测定》，冷溶剂指示剂滴定法检测深色泽的油脂样品时，可选的指示剂为（　　）。

A. 百里香酚酞指示剂

B. 碱性蓝 6B 指示剂

C. 甲基红指示剂

D. 酚酞指示剂

238. GB 5009.268—2016《食品安全国家标准 食品中多元素的测定》中，电感耦合等离子体发射光谱仪检测（　　）元素时，需采用垂直观测方式。

A. 钙　　　B. 铅　　　C. 镁　　　D. 砷

239. GB 5009.268—2016《食品安全国家标准 食品中多元素的测定》中，电感耦合等离子体质谱法测定铅元素时，推荐选择的同位素是（　　）。

A. 206　　　B. 209　　　C. 208　　　D. 207

240. GB 5009.268—2016《食品安全国家标准 食品中多元素的测定》中，电感耦合等离子体质谱法测定汞元素时，推荐选择的同位素是（　　）。

A. 201　　　B. 200　　　C. 202　　　D. 204

241. 依据 GB 12456—2021《食品安全国家标准 食品中总酸的测定》，pH 计电位滴定法测定食品中的总酸适用于下列（　　）产品的检测。

A. 饮料　　　B. 白酒　　　C. 酱油　　　D. 酸奶

242. 依据 GB 8538—2022《食品安全国家标准 饮用天然矿泉水检验方法》，盐酸滴定天然矿泉水中总碱度时采用甲基橙作指示剂，滴定终点 pH 值不正确的是（　　）。

A. 5　　　　B. 4　　　　C. 2　　　　D. 6

三、判断题

243. 依据 GB 5009.3—2016《食品安全国

家标准 食品中水分的测定》，食品中水分含量大于 0.001g/100g，且小于 0.5g/100g 时，适用于第一法进行检测。（　　）

244. 酸水解法测定食品中淀粉的原理是：试样经去除脂肪及可溶性糖后，淀粉经盐酸水解成葡萄糖，通过测定葡萄糖含量，并折算成样品中淀粉含量。（　　）

245. 原子荧光光度法测定鱼油产品中总砷时，不可以用微波消解法进行消解。（　　）

246. 原子荧光光度法测定藻类及其制品中总砷，可以用压力罐消解法进行消解。（　　）

247. 依据 GB 5009.11—2024《食品安全国家标准 食品中总砷及无机砷的测定》第二篇 食品中无机砷的测定（第一法 液相色谱-原子荧光光谱联用法），当称样量为 1.0g 且加入提取试剂体积为 20mL 时，方法检出限为 0.02mg/kg，方法定量限为 0.05mg/kg。（　　）

248. GB 5009.15—2023《食品安全国家标准 食品中镉的测定》中，石墨炉原子吸收光谱法测定镉的前处理方法包括湿式消解法、微波消解法、压力罐消解法、干式消解法。（　　）

249. 石墨炉原子吸收光谱法测定镉所用基体改进剂为磷酸二氢铵-硝酸钯。（　　）

250. 氢化物原子荧光光谱法测定食品中锡的原理是：试样经消解后，在硼氢化钠（或硼氢化钾）的作用下生成锡的氢化物（SnH_4），并由载气带入原子化器中进行原子化，在锡空心阴极灯的照射下，基态锡原子被激发至高能态，在去活化回到基态时，发射出特征波长的荧光，其荧光强度与锡含量成正比，与标准系列溶液比较定量。（　　）

251. 电感耦合等离子体质谱法测定食品中锡时，所选用的内标元素为铑和铼。（　　）

252. 电感耦合等离子体发射光谱法测定食

品中锡时，锡的部分化合物容易水解形成不溶物残留在管路内，为了避免水解并减少冲洗时间，宜采用硝酸-盐酸混合溶液（5+1+94）或盐酸溶液（体积分数 1%～5%）冲洗管路。（　　）

253. 直接进样测汞法的原理是：样品经高温灼烧及催化热解后，汞被还原成汞单质，用金汞齐富集或直接通过载气带入检测器，在波长 253.7nm 处测量汞的原子吸收信号，或由汞灯激发检测汞的原子荧光信号，外标法定量。（　　）

254. 液相色谱-电感耦合等离子体质谱法联用仪适用于食用菌中甲基汞的测定。（　　）

255. GB/T 5009.18—2003《食品中氟的测定》中，氟离子选择电极法不适用于脂肪含量高而又未经灰化的试样，如花生、肥肉等。（　　）

256. 测定食品中的氟时，检验方法所用水均为不含氟的去离子水，全部试剂需贮于聚乙烯塑料瓶中。（　　）

257. 离子色谱法测定食品中亚硝酸盐与硝酸盐时，所有玻璃器皿使用前均需依次用 2 mol/L 氢氧化钾溶液和水分别浸泡 4h，然后用水冲洗 3～5 次，晾干备用。（　　）

258. 依据 GB 5009.34—2022《食品安全国家标准 食品中二氧化硫的测定》第二法分光光度法，直接提取法不适用于白糖及白糖制品中二氧化硫的测定。（　　）

259. 分光光度法适用于木薯粉中氰化物的测定。（　　）

260. 测定饮用水中的氰化物可以用配有电子捕获检测器的气相色谱仪进行检测。（　　）

261. 食盐中氯化钾含量＜2g/100g 时，按重量法操作；食盐中氯化钾含量＞2g/100g 时，按火焰发射光谱法操作。（　　）

262. 食盐中硫酸根的测定原理是：过量的氯化钡与试样中硫酸根生成难溶的硫酸钡沉淀；剩余的钡离子用乙二胺四乙酸二钠

（EDTA）标准溶液滴定，间接法测定硫酸根。（　　）

263. GB 5009.42—2016《食品安全国家标准 食盐指标的测定》钡的测定原理是钡离子与硫酸钡沉淀，利用比浊作限量测定。（　　）

264. 依据 GB 5009.44—2016《食品安全国家标准 食品中氯化物的测定》，佛尔哈德法（间接沉淀滴定法）和银量法（摩尔法或直接滴定法）适用于深颜色食品中氯化物的测定。（　　）

265. 依据 GB/T 5009.151—2003《食品中锗的测定》，锗-132 含量是总锗的含量减去无机锗的含量。（　　）

四、填空题

266. GB 5009.5—2016《食品安全国家标准 食品中蛋白质的测定》规定的检验方法包括 _____、_____ 和燃烧法。

267. 无机砷包括三价砷和 _____ 两种。

268. 五种砷形态包括三价砷、_____、_____、_____、砷甜菜碱。

269. GB 5009.15—2023《食品安全国家标准 食品中镉的测定》的检验方法有两种，第一法是石墨炉原子吸收光谱法，第二法是_____。

270. 依据 GB 5009.17—2021《食品安全国家标准 食品中总汞及有机汞的测定》，液相色谱-电感耦合等离子体质谱联用法测定汞的形态包括无机汞、_____、_____。

271. 依据 GB 5009.17—2021《食品安全国家标准 食品中总汞及有机汞的测定》，液相色谱-电感耦合等离子体质谱联用法所使用的色谱柱包括_____或等效色谱柱

272. 依据 GB 5009.34—2022《食品安全国家标准 食品中二氧化硫的测定》，分光光度法测定食品中二氧化硫的试样处理方法有直接提取法和_____两种。

273. 食盐中氯化钾的测定方法有火焰发射

光谱法和＿＿＿＿＿＿＿＿。

274. GB 5009.44—2016《食品安全国家标准　食品中氯化物的测定》中，氯化物的检验方法有＿＿＿＿＿＿＿、佛尔哈德法和银量法三种。

275. GB 5009.8—2023《食品安全国家标准　食品中果糖、葡萄糖、蔗糖、麦芽糖、乳糖的测定》的检验方法有＿＿＿＿＿＿、＿＿＿＿＿＿、酸水解-莱因-埃农氏法和莱因-埃农氏法四种。

276. 总膳食纤维包括可溶性膳食纤维和＿＿＿＿＿＿＿＿两种。

277. 保健饮品中 β-羧乙基锗倍半氧化物的简称是＿＿＿＿＿＿＿。

278. 酸价又称＿＿＿＿＿＿＿。

279. GB 5009.236—2016《食品安全国家标准　动植物油脂水分及挥发物的测定》的检验方法包括沙浴（电热板）法和＿＿＿＿＿＿＿两种。

280. GB 5009.268—2016《食品安全国家标准　食品中多元素的测定》的检验方法包括电感耦合等离子体质谱法和＿＿＿＿＿＿两种。

281. 滑石粉的主要成分是天然的＿＿＿＿＿＿＿＿＿＿。

五、简答题

282. 液相色谱-电感耦合等离子体质谱联用法测定汞形态的原理是什么？

283. GB 5009.17—2021《食品安全国家标准　食品中总汞及有机汞的测定》第二篇测定甲基汞时，需先确定哪几种汞形态的分离度？分离度要求达到多少？

284. GB 5009.6—2016《食品安全国家标准　食品中脂肪的测定》的酸水解法原理是什么？

285. GB 5009.94—2012《食品安全国家标准　植物性食品中稀土元素的测定》包括哪 16 种稀土元素？

286. GB 5009.227—2023《食品安全国家标准　食品中过氧化值的测定》中指示剂滴定法测定食品中过氧化值的原理是什么？

第十九章

食品添加剂检测方法标准

● 核心知识点 ●

　　GB 5009 等系列标准作为我国食品安全检测体系的核心技术规范，构建了系统化、标准化的食品添加剂检验方法体系。该系列标准由国家卫生健康委员会和国家市场监督管理总局联合发布，是我国现行食品安全国家标准体系中专门针对食品添加剂检测的技术规范集群，在保障食品安全、规范行业发展和维护消费者权益方面发挥着不可替代的作用。

　　从体系架构来看，添加剂类别覆盖了防腐剂（如 GB 5009.28—2016《食品安全国家标准　食品中苯甲酸、山梨酸和糖精钠的测定》）、甜味剂（GB 5009.263—2016《食品安全国家标准　食品中阿斯巴甜和阿力甜的测定》）、着色剂（GB 5009.35—2016《食品安全国家标准　食品中合成着色剂的测定》）、抗氧化剂等主要添加剂类型。在检测方法维度上，则囊括了色谱分析、质谱分析离子色谱分析等现代分析技术，形成了完整的方法体系。

　　在技术特点方面，GB 5009 等系列标准具有三个显著特征：首先是技术先进性，广泛采用超高效液相色谱（UPLC）、气相色谱-质谱联用（GC-MS/MS）等尖端分析技术，检测灵敏度普遍达到 ppm 至 ppb 级。其次是方法科学性，每个标准都经过严格的验证试验，对样品前处理、仪器条件、定性定量分析等关键环节作出详细规定，如 GB 5009.97-2016 对脱氢乙酸的检测规定了特定的提取净化步骤。第三是适用性广，标准方法经过优化可适用于复杂食品基质，如乳制品、肉制品、饮料等多种食品类型。

　　从质量控制角度看，GB 5009 等系列标准建立了完整的质量保证体系。在方法验证方面，要求进行线性范围、检出限、定量限、精密度、回收率等系统验证；在实验过程控制方面，规定了空白试验、平行试验、加标回收等质控措施；在结果判定方面，明确了定性确认和定量计算的严格要求。这些措施有效保证了检测结果的准确性和可靠性。

　　作为食品添加剂安全监管的技术基石，GB 5009 等系列标准通过科学规范的方法体系、严格的质量控制要求和持续的更新机制，为构建更加完善的食品安全治理体系提供了坚实的方法学支撑，在保障人民群众饮食安全和促进食品产业健康发展方面发挥着越来越重要的作用。

食品添加剂检测方法标准是确保食品添加剂使用安全的关键技术依据。本章围绕食品添加剂检测方法等相关标准，深入解读检测方法的制定依据、适用范围及实际应用。通过本章的系统练习，读者将了解食品添加剂检测方法等标准的基本要求，掌握不同检测方法的适用范围和操作步骤，学会结合实际案例评估食品添加剂等使用的合规性，为食品安全抽样检验提供技术支持。

第一节　基础知识自测

一、单选题

1. 依据 GB 5009.89—2023《食品安全国家标准 食品中烟酸和烟酰胺的测定》，保健品可以采用（　　）进行检测。

A. 第一法　高效液相色谱法

B. 第二法　微生物法

C. 第一法与第二法均可以

D. 第一法与第二法均不可以

2. 依据 GB 5009.89—2023《食品安全国家标准 食品中烟酸和烟酰胺的测定》第二法微生物法，样品过滤后调节 pH 值至（　　），再定容至刻度。

A. 5.8±0.2　　　　　B. 6.8±0.2

C. 7.8±0.2　　　　　D. 8.8±0.2

3. 依据 GB 5009.89—2023《食品安全国家标准 食品中烟酸和烟酰胺的测定》第二法微生物法，当称样量为 2g 时，标准定量限为（　　）。

A. 30μg/100g　　　　B. 100μg/100g

C. 120μg/100g　　　　D. 1250μg/100g

4. 依据 GB 5009.154—2023《食品中维生素 B_6 的测定》第一法，吡哆醛、吡哆醇、吡哆胺的存储条件是什么？（　　）

A. 冷藏（4～8℃）

B. 避光保存（-20℃）

C. 常温保存

D. 未规定

5. 依据 GB 5009.154—2023《食品安全国家标准 食品中维生素 B_6 的测定》，对添加（　　）的试样，需经过酸水解与酸性磷酸酶处理。

A. 5′-磷酸吡哆醛　　　B. 5′-磷酸吡哆醇

C. 5′-磷酸吡哆胺　　　D. 核苷酸

6. 依据 GB 5009.35—2023《食品安全国家标准 食品中合成着色剂的测定》，对合成着色剂进行前处理分析时，推荐使用的固相萃取柱为（　　）。

A. 混合型弱阴离子交换反相固相萃取柱

B. 混合型强阴离子交换反相固相萃取柱

C. 混合型弱阳离子交换反相固相萃取柱

D. 混合型强阳离子交换反相固相萃取柱

7. 依据 GB 5009.35—2023《食品安全国家标准 食品中合成着色剂的测定》，柠檬黄、喹啉黄检测波长为（　　），新红、苋菜红、胭脂红、日落黄、诱惑红、酸性红和赤藓红检测波长为（　　），靛蓝、亮蓝检测波长为（　　）。

A. 415nm；520nm；610nm

B. 520nm；415nm；610nm

C. 610nm；520nm；415nm

D. 520nm；415nm；610nm

8. 依据 GB 5009.97—2023《食品安全国家标准 食品中环己基氨基磺酸盐的测定》第一法 气相色谱法，试样中的甜蜜素（环己基氨基磺酸盐）经水提取，在硫酸介质中与亚硝酸钠反应，生成环己醇亚硝酸酯和环己醇，用正庚烷萃取后，用（　　）测定，外标法定量。

A. 气相色谱-电子捕获检测器

B. 气相色谱-氢火焰离子化检测器

C. 气相色谱-火焰光度检测器

D. 气相色谱-热导池检测器

9. 依据 GB 5009.97—2023《食品安全国家标准 食品中环己基氨基磺酸盐的测定》第二法 高效液相色谱法，试样中的甜蜜素（环己基氨基磺酸盐）经水提取，在硫酸介质中与次氯酸钠反应，生成 N,N-二氯环己胺，用正庚烷萃取后，用（ ）测定，外标法定量。

A. 荧光检测器

B. 紫外或二极管阵列检测器

C. 气相色谱-电子捕获检测器

D. 气相色谱-氢火焰离子化检测器

10. 依据 GB 5009.89—2023《食品安全国家标准 食品中烟酸和烟酰胺的测定》，液相检测法中烟酸和烟酰胺检测波长为（ ）。

A. 261nm   B. 210nm

C. 360nm   D. 625nm

11. 依据 GB 5009.210—2023《食品安全国家标准 食品中泛酸的测定》第一法 液相色谱法，采用液相色谱法分析乳粉及食品中的泛酸，适宜采用（ ）色谱柱。

A. 硅胶柱   B. 氨基柱

C. HILIC 柱   D. C_{18} 柱

12. 依据 GB 5009.210—2023《食品安全国家标准 食品中泛酸的测定》，泛酸最佳检测波长为（ ）。

A. 261nm   B. 200nm

C. 360nm   D. 625nm

13. 依据 GB 5009.85—2016《食品安全国家标准 食品中维生素 B_2 的测定》，测定维生素 B_2 检测波长为：激发波长（ ），发射波长（ ）。

A. 522nm；462nm   B. 462nm；522nm

C. 350nm；550nm   D. 550nm；350nm

14. 依据 GB 5009.85—2016《食品安全国家标准 食品中维生素 B_2 的测定》，维生素 B_2 在 440～500nm 波长光照射下发生（ ）荧光。

A. 黄绿色   B. 蓝绿色

C. 绿紫色   D. 浅紫色

15. 维生素 B_2 又名（ ）。

A. 核黄素   B. 叶黄素

C. 硫胺素   D. 吡哆醇

16. 依据 GB 5009.85—2016《食品安全国家标准 食品中维生素 B_2 的测定》第一法 高效液相色谱法，在校正维生素 B_2 标准溶液时，校正波长为（ ）。

A. 644nm   B. 444nm

C. 254nm   D. 266nm

17. 依据 GB 5009.299—2024《食品安全国家标准 食品中乳铁蛋白的测定》，分析试样中牛乳铁蛋白，需要使用以下（ ）净化分析柱。

A. 免疫亲和柱   B. 肝素亲和柱

C. 分子印迹柱   D. 阴离子交换柱

18. 依据 GB 5009.299—2024《食品安全国家标准 食品中乳铁蛋白的测定》，分析试样中牛乳铁蛋白，需要使用（ ）。

A. 紫外检测器   B. 荧光检测器

C. 蒸发光散射检测器   D. 电化学检测器

19. 依据 GB 5009.299—2024《食品安全国家标准 食品中乳铁蛋白的测定》，分析试样中牛乳铁蛋白，需要使用以下（ ）色谱柱。

A. C_4，$5\mu m$，300Å，250mm×4.6mm

B. C_8，$5\mu m$，100Å，250mm×4.6mm

C. C_{18}，$5\mu m$，100Å，250mm×4.6mm

D. HILIC，$5\mu m$，100Å，250mm×4.6mm

20. 依据 GB 5009.298—2023《食品安全国家标准 食品中三氯蔗糖（蔗糖素）的测定》，分析食品中三氯蔗糖（蔗糖素）时，前处理采用如下什么净化分析柱效果最好？（ ）

A. C_{18} 填料 SPE 柱

B. 乙烯基吡咯烷酮和二乙烯基苯亲水亲脂平衡型填料 SPE 柱

C. 硅胶填料 SPE 柱

D. 弱酸性阴离子聚合物填料

21. 依据 GB 5009.298—2023《食品安全国家标准 食品中三氯蔗糖（蔗糖素）的测

定》，蒸发光散射检测器绘制工作曲线应该采用（　　）方式进行。

A. 线性拟合
B. 对数拟合
C. 指数拟合
D. 常规拟合

22. 依据 GB 5009.296—2023《食品安全国家标准　食品中维生素 D 的测定》，采用氢氧化钠溶液进行皂化时，推荐的皂化条件为（　　）。

A. 40℃±2℃，30min

B. 60℃±2℃，30min

C. 80℃±2℃，30min

D. 100℃±2℃，30min

23. 依据 GB 5009.296—2023《食品安全国家标准　食品中维生素 D 的测定》，皂化液中加入 50mL 石油醚重复萃取 1～2 次，合并石油醚层后的下一步骤是（　　）。

A. 无水硫酸钠除去水分

B. 用水洗涤石油醚至中性

C. 旋蒸浓缩萃取液

D. 净化萃取液

24. 依据 GB 5009.296—2023《食品安全国家标准　食品中维生素 D 的测定》第一法正相色谱净化-反相液相色谱法测定维生素 D 时，当固体试样取样量为 10.00g 时，定量限为（　　）。

A. $2\mu g/100g$
B. $20\mu g/100g$
C. $50\mu g/100g$
D. $0.2mg/100g$

25. 依据 GB 5009.140—2023《食品安全国家标准　食品中乙酰磺胺酸钾的测定》，（　　）为安赛蜜的推荐检测波长。

A. 190nm
B. 227nm
C. 260nm
D. 360nm

26. 采用 C_{18} 柱或者 HLB 柱进行样品前处理时，一般情况下，适宜采用如下（　　）方式淋洗和洗脱。

A. 5%甲醇淋洗；甲醇洗脱

B. 水淋洗；正己烷洗脱

C. 10%甲酸溶液淋洗；10%氨水洗脱

D. 10%氨水溶液淋洗；10%甲酸溶液洗脱

27. 依据 GB 5009.284—2021《食品安全国

家标准　食品中香兰素、甲基香兰素、乙基香兰素和香豆素的测定》，对于油脂含量高的样品，可以采用（　　）的方式去除油脂。

A. 乙酸锌和亚铁氰化钾沉淀剂

B. 冷冻离心

C. 调 pH 值

D. 加醋酸铅溶液

28. 依据 GB 5009.284—2021《食品安全国家标准　食品中香兰素、甲基香兰素、乙基香兰素和香豆素的测定》第一法 液相色谱法，香兰素、甲基香兰素、乙基香兰素和香豆素的定量限是（　　）。

A. 0.05mg/kg
B. 0.10mg/kg
C. 0.20mg/kg
D. 0.50mg/kg

29. 依据 GB 5009.283—2021《食品安全国家标准　食品中偶氮甲酰胺的测定》，在测定偶氮甲酰胺时，加入三苯基膦衍生溶液，适宜的衍生条件是（　　）。

A. 20～30℃环境温度下，避光静置衍生 12h 以上

B. 40～50℃环境温度下，避光静置衍生 12h 以上

C. 60℃环境温度下，避光静置衍生 12h 以上

D. 40～50℃环境温度下，避光静置衍生 24h 以上

30. 依据 GB 5009.259—2023《食品安全国家标准　食品中生物素的测定》，液相色谱-串联质谱法用于测定食品中生物素时，样品制备时的采样量需要大于（　　）。

A. 100g
B. 200g
C. 500g
D. 1kg

31. 依据 GB 5009.259—2023《食品安全国家标准　食品中生物素的测定》，液相色谱-串联质谱法用于测定食品中生物素时，采用如下（　　）试剂调节提取液 pH 值约至 1.6。

A. 高氯酸
B. 醋酸
C. 磷酸溶液
D. 甲酸

32. 依据 GB 5009.259—2023《食品安全国家标准 食品中生物素的测定》，液相色谱-串联质谱法用于测定食品中生物素时，其定量限为（　　）。

A. 1.00μg/100g　　　　B. 10.0μg/100g

C. 50.0μg/100g　　　　D. 100.0μg/100g

33. 依据 GB 5009.83—2016《食品安全国家标准 食品中胡萝卜素的测定》，（　　）色谱分析柱推荐用于食品中胡萝卜素的测定。

A. C_8　　　　　　　B. C_{18}

C. C_{30}　　　　　　D. 硅胶柱

34. 依据 GB 5009.83—2016《食品安全国家标准 食品中胡萝卜素的测定》，（　　）波长适用于食品中胡萝卜素的测定。

A. 254nm　　　　　　B. 380nm

C. 450nm　　　　　　D. 625nm

35. 依据 GB 5009.32—2016《食品安全国家标准 食品中 9 种抗氧化剂的测定》，油脂中（　　）用比色法进行检测。

A. BHA　　　　　　　B. BHT

C. TBHQ　　　　　　D. PG

36. 依据 GB 5009.32—2016《食品安全国家标准 食品中 9 种抗氧化剂的测定》，采用气相色谱法检测油脂类样品中抗氧化剂时，推荐采用（　　）方式进行净化处理。

A. 正己烷除油后过 C_{18} 固相萃取柱

B. 凝胶渗透色谱（GPC）净化

C. 正己烷除油后过中性氧化铝色谱柱

D. 石油醚萃取

37. 依据 GB 5009.32—2016《食品安全国家标准 食品中 9 种抗氧化剂的测定》，采用高效液相色谱法检测固体类食品样品中抗氧化剂时，应采用（　　）方式进行净化处理。

A. 正己烷除油后过 C_{18} 固相萃取柱

B. 石油醚除油后过中性氧化铝色谱柱

C. 正己烷除油后过中性氧化铝色谱柱

D. 凝胶渗透色谱（GPC）净化

38. 依据 GB 5009.32—2016《食品安全国家标准 食品中 9 种抗氧化剂的测定》，采用高效液相色谱法检测固体类食品样品中抗氧化剂时，合并正己烷饱和的乙腈溶液提取后，需用 0.1％甲酸溶液调节 pH 值至（　　）。

A. 4.0　　B. 6.0　　C. 8.0　　D. 10

39. 依据 GB 5009.32—2016《食品安全国家标准 食品中 9 种抗氧化剂的测定》，采用高效液相色谱法检测固体类食品样品中抗氧化剂时，推荐选用（　　）色谱分析柱。

A. 氨基柱　　　　　　B. C_{30}

C. C_{18}　　　　　　D. 硅胶柱

40. 依据 GB 5009.32—2016《食品安全国家标准 食品中 9 种抗氧化剂的测定》，采用高效液相色谱法检测固体类食品样品中抗氧化剂时，检测波长推荐为（　　）。

A. 280nm　　　　　　B. 254nm

C. 445nm　　　　　　D. 625nm

41. 依据 GB 5009.32—2016《食品安全国家标准 食品中 9 种抗氧化剂的测定》，采用气相色谱-质谱法检测固体类食品样品中抗氧化剂时，推荐选用的色谱柱是（　　）。

A. 5％苯基-甲基聚硅氧烷毛细管柱

B. 极性毛细柱（化学键和聚乙二醇固定相）

C. 聚乙二醇石英毛细管柱

D. 100％聚甲基硅氧烷柱

42. 依据 GB 5009.32—2016《食品安全国家标准 食品中 9 种抗氧化剂的测定》，采用气相色谱法检测固体类食品样品中抗氧化剂时，推荐选用以下（　　）。

A. 电子捕获检测器

B. 氢火焰离子化检测器

C. 火焰光度检测器

D. 热导检测器

43. 依据 GB 5009.32—2016《食品安全国家标准 食品中 9 种抗氧化剂的测定》，测定食品样品中抗氧化剂时，采用凝胶渗透色谱（GPC）进行净化，推荐使用如下（　　）流动相。

A. 乙酸乙酯：环己烷＝1∶1（体积比）

B. 乙酸乙酯：正己烷＝1∶1（体积比）

C. 石油醚：正己烷＝1∶1（体积比）

D. 异丙醇：正己烷＝1∶1（体积比）

44. GB 5009.83—2016《食品安全国家标准　食品中胡萝卜素的测定》，在测定胡萝卜素过程中，需要加入以下（　　）抗氧化剂防止待测物被氧化。

A. 抗坏血酸　　　　　B. BHT

C. BHA　　　　　　　D. TBHQ

45. 依据 GB 5009.82—2016《食品安全国家标准　食品中维生素 A、D、E 的测定》，采用紫外检测器对奶粉中维生素 A 和维生素 E 进行测定时，维生素 A 测定波长推荐为（　　），维生素 E 测定波长推荐为（　　）。

A. 325nm；294nm

B. 254nm；325nm

C. 254nm；450nm

D. 450nm；294nm

46. 依据 GB 5009.82—2016《食品安全国家标准　食品中维生素 A、D、E 的测定》第二法　正相高效液相色谱法，推荐采用（　　）色谱柱测定食品中的维生素 E。

A. 氨基柱　　　　　B. 酰氨基柱

C. C_{30} 柱　　　　　　D. HILIC 柱

47. 依据 GB 5009.82—2016《食品安全国家标准　食品中维生素 A、D、E 的测定》第二法　正相高效液相色谱法，推荐采用（　　）流动相测定食品中的维生素 E。

A. 正己烷＋［叔丁基甲基醚-四氢呋喃-甲醇混合液（20＋1＋0.1）］＝90＋10

B. 叔丁基甲基醚＋［正己烷-四氢呋喃-甲醇混合液（20＋1＋0.1）］＝90＋10

C. 四氢呋喃＋［正己烷-叔丁基甲基醚-甲醇混合液（20＋1＋0.1）］＝90＋10

D. 正己烷＋［叔丁基甲基醚-甲醇-四氢呋喃混合液（20＋1＋0.1）］＝90＋10

48. 依据 GB 5009.82—2016《食品安全国家标准　食品中维生素 A、D、E 的测定》第三法，液相色谱-串联质谱法，测定食品中维生素 D 时，宜采用的电离模式是（　　）。

A. APCI 正离子模式

B. APCI 负离子模式

C. ESI 正离子模式

D. ESI 负离子模式

49. 依据 GB 5009.8—2023《食品安全国家标准　食品中果糖、葡萄糖、蔗糖、麦芽糖、乳糖的测定》第四法莱因-埃农氏法，适用于婴幼儿食品和乳制品中（　　）的测定。

A. 果糖　　　　　　B. 葡萄糖

C. 麦芽糖　　　　　D. 乳糖

50. 依据 GB 5009.8—2023《食品安全国家标准　食品中果糖、葡萄糖、蔗糖、麦芽糖、乳糖的测定》第一法　高效液相色谱法，检测蜂蜜中的果糖、葡萄糖、蔗糖、麦芽糖、乳糖，推荐采用以下（　　）色谱柱。

A. 氨基柱　　　　　B. 酰氨基柱

C. C_{30} 柱　　　　　　D. HILIC 柱

51. 依据 GB 5009.8—2023《食品安全国家标准　食品中果糖、葡萄糖、蔗糖、麦芽糖、乳糖的测定》，采用高效液相色谱法（配蒸发光散射检测器）检测蜂蜜中的果糖、葡萄糖、蔗糖、麦芽糖、乳糖，在采用氨基色谱柱进行分析时，推荐采用以下（　　）流动相。

A. 甲醇/水＝7/3　　　B. 甲醇/水＝3/7

C. 乙腈/水＝7/3　　　D. 乙腈/水＝3/7

52. 依据 GB 5009.28—2016《食品安全国家标准　食品中苯甲酸、山梨酸和糖精钠的测定》，以下（　　）标准品含结晶水，使用前需在 120℃烘 4h，于干燥器中冷却至室温后备用。

A. 苯甲酸钠　　　　B. 山梨酸钾

C. 糖精钠　　　　　D. 安赛蜜

53. 依据 GB 5009.28—2016《食品安全国家标准　食品中苯甲酸、山梨酸和糖精钠的测定》，样品的储存条件为（　　）。

A. 常温放置

B. 4℃冷藏放置

C. 4～10℃冷藏放置

D. 冷冻放置（－18℃）

54. 依据 GB 5009.28—2016《食品安全国家标准　食品中苯甲酸、山梨酸和糖精钠的测定》，采用液相色谱法测定样品中苯甲酸、山梨酸和糖精钠时，如样品中存在干扰峰，可加入以下（　　）物质辅助分离定性。

A. 乙酸　　　　　　　B. 甲酸

C. 高氯酸　　　　　　D. 磷酸

55. 依据 GB 5009.28—2016《食品安全国家标准　食品中苯甲酸、山梨酸和糖精钠的测定》，采用液相色谱法测定样品中苯甲酸、山梨酸和糖精钠时，苯甲酸、山梨酸和糖精钠（以糖精计）的定量限为（　　）。

A. 0.5mg/kg　　　　　B. 5mg/kg

C. 0.01g/kg　　　　　D. 0.1g/kg

56. 依据 GB 5009.28—2016《食品安全国家标准　食品中苯甲酸、山梨酸和糖精钠的测定》，采用气相色谱法测定样品中苯甲酸、山梨酸时，适宜采用（　　）。

A. 电子捕获检测器

B. 氢火焰离子化检测器

C. 火焰光度检测器

D. 热导检测器

57. 依据 GB 5009.28—2016《食品安全国家标准　食品中苯甲酸、山梨酸和糖精钠的测定》，采用气相色谱法测定样品中苯甲酸、山梨酸时，样品经处理后采用（　　）进行复溶。

A. 乙醚-乙酸乙酯　　　B. 正己烷-乙醚

C. 石油醚-乙酸乙酯　　D. 正己烷-乙酸乙酯

58. 依据 GB 5009.28—2016《食品安全国家标准　食品中苯甲酸、山梨酸和糖精钠的

测定》，采用气相色谱法测定样品中苯甲酸、山梨酸时，其定量限为（　　）。

A. 0.5mg/kg　　　　　B. 5mg/kg

C. 0.01g/kg　　　　　D. 0.1g/kg

59. 依据 GB 5009.278—2016《食品安全国家标准　食品中乙二胺四乙酸盐的测定》，推荐采用以下哪种固相萃取柱进行净化处理？（　　）

A. 混合阴离子固相萃取柱

B. 混合阳离子固相萃取柱

C. C_{18} 固相萃取柱

D. HLB 固相萃取柱

60. 依据 GB 5009.277—2016《食品安全国家标准　食品中双乙酸钠的测定》，在测定食品中双乙酸钠时，制备样品所需最小取样量为（　　）。

A. 100g　　B. 200g　　C. 500g　　D. 1kg

61. 依据 GB 5009.153—2016《食品安全国家标准　食品中植酸的测定》，试样用酸性溶液提取后，经（　　）吸附和解吸附进行净化处理。

A. 阴离子交换树脂

B. 阳离子交换树脂

C. C_{18} 固相萃取柱

D. HLB 固相萃取柱

62. 依据 GB 5009.270—2023《食品安全国家标准　食品中肌醇的测定》，气相色谱法测定食品中的肌醇，适宜选用如下哪种色谱柱？（　　）

A. 石英毛细管柱（5％苯基-甲基聚硅氧烷，柱长 30m，内径 0.25mm，膜厚 0.25m），或具同等性能的色谱柱

B. 极性毛细柱（化学键合聚乙二醇固定相）

C. 聚乙二醇石英毛细管柱

D. 100％聚甲基硅氧烷柱

63. 依据 GB 5009.267—2020《食品安全国家标准　食品中碘的测定》第四法　气相色谱法，推荐采用以下哪种检测器？（　　）

A. 电子捕获检测器

B. 氢火焰离子化检测器

C. 火焰光度检测器

D. 热导检测器

64. 依据 GB 5009.263—2016《食品安全国家标准 食品中阿巴斯甜和阿力甜的测定》，以下（　　）波长可以检测阿斯巴甜及阿力甜。

A. 420nm　　　　　　　B. 360nm

C. 254nm　　　　　　　D. 200nm

65. 依据 GB 5009.31—2016《食品安全国家标准 食品中对羟基苯甲酸酯类的测定》，宜采用如下哪种检测器分析对羟基苯甲酸酯类？（　　）

A. 电子捕获检测器

B. 氢火焰离子化检测器

C. 火焰光度检测器

D. 热导检测器

66. 依据 GB 5009.153—2016《食品安全国家标准 食品中植酸的测定》，洗脱液中的植酸与三氯化铁-磺基水杨酸混合液发生褪色反应，用分光光度计在波长（　　）处测定吸光度进行分析。

A. 254nm　　　　　　　B. 360nm

C. 500nm　　　　　　　D. 420nm

67. 依据 GB 5009.168—2016《食品安全国家标准 食品中脂肪酸的测定》，以下为测定脂肪酸适宜推荐选用的内标物是（　　）。

A. 十三碳酸甘油三酯

B. 十一碳酸甘油三酯

C. 十九碳酸甘油三酯

D. 二十三碳酸甘油三酯

68. 依据 GB 5009.128—2016《食品安全国家标准 食品中胆固醇的测定》，高效液相色谱法检测胆固醇推荐的检测波长是（　　）。

A. 420nm　　　　　　　B. 330nm

C. 280nm　　　　　　　D. 205nm

69. 依据 GB 5009.124—2016《食品安全国家标准 食品中氨基酸的测定》，采用氨基酸分析仪可以测定食品中（　　）酸水解氨基酸。

A. 15 种　　　　　　　B. 16 种

C. 17 种　　　　　　　D. 18 种

70. 依据 GB 5009.124—2016《食品安全国家标准 食品中氨基酸的测定》，称取样品后加入（　　）于水解管中，然后放在110℃±1℃的电热鼓风恒温箱内以水解蛋白质。

A. 6mol/L 盐酸溶液　　B. 50%硫酸溶液

C. 20%硝酸溶液　　　　D. 20%磷酸溶液

71. 依据 GB 5009.124—2016《食品安全国家标准 食品中氨基酸的测定》，以下哪种色谱柱适用于 15 种氨基酸的色谱分离检测？（　　）

A. 阴离子分析柱

B. 磺酸型阳离子树脂

C. C_{18} 色谱分析柱

D. HILIC 色谱分析柱

72. 依据 GB 5009.250—2016《食品安全国家标准 食品中乙基麦芽酚的测定》，以下哪种检测器推荐用于检测食品中乙基麦芽酚的含量？（　　）

A. 荧光检测器　　　　　B. 紫外检测器

C. 电导检测器　　　　　D. 电化学检测器

73. 依据 GB 5009.248—2016《食品安全国家标准 食品中叶黄素的测定》，叶黄素标准溶液加入（　　），在日光或日光灯下放置 30min，可获得顺式结构的叶黄素。

A. 次氯酸钠溶液　　　　B. 碘的乙醇溶液

C. 硫代硫酸钠溶液　　　D. 高锰酸钾溶液

74. 依据 GB 5009.245—2016《食品安全国家标准 食品中聚葡萄糖的测定》，食品中聚葡萄糖可以采用如下（　　）方法进行测定。

A. 液相色谱-蒸发光散射检测器

B. 液相色谱-示差折光检测器

C. 离子色谱-脉冲安培检测器

D. 离子色谱-电导检测器

75. 依据 GB 5009.169—2016《食品安全国

家标准　食品中牛磺酸的测定》，以下（　　）可以用为柱前衍生试剂，测定食品中牛磺酸。

A. 邻苯二甲醛（OPA）

B. 丹磺酰氯

C. 碘溶液

D. 次氯酸钠溶液

76. 依据 GB 5009.157—2016《食品安全国家标准　食品中有机酸的测定》，在有机酸净化处理过程中，适宜选用以下（　　）固相萃取小柱。

A. 强阴离子交换萃取柱（SAX）

B. 强阳离子交换萃取柱（SCX）

C. HLB 固相萃取小柱

D. 中性氧化铝固相萃取小柱

77. 依据 GB 5009.121—2016《食品安全国家标准　食品中脱氢乙酸的测定》采用气相色谱法检测果蔬汁、果蔬浆样品中脱氢乙酸时，以下说法正确的是（　　）。

A. 用盐酸溶液酸化后，再用乙酸乙酯萃取

B. 用甲酸溶液酸化后，再用乙酸乙酯萃取

C. 用盐酸溶液酸化后，再用石油醚萃取

D. 用盐酸溶液酸化后，再用正己烷萃取

78. 依据 GB 5009.121—2016《食品安全国家标准　食品中脱氢乙酸的测定》，采用液相色谱法检测食品中脱氢乙酸时，以下说法正确的是（　　）。

A. 硫酸锌溶液沉淀后，用氢氧化钠溶液调 pH 至 9.5

B. 乙酸锌和亚铁氰化钾沉淀后，用氢氧化钠溶液调 pH 至 9.5

C. 硫酸锌溶液沉淀后，用氢氧化钠溶液调 pH 至 7.5

D. 乙酸锌和亚铁氰化钾沉淀后，用氢氧化钠溶液调 pH 至 7.5

79. 依据 GB 5009.120—2016《食品安全国家标准　食品中丙酸钠、丙酸钙的测定》液相色谱法，以下（　　）可以使用直接浸提法进行试样处理。

A. 豆类制品　　　　　B. 生湿面制品

C. 面包、糕点　　　　D. 醋、酱油

80. 依据 GB/T 5009.195—2003《保健食品中吡啶甲酸铬含量的测定》，保健食品中吡啶甲酸铬可以采用如下（　　）进行检测。

A. 液相色谱-荧光检测器

B. 液相色谱-紫外检测器

C. 气相色谱-氢火焰离子化检测器

D. 气相色谱-电子捕获检测器

81. GB 5009.33—2016《食品安全国家标准　食品中亚硝酸盐与硝酸盐的测定》，采用分光光度法测定食品中亚硝酸盐时，试样经沉淀蛋白质、除去脂肪后，在弱酸条件下，亚硝酸盐与对氨基苯磺酸重氮化后，再与（　　）偶合形成紫红色染料，外标法测得亚硝酸盐含量。

A. 碘

B. 邻苯二甲醛（OPA）

C. 盐酸萘乙二胺

D. 次氯酸钠

82. 依据 GB 5009.86—2016《食品安全国家标准　食品中抗坏血酸的测定》，试样中的 L（＋）-脱氢抗坏血酸经（　　）进行还原后，可用紫外检测器（波长 245nm）测定 L（＋）-抗坏血酸总量。

A. 硫代硫酸钠溶液　　　B. L-半胱氨酸溶液

C. 硫酸亚铁溶液　　　　D. 次氯酸钠溶液

83. 依据 GB 5009.86—2016《食品安全国家标准　食品中抗坏血酸的测定》，采用荧光法检测食品中抗坏血酸时，试样中的抗坏血酸与（　　）反应后，可以于激发波长 338nm、发射波长 420nm 处测定荧光强度。

A. 邻苯二甲醛（OPA）

B. L-半胱氨酸溶液

C. 邻苯二胺溶液

D. 次氯酸钠溶液

84. 依据 SN/T 1743—2006《食品中诱惑红、酸性红、亮蓝、日落黄的含量检测 高效液相色谱法》，该标准适用于以下哪些食品的检测？（　　）

A. 糕点　　　　　　B. 糖果、饮料

C. 果冻、糖果　　　　D. 冰激凌、饮料

85. 以下（　　）方法适用于植物油中乙基麦芽酚的测定。

A. GB 1886.208—2016　B. BJS 201708

C. GB 5009.250—2016　D. BJS 201705

86. 依据 SN/T 1743—2006《食品中诱惑红、酸性红、亮蓝、日落黄的含量检测 高效液相色谱法》，该标准通用的检测波长为（　　）。

A. 254nm　　　　　　B. 230nm

C. 260nm　　　　　　D. 280nm

87. 依据 SN/T 1743—2006《食品中诱惑红、酸性红、亮蓝、日落黄的含量检测 高效液相色谱法》，以下说法错误的是（　　）。

A. 日落黄、诱惑红、酸性红测定低限为 2.5mg/kg 或 2.5mg/L

B. 亮蓝测定低限为 5.0mg/kg 或 5.0mg/L

C. 该标准采用钨酸钠作为沉淀剂

D. 流动相采用等度系统分析

88. 依据 GB 5009.293—2023《食品安全国家标准 食品中单辛酸甘油酯的测定》，该标准规定了生湿面制品中单辛酸甘油酯的测定，采用哪种法进行定量分析？（　　）

A. 外标法　　　　　B. 内标法

C. 归一化法　　　　D. 标准加入法

89. 在采用 GB 25531—2010《食品安全国家标准 食品添加剂 三氯蔗糖》对食品添加剂三氯蔗糖进行定量分析时，采用的检测方法是（　　）。

A. 高效液相色谱-二极管阵列检测法

B. 高效液相色谱-示差折光检测法

C. 紫外分光光度法

D. 滴定法

90. 在采用 GB1886.184—2016《食品安全国家标准 食品添加剂 苯甲酸钠》对食品添加剂苯甲酸钠进行含量分析时，采用的检测方法是（　　）。

A. 高效液相色谱-二极管阵列检测法

B. 高效液相色谱-示差折光检测法

C. 紫外分光光度法

D. 滴定法

91. 依据 GB/T 8313—2018《茶叶中茶多酚和儿茶素类含量的检测方法》，在对茶叶中茶多酚进行检测时，采用福林酚试剂氧化茶多酚中—OH 基团并显蓝色，最大吸收波长 λ 为 765nm，推荐用（　　）校正标准定量茶多酚。

A. 儿茶素　　　　　B. 没食子酸

C. 咖啡因　　　　　D. 表儿茶素

二、多选题

92. 依据 GB 5009.154—2023《食品安全国家标准 食品中维生素 B_6 的测定》，第一法液相色谱-串联质谱法中吡哆醇、吡哆醛、吡哆胺使用内标分别是（　　）。

A. $^{13}C_4$-盐酸吡多醇

B. D_5-盐酸吡哆醛

C. D_3-吡哆醛

D. D_3-双盐酸吡哆胺

93. GB 5009.35—2023《食品安全国家标准 食品中合成着色剂的测定》，可以检测如下（　　）色素。

A. 柠檬黄、新红、苋菜红

B. 靛蓝、胭脂红、日落黄

C. 诱惑红、亮蓝、酸性红

D. 喹啉黄、赤藓红

94. 依据 GB 5009.97—2023《食品安全国家标准 食品中环己基氨基磺酸盐的测定》，蒸馏酒、发酵酒、配制酒、料酒及其他含乙醇的食品中甜蜜素（环己基氨基磺酸盐）的测定可以采用如下（　　）测定。

A. 液相色谱法

B. 液相色谱-质谱/质谱法

C. 气相色谱法

D. 离子色谱法

95. 依据 GB 5009.290—2023《食品安全国家标准 食品中维生素 K_2 的测定》，维生素 K 应包括以下（　　）物质。

A. 四烯甲萘醌（MK-4）

B. 七烯甲萘醌（MK-7）

C. 九烯甲萘醌（MK-9）

D. 十烯甲萘醌（MK-10）

96. 依据 GB 5009.85—2016《食品安全国家标准　食品中维生素 B_2 的测定》，维生素 B_2 可以采用什么方法进行检测？（　　）

A. 高效液相色谱法-配备紫外检测器

B. 高效液相色谱法-配备荧光检测器

C. 高效液相色谱法-配备蒸发光散射检测器

D. 荧光分光光度法

97. 依据 GB 5009.85—2016《食品安全国家标准　食品中维生素 B_2 的测定》，在检测维生素 B_2 过程中需要采用哪种混合酶？（　　）

A. 淀粉酶　　　　　B. 木瓜蛋白酶

C. 高峰淀粉酶　　　D. 胰蛋白酶

98. 依据 GB 5009.299—2024《食品安全国家标准　食品中乳铁蛋白的测定》，本标准适用以下（　　）样品中牛乳铁蛋白含量的测定。

A. 巴氏杀菌乳

B. 调制乳粉

C. 风味发酵乳

D. 豆基婴幼儿配方食品

99. 依据 GB 5009.298—2023《食品安全国家标准　食品中三氯蔗糖（蔗糖素）的测定》，三氯蔗糖（蔗糖素）可以采用以下哪种方法进行测定？（　　）

A. 紫外分光光度法

B. 液相色谱法

C. 高效液相色谱法-串联质谱法

D. 离子色谱法

100. 与 GB/T 5009.140—2003《饮料中乙酰磺胺酸钾的测定》相比，GB 5009.140—2023《食品安全国家标准　食品中乙酰磺胺酸钾的测定》主要变化内容是（　　）。

A. 扩大了方法的适用范围

B. 修改了样品前处理方法和仪器参考条件

C. 增加了方法的检出限和定量限

D. 删除了糖精钠测定的相关内容

101. 依据 GB 5009.284—2021《食品安全国家标准　食品中香兰素、甲基香兰素、乙基香兰素和香豆素的测定》，可以采用如下哪种方法检测食品中香兰素、甲基香兰素、乙基香兰素和香豆素？（　　）

A. 液相色谱法

B. 液相色谱-质谱/质谱法

C. 气相色谱-质谱法

D. 紫外分光光度法

102. 依据 GB 5009.284—2021《食品安全国家标准　食品中香兰素、甲基香兰素、乙基香兰素和香豆素的测定》，检测样品中香兰素、甲基香兰素、乙基香兰素和香豆素，定量限为 0.05mg/kg 的方法是（　　）。

A. 液相色谱法

B. 液相色谱-质谱/质谱法

C. 气相色谱-质谱法

D. 紫外分光光度法

103. 依据 GB 5009.259—2023《食品安全国家标准　食品中生物素的测定》，液相色谱-串联质谱法适用于（　　）食品中生物素的测定。

A. 调制乳粉　　　　　B. 特殊膳食用食品

C. 保健食品　　　　　D. 生牛乳

104. 依据 GB 5009.83—2016《食品安全国家标准　食品中胡萝卜素的测定》，测定胡萝卜素需要使用以下（　　）作为流动相。

A. 水　　　　　　　　B. 甲醇

C. 乙腈　　　　　　　D. 甲基叔丁基醚

105. GB 5009.82—2016《食品安全国家标准　食品中维生素 A、D、E 的测定》替代了如下（　　）标准。

A. GB/T 5009.82—2003《食品中维生素 A 和维生素 E 的测定》

B. GB 5413.9—2010《食品安全国家标准　婴幼儿食品和乳品中维生素 A、D、E 的测定》

C. GB/T 9695.26—2008《肉与肉制品　维生素 A 含量测定》

D. GB/T 9695.30—2008《肉与肉制品　维

生素 E 含量测定》

E. NY/T 1598—2008《食用植物油中维生素 E 组分和含量的测定 高效液相色谱法》

106. 依据 GB 5009.82—2016《食品安全国家标准 食品中维生素 A、D、E 的测定》，维生素 E 的同分异构体有（　　）。

A. α-生育酚　　　　　B. β-生育酚

C. γ-生育酚　　　　　D. δ-生育酚

107. 依据 GB 5009.82—2016《食品安全国家标准 食品中维生素 A、D、E 的测定》，在测定奶粉中维生素 A 和维生素 E 的过程中，需要使用到如下（　　）抗氧化剂。

A. 抗坏血酸　　　　　B. BHA

C. BHT　　　　　　　D. TBHQ

108. GB 5009.82—2016《食品安全国家标准 食品中维生素 A、D、E 的测定》第二法正相高效液相色谱法，适用于（　　）类别食品中维生素 E 的测定。

A. 食用油

B. 奶油

C. 黄油

D. 坚果、豆类和辣椒粉

109. 依据 GB 5009.8—2023《食品安全国家标准 食品中果糖、葡萄糖、蔗糖、麦芽糖、乳糖的测定》，以下哪种糖可以采用示差折光检测器或蒸发光散射检测器检测？（　　）

A. 聚葡萄糖　　　　　B. 果糖

C. 麦芽糖　　　　　　D. 蔗糖

E. 乳糖

110. 依据 GB 5009.32—2016《食品安全国家标准 食品中 9 种抗氧化剂的测定》，抗氧化剂可以采用如下哪种方法进行检测？（　　）

A. 高效液相色谱法

B. 液相色谱串联质谱法

C. 气相色谱-质谱法

D. 气相色谱法

E. 比色法

111. 依据 GB 5009.32—2016《食品安全国家标准 食品中 9 种抗氧化剂的测定》，食品中如下（　　）抗氧化剂适宜用液相色谱串联质谱法进行检测。

A. TBHQ　　　　　　B. PG

C. BHA　　　　　　　D. BHT

112. 依据 GB 5009.32—2016《食品安全国家标准 食品中 9 种抗氧化剂的测定》，食品中如下（　　）抗氧化剂适宜用气相色谱法进行检测。

A. BHA　　　　　　　B. BHT

C. TBHQ　　　　　　D. PG

113. 依据 GB 5009.28—2016《食品安全国家标准 食品中苯甲酸、山梨酸和糖精钠的测定》，气相色谱法适用于以下（　　）食品类别中苯甲酸、山梨酸和糖精钠的测定。

A. 乳饮料　　　　　　B. 酱油

C. 果酱　　　　　　　D. 水果汁

114. 依据 GB 5009.28—2016《食品安全国家标准 食品中苯甲酸、山梨酸和糖精钠的测定》，第一法液相色谱法测定样品中苯甲酸、山梨酸和糖精钠，需要用到（　　）沉淀剂。

A. 醋酸铅　　　　　　B. 硫酸铜

C. 亚铁氰化钾　　　　D. 乙酸锌

115. 依据 GB 5009.28—2016《食品安全国家标准 食品中苯甲酸、山梨酸和糖精钠的测定》，第一法液相色谱法测定样品中苯甲酸、山梨酸和糖精钠时，如下（　　）样品的测定时可以不加蛋白沉淀剂。

A. 碳酸饮料　　　　　B. 果酒

C. 果汁　　　　　　　D. 风味乳饮料

116. 依据 GB 5009.279—2016《食品安全国家标准 食品中木糖醇、山梨醇、麦芽糖醇、赤藓糖醇的测定》，推荐选用如下哪种检测器测定食品中的木糖醇、山梨醇、麦芽糖醇、赤藓糖醇？（　　）

A. 蒸发光散射检测器　B. 示差折光检测器

C. 二极管阵列检测器　D. 荧光检测器

117. 依据 GB 5009.279—2016《食品安全国家标准 食品中木糖醇、山梨醇、麦芽糖醇、赤藓糖醇的测定》，测定食品中木糖醇、山梨醇、麦芽糖醇、赤藓糖醇时，针对不同类别的饮料，可以选用如下哪些方式沉淀蛋白质？（ ）

A. 三氯乙酸溶液沉淀蛋白

B. 乙腈沉淀蛋白

C. 醋酸铅沉淀蛋白

D. 乙酸锌与亚铁氰化钾沉淀蛋白

118. 以下属于离子对试剂的有（ ）。

A. 四丁基溴化铵　　　B. 三乙胺

C. 庚烷磺酸钠　　　　D. 辛烷磺酸钠

119. 依据 GB 5009.277—2016《食品安全国家标准 食品中双乙酸钠的测定》，该方法不适用于检测（ ）食品中的双乙酸钠。

A. 调味品　　　　　　B. 液体复合调味料

C. 添加过乙酸的食品　D. 乳饮料

120. 依据 GB 5009.277—2016《食品安全国家标准 食品中双乙酸钠的测定》，采用直接浸提法测定双乙酸钠，只适用于以下哪些食品？（ ）

A. 馒头　　　　　　　B. 花卷

C. 豆制品　　　　　　D. 熟肉制品

121. 依据 GB 5009.277—2016《食品安全国家标准 食品中双乙酸钠的测定》，只适合用蒸馏法进行处理的样品有（ ）。

A. 豆干类　　　　　　B. 熟制水产品

C. 原粮　　　　　　　D. 预制肉制品

122. 依据 GB 5009.27—2016《食品安全国家标准 食品中苯并[a]芘的测定》，该标准适用于如下哪些食品中苯并[a]芘的测定？（ ）

A. 谷物及其制品

B. 水产动物及其制品

C. 油脂及其制品

D. 豆类及其制品

123. 依据 GB 5009.27—2016《食品安全国家标准 食品中苯并[a]芘的测定》进行食品中苯并[a]芘的测定时，推荐采用如下哪些净化柱进行前处理？（ ）

A. 中性氧化铝柱

B. 苯并[a]芘分子印迹柱

C. 酸性氧化铝柱

D. 硅胶固相萃取柱

124. 依据 GB 5009.270—2023《食品安全国家标准 食品中肌醇的测定》，可以采用以下哪种方法，测定食品中的肌醇？（ ）

A. 液相色谱法　　　　B. 微生物法

C. 气相色谱法　　　　D. 离子色谱法

125. 依据 GB 5009.267—2020《食品安全国家标准 食品中碘的测定》，第二法氧化还原滴定法适用以下（ ）食品中碘的测定。

A. 海带　　　　　　　B. 紫菜

C. 裙带菜　　　　　　D. 藻类及其制品

126. 依据 GB 5009.267—2020《食品安全国家标准 食品中碘的测定》，第三法砷铈催化分光光度法适用于以下（ ）类别食品中碘的测定。

A. 粮食　　　　　　　B. 蔬菜

C. 豆类及其制品　　　D. 乳及其制品

127. 依据 GB 5009.267—2020《食品安全国家标准 食品中碘的测定》，采用气相色谱法检测食品中碘时，在衍生过程中需要加入（ ）试剂。

A. 无水乙醇　　　　　B. 硫酸

C. 丁酮　　　　　　　D. 过氧化氢

128. 依据 GB 5009.263—2016《食品安全国家标准 食品中阿斯巴甜和阿力甜的测定》，以下（ ）样品可以直接经水超声提取后过膜上机检测。

A. 乳饮料　　　　　　B. 碳酸饮料

C. 浓缩果汁　　　　　D. 固体饮料

129. 依据 GB 5009.22—2016《食品安全国家标准 食品中黄曲霉毒素 B 族和 G 族的测定》，黄曲霉毒素 B 族和 G 族包括以下哪些种类？（ ）

A. 黄曲霉毒素 B_1　　B. 黄曲霉毒素 B_2

C. 黄曲霉毒素 G_1　　D. 黄曲霉毒素 G_2

130. 依据 GB 5009.22—2016《食品安全国

家标准 食品中黄曲霉毒素 B 族和 G 族的测定》，黄曲霉毒素免疫亲和柱性能指标要求有（　　）。

A. AFT B₁ 的柱容量≥200ng

A. AFT B_1 的柱容量≥200ng

B. AFT B_1 的柱回收率≥80％

C. AFT B_1 的交叉反应率≥80％

D. AFT G_2 的交叉反应率≥80％

131. 依据 GB 5009.22—2016《食品安全国家标准 食品中黄曲霉毒素 B 族和 G 族的测定》，测定黄曲霉毒素时，对于采样要求有（　　）。

A. 液体采样量需大于 1L

B. 固体样品采样量需大于 1kg

C. 袋装、瓶装等包装样品需至少采集 3 个包装

D. 固体样品采样量需大于 0.5kg

132. 依据 GB 5009.22—2016《食品安全国家标准 食品中黄曲霉毒素 B 族和 G 族的测定》，采用柱后衍生法测定黄曲霉毒素时，可以采用以下哪些方式进行？（　　）

A. 柱后光化学衍生法

B. 柱后碘或溴试剂衍生法

C. 柱后溴衍生法

D. 柱后电化学衍生法

E. 大体积流通池直接检测

133. 采用 GB 5009.168—2016《食品安全国家标准 食品中脂肪酸的测定》测定食品中脂肪酸时，试样的水解方式有（　　）。

A. 酸水解法　　　　　B. 碱水解法

C. 酸碱水解法　　　　D. 酶水解法

134. 依据 GB 5009.168—2016《食品安全国家标准 食品中脂肪酸的测定》，可以检测如下哪些类别脂肪酸的含量？（　　）

A. 总脂肪

B. 饱和脂肪（酸）

C. 单不饱和脂肪（酸）

D. 多不饱和脂肪（酸）

135. 依据 GB 5009.168—2016《食品安全国家标准 食品中脂肪酸的测定》第一法，在测定脂肪酸过程中，脂肪的皂化和脂肪

酸的甲酯化步骤，需要用到如下（　　）试剂。

A. 氢氧化钠甲醇溶液

B. 三氟化硼甲醇溶液

C. 正庚烷

D. 饱和氯化钠水溶液

136. 依据 GB 5009.150—2016《食品安全国家标准 食品中红曲色素的测定》，红曲色素包括如下（　　）类别。

A. 红曲红素　　　　　B. 红曲素

C. 红曲红胺　　　　　D. 栀子黄

137. 依据 GB 5009.150—2016《食品安全国家标准 食品中红曲色素的测定》，以下说法正确的是（　　）。

A. 红曲红胺检测波长为 264nm

B. 红曲红素检测波长为 264nm

C. 红曲红素检测波长为 390nm

D. 红曲素检测波长为 390nm

138. 依据 GB 5009.149—2016《食品安全国家标准 食品中栀子黄的测定》，栀子黄的代表性成分有（　　）。

A. 藏花素　　　　　　B. 藏花酸

C. 红曲素　　　　　　D. 红曲红胺

139. 依据 GB 5009.128—2016《食品安全国家标准 食品中胆固醇的测定》测定食品中胆固醇，有以下哪些检测方法？（　　）

A. 气相色谱法　　　　B. 高效液相色谱法

C. 比色法　　　　　　D. 离子色谱法

140. 依据 GB 5009.124—2016《食品安全国家标准 食品中氨基酸的测定》，下列（　　）检测波长适用于氨基酸的分析。

A. 254nm　　　　　　B. 570nm

C. 440nm　　　　　　D. 380nm

141. 下列（　　）属于人体必需的氨基酸。

A. 苯丙氨酸、甲硫氨酸

B. 赖氨酸、苏氨酸

C. 色氨酸、亮氨酸

D. 异亮氨酸、缬氨酸

142. 依据 GB 5009.97—2023《食品安全国家标准 食品中环己基氨基磺酸盐的测定》，

以下（ ）食品不适用于采用气相色谱法检测食品中环己基氨基磺酸盐。

A. 蒸馏酒　　　　　　B. 配制酒

C. 发酵酒　　　　　　D. 酱油

143. 依据 GB 5009.97—2023《食品安全国家标准 食品中环己基氨基磺酸盐的测定》，使用气相色谱法检测食品中环己基氨基磺酸盐时，最终结果定量需要（ ）衍生物峰面积加和。

A. 环己醇亚硝酸铵　　B. 环己醇亚硝酸酯

C. 环己醇　　　　　　D. 环己烷

144. 依据 GB 5009.97—2023《食品安全国家标准 食品中环己基氨基磺酸盐的测定》，采用液相色谱法检测食品中环己基氨基磺酸盐，需要使用到如下哪些试剂溶液？（ ）

A. 亚硝酸钠溶液

B. 次氯酸钠溶液

C. 碳酸氢钠溶液

D. 硫酸溶液（1+1）

145. 依据 GB 5009.97—2023《食品安全国家标准 食品中环己基氨基磺酸盐的测定》，采用液相色谱-质谱/质谱法测定食品中甜蜜素，甜蜜素的检测适宜采用以下（ ）离子对进行。

A. 180>62　　　　　　B. 178>80

C. 180>82　　　　　　D. 182>178

146. 依据 GB 5009.255—2016《食品安全国家标准 食品中果聚糖的测定》测定食品中的果聚糖，脉冲安培检测器可以有如下哪些参数配置？（ ）

A. Au 工作电极，Ag/AgCl 参比电极

B. Ag 工作电极，Hg 参比电极

C. Ag 工作电极，Pb 参比电极

D. Au 工作电极，Pd 参比电极

147. 依据 GB 5009.255—2016《食品安全国家标准 食品中果聚糖的测定》，以下说法正确的是（ ）。

A. 对于低聚果糖，平均聚合度按照 $n=4$ 计算

B. 对于低聚果糖，平均聚合度按照 $n=8$ 计算

C. 对于多聚果糖，平均聚合度按照 $n=23$ 计算

D. 对于菊粉，平均聚合度按照 $n=10$ 计算

148. 关于 GB 5009.251—2016《食品安全国家标准 食品中 1,2-丙二醇的测定》，以下说法正确的是（ ）。

A. 气相色谱法适用范围比气相色谱-质谱法更加广泛

B. 气相色谱法采用氢火焰离子化检测器（FID）

C. 可以采用键合/交联聚乙二醇固定相石英毛细管色谱柱，60m×0.25mm，0.25μm

D. 气相色谱-质谱法采用内标法进行定量

149. 以下哪些类别食品适宜采用 GB 5009.250—2016《食品安全国家标准 食品中乙基麦芽酚的测定》进行乙基麦芽酚的含量测定？（ ）

A. 食用油　　　　　　B. 肉制品

C. 乳粉　　　　　　　D. 饮料

150. 依据 GB 5009.248—2016《食品安全国家标准 食品中叶黄素的测定》，叶黄素性质不稳定，在测定样品中的叶黄素过程中，如下哪种做法可以最大程度减少实验误差，确保结果的准确性？（ ）

A. 在样品处理过程中加入 BHT 抗氧化剂

B. 在流动相中加入 BHT 抗氧化剂

C. 在黄色光源环境进行处理分析

D. 在红色光源环境进行处理分析

151. 依据 GB 5009.245—2016《食品安全国家标准 食品中聚葡萄糖的测定》，测定食品中聚葡萄糖时，需要使用以下哪些酶溶液？（ ）

A. 果聚糖酶　　　　　B. 淀粉葡糖苷酶

C. 异淀粉酶　　　　　D. 高峰式淀粉酶

152. 依据 GB 5009.169—2016《食品安全国家标准 食品中牛磺酸的测定》，可以测定食品中牛磺酸的方法有（ ）。

A. 邻苯二甲醛（OPA）柱后衍生高效液相

色谱法

B. 丹磺酰氯柱前衍生法

C. 微生物测定法

D. 比色法

153. 依据 GB 5009.169—2016《食品安全国家标准 食品中牛磺酸的测定》第二法丹磺酰氯柱前衍生法，以下可以作为牛磺酸的检测方式的有（　　）。

A. 用紫外检测器（254nm）

B. 用紫外检测器（280nm）

C. 荧光检测器（激发波长：330nm；发射波长：530nm）

D. 荧光检测器（激发波长：380nm；发射波长：550nm）

154. 依据 GB 5009.157—2016《食品安全国家标准 食品中有机酸的测定》，该标准可以检测如下哪些有机酸？（　　）

A. 酒石酸、乳酸　　　　B. 苹果酸、柠檬酸

C. 丁二酸、己二酸　　　D. 富马酸

155. 依据 GB 5009.120—2016《食品安全国家标准 食品中丙酸钠、丙酸钙的测定》，此标准适用于（　　）类别食品中丙酸钠、丙酸钙的测定。

A. 豆类制品　　　　　　B. 生湿面制品

C. 面包、糕点　　　　　D. 醋、酱油

156. 依据 GB 5009.120—2016《食品安全国家标准 食品中丙酸钠、丙酸钙的测定》液相色谱法，以下（　　）只能使用蒸馏法进行试样处理。

A. 豆类制品　　　　　　B. 生湿面制品

C. 面包、糕点　　　　　D. 醋、酱油

157. 关于使用 GB 5009.139—2014《食品安全国家标准 饮料中咖啡因的测定》进行食品中咖啡因的测定，以下说法正确的是（　　）。

A. 可乐型饮料脱气后，用水提取、氧化镁净化

B. 含乳的咖啡及茶叶液体饮料制品经三氯乙酸溶液沉降蛋白质

C. 流动相为甲醇/水

D. 检测波长为 272 nm

158. 依据 GB/T 5009.217—2008《保健食品中维生素 B_{12} 的测定》，采用（　　）对保健食品中维生素 B_{12} 进行净化处理。

A. 乙烯基吡咯烷酮和二乙烯基苯亲水亲脂平衡型固相萃取柱

B. 维生素 B_{12} 免疫亲和净化柱

C. 中性氧化铝柱

D. 硅胶柱

159. 依据 GB/T 5009.197—2003《保健食品中盐酸硫胺素、盐酸吡哆醇、烟酸、烟酰胺和咖啡因的测定》，以下说法正确的是（　　）。

A. 盐酸硫胺素检测波长 260nm

B. 咖啡因、烟酸、烟酰胺、盐酸吡哆醇检测波长为 280nm

C. 盐酸硫胺素与盐酸吡哆醇流动相分析条件不一样

D. 本标准适用于片剂、胶囊、口服液、饮料等试样类型中的高效液相色谱测定方法

160. 依据 GB/T 5009.170—2003《保健食品中褪黑素含量的测定》，以下说法正确的是（　　）。

A. 既可以使用紫外检测器进行检测，也可以使用荧光检测器进行检测

B. 采用 C_{18} 色谱柱进行分离检测

C. 检测波长 222nm

D. 检测波长 280nm

161. 依据 GB 5009.33—2016《食品安全国家标准 食品中亚硝酸盐与硝酸盐的测定》，推荐采用如下哪种方法进行食品中硝酸盐与亚硝酸盐的检测？（　　）

A. 离子色谱法　　　　　B. 分光光度法

C. 液相色谱法　　　　　D. 气相色谱法

162. 依据 GB 5009.33—2016《食品安全国家标准 食品中亚硝酸盐与硝酸盐的测定》，采用离子色谱法分析食品中硝酸盐与亚硝酸盐时，推荐使用如下哪些净化柱？（　　）

A. C_{18} 柱　　　　　　　　B. Ag 柱

C. Na 柱　　　　　　　　D. 离子交换柱

163. 依据 GB 5009.148—2014《食品安全国家标准　植物性食品中游离棉酚的测定》，以下关于游离棉酚的检测方法，说法正确的是（　　）。

A. 植物油中游离棉酚采用无水乙醇作为提取剂

B. 流动相为甲醇/磷酸溶液＝85/15

C. 测定波长为 235nm

D. 植物油样品取样 1.0g 时，定量限为 7.5mg/kg

164. 依据 GB 5009.86—2016《食品安全国家标准　食品中抗坏血酸的测定》，以下可以用于抗坏血酸检测的设备有（　　）。

A. 液相色谱仪　　　　B. 气相色谱仪

C. 荧光分光光度计　　D. 滴定管

165. 依据 GB 5009.86—2016《食品安全国家标准　食品中抗坏血酸的测定》，维生素 C 存在哪些同分异构体？（　　）

A. L（＋）-抗坏血酸

B. D（－）-抗坏血酸

C. L（＋）-脱氢抗坏血酸

D. L（＋）-加氢抗坏血酸

166. 依据 GB 5009.86—2016《食品安全国家标准　食品中抗坏血酸的测定》，以下可以直接用配有紫外检测器的液相色谱仪（波长 245nm）测定的有（　　）。

A. L（＋）-抗坏血酸

B. D（－）-抗坏血酸

C. L（＋）-脱氢抗坏血酸

D. L（＋）-加氢抗坏血酸

167. 依据 GB 5009.31—2016《食品安全国家标准　食品中对羟基苯甲酸酯类的测定》，试样处理过程中（　　）试样摇匀后可直接取样。

A. 果酱　　B. 酱油　　C. 醋　　　D. 饮料

168. 依据 GB 5009.34—2022《食品安全国家标准　食品中二氧化硫的测定》，以下说法正确的是（　　）。

A. 第一法为酸碱滴定法

B. 第二法为分光光度法-直接提取法

C. 第二法为分光光度法-充氮蒸馏提取法

D. 第三法为离子色谱法

169. GB 5009.129—2023《食品安全国家标准　食品中乙氧基喹的测定》适用于（　　）中的乙氧基喹的测定。

A. 橙子　　B. 苹果　　C. 梨　　　D. 油桃

170. 依据 GB 1886.355—2022《食品安全国家标准　食品添加剂　甜菊糖苷》，以下（　　）为添加剂甜菊糖苷的组分。

A. 瑞鲍迪苷 A　　　　B. 甜菊双糖苷

C. 瑞鲍迪苷 F　　　　D. 杜克苷 A

171. 依据 GB/T 8313—2018《茶叶中茶多酚和儿茶素类含量的检测方法》，以下（　　）属于儿茶素类组分物质。

A. 儿茶素（＋C）

B. 表儿茶素（EC）

C. 表没食子儿茶素（EGC）

D. 表没食子儿茶素没食子酸酯（EGCG）

E. 表儿茶素没食子酸酯（ECG）

三、判断题

172. 依据 GB 5009.154—2023《食品安全国家标准　食品中维生素 B_6 的测定》，维生素 B_6 标准储备液浓度需要校正，采用 0.1mol/L 盐酸溶液作为对照溶液。（　　）

173. 依据 GB 5009.210—2023《食品安全国家标准 食品中泛酸的测定》第三法微生物法，植物乳植杆菌的生长与泛酸含量呈一定线性关系。（　　）

174. 依据 GB 5009.35—2023《食品安全国家标准　食品中合成着色剂的测定》，柠檬黄、新红、胭脂红、日落黄、喹啉黄、赤藓红、苋菜红、诱惑红、亮蓝、酸性红、靛蓝的检出限均为 0.3mg/kg，定量限均为 1.0mg/kg。（　　）

175. 依据 GB 5009.97—2023《食品安全国家标准　食品中环己基氨基磺酸盐的测定》，蒸馏酒、发酵酒、配制酒中甜蜜素（环己基氨基磺酸盐）可以采用气相色谱法进行测定。（　　）

176. 依据 GB 5009.97—2023《食品安全国家标准 食品中环己基氨基磺酸盐的测定》，第三法液相色谱-质谱/质谱法为外标检验法。（　　）

177. 依据 GB 5009.97—2023《食品安全国家标准 食品中环己基氨基磺酸盐的测定》，第三法液相色谱-质谱/质谱法采用电喷雾离子源正离子模式。（　　）

178. 依据 GB 5009.89—2023《食品安全国家标准 食品中烟酸和烟酰胺的测定》，高效液相色谱法可以采用紫外检测器或二极管阵列检测器进行检测。（　　）

179. 依据 GB 5009.89—2023《食品安全国家标准 食品中烟酸和烟酰胺的测定》，高效液相色谱法需要采用庚烷磺酸钠作为流动相离子对试剂。（　　）

180. 依据 GB 5009.89—2023《食品安全国家标准 食品中烟酸和烟酰胺的测定》，烟酸和烟酰胺是植物乳植杆菌生长所必需的营养素，在烟酸测定培养基中，植物乳植杆菌的生长与烟酸（或烟酰胺）的含量呈相关性。（　　）

181. 依据 GB 5009.210—2023《食品安全国家标准 食品中泛酸的测定》，可以采用 D-泛酸钙作为泛酸检测的标准品。（　　）

182. 依据 GB 5009.210—2023《食品安全国家标准 食品中泛酸的测定》，采用液相色谱-串联质谱法测定泛酸，采用的是内标法。（　　）

183. 依据 GB 5009.85—2016《食品安全国家标准 食品中维生素 B_2 的测定》，维生素 B_2 标准储备液，使用前需要进行浓度校正。（　　）

184. GB 5009.85—2016《食品安全国家标准 食品中维生素 B_2 的测定》，在测定维生素 B_2 前处理过程中，需将提取液锥形瓶放入高压灭菌锅内，在 121℃ 下保持 30min 进行高压灭菌后再进行酶解。（　　）

185. GB 5009.299—2024《食品安全国家标准 食品中乳铁蛋白的测定》适用于巴氏杀菌乳、调制乳、含乳饮料、调制乳粉及乳基婴幼儿配方食品中牛乳铁蛋白含量的测定。（　　）

186. GB 5009.299—2024《食品安全国家标准 食品中乳铁蛋白的测定》不适用于风味发酵乳、豆基婴幼儿配方食品中牛乳铁蛋白的测定。（　　）

187. 依据 GB 5009.299—2024《食品安全国家标准 食品中乳铁蛋白的测定》，使用肝素亲和柱测定牛乳铁蛋白前需要对柱容量进行验证。（　　）

188. 依据 GB 5009.298—2023《食品安全国家标准 食品中三氯蔗糖（蔗糖素）的测定》，三氯蔗糖（蔗糖素）具有荧光响应，可以采用荧光检测器进行检测。（　　）

189. 依据 GB 5009.298—2023《食品安全国家标准 食品中三氯蔗糖（蔗糖素）的测定》，蒸馏酒和其他食品类别样品检出限和定量限不一样。（　　）

190. 依据 GB 5009.298—2023《食品安全国家标准 食品中三氯蔗糖（蔗糖素）的测定》，推荐采用高效液相色谱-质谱法电喷雾负模式，进行食品中三氯蔗糖（蔗糖素）的分析测定。（　　）

191. 依据 GB 5009.296—2023《食品安全国家标准 食品中维生素 D 的测定》，维生素 D_2 和维生素 D_3 标准储备液配制完成后需要进行浓度校正。（　　）

192. 依据 GB 5009.296—2023《食品安全国家标准 食品中维生素 D 的测定》，维生素 D 见光后容易分解，因此在处理分析维生素过程应避免紫线光照射。（　　）

193. 依据 GB 5009.296—2023《食品安全国家标准 食品中维生素 D 的测定》，在对维生素 D 进行浓度校正时，采用无水乙醇作为参比溶液。（　　）

194. 依据 GB 5009.259—2023《食品安全国家标准 食品中生物素的测定》，调制乳粉、特殊膳食用食品中生物素的测定可以采用液相色谱-串联质谱法、微生物法进行

测定。（　　）

195. 依据 GB 5009.259—2023《食品安全国家标准 食品中生物素的测定》，可以选用生物素-D$_4$ 作为液相色谱-串联质谱法测定生物素的内标。（　　）

196. 可以采用液相色谱-质谱/质谱法电喷雾正离子模式，检测食品中香兰素、甲基香兰素、乙基香兰素和香豆素。（　　）

197. 用 N,N-二甲基甲酰胺溶解偶氮甲酰胺标准品，配制成浓度为 $100\mu g/mL$ 的标准储备溶液，$-20℃$ 下避光保存备用，可以储存 1 年。（　　）

198. 在测定小麦粉样品中偶氮甲酰胺时，处理好的衍生液过 $0.22\mu m$ 有机微孔滤膜后，供液相色谱仪测定（待测液在 $20\sim30℃$ 环境温度下 $60h$ 之内测定），适宜采用溶剂配标进行测定分析。（　　）

199. 生物素属于脂溶性维生素。（　　）

200. 依据 GB 5009.259—2023《食品安全国家标准 食品中生物素的测定》，生物素液相色谱-串联质谱法，采用 APCI 正离子模式进行检测。（　　）

201. 依据 GB 5009.82—2016《食品安全国家标准 食品中维生素 A、D、E 的测定》，对溶液浓度约为 $0.500mg/mL$ 的维生素 A 储备液进行浓度校正，采用 75％乙醇溶液作为参比溶液。（　　）

202. 依据 GB 5009.82—2016《食品安全国家标准 食品中维生素 A、D、E 的测定》，对维生素 A 和维生素 E 进行浓度校正时，标准曲线应该现配现用。（　　）

203. 依据 GB 5009.82—2016《食品安全国家标准 食品中维生素 A、D、E 的测定》，在测定维生素 A 和维生素 E 过程中，如样品中只含 α-生育酚，不需分离 β-生育酚和 γ-生育酚，可选用 C$_{18}$ 柱，流动相为甲醇。（　　）

204. 依据 GB 5009.82—2016《食品安全国家标准 食品中维生素 A、D、E 的测定》，相较于紫外检测器，选用荧光检测器检测，对生育酚的检测有更好的灵敏度和选择性。（　　）

205. 依据 GB 5009.82—2016《食品安全国家标准 食品中维生素 A、D、E 的测定》，选用荧光检测器进行检测时，维生素 A 激发波长 328nm，发射波长 440nm；维生素 E 激发波长 294nm，发射波长 328nm。（　　）

206. 依据 GB 5009.82—2016《食品安全国家标准 食品中维生素 A、D、E 的测定》，当取样量为 5g，定容 10mL 时，维生素 A 的紫外检出限为 $10\mu g/100g$，定量限为 $30\mu g/100g$；生育酚的紫外检出限为 $40\mu g/100g$，定量限为 $120\mu g/100g$。（　　）

207. 依据 GB 5009.296—2023《食品安全国家标准 食品中维生素 D 的测定》，如试样中同时含有维生素 D$_2$ 和维生素 D$_3$，维生素 D 的测定结果以维生素 D$_2$ 和维生素 D$_3$ 含量之和计算。（　　）

208. 依据 GB 5009.296—2023《食品安全国家标准 食品中维生素 D 的测定》规定，如样品中只含有维生素 D$_3$，可用维生素 D$_2$ 作内标；如只含有维生素 D$_2$，可用维生素 D$_3$ 作内标。（　　）

209. 依据 GB 5009.296—2023《食品安全国家标准 食品中维生素 D 的测定》第一法正相色谱净化-反相液相色谱法，需要用到的仪器和设备有：正相高效液相色谱仪，带紫外检测器，进样器配 $500\mu L$ 定量环；反相高效液相色谱仪，带紫外检测器，进样器配 $100\mu L$ 定量环。（　　）

210. 依据 GB 5009.296—2023《食品安全国家标准 食品中维生素 D 的测定》第一法正相色谱净化-反相液相色谱法测定食品中维生素 D，采用半制备正相高效液相色谱仪净化待测液，使用的流动相为：异丙醇-环己烷-正己烷溶液（2＋125＋125）。（　　）

211. 依据 GB 5009.296—2023《食品安全国家标准 食品中维生素 D 的测定》第二法在线柱切换-反相液相色谱法测定食品中维生素 D，当固体试样取样量为 5g 时，维

生素 D_2 和 D_3 的定量限均为 $2\mu g/100g$。（　　）

212. GB 5009.28—2016《食品安全国家标准 食品中苯甲酸、山梨酸和糖精钠的测定》，称取 0.118g 苯甲酸钠，溶解定容至 100mL，可以制得 1.0mg/mL 的苯甲酸溶液。（　　）

213. 依据 GB 5009.28—2016《食品安全国家标准 食品中苯甲酸、山梨酸和糖精钠的测定》，测定食品中苯甲酸、山梨酸和糖精钠时，样品经水提取 3 次后，定容至 50mL 后测定。（　　）

214. 依据 GB 5009.28—2016《食品安全国家标准 食品中苯甲酸、山梨酸和糖精钠的测定》，含胶基的果冻、糖果等试样需要溶解后进行试样提取操作。（　　）

215. 依据 GB 5009.279—2016《食品安全国家标准 食品中木糖醇、山梨醇、麦芽糖醇、赤藓糖醇的测定》，对糖醇含量较低，经乙腈沉淀稀释后低于检出限的样品，应采用三氯乙酸沉淀。（　　）

216. 依据 GB 5009.279—2016《食品安全国家标准 食品中木糖醇、山梨醇、麦芽糖醇、赤藓糖醇的测定》，对赤藓糖醇含量较低（≤1%）的样品，应采用乙腈沉淀。（　　）

217. 在使用氨基柱分离待测物质时，乙腈比例不宜少于 70%，否则容易造成柱流失。（　　）

218. 依据 GB 5009.86—2016《食品安全国家标准 食品中抗坏血酸的测定》，抗坏血酸总量是将试样中 L（＋）-脱氢抗坏血酸还原成的 L（＋）-抗坏血酸或将试样中 L（＋）-抗坏血酸氧化成的 L（＋）-脱氢抗坏血酸后测得的 L（＋）-抗坏血酸总量。（　　）

219. 依据 GB 5009.97—2023《食品安全国家标准 食品中环己基氨基磺酸盐的测定》，试样中的环己基氨基磺酸盐经水提取，在硫酸介质中与次氯酸钠反应，生成环己醇。（　　）

220. 依据 GB 5009.248—2016《食品安全国家标准 食品中叶黄素的测定》，叶黄素主要以反式叶黄素存在于样品中。（　　）

221. 依据 GB 5009.169—2016《食品安全国家标准 食品中牛磺酸的测定》，采用柱前衍生法测定食品中牛磺酸，需要对标准溶液同步衍生，可以采用 C_{18} 柱进行色谱分析。（　　）

222. 依据 GB 5009.169—2016《食品安全国家标准 食品中牛磺酸的测定》，在对牛磺酸进行测定分析时，采用荧光检测器比采用紫外检测器更具选择性。（　　）

223. 依据 GB 5009.157—2016《食品安全国家标准 食品中有机酸的测定》，在采用强阴离子交换萃取柱（SAX）对有机酸净化处理过程中，洗脱溶剂为 5mL 氨水-甲醇（2%）溶液。（　　）

224. 依据 GB 5009.121—2016《食品安全国家标准 食品中脱氢乙酸的测定》，脱氢乙酸推荐检测波长为 230nm，定量限为 0.002g/kg。（　　）

225. 依据 GB 5009.120—2016《食品安全国家标准 食品中丙酸钠、丙酸钙的测定》第一法液相色谱法，采用蒸馏法分析豆类制品时，标准溶液可以直接配制后进行定量分析。（　　）

226. 采用 GB 5009.139—2014《食品安全国家标准 饮料中咖啡因的测定》进行饮料中咖啡因的测定时，计算结果以重复性条件下获得的两次独立测定结果的算术平均值表示，结果保留三位有效数字。（　　）

227. 依据 GB 5009.32—2016《食品安全国家标准 食品中 9 种抗氧化剂的测定》，采用液相色谱法进行测定时，各抗氧化剂检出限一致。（　　）

228. 依据 GB 1886.184—2016《食品安全国家标准 食品添加剂 苯甲酸钠》，苯甲酸根的鉴别方法为：在试样溶液（100g/L）中加 1 滴三氯化铁溶液，生成赭色沉淀，再加盐酸溶液酸化，析出白色沉淀。
（　　）

229. 依据 GB/T 8313—2018《茶叶中茶多酚和儿茶素类含量的检测方法》，在对茶叶中茶多酚进行检测时，采用福林酚试剂氧

化茶多酚中—OH 基团，显现蓝色，最大吸收波长 λ 为 765nm。（　　）

230. 依据 BJS 201801《食用油脂中辣椒素的测定》，食用油脂中辣椒素的测定采用电喷雾正离子模式进行分析。（　　）

第二节　综合能力提升

一、单选题

231. 依据 GB 5009.140—2023《食品安全国家标准　食品中乙酰磺胺酸钾的测定》，采用液相色谱法检测食品中安赛蜜（乙酰磺胺酸钾），当取样量为 5g 时，定量限为。（　　）

A. 0.002μg/kg
B. 0.002mg/kg
C. 0.002g/kg
D. 0.002g/100g

232. 依据 GB 5009.284—2021《食品安全国家标准　食品中香兰素、甲基香兰素、乙基香兰素和香豆素的测定》第一法液相色谱法，利用液相色谱法检测香兰素、甲基香兰素、乙基香兰素、香豆素，以下其出峰顺序正确的是（　　）。

A. 甲基香兰素、乙基香兰素、香豆素、香兰素

B. 甲基香兰素、乙基香兰素、香兰素、香豆素

C. 香兰素、甲基香兰素、乙基香兰素、香豆素

D. 香豆素、乙基香兰素、甲基香兰素、香兰素

233. GB 5009.283—2021《食品安全国家标准　食品中偶氮甲酰胺的测定》适用于检测（　　）食品类别中偶氮甲酰胺。

A. 小麦粉
B. 奶粉
C. 乳制品
D. 饼干

234. 依据 GB 5009.28—2016《食品安全国家标准　食品中苯甲酸、山梨酸和糖精钠的测定》分析食品中苯甲酸、山梨酸和糖精钠时，以下（　　）的出峰时间受流动相

pH 的影响变化较大。

A. 安赛蜜
B. 苯甲酸
C. 山梨酸
D. 糖精钠

235. 依据 GB 5009.278—2016《食品安全国家标准　食品中乙二胺四乙酸盐的测定》，如下哪项是正确的分析步骤？（　　）

A. 硫酸铜络合后，PXA 柱净化

B. 硫酸铜络合后，PXC 柱净化

C. 三氯化铁络合后，PXA 柱净化

D. 三氯化铁络合后，PXC 柱净化

236. GB 5009.33—2016《食品安全国家标准　食品中亚硝酸盐与硝酸盐的测定》，采用离子色谱法分析食品中硝酸盐与亚硝酸盐时，推荐采用的检测器是。（　　）

A. 电导检测器

B. 脉冲安培检测器

C. 电化学检测器

D. 蒸发光散射检测器

237. 依据 GB 5009.293—2023《食品安全国家标准　食品中单辛酸甘油酯的测定》，该标准规定了食品中单辛酸甘油酯的哪种测定方法？（　　）

A. 高效液相色谱法

B. 液相色谱串联质谱法

C. 气相色谱-质谱法

D. 离子色谱法

238. 依据 GB 5009.249—2016《食品安全国家标准　铁强化酱油中乙二胺四乙酸铁钠的测定》，该标准规定了乙二胺四乙酸铁钠的哪种测定方法？（　　）

A. 高效液相色谱

B. 液相色谱串联质谱

C. 气相色谱-质谱

D. 气相色谱-FID

239. 依据 BJS 201706《食品中氯酸盐和高氯酸盐的测定》，以下说法错误的是（　　）。

A. 采用电喷雾离子源（ESI 源）进行正离子模式扫描

B. 采用 Acclaim Trinity P1 复合离子交换柱进行分析

C. 用液相色谱-串联质谱法测定，内标法定量

D. 在重复性条件下获得的两次独立测定结果的绝对差值不得超过算术平均值的 20%

240. 依据 GB 5009.249—2016《食品安全国家标准 铁强化酱油中乙二胺四乙酸铁钠的测定》，以下说法错误的是。（　　）

A. 标准推荐使用 C_8 色谱柱

B. 检测波长为 260nm

C. 流动相使用到了四丁基氢氧化铵溶液

D. 计算结果以重复性条件下获得的两次独立测定结果的算术平均值表示，结果保留三位有效数字

二、多选题

241. 依据 GB 5009.296—2023《食品安全国家标准 食品中维生素 D 的测定》，在检测维生素 D 时，处理分析过程中加入 BHT-乙醇溶液（0.2g/100mL）的目的是（　　）。

A. 乙醇的加入可以减少萃取过程中的乳化现象

B. BHT 可以保护维生素 D，起到抗氧化作用

C. 可以减少杂质干扰

D. 有利于提高提取效率

242. 依据 GB 5009.83—2016《食品安全国家标准 食品中胡萝卜素的测定》，反向色谱法适用于测定食品中哪些种类的胡萝卜素？（　　）

A. α-胡萝卜素　　　　B. β-胡萝卜素

C. 总胡萝卜素　　　　D. θ-胡萝卜素

243. 依据 GB 5009.83—2016《食品安全国家标准 食品中胡萝卜素的测定》，在检测胡萝卜素过程中，对于蛋白质和淀粉含量较高（>10%）的试样，需要采用以下哪些酶进行酶解？（　　）

A. 木瓜蛋白酶　　　　B. 胰蛋白酶

C. α-淀粉酶　　　　D. 高峰淀粉酶

244. 依据 GB 5009.82—2016《食品安全国家标准 食品中维生素 A、D、E 的测定》，在测定奶粉中维生素 A 和维生素 E 过程中，以下说法正确的是。（　　）

A. 无水乙醇需经检查不含醛类物质

B. 乙醚需经检查不含过氧化物

C. 石油醚沸程为 30~60℃

D. 石油醚沸程为 60~90℃

245. 依据 GB 5009.82—2016《食品安全国家标准 食品中维生素 A、D、E 的测定》，在测定奶粉中维生素 A 和维生素 E 过程中，需要注意如下哪些事项？（　　）

A. 使用的所有器皿不得含有氧化性物质

B. 分液漏斗活塞玻璃表面不得涂油

C. 处理过程应避免紫外线照射，尽可能避光操作

D. 提取过程应在通风柜中操作

246. 依据 GB 5009.32—2016《食品安全国家标准 食品中 9 种抗氧化剂的测定》，以下属于抗氧化剂的是。（　　）

A. 2,4,5-三羟基苯丁酮

B. 叔丁基对苯二酚

C. 没食子酸丙酯

D. 去甲二氢愈创木酸

E. 没食子酸十二酯

247. 依据 GB 5009.279—2016《食品安全国家标准 食品中木糖醇、山梨醇、麦芽糖醇、赤藓糖醇的测定》，以下哪些物质可以使用蒸发光散射检测器进行检测？（　　）

A. 木糖醇　　　　B. 山梨醇

C. 麦芽糖醇　　　　D. 赤藓糖醇

248. 依据 GB 5009.279—2016《食品安全

国家标准　食品中木糖醇、山梨醇、麦芽糖醇、赤藓糖醇的测定》，在测定食品中木糖醇、山梨醇、麦芽糖醇、赤藓糖醇时，推荐选用如下哪种色谱柱？（　　）

A. C_{18} 固相萃取柱

B. 氨基色谱柱

C. 阳离子交换色谱柱

D. 阴离子交换色谱柱

249. 依据 GB 5009.270—2023《食品安全国家标准　食品中肌醇的测定》第一法气相色谱法，测定婴幼儿配方食品中的肌醇，会使用到如下（　　）试剂。

A. 无水乙醇

B. 三甲基氯硅烷

C. 六甲基二硅胺烷

D. N,N-二甲基甲酰胺

250. 依据 GB 5009.22—2016《食品安全国家标准　食品中黄曲霉毒素 B 族和 G 族的测定》，黄曲霉毒素 B_1 有哪些检测方法？（　　）

A. 同位素稀释液相色谱-串联质谱法

B. 高效液相色谱-柱前衍生法

C. 高效液相色谱-柱后衍生法

D. 酶联免疫吸附筛查法

E. 薄层色谱法

251. 依据 GB 5009.168—2016《食品安全国家标准　食品中脂肪酸的测定》，在测定脂肪酸过程中，以下说法正确的有。（　　）

A. 乳制品采用碱水解法

B. 乳酪采用酸碱水解法

C. 动植物油脂可以不用进行水解，直接进行甲酯化

D. 其他食品采用酸水解法

252. 采用 GB 5009.158—2016《食品安全国家标准　食品中维生素 K_1 的测定》高效液相色谱-荧光检测法测定维生素 K_1 过程中，需要使用以下哪些试剂耗材？（　　）

A. 乙醇及碳酸钾

B. 正己烷-乙酸乙酯混合液

C. 中性氧化铝柱

D. 锌还原柱

253. 依据 GB 5009.84—2016《食品安全国家标准　食品中维生素 B_1 的测定》高效液相色谱法测定维生素 B_1，以下说法正确的是。（　　）

A. 维生素 B_1 又称盐酸硫胺素

B. 维生素 B_1 采用荧光检测器进行检测

C. 测定维生素 B_1 需要使用碱性铁氰化钾进行衍生

D. 测定维生素 B_1 需要使用正丁醇进行衍生物的萃取

254. GB 5009.255—2016《食品安全国家标准　食品中果聚糖的测定》规定了食品中果聚糖含量的离子色谱法测定方法，以下适用于采用该方法进行检测的情形有（　　）。

A. 婴幼儿奶粉中仅添加了低聚果糖和菊粉

B. 婴幼儿奶粉中仅添加了多聚果糖

C. 婴幼儿辅食中仅添加了低聚果糖和多聚果糖

D. 固体饮料中仅添加了菊粉

255. 依据 GB 5009.255—2016《食品安全国家标准　食品中果聚糖的测定》的离子色谱法，需要使用到如下（　　）试剂和材料。

A. 蔗糖酶溶液

B. 硼氢化钠溶液

C. 果聚糖酶溶液

D. 填料为苯乙烯二乙烯基苯的反相固相萃取柱

256. 关于采用 GB 5009.248—2016《食品安全国家标准　食品中叶黄素的测定》测定食品中叶黄素，以下说法正确的是（　　）。

A. 叶黄素标准储备液使用前需校正

B. 叶黄素对光敏感，所有试验操作应在无 500nm 以下紫外线的黄色光源或红色光源环境中进行

C. 色谱柱为 C_{30} 色谱柱

D. 检测波长为 445nm

257. 关于 GB 5009.247—2016《食品安全国家标准 食品中纽甜的测定》，以下说法正确的有。（　　）

A. 本标准适用于饮料、蜜饯、糕点、炒货、酱腌菜、糖果、果酱、果冻、复合调味料食品中纽甜的测定

B. 采用 C_{18} 固相萃取柱进行净化处理

C. 检测波长为 218nm

D. 方法的定量限为 0.2mg/kg

258. 依据 GB 5009.34—2022《食品安全国家标准 食品中二氧化硫的测定》，以下说法正确的是。（　　）

A. 第二法分光光度法中，直接提取法适用于白糖及白糖制品中二氧化硫的测定

B. 第二法分光光度法中，充氮蒸馏提取法适用于葡萄酒及赤砂糖中二氧化硫的测定

C. 第一法酸碱滴定法中，采用充氮蒸馏法处理试样，试样酸化后在加热条件下亚硫酸盐等系列物质释放二氧化硫

D. 二氧化硫在碱性条件下与盐酸副玫瑰苯胺，生成蓝紫色络合物

259. 关于 GB 5009.140—2023《食品安全国家标准 食品中乙酰磺胺酸钾的测定》，以下说法正确的是。（　　）

A. 该标准不适用于食用菌和藻类检测

B. 该标准不适用于调味品检测

C. 该标准采用亚铁氰化钾/乙酸锌沉淀蛋白

D. 水果制品采用中性氧化铝进行净化

260. 以下关于 GB 5009.32—2016《食品安全国家标准 食品中 9 种抗氧化剂的测定》，说法正确的是（　　）。

A. 该标准规定了 9 种抗氧化剂的测定

B. 该标准规定了抗氧化剂的 5 种测定方法

C. 液相色谱法采用 C_{18} 固相萃取柱进行净化处理

D. 计算结果保留 3 位有效数字

三、判断题

261. 依据 GB 5009.35—2023《食品安全国家标准 食品中合成着色剂的测定》，该方法可以采用尼龙针筒过滤器。（　　）

262. 依据 GB 5009.35—2023《食品安全国家标准 食品中合成着色剂的测定》，亮蓝通常呈现为两个峰，喹啉黄通常呈现为四个峰，应根据标准溶液出峰情况，以各色谱峰的峰面积之和计算含量。（　　）

263. 采用 GB 5009.97—2023《食品安全国家标准 食品中环己基氨基磺酸盐的测定》第一法气相色谱法测定食品中环己基氨基磺酸盐，以甜蜜素（环己基氨基磺酸盐）标准系列工作溶液浓度为横坐标，峰面积为纵坐标，绘制标准曲线。（　　）

264. 依据 GB 5009.210—2023《食品安全国家标准 食品中泛酸的测定》，试样经热水充分溶解后，用 1.0mol/L，盐酸调节 pH 值至 5.0 ± 0.1，再加入 5mL 0.5mol/L 硫酸锌溶液，目的是沉淀蛋白质。（　　）

265. 依据 GB 5009.298—2023《食品安全国家标准 食品中三氯蔗糖（蔗糖素）的测定》，采用蒸发光散射检测器对三氯蔗糖（蔗糖素）进行测定时，峰面积对浓度进行线性拟合后外标法定量分析。（　　）

266. 依据 GB 5009.296—2023《食品安全国家标准 食品中维生素 D 的测定》，采用正相色谱净化-反相液相色谱法测定乳粉中维生素 D，当试样中不含维生素 D_2 时，可用维生素 D_2 作内标测定维生素 D_3；当试样中不含维生素 D_3 时，可用维生素 D_3 作内标测定维生素 D_2。（　　）

267. 依据 GB 5009.259—2023《食品安全国家标准 食品中生物素的测定》，可以采用大气压化学电离源（APCI）模式测定生物素。（　　）

268. 依据 GB 5009.86—2016《食品安全国家标准 食品中抗坏血酸的测定》，在碱性环境下，抗坏血酸与邻苯二胺（OPDA）反应生成有荧光的喹喔啉。（　　）

269. 依据 GB 5009.82—2016《食品安全国家标准 食品中维生素 A、D、E 的测定》

第一法，在测定奶粉中维生素 A 和维生素 E 过程中，加入无水乙醇的作用是减少萃取过程中乳化现象。（ ）

270. 依据 GB 5009.82—2016《食品安全国家标准 食品中维生素 A、D、E 的测定》第一法，如只测维生素 A 与 α-生育酚，可用石油醚作提取剂；如测定维生素 E 多种同分异构体，宜采用石油醚-乙醚混合液作为提取剂。（ ）

271. 依据 GB 5009.82—2016《食品安全国家标准 食品中维生素 A、D、E 的测定》第一法，在测定奶粉中维生素 A 和维生素 E 过程中，有机相萃取液需要经无水硫酸钠过滤的目的是充分去除有机相中的水分。（ ）

272. 依据 GB 5009.82—2016《食品安全国家标准 食品中维生素 A、D、E 的测定》第一法，在测定奶粉中维生素 A 和维生素 E 过程中，有机相萃取液需要经无水硫酸钠过滤后，用氮气吹干，甲醇定容后进行测定。（ ）

273. 依据 GB 5009.82—2016《食品安全国家标准 食品中维生素 A、D、E 的测定》第一法，如维生素 E 的测定结果要用 α-生育酚当量（α-TE）表示，可以直接将 α-生育酚、β-生育酚、γ-生育酚和 δ-生育酚进行加和。（ ）

274. 采用 GB 5009.8—2023《食品安全国家标准 食品中果糖、葡萄糖、蔗糖、麦芽糖、乳糖的测定》液相色谱法检测器检测食品中果糖、葡萄糖、蔗糖、麦芽糖、乳糖时，示差折光检测器采用幂函数方程绘制标准曲线。（ ）

275. 采用 GB 5009.8—2023《食品安全国家标准 食品中果糖、葡萄糖、蔗糖、麦芽糖、乳糖的测定》液相色谱法检测器检测食品中果糖、葡萄糖、蔗糖、麦芽糖、乳糖时，蒸发光散射检测器采用幂函数方程绘制标准曲线。（ ）

276. 依据 GB 5009.28—2016《食品安全国

家标准 食品中苯甲酸、山梨酸和糖精钠的测定》，在测定预包装液体样品中苯甲酸、山梨酸和糖精钠时，可以直接取单个样品，无须制样。（ ）

277. 依据 GB 5009.277—2016《食品安全国家标准 食品中双乙酸钠的测定》，若在 GB 2760 中未规定添加双乙酸钠的食品中检出双乙酸钠时，或在 GB 2760 中规定允许添加双乙酸钠的食品中检出值超出限量范围时，则需要对该食品样品中乙酸的本底值进行测定。（ ）

278. 依据 GB 5009.31—2016《食品安全国家标准 食品中对羟基苯甲酸酯类的测定》，测定对羟基苯甲酸甲酯采用气相色谱-氢火焰离子化检测器（FID）。（ ）

279. 依据 GB 5009.33—2016《食品安全国家标准 食品中亚硝酸盐与硝酸盐的测定》，分光光度法测定食品中硝酸盐时，采用镉柱将硝酸盐还原成亚硝酸盐，测得亚硝酸盐总量，由测得的亚硝酸盐总量减去试样中亚硝酸盐含量，即得试样中硝酸盐含量。（ ）

280. 采用 GB 1886.355—2022《食品安全国家标准 食品添加剂 甜菊糖苷》对食品添加剂甜菊糖苷的组分进行检测时，需要对每个组分进行外标法校准曲线进行检测。（ ）

四、填空题

281. 依据 GB 5009.97—2023《食品安全国家标准 食品中环己基氨基磺酸盐的测定》，试样中的甜蜜素（环己基氨基磺酸盐）经水提取，在硫酸介质中与亚硝酸钠反应，生成_____和_____，用正庚烷萃取后，用气相色谱-氢火焰离子化检测器测定，外标法定量。

282. 依据 GB 5009.97—2023《食品安全国家标准 食品中环己基氨基磺酸盐的测定》，试样中的甜蜜素（环己基氨基磺酸盐）经水提取，在硫酸介质中与次氨酸钠反应，生成_____，用正庚烷萃取后，用高效液相色谱-紫外或二极管阵列检测器测定，外标法定量。

283. 依据 GB 5009.89—2023《食品安全国家标准 食品中烟酸和烟酰胺的测定》，采用液相色谱法检测烟酸和烟酰胺时，滴加盐酸溶液的目的是_____。

284. 食品添加剂乙酰磺胺酸钾又名_____。

285. 依据 GB 5009.140—2023《食品安全国家标准 食品中乙酰磺胺酸钾的测定》，在对饮料（除蛋白饮料外）、水果制品、蔬菜制品中的安赛蜜进行测定时采用_____对提取液进行净化处理。

286. 依据 GB 5009.140—2023《食品安全国家标准 食品中乙酰磺胺酸钾的测定》，蛋白饮料及其他试样中的安赛蜜进行测定时采用_____对提取液进行净化处理。

287. 采用质谱法检测待测物质，用以定性的最主要因素是_____和_____。

288. 对羟基苯甲酸甲酯转换为对羟基苯甲酸的换算系数为_____。

289. 依据 GB 5009.32—2016《食品安全国家标准 食品中 9 种抗氧化剂的测定》，采用比色法检测食品中抗氧化剂时，没食子酸丙酯（PG）与_____起颜色反应，在波长 540nm 处测定吸光度，与标准比较定量。

290. 依据 GB 5009.270—2023《食品安全国家标准 食品中肌醇的测定》，在采用微生物法测定肌醇过程中，利用_____对肌醇的特异性和灵敏性，定量测定试样中待测物质的含量。

291. 依据 GB 5009.97—2023《食品安全国家标准 食品中环己基氨基磺酸盐的测定》，在硫酸介质中环己基氨基磺酸盐与_____反应，生成环己醇亚硝酸酯和环醇，用正庚烷萃取后，用气相色谱-氢火焰离子化检测器可以实现甜蜜素的测定。

五、简答题

292. 简述 GB 5009.35—2023《食品安全国家标准 食品中合成着色剂的测定》的分析步骤。

293. 简述采用 GB 5009.296—2023《食品安全国家标准 食品中维生素 D 的测定》正相色谱净化-反相液相色谱法测定维生素 D 的原理。

294. 采用 GB 5009.296—2023《食品安全国家标准 食品中维生素 D 的测定》正相色谱净化-反相液相色谱法测定维生素 D，影响检测结果准确性的关键性控制点有哪些？

295. 依据 GB 5009.259—2023《食品安全国家标准 食品中生物素的测定》，液相色谱-串联质谱法用于测定食品中生物素时，采用高氯酸调节提取液 pH 约至 1.6，氢氧化钠溶液调节 pH 至 4.6 的目的和原理是什么？

296. 简述 GB 5009.82—2016《食品安全国家标准 食品中维生素 A、D、E 的测定》中奶粉中维生素 A 和维生素 E 的测定过程。

第二十章

生物毒素检测方法标准

● 核心知识点 ●

一、常见真菌毒素的检测标准及其关键细节

标准号	检测项目	关键细节
GB 5009.22—2016	黄曲霉毒素 B 族/G 族	1.适用于谷物及其制品、豆类及其制品、坚果及籽类、油脂及其制品、调味品、婴幼儿配方食品和婴幼儿辅助食品； 2.包含有同位素稀释液相色谱-串联质谱法、高效液相色谱-柱前衍生法、高效液相色谱-柱后衍生法、酶联免疫吸附筛查法和薄层色谱法； 3.样品净化方式：免疫亲和柱法净化、固相萃取柱净化、固相净化柱和免疫亲和柱同时使用。
GB 5009.24—2016	黄曲霉毒素 M 族	1.适用于乳、乳制品和含乳特殊膳食用食品； 2.包含有同位素稀释液相色谱-串联质谱法、高效液相色谱法、酶联免疫吸附筛查法； 3.样品净化方式：免疫亲和柱法净化。
GB 5009.96—2016	赭曲霉毒素 A	1.适用于谷物、油料及其制品、酒类、酱油、醋、酱及酱制品、葡萄干、辣椒及其制品、胡椒粒/粉、咖啡等； 2.包含有高液相色谱法、液相色谱-串联质谱法、酶联免疫吸附测定法和薄层色谱法； 3.样品净化方式：免疫亲和柱法净化、离子交换固相萃取柱净化。
GB 5009.111—2016	脱氧雪腐镰刀菌烯醇及其乙酰化衍生物	1.适用于谷物及其制品、酒类、酱油、醋、酱及酱制品； 2.包含有同位素稀释液相色谱-串联质谱法、高效液相色谱法、薄层色谱法和酶联免疫吸附筛查法； 3.样品净化方式：免疫亲和柱法净化、固相萃取柱净化。
GB 5009.185—2016	展青霉素	1.适用于苹果和山楂为原料的水果及其制品、果蔬汁类和酒类食品； 2.包含有同位素稀释液相色谱-串联质谱法和高效液相色谱法； 3.样品净化方式：固相萃取柱净化。
GB 5009.209—2016	玉米赤霉烯酮	1.适用于粮食和粮食制品、酒类、酱油、醋、酱及酱制品、大豆、油菜籽、食用植物油、牛肉、猪肉、牛肝、牛奶、鸡蛋； 2.包含有液相色谱法、荧光光度法、液相色谱-串联质谱法； 3.样品净化方式：免疫亲和柱法净化。

二、真菌毒素免疫亲和柱净化原理核心原理：

抗原-抗体特异性结合

免疫亲和柱（Immunoaffinity Column，IAC）的净化基于抗原-抗体的高特异性结合，其核心流程包括：

（一）抗体固定化：将针对特定真菌毒素（如黄曲霉毒素 B₁）的单克隆或多克隆抗体通过共价键固定在惰性载体（如琼脂糖凝胶）上；

（二）目标物捕获：样品提取液通过亲和柱时，毒素分子（抗原）与抗体结合，其他杂质（如色素、蛋白质、脂肪）因无特异性结合直接流出；

（三）杂质洗脱：用去离子水或缓冲液淋洗柱子，去除未结合的残留物；

（四）目标物洗脱：使用变性剂（如甲醇）破坏抗体-抗原复合物，释放高纯度毒素用于后续检测。

生物毒素检测方法标准是保障食品安全、防控生物毒素污染的重要技术支撑。本章围绕生物毒素检测方法标准体系，详细介绍生物毒素检测方法的分类及实际应用。通过本章的系统练习，读者将掌握生物毒素检测方法标准的基本要求、适用范围、原理及操作步骤，学会结合实际案例运用生物毒素检测方法评估食品的污染状况，为食品安全抽样检验提供坚实的技术保障。

第一节　基础知识自测

一、单选题

1. 依据 GB 5009.22—2016《食品安全国家标准 食品中黄曲霉毒素 B 族和 G 族的测定》第一法，以下哪种食品净化时不需要同时使用固相净化柱和免疫亲和柱？（　　）

A. 花椒　　B. 胡椒　　C. 辣椒　　D. 花生

2. 依据 GB 5009.22—2016《食品安全国家标准 食品中黄曲霉毒素 B 族和 G 族的测定》第一法同位素稀释液相色谱-串联质谱法，该方法使用的离子源为（　　）。

A. ESI　　B. APCI　　C. CI　　D. EI

3. 依据 GB 5009.22—2016《食品安全国家标准 食品中黄曲霉毒素 B 族和 G 族的测定》第一法同位素稀释液相色谱-串联质谱法，黄曲霉毒素 B_1 的定量离子对为（　　）。

A. 313＞287　　　　　　B. 313＞285

C. 313＞241　　　　　　D. 313＞240

4. 依据 GB 5009.22—2016《食品安全国家标准 食品中黄曲霉毒素 B 族和 G 族的测定》第一法同位素稀释液相色谱-串联质谱法，试样中目标化合物色谱峰的保留时间与相应标准色谱峰的保留时间相比较，变化范围应在（　　）之内。

A. ±2.5%　　　　　　B. ±1.5%

C. ±1.0%　　　　　　D. ±3.0%

5. 依据 GB 5009.22—2016《食品安全国家标准 食品中黄曲霉毒素 B 族和 G 族的测定》第一法同位素稀释液相色谱-串联质谱法，样品中目标化合物的两个子离子的相对丰度比大于 50%，与浓度相当的标准溶液相比，允许相对偏差为（　　）。

A. ±30%　　　　　　B. ±15%

C. ±20%　　　　　　D. ±50%

6. 依据 GB 5009.24—2016《食品安全国家标准 食品中黄曲霉毒素 M 族的测定》，该标准的检测方法不包含（　　）。

A. 同位素稀释液相色谱-串联质谱法

B. 薄层色谱法

C. 高效液相色谱法

D. 酶联免疫吸附筛查法

7. 依据 GB 5009.24—2016《食品安全国家标准 食品中黄曲霉毒素 M 族的测定》第一法同位素稀释液相色谱-串联质谱法，黄曲霉毒素 M_1 和黄曲霉毒素 M_2 混合标准储备溶液（1.0μg/mL）密封后避光 4℃保存，有效期为（　　）。

A. 1 个月　　　　　　B. 12 个月

C. 6 个月　　　　　　D. 3 个月

8. 依据 GB 5009.24—2016《食品安全国家标准 食品中黄曲霉毒素 M 族的测定》，免疫亲和柱的柱容量需（　　）。

A. ≥80ng　　　　　　B. ≥110ng

C. ≥100ng　　　　　　D. ≥120ng

9. 依据 GB 5009.24—2016《食品安全国家标准 食品中黄曲霉毒素 M 族的测定》，免疫亲和柱上样、淋洗后，洗脱时加入（　　）乙腈（或甲醇）洗脱亲和柱，收集全部洗脱液至刻度试管中。

A. 2×2mL　　　　　　B. 3×2mL

C. 2mL　　　　　　　D. 2×1mL

10. 依据 GB 5009.24—2016《食品安全国

家标准　食品中黄曲霉毒素 M 族的测定》
第一法同位素稀释液相色谱-串联质谱法，
液相色谱参考条件中色谱柱柱温
为（　　）。

A. 25℃　　B. 30℃　　C. 35℃　　D. 40℃

11. 依据 GB 5009.24—2016《食品安全国
家标准　食品中黄曲霉毒素 M 族的测定》
第一法同位素稀释液相色谱-串联质谱法，
黄曲霉毒素 M_2 的定量离子对为（　　）。

A. 331＞275　　　　B. 331＞261

C. 329＞273　　　　D. 329＞259

12. 依据 GB 5009.111—2016《食品安全国
家标准　食品中脱氧雪腐镰刀菌烯醇及其乙
酰化衍生物的测定》第一法同位素稀释液
相色谱-串联质谱法，标准储备溶液
（100μg/mL），在 －20℃ 下密封保存，有
效期为（　　）。

A. 3 个月　　　　　　B. 半年

C. 1 年　　　　　　　D. 1 个月

13. 依据 GB 5009.111—2016《食品安全国
家标准　食品中脱氧雪腐镰刀菌烯醇及其乙
酰化衍生物的测定》，谷物及其制品制备时
取至少 1kg 样品，用高速粉碎机将其粉
碎，过筛，使其粒径（　　）孔径试验筛，
混合均匀后缩分至 100g，储存于样品瓶
中，密封保存，供检测用。

A. 小于 1～2mm　　　B. 小于 2～5mm

C. 小于 0.1～0.5mm　D. 小于 0.5～1mm

14. 依据 GB 5009.111—2016《食品安全国
家标准　食品中脱氧雪腐镰刀菌烯醇及其乙
酰化衍生物的测定》第一法同位素稀释液
相色谱-串联质谱法，通用型固相萃取柱净
化前需用（　　）活化平衡。

A. 3mL 甲醇和 3mL 水

B. 3mL 乙腈和 3mL 水

C. 3mL 甲醇和 3mL 氨水

D. 3mL 甲醇和 3mL 甲酸水

15. 依据 GB 5009.111—2016《食品安全国
家标准　食品中脱氧雪腐镰刀菌烯醇及其乙
酰化衍生物的测定》第一法同位素稀释液

相色谱-串联质谱法，离子源模式为 ESI⁻
时，脱氧雪腐镰刀菌烯醇的定量离子对
为（　　）。

A. 295＞203　　　　B. 297＞249

C. 295＞265　　　　D. 295＞138

16. 依据 GB 5009.111—2016《食品安全国
家标准　食品中脱氧雪腐镰刀菌烯醇及其乙
酰化衍生物的测定》第一法同位素稀释液
相色谱-串联质谱法，谷物及其制品的称样
量为（　　）。

A. 2g　　B. 25g　　C. 5g　　D. 10g

17. 依据 GB 5009.185—2016《食品安全国
家标准　食品中展青霉素的测定》第一法同
位素稀释-液相色谱-串联质谱法，混合型
阴离子交换柱法中澄清果汁试样提取时应
称取（　　）试样。

A. 5g　　B. 2g　　C. 1g　　D. 10g

18. 依据 GB 5009.185—2016《食品安全国
家标准　食品中展青霉素的测定》第一法同
位素稀释-液相色谱-串联质谱法，样品中
目标化合物的两个子离子的相对丰度比≤
10%，与浓度相当的标准溶液相比，其允
许偏差应不超过（　　）。

A. ±30%　　　　　B. ±25%

C. ±20%　　　　　D. ±50%

19. 依据 GB 5009.185—2016《食品安全国
家标准　食品中展青霉素的测定》第一法同
位素稀释-液相色谱-串联质谱法，固体、
半流体采用净化柱法净化的检出限为
（　　）μg/kg。

A. 5　　　B. 6　　　C. 10　　　D. 20

20. 依据 GB 5009.96—2016《食品安全国
家标准　食品中赭曲霉毒素 A 的测定》第
一法，样品经提取液提取试样中的赭曲霉
毒素 A，经免疫亲和柱净化后，采用高效
液相色谱结合（　　）测定赭曲毒素 A 的
含量，外标法定量。

A. 紫外检测器

B. 荧光检测器

C. 示差折光检测器

D. 二极管阵列检测器

21. 依据 GB 5009.96—2016《食品安全国家标准 食品中赭曲霉毒素 A 的测定》第二法，离子交换固相萃取柱净化高效液相色谱法使用的固相萃取柱为（　　）。

A. 高分子聚合物基质阴离子交换固相萃取柱

B. 阳离子交换柱

C. 免疫亲和柱

D. 通用型固相萃取柱净化

22. 依据 GB 5009.96—2016《食品安全国家标准 食品中赭曲霉毒素 A 的测定》第三法免疫亲和层析净化液相色谱-串联质谱法，经免疫亲和柱净化后，定容溶液为（　　）。

A. 乙腈-水（35＋65）　B. 初始流动相

C. 甲醇-水（35＋65）　D. 水

23. 依据 GB 5009.209—2016《食品安全国家标准 食品中玉米赤霉烯酮的测定》，牛肉中玉米赤霉烯酮测定需要选用（　　）方法。

A. 液相色谱法

B. 荧光光度法

C. 液相色谱-质谱法

D. 酶联免疫吸附测定法

24. 依据 GB 5009.209—2016《食品安全国家标准 食品中玉米赤霉烯酮的测定》第一法液相色谱法，大豆、油菜籽、食用植物油中玉米赤霉烯酮的定量限为（　　）。

A. 66μg/kg　　　　　B. 10μg/kg

C. 17μg/kg　　　　　D. 33μg/kg

25. 依据 GB 5009.209—2016《食品安全国家标准 食品中玉米赤霉烯酮的测定》第三法液相色谱-质谱法，净化使用的是（　　）。

A. N-乙烯吡咯烷酮和二乙烯基苯共聚物填料（HLB）

B. 阴离子交换固相萃取柱

C. 阳离子交换固相萃取柱

D. 免疫亲和柱

二、多选题

26. GB 2761—2017《食品安全国家标准 食品中真菌毒素限量》规定了食品中（　　）的限量指标。

A. 黄曲霉毒素 B_1　　　　B. 黄曲霉毒素 B_2

C. 黄曲霉毒素 M_1　　　　D. 展青霉素

E. 玉米赤霉烯酮

27. GB 5009.22—2016《食品安全国家标准 食品中黄曲霉毒素 B 族和 G 族的测定》包含什么方法？（　　）

A. 同位素稀释-液相色谱-串联质谱法

B. 高效液相色谱-柱前衍生法

C. 高效液相色谱-柱后衍生法

D. 酶联免疫吸附筛查法

E. 薄层色谱法

28. 依据《食品安全国家标准 食品中黄曲霉毒素 B 族和 G 族的测定》（GB 5009.22—2016）附录 B 中，免疫亲和柱质量验证方法包括（　　）。

A. 柱容量　　　　　　B. 柱回收率

C. 柱批次间稳定性　　D. 交叉反应率

29. 依据 GB 5009.24—2016《食品安全国家标准 食品中黄曲霉毒素 M 族的测定》，第一法为同位素稀释液相色谱-串联质谱法，其中所用试剂为色谱纯的有（　　）。

A. 乙腈　　B. 甲醇　　C. 石油醚　D. 盐酸

30. 依据 GB 5009.24—2016《食品安全国家标准 食品中黄曲霉毒素 M 族的测定》第一法同位素稀释液相色谱-串联质谱法，样品称样量为 1g 的类别有（　　）。

A. 酸奶　　B. 乳粉　　C. 奶油

D. 奶酪　　E. 特殊膳食用食品

31. 依据 GB 5009.111—2016《食品安全国家标准 食品中脱氧雪腐镰刀菌烯醇及其乙酰化衍生物的测定》，该标准检测方法包括（　　）。

A. 液相色谱-串联质谱法

B. 薄层色谱法

C. 高效液相色谱法

D. 酶联免疫吸附筛查法

E. 紫外光谱法

32. 依据 GB 5009.185—2016《食品安全国家标准 食品中展青霉素的测定》第一法同位素稀释-液相色谱-串联质谱法，样品中的展青霉素经溶剂提取，使用（ ）净化、浓缩后，经反相液相色谱柱分离，电喷雾离子源离子化，多反应离子监测检测，内标法定量。

A. 展青霉素固相净化柱

B. 混合型阴离子交换柱

C. 免疫亲和柱

D. 通用型固相萃取柱

33. GB 5009.96—2016《食品安全国家标准 食品中赭曲霉毒素 A 的测定》第三法适用于（ ）中赭曲霉毒素 A 的测定。

A. 啤酒　　　　　B. 稻谷

C. 小麦　　　　　D. 辣椒及其制品

E. 熟咖啡

34. 依据 GB 5009.96—2016《食品安全国家标准 食品中赭曲霉毒素 A 的测定》第一法，试样可以用提取液 I：甲醇-水（80＋20）提取赭曲霉毒素 A 的样品类别有（ ）。

A. 粮食和粮食制品　　B. 食用植物油

C. 大豆　　　　　D. 酒类

E. 醋

35. 依据 GB 5009.209—2016《食品安全国家标准 食品中玉米赤霉烯酮的测定》第三法液相色谱-质谱法，不适用的样品类型有（ ）。

A. 粮食和粮食制品　　B. 酒类

C. 鸡蛋　　　　　D. 牛奶

E. 大豆

三、判断题

36. GB 5009.22—2016《食品安全国家标准 食品中黄曲霉毒素 B 族和 G 族的测定》的五个方法均适用于谷物及其制品、豆类及其制品、坚果及籽类、油脂及其制品、调味品、婴幼儿配方食品和婴幼儿辅助食品中 AFT B_1、AFT B_2、AFT G_1 和 AFT

G_2 的测定。（ ）

37. 依据 GB 5009.22—2016《食品安全国家标准 食品中黄曲霉毒素 B 族和 G 族的测定》，高效液相色谱-柱前衍生法、高效液相色谱-柱后衍生法的检测器均为荧光检测器。（ ）

38. 依据 GB 5009.22—2016《食品安全国家标准 食品中黄曲霉毒素 B 族和 G 族的测定》，对于同一厂家不同批次的免疫亲和柱在使用前，不需要进行质量验证。（ ）

39. GB 5009.22—2016《食品安全国家标准 食品中黄曲霉毒素 B 族和 G 族的测定》第二法高效液相色谱-柱前衍生法是使用三氟乙酸柱前衍生，液相色谱分离，荧光检测器检测，内标法定量。（ ）

40. 依据 GB 5009.22—2016《食品安全国家标准 食品中黄曲霉毒素 B 族和 G 族的测定》第二法高效液相色谱-柱前衍生法，该方法使用的微孔滤头（带 $0.22\mu m$ 微孔滤膜）无须检验确认，可直接使用。（ ）

41. GB 5009.22—2016《食品安全国家标准 食品中黄曲霉毒素 B 族和 G 族的测定》第五法薄层色谱法所用试剂可直接使用，不需要验证试验。（ ）

42. 依据 GB 5009.24—2016《食品安全国家标准 食品中黄曲霉毒素 M 族的测定》，免疫亲和柱从冷藏冰箱拿出后可直接使用。（ ）

43. 依据 GB 5009.111—2016《食品安全国家标准 食品中脱氧雪腐镰刀菌烯醇及其乙酰化衍生物的测定》，薄层色谱测定法适用于酱及酱制品中脱氧雪腐镰刀菌烯醇的测定。（ ）

44. 依据 GB 5009.111—2016《食品安全国家标准 食品中脱氧雪腐镰刀菌烯醇及其乙酰化衍生物的测定》，3-ADON 和 15-ADON 为同分异构体，15-ADON 可选用[13]C-3-ADON 作为同位素内标进行相应的定量计

算。（　　）

45. 依据 GB 5009.111—2016《食品安全国家标准 食品中脱氧雪腐镰刀菌烯醇及其乙酰化衍生物的测定》第一法同位素稀释液相色谱-串联质谱法，离子源模式只有 ESI$^+$ 模式。（　　）

46. 依据 GB 5009.111—2016《食品安全国家标准 食品中脱氧雪腐镰刀菌烯醇及其乙酰化衍生物的测定》第一法同位素稀释液相色谱-串联质谱法，得到标准曲线回归方程，其线性相关系数应大于 0.99。（　　）

47. 依据 GB 5009.111—2016《食品安全国家标准 食品中脱氧雪腐镰刀菌烯醇及其乙酰化衍生物的测定》第一法同位素稀释液相色谱-串联质谱法，其精密度是在重复性条件下获得的两次独立测定结果的绝对差值不得超过算术平均值的 23%。（　　）

48. 依据 GB 5009.185—2016《食品安全国家标准 食品中展青霉素的测定》第二法高效液相色谱法，适用于苹果和山楂为原料的水果及其制品、果蔬汁类和酒类食品中展青霉素含量的测定。（　　）

49. 依据 GB 5009.185—2016《食品安全国家标准 食品中展青霉素的测定》，样品制备时，酒类样品需超声脱气 1h 或 4℃低温条件下存放过夜脱气。（　　）

50. 依据 GB 5009.185—2016《食品安全国家标准 食品中展青霉素的测定》第二法高效液相色谱法，样品中的展青霉素经提取，展青霉素固相净化柱或混合型阴离子交换柱净化、浓缩后，液相色谱分离，紫外检测器检测。（　　）

51. GB 5009.96—2016《食品安全国家标准 食品中赭曲霉毒素 A 的测定》第一法为免疫亲和层析净化液相色谱-串联质谱法。（　　）

52. 依据 GB 5009.96—2016《食品安全国家标准 食品中赭曲霉毒素 A 的测定》第一法，标准工作溶液和样液中待测物的响应值均应在仪器线性响应范围内，如果样品含量超过标准曲线范围，需稀释后再测定。（　　）

53. 依据 GB 5009.96—2016《食品安全国家标准 食品中赭曲霉毒素 A 的测定》第一法，酒类和醋的定量限均为 0.3μg/kg。（　　）

54. 依据 GB 5009.96—2016《食品安全国家标准 食品中赭曲霉毒素 A 的测定》第三法免疫亲和层析净化液相色谱-串联质谱法，用提取液提取试样中的赭曲霉毒素 A，经免疫亲和柱净化后，采用液相色谱-串联质谱测定赭曲霉毒素 A 的含量，内标法定量。（　　）

第二节　综合能力提升

一、单选题

55. 依据 GB 5009.22—2016《食品安全国家标准 食品中黄曲霉毒素 B 族和 G 族的测定》第一法同位素稀释液相色谱-串联质谱法，当称取样品 5g 时，黄曲霉毒素 B$_1$ 的定量限为（　　）。

A. 0.03μg/kg　　　　B. 0.05μg/kg

C. 0.1μg/kg　　　　D. 0.15μg/kg

56. 依据 GB 5009.22—2016《食品安全国家标准 食品中黄曲霉毒素 B 族和 G 族的测定》第二法高效液相色谱-柱前衍生法，检测波长：激发波长（　　）nm；发射波长（　　）nm。

A. 360；440　　　　B. 365；436

C. 365；463　　　　　D. 360；436

57. 依据 GB 5009.22—2016《食品安全国家标准 食品中黄曲霉毒素 B 族和 G 族的测定》第三法高效液相色谱-柱后衍生法，无衍生器法的黄曲霉毒素 B_2 的定量限为（　　）。

A. 0.03μg/kg　　　　B. 0.05μg/kg

C. 0.1μg/kg　　　　D. 0.01μg/kg

58. 依据 GB 5009.22—2016《食品安全国家标准 食品中黄曲霉毒素 B 族和 G 族的测定》附录 E 酶联免疫试剂盒的质量判定方法，选取小麦粉或其他阴性样品，根据所购酶联免疫试剂盒的检出限，在阴性基质中添加 3 个浓度水平的 AFT B_1 标准溶液（2μg/kg、5μg/kg、10μg/kg）。按照说明书操作方法，用读数仪读数，做三次平行实验。针对每个加标浓度，回收率在（　　）容许范围内的该批次产品方可使用。

A. 70%～120%　　　B. 50%～120%

C. 60%～120%　　　D. 50%～110%

59. 依据 GB 5009.111—2016《食品安全国家标准 食品中脱氧雪腐镰刀菌烯醇及其乙酰化衍生物的测定》第二法免疫亲和层析净化高效液相色谱法，酒样称样量为（　　）（准确到 0.1g）。

A. 2g　　B. 20g　　C. 10g　　D. 5g

60. 依据 GB 5009.185—2016《食品安全国家标准 食品中展青霉素的测定》第二法高效液相色谱法，固体、半流体试样的检出限为（　　）。

A. 12μg/kg　　　　B. 10μg/kg

C. 20μg/kg　　　　D. 5μg/kg

61. 依据 GB 5009.96—2016《食品安全国家标准 食品中赭曲霉毒素 A 的测定》第一法，赭曲霉毒素 A 标准工作液 4℃保存，可使用（　　）。

A. 30 天　B. 10 天　C. 15 天　D. 7 天

62. 依据 GB 5009.96—2016《食品安全国家标准 食品中赭曲霉毒素 A 的测定》第二法离子交换固相萃取柱净化高效液相色谱法，稻谷（糙米）、小麦、小麦粉、大豆提取时提取液为（　　）。

A. 甲醇-水（60＋40）

B. 氢氧化钾溶液（0.1 mol/L）-甲醇-水（2＋60＋38）

C. 乙腈-水（60＋40）

D. 甲醇-水（80＋20）

63. 依据 GB 5009.96—2016《食品安全国家标准 食品中赭曲霉毒素 A 的测定》第二法离子交换固相萃取柱净化高效液相色谱法，计算结果（需扣除空白值）以重复性条件下获得的两次独立测定结果的算术平均值表示，结果保留（　　）。

A. 两位小数　　　　B. 三位有效数字

C. 两位有效数字　　D. 三位小数

64. GB 5009.209—2016《食品安全国家标准 食品中玉米赤霉烯酮的测定》，第二法使用的是（　　）。

A. 液相色谱法

B. 荧光光度法

C. 液相色谱-质谱法

D. 酶联免疫吸附测定法

二、多选题

65. 依据 GB 5009.22—2016《食品安全国家标准 食品中黄曲霉毒素 B 族和 G 族的测定》，高效液相色谱-柱后衍生法的仪器检测部分，包括（　　）等柱后衍生方法，可根据实际情况，选择其中一种方法即可。

A. 碘或溴试剂衍生法

B. 三氟乙酸试剂衍生法

C. 光化学衍生法

D. 电化学衍生法

66. 依据 GB 5009.111—2016《食品安全国家标准 食品中脱氧雪腐镰刀菌烯醇及其乙酰化衍生物的测定》第一法同位素稀释液相色谱-串联质谱法，试样的净化方法有（　　）。

A. 通用型固相萃取柱净化

B. 分散固相萃取 QuEChERS

C. DONs专用型固相净化柱净化

D. 免疫亲和柱净化

67. 依据 GB 5009.209—2016《食品安全国家标准 食品中玉米赤霉烯酮的测定》，能同时用第一法和第二法检测的样品种类有（ ）。

A. 大豆   B. 油菜籽

C. 玉米   D. 食用植物油

E. 啤酒

三、判断题

68. 依据 GB 5009.22—2016《食品安全国家标准 食品中黄曲霉毒素 B 族和 G 族的测定》，整个分析操作过程可以不在指定区域内进行，只需要避光（直射阳光）。（ ）

69. 依据 GB 5009.22—2016《食品安全国家标准 食品中黄曲霉毒素 B 族和 G 族的测定》第一法，液体样品（如植物油、酱油、醋等）采样量需大于1L，半流体（如腐乳、豆豉等）采样量需大于 1kg（L），固体样品（如谷物及其制品、坚果及籽类、婴幼儿谷类辅助食品等）采样量需大于 0.5kg。（ ）

70. 依据 GB 5009.22—2016《食品安全国家标准 食品中黄曲霉毒素 B 族和 G 族的测定》第二法高效液相色谱-柱前衍生法，净化可采用免疫亲和柱进行。（ ）

71. 依据 GB 5009.22—2016《食品安全国家标准 食品中黄曲霉毒素 B 族和 G 族的测定》第三法高效液相色谱-柱后衍生法，荧光检测器的检测条件应为激发波长360nm；发射波长 440nm。（ ）

72. 依据 GB 5009.22—2016《食品安全国家标准 食品中黄曲霉毒素 B 族和 G 族的测定》，第四法酶联免疫吸附筛查法适用于谷物及其制品、豆类及其制品、坚果及籽类、油脂及其制品、调味品、婴幼儿配方食品和婴幼儿辅助食品中 AFT B_2 的测定。（ ）

73. 依据 GB 5009.22—2016《食品安全国家标准 食品中黄曲霉毒素 B 族和 G 族的测定》第四法酶联免疫吸附筛查法，若检出阳性可直接上报结果。（ ）

74. 依据 GB 5009.24—2016《食品安全国家标准 食品中黄曲霉毒素 M 族的测定》，第三法酶联免疫吸附筛查法适用于乳、乳制品和含乳特殊膳食用食品中 AFT M_1 和 AFT M_2 的筛查测定。（ ）

75. 依据 GB 5009.24—2016《食品安全国家标准 食品中黄曲霉毒素 M 族的测定》第一法同位素稀释液相色谱-串联质谱法，提取液必要时经黄曲霉毒素固相净化柱初步净化后，再通过免疫亲和柱净化和富集。（ ）

76. 依据 GB 5009.24—2016《食品安全国家标准 食品中黄曲霉毒素 M 族的测定》第一法同位素稀释液相色谱-串联质谱法，5ng/mL 同位素内标工作液（$^{13}C_{17}$-AFT M_1）在 −20℃ 下保存，有效期 3 个月。（ ）

77. 依据 GB 5009.24—2016《食品安全国家标准 食品中黄曲霉毒素 M 族的测定》第一法同位素稀释液相色谱-串联质谱法，液态奶和酸奶提取完后，只能在 4℃、6000r/min 下离心，没有其他可使用的方法；上清液需加 40mL 水或 PBS 稀释后待净化。（ ）

78. 依据 GB 5009.24—2016《食品安全国家标准 食品中黄曲霉毒素 M 族的测定》，高效液相色谱-串联质谱法中液态乳的黄曲霉毒素 M_2 定量限为 0.015μg/kg，高效液相色谱法中液态乳的黄曲霉毒素 M_2 定量限为 0.0075μg/kg。（ ）

79. 依据 GB 5009.111—2016《食品安全国家标准 食品中脱氧雪腐镰刀菌烯醇及其乙酰化衍生物的测定》第一法同位素稀释液相色谱-串联质谱法，酱油、醋、酱及酱制品的提取步骤中，样品置于超声波/涡旋振荡器或摇床中超声或振荡后，以玻璃纤维滤纸过滤至滤液澄清（或在 6000r/min 下离心 10min)，收集滤液于干净的容器中。
（　　）

80. 依据 GB 5009.111—2016《食品安全国家标准　食品中脱氧雪腐镰刀菌烯醇及其乙酰化衍生物的测定》第二法免疫亲和层析净化高效液相色谱法，净化可以使用通用型固相萃取柱净化和 DONs 专用型固相净化柱净化。（　　）

81. 依据 GB 5009.185—2016《食品安全国家标准　食品中展青霉素的测定》，使用到的果胶酶（液体）活性应≥1500U/g，需在－18℃避光保存。（　　）

82. 依据 GB 5009.185—2016《食品安全国家标准　食品中展青霉素的测定》，混合型阴离子交换柱使用前应分别用 6mL 甲醇和 6mL 水预淋洗并保持柱体湿润。（　　）

83. 依据 GB 5009.185—2016《食品安全国家标准　食品中展青霉素的测定》第一法同位素稀释-液相色谱-串联质谱法，试样提取及净化步骤中，混合型阴离子交换柱净化法和净化柱净化法的试样称样量完全一致。（　　）

84. 依据 GB 5009.96—2016《食品安全国家标准　食品中赭曲霉毒素 A 的测定》第二法离子交换固相萃取柱净化高效液相色谱法，试样加入提取液后于涡旋振荡器上振荡提取，用玻璃纤维滤纸过滤，取 10mL 滤液至 100mL 平底烧瓶中，加入 20mL 石油醚，涡旋振荡器振荡提取 3～5min，静置分层后取下层溶液，用滤纸过滤，取 5mL 滤液进行固相萃取净化。（　　）

85. 依据 GB 5009.96—2016《食品安全国家标准　食品中赭曲霉毒素 A 的测定》第二法离子交换固相萃取柱净化高效液相色谱法，咖啡和葡萄酒样品测定采用梯度洗脱程序，其他样品采用等度洗脱程序。（　　）

86. 依据 GB 5009.96—2016《食品安全国家标准　食品中赭曲霉毒素 A 的测定》第二法离子交换固相萃取柱净化高效液相色谱法，酒类样品的定量限为 0.33μg/L。（　　）

四、填空题

87. 依据 GB 5009.22—2016《食品安全国家标准　食品中黄曲霉毒素 B 族和 G 族的测定》附录 B，免疫亲和柱验证方法有柱容量验证、＿＿＿＿＿＿、交叉反应率验证。

88. 依据 GB 5009.209—2016《食品安全国家标准　食品中玉米赤霉烯酮的测定》第二法荧光光度法，分析结果计算时需扣除＿＿＿＿＿＿，保留两位有效数字。

89. 依据 GB 5009.22—2016《食品安全国家标准　食品中黄曲霉毒素 B 族和 G 族的测定》第一法，磷酸盐缓冲溶液的配制，应称取 8.00g 氯化钠、1.20g 磷酸氢二钠（或 2.92g 十二水磷酸氢二钠）、0.20g ＿＿＿＿＿＿、0.20g 氯化钾，用 900mL 水溶解，用盐酸调节 pH 至 7.4±0.1，加水稀释至 1000mL。

90. 依据 GB 5009.22—2016《食品安全国家标准　食品中黄曲霉毒素 B 族和 G 族的测定》第二法高效液相色谱-柱前衍生法，衍生步骤时，用移液管准确吸取 4.0mL 净化液于 10mL 离心管后，在 50℃下用氮气缓缓地吹至近干，分别加入 200μL 正己烷和 100μL 三氟乙酸，涡旋 30s，在＿＿＿＿＿＿的恒温箱中衍生 15min。

91. 依据 GB 5009.22—2016《食品安全国家标准　食品中黄曲霉毒素 B 族和 G 族的测定》第五法薄层色谱法，样品经提取、浓缩、薄层分离后，黄曲霉毒素 B₁ 在紫外线（波长＿＿＿＿＿＿）下产生蓝紫色荧光，根据其在薄层上显示荧光的最低检出量来测定含量。

92. 依据 GB 5009.24—2016《食品安全国家标准　食品中黄曲霉毒素 M 族的测定》，第一法为同位素稀释液相色谱-串联质谱法，其中所用石油醚的沸程为＿＿＿＿＿＿＿。

93. 依据 GB 5009.24—2016《食品安全国家标准 食品中黄曲霉毒素 M 族的测定》第一法同位素稀释液相色谱-串联质谱法，离子源电离方式为_____。

94. 依据 GB 5009.24—2016《食品安全国家标准 食品中黄曲霉毒素 M 族的测定》第一法同位素稀释液相色谱-串联质谱法，计算结果保留_____有效数字。

95. 依据 GB 5009.24—2016《食品安全国家标准 食品中黄曲霉毒素 M 族的测定》第二法高效液相色谱法，荧光检测波长：激发波长 360nm；发射波长_____。

96. 依据 GB 5009.111—2016《食品安全国家标准 食品中脱氧雪腐镰刀菌烯醇及其乙酰化衍生物的测定》第一法同位素稀释液相色谱-串联质谱法，配制的 10ng/mL、20ng/mL、40ng/mL、80ng/mL、160ng/mL、320ng/mL、640ng/ml 的混合标准系列，其中同位素内标浓度为 100ng/mL。标准系列溶液于 4℃ 保存，有效期为_____。

97. 依据 GB 5009.111—2016《食品安全国家标准 食品中脱氧雪腐镰刀菌烯醇及其乙酰化衍生物的测定》第三法薄层色谱测定法，由于在制备薄层板时加入了_____，使脱氧雪腐镰刀菌烯醇在 365nm 紫外光灯下显_____荧光，与标准比较。

98. 依据 GB 5009.111—2016《食品安全国家标准 食品中脱氧雪腐镰刀菌烯醇及其乙酰化衍生物的测定》第四法酶联免疫吸附筛查法，在洗涤后加入相应显色剂显色，经无机酸终止反应，于_____波长下检测。试样中的脱氧雪腐镰刀菌烯醇与吸光度在一定浓度范围内呈_____。

99. 依据 GB 5009.185—2016《食品安全国家标准 食品中展青霉素的测定》，展青霉素标准工作液（1μg/mL），在 4℃ 下避光保存，_____内有效。

100. 依据 GB 5009.185—2016《食品安全国家标准 食品中展青霉素的测定》，样品制备时，果丹皮等高黏度样品经_____冻干后立即用高速粉碎机将其粉碎，混合均匀后取样品 100g 用于检测。

101. 依据 GB 5009.209—2016《食品安全国家标准 食品中玉米赤霉烯酮的测定》第一法液相色谱法，荧光检测器检测波长为_____。

102. 依据 GB 5009.209—2016《食品安全国家标准 食品中玉米赤霉烯酮的测定》第二法荧光光度法，用乙腈溶液提取试样中的玉米赤霉烯酮，经免疫亲和柱净化后，加入_____进行衍生，洗脱液通过荧光光度计测定。

103. 依据 GB 5009.209—2016《食品安全国家标准 食品中玉米赤霉烯酮的测定》第三法液相色谱-质谱法，样品经_____水解后，采用乙醚提取，经液液分配、固相萃取柱净化后，用液相色谱-质谱测定，外标法定量。

五、简答题

104. 简述 GB 2761—2017《食品安全国家标准 食品中真菌毒素限量》的应用原则。

105. 依据 GB 5009.111—2016《食品安全国家标准 食品中脱氧雪腐镰刀菌烯醇及其乙酰化衍生物的测定》第一法同位素稀释液相色谱-串联质谱法，简述免疫亲和柱净化步骤。

第二十一章

农药残留检测方法标准

● 核心知识点 ●

一、QuEChERS 净化的原理和基本步骤？　　h?　　h

QuEChERS（Quick, Easy, Cheap, Effective, Rugged, Safe）是一种基于液液萃取与分散固相萃取（d-SPE）的样品前处理技术，其核心逻辑是通过"提取-净化"两步法，高效分离目标化合物与基质干扰物，适用于复杂基质（如食品、土壤、化妆品）中农药、兽药、真菌毒素等污染物的检测。

具体步骤及原理如下：

（一）液液萃取：目标物提取

1. 溶剂选择：常用乙腈（或 1%乙酸-乙腈）作为提取溶剂，因其极性适中、渗透性强，能有效溶解极性与非极性目标物（如农药、兽药），且对水相与有机相的分离友好。

2. 盐析作用：向提取液中加入无水硫酸镁（$MgSO_4$）与氯化钠（$NaCl$），通过盐析效应促进乙腈相与水相分离（乙腈密度小于水，分层后在上层），同时 $MgSO_4$ 的强吸水性可去除样品中的水分，减少后续净化负担。

3. pH 调节：部分方法（如 GB 23200.121—2021）会加入缓冲盐（如醋酸钠、柠檬酸盐），维持提取液 pH 在 5 左右，防止酸碱敏感型农药（如氨基甲酸酯类）降解，提高回收率。

（二）分散固相萃取（d-SPE）：基质净化

1. 吸附剂选择：常用吸附剂包括：PSA（N-丙基乙二胺）：弱阴离子交换填料，可吸附有机酸、糖类、脂类等极性杂质；C18：疏水吸附剂，可去除非极性干扰物（如脂肪、固醇）；GCB（石墨化炭黑）：吸附色素、甾醇等，但对平面结构农药（如多菌灵）有吸附，需调整用量或加入甲苯缓解。

2. 净化机制：将吸附剂直接加入提取液上清液中，涡旋振荡使吸附剂与目标物、杂质充分接触，通过物理吸附去除基质中的干扰物质（如色素、蛋白质、脂肪），保留目标物在乙腈相中。

二、农残检测定性时常见的问题及原因分析

（一）假阳性

1. 基质干扰

（1）葱、蒜、韭菜：由于葱蒜类蔬菜含有蒜氨酸类物质（烷基硫代半胱氨酸及亚砜类化合物）及其活性酶（蒜氨酸酶）。在完整的细胞内酶和底物是分开存在的，但样品制成匀浆的过程中，细胞破裂，酶会和底物发生反应，产生丙酮酸、氨及磺酸类的含硫化合物，这类物质与有机磷和有机氯农药性质相似，传统的净化方法不能将其去掉，用 GC 或 GC/MS 不能很好的检测。

（2）十字花科蔬菜（结球甘蓝、大白菜、普通白菜、花椰菜）：含有硫氰酸酯和异硫氰酸酯类化合物，用 GC 检测时有干扰。甲胺磷、乙酰甲胺磷、氧乐果、三唑酮等。

2. 交叉污染

（1）试剂不纯

目前部分试剂不纯，会对检测造成污染。每进一批试剂，按照检测方法标准的要求进行验证。

（2）检测用器皿等材料

检测用重复使用器皿材料处理过高含量的样品，没有清洗干净。检测前对所用器皿材料用丙酮、正己烷进行最后的清洗。

（3）试样制备过程

试样制备时样品的交叉污染。对试样制备的工具进行清洗，每个样品制备后都要进行清洗并擦干。

（4）进样过程

进样针污染，柱头或进样垫污染，针头清洗液污染；前一针待测组分含量高，针头清洗不充分；两针进样时间间隔过短，前一针残留物对下一针产生污染。

（二）假阴性

1. 提取过程：提取方法不合适，农残无法有效提取；酸碱度不合适，某些农药对酸碱敏感，在酸性或碱性条件下不稳定分解。

2. 净化和浓缩：净化柱或淋洗液选择不合适，目标农药无法有效净化和富集；旋转蒸发或氮吹温度过高，时间太久过干，导致目标农药分解。

3. 进样过程：气相色谱（和质谱）进样温度过高，农药分解，如敌百虫、辛硫磷等；

4. 液相色谱（和质谱）流动相 pH 值不合适，造成被测组分分解。

5. 基质效应：某些农药残留在不同样品基质中存在基质增强或者减弱效应，十字花科蔬菜用气相色谱-质谱联用仪测定百菌清和乙酰甲胺磷时，有明显的基质效应。

农药残留检测方法标准是食品安全抽样检验体系中的重要技术支撑，检测对象涵盖有机磷、有机氯、拟除虫菊酯等多种类型的农药，检测方法涉及了适用范围、样品前处理、仪器分析测定、数据处理及结果计算等多个环节，其技术要求和操作规范直接关系到检测结果的科学性。

本章依据 GB 23200 和 GB 5009 系列等食品安全国家标准，结合中华人民共和国农业农村部关于农药检测的相关公告，系统介绍农药残留的检测方法及其技术要点。内容包括样品采集与制备、常用检测技术的操作流程、检测结果的计算与报告等。通过本章的系统练习，读者将掌握农药残留检测的基本原理和操作规范，能够结合实际案例分析检测数据的准确性，并为食品安全抽样检验提供技术支持。

第一节　基础知识自测

一、单选题

1. GB/T 5009.19—2008《食品中有机氯农药多组分残留量的测定》采用的检测器是（　　）。
A. 电子捕获检测器
B. 氢火焰离子化检测器
C. 火焰光度检测器
D. 氮磷检测器

2. GB/T 5009.20—2003《食品中有机磷农药残留量的测定》第一法在重复性条件下获得的两次独立测定结果的绝对差值不得超过算术平均值的（　　）。
A. 20%　　B. 15%　　C. 10%　　D. 25%

3. 依据 GB 23200.121—2021《食品安全国家标准 植物源性食品中331种农药及其代谢物残留量的测定 液相色谱-质谱联用法》，啶虫脒在蔬菜中的定量限为（　　）mg/kg。
A. 0.02　　B. 0.03　　C. 0.01　　D. 0.05

4. GB/T 5009.102—2003《植物性食品中辛硫磷农药残留量的测定》中辛硫磷的检出限是（　　）。
A. 0.1mg/kg　　　　B. 0.01mg/kg
C. 0.02mg/kg　　　　D. 0.05mg/kg

5. GB/T 5009.102—2003《植物性食品中辛硫磷农药残留量的测定》采用的检测器是（　　）。

A. 氮磷检测器
B. 火焰光度检测器
C. 氢火焰离子化检测器
D. 电子捕获检测器

6. GB/T 5009.103—2003《植物性食品中甲胺磷和乙酰甲胺磷农药残留量的测定》中采用的提取溶剂是（　　）。
A. 乙腈　　　　B. 甲醇
C. 乙酸乙酯　　D. 丙酮

7. GB/T 5009.144—2003《植物性食品中甲基异柳磷残留量的测定》中甲基异柳磷的检出限是（　　）mg/kg。
A. 0.001　　　　B. 0.002
C. 0.01　　　　D. 0.004

8. GB/T 5009.144—2003《植物性食品中甲基异柳磷残留量的测定》中计算结果表示：报告甲基异柳磷算术平均值的（　　）位有效数字。
A. 三　　　B. 两　　　C. 一　　　D. 四

9. GB/T 5009.145—2003《植物性食品中有机磷和氨基甲酸酯类农药多种残留的测定》采用的检测器是（　　）。
A. 氮磷检测器
B. 火焰光度检测器
C. 氢火焰离子化检测器
D. 电子捕获检测器

10. GB/T 5009.145—2003《植物性食品中

有机磷和氨基甲酸酯类农药多种残留的测定》标准中，乙酰甲胺磷的最小检出浓度为（　　）μg/kg。

A. 4　　　　B. 2　　　　C. 8　　　　D. 10

11. GB/T 5009.147—2003《植物性食品中除虫脲残留量的测定》采用的检测器是（　　）。

A. 荧光检测器

B. 紫外检测器

C. 示差折光检测器

D. 蒸发光散射检测器

12. GB 23200.8—2016《食品安全国家标准 水果和蔬菜中 500 种农药及相关化学品残留量的测定 气相色谱-质谱法》标准中内标物为（　　）。

A. 环氧七氯　　　　　　B. 甲基对硫磷

C. 内吸磷　　　　　　　D. 氘代毒死蜱

13. GB 23200.8—2016《食品安全国家标准 水果和蔬菜中 500 种农药及相关化学品残留量的测定 气相色谱-质谱法》标准中毒死蜱的定量限为（　　）mg/kg。

A. 0.025　　　　　　　B. 0.05

C. 0.0376　　　　　　D. 0.0126

14. 依据 GB 23200.20—2016《食品安全国家标准 食品中阿维菌素残留量的测定 液相色谱-质谱/质谱法》，实验室需配备的离子源为（　　）。

A. 电喷雾离子源（ESI）

B. 大气压化学电离源（APCI）

C. 大气压光电离源（APPI）

D. 电子轰击源（EI）

15. GB 23200.116—2019《食品安全国家标准 植物源性食品中 90 种有机磷类农药及其代谢物残留量的测定 气相色谱法》中，使用气相色谱仪需配备火焰光度检测器（　　）滤光片。

A. 磷　　　B. 硫　　　C. 锡　　　D. 氮

16. GB 23200.121—2021《食品安全国家标准 植物源性食品中 331 种农药及其代谢物残留量的测定 液相色谱-质谱联用法》中净化方式采用的是（　　）。

A. 液液萃取

B. 分散固相萃取净化

C. 固相萃取柱

D. 凝胶渗透色谱

17. GB 23200.121—2021《食品安全国家标准 植物源性食品中 331 种农药及其代谢物残留量的测定 液相色谱-质谱联用法》采用的离子源是电喷雾离子源（ESI），扫描模式为（　　）。

A. 正离子模式

B. 负离子模式

C. 正离子和负离子同时扫描

D. 正离子模式或负离子模式

18. 依据《国家食品安全监督抽检实施细则（2025 年版）》，使用 GB/T 14553—2003《粮食、水果和蔬菜中有机磷农药测定的气相色谱法》检测的项目有（　　）。

A. 杀螟硫磷　　　　　　B. 杀扑磷

C. 水胺硫磷　　　　　　D. 异稻瘟净

19. GB/T 14553—2003《粮食、水果和蔬菜中有机磷农药测定的气相色谱法》标准中，制备好的粮食、水果和蔬菜样品应怎样保存？（　　）

A. 阴凉处保存

B. 常温下保存

C. 在 0～4℃冷藏箱中保存

D. 在 －18℃冷冻箱中保存

20. GB/T 20769—2008《水果和蔬菜中 450 种农药及相关化学品残留量的测定 液相色谱-串联质谱法》不适用于（　　）中 450 种农药及相关化学品残留量的检测。

A. 苹果　　B. 橙子　　C. 梨　　　D. 番茄

21. GB/T 20769—2008《水果和蔬菜中 450 种农药及相关化学品残留量的测定 液相色谱-串联质谱法》中使用的提取试剂是（　　）。

A. 甲醇　　　　　　　　B. 丙酮

C. 乙酸乙酯　　　　　　D. 乙腈

22. GB/T 20769—2008《水果和蔬菜中 450

种农药及相关化学品残留量的测定 液相色谱-串联质谱法》规定，水果、蔬菜样品取可食部分切碎，混匀，密封后应怎样保存？（　　）

A. 0～4℃冷藏保存

B. 常温保存

C. 在－18℃冷冻箱中保存

D. 阴凉处保存

23. GB/T 23379—2009《水果、蔬菜及茶叶中吡虫啉残留的测定 高效液相色谱法》中吡虫啉农药标准物质纯度应大于（　　）。

A. 93%　　B. 98%　　C. 99%　　D. 95%

24. GB/T 23379—2009《水果、蔬菜及茶叶中吡虫啉残留的测定 高效液相色谱法》中，计算结果应保留（　　）有效数字。

A. 三位　　B. 两位　　C. 四位　　D. 一位

25. GB/T 23379—2009《水果、蔬菜及茶叶中吡虫啉残留的测定 高效液相色谱法》中，净化使用的固相萃取柱为（　　）。

A. HLB 柱　　　　　　B. ENVI-18 柱

C. MAX 柱　　　　　　D. 中性氧化铝柱

26. GB/T 23584—2009《水果、蔬菜中啶虫脒残留量的测定 液相色谱-串联质谱法》中，啶虫脒标准品的含量不低于（　　）。

A. 96%　　B. 98%　　C. 99%　　D. 95%

27. GB/T 23584—2009《水果、蔬菜中啶虫脒残留量的测定 液相色谱-串联质谱法》中，浓度为 100g/mL 的标准储备溶液在4℃冷藏保存，有效期为（　　）。

A. 6 个月　　　　　　B. 1 个月

C. 3 个月　　　　　　D. 1 年

28. GB/T 23584—2009《水果、蔬菜中啶虫脒残留量的测定 液相色谱-串联质谱法》中，液相色谱条件的流速为（　　）mL/min。

A. 0.2　　B. 0.1　　C. 0.25　　D. 0.3

29. NY/T 761—2008《蔬菜和水果中有机磷、有机氯、拟除虫菊酯和氨基甲酸酯类农药多残留的测定》中第 2 部分的进样方式为分流进样，分流比为（　　）。

A. 10:1　　　　　　B. 15:1

C. 5:1　　　　　　D. 20:1

30. NY/T 1379—2007《蔬菜中 334 种农药多残留的测定气相色谱质谱法和液相色谱质谱法》中使用的内标物是（　　）。

A. 环氧七氯　　　　　B. 内吸磷

C. 甲基毒死蜱　　　　D. 氘代毒死蜱

31. 依据 NY/T 1379—2007《蔬菜中 334 种农药多残留的测定 气相色谱质谱法和液相色谱质谱法》，液相色谱质谱法净化使用的是（　　）。

A. 石墨碳黑固相萃取柱和丙氨基固相萃取柱

B. 50mg PSA 和 200mg 无水硫酸镁

C. 石墨碳黑固相萃取柱

D. 丙氨基固相萃取柱

32. NY/T 1453—2007《蔬菜及水果中多菌灵等 16 种农药残留测定 液相色谱—质谱—质谱联用法》中，标准储备液（1.0mg/mL）的保存期限是（　　）。

A. 4℃可保存 3 个月

B. 18℃可保存 6 个月

C. 4℃可保存 6 个月

D. 18℃可保存 12 个月

33. 依据 NY/T 1453—2007《蔬菜及水果中多菌灵等 16 种农药残留测定 液相色谱—质谱—质谱联用法》，提取时如果出现乳化现象，可以加入（　　）消除乳化现象。

A. 氯化钠

B. 无水硫酸镁

C. 饱和氯化钠溶液

D. 饱和无水硫酸钠溶液

34. 依据 NY/T 1453—2007《蔬菜及水果中多菌灵等 16 种农药残留测定 液相色谱—质谱—质谱联用法》，净化采用的固相萃取柱是（　　）。

A. 硅胶填料，500mg，6mL

B. ENVI-18 柱，500mg/3mL

C. MCX 柱，150mg/6mL

D. HLB柱，200mg/6mL

35. NY/T 1453—2007《蔬菜及水果中多菌灵等16种农药残留测定液相色谱-质谱-质谱联用法》，试样制备时取不少于（　　）g蔬菜、水果样品，取可食部分，用干净纱布轻轻擦去样品表面的附着物，采用对角线分割法，取对角部分，将其切碎，充分混匀放入食品加工器粉碎，制成待测样，放入样品瓶中并置于－20℃条件下保存，待测。

A. 1000　　　　　　　B. 1500

C. 2000　　　　　　　D. 500

36. NY/T 1456—2007《水果中咪鲜胺残留量的测定 气相色谱法》中提取溶剂使用的是（　　）。

A. 乙腈　　　　　　　B. 丙酮

C. 乙酸乙酯　　　　　D. 甲醇

37. NY/T 1456—2007《水果中咪鲜胺残留量的测定 气相色谱法》中，样品提取后使用（　　）进行水解。

A. 氢氧化钾-甲醇溶液 B. 盐酸

C. 吡啶盐酸盐　　　　D. 氢氧化钠

38. NY/T 1720—2009《水果、蔬菜中杀铃脲等七种苯甲酰脲类农药残留量的测定 高效液相色谱法》的方法检出限为（　　）。

A. 0.01mg/kg　　　　B. 0.02mg/kg

C. 0.10mg/kg　　　　D. 0.05mg/kg

39. NY/T 1720—2009《水果、蔬菜中杀铃脲等七种苯甲酰脲类农药残留量的测定 高效液相色谱法》中混合标准溶液（25mg/L）在－18℃保存时，可使用（　　）。

A. 1个月　　　　　　B. 3个月

C. 1年　　　　　　　D. 6个月

40. NY/T 1720—2009《水果、蔬菜中杀铃脲等七种苯甲酰脲类农药残留量的测定 高效液相色谱法》的进样量为（　　）。

A. 10μL　　　　　　B. 20μL

C. 50μL　　　　　　D. 5μL

41. NY/T 1720—2009《水果、蔬菜中杀铃脲等七种苯甲酰脲类农药残留量的测定 高效液相色谱法》的检测波长为（　　）nm。

A. 245　　B. 255　　C. 260　　D. 340

42. NY/T 1725—2009《蔬菜中灭蝇胺残留量的测定 高效液相色谱法》中，净化采用的固相萃取柱是（　　）。

A. 强阳离子交换萃取柱

B. 阳离子交换萃取柱

C. 强阴离子交换萃取柱

D. 混合型阴离子交换萃取柱

43. SN/T 1982—2007《进出口食品中氟虫腈残留量检测方法气相色谱-质谱法》中使用的载气是（　　）。

A. 氮气　　B. 氦气　　C. 氩气　　D. 甲烷

44. SN/T 1982—2007《进出口食品中氟虫腈残留量检测方法 气相色谱-质谱法》中使用的丙酮、乙腈、正己烷是什么级别的试剂？（　　）

A. 残留级　　　　　　B. 色谱级

C. 分析纯　　　　　　D. 优级纯

45. SN/T 1982—2007《进出口食品中氟虫腈残留量检测方法 气相色谱-质谱法》中，氟虫腈标准品纯度大于等于（　　）。

A. 99%　　　　　　　B. 98%

C. 96.5%　　　　　　D. 95%

46. SN/T 2320—2009《进出口食品中百菌清、苯氟磺胺、甲抑菌灵、克菌灵、灭菌丹、敌菌丹和四溴菊酯残留量检测方法 气相色谱质谱法》中，标准储备溶液（1000μg/mL）在低于5℃避光保存时，保存期为（　　）。

A. 6个月　　　　　　B. 1年

C. 3个月　　　　　　D. 1个月

47. SN/T 3725—2013《出口食品中对氯苯氧乙酸残留量的测定》中，标准工作液所使用的稀释液为（　　）。

A. 乙腈　　　　　　　B. 0.1%甲酸水

C. 甲醇　　　　　　　D. 基质空白溶液

48. SN/T 3725—2013《出口食品中对氯苯

氧乙酸残留量的测定》使用的微孔滤膜为（　　）。

A. 0.22μm，尼龙滤膜

B. 0.45μm，尼龙滤膜

C. 0.22μm，混合纤维素酯（MCE）滤膜

D. 0.45μm，混合纤维素酯（MCE）滤膜

49. BJS 201703《豆芽中植物生长调节剂的测定》不适用于豆芽中（　　）的检测。

A. 萘乙酸　　　　　　B. 4-氟苯氧乙酸

C. 多效唑　　　　　　D. 赤霉素

50. BJS 201703《豆芽中植物生长调节剂的测定》中，提取溶剂采用的是（　　）。

A. 0.1%甲酸的乙腈溶液

B. 乙腈

C. 1%甲酸的乙腈溶液

D. 甲醇

51. BJS 201703《豆芽中植物生长调节剂的测定》中，6-苄基腺嘌呤、4-氯苯氧乙酸、赤霉素、吲哚乙酸、吲哚丁酸、2,4-二氯苯氧乙酸、4-氟苯氧乙酸、异戊烯腺嘌呤、氯吡脲、多效唑、噻苯隆的纯度的要求是（　　）。

A. ≥98%　　　　　　B. ≥90%

C. ≥95%　　　　　　D. ≥99%

52. BJS 201703《豆芽中植物生长调节剂的测定》中，净化使用的分散固相萃取QuEChERS离心管中填料组成是（　　）。

A. 含100mg无水硫酸镁和150mg C_{18}

B. 含300mg无水硫酸镁和100mg PSA

C. 含100mg无水硫酸镁和150mg PSA

D. 含300mg无水硫酸镁和100mg C_{18}

53. BJS 201703《豆芽中植物生长调节剂的测定》中，净化使用的分散固相萃取（QuEChERS）步骤中，离心机的转速为（　　）。

A. 10000r/min　　　　B. 8000r/min

C. 14000r/min　　　　D. 5000r/min

54. GB 23200.94—2016《食品安全国家标准 动物源性食品中敌百虫、敌敌畏、蝇毒磷残留量的测定 液相色谱-质谱/质谱法》

中，标准工作溶液是根据需要用空白样品提取液将标准储备液稀释成50ng/mL、100ng/mL、200ng/mL、500ng/mL 的混合标准工作溶液。置于0～4℃冰箱中避光保存，可使用（　　）。

A. 3天　　B. 5天　　C. 7天　　D. 15天

55. GB 23200.34—2016《食品安全国家标准 食品中涕灭砜威、吡唑醚菌酯、嘧菌酯等65种农药残留量的测定 液相色谱-质谱/质谱法》中，净化使用的固相萃取柱为（　　）。

A. ENVI-18 柱

B. MCX 柱

C. Envi-Carb/LC-NH_2 柱

D. HLB 柱

56. 依据 SN/T 0217—2014《出口植物源性食品中多种菊酯残留量的检测方法 气相色谱-质谱法》，试样中残留的菊酯类农药用（　　）提取。

A. 丙酮

B. 正己烷

C. 乙酸乙酯

D. 丙酮-正己烷（1+1，体积比）

57. SN/T 0217—2014《出口植物源性食品中多种菊酯残留量的检测方法 气相色谱-质谱法》中使用的无水硫酸钠在使用前该如何处理？（　　）

A. 于650℃下灼烧4h　B. 于650℃下灼烧2h

C. 于550℃下灼烧4h　D. 于550℃下灼烧2h

58. SN/T 0217—2014《出口植物源性食品中多种菊酯残留量的检测方法 气相色谱-质谱法》净化步骤中，使用的弗罗里硅土柱洗脱试剂为（　　），以2滴/s的速度洗脱。

A. 乙醚-丙酮（4+6，体积比）

B. 乙醚-丙酮-正己烷（4+4+2，体积比）

C. 乙醚-正己烷（4+6，体积比）

D. 乙醚-丙酮-正己烷（4+2+4，体积比）

59. SN/T 0217—2014《出口植物源性食品中多种菊酯残留量的检测方法 气相色谱-质谱法》中气相色谱-质谱接口温度是（　　）。

A. 250℃　　　　　　B. 265℃

C. 280℃　　　　　　D. 300℃

60. SN/T 0217—2014《出口植物源性食品中多种菊酯残留量的检测方法 气相色谱-质谱法》中联苯菊酯监测离子为 181*、166、165、422，其监测离子丰度比为（　　）。

A. 100∶70∶50∶10

B. 100∶70∶40∶5

C. 100∶30∶25∶9

D. 100∶40∶30∶6

61. 对于 SN/T 0217—2014《出口植物源性食品中多种菊酯残留量的检测方法 气相色谱-质谱法》的测定低限，下列说法正确的是（　　）。

A. 本方法对所测定的农药的测定低限均为 0.01mg/kg，其中茶叶的检测低限为 0.02mg/kg

B. 本方法对所测定的农药的测定低限均为 0.01mg/kg，其中茶叶的检测低限为 0.005mg/kg

C. 本方法对所测定的农药的测定低限均为 0.025mg/kg，其中茶叶的检测低限为 0.05mg/kg

D. 本方法对所测定的农药的测定低限均为 0.01mg/kg，其中茶叶的检测低限为 0.05mg/kg

62. 依据 SN/T 0217—2014《出口植物源性食品中多种菊酯残留量的检测方法 气相色谱-质谱法》，茶叶中联苯菊酯在 0.05mg/kg 的添加浓度时的回收率范围是（　　）。

A. 72.0%～119.0%

B. 83.1%～127.9%

C. 76.0%～114.0%

D. 65.3%～120.5%

63. SN/T 1923—2007《进出口食品中草甘膦残留量的检测方法 液相色谱-质谱/质谱法》中，草甘膦（PMG）、氨甲基膦酸（AMPA）标准储备溶液（1.0mg/mL）的保存期限为（　　）。

A. 低于 5℃保存，有效期为半年

B. 低于 5℃保存，有效期为 1 年

C. 常温保存，有效期为 1 年

D. 低于 5℃保存，有效期为 3 个月

64. GB/T 5009.175—2003《粮食和蔬菜中 2,4-滴残留量的测定》中，方法检出限为：蔬菜试样，（　　）mg/kg；原粮试样，（　　）mg/kg。

A. 0.008，0.013

B. 0.010，0.013

C. 0.008，0.010

D. 0.008，0.015

65. GB/T 5009.175—2003《粮食和蔬菜中 2,4-滴残留量的测定》试样中 2,4-滴用有机溶剂提取，用（　　）溶液将 2,4-滴衍生成 2,4-滴丁酯。

A. 三甲基硅烷

B. 三氟化硼/甲醇溶液

C. 三氟化硼丁醇

D. 三氟乙酸酐

66. GB/T 5009.175—2003《粮食和蔬菜中 2,4-滴残留量的测定》中气相色谱法使用的检测器是（　　）。

A. 氮磷检测器

B. 火焰光度检测器

C. 氢火焰离子化检测器

D. 电子捕获检测器

67. GB/T 5009.201—2003《梨中烯唑醇残留量的测定》中气相色谱法使用的检测器是（　　）。

A. 氮磷检测器

B. 火焰光度检测器

C. 氢火焰离子化检测器

D. 电子捕获检测器

68. GB/T 5009.201—2003《梨中烯唑醇残

留量的测定》中方法检出限为（　　）。

A. 1. 0ng

B. 0. 001mg/kg

C. 0. 01mg/kg

D. 2. 0ng

69. GB/T 5009. 201—2003《梨中烯唑醇残留量的测定》中，使用的试样提取溶剂为（　　）。

A. 甲醇

B. 乙腈

C. 乙腈＋水（8＋2）

D. 丙酮

70. GB/T 23204—2008《茶叶中 519 种农药及相关化学品残留量的测定 气相色谱-质谱法》中，使用的内标化合物为（　　）。

A. 环氧七氯

B. 内吸磷

C. 甲基毒死蜱

D. 氘代毒死蜱

71. SN/T 2228—2008《进出口食品中 31 种酸性除草剂残留量的检测方法 气相色谱-质谱法》使用的衍生化试剂为（　　）。

A. 三甲基硅烷化重氮甲烷

B. 三氟化硼/甲醇溶液

C. 三氟化硼丁醇

D. 三氟乙酸酐

72. 依据 GB/T 23204—2008《茶叶中 519 种农药及相关化学品残留量的测定 气相色谱-质谱法》，农药标准储备液 500μg/mL，在 0 ～ 4℃ 避光保存，有效期为（　　）天。

A. 60

B. 120

C. 90

D. 30

73. 依据 GB 23200. 10—2016《食品安全国家标准 桑枝、金银花、枸杞子和荷叶中 488 种农药及相关化学品残留量的测定 气相色谱-质谱法》，试样制备时，需将桑枝、金银花、枸杞子和荷叶四种中草药研磨成细粉，样品全部过（　　）的标准网筛。

A. 250μm

B. 425μm

C. 177μm

D. 841μm

74. 依据 GB 23200. 13—2016《食品安全国家标准 茶叶中 448 种农药及相关化学品残留量的测定 液相色谱-质谱法》，配制 5mmol/L 乙酸铵溶液时需称取（　　）g 乙酸铵，加水稀释至 1000mL。

A. 0. 375

B. 0. 395

C. 0. 365

D. 0. 385

75. 依据 GB 23200. 13—2016《食品安全国家标准 茶叶中 448 种农药及相关化学品残留量的测定 液相色谱-质谱法》，标准储备溶液配制时需分别称取 5～10mg（需精确至（　　）mg）农药及相关化学品各标准物分别于 10mL 容量瓶中。

A. 0. 1

B. 1

C. 0. 01

D. 0. 05

76. 依据 GB 23200. 53—2016《食品安全国家标准 食品中氟硅唑残留量的测定 气相色谱-质谱法》，使用弗罗里硅土固相萃取柱时，加样前先用 5mL（　　）预淋洗柱。

A. 乙腈-甲苯（7＋3）

B. 环己烷-乙醚（8＋2）

C. 正己烷-乙醚（8＋2）

D. 乙腈-苯（7＋3）

77. 依据 GB 23200. 53—2016《食品安全国家标准 食品中氟硅唑残留量的测定气相色谱-质谱法》，气相色谱-质谱的进样方式为（　　）。

A. 脉冲分流进样

B. 不分流进样

C. 分流进样

D. 脉冲不分流进样

78. 依据 GB 23200. 110—2018《食品安全国家标准 植物源性食品中氯吡脲残留量的测定 液相色谱-质谱联用法》，净化步骤中谷物、油料、坚果的分散固相萃取填料组成是（　　）。

A. 50mg PSA 和 150mg 无水硫酸镁

B. 50mg C$_{18}$ 和 150mg 无水硫酸镁

C. 40mg PSA、15mgGCB 和 150mg 无水硫酸镁

D. 100mg C$_{18}$ 和 250mg 无水硫酸镁

79. 依据 GB 23200. 110—2018《食品安全国家标准 植物源性食品中氯吡脲残留量的测定 液相色谱-质谱联用法》，液相色谱-质谱联用法测定时采用的流动相为（　　）。

A. 乙腈和 0. 2％甲酸溶液

B. 乙腈和 0.1％甲酸溶液

C. 乙腈和水

D. 乙腈和 5mmol/L 乙酸铵溶液

80. 依据 GB 23200.115—2018《食品安全国家标准 鸡蛋中氟虫腈及其代谢物残留量的测定 液相色谱-质谱联用法》，试样制备需取（ ）新鲜鸡蛋，洗净去壳后用组织匀浆机充分搅拌均匀，放入聚乙烯瓶中。

A. 10 枚 　B. 8 枚 　C. 15 枚 　D. 16 枚

81. 依据 GB 23200.115—2018《食品安全国家标准 鸡蛋中氟虫腈及其代谢物残留量的测定 液相色谱-质谱联用法》，液相色谱参考条件中进样量为（ ）μL。

A. 1 　　B. 2 　　C. 5 　　D. 10

82. GB 2763—2021《食品安全国家标准 食品中农药最大残留限量》中有（ ）种豁免在食品中制定最大残留限量的农药。

A. 44 　　B. 34 　　C. 33 　　D. 45

83. 依据 GB 2763—2021《食品安全国家标准 食品中农药最大残留限量》，鲜食玉米的测定部位为（ ）。

A. 玉米粒和轴 　　B. 整粒

C. 玉米粒 　　　　D. 玉米轴

84. 依据 GB 2763—2021《食品安全国家标准 食品中农药最大残留限量》，检测椰子的农药残留量时需要测定（ ）。

A. 全果 　　　　B. 椰汁和椰肉

C. 椰汁 　　　　D. 椰肉

85. 依据 GB 2763—2021《食品安全国家标准 食品中农药最大残留限量》，蔬菜、水果中乐果的最大残留限量为（ ）mg/kg。

A. 2 　　B. 1 　　C. 0.01 　　D. 0.5

86. 依据 GB 2763—2021《食品安全国家标准 食品中农药最大残留限量》，蔬菜、水果中丁硫克百威的最大残留限量为（ ）mg/kg。

A. 0.01 　B. 0.05 　C. 0.1 　　D. 1

87. 依据 GB 23200.8—2016《食品安全国家标准 水果和蔬菜中 500 种农药及相关化

学品残留量的测定 气相色谱-质谱法》，在进行试样提取时，称取 20g 试样于 80mL 离心管中，加入 40mL 乙腈，用均质器在（ ）r/min 匀浆提取 1min，加入 5g 氯化钠，再匀浆提取 1min，将离心管放入离心机，在 3000r/min 离心 5min，取上清液 20mL，待净化。

A. 10000 　　　　B. 15000

C. 18000 　　　　D. 5000

二、多选题

88. 日常生活中我们常见的农药类别包含哪些？（ ）

A. 有机磷类 　　　B. 有机氯类

C. 拟除虫菊酯类 　　D. 氨基甲酸酯类

89. GB 2763—2021《食品安全国家标准 食品中农药最大残留限量》中对某些农药的残留限量要求是检测其母体化合物和代谢物的总和，以下哪些是常见的需要检测农药及其代谢物之和的农药？（ ）

A. 甲拌磷 　　　B. 倍硫磷

C. 克百威 　　　D. 灭多威

E. 异丙威

90. GB/T 5009.144—2003《植物性食品中甲基异柳磷残留量的测定》适用于（ ）类别食品的测定。

A. 蔬菜 　　　B. 油料作物

C. 水果 　　　D. 粮食

91. GB/T 5009.145—2003《植物性食品中有机磷和氨基甲酸酯类农药多种残留的测定》标准中可以检测（ ）残留量。

A. 乙酰甲胺磷 　　B. 敌敌畏

C. 速灭威 　　　　D. 甲拌磷

E. 氧乐果

92. GB 23200.8—2016《食品安全国家标准 水果和蔬菜中 500 种农药及相关化学品残留量的测定 气相色谱-质谱法》适用于（ ）中 500 种农药及相关化学品残留量的测定

A. 苹果 　B. 柑桔 　C. 芹菜

D. 甘蓝 　E. 番茄

93. 在气相色谱-质谱联用（GC-MS）分析中，离子源是质谱仪的核心部件之一，气相色谱-质谱仪常用离子源有（   ）。

A. 电子轰击离子源

B. 化学电离源

C. 负化学电离源

D. 场电离源

94. 阿维菌素残留量检测常用方法有（   ）

A. 液相色谱法

B. 气相色谱法

C. 液相色谱-质谱/质谱法

D. 酶联免疫法

95. GB 23200.20—2016《食品安全国家标准 食品中阿维菌素残留量的测定液相色谱-质谱/质谱法》适用于（   ）中阿维菌素残留量的检测。

A. 大米   B. 菠菜   C. 苹果

D. 牛肉   E. 蜂蜜

96. GB 23200.45—2016《食品安全国家标准 食品中除虫脲残留量的测定液相色谱-质谱法》适用于哪些类别的食品？（   ）

A. 大豆   B. 蜂蜜   C. 蘑菇

D. 鸡肝   E. 猪肝

97. 下列关于 GB 23200.45—2016《食品安全国家标准 食品中除虫脲残留量的测定液相色谱-质谱法》中定性确证时相对离子丰度的最大允许偏差，说法正确的是（   ）。

A. 相对丰度（基峰）＞50%，允许的相对偏差±20%

B. 相对丰度（基峰）20%～50%，允许的相对偏差±25%

C. 相对丰度（基峰）10%～20%，允许的相对偏差±30%

D. 相对丰度（基峰）＜10%，允许的相对偏差±50%

98. GB 23200.112—2018《食品安全国家标准 植物源性食品中 9 种氨基甲酸酯类农药及其代谢物残留量的测定 液相色谱-柱后衍生法》中包含的氨基甲酸酯类农药及其代谢物有（   ）。

A. 涕灭威   B. 涕灭威亚砜

C. 速灭威   D. 三羟基克百威

E. 残杀威

99. GB 23200.121—2021《食品安全国家标准 植物源性食品中 331 种农药及其代谢物残留量的测定 液相色谱-质谱联用法》标准中对于样品制备时取样量的要求，下列说法正确的是（   ）。

A. 食用菌、热带和亚热带水果（皮可食）随机取样 1.5kg

B. 水生蔬菜、茎菜类蔬菜、豆类蔬菜、核果类水果、热带和亚热带水果（皮不可食）随机取样 2kg

C. 瓜类蔬菜和水果取 4～6 个个体（取样量不少于 1kg）

D. 其他蔬菜和水果随机取样 3kg

E. 干制蔬菜、水果和食用菌随机取样 1kg

100. GB/T 23379—2009《水果、蔬菜及茶叶中吡虫啉残留的测定 高效液相色谱法》适用于（   ）中吡虫啉农药残留的测定。

A. 白菜   B. 香蕉   C. 茶叶

D. 萝卜   E. 苹果

101. GB/T 23379—2009《水果、蔬菜及茶叶中吡虫啉残留的测定 高效液相色谱法》中吡虫啉残留方法检出限为（   ）。

A. 水果 0.02mg/kg

B. 蔬菜和茶叶 0.05mg/kg

C. 水果 0.05mg/kg

D. 蔬菜 0.02mg/kg

E. 茶叶 0.02mg/kg

102. NY/T 761—2008《蔬菜和水果中有机磷、有机氯、拟除虫菊酯和氨基甲酸酯类农药多残留的测定》第 3 部分适用于以下哪些氨基甲酸酯类农药及其代谢物多残留液相色谱检测方法。

A. 克百威   B. 3-羟基克百威

C. 速灭威   D. 涕灭威砜

E. 涕灭威亚砜

103. NY/T 1379—2007《蔬菜中334种农药多残留的测定气相色谱质谱法和液相色谱质谱法》中使用的气相色谱-质谱仪，需附带（　　）。

A. 电子轰击源（EI）

B. 带冷阱的程序升温进样口（PTV）

C. 解卷积软件

D. NIST05质谱库

E. 化学电离源（CI）

104. NY/T 1455—2007《水果中腈菌唑残留的测定 气相色谱法》中使用的检测器有（　　）。

A. 氢火焰离子化检测器

B. 电子捕获检测器

C. 氮磷检测器

D. 火焰光度检测器

105. NY/T 1720—2009《水果、蔬菜中杀铃脲等七种苯甲酰脲类农药残留量的测定高效液相色谱法》适用于（　　）等蔬菜、水果中杀铃脲等七种苯甲酰脲类农药残留量的测定。

A. 大白菜　B. 黄瓜　　C. 苹果

D. 香蕉　　E. 芹菜

106. 气相色谱中氮磷检测器对含（　　）的化合物具有极高的选择性，检测限低，适用于痕量分析。

A. 碳　　B. 氮　　C. 硫　　D. 磷

107. SN/T 1969—2007《进出口食品中联苯菊酯残留量的检测方法 气相色谱-质谱法》不适用于（　　）中联苯菊酯残留量的测定和确证。

A. 大米　　B. 黄酒　　C. 蘑菇

D. 猪肉　　E. 桃

108. SN/T 1969—2007《进出口食品中联苯菊酯残留量的检测方法 气相色谱-质谱法》中规定的净化方式包含（　　）。

A. 凝胶渗透色谱

B. ENVI-18固相萃取柱

C. HLB固相萃取柱

D. 弗罗里硅土固相萃取柱

E. GCB固相萃取柱

109. SN/T 1969—2007《进出口食品中联苯菊酯残留量的检测方法 气相色谱-质谱法》中称样量为5g（精确至0.01g）的食品有（　　）。

A. 鸡肉　　B. 大米　　C. 黄酒

D. 玫瑰花　E. 蜂蜜

110. SN/T 1982—2007《进出口食品中氟虫腈残留量检测方法 气相色谱-质谱法》适用于（　　）中氟虫腈残留量的检测和确证。

A. 藕　　　B. 黄瓜　　C. 酱油

D. 鸡肉　　E. 草鱼

111. SN/T 2158—2008《进出口食品中毒死蜱残留量检测方法》适用于（　　）中毒死蜱残留量的检测和确证。

A. 猪肝　　B. 黄瓜　　C. 大米

D. 糙米　　E. 花生

112. 依据SN/T 2158—2008《进出口食品中毒死蜱残留量检测方法》，试验用的提取试剂有（　　）。

A. 乙酸乙酯　　　　B. 乙腈

C. 甲醇　　　　　　D. 正己烷

E. 水-丙酮

113. 依据GB 23200.94—2016《食品安全国家标准 动物源性食品中敌百虫、敌敌畏、蝇毒磷残留量的测定液相色谱-质谱/质谱法》，试验中使用的提取溶剂有（　　）。

A. 二氯甲烷　　　　B. 乙酸乙酯

C. 甲醇　　　　　　D. 乙腈

E. 正己烷

114. 可以采用GB 23200.34—2016《食品安全国家标准 食品中涕灭砜威、吡唑醚菌酯、嘧菌酯等65种农药残留量的测定 液相色谱-质谱/质谱法》测定农药残留有（　　）的物质。

A. 涕灭砜威　　　　B. 氟虫腈

C. 辛硫磷　　　　　D. 吡虫啉

E. 敌敌畏

115. SN/T 0217—2014《出口植物源性食品中多种菊酯残留量的检测方法 气相色谱-质谱法》规定了食品中（　　）残留量的气相色谱-质谱检测方法。

A. 联苯菊酯　　　　　　B. 溴氰菊酯

C. 氟氯戊菊酯　　　　　D. 氰戊菊酯

E. 甲氰菊酯

116. SN/T 0217—2014《出口植物源性食品中多种菊酯残留量的检测方法 气相色谱-质谱法》适用于（　　）中多种菊酯残留量的检测和确证。

A. 茶叶　　B. 大米　　C. 苹果

D. 菠萝　　E. 香菇

117. GB/T 23204—2008《茶叶中 519 种农药及相关化学品残留量的测定 气相色谱-质谱法》适用于（　　）中 490 种农药及相关化学品残留量的定性鉴别。

A. 绿茶　　B. 红茶　　C. 普洱茶

D. 乌龙茶　　E. 白茶

118. GB/T 23204—2008《茶叶中 519 种农药及相关化学品残留量的测定 气相色谱-质谱法》可以检测的农药残留有（　　）。

A. 二嗪磷　　　　　　B. 毒死蜱

C. 腈菌唑　　　　　　D. 氰戊菊酯

E. 三氯杀螨醇

119. GB 23200.10—2016《食品安全国家标准 桑枝、金银花、枸杞子和荷叶中 488 种农药及相关化学品残留量的测定 气相色谱-质谱法》适用于（　　）中 488 种农药及相关化学品的定性鉴别，431 种农药及相关化学品的定量测定，其他食品可参照执行。

A. 桑枝　　B. 金银花　　C. 枸杞子

D. 薄荷　　E. 荷叶

120. GB 23200.13—2016《食品安全国家标准 茶叶中 448 种农药及相关化学品残留量的测定 液相色谱-质谱法》中使用的（　　）试剂可以是分析纯级别。

A. 氯化钠　　　　　　B. 丙酮

C. 异辛烷　　　　　　D. 无水硫酸钠

E. 乙酸

121. 依据 GB 23200.13—2016《食品安全国家标准 茶叶中 448 种农药及相关化学品残留量的测定 液相色谱-质谱法》，标准储备溶液配制时，需要根据标准物质的溶解度选择（　　）溶解并定容至刻度（溶剂选择参见附录 A）。

A. 甲醇　　B. 环己烷　　C. 甲苯

D. 乙腈　　E. 异辛烷

122. 依据 GB 23200.13—2016《食品安全国家标准 茶叶中 448 种农药及相关化学品残留量的测定 液相色谱-质谱法》，（　　）是采用电喷雾离子源负离子模式采集的。

A. 杀螨醇　　　　　　B. 氯霉素

C. 灭幼脲　　　　　　D. 马拉氧磷

E. 腐霉利

123. GB 23200.53—2016《食品安全国家标准 食品中氟硅唑残留量的测定气相色谱-质谱法》不适用于（　　）中氟硅唑残留量的检测和确证，其他食品可参照执行。

A. 苹果　　B. 柑橘　　C. 花生

D. 猪肉　　E. 蜂蜜

124. 依据 GB 23200.53—2016《食品安全国家标准 食品中氟硅唑残留量的测定气相色谱-质谱法》，样品经乙腈提取后，以下哪些样品需经石墨化碳黑和氨基固相萃取串联柱净化。

A. 水果　　B. 茶叶　　C. 蔬菜

D. 粮谷　　E. 肉

125. 依据 GB/T 5009.201—2003《梨中烯唑醇残留量的测定》，烯唑醇属三唑类杀菌剂，具有保护、治疗、铲除等杀菌作用，主要用于防治以下哪些病害？（　　）

A. 梨黑星病　　　　　　B. 小麦锈病

C. 苹果白粉病　　　　　D. 烟草赤星病

E. 玉米黑穗病

126. 依据 GB/T 5009.175—2003《粮食和蔬菜中 2,4-滴残留量的测定》，2,4-滴（2,4-D）是苯氧乙酸类激素型（　　），化学名称为 2,4-二氯苯氧乙酸。按我国农药毒性分级标准，属低毒农药。

A. 杀螨剂   B. 杀菌剂

C. 杀虫剂   D. 选择性除草剂

E. 植物生长调节剂

127. 依据 GB 23200.53—2016《食品安全国家标准 食品中氟硅唑残留量的测定气相色谱-质谱法》，试样制备后，（ ）等试样需于−18℃以下保存。

A. 蔬菜   B. 水产品   C. 坚果

D. 蜂产品   E. 禽肉

128. 依据 GB 23200.115—2018《食品安全国家标准 鸡蛋中氟虫腈及其代谢物残留量的测定 液相色谱-质谱联用法》，氟虫腈及其代谢物主要包含（ ）。

A. 氟虫腈   B. 氟虫腈羧酸

C. 氟甲腈   D. 氟虫腈砜

E. 氟虫腈亚砜

129. 依据 GB2763—2021《食品安全国家标准 食品中农药最大残留限量》，（ ）等豆类蔬菜需要带荚测定农药残留含量。

A. 扁豆   B. 蚕豆   C. 菜豆

D. 豌豆   E. 豇豆

130. 依据《食品安全监督抽检实施细则（2025 年版）》，监督抽检任务中，农药残留量计算时需要单独折算果核重量的是有（ ）。

A. 杨梅   B. 荔枝   C. 芒果

D. 苹果   E. 葡萄

131. 依据 GB 2763—2021《食品安全国家标准 食品中农药最大残留限量》，测定香蕉中吡唑醚菌酯的检测标准为（ ）。

A.《食品安全国家标准 植物源性食品中 208 种农药及其代谢物残留量的测定 气相色谱-质谱联用法》（GB 23200.113—2018）

B.《蔬菜和水果中有机磷、有机氯、拟除虫菊酯和氨基甲酸酯类农药多残留的测定》（NY/T 761—2008）

C.《水果和蔬菜中 450 种农药及相关化学品残留量的测定 液相色谱-串联质谱法》（GB/T 20769—2008）

D.《食品安全国家标准 水果和蔬菜中 500 种农药及相关化学品残留量的测定 气相色谱-质谱法》（GB 23200.8—2016）

E.《鱼和虾中有毒生物胺的测定 液相色谱-紫外检测法》（GB/T 20768—2006）

132. 依据 GB 2763—2021《食品安全国家标准 食品中农药最大残留限量》，韭菜中甲拌磷的检测标准是（ ）。

A.《食品安全国家标准 植物源性食品中 208 种农药及其代谢物残留量的测定 气相色谱-质谱联用法》（GB 23200.113—2018）

B.《食品安全国家标准 水果和蔬菜中 500 种农药及相关化学品残留量的测定气相色谱-质谱法》（GB 23200.8—2016）

C.《蔬菜和水果中有机磷、有机氯、拟除虫菊酯和氨基甲酸酯类农药多残留的测定》（NY/T 761—2008）

D.《水果和蔬菜中 450 种农药及相关化学品残留量的测定 液相色谱-串联质谱法》（GB/T 20769—2008）

E.《食品安全国家标准 植物源性食品中 90 种有机磷类农药及其代谢物残留量的测定 气相色谱法》（GB 23200.116—2019）

133. 下列哪些产品应纳入橙的抽检范围？（ ）

A. 砂糖橘   B. 沃柑

C. 褚橙   D. 夏橙

E. 丑橘

134. 依据 GB 2763—2021《食品安全国家标准 食品中农药最大残留限量》判定时，特丁硫磷的检测结果应包含（ ）。

A. 特丁硫磷   B. 特丁硫磷砜

C. 特丁硫磷亚砜   D. 甲胺磷

135. 依据 GB 2763—2021《食品安全国家标准 食品中农药最大残留限量》，下面哪些产品按照茄果类蔬菜判定，且噻虫嗪的最大残留限量不是 0.7mg/kg？（ ）

A. 茄子   B. 黄瓜   C. 辣椒

D. 黄秋葵   E. 番茄

136. 依据 GB 2763—2021《食品安全国家标准 食品中农药最大残留限量》，下列标准中的方法能作为蔬菜、水果中测定联苯菊酯残留量的检测方法的有（　　）。

A.《蔬菜和水果中有机磷、有机氯、拟除虫菊酯和氨基甲酸酯类农药多残留的测定》（NY/T 761—2008）

B.《食品安全国家标准 水果和蔬菜中 500 种农药及相关化学品残留量的测定 气相色谱-质谱法》（GB 23200.8—2016）

C.《水果和蔬菜中 450 种农药及相关化学品残留量的测定 液相色谱-串联质谱法》（GB/T 20769—2008）

D.《植物性食品中有机氯和拟除虫菊酯类农药多种残留量的测定》（GB/T 5009.146—2008）

E.《食品安全国家标准 植物源性食品中 208 种农药及其代谢物残留量的测定 气相色谱-质谱联用法》（GB 23200.113—2018）

137. 依据 GB 2763—2021《食品安全国家标准 食品中农药最大残留限量》，下列食品中氧乐果最大残留限量为 0.02mg/kg 的食品有（　　）。

A. 柑橘　　B. 苹果　　C. 青菜

D. 茶叶　　E. 大豆

138. 韭菜中辛硫磷可以采用（　　）标准中的检测方法检测。

A.《植物性食品中辛硫磷农药残留量的测定》（GB/T 5009.102—2003）

B.《水果和蔬菜中 450 种农药及相关化学品残留量的测定 液相色谱-串联质谱法》（GB/T 20769—2008）

C.《食品安全国家标准 植物源性食品中 208 种农药及其代谢物残留量的测定 气相色谱-质谱联用法》（GB 23200.113—2018）

D.《食品安全国家标准 植物源性食品中 90 种有机磷类农药及其代谢物残留量的测定 气相色谱法》（GB 23200.116—2019）

E.《食品安全国家标准 植物源性食品中 331 种农药及其代谢物残留量的测定 液相色谱-质谱联用法》（GB 23200.121—2021）

139. 依据《禁限用农药名录》，下列农药中属于禁用农药的是（　　）。

A. 艾氏剂　　　　　　B. 甲基对硫磷

C. 磷铵　　　　　　　D. 灭线磷

E. 克百威

140. 依据《禁限用农药名录》，禁止在蔬菜、瓜果、茶叶、菌类、中药材上使用的农药有（　　）。

A. 乙酰甲胺磷　　　　B. 丁硫克百威

C. 氰戊菊酯　　　　　D. 乐果

E. 毒死蜱

141. 依据 GB 2763—2021《食品安全国家标准 食品中农药最大残留限量》，下列食品中吡唑醚菌酯的最大残留限量为 0.5mg/kg 的食品有（　　）。

A. 苹果　　　　　　　B. 大白菜

C. 西瓜　　　　　　　D. 黄瓜

E. 结球甘蓝

三、判断题

142. GB/T 5009.19—2008《食品中有机氯农药多组分残留量的测定》第一法适用于食品中六六六、滴滴涕残留量的测定。（　　）

143. GB/T 5009.20—2003《食品中有机磷农药残留量的测定》第一法适用于使用过敌敌畏、甲胺磷等二十种农药制剂的水果、蔬菜、谷类等作物的残留量分析。（　　）

144. GB/T 5009.20—2003《食品中有机磷农药残留量的测定》第一法前处理步骤提取时，水果、蔬菜、谷物均可准确称取 25g 试样。（　　）

145. GB/T 5009.102—2003《植物性食品中辛硫磷农药残留量的测定》可以检测茶叶中辛硫磷的含量。（　　）

146. GB/T 5009.105—2003《黄瓜中百菌清残留量的测定》可以用来检测白菜中的百菌清残留量。（　　）

147. 依据 GB/T 5009.105—2003《黄瓜中百菌清残留量的测定》，百菌清残留量的测

定采用的是火焰光度检测器。（　　）

148. 依据 GB/T 5009.105—2003《黄瓜中百菌清残留量的测定》，检测前处理过程中无须进行净化处理，提取后可直接浓缩定容上机检测。（　　）

149. GB/T 5009.144—2003《植物性食品中甲基异柳磷残留量的测定》可用于蔬菜中异柳磷残留量的测定。（　　）

150. GB/T 5009.144—2003《植物性食品中甲基异柳磷残留量的测定》中甲基异柳磷的定量方式是外标法。（　　）

151. GB/T 5009.145—2003《植物性食品中有机磷和氨基甲酸酯类农药多种残留的测定》不能用来检测茶叶中的敌敌畏的残留量。（　　）

152. GB/T 5009.145—2003《植物性食品中有机磷和氨基甲酸酯类农药多种残留的测定》可以用来检测水果中的乙酰甲胺磷的残留量。（　　）

153. GB/T 5009.145—2003《植物性食品中有机磷和氨基甲酸酯类农药多种残留的测定》可以用来检测蔬菜中的克百威的残留量。（　　）

154. GB/T 5009.146—2008《植物性食品中有机氯和拟除虫菊酯类农药多种残留量的测定》对粮食、蔬菜和浓缩果汁中有机氯和拟除虫菊酯类农药残留量的检测均采用电子捕获检测器检测。（　　）

155. 依据 GB/T 5009.146—2008《植物性食品中有机氯和拟除虫菊酯类农药多种残留的测定》，粮食、蔬菜中 16 种有机氯和拟除虫菊酯类农药残留量的测定采用基质混合标准工作溶液外标法定量。（　　）

156. GB/T 5009.147—2003《植物性食品中除虫脲残留量的测定》可以检测茶叶中的除虫脲残留量。（　　）

157. GB 23200.8—2016《食品安全国家标准 水果和蔬菜中 500 种农药及相关化学品残留量的测定气相色谱-质谱法》中气相色谱-质谱仪需配备化学电离源。（　　）

158. GB 23200.8—2016《食品安全国家标准 水果和蔬菜中 500 种农药及相关化学品残留量的测定气相色谱-质谱法》中为减少基质的影响，定量用标准溶液应采用基质混合标准工作溶液。（　　）

159. GB 23200.8—2016《食品安全国家标准 水果和蔬菜中 500 种农药及相关化学品残留量的测定 气相色谱-质谱法》中 β-六六六、δ-六六六、α-六六六的定量限均为 0.0126mg/kg。（　　）

160. GB 23200.19—2016《食品安全国家标准 水果和蔬菜中阿维菌素残留量的测定方法》标准中试样制备好后，应于 4℃以下保存。（　　）

161. GB 23200.39—2016《食品安全国家标准 食品中噻虫嗪及其代谢物噻虫胺残留量的测定液相色谱-质谱/质谱法》中采用的是电喷雾离子源，电离方式为负离子模式。（　　）

162. GB 23200.45—2016《食品安全国家标准 食品中除虫脲残留量的测定液相色谱-质谱法》采用的离子源是电喷雾离子源，扫描模式为正离子扫描模式。（　　）

163. 依据 GB 23200.112—2018《食品安全国家标准 植物源性食品中 9 种氨基甲酸酯类农药及其代谢物残留量的测定 液相色谱柱后衍生法》，样品制备时，取谷类样品 500g，粉碎后使其全部可通过 425μm 的标准网筛，分装入洁净的容器内。（　　）

164. GB 23200.112—2018《食品安全国家标准 植物源性食品中 9 种氨基甲酸酯类农药及其代谢物残留量的测定 液相色谱-柱后衍生法》标准中，方法的定量限为 0.01mg/kg。（　　）

165. GB 23200.113—2018《食品安全国家标准 植物源性食品中 208 种农药及其代谢物残留量的测定 气相色谱-质谱联用法》适用于食品中 208 种农药及其代谢物残留量的测定。（　　）

166. 依据 GB 23200.113—2018《食品安全

国家标准 植物源性食品中 208 种农药及其代谢物残留量的测定 气相色谱-质谱联用法》，试样用乙腈提取，提取液经固相萃取或分散固相萃取净化，植物油试样经凝胶渗透色谱净化，气相色谱-质谱联用仪检测，外标法定量。（　　）

167. 依据 GB 23200.113—2018《食品安全国家标准 植物源性食品中 208 种农药及其代谢物残留量的测定 气相色谱-质谱联用法》，该标准方法的定量限为 0.02 ～ 0.05mg/kg，在蔬菜、水果、食用菌、谷物、油料、茶叶、香辛料和植物油中各不相同。（　　）

168. GB 23200.113—2018《食品安全国家标准 植物源性食品中 208 种农药及其代谢物残留量的测定 气相色谱-质谱联用法》不能检测谷物中的甲拌磷砜。（　　）

169. 依据 GB/T 20769—2008《水果和蔬菜中 450 种农药及相关化学品残留量的测定 液相色谱-串联质谱法》，A、B、C、D、E、F、G 组液相色谱-串联质谱测定条件中采集流速为 0.30mL/min。（　　）

170. GB/T 23379—2009《水果、蔬菜及茶叶中吡虫啉残留的测定 高效液相色谱法》中紫外检测器检测波长为 245nm。（　　）

171. 依据 GB/T 23584—2009《水果、蔬菜中啶虫脒残留量的测定 液相色谱-串联质谱法》，试样经粉碎、混匀后，以酸性乙腈提取，经固相萃取柱净化后，用液相色谱-串联质谱法测定。（　　）

172. GB/T 23584—2009《水果、蔬菜中啶虫脒残留量的测定 液相色谱-串联质谱法》中液相色谱条件规定，流动相为甲醇和 0.1%甲酸水溶液。（　　）

173. GB/T 23584—2009《水果、蔬菜中啶虫脒残留量的测定 液相色谱-串联质谱法》采用外标法定量。待测样液中啶虫脒的响应值应在标准曲线线性范围内，超过线性范围则应重新提取净化后再进样分析。（　　）

174. GB/T 23584—2009《水果、蔬菜中啶虫脒残留量的测定 液相色谱-串联质谱法》中规定，啶虫脒残留量测定结果保留两位有效数字，以两次平行测定的算术平均值报出结果。（　　）

175. NY/T 761—2008《蔬菜和水果中有机磷、有机氯、拟除虫菊酯和氨基甲酸酯类农药多残留的测定》中气相色谱仪使用的氮气、氢气纯度应大于 99.99%。（　　）

176. NY/T 761—2008《蔬菜和水果中有机磷、有机氯、拟除虫菊酯和氨基甲酸酯类农药多残留的测定》第 2 部分规定，计算结果保留两位有效数字。（　　）

177. 依据 NY/T 1455—2007《水果中腈菌唑残留量的测定 气相色谱法》，气相色谱法中电子捕获检测器和氮磷检测器检出限是一致的。（　　）

178. NY/T 1455—2007《水果中腈菌唑残留量的测定 气相色谱法》中规定，质量浓度为 100mg/L 的标准储备溶液应置于冰箱（−18℃）中保存，保存期不超过 3 个月。（　　）

179. NY/T 1456—2007《水果中咪鲜胺残留量的测定 气相色谱法》中水解步骤为：在磨口圆底烧瓶中加入 5g 吡啶盐酸盐和少许沸石，将磨口圆底烧瓶与冷凝管连接，磨口圆底烧瓶置于 210～240℃ 沙浴中水解 1h。（　　）

180. NY/T 1720—2009《水果、蔬菜中杀铃脲等七种苯甲酰脲类农药残留量的测定 高效液相色谱法》中规定，计算结果保留两位有效数字，当含量超过 1.0mg/kg 时保留三位有效数字。（　　）

181. SN/T 1969—2007《进出口食品中联苯菊酯残留量的检测方法 气相色谱-质谱法》的检测低限为 0.01mg/kg。（　　）

182. 依据 SN/T 1982—2007《进出口食品中氟虫腈残留量检测方法 气相色谱-质谱法》，试样制备时粮谷、茶叶、坚果均取有代表性样品 500g，用磨碎机全部磨碎并通

过 2.0mm 圆孔筛。（　　）

183. 依据 SN/T 2158—2008《进出口食品中毒死蜱残留量检测方法》，凝胶色谱净化的流动相为乙酸乙酯-正己烷（1+1，体积比）。（　　）

184. 依据 SN/T 2158—2008《进出口食品中毒死蜱残留量检测方法》，试样制备后，粮谷类、坚果类、茶叶、蜂蜜、辣椒试样于 0～4℃保存；其他类试样于－18℃以下冷冻保存。（　　）

185. SN/T 2158—2008《进出口食品中毒死蜱残留量检测方法》的测定低限和确证低限均是 0.01mg/kg。（　　）

186. 依据 SN/T 2320—2009《进出口食品中百菌清、苯氟磺胺、甲抑菌灵、克菌灵、灭菌丹、敌菌丹和四溴菊酯残留量检测方法 气相色谱质谱法》，气相色谱质谱仪进样模式为大体积（PTV）进样。（　　）

187. 依据 SN/T 2320—2009《进出口食品中百菌清、苯氟磺胺、甲抑菌灵、克菌灵、灭菌丹、敌菌丹和四溴菊酯残留量检测方法 气相色谱质谱法》，该标准方法对所测定农药的测定低限均为 0.01mg/kg。（　　）

188. 依据 SN/T 3725—2013《出口食品中对氯苯氧乙酸残留量的测定》，OASIS MAX 阴离子交换固相萃取柱使用前需用 3mL 乙腈、3mL 水活化，并保持柱体湿润。（　　）

189. 依据 SN/T 3725—2013《出口食品中对氯苯氧乙酸残留量的测定》，水果和蔬菜试样制备方法是将水果、蔬菜去除皮、核、蒂、梗、籽、芯等（可用水洗涤），取可食部分约 500g，切碎或经粉碎机粉碎，混匀，用四分法分成两份作为试样，装入洁净容器，密封并标明标记。（　　）

190. 依据 SN/T 3725—2013《出口食品中对氯苯氧乙酸残留量的测定》，液相色谱条件中流动相为乙腈/0.1% 甲酸水溶液（55+45），流速为 0.30mL/min；进样量为 5.0 μL。（　　）

191. 依据 BJS 201703《豆芽中植物生长调节剂的测定》，结果计算时，试样中各待测组分的含量单位为毫克每千克（mg/kg）。（　　）

192. GB 23200.34—2016《食品安全国家标准 食品中涕灭砜威、吡唑醚菌酯、嘧菌酯等 65 种农药残留量的测定 液相色谱-质谱/质谱法》可以测定大米、糙米、大麦、小麦和玉米中的氟虫腈砜和氟虫腈亚砜残留量。（　　）

193. 依据 SN/T 0217—2014《出口植物源性食品中多种菊酯残留量的检测方法 气相色谱-质谱法》，净化步骤使用活性炭或弗罗里硅土小柱进行净化。（　　）

194. 依据 SN/T 2234—2008《进出口食品中丙溴磷残留量检测方法 气相色谱法和气相色谱-质谱法》，在气相色谱法和气相色谱-质谱法中均采用分流进样。（　　）

195. 依据 SN/T 2234—2008《进出口食品中丙溴磷残留量检测方法 气相色谱法和气相色谱-质谱法》，在气相色谱法和气相色谱-质谱法中进样量均为 1.0μL。（　　）

196. 依据 SN/T 2234—2008《进出口食品中丙溴磷残留量检测方法 气相色谱法和气相色谱-质谱法》，在气相色谱法和气相色谱-质谱法中载气均使用纯度大于 99.999% 的氮气。（　　）

197. SN/T 1923—2007《进出口食品中草甘膦残留量的检测方法 液相色谱-质谱/质谱法》中使用的衍生试剂为 9-芴基甲基三氯甲烷。（　　）

198. GB 23200.115—2018《食品安全国家标准 鸡蛋中氟虫腈及其代谢物残留量的测定 液相色谱-质谱联用法》适用于鹌鹑蛋中氟虫腈及其代谢物残留量的测定。（　　）

199. 依据 GB2763—2021《食品安全国家标准 食品中农药最大残留限量》，判定西葫芦农药残留是否合格时，试样制备时需去柄去瓤。（　　）

200. 依据 GB 23200.121—2021《食品安全国家标准 植物源性食品中 331 种农药及其代谢物残留量的测定 液相色谱-质谱联用法》，植物油采用的净化方式为凝胶渗透色谱净化。（　　）

201. 依据 GB 23200.121—2021《食品安全国家标准 植物源性食品中 331 种农药及其代谢物残留量的测定 液相色谱-质谱联用法》，液相色谱-质谱联用法采用的是电喷雾离子源，扫描方式是正离子和负离子同时扫描。（　　）

202. 依据 GB2763—2021《食品安全国家标准 食品中农药最大残留限量》，稻谷、杂粮类食品中辛硫磷的最大残留限量为 0.05mg/kg，且可以使用《水果和蔬菜中 450 种农药及相关化学品残留量的测定 液相色谱-串联质谱法》（GB/T20769—2008）进行检测。（　　）

203. 噻虫啉的残留量测定可以选用 GB 23200.8—2016《食品安全国家标准 水果和蔬菜中 500 种农药及相关化学品残留量的测定气相色谱-质谱法》。（　　）

204. 依据 GB2763—2021《食品安全国家标准 食品中农药最大残留限量》，水胺硫磷在核果类水果和仁果类水果中的最大残留限量均为 0.05mg/kg。（　　）

第二节　综合能力提升

一、单选题

205. GB 23200.20—2016《食品安全国家标准 食品中阿维菌素残留量的测定液相色谱-质谱/质谱法》中定量离子对为（　　）。

A. 872/565　　　　B. 872/854

C. 870/565　　　　D. 870/854

206. GB 23200.8—2016《食品安全国家标准 水果和蔬菜中 500 种农药及相关化学品残留量的测定气相色谱-质谱法》中，β-六六六的定量离子为（　　）。

A. 254　　B. 181　　C. 217　　D. 219

207. GB 23200.39—2016《食品安全国家标准 食品中噻虫嗪及其代谢物噻虫胺残留量的测定 液相色谱-质谱/质谱法》中，净化方式采用的是（　　）。

A. 液液萃取

B. 固相萃取柱

C. 基质分散固相萃取剂净化

D. 凝胶渗透色谱净化

208. 依据 NY/T 1453—2007《蔬菜及水果中多菌灵等 16 种农药残留测定液相色谱-质谱-质谱联用法》，称取（　　）试样放入 150mL 烧杯中提取化合物。

A. 20g（精确至 0.01g）

B. 20g（精确至 0.001g）

C. 20g（精确至 0.0001g）

D. 20g（精确至 0.1g）

209. 依据 NY/T 1720—2009《水果、蔬菜中杀铃脲等七种苯甲酰脲类农药残留量的测定 高效液相色谱法》，使用（　　）溶液将 7 种苯甲酰脲类农药混合标准溶液稀释成所需浓度的标准工作液。

A. 乙腈＋水（1+1）　　B. 乙腈

C. 甲醇＋水（1+1）　　D. 甲醇

210. NY/T 1725—2009《蔬菜中灭蝇胺残留量的测定 高效液相色谱法》不适用于（　　）中灭蝇胺残留量的测定。

A. 黄瓜　　B. 辣椒　　C. 番茄　　D. 芹菜

211. SN/T 1969—2007《进出口食品中联苯菊酯残留量的检测方法 气相色谱-质谱法》不适用于（　　）中联苯菊酯残留量的测定和确证。

A. 洋葱　　B. 虾肉　　C. 黄酒　　D. 猪肉

212. 依据 SN/T 1982—2007《进出口食品中氟虫腈残留量检测方法　气相色谱-质谱法》，配有负化学源的气相色谱-质谱仪反应气是甲烷，纯度要求大于等于（　　）。

A. 0.99999　　　　　　B. 0.999999

C. 0.999　　　　　　　D. 0.9999

213. 依据 SN/T 1982—2007《进出口食品中氟虫腈残留量检测方法　气相色谱-质谱法》，气相色谱-质谱法选择监测离子（m/z）：定量离子为（　　），定性离子为 333、368、400。

A. 366　　B. 365　　C. 364　　D. 363

214. 依据 GB 23200.10—2016《食品安全国家标准　桑枝、金银花、枸杞子和荷叶中 488 种农药及相关化学品残留量的测定　气相色谱-质谱法》，基质混合标准工作溶液 A、B、C、D、E、F 组农药及相关化学品基质混合标准工作溶液是将（　　）内标溶液和一定体积的 A、B、C、D、E、F 组混合标准溶液分别加到 1.0mL 的样品空白基质提取液中，混匀，配成基质混合标准工作溶液 A、B、C、D、E 和 F。

A. 20μL　　B. 50μL　　C. 100μL　　D. 40μL

215. 依据 GB 2763—2021《食品安全国家标准　食品中农药最大残留限量》测定蔬菜中的克百威时，需要计算克百威及 3-羟基克百威之和，最终以（　　）表述。

A. 克百威

B. 3-羟基克百威

C. 克百威及 3-羟基克百威

D. 克百威及 3-羟基克百威分别表示

216. 某机构于 2021 年 9 月 20 日抽到绿豆样品，其生产日期为 2021 年 8 月 28 日，环丙唑醇残留限量应符合以下哪个食品安全国家标准？（　　）

A.《食品安全国家标准　食品中农药最大残留限量》（GB 2763—2021）

B.《食品安全国家标准　食品中污染物限量》（GB 2762-2017）

C.《食品安全国家标准　食品中农药最大残留限量》（GB 2763—2019）

D.《食品安全国家标准　食品中农药最大残留限量》（GB 2763—2016）

217. 依据 GB 23200.112—2018《食品安全国家标准　植物源性食品中 9 种氨基甲酸酯类农药及其代谢物残留量的测定　液相色谱-柱后衍生法》，测定韭菜中的克百威时，计算结果是 0.019203mg/kg，最终报出结果应为（　　）。

A. 0.02　　　　　　　B. 0.19

C. 0.0192　　　　　　D. 0.01920

218. 依据《食品安全国家标准　食品中农药最大残留限量》（GB 2763—2021），检测水果中农药残留量时，火龙果样品制备方式正确的是（　　）。

A. 去皮、去叶冠　　　B. 去皮、不去叶冠

C. 不去皮、去叶冠　　D. 以上都不对

219. 依据 GB2763—2021《食品安全国家标准　食品中农药最大残留限量》，测定豇豆中阿维菌素不可以采用的检测标准是（　　）。

A.《动物源食品中阿维菌素类药物残留量的测定　液相色谱-串联质谱法》（GB/T 21320—2007）

B.《食品安全国家标准　水果和蔬菜中阿维菌素残留量的测定　液相色谱法》（GB 23200.19—2016）

C.《食品安全国家标准　食品中阿维菌素残留量的测定　液相色谱-质谱/质谱法》（GB 23200.20—2016）

D.《蔬菜中 334 种农药多残留的测定　气相色谱质谱法和液相色谱质谱法》（NY/T 1379—2007）

220. 依据 GB 2763—2021《食品安全国家标准　食品中农药最大残留限量》，结球甘蓝的噻虫胺限量为（　　）。

A. 0.5mg/kg　　　　　B. 0.2mg/kg

C. 0.1mg/kg　　　　　D. 0.3mg/kg

221. 采用 NY/T 761—2008《蔬菜和水果中有机磷、有机氯、拟除虫菊酯和氨基甲

酸酯类农药多残留的测定》检测茶叶中的杀虫畏时，使用的气相色谱仪应该配备（　　）。

A. ECD 检测器　　　　B. NPD 检测器

C. FPD 检测器　　　　D. FID 检测器

222. 依据 GB 2763—2021《食品安全国家标准 食品中农药最大残留限量》，芹菜归属为（　　）蔬菜。

A. 茎菜类　　　　　　B. 叶菜类

C. 芸薹类　　　　　　D. 根茎类

223. 依据 GB 23200.121—2021《食品安全国家标准 植物源性食品中 331 种农药及其代谢物残留量的测定 液相色谱-质谱联用法》，要判断样品中检出目标农药时，样品中目标化合物的离子丰度比与质量浓度相当的基质标准溶液相比，当离子丰度比＞50，其允许偏差正确的是（　　）。

A. ±20　B. ±25　C. ±30　D. ±15

二、多选题

224. 气相色谱中火焰光度检测器（FPD）有（　　）滤光片。

A. 碳　　　B. 氮　　　C. 硫　　　D. 磷

225. 依据 GB 23200.8—2016《食品安全国家标准 水果和蔬菜中 500 种农药及相关化学品残留量的测定 气相色谱-质谱法》进行样品测定时，如果检出的色谱峰的保留时间与标准样品相一致，且选择的离子均出现，同时所选择的离子丰度比与标准样品的离子丰度比相一致，则可判断样品中存在这种农药或相关化学品。下列关于离子丰度比说法正确的是（　　）。

A. 相对丰度＞50%，允许±5%偏差

B. 相对丰度＞20%～50%，允许±15%偏差

C. 相对丰度＞10%～20%，允许±20%偏差

D. 相对丰度≤10%，允许±40%偏差

226. 农药残留检测过程中使用到凝胶渗透色谱（GPC）的标准有（　　）。

A. GB/T 5009.218—2008

B. GB/T 5009.19—2008

C. GB 23200.8—2016

D. GB 23200.113—2018

227. GB/T 5009.218—2008《水果和蔬菜中多种农药残留量的测定》中采用的内标物有（　　）。

A. 内吸磷　　　　　　B. 乙基谷硫磷

C. 环氧七氯　　　　　D. 氘代毒死蜱

228. 下列选项关于 GB 23200.20—2016《食品安全国家标准 食品中阿维菌素残留量的测定 液相色谱-质谱/质谱法》中试样制备和保存说法正确的是（　　）。

A. 苹果、大蒜、菠菜、板栗等试样于 0～4℃保存

B. 牛肉、羊肉、鸡肉、鱼肉等试样于 −18℃以下冷冻保存

C. 大米、茶叶、赤芍、食醋、蜂蜜等试样于室温保存

D. 在制样的操作过程中，应防止样品受到污染或发生残留物含量的变化

229. GB 23200.8—2016《食品安全国家标准 水果和蔬菜中 500 种农药及相关化学品残留量的测定气相色谱-质谱法》中毒死蜱的定性离子为（　　）。

A. 258　　　B. 314　　　C. 249　　　D. 286

230. GB 23200.39—2016《食品安全国家标准 食品中噻虫嗪及其代谢物噻虫胺残留量的测定液相色谱-质谱/质谱法》适用于以下哪些动物源性产品中噻虫嗪、噻虫胺残留量的检测和确证？（　　）

A. 鸡肉　　　B. 猪肉　　　C. 牛肉

D. 鸡肝　　　E. 猪肝

231. GB 23200.39—2016《食品安全国家标准 食品中噻虫嗪及其代谢物噻虫胺残留量的测定液相色谱-质谱/质谱法》中，基质分散固相萃取剂需要使用石墨化炭黑吸附剂（GCB）的样品主要有（　　）。

A. 大米、茄子、洋葱、马铃薯、柑橘样品

B. 菠菜、油麦菜样品

C. 栗子、蘑菇、牛奶样品

D. 茶叶、大豆样品

E. 鸡肝、猪肉样品

232. 依据 SN/T 2158—2008《进出口食品中毒死蜱残留量检测方法》，试验用的净化方式有（　　）。

A. 固相萃取柱

B. 分散固相萃取净化

C. 凝胶色谱净化

D. 液液萃取法

233. SN/T 3725—2013《出口食品中对氯苯氧乙酸残留量的测定》适用于（　　）中对氯苯氧乙酸残留量的测定和确证。

A. 豆芽　　　B. 葡萄　　　C. 高粱

D. 猪肉　　　E. 虾肉

234. 依据 GB 2763—2021《食品安全国家标准　食品中农药最大残留限量》，测定西瓜中甲胺磷的检测标准包括：（　　）。

A.《植物性食品中甲胺磷和乙酰甲胺磷农药残留量的测定》（GB/T 5009.103—2003）

B.《水果和蔬菜中 450 种农药及相关化学品残留量的测定　液相色谱-串联质谱法》（GB/T 20769—2008）

C.《食品安全国家标准　水果和蔬菜中 500 种农药及相关化学品残留量的测定气相色谱-质谱法》（GB 23200.8—2016）

D.《食品安全国家标准　植物源性食品中 208 种农药及其代谢物残留量的测定　气相色谱-质谱联用法》（GB 23200.113—2018）

E.《蔬菜和水果中有机磷、有机氯、拟除虫菊酯和氨基甲酸酯类农药多残留的测定》（NY/T 761—2008）

235. 依据 GB 2763—2021《食品安全国家标准　食品中农药最大残留限量》，测定韭菜中腐霉利可以采用的检测标准包括：（　　）。

A.《蔬菜和水果中有机磷、有机氯、拟除虫菊酯和氨基甲酸酯类农药多残留的测定》（NY/T 761—2008）

B.《水果和蔬菜中 450 种农药及相关化学

品残留量的测定　液相色谱-串联质谱法》（GB/T 20769—2008）

C.《食品安全国家标准　植物源性食品中 208 种农药及其代谢物残留量的测定　气相色谱-质谱联用法》（GB 23200.113—2018）

D.《食品安全国家标准　水果和蔬菜中 500 种农药及相关化学品残留量的测定气相色谱-质谱法》（GB 23200.8—2016）

E.《食品安全国家标准　植物源性食品中 331 种农药及其代谢物残留量的测定　液相色谱-质谱联用法》（GB 23200.121—2021）

236. 使用 GB 2763—2021《食品安全国家标准　食品中农药最大残留限量》对氟虫腈进行判定，氟虫腈的检测应包括（　　）。

A. 氟虫腈　　　　　　B. 氟虫腈砜

C. 氟虫腈亚砜　　　　D. 氟甲腈

E. 氟虫腈硫醚

237. 依据 GB 2763—2021《食品安全国家标准　食品中农药最大残留限量》，测定苹果中乙酰甲胺磷可以采用的检测标准包括：（　　）。

A.《蔬菜和水果中有机磷、有机氯、拟除虫菊酯和氨基甲酸酯类农药多残留的测定》（NY/T 761—2008）

B.《食品安全国家标准　植物源性食品中 90 种有机磷类农药及其代谢物残留量的测定气相色谱法》（GB 23200.116—2019）

C.《植物性食品中有机磷和氨基甲酸酯类农药多种残留的测定》（GB/T 5009.145—2003）

D.《植物性食品中甲胺磷和乙酰甲胺磷农药残留量的测定》（GB/T 5009.103—2003）

E.《食品安全国家标准　植物源性食品中 208 种农药及其代谢物残留量的测定　气相色谱-质谱联用法》（GB 23200.113—2018）

238. 依据 GB 2763—2021《食品安全国家标准　食品中农药最大残留限量》，下列选项中残留物含量以异构体含量之和表示的有：（　　）。

A. 氯氰菊酯　　　　B. 氯菊酯

C. 氟胺氰菊酯　　　D. 氯氟氰菊酯

E. 氰戊菊酯

239. GB 2763—2021《食品安全国家标准 食品中农药最大残留限量》对下列哪些水果中的丙环唑制定了残留限量？（　　）

A. 桃　　　B. 苹果　　　C. 梨　　　D. 香蕉

240. 依据 GB 2763—2021《食品安全国家标准 食品中农药最大残留限量》，鲜食用菌检验百菌清可以采用的检测标准包括（　　）。

A.《蔬菜和水果中有机磷、有机氯、拟除虫菊酯和氨基甲酸酯类农药多残留的测定》（NY/T 761—2008）

B.《进出口食品中百菌清、苯氟磺胺、甲抑菌灵、克菌灵、灭菌丹、敌菌丹和四溴菊酯残留量检测方法 气相色谱质谱法》（SN/T 2320—2009）

C.《食品安全国家标准 植物源性食品中 331 种农药及其代谢物残留量的测定 液相色谱-质谱联用法》（GB 23200.121—2021）

D.《水果和蔬菜中 450 种农药及相关化学品残留量的测定 液相色谱-串联质谱法》（GB/T 20769—2008）

E.《食品安全国家标准 黄瓜中百菌清残留量的测定》（GB/T 5009.105—2003）

241. 依据 GB 2763—2021《食品安全国家标准 食品中农药最大残留限量》，测定部位为整棵去除根的蔬菜有（　　）。

A. 菠菜　　　B. 芥蓝　　　C. 油麦菜

D. 芹菜　　　E. 韭菜

242. 现有可以检测豆芽中对氯苯氧乙酸的标准有（　　）。

A.《食品安全国家标准 植物源性食品中 331 种农药及其代谢物残留量的测定 液相色谱-质谱联用法》（GB 23200.121—2021）

B.《豆芽中植物生长调节剂的测定》（BJS 201703）

C.《出口食品中对氯苯氧乙酸残留量的测定》（SN/T 3725—2013）

D.《水果和蔬菜中 450 种农药及相关化学品残留量的测定 液相色谱-串联质谱法》（GB/T 20769—2008）

E.《食品安全国家标准 植物源性食品中 208 种农药及其代谢物残留量的测定 气相色谱-质谱联用法》（GB 23200.113—2018）

243. 依据 GB 2763—2021《食品安全国家标准 食品中农药最大残留限量》，叶菜类蔬菜芹菜中毒死蜱可以采用的检测标准主要有（　　）。

A.《食品安全国家标准 植物源性食品中 208 种农药及其代谢物残留量的测定 气相色谱-质谱联用法》（GB 23200.113—2018）

B.《蔬菜和水果中有机磷、有机氯、拟除虫菊酯和氨基甲酸酯类农药多残留的测定》（NY/T 761—2008）

C.《食品安全国家标准 植物源性食品中 90 种有机磷类农药及其代谢物残留量的测定 气相色谱法》（GB 23200.116—2019）

D.《水果和蔬菜中 450 种农药及相关化学品残留量的测定 液相色谱-串联质谱法》（GB/T 20769—2008）

E.《进出口食品中毒死蜱残留量检测方法》（SN/T 2158—2008）

三、判断题

244. GB/T 5009.19—2008《食品中有机氯农药多组分残留量的测定》第二法适用于食品中艾氏剂、狄氏剂残留量的测定。（　　）

245. GB/T 5009.19—2008《食品中有机氯农药多组分残留量的测定》第一法可采用全自动凝胶渗透色谱系统净化。（　　）

246. GB/T 5009.19—2008《食品中有机氯农药多组分残留量的测定》第一法在重复性条件下获得的两次独立测定结果的绝对差值不得超过算术平均值的 15％。（　　）

247. GB/T 5009.20—2003《食品中有机磷农药残留量的测定》规定了茶叶中敌敌畏、甲胺磷的残留量分析方法。（　　）

248. 依据 GB/T 5009.102—2003《植物性

食品中辛硫磷农药残留量的测定》，谷类试样的制备经粉碎机粉碎后，不需要过筛。（　　）

249. GB/T 5009.103—2003《植物性食品中甲胺磷和乙酰甲胺磷农药残留量的测定》可以检测植物性食品中甲胺磷、乙酰甲胺磷和敌敌畏等农药残留量。（　　）

250. GB/T 5009.146—2008《植物性食品中有机氯和拟除虫菊酯类农药多种残留量的测定》对粮食、蔬菜和浓缩果汁中有机氯和拟除虫菊酯农药残留量的检测均采用气相色谱-质谱仪检测。（　　）

251. 依据 GB/T 5009.146—2008《植物性食品中有机氯和拟除虫菊酯类农药多种残留量的测定》，浓缩果汁中 40 种有机氯农药和拟除虫菊酯农药残留量的测定采用基质混合标准工作溶液外标法定量。（　　）

252. GB 23200.8—2016《食品安全国家标准 水果和蔬菜中 500 种农药及相关化学品残留量的测定气相色谱-质谱法》中水果、蔬菜样品取样部位按 GB 2763 附录 A 执行，制备好的试样于 −18℃ 冷冻保存。（　　）

253. GB 23200.20—2016《食品安全国家标准 食品中阿维菌素残留量的测定液相色谱-质谱/质谱法》中所有类型样品均用中性氧化铝固相萃取柱净化，高效液相色谱-质谱/质谱测定，外标法定量。（　　）

254. 依据 GB 23200.39—2016《食品安全国家标准 食品中噻虫嗪及其代谢物噻虫胺残留量的测定液相色谱-质谱/质谱法》，噻虫胺作为噻虫嗪的代谢物，电离后噻虫胺和噻虫嗪的子离子是相同的。（　　）

255. GB 23200.49—2016《食品安全国家标准 食品中苯醚甲环唑残留量的测定气相色谱-质谱法》可以用于紫苏和鳗鱼中苯醚甲环唑残留量的测定和确证。（　　）

256. GB 23200.49—2016《食品安全国家标准 食品中苯醚甲环唑残留量的测定气相色谱-质谱法》中制备好的茶叶、蜂产品、调味品、粮谷类、水果蔬菜类和肉及肉制品类等试样均于 4℃ 保存。（　　）

257. GB 23200.113—2018《食品安全国家标准 植物源性食品中 208 种农药及其代谢物残留量的测定 气相色谱-质谱联用法》中油料可采用的净化方式有固相萃取法、分散固相萃取或凝胶渗透色谱法。（　　）

258. GB 23200.113—2018《食品安全国家标准 植物源性食品中 208 种农药及其代谢物残留量的测定 气相色谱-质谱联用法》可以检测蔬菜和水果中的百菌清。（　　）

259. GB 23200.116—2019《食品安全国家标准 植物源性食品中 90 种有机磷类农药及其代谢物残留量的测定气相色谱法》中 90 种有机磷类农药及其代谢物残留量在蔬菜和水果、食用菌、茶叶、调味料中的定量限是一致的。（　　）

260. 依据 GB/T 14553—2003《粮食、水果和蔬菜中有机磷农药测定 气相色谱法》，样品中有机磷农药残留量用有机溶剂提取，再经液液分配和凝结净化等步骤除去干扰物，用气相色谱氮磷检测器（NPD）或火焰光度检测器（FPD）检测，根据色谱峰的保留时间定性，外标法定量。（　　）

261. GB/T 20769—2008《水果和蔬菜中 450 种农药及相关化学品残留量的测定 液相色谱-串联质谱法》采用的离子源为电喷雾离子源，扫描方式为正离子扫描。（　　）

262. 依据 NY/T 1455—2007《水果中腈菌唑残留量的测定 气相色谱法》，净化时从 100mL 具塞量筒中吸取 10.00mL 乙腈相溶液（上层），放入 150mL 烧杯中，将烧杯放在水浴锅（80℃）上加热，杯内缓缓通入氮气，将乙腈蒸发近干，加入 2mL 丙酮备用。若使用电子捕获检测器，可用正己烷将备用液定容至 5.00mL，直接上机测定。（　　）

263. SN/T 2158—2008《进出口食品中毒

死蜱残留量检测方法》中，检出阳性样品后需要用气相色谱-质谱仪确证。（　　）

264. 依据 SN/T 2320—2009《进出口食品中百菌清、苯氟磺胺、甲抑菌灵、克菌灵、灭菌丹、敌菌丹和四溴菊酯残留量检测方法 气相色谱质谱法》，样品用乙腈提取，提取液经盐析萃取、活性碳小柱串联氨基小柱固相萃取净化后，用 GPC 进行净化，GC/MS 进行检测，外标法定量。（　　）

265. GB 23200.34—2016《食品安全国家标准 食品中涕灭砜威、吡唑醚菌酯、嘧菌酯等 65 种农药残留量的测定 液相色谱-质谱/质谱法》可以测定大米、糙米、大麦、小麦和玉米中的克百威残留量。（　　）

266. 依据 GB 2763—2021《食品安全国家标准 食品中农药最大残留限量》，判定黄瓜农药残留是否合格时，试样制备需保留全瓜且不需去柄。（　　）

267. 依据 GB 2763—2021《食品安全国家标准 食品中农药最大残留限量》，香蕉的测定部位为全蕉（去皮）。（　　）

268. 依据《食品安全国家标准 植物源性食品中 208 种农药及其代谢物残留量的测定 气相色谱-质谱联用法》（GB 23200.113—2018），油料净化不可采用 GPC 前处理进行净化。（　　）

269. 依据 GB 2763—2021《食品安全国家标准 食品中农药最大残留限量》，结球甘蓝中辛硫磷最大残留限量为 0.1mg/kg。（　　）

270. 苯硫威作为一种杀螨剂，依据 GB2763—2021《食品安全国家标准 食品中农药最大残留限量》，柑橘中苯硫威最大残留限量为 0.5mg/kg，且此限量为临时限量。（　　）

271. 依据 GB 23200.121—2021《食品安全国家标准 植物源性食品中 331 种农药及其代谢物残留量的测定 液相色谱-质谱联用法》，液相色谱参考条件中流动相为乙酸铵-甲酸水溶液和乙酸铵-甲酸甲醇溶液。（　　）

272. 依据《禁限用农药名录》，克百威禁止在蔬菜、瓜果、茶叶、菌类、中药材、甘蔗上使用，禁止用于防治卫生害虫，可用于水生植物的病虫害防治。（　　）

273. 依据《禁限用农药名录》，联苯菊酯禁止在茶叶上使用。（　　）

274. 己唑醇的残留量测定可以选用《水果和蔬菜中 450 种农药及相关化学品残留量的测定 液相色谱-串联质谱法》（GB/T 20769—2008）进行检测。（　　）

275. 甲拌磷亚砜残留量测定可以选用《食品安全国家标准 水果和蔬菜中 500 种农药及相关化学品残留量的测定气相色谱-质谱法》（GB 23200.8—2016）。（　　）

276. 依据 GB 2763—2021《食品安全国家标准 食品中农药最大残留限量》，苯醚甲环唑的最大残留限量由 0.3mg/kg（GB 2763—2019）调整为 2mg/kg。（　　）

277. 依据 GB 2763—2021《食品安全国家标准 食品中农药最大残留限量》，乙酰甲胺磷在所有蔬菜、水果中最大残留限量均为 0.02mg/kg。（　　）

278. GB 2763—2021《食品安全国家标准 食品中农药最大残留限量》于 2021 年 3 月 3 日发布，9 月 3 日实施。对于标准判定时间的使用，应该从 9 月 3 日开始。由于农产品生产有一定的周期，若农产品生产的日期是 9 月 3 日前，如 6 月份种植，9 月 4 日收获，对产品的判定应该使用 GB 2763—2021。（　　）

四、填空题

279. GB 23200.45—2016《食品安全国家标准 食品中除虫脲残留量的测定液相色谱-质谱法》中除虫脲浓度为 1.0mg/mL 的标准储备液，置－18℃冰箱中保存，保存期为_____个月。

280. GB 23200.49—2016《食品安全国家标准 食品中苯醚甲环唑残留量的测定气相色谱-质谱法》中使用的仪器是配有

_____的气相色谱-质谱仪。

281. 依据 GB 23200.112—2018《食品安全国家标准　植物源性食品中 9 种氨基甲酸酯类农药及其代谢物残留量的测定　液相色谱-柱后衍生法》，试样用乙腈提取，提取液经固相萃取或分散固相萃取净化，使用带_____的高效液相色谱仪检测，外标法定量。

282. 依据 GB 23200.112—2018《食品安全国家标准　植物源性食品中 9 种氨基甲酸酯类农药及其代谢物残留量的测定　液相色谱-柱后衍生法》，荧光检测器的激发波长为330nm，发射波长为_____。

283. 依据 GB 23200.116—2019《食品安全国家标准　植物源性食品中 90 种有机磷类农药及其代谢物残留量的测定气相色谱法》，试样用乙腈提取，提取液经固相萃取或分散固相萃取净化，使用带_____的气相色谱仪检测。

284. 依据 GB/T 20769—2008《水果和蔬菜中 450 种农药及相关化学品残留量的测定　液相色谱-串联质谱法》，称取 20g 试样（精确至 0.01g）于 80mL 离心管中，加入 40mL 乙腈，用_____在 15000r/min 转速下匀浆提取 1min。

285. GB/T 20769—2008《水果和蔬菜中 450 种农药及相关化学品残留量的测定　液相色谱-串联质谱法》中，A、B、C、D、E、F组液相色谱-串联质谱测定条件的采集时间总时长为_____。

286. NY/T 761—2008《蔬菜和水果中有机磷、有机氯、拟除虫菊酯和氨基甲酸酯类农药多残留的测定》第 3 部分：蔬菜和水果中氨基甲酸酯类农药多残留的测定，试样中氨基甲酸酯类农药及其代谢物用乙腈提取，提取液经过滤、浓缩后，采用固相萃取技术分离、净化，淋洗液经浓缩后，使用带_____的高效液相色谱进行检测。

287. 依据 NY/T 1379—2007《蔬菜中 334 种农药多残留的测定气相色谱质谱法和液

相色谱质谱法》，试样用乙腈匀浆提取，提取液经盐析，石墨碳黑、丙氨基固相小柱净化后，用气相色谱质谱仪检测 305 种农药，质谱图由_____软件经噪音处理、基线漂移的修正和共流出谱峰当中单个化合物的识别等处理后，根据被处理的质谱图和保留时间定性，内标法定量。

288. SN/T 1923—2007《进出口食品中草甘膦残留量的检测方法　液相色谱-质谱/质谱法》中采集时间为_____，进样量为_____。

289. 依据 SN/T 1923—2007《进出口食品中草甘膦残留量的检测方法　液相色谱-质谱/质谱法》，方法测定低限：茶叶的测定低限为 0.10mg/kg，其他样品的测定低限为_____mg/kg。

290. 依据 GB 23200.113—2018《食品安全国家标准　植物源性食品中 208 种农药及其代谢物残留量的测定　气相色谱-质谱联用法》，试样制备时，谷类样品取 500g，粉碎后使其全部可通过_____的标准网筛，放入聚乙烯瓶或袋中。

291. 依据 GB 23200.113—2018《食品安全国家标准　植物源性食品中 208 种农药及其代谢物残留量的测定　气相色谱-质谱联用法》，蔬菜、水果和食用菌采用 QuEChERS 前处理净化时，称取 10g 试样（精确至 0.01g）于 50mL 塑料离心管中，加入 10mL 乙腈、_____、1g 柠檬酸钠、0.5g 柠檬酸氢二钠及 1 颗陶瓷均质子，盖上离心管盖，剧烈振荡 1min 后4200r/min 离心 5min。

292. 依据 GB 23200.113—2018《食品安全国家标准　植物源性食品中 208 种农药及其代谢物残留量的测定　气相色谱-质谱联用法》，被测试样中目标农药色谱峰的保留时间与相应标准色谱峰的保留时间相比较，相对误差应在_____之内。

293. 依据 GB 23200.121—2021《食品安全国家标准　植物源性食品中 331 种农药及其

代谢物残留量的测定 液相色谱-质谱联用法》，标准储备溶液（1000mg/L）避光、−18℃及以下条件保存，有效期为_____。

五、简答题

294. 食品安全国家标准中，规范性附录和资料性附录的定义与区别是什么？

295. 如何理解 NY/T 1456—2007《水果中咪鲜胺残留量的测定 气相色谱法》的精密度要求？在同一实验室，由同一操作者使用相同的设备，按相同的测试方法，并在短时间内对同一被测对象相互独立进行测试获得的两次独立测试结果的绝对差值不超过算术平均值的15%，以大于这两个测定值算术平均值的15%的情况不超过5%为前提。

296. NY/T 1725—2009《蔬菜中灭蝇胺残留量的测定 高效液相色谱法》检测的原理是什么？

297. 请从固定相材料上简要说明强阳离子交换萃取柱（SCX）和阳离子交换萃取柱（MCX）的区别。

298. 简述 SN/T 1923—2007《进出口食品中草甘膦残留量的检测方法 液相色谱-质谱/质谱法》的方法提要。

299. 简述什么是禁用农药什么是限用农药。

第二十二章

兽药残留检测方法标准

● **核心知识点** ●

一、方法选择依据

样品类型：区分肉类、水产品、蛋奶等，如 GB 31658.2—2021 适用于动物肌肉，GB 31656.13—2021 专用于水产品。

灵敏度要求：对比检出限（如氟苯尼考在 GB 31658.5—2021 中为 $3.0\mu g/kg$，GB/T 20756—2006 为 $1.0\mu g/kg$）。

二、前处理关键步骤

（一）衍生化：硝基呋喃代谢物需邻硝基苯甲醛衍生（GB 31656.13—2021 要求避光反应 16h）；

（二）除脂：

1. 正己烷液液分配（肉类）

2. C18 粉末吸附（鸡蛋，GB 23200.115—2018）

三、仪器参数速查

LC-MS/MS 条件：ESI+ 离子源（β-激动剂）

四、定量方式：内标法定量、基质配标外标法定量。

五、残留标志物：氟苯尼考以"氟苯尼考＋氟苯尼考胺"总量计，尼卡巴嗪以 4,4′-二硝基均二苯脲为标志物。

兽药残留检测方法标准是食品安全抽检工作中的重要技术依据，其核心内容在于通过科学合理、操作规范的检测方法，准确测定食品中兽药残留的含量，确保检测结果的准确性和可靠性。兽药残留检测的对象主要为动物源食品中的抗生素、激素等药物残留，这些残留物在样品基质中的存在形式复杂，检测方法需要兼顾高灵敏度和高特异性，以有效应对复杂样品基质的干扰。兽药残留的检测过程涉及样品前处理、仪器分析、数据处理等多个环节，其技术要求和操作规范直接关系到检测结果的科学性和准确性。

本章将依据 GB 3165X 系列食品安全国家标准等相关标准，结合中华人民共和国农业农村部关于兽药检测的相关公告，系统介绍兽药残留的检测方法及其技术要点。通过本章的系统练习，读者将掌握兽药残留检测的基本原理和操作规范，能够结合实际案例分析检测数据的准确性，并为食品安全抽样检验提供技术支持。

第一节　基础知识自测

一、单选题

1. 依据 GB/T 22338—2008《动物源性食品中氯霉素类药物残留量测定》，气相色谱－质谱法和液相色谱-质谱/质谱法中，氟苯尼考的测定低限分别为（　　）。

A. $0.5\mu g/kg$，$0.1\mu g/kg$

B. $0.1\mu g/kg$，$0.5\mu g/kg$

C. $0.1\mu g/kg$，$0.1\mu g/kg$

D. $0.5\mu g/kg$，$0.5\mu g/kg$

2. 依据 GB/T 22338—2008《动物源性食品中氯霉素类药物残留量测定》，试样的保存温度为（　　）℃以下。

A. 4　　　　B. 7　　　　C. −18　　　D. −20

3.《食品安全国家标准 动物性食品中氯霉素残留量的测定 液相色谱-串联质谱法》（GB 31658.2—2021）中，净化分析步骤中，使用的固相萃取柱是（　　）。

A. 混合型反相离子交换柱

B. 混合型阴离子交换柱

C. 混合型阳离子交换柱

D. C_{18} 柱

4.《水产品中孔雀石绿和结晶紫残留量的测定》（GB/T 19857—2005）中，检测鲜活水产品净化分析步骤中使用的固相萃取柱是（　　）。

A. 中性氧化铝柱

B. 混合型阴离子交换柱

C. 混合型阳离子交换柱

D. C_{18} 柱

5. 依据 GB 23200.92—2016《食品安全国家标准 动物源性食品中五氯酚残留量的测定液相色谱-质谱法》，采用多反应监测分析时，定量离子对是（　　）。

A. 262.7＞262.7　　　B. 264.7＞264.7

C. 266.7＞266.7　　　D. 268.7＞268.7

6.《蜂蜜中氯霉素残留量的测定方法 液相色谱-串联质谱法》（GB/T 18932.19—2003）中，采用的定量方法是（　　）。

A. 内标法　　　　　　B. 外标法

C. 单点法　　　　　　D. 基质配标法

7. 采用 GB 31658.20—2022《食品安全国家标准 动物性食品中酰胺醇类药物及其代谢物残留的测定 液相色谱-串联质谱法》测定猪肉中的氟苯尼考时，其方法定量限是（　　）。

A. $0.1\mu g/kg$　　　　B. $0.2\mu g/kg$

C. $0.5\mu g/kg$　　　　D. $1.0\mu g/kg$

8. 依据《食品安全国家标准 动物性食品中酰胺醇类药物及其代谢物残留的测定 液相色谱-串联质谱法》（GB 31658.20—2022），对氯霉素、甲砜霉素、氟苯尼考、氟苯尼考胺进行定量时，使用正离子模式进行检测的是（　　　　）。

A. 氯霉素　　　　　　　B. 甲砜霉素

C. 氟苯尼考　　　　　　D. 氟苯尼考胺

9. 依据 GB/T 22338—2008《动物源性食品中氯霉素类药物残留量测定》，液相色谱-质谱/质谱法中，采用内标法定量的是（　　　　）。

A. 氯霉素　　　　　　　B. 甲砜霉素

C. 氟苯尼考　　　　　　D. 氟苯尼考胺

10. 依据《动物源性食品中硝基呋喃类药物代谢物残留量检测方法　高效液相色谱/串联质谱法》（GB/T 21311—2007），邻硝基苯甲醛溶液的浓度为（　　　　）。

A. 0. 25mol/L　　　　　B. 0. 05mol/L

C. 0. 1mol/L　　　　　　D. 0. 2mol/L

11. 依据《动物源性食品中硝基呋喃类药物代谢物残留量检测方法　高效液相色谱/串联质谱法》（GB/T 21311—2007），样品提取时需将 pH 调至（　　　　）。

A. 6. 0(±0. 2)　　　　　B. 7. 0(±0. 2)

C. 7. 4(±0. 2)　　　　　D. 8. 0(±0. 2)

12. 依据《食品安全国家标准　动物性食品中 β-受体激动剂残留量的测定　液相色谱-串联质谱法》（GB 31658. 22—2022），净化分析步骤中使用的固相萃取柱是（　　　　）。

A. 中性氧化铝柱

B. 混合型阴离子交换柱

C. 混合型阳离子交换柱

D. C_{18} 柱

13. 依据《牛、猪的肝脏和肌肉中卡巴氧和喹乙醇及代谢物残留量的测定　液相色谱-串联质谱法》（GB/T 20746—2006），净化分析步骤中使用的固相萃取柱是（　　　　）。

A. 中性氧化铝柱

B. 混合型阴离子交换柱

C. 混合型阳离子交换柱

D. C_{18} 柱

14. GB/T 20366—2006《动物源产品中喹诺酮类残留量的测定　液相色谱-串联质谱法》适用于（　　　　）中喹诺酮类残留的确

证和定量测定。

A. 猪肉　　B. 牛肉　　C. 兔肉　　D. 羊肉

15. 依据 GB/T 20366—2006《动物源产品中喹诺酮类残留量的测定　液相色谱-串联质谱法》，测定兔肉中的氧氟沙星时，用（　　　　）溶液进行提取。

A. 甲酸-乙腈　　　　　B. 甲酸-甲醇

C. 甲酸-水　　　　　　D. 乙腈

16. 依据 GB/T 20366—2006《动物源产品中喹诺酮类残留量的测定　液相色谱-串联质谱法》，测定兔肉中的氧氟沙星时，其定量限为（　　　　）。

A. 0. 5μg/kg　　　　　B. 1. 0μg/kg

C. 1. 5μg/kg　　　　　D. 2. 0μg/kg

17. GB/T 20366—2006《动物源产品中喹诺酮类残留量的测定　液相色谱-串联质谱法》采用的定量方法是（　　　　）。

A. 内标法　　　　　　B. 外标法

C. 单点法　　　　　　D. 基质配标法

18. GB/T 20366—2006《动物源产品中喹诺酮类残留量的测定　液相色谱-串联质谱法》采用的净化方式是（　　　　）。

A. 液液萃取　　　　　B. 固相萃取净化

C. 过滤　　　　　　　D. 离心分离

19. 依据 GB 31658. 17—2021《食品安全国家标准　动物性食品中四环素类、磺胺类和喹诺酮类药物残留量的测定　液相色谱-串联质谱法》，净化分析步骤中使用的固相萃取柱是（　　　　）。

A. 中性氧化铝柱

B. 混合型阴离子交换柱

C. 混合型阳离子交换柱

D. 亲水亲脂平衡型固相萃取柱

20. 依据 GB 31658. 17—2021《食品安全国家标准　动物性食品中四环素类、磺胺类和喹诺酮类药物残留量的测定　液相色谱-串联质谱法》，1mg/mL 的标准储备液在 −18℃ 下保存，有效期是（　　　　）个月。

A. 1　　　　B. 3　　　　C. 6　　　　D. 12

21. 依据 GB 31658. 17—2021《食品安全国

家标准 动物性食品中四环素类、磺胺类和喹诺酮类药物残留量的测定 液相色谱-串联质谱法》，$10\mu g/mL$ 的标准储备液在 $-18℃$ 下保存，有效期是（　　）个月。

A. 1　　　B. 3　　　C. 6　　　D. 12

22. 依据 GB 31658.17—2021《食品安全国家标准 动物性食品中四环素类、磺胺类和喹诺酮类药物残留量的测定 液相色谱-串联质谱法》，前处理用（　　）进行提取。

A. 磷酸盐缓冲液

B. Mcllvaine-Na$_2$EDTA 缓冲液

C. 0.2% 甲酸溶液

D. 醋酸-醋酸钠缓冲液

23. 依据 GB 31658.17—2021《食品安全国家标准 动物性食品中四环素类、磺胺类和喹诺酮类药物残留量的测定 液相色谱-串联质谱法》，前处理提取液 Mcllvaine-Na$_2$EDTA 缓冲液的 pH 值应调为（　　）。

A. 4.0($\pm$0.2)　　　B. 5.0($\pm$0.2)

C. 6.0($\pm$0.2)　　　D. 7.0($\pm$0.2)

24. 依据 GB 31658.17—2021《食品安全国家标准 动物性食品中四环素类、磺胺类和喹诺酮类药物残留量的测定 液相色谱-串联质谱法》，测定猪肉中的多西环素时，其定量限为（　　）。

A. 0.5$\mu g/kg$　　　B. 1.0$\mu g/kg$

C. 5.0$\mu g/kg$　　　D. 10$\mu g/kg$

25. 依据 GB 31650—2019《食品安全国家标准 食品中兽药最大残留限量》，鸡肉中多西环素的最大残留限量为（　　）$\mu g/kg$。

A. 10　　　B. 50　　　C. 100　　　D. 200

26. 依据 GB 31650—2019《食品安全国家标准 食品中兽药最大残留限量》，鸡肉中沙拉沙星的最大残留限量为（　　）$\mu g/kg$。

A. 10　　　B. 50　　　C. 100　　　D. 200

27. 依据 GB/T 21316—2007《动物源性食品中磺胺类药物残留量的测定 液相色谱-质谱/质谱法》，0.1mg/mL 的 23 种磺胺标准储备溶液在 $-20℃$ 下避光保存的有效期是（　　）。

A. 1 个月　　　B. 3 个月

C. 6 个月　　　D. 12 个月

28. 依据 GB/T 21316—2007《动物源性食品中磺胺类药物残留量的测定 液相色谱-质谱/质谱法》，0.1mg/mL 磺胺标准储备溶液的储存温度是（　　）。

A. 4℃　　　　　　　B. 室温

C. $-18℃$　　　　　D. $-20℃$

29. 依据 GB 31650—2019《食品安全国家标准 食品中兽药最大残留限量》，鸡肉中甲氧苄啶的最大残留限量为（　　）$\mu g/kg$。

A. 10　　　B. 50　　　C. 100　　　D. 200

30. 依据 GB/T 21316—2007《动物源性食品中磺胺类药物残留量的测定 液相色谱-质谱/质谱法》，（　　）中甲氧苄啶的定量限是 10$\mu g/kg$。

A. 草鱼　　　B. 牛奶　　　C. 鸡肉　　　D. 猪肉

31. 依据 GB/T 21316—2007《动物源性食品中磺胺类药物残留量的测定 液相色谱-质谱/质谱法》，前处理过程需要加入硅藻土的样品是（　　）。

A. 草鱼　　　B. 牛奶　　　C. 鸡肉　　　D. 猪肉

32. 依据 GB 29690—2013《食品安全国家标准 动物性食品中尼卡巴嗪残留标志物残留量的测定 液相色谱-串联质谱法》，前处理提取使用的溶剂是（　　）。

A. 甲醇　　　　　　　B. 乙腈

C. 0.1% 甲酸　　　　D. 75% 甲醇水

33. 依据 GB 29690—2013《食品安全国家标准 动物性食品中尼卡巴嗪残留标志物残留量的测定 液相色谱-串联质谱法》，用（　　）配制储备液。

A. 甲醇　　　　　　　B. 乙腈

C. 二甲基甲酰胺　　　D. 二甲亚砜

34. 依据 GB 29690—2013《食品安全国家标准 动物性食品中尼卡巴嗪残留标志物残留量的测定 液相色谱-串联质谱法》测定鸡肉中尼卡巴嗪残留标志物残留量，计算结果保留（　　）位有效数字。

A. 1　　　B. 2　　　C. 3　　　D. 4

35. 依据 GB 29690—2013《食品安全国家标准　动物性食品中尼卡巴嗪残留标志物残留量的测定　液相色谱-串联质谱法》，4,4'-二硝基均二苯脲（DNC）的内标为（　　）。

A. DNC-D$_4$　　　　　　B. DNC-D$_5$

C. DNC-D$_6$　　　　　　D. DNC-D$_8$

36. 依据 SN/T 1865—2016《出口动物源食品中甲砜霉素、氟甲砜霉素和氟苯尼考胺残留量的测定　液相色谱-质谱/质谱法》，前处理提取溶液为（　　）。

A. 氨化乙酸乙酯　　　　B. 乙酸乙酯

C. 甲醇　　　　　　　　D. 乙腈

37. 依据 SN/T 1865—2016《出口动物源食品中甲砜霉素、氟甲砜霉素和氟苯尼考胺残留量的测定　液相色谱-质谱/质谱法》，净化分析步骤中使用的固相萃取柱是（　　）。

A. 中性氧化铝柱

B. 混合型阴离子交换柱

C. 混合型阳离子交换柱

D. C$_{18}$柱

38. 依据 GB/T 21311—2007《动物源性食品中硝基呋喃类药物代谢物残留量检测方法　高效液相色谱/串联质谱法》，4 种硝基呋喃的测定低限均为（　　）。

A. 0.5μg/kg　　　　　　B. 1.0μg/kg

C. 2.0μg/kg　　　　　　D. 5.0μg/kg

39. 依据农业部 783 号公告-1-2006《水产品中硝基呋喃类代谢物残留量的测定　液相色谱-串联质谱法》，呋喃西林代谢产物的简称是（　　）。

A. AOZ　　　　　　　　B. SEM

C. AHD　　　　　　　　D. AMOZ

40. 依据 GB 31656.13—2021《食品安全国家标准　水产品中硝基呋喃类代谢物多残留的测定　液相色谱-串联质谱法》，1.0mg/mL 标准储备液在 −18℃ 避光保存，有效期为（　　）个月。

A. 1　　　　B. 3　　　　C. 6　　　　D. 12

41. 依据农业部 781 号公告-4-2006《动物源食品中硝基呋喃类代谢物残留量的测定　高效液相色谱-串联质谱法》，提取液经氮气吹干后，用（　　）mL 20％甲醇水溶液复溶。

A. 0.5　　　B. 1.0　　　C. 2.0　　　D. 5.0

42. 依据农业部 781 号公告-4-2006《动物源食品中硝基呋喃类代谢物残留量的测定　高效液相色谱-串联质谱法》，检测猪肉中呋喃西林代谢产物时，计算结果保留（　　）位有效数字。

A. 1　　　B. 2　　　C. 3　　　D. 4

43. 依据 GB 31656.13—2021《食品安全国家标准　水产品中硝基呋喃类代谢物多残留的测定　液相色谱-串联质谱法》，批内相对标准偏差应小于等于（　　）。

A. 0.05　　　B. 0.1　　　C. 0.15　　　D. 0.2

44. 依据 GB 31656.13—2021《食品安全国家标准　水产品中硝基呋喃类代谢物多残留的测定　液相色谱-串联质谱法》，定性确证时相对离子丰度＞50 时的最大允许偏差为（　　）。

A. ±10　　　B. ±20　　　C. ±30　　　D. ±50

45. 依据 GB/T 18932.24—2005《蜂蜜中呋喃它酮、呋喃西林、呋喃妥因和呋喃唑酮代谢物残留量的测定方法　液相色谱-串联质谱法》，检测蜂蜜中呋喃西林代谢物残留量时，取样量为（　　）g。

A. 1　　　B. 2　　　C. 4　　　D. 5

46. GB/T 20762—2006《畜禽肉中林可霉素、竹桃霉素、红霉素、替米考星、泰乐菌素、克林霉素、螺旋霉素、吉它霉素、交沙霉素残留量的测定　液相色谱-串联质谱法》不适用的样品是（　　）。

A. 牛肉　　　B. 猪肉　　　C. 鸡肉　　　D. 鸭肉

47. 依据 GB/T 20762—2006《畜禽肉中林可霉素、竹桃霉素、红霉素、替米考星、泰乐菌素、克林霉素、螺旋霉素、吉它霉素、交沙霉素残留量的测定　液相色谱-串联质谱法》，1.0mg/mL 的标准储备液储存的温度为（　　　）。

A. 4℃　　　　　　　　　B. 室温

C. −18℃　　　　　　　D. −20℃

48. 依据 GB/T 20762—2006《畜禽肉中林可霉素、竹桃霉素、红霉素、替米考星、泰乐菌素、克林霉素、螺旋霉素、吉它霉素、交沙霉素残留量的测定 液相色谱-串联质谱法》，样品经前处理提取浓缩后用（　　　）溶液溶解。

A. 0.1%甲酸水　　　　B. 磷酸盐缓冲液

C. 20%甲醇水　　　　D. 乙腈

49. 依据 GB/T 20762—2006《畜禽肉中林可霉素、竹桃霉素、红霉素、替米考星、泰乐菌素、克林霉素、螺旋霉素、吉它霉素、交沙霉素残留量的测定 液相色谱-串联质谱法》，定量方法为内标法定量，其内标为（　　　）。

A. 罗红霉素　　　　　　B. 泰乐菌素

C. 林可霉素　　　　　　D. 林可霉素-d_5

50. 农业部 1031 号公告-2-2008《动物源性食品中糖皮质激素类药物多残留检测 液相色谱-串联质谱法》不适用于下列哪种样品？（　　　）

A. 猪肉　　B. 鸡肉　　C. 鸡肝　　D. 鸡蛋

51. 依据农业部 1031 号公告-2-2008《动物源性食品中糖皮质激素类药物多残留检测 液相色谱-串联质谱法》，1.0mg/mL 的标准储备液储存的温度为（　　　）以下。

A. 4℃　　　　　　　　　B. 室温

C. −18℃　　　　　　　D. −20℃

52. 依据农业部 1031 号公告-2-2008《动物源性食品中糖皮质激素类药物多残留检测 液相色谱-串联质谱法》，净化分析步骤中使用的固相萃取柱是（　　　）。

A. 中性氧化铝柱

B. 混合型阴离子交换柱

C. 混合型阳离子交换柱

D. 硅胶柱

53. 依据农业部 1031 号公告-2-2008《动物源性食品中糖皮质激素类药物多残留检测

液相色谱-串联质谱法》，前处理过程中，组织样品用（　　　）水解。

A. 盐酸　　　　　　　　B. 氢氧化钠

C. 甲酸　　　　　　　　D. 磷酸

54. 依据农业部 1031 号公告-2-2008《动物源性食品中糖皮质激素类药物多残留检测 液相色谱-串联质谱法》，前处理用（　　　）提取样品。

A. 甲醇　　　　　　　　B. 乙腈

C. 乙酸乙酯　　　　　　D. 甲酸水

55. GB 31658.23—2022《食品安全国家标准 动物性食品中硝基咪唑类药物残留量的测定 液相色谱-串联质谱法》不适用于检测（　　　）样品中的甲硝唑。

A. 猪肉　　B. 牛肝　　C. 鸡肉　　D. 鸡蛋

56. 依据 GB 31650—2019《食品安全国家标准 食品中兽药最大残留限量》，猪肉中氟苯尼考最大残留限量值为（　　　）。

A. 50μg/kg　　　　　　B. 100μg/kg

C. 200μg/kg　　　　　D. 300μg/kg

57. 依据 GB 31650—2019《食品安全国家标准 食品中兽药最大残留限量》，猪肉中地塞米松最大残留限量值为（　　　）。

A. 0.5μg/kg　　　　　B. 1.0μg/kg

C. 5.0μg/kg　　　　　D. 10.0μg/kg

58. 依据 GB 31658.23—2022《食品安全国家标准 动物性食品中硝基咪唑类药物残留量的测定 液相色谱-串联质谱法》，前处理过程使用（　　　）进行净化。

A. 混合型强阳离子交换反相固相萃取柱

B. 混合型阴离子交换柱

C. C_{18} 柱

D. 亲水亲脂平衡型固相萃取柱

59. SN/T 2113—2008《进出口动物源性食品中镇静剂类药物残留的检测方法 液相色谱-质谱/质谱法》不适用于（　　　）样品中地西泮的检测。

A. 猪肉　　B. 猪肾　　C. 猪肝　　D. 牛肉

60. 依据 SN/T 2113—2008《进出口动物源性食品中镇静剂类药物残留量的检测方

法 液相色谱-质谱/质谱法》，前处理对样品提取后，用硫酸调节 pH 值为（ ），再进行净化。

A. 4.4～4.6　　　　　B. 4.8～5.0

C. 5.0～5.2　　　　　D. 5.2～5.4

61. 依据 GB 31658.12—2021《食品安全国家标准 动物性食品中环丙氨嗪残留量的测定 高效液相色谱法》，前处理过程使用（ ）进行净化。

A. 中性氧化铝柱

B. 混合型阴离子交换柱

C. 混合型阳离子交换柱

D. C_{18} 柱

62. 依据 GB 31658.12—2021《食品安全国家标准 动物性食品中环丙氨嗪残留量的测定 高效液相色谱法》，1mg/mL 环丙氨嗪标准储备液在 −18℃ 下保存，有效期为（ ）。

A. 1 个月　　　　　B. 3 个月

C. 6 个月　　　　　D. 12 个月

63. 依据 GB 31658.12—2021《食品安全国家标准 动物性食品中环丙氨嗪残留量的测定 高效液相色谱法》，标准建议使用（ ）色谱柱。

A. HILIC　　　　　B. C_{18}

C. C_{16}　　　　　D. C_8

64. 依据 SN/T 3235—2012《出口动物源食品中多类禁用药物残留量检测方法 液相色谱-质谱/质谱法》，检测雄鱼中的地西泮时，净化方式是（ ）。

A. QuEChERS 法　　B. 液液萃取

C. 固相萃取柱　　　　D. 不净化

65. 依据 SN/T 3235—2012《出口动物源食品中多类禁用药物残留量检测方法 液相色谱-质谱/质谱法》，检测雄鱼中的地西泮时，测定低限为（ ）。

A. 0.5μg/kg　　　　B. 1.0μg/kg

C. 2.0μg/kg　　　　D. 5.0μg/kg

66. 依据 SN/T 1751.2—2007《进出口动物源食品中喹诺酮类药物残留量检测方法

第 2 部分：液相色谱-质谱/质谱法》，标准建议使用（ ）色谱柱。

A. HILIC　　　　　B. C_{18}

C. C_{16}　　　　　D. C_8

67. 依据 SN/T 1751.2—2007《进出口动物源食品中喹诺酮类药物残留量检测方法 第 2 部分：液相色谱-质谱/质谱法》，检测草鱼中的恩诺沙星时，其测定低限为（ ）。

A. 1.0μg/kg　　　　B. 5.0μg/kg

C. 10.0μg/kg　　　　D. 20.0μg/kg

68. 依据 SN/T 1751.2—2007《进出口动物源食品中喹诺酮类药物残留量检测方法 第 2 部分：液相色谱-质谱/质谱法》，标准储备液用（ ）配制。

A. 含 1% 乙酸的乙腈溶液

B. 含 1% 甲酸的乙腈溶液

C. 含 1% 乙酸的甲醇溶液

D. 含 1% 甲酸的甲醇溶液

69. GB/T 20756—2006《可食动物肌肉、肝脏和水产品中氯霉素、甲砜霉素和氟苯尼考残留量的测定 液相色谱-串联质谱法》，不适用于（ ）样品中氯霉素的检测。

A. 草鱼　　　　　　B. 基围虾

C. 鳖　　　　　　　D. 猪肉

70. 依据 GB 31658.20—2022《食品安全国家标准 动物性食品中酰胺醇类药物及其代谢物残留量的测定 液相色谱-串联质谱法》，前处理提取液是（ ）。

A. 20% 甲醇水溶液

B. 20% 乙腈水溶液

C. 2% 氨化乙酸乙酯溶液

D. 10 mmol/L 甲酸铵溶液

71. GB 31658.20—2022《食品安全国家标准 动物性食品中酰胺醇类药物及其代谢物残留量的测定 液相色谱-串联质谱法》，不适用于（ ）样品中氯霉素的检测。

A. 草鱼　B. 猪肉　C. 鸡蛋　D. 牛奶

72.《食品安全国家标准 动物性食品中氯霉

素残留量的测定 液相色谱-串联质谱法》（GB 31658.2—2021），不适用于（　　）样品中氯霉素的检测。

A. 草鱼　　B. 猪肉　　C. 鸡肉　　D. 牛肉

73. 依据《食品安全国家标准 动物性食品中氯霉素残留量的测定 液相色谱-串联质谱法》（GB 31658.2—2021），氯霉素标准储备液用（　　）配制。

A. 甲醇　　　　　　　　B. 乙腈

C. 乙醇　　　　　　　　D. 二甲亚砜

74. 依据 GB 31650—2019《食品安全国家标准 食品中兽药最大残留限量》，标准规定了动物性食品中（　　）种（类）兽药的最大残留限量。

A. 100　　B. 104　　C. 108　　D. 110

75. 依据中华人民共和国农业农村部公告第 250 号《食品动物中禁止使用的药品及其他化合物清单》，下列选项中不属于其食品动物中禁止使用的药品及其他化合物清单的是（　　）。

A. 氯霉素　　　　　　　B. 孔雀石绿

C. 五氯酚酸钠　　　　　D. 四环素

二、多选题

76. 依据 GB/T 22338—2008《动物源性食品中氯霉素类药物残留量测定》，液相色谱-质谱/质谱法前处理过程中需要加入 β-葡萄糖醛酸苷酶酶解的样品有（　　）。

A. 水产品　　　　　　　B. 动物肝组织

C. 动物肾组织　　　　　D. 蜂蜜

77. SN/T 1865—2016《出口动物源食品中甲砜霉素、氟甲砜霉素和氟苯尼考胺残留量的测定 液相色谱-质谱/质谱法》适用于检测（　　）样品中氟苯尼考的残留量。

A. 鲫鱼　　B. 鸡肉　　C. 猪肝　　D. 虾

78. 依据 SN/T 1865—2016《出口动物源食品中甲砜霉素、氟甲砜霉素和氟苯尼考胺残留量的测定 液相色谱-质谱/质谱法》，下列选项中哪些样品前处理方式一样？（　　）

A. 鲫鱼　　B. 鸡肉　　C. 蜂蜜　　D. 牛奶

79.《水产品中孔雀石绿和结晶紫残留量的测定》（GB/T 19857—2005）有哪几种检测方法？（　　）

A. 液相色谱-串联质谱法

B. 液相色谱法

C. 气相色谱法

D. 气相色谱-质谱法

80. 依据 GB 23200.92—2016《食品安全国家标准 动物源性食品中五氯酚残留量的测定 液相色谱-质谱法》，采用多反应监测分析时，定性离子对包括（　　）。

A. 262.7＞262.7　　　　B. 264.7＞264.7

C. 266.7＞266.7　　　　D. 268.7＞268.7

81. 依据 GB/T 20366—2006《动物源产品中喹诺酮类残留量的测定 液相色谱-串联质谱法》，该方法适用于检测（　　）样品中的恩诺沙星残留量。

A. 猪肉　　B. 兔　　C. 鱼　　D. 虾

82. 依据 GB/T 20366—2006《动物源产品中喹诺酮类残留量的测定 液相色谱-串联质谱法》，可以检测的喹诺酮类物质包括（　　）。

A. 氧氟沙星　　　　　　B. 培氟沙星

C. 环丙沙星　　　　　　D. 洛美沙星

83. 依据 GB/T 22338—2008《动物源性食品中氯霉素类药物残留量测定》，采用外标法定量的药物有（　　）。

A. 氯霉素　　　　　　　B. 甲砜霉素

C. 氟苯尼考　　　　　　D. 氟苯尼考胺

84. 依据 GB/T 22338—2008《动物源性食品中氯霉素类药物残留量测定》，液相色谱-质谱/质谱法中，（　　）的测定低限为 $0.1\mu g/kg$。

A. 氯霉素　　　　　　　B. 甲砜霉素

C. 氟苯尼考　　　　　　D. 氟苯尼考胺

85. GB 31658.17—2021《食品安全国家标准 动物性食品中四环素类、磺胺类和喹诺酮类药物残留量的测定 液相色谱-串联质谱法》适用于检测（　　）样品中的多西环素残留量。

A. 羊肉　　B. 猪肝　　C. 牛肉　　D. 猪肾

86. SN/T 1777.2—2007《动物源性食品中大环内酯类抗生素残留测定方法 第 2 部分：高效液相色谱串联质谱法》适用于检测（　　）样品中的替米考星残留量。

A. 猪肉　　B. 鸡肉　　C. 蜂蜜　　D. 猪肝

87. 依据 GB 31658.17—2021《食品安全国家标准 动物性食品中四环素类、磺胺类和喹诺酮类药物残留量的测定 液相色谱-串联质谱法》，能检测猪肉中哪些四环素类药物残留？（　　）

A. 四环素　　　　　　B. 金霉素

C. 土霉素　　　　　　D. 多西环素

88. 依据 GB 31658.17—2021《食品安全国家标准 动物性食品中四环素类、磺胺类和喹诺酮类药物残留量的测定 液相色谱-串联质谱法》，能检测猪肉中哪些喹诺酮类药物残留？（　　）

A. 诺氟沙星　　　　　B. 环丙沙星

C. 培氟沙星　　　　　D. 氟甲喹

89. GB/T 21316—2007《动物源性食品中磺胺类药物残留量的测定 液相色谱-质谱/质谱法》适用于检测（　　）样品中甲氧苄啶残留量。

A. 草鱼　　B. 猪肉　　C. 羊肉　　D. 牛奶

90. 依据 GB/T 21316—2007《动物源性食品中磺胺类药物残留量的测定 液相色谱-质谱/质谱法》，（　　）中甲氧苄啶的定量限是 50μg/kg。

A. 鲫鱼　　B. 牛奶　　C. 鸡肉　　D. 猪肝

91. GB 29690—2013《食品安全国家标准 动物性食品中尼卡巴嗪残留标志物残留量的测定 液相色谱-串联质谱法》适用于（　　）样品中尼卡巴嗪残留量的检测。

A. 鸡肉　　B. 鸡肝　　C. 鸡肾　　D. 鸡蛋

92. GB/T 21311—2007《动物源性食品中硝基呋喃类药物代谢物残留量检测方法 高效液相色谱/串联质谱法》适用于（　　）样品中硝基呋喃残留量的检测。

A. 鸡蛋　　B. 草鱼　　C. 蜂蜜　　D. 牛奶

93. GB 31656.13—2021《食品安全国家标准 水产品中硝基呋喃类代谢物多残留的测定 液相色谱-串联质谱法》适用于（　　）样品中硝基呋喃残留量的检测。

A. 草鱼　　　　　　　B. 海参

C. 基围虾　　　　　　D. 螃蟹

94. 依据 GB/T 20762—2006《畜禽肉中林可霉素、竹桃霉素、红霉素、替米考星、泰乐菌素、克林霉素、螺旋霉素、吉它霉素、交沙霉素残留量的测定 液相色谱-串联质谱法》，下列选项中属于大环内酯类抗生素的是（　　）。

A. 红霉素　　　　　　B. 泰乐菌素

C. 林可霉素　　　　　D. 替米考星

95. 农业部 1031 号公告-2-2008《动物源性食品中糖皮质激素类药物多残留检测 液相色谱-串联质谱法》适用于哪些样品？（　　）

A. 猪肉　　B. 牛奶　　C. 鸡肝　　D. 鸡蛋

96. 依据农业部 1031 号公告-2-2008《动物源性食品中糖皮质激素类药物多残留检测 液相色谱-串联质谱法》，在牛奶中定量限为 0.2μg/mL 的药物是（　　）。

A. 泼尼松　　　　　　B. 泼尼松龙

C. 地塞米松　　　　　D. 倍氯米松

97. 依据农业部 1031 号公告-2-2008《动物源性食品中糖皮质激素类药物多残留检测 液相色谱-串联质谱法》，地塞米松在（　　）样品中的定量限为 0.5μg/kg。

A. 猪肉　　B. 牛奶　　C. 鸡肝　　D. 鸡蛋

98. 依据农业部 1031 号公告-2-2008《动物源性食品中糖皮质激素类药物多残留检测 液相色谱-串联质谱法》，氢化可的松在（　　）样品中的定量限为 2μg/kg。

A. 猪肉　　B. 牛奶　　C. 鸡肝　　D. 鸡蛋

99. 依据农业部 1031 号公告-2-2008《动物源性食品中糖皮质激素类药物多残留检测 液相色谱-串联质谱法》，前处理过程中，（　　）需要用碱水解。

A. 鸡肉　　B. 鸡蛋　　C. 牛奶　　D. 猪肝

100. 依据农业部 1031 号公告-2-2008《动物源性食品中糖皮质激素类药物多残留检测 液相色谱-串联质谱法》，（　　）样品应在一20℃以下储存备用。

A. 猪肝　　B. 鸡肉　　C. 牛肉　　D. 鸡蛋

101. 依据 GB 31658.23—2022《食品安全国家标准 动物性食品中硝基咪唑类药物残留量的测定 液相色谱-串联质谱法》，适用于检测（　　）样品中的甲硝唑残留量。

A. 猪肾　　B. 牛肝　　C. 鸡肉　　D. 鸡蛋

102. 依据 GB 31650—2019《食品安全国家标准 食品中兽药最大残留限量》，恩诺沙星判定时应包含（　　）。

A. 恩诺沙星　　　　　B. 环丙沙星

C. 沙拉沙星　　　　　D. 达氟沙星

103. 依据 GB 31650—2019《食品安全国家标准 食品中兽药最大残留限量》，氟苯尼考判定时应包含（　　）。

A. 氯霉素　　　　　　B. 氟苯尼考

C. 氟苯尼考胺　　　　D. 甲砜霉素

104. SN/T 1751.2—2007《进出口动物源食品中喹诺酮类药物残留量检测方法 第 2 部分：液相色谱-质谱/质谱法》适用于检测（　　）样品中的恩诺沙星残留量。

A. 猪肉　　B. 牛奶　　C. 草鱼　　D. 猪肝

105. SN/T 2113—2008《进出口动物源性食品中镇静剂类药物残留量的检测方法 液相色谱-质谱/质谱法》适用于（　　）样品中镇静剂残留量的检测。

A. 猪肉　　B. 猪肾　　C. 猪肝　　D. 牛肉

106. GB/T 20756—2006《可食动物肌肉、肝脏和水产品中氯霉素、甲砜霉素和氟苯尼考残留量的测定 液相色谱-串联质谱法》适用于（　　）样品中氯霉素残留量的检测。

A. 黄鸭叫　　　　　　B. 基围虾

C. 牛蛙　　　　　　　D. 猪肉

107. 依据 GB 31658.20—2022《食品安全国家标准 动物性食品中酰胺醇类药物及其代谢物残留量的测定 液相色谱-串联质谱法》适用于（　　）样品中氯霉素残留量的检测。

A. 牛肉　　B. 牛肝　　C. 鸡蛋　　D. 牛奶

108. 《食品安全国家标准 动物性食品中氯霉素残留量的测定 液相色谱-串联质谱法》（GB 31658.2—2021）适用于（　　）样品中氯霉素残留量的检测。

A. 草鱼　　B. 猪肉　　C. 羊肉　　D. 牛肉

109. 依据 GB 31658.20—2022《食品安全国家标准 动物性食品中酰胺醇类药物及其代谢物残留量的测定 液相色谱-串联质谱法》，哪些项目采用负离子扫描？（　　）

A. 氯霉素　　　　　　B. 氟苯尼考

C. 氟苯尼考胺　　　　D. 甲砜霉素

110. 依据 GB 31650—2019《食品安全国家标准 食品中兽药最大残留限量》，猪肉中可以检出的是（　　）。

A. 多西环素

B. 氟苯尼考

C. 五氯酚酸钠（以五氯酚计）

D. 恩诺沙星

111. 鸡肉中最大残留限量可以参照 GB 31650—2019《食品安全国家标准 食品中兽药最大残留限量》的是（　　）。

A. 氟苯尼考　　　　　B. 甲氧苄啶

C. 多西环素　　　　　D. 诺氟沙星

112. 鸡肉中最大残留限量可以参照 GB 31650.1—2022《食品安全国家标准 食品中 41 种兽药最大残留限量》的是（　　）。

A. 诺氟沙星　　　　　B. 培氟沙星

C. 氧氟沙星　　　　　D. 恩诺沙星

113. 依据 GB 23200.115—2018《食品安全国家标准 鸡蛋中氟虫腈及其代谢物残留量的测定 液相色谱-质谱联用法》，提取过程需要（　　）试剂。

A. 乙腈　　　　　　　B. 氯化钠

C. 无水硫酸镁　　　　D. 无水硫酸钠

114. 依据农业部 1077 号公告-1-2008《水产品中 17 种磺胺类及 15 种喹诺酮类药物残留量的测定 液相色谱-串联质谱法》，以氘代诺氟沙星为内标的是（　　）。

A. 氧氟沙星　　　　　B. 培氟沙星

C. 依诺沙星　　　　　D. 诺氟沙星

115. 依据农业部 1077 号公告-1-2008《水产品中 17 种磺胺类及 15 种喹诺酮类药物残留量的测定　液相色谱-串联质谱法》，以氘代恩诺沙星为内标的是（　　）。

A. 恩诺沙星　　　　　B. 沙拉沙星

C. 司帕沙星　　　　　D. 氟甲喹

116. 依据农业部 1077 号公告-1-2008《水产品中 17 种磺胺类及 15 种喹诺酮类药物残留量的测定　液相色谱-串联质谱法》，以氘代磺胺邻二甲氧嘧啶为内标的是（　　）。

A. 磺胺间甲氧嘧啶　　B. 磺胺甲氧哒嗪

C. 磺胺甲噁唑　　　　D. 磺胺甲噻二唑

117. 依据 GB/T 20366—2006《动物源产品中喹诺酮类残留量的测定　液相色谱-串联质谱法》，检出低限为 0.5μg/kg 的是（　　）。

A. 恩诺沙星　　　　　B. 丹诺沙星

C. 环丙沙星　　　　　D. 沙拉沙星

118. GB/T 21317—2007《动物源性食品中四环素类兽药残留量检测方法　液相色谱-质谱/质谱法与高效液相色谱法》适用于检测（　　）样品中的四环素残留量。

A. 猪肉　　B. 猪肝　　C. 牛奶　　D. 草鱼

119. 依据 GB/T 21317—2007《动物源性食品中四环素类兽药残留量检测方法　液相色谱-质谱/质谱法与高效液相色谱法》，使用 HLB 固相萃取柱净化时，净化之前需要用（　　）活化固相萃取柱。

A. 甲醇　　　　　　　B. 水

C. 乙腈　　　　　　　D. 乙酸乙酯

120. 依据 GB/T 21317—2007《动物源性食品中四环素类兽药残留量检测方法　液相色谱-质谱/质谱法与高效液相色谱法》，液相色谱-质谱/质谱法的色谱条件中，流动相为（　　）。

A. 甲醇

B. 乙腈

C. 三氟乙酸（10mmol/L）

D. 乙酸铵（10mmol/L）

121. 依据《牛、猪的肝脏和肌肉中卡巴氧和喹乙醇及代谢物残留量的测定　液相色谱-串联质谱法》（GB/T 20746—2006），检测（　　）时前处理方法一样。

A. 卡巴氧

B. 脱氧卡巴氧

C. 喹噁啉-2-羧酸

D. 3-甲基喹啉-2-羧酸

122. 依据《牛、猪的肝脏和肌肉中卡巴氧和喹乙醇及代谢物残留量的测定　液相色谱-串联质谱法》（GB/T 20746—2006），使用阴离子交换柱净化时，净化之前需要用（　　）活化固相萃取柱。

A. 甲醇　　　　　　　B. 水

C. 乙腈　　　　　　　D. 乙酸乙酯

123. 依据《牛、猪的肝脏和肌肉中卡巴氧和喹乙醇及代谢物残留量的测定　液相色谱-串联质谱法》（GB/T 20746—2006），检测（　　）时需要过 MAX 固相萃取柱净化。

A. 卡巴氧　　　　　B. 脱氧卡巴氧

C. 喹噁啉-2-羧酸　　D. 3-甲基喹啉-2-羧酸

124. 依据《水产品中孔雀石绿和结晶紫残留量的测定》（GB/T19857—2005），使用阳离子交换柱净化时，净化之前需要用（　　）活化固相萃取柱。

A. 乙腈　　　　　　　B. 2% 甲酸水

C. 水　　　　　　　　D. 甲醇

125. GB/T 21981—2008《动物源食品中激素多残留检测方法　液相色谱-质谱/质谱法》适用于检测（　　）样品中的激素残留量。

A. 猪肉　　　　　　　B. 牛肉

C. 牛肝　　　　　　　D. 牛奶

126. 依据 GB/T 21981—2008《动物源食品中激素多残留检测方法　液相色谱-质谱/质谱法》，检测猪肉样品中的激素时，可以用（　　）酶解样品。

A. β-葡萄糖醛酸酶　　　B. 芳香基硫酸酯酶溶液

C. 丝氨酸蛋白酶　　　　D. 巯基蛋白酶

127. 依据 GB/T 21981—2008《动物源食品中激素多残留检测方法 液相色谱-质谱/质谱法》，检测猪肉样品中的激素时，净化过程需要使用的固相萃取柱是（　　）。

A. ENVI-Carb 固相萃取柱

B. 氨基固相萃取柱

C. MCX 固相萃取柱

D. MAX 固相萃取柱

128. 依据 GB/T 21981—2008《动物源食品中激素多残留检测方法 液相色谱-质谱/质谱法》，使用正离子模式扫描的激素类型有（　　）。

A. 雄激素　　　　　　　B. 孕激素

C. 皮质醇激素　　　　　D. 雌激素

129. 依据 GB/T 21981—2008《动物源食品中激素多残留检测方法 液相色谱-质谱/质谱法》，以氢化可的松-d_3 作为同位素内标的激素是（　　）。

A. 可的松　　　　　　　B. 泼尼松

C. 倍氯米松　　　　　　D. 曲安奈德

130. 依据 SN/T 1751.2—2007《进出口动物源食品中喹诺酮类药物残留量检测方法 第2部分：液相色谱-质谱/质谱法》，检测猪肉样品中的恩诺沙星时，前处理需要用到的试剂有（　　）。

A. 酸性乙腈　　　　　　B. 正己烷

C. 异丙醇　　　　　　　D. 乙酸铵

131. SN/T 3235—2012《出口动物源食品中多类禁用药物残留量检测方法 液相色谱-质谱/质谱法》适用于检测（　　）样品中的克伦特罗残留量。

A. 猪肉　　B. 鸡蛋　　C. 草鱼　　D. 牛奶

132. 依据 SN/T 3235—2012《出口动物源食品中多类禁用药物残留量检测方法 液相色谱-质谱/质谱法》，需要保存在 −18℃ 以下的样品有（　　）。

A. 猪肉　　B. 猪肝　　C. 草鱼　　D. 牛奶

133. 依据 SN/T 3235—2012《出口动物源食品中多类禁用药物残留量检测方法 液相色谱-质谱/质谱法》，QuEChERS 吸附剂 1 和 QuEChERS 吸附剂 2 都含有的试剂是（　　）。

A. PSA　　　　　　　　B. C_{18}

C. GCB　　　　　　　　D. 无水硫酸镁

134. 依据 SN/T 3235—2012《出口动物源食品中多类禁用药物残留量检测方法 液相色谱-质谱/质谱法》，QuEChERS 吸附剂 1 适用于（　　）样品。

A. 猪肝　　B. 猪肉　　C. 牛奶　　D. 草鱼

135. 依据 SN/T 3235—2012《出口动物源食品中多类禁用药物残留量检测方法 液相色谱-质谱/质谱法》，QuEChERS 吸附剂 2 适用于（　　）样品。

A. 猪肝　　B. 猪肉　　C. 牛奶　　D. 草鱼

136. 依据 SN/T 3235—2012《出口动物源食品中多类禁用药物残留量检测方法 液相色谱-质谱/质谱法》，对标准物质纯度的要求是（　　）。

A. 内标纯度≥99%　　　B. 外标纯度≥99%

C. 内标纯度≥95%　　　D. 外标纯度≥95%

137. 依据 GB 31658.12—2021《食品安全国家标准 动物性食品中环丙氨嗪残留量的测定 高效液相色谱法》，下列选项中色谱参考条件正确的是（　　）。

A. 波长 214nm　　　　B. 波长 224nm

C. 进样量 $10\mu L$　　　D. 进样量 $20\mu L$

138. 下列标准中净化过程需要使用混合型阳离子交换柱的有（　　）。

A. GB 31658.22—2022《食品安全国家标准 动物性食品中 β-受体激动剂残留量的测定 液相色谱-串联质谱法》

B. GB 31658.12—2021《食品安全国家标准 动物性食品中环丙氨嗪残留量的测定 高效液相色谱法》

C. GB 31658.2—2021《食品安全国家标准 动物性食品中氯霉素残留量的测定 液相色

谱-串联质谱法》

D. GB 31658.20—2022《食品安全国家标准 动物性食品中酰胺醇类药物及其代谢物残留量的测定 液相色谱-串联质谱法》

139. 依据 GB/T 21317—2007《动物源性食品中四环素类兽药残留量检测方法 液相色谱-质谱/质谱法与高效液相色谱法》，液相色谱-质谱/质谱法比高效液相色谱法多检测的 3 种四环素类药物是（　　）。

A. 差向土霉素　　　　B. 差向四环素

C. 去甲基金霉素　　　D. 差向金霉素

140. 依据 GB 31658.20—2022《食品安全国家标准 动物性食品中酰胺醇类药物及其代谢物残留量的测定 液相色谱-串联质谱法》，下列选项中配制的标准曲线中内标浓度的描述正确的是（　　）。

A. 氟苯尼考-D_3：1ng/mL

B. 氟苯尼考-D_3：5ng/mL

C. 氯霉素-D_5：1ng/mL

D. 氯霉素-D_5：5ng/mL

141. 依据 GB 31658.20—2022《食品安全国家标准 动物性食品中酰胺醇类药物及其代谢物残留量的测定 液相色谱-串联质谱法》，定量限为 1μg/kg 的酰胺醇类药物有（　　）。

A. 氯霉素　　　　　　B. 氟苯尼考

C. 氟苯尼考胺　　　　D. 甲砜霉素

142. 依据 GB 31656.13—2021《食品安全国家标准 水产品中硝基呋喃类代谢物多残留的测定 液相色谱-串联质谱法》，前处理过程需要用到的溶液有（　　）。

A. 盐酸　　　　　　　B. 2-硝基苯甲醛

C. 磷酸氢二钾　　　　D. 乙酸乙酯

143. 依据 GB 31656.13—2021《食品安全国家标准 水产品中硝基呋喃类代谢物多残留的测定 液相色谱-串联质谱法》，选用氘代同位素内标的是（　　）。

A. SEM　　　　　　　B. AOZ

C. AMOZ　　　　　　D. AHD

144.《食品安全国家标准 动物性食品中 β-受体激动剂残留量的测定 液相色谱-串联质谱法》（GB 31658.22—2022）适用于检测（　　）样品中克伦特罗的残留量。

A. 猪肉　　　B. 鸡肉　　　C. 牛肉　　　D. 猪肝

145. 依据《食品安全国家标准 动物性食品中 β-受体激动剂残留量的测定 液相色谱-串联质谱法》（GB 31658.22—2022），下列选项中前处理过程的描述正确的是（　　）。

A. 用高氯酸调 pH 值至 1.0±0.2

B. 用 NaOH 溶液调 pH 值至 10±0.5

C. 混合型阴离子固相萃取柱净化

D. 用乙酸乙酯进行萃取

146. 依据《食品安全国家标准 动物性食品中 β-受体激动剂残留量的测定 液相色谱-串联质谱法》（GB 31658.22—2022），下列选项中关于色谱和质谱参考条件描述正确的是（　　）。

A. 色谱柱为五氟苯基柱

B. 扫描方式为正离子扫描

C. 扫描方式为负离子扫描

D. 色谱柱为 C_{18} 柱

147. 依据 GB 31658.23—2022《食品安全国家标准 动物性食品中硝基咪唑类药物残留量的测定 液相色谱-串联质谱法》，混合型强阳离子交换反相柱活化需要使用的溶液是（　　）。

A. 甲醇　　　　　　　B. 0.1mol/L 盐酸

C. 乙腈　　　　　　　D. 0.1mol/L 甲酸

148. 依据 GB 31658.23—2022《食品安全国家标准 动物性食品中硝基咪唑类药物残留量的测定 液相色谱-串联质谱法》，下列选项中关于标准曲线的制备和定量方法表述正确的是（　　）。

A. 基质配标　　　　　B. 溶剂配标

C. 内标法　　　　　　D. 外标法

149. 依据 GB 31658.23—2022《食品安全国家标准 动物性食品中硝基咪唑类药物残留量的测定 液相色谱-串联质谱法》，净化过程使用混合型强阳离子交换反相柱，淋洗过程需要使用的溶液是（　　）。

A. 0.1mol/L 盐酸　　　B. 甲醇

C. 乙腈　　　　　　　D. 2%氨水

150.《食品安全国家标准 动物性食品中氟苯尼考及氟苯尼考胺残留量的测定 液相色谱-串联质谱法》（GB 31658.5—2021）适用于检测（　　）样品中的氟苯尼考残留量。

A. 鸡肉　　B. 猪肉　　C. 草鱼　　D. 鸭肉

151. 依据标准《食品安全国家标准 动物性食品中氟苯尼考及氟苯尼考胺残留量的测定 液相色谱-串联质谱法》（GB 31658.5—2021），下列选项中关于前处理过程描述正确的是（　　）。

A. 碱化乙酸乙酯提取

B. 正己烷除油

C. MAX 固相萃取柱净化

D. 45℃氮气吹干

152. 依据标准《食品安全国家标准 动物性食品中氟苯尼考及氟苯尼考胺残留量的测定 液相色谱-串联质谱法》（GB 31658.5—2021），下列选项中关于扫描模式和定量方法描述正确的是（　　）。

A. 正离子模式扫描　　B. 负离子模式扫描

C. 内标法定量　　　　D. 外标法定量

153. SN/T 1924—2011《进出口动物源食品中克伦特罗、莱克多巴胺、沙丁胺醇和特布他林残留量的测定 液相色谱-质谱/质谱法》适用于检测（　　）样品中的克伦特罗残留量。

A. 猪肉　　B. 猪肝　　C. 牛奶　　D. 蜂蜜

154. 依据 GB 31650—2019《食品安全国家标准 食品中兽药最大残留限量》，允许作治疗用，但不得在动物性食品中检出的兽药有（　　）。

A. 甲硝唑　　　　　　B. 氯丙嗪

C. 氯霉素　　　　　　D. 地美硝唑

155. 依据 GB 31650—2019《食品安全国家标准 食品中兽药最大残留限量》，副产品包括（　　）。

A. 猪肉　　　　　　　B. 猪肝

C. 猪肾　　　　　　　D. 猪板油

三、判断题

156. 依据 GB/T 22338—2008《动物源性食品中氯霉素类药物残留量测定》，气相色谱—质谱法需要用基质配制标准工作溶液。（　　）

157. 依据 GB/T 22338—2008《动物源性食品中氯霉素类药物残留量测定》，气相色谱—质谱法和液相色谱-质谱/质谱法均采用内标法定量。（　　）

158. 依据 GB/T 22338—2008《动物源性食品中氯霉素类药物残留量测定》，气相色谱-质谱法的进样方式为不分流进样。（　　）

159. 依据 GB/T 22338—2008《动物源性食品中氯霉素类药物残留量测定》，气相色谱-质谱法和液相色谱-质谱/质谱法使用的内标相同。（　　）

160. 依据 GB/T 22338—2008《动物源性食品中氯霉素类药物残留量测定》，液相色谱-质谱/质谱法中，氯霉素、甲砜霉素、氟苯尼考均采用内标法定量。（　　）

161. 依据 GB/T 22338—2008《动物源性食品中氯霉素类药物残留量测定》，液相色谱-质谱/质谱法中，氯霉素、甲砜霉素、氟苯尼考 的测定低限均为 0.1μg/kg。（　　）

162. 依据 GB/T 18932.19—2003《蜂蜜中氯霉素残留量的测定方法 液相色谱-串联质谱法》，检测蜂蜜中的氯霉素使用的是内标法。（　　）

163.《食品安全国家标准 动物性食品中尼卡巴嗪残留标志物残留量的测定 液相色谱-串联质谱法》（GB 29690—2013）仅适用于鸡的肌肉组织和鸡蛋中尼卡巴嗪残留标志物 4,4-二硝基均二苯脲残留量的检测。（　　）

164. 依据《食品安全国家标准 动物性食品中尼卡巴嗪残留标志物残留量的测定 液相

色谱-串联质谱法》（GB 29690—2013），1mg/mL 的 4,4-二硝基均二苯脲标准贮备液在 2~8℃保存，有效期 3 个月。（　　）

165. 依据《水产品中孔雀石绿和结晶紫残留量的测定》（GB/T 19857—2005），液相色谱-串联质谱法和高效液相色谱法均采用内标法定量。（　　）

166. 依据《水产品中孔雀石绿和结晶紫残留量的测定》（GB/T 19857—2005），标准储备溶液需要避光保存。（　　）

167. 依据《食品安全国家标准 动物性食品中酰胺醇类药物及其代谢物残留量的测定 液相色谱-串联质谱法》（GB 31658.20—2022），对氯霉素、甲砜霉素、氟苯尼考、氟苯尼考胺进行定量时，均使用负离子模式进行检测。（　　）

168. 测定蜂蜜中的氯霉素时，可依据标准《食品安全国家标准 动物性食品中酰胺醇类药物及其代谢物残留量的测定 液相色谱-串联质谱法》（GB 31658.20—2022）进行检测。（　　）

169. 测定草鱼中的氯霉素时，可依据标准《食品安全国家标准 动物性食品中酰胺醇类药物及其代谢物残留量的测定 液相色谱-串联质谱法》（GB 31658.20—2022）进行检测。（　　）

170. 测定草鱼中的氯霉素时，可依据标准《食品安全国家标准 动物性食品中氯霉素残留量的测定 液相色谱-串联质谱法》（GB 31658.2—2021）进行检测。（　　）

171. 测定牛蛙中的氯霉素时，可依据标准 GB/T 22338—2008《动物源性食品中氯霉素类药物残留量测定》进行检测。（　　）

172. 测定麻鸭中的氟苯尼考和氟苯尼考胺时，可依据标准《食品安全国家标准 动物性食品中氟苯尼考及氟苯尼考胺残留量的测定 液相色谱-串联质谱法》（GB 31658.5—2021）进行检测。（　　）

173. 测定麻鸭中的氟苯尼考时，可依据标准《可食动物肌肉、肝脏和水产品中氯霉

素、甲砜霉素和氟苯尼考残留量的测定 液相色谱-串联质谱法》（GB/T 20756—2006）进行检测。（　　）

174.《食品安全国家标准 水产品中硝基呋喃类代谢物多残留的测定 液相色谱-串联质谱法》（GB 31656.13—2021）适用于检测牛蛙中的呋喃西林代谢物。（　　）

175. 测定猪肉中的喹乙醇，可依据标准《牛、猪的肝脏和肌肉中卡巴氧和喹乙醇及代谢物残留量的测定 液相色谱-串联质谱法》（GB/T 20746—2006）进行检测，采用外标法定量。（　　）

176. 依据 GB/T 20366—2006《动物源产品中喹诺酮类残留量的测定 液相色谱-串联质谱法》，其扫描模式为正离子扫描。（　　）

177. GB 31658.17—2021《食品安全国家标准 动物性食品中四环素类、磺胺类和喹诺酮类药物残留量的测定 液相色谱-串联质谱法》采用外标法进行定量。（　　）

178. 依据 GB 31658.17—2021《食品安全国家标准 动物性食品中四环素类、磺胺类和喹诺酮类药物残留量的测定 液相色谱-串联质谱法》，其扫描模式为负离子扫描。（　　）

179. 依据 GB 31650—2019《食品安全国家标准 食品中兽药最大残留限量》，牛肝和猪肝中恩诺沙星的最大残留量分别为 $300\mu g/kg$ 和 $200\mu g/kg$。（　　）

180. 依据 GB/T 21316—2007《动物源性食品中磺胺类药物残留量的测定 液相色谱-质谱/质谱法》，鸡肉和草鱼可以采用同样的前处理方法。（　　）

181. 地塞米松在猪肝中的最大残留量大于猪肉中的最大残留量。（　　）

182. 依据 GB/T 21316—2007《动物源性食品中磺胺类药物残留量的测定 液相色谱-质谱/质谱法》，草鱼和猪肉中甲氧苄啶的定量限均为 $10\mu g/kg$。（　　）

183. 依据 GB/T 21316—2007《动物源性

食品中磺胺类药物残留量的测定　液相色谱-质谱/质谱法》，其扫描模式为负离子扫描。（　　）

184. 依据 GB/T 21316—2007《动物源性食品中磺胺类药物残留量的测定　液相色谱-质谱/质谱法》，前处理提取液需要装入棕色分液漏斗中。（　　）

185. 依据 GB/T 21316—2007《动物源性食品中磺胺类药物残留量的测定　液相色谱-质谱/质谱法》，前处理过程需要使用 C_{18} 柱进行净化。（　　）

186. 依据 GB/T 21316—2007《动物源性食品中磺胺类药物残留量的测定　液相色谱-质谱/质谱法》，前处理过程需要使用家用微波炉中在光波模式下微波辐照 30s。（　　）

187. 依据 GB/T 21316—2007《动物源性食品中磺胺类药物残留量的测定　液相色谱-质谱/质谱法》，所有样品均需要放在 $-20℃$ 下进行保存。（　　）

188. 依据 SN/T 1865—2016《出口动物源食品中甲砜霉素、氟甲砜霉素和氟苯尼考胺残留量的测定　液相色谱-质谱/质谱法》，其扫描模式为负离子扫描。（　　）

189. 依据 GB 31656.13—2021《食品安全国家标准　水产品中硝基呋喃类代谢物多残留的测定　液相色谱-串联质谱法》，衍生试剂邻硝基苯甲醛需要现用现配。（　　）

190. 依据 GB 31656.13—2021《食品安全国家标准　水产品中硝基呋喃类代谢物多残留的测定　液相色谱-串联质谱法》标准曲线的制备也需要进行衍生化处理。（　　）

191. 依据 GB/T 18932.24—2005《蜂蜜中呋喃它酮、呋喃西林、呋喃妥因和呋喃唑酮代谢物残留量的测定方法液相色谱-串联质谱法》，检测采用正离子扫描、内标法定量。（　　）

192. 依据 GB/T 18932.24—2005《蜂蜜中呋喃它酮、呋喃西林、呋喃妥因和呋喃唑酮代谢物残留量的测定方法　液相色谱-串

联质谱法》，水解衍生化后需要过 HLB 固相萃取柱净化。（　　）

193. 依据 GB 31656.13—2021《食品安全国家标准　水产品中硝基呋喃类代谢物多残留的测定　液相色谱-串联质谱法》，水解衍生化后需要过 HLB 固相萃取柱净化。（　　）

194. 依据 GB 31650—2019《食品安全国家标准　食品中兽药最大残留限量》，替米考星在猪肉和牛肉中的最大残留限量均为 $100\mu g/kg$。（　　）

195. 依据 GB 31650—2019《食品安全国家标准　食品中兽药最大残留限量》，甲砜霉素在鸡肉和鱼肉中的最大残留量均为 $50\mu g/kg$。（　　）

196. 依据农业部 1031 号公告-2-2008《动物源性食品中糖皮质激素类药物多残留检测　液相色谱-串联质谱法》，牛奶和鸡蛋需要用碱水解之后用乙酸乙酯提取。（　　）

197. 依据农业部 1031 号公告-2-2008《动物源性食品中糖皮质激素类药物多残留检测　液相色谱-串联质谱法》，牛奶和鸡蛋的前处理方法一样。（　　）

198. 依据农业部 1031 号公告-2-2008《动物源性食品中糖皮质激素类药物多残留检测　液相色谱-串联质谱法》，鸡肉组织和鸡蛋的前处理方法一样。（　　）

199. 依据 SN/T 3235—2012《出口动物源食品中多类禁用药物残留量检测方法　液相色谱-质谱/质谱法》，地西泮属于镇静剂类药物残留。（　　）

200. 依据 SN/T 2113—2008《进出口动物源性食品中镇静剂类药物残留量的检测方法　液相色谱-质谱/质谱法》，标准溶液需要避光保存。（　　）

201. 依据 SN/T 2113—2008《进出口动物源性食品中镇静剂类药物残留量的检测方法　液相色谱-质谱/质谱法》，肉类和肾脏中氯丙嗪和地西泮的测定低限均为 $1.0\mu g/kg$。（　　）

202. 依据 SN/T 2113—2008《进出口动物源性食品中镇静剂类药物残留量的检测方法 液相色谱-质谱/质谱法》，地西泮和氯丙嗪的内标都为 D_6-氯丙嗪。（　　）

203. 依据 GB 31650—2019《食品安全国家标准 食品中兽药最大残留限量》，猪肉和牛肉中氟苯尼考的最大限量均为 $200\mu g/kg$。（　　）

204. 依据 SN/T 1751.2—2007《进出口动物源食品中喹诺酮类药物残留量检测方法 第2部分：液相色谱-质谱/质谱法》，样品用 15mL 1％乙酸的乙腈溶液提取，正己烷去油净化。（　　）

205. 依据 SN/T 1751.2—2007《进出口动物源食品中喹诺酮类药物残留量检测方法 第2部分：液相色谱-质谱/质谱法》，标准曲线需要用空白基质溶液配制。（　　）

206. 依据 SN/T 1751.2—2007《进出口动

物源食品中喹诺酮类药物残留量检测方法 第2部分：液相色谱-质谱/质谱法》，标准储备液需在 -18℃避光保存。（　　）

207. 依据 GB/T 20366—2006《动物源产品中喹诺酮类残留量的测定 液相色谱-串联质谱法》，恩诺沙星和丹诺沙星检出低限均为 $0.5\mu g/kg$，定量限均为 $1.0\mu g/kg$。（　　）

208. 依据 GB/T 21317—2007《动物源性食品中四环素类兽药残留量检测方法 液相色谱-质谱/质谱法与高效液相色谱法》检测猪肉中的四环素，液相色谱-质谱/质谱法和高效液相色谱法的测定低限均为 $50\mu g/kg$。（　　）

209. 依据 GB 31650—2019《食品安全国家标准 食品中兽药最大残留限量》，可食下水是指除肌肉和脂肪以外的可食部分。（　　）

第二节　综合能力提升

一、单选题

210. 使用液相色谱-串联质谱法测定氟苯尼考时，需要采用外标法进行定量检测的标准是（　　）。

A.《可食动物肌肉、肝脏和水产品中氯霉素、甲砜霉素和氟苯尼考残留量的测定 液相色谱-串联质谱法》（GB/T 20756—2006）

B.《出口动物源食品中甲砜霉素、氟甲砜霉素和氟苯尼考胺残留量的测定 液相色谱-质谱/质谱法》（SN/T 1865—2016）

C.《食品安全国家标准 动物性食品中酰胺醇类药物及其代谢物残留量的测定 液相色谱-串联质谱法》（GB 31658.20—2022）

D.《食品安全国家标准 动物性食品中氟苯尼考及氟苯尼考胺残留量的测定 液相色谱-串联质谱法》（GB 31658.5—2021）

211. 使用液相色谱-串联质谱法进行检测时，需要采用内标法进行定量检测的标准有（　　）。

A. 依据 GB 31658.17—2021《食品安全国家标准 动物性食品中四环素类、磺胺类和喹诺酮类药物的测定 液相色谱-串联质谱法》

B. GB 31658.20—2022《食品安全国家标准 动物性食品中酰胺醇类药物及其代谢物残留量的测定 液相色谱-串联质谱法》

C.《蜂蜜中氯霉素残留量的测定方法 液相色谱-串联质谱法》（GB/T18932.19—2003）

D. GB 23200.92—2016《食品安全国家标准 动物源性食品中五氯酚残留量的测定 液相色谱-质谱法》

212. 使用以下标准中的方法进行实验，在前处理过程中需要使用 0.1mol/L 高氯酸溶液的是（　　）。

A.《动物源性食品中氯霉素类药物残留量测定》（GB/T 22338—2008）

B.《水产品中孔雀石绿和结晶紫残留量的测定》（GB/T 19857—2005）

C.《动物源性食品中硝基呋喃类药物代谢物残留量检测方法 高效液相色谱/串联质谱法》（GB/T 21311—2007）

D.《食品安全国家标准 动物性食品中β-受体激动剂残留量的测定 液相色谱-串联质谱法》（GB 31658.22—2022）

213. 以下检测硝基呋喃的标准中，标准曲线配制时内标浓度为 1ng/mL 的是（　　）。

A. GB/T 21311—2007《动物源性食品中硝基呋喃类药物代谢物残留量检测方法 高效液相色谱/串联质谱法》

B. GB 31656.13—2021《食品安全国家标准 水产品中硝基呋喃类代谢物多残留的测定 液相色谱-串联质谱法》

C. 农业部 783 号公告-1-2006《水产品中硝基呋喃类代谢物残留量的测定 液相色谱-串联质谱法》

D. 农业部 781 号公告-4-2006《动物源食品中硝基呋喃类代谢物残留量的测定 高效液相色谱-串联质谱法》

214. 以下检测硝基呋喃的标准中，4 种硝基呋喃代谢物内标浓度均为 10ng/mL 的标准是（　　）。

A. GB/T 21311—2007《动物源性食品中硝基呋喃类药物代谢物残留量检测方法 高效液相色谱/串联质谱法》

B. GB 31656.13—2021《食品安全国家标准 水产品中硝基呋喃类代谢物多残留的测定 液相色谱-串联质谱法》

C. 农业部 783 号公告-1-2006《水产品中硝基呋喃类代谢物残留量的测定 液相色谱-串联质谱法》

D. 农业部 781 号公告-4-2006《动物源食品

中硝基呋喃类代谢物残留量的测定 高效液相色谱-串联质谱法》

215. 以下检测硝基呋喃的标准中，4 种硝基呋喃代谢物的定量限均为 1.0μg/kg 的标准是（　　）。

A. GB/T 21311—2007《动物源性食品中硝基呋喃类药物代谢物残留量检测方法 高效液相色谱/串联质谱法》

B. GB 31656.13—2021《食品安全国家标准 水产品中硝基呋喃类代谢物多残留的测定 液相色谱-串联质谱法》

C. 农业部 783 号公告-1-2006《水产品中硝基呋喃类代谢物残留量的测定 液相色谱-串联质谱法》

D. 农业部 781 号公告-4-2006《动物源食品中硝基呋喃类代谢物残留量的测定 高效液相色谱-串联质谱法》

216. 检测牛肉干中氯霉素残留量时，应该选用的标准检测方法是（　　）。

A. GB/T 22338—2008《动物源性食品中氯霉素类药物残留量测定》

B. GB 31658.20—2022《食品安全国家标准 动物性食品中酰胺醇类药物及其代谢物残留量的测定 液相色谱-串联质谱法》

C. GB 31658.2—2021《食品安全国家标准 动物性食品中氯霉素残留量的测定 液相色谱-串联质谱法》

D. SN/T 1865—2016《出口动物源食品中甲砜霉素、氟甲砜霉素和氟苯尼考胺残留量的测定 液相色谱-质谱/质谱法》

217. 依据农业部 1031 号公告-2-2008《动物源性食品中糖皮质激素类药物多残留检测 液相色谱-串联质谱法》，（　　）样品在 4℃以下储存备用。

A. 猪肉　　B. 鸡肉　　C. 羊肉　　D. 鸡蛋

218. 依据农业农村部公告 第 250 号和 GB 31650—2019，猪肉中可以检出的项目是（　　）。

A. 呋喃西林代谢物

B. 氯霉素

C. 氟苯尼考

D. 五氯酚酸钠（以五氯酚计）

219. 检测牛蛙中的呋喃西林代谢物残留量，应该选用的标准检测方法是（　　）。

A. GB/T 21311—2007《动物源性食品中硝基呋喃类药物代谢物残留量检测方法 高效液相色谱/串联质谱法》

B. GB 31656.13—2021《食品安全国家标准 水产品中硝基呋喃类代谢物多残留的测定 液相色谱-串联质谱法》

C. 农业部 783 号公告-1-2006《水产品中硝基呋喃类代谢物残留量的测定 液相色谱-串联质谱法》

D. 农业部 781 号公告-4-2006《动物源食品中硝基呋喃类代谢物残留量的测定 高效液相色谱-串联质谱法》

220. 检测鸡蛋中的呋喃西林代谢物残留量，应该选用的标准检测方法是（　　）。

A. GB/T 21311—2007《动物源性食品中硝基呋喃类药物代谢物残留量检测方法 高效液相色谱/串联质谱法》

B. GB 31656.13—2021《食品安全国家标准 水产品中硝基呋喃类代谢物多残留的测定 液相色谱-串联质谱法》

C. 农业部 783 号公告-1-2006《水产品中硝基呋喃类代谢物残留量的测定 液相色谱-串联质谱法》

D. 农业部 781 号公告-4-2006《动物源食品中硝基呋喃类代谢物残留量的测定 高效液相色谱-串联质谱法》

221. GB 31658.23—2022《食品安全国家标准 动物性食品中硝基咪唑类药物残留量的测定 液相色谱-串联质谱法》采用的定量方法为（　　）。

A. 基质匹配内标法定量

B. 基质匹配外标法定量

C. 内标法定量

D. 外标法定量

222. 依据 GB 29690—2013《食品安全国家标准 动物性食品中尼卡巴嗪残留标志物残留量的测定 液相色谱-串联质谱法》，该标准定量方法和扫描方式分别为（　　）。

A. 外标法定量，负离子扫描

B. 内标法定量，负离子扫描

C. 外标法定量，正离子扫描

D. 内标法定量，正离子扫描

223. 鸡蛋中氟虫腈的最大残留量应参照的判定依据是（　　）。

A. GB 31650—2019《食品安全国家标准 食品中兽药最大残留限量》

B. GB 31650.1—2022《食品安全国家标准 食品中 41 种兽药最大残留限量》

C. GB 2763—2021《食品安全国家标准 食品中农药最大残留限量》

D. 中华人民共和国农业农村部公告 第 250 号《食品动物中禁止使用的药品及其他化合物清单》

224. 依据农业部 1077 号公告-1-2008《水产品中 17 种磺胺类及 15 种喹诺酮类药物残留量的测定 液相色谱-串联质谱法》，计算结果应保留（　　）位有效数字。

A. 1　　　　B. 2　　　　C. 3　　　　D. 4

225. 依据 GB 23200.115—2018《食品安全国家标准 鸡蛋中氟虫腈及其代谢物残留量的测定 液相色谱-质谱联用法》，当计算结果含量小于 1mg/kg 时，应保留（　　）位有效数字。

A. 1　　　　B. 2　　　　C. 3　　　　D. 4

226. 依据 GB 23200.115—2018《食品安全国家标准 鸡蛋中氟虫腈及其代谢物残留量的测定 液相色谱-质谱联用法》，试样制备至少需要（　　）枚鸡蛋。

A. 10　　　　B. 15　　　　C. 16　　　　D. 20

227. 依据 GB 23200.115—2018《食品安全国家标准 鸡蛋中氟虫腈及其代谢物残留量的测定 液相色谱-质谱联用法》，PSA 是指（　　）。

A. 乙二胺-N-丙基硅烷化硅胶

B. 丙基硅烷化硅胶

C. 十八烷基硅烷键合硅胶

D. 无水硫酸钠

228. 依据农业部 1077 号公告-1-2008《水产品中 17 种磺胺类及 15 种喹诺酮类药物残留量的测定 液相色谱-串联质谱法》，以氘代环丙沙星为内标的是（ ）。

A. 洛美沙星　　　　　B. 恩诺沙星

C. 沙拉沙星　　　　　D. 司帕沙星

229. 依据农业部 1077 号公告-1-2008《水产品中 17 种磺胺类及 15 种喹诺酮类药物残留量的测定 液相色谱-串联质谱法》，以氘代恩诺沙星为内标的是（ ）。

A. 奥比沙星　　　　　B. 丹诺沙星

C. 环丙沙星　　　　　D. 氟甲喹

二、多选题

230. 依据 GB/T 22338—2008《动物源性食品中氯霉素类药物残留量测定》，液相色谱-质谱/质谱法适用于哪些样品？（ ）

A. 牛蛙　　B. 腊肉　　C. 鸡蛋　　D. 猪肝

231. 使用液相色谱-串联质谱法进行检测时，需要采用外标法定量的标准有（ ）。

A.《蜂蜜中氯霉素残留量的测定方法 液相色谱-串联质谱法》（GB/T18932.19—2003）

B.《出口动物源食品中甲砜霉素、氟甲砜霉素和氟苯尼考胺残留量的测定 液相色谱-质谱/质谱法》（SN/T 1865—2016）

C.《食品安全国家标准 动物性食品中氟苯尼考及氟苯尼考胺残留量的测定 液相色谱-串联质谱法》（GB 31658.5—2021）

D.《食品安全国家标准 动物性食品中氯霉素残留量的测定 液相色谱-串联质谱法》（GB 31658.2—2021）

232. 使用液相色谱-串联质谱法进行检测时，取样量为 2g 的标准是（ ）。

A.《出口动物源食品中甲砜霉素、氟甲砜霉素和氟苯尼考胺残留量的测定 液相色谱-质谱/质谱法》（SN/T 1865—2016）

B.《食品安全国家标准 动物性食品中氟苯尼考及氟苯尼考胺残留量的测定 液相色谱-

串联质谱法》（GB 31658.5—2021）

C.《食品安全国家标准 动物性食品中氯霉素残留量的测定 液相色谱-串联质谱法》（GB 31658.2—2021）

D.《食品安全国家标准 动物性食品中酰胺醇类药物及其代谢物残留量的测定 液相色谱-串联质谱法》（GB 31658.20—2022）

233. 依据 GB 31658.17—2021《食品安全国家标准 动物性食品中四环素类、磺胺类和喹诺酮类药物残留量的测定 液相色谱-串联质谱法》，下列选项中关于定量过程描述正确的是（ ）。

A. 内标法　　　　　B. 外标法

C. 单点法　　　　　D. 基质配标法

234. 使用液相色谱-串联质谱法进行检测时，不需要使用基质配标法进行检测的标准有（ ）。

A. 依据 GB 31658.17—2021《食品安全国家标准 动物性食品中四环素类、磺胺类和喹诺酮类药物残留量的测定 液相色谱-串联质谱法》

B. GB/T 21316—2007《动物源性食品中磺胺类药物残留量的测定液相色谱-质谱/质谱法》

C. GB 23200.92—2016《食品安全国家标准 动物源性食品中五氯酚残留量的测定液相色谱-质谱法》

D. GB/T 22338—2008《动物源性食品中氯霉素类药物残留量测定》

235. 使用液相色谱-串联质谱法进行检测时，需要使用内标法定量进行检测的标准有（ ）。

A. 依据 GB 31658.17—2021《食品安全国家标准 动物性食品中四环素类、磺胺类和喹诺酮类药物残留量的测定 液相色谱-串联质谱法》

B. GB 31658.20—2022《食品安全国家标准 动物性食品中酰胺醇类药物及其代谢物残留量的测定 液相色谱-串联质谱法》

C. GB/T 19857—2005《水产品中孔雀石绿

和结晶紫残留量的测定》

D. GB 23200.92—2016《食品安全国家标准　动物源性食品中五氯酚残留量的测定液相色谱-质谱法》

236. 药物残留的测定过程中需要衍生过夜的项目有（　　）。

A. 呋喃西林代谢物

B. 克伦特罗

C. 五氯酚酸钠（以五氯酚计）

D. 多西环素

237. 以下检测硝基呋喃的标准中，内标浓度为5ng/mL的有（　　）。

A. GB/T 21311—2007《动物源性食品中硝基呋喃类药物代谢物残留量检测方法高效液相色谱/串联质谱法》

B. GB 31656.13—2021《食品安全国家标准　水产品中硝基呋喃类代谢物多残留的测定　液相色谱-串联质谱法》

C. 农业部 783 号公告-1-2006《水产品中硝基呋喃类代谢物残留量的测定　液相色谱-串联质谱法》

D. 农业部 781 号公告-4-2006《动物源食品中硝基呋喃类代谢物残留量的测定　高效液相色谱-串联质谱法》

238. 以下检测硝基呋喃的标准中，衍生试剂邻硝基苯甲醛浓度为 50mmol/L 的有（　　）。

A. GB/T 21311—2007《动物源性食品中硝基呋喃类药物代谢物残留量检测方法高效液相色谱/串联质谱法》

B. GB 31656.13—2021《食品安全国家标准　水产品中硝基呋喃类代谢物多残留的测定　液相色谱-串联质谱法》

C. 农业部 783 号公告-1-2006《水产品中硝基呋喃类代谢物残留量的测定　液相色谱-串联质谱法》

D. 农业部 781 号公告-4-2006《动物源食品中硝基呋喃类代谢物残留量的测定　高效液相色谱-串联质谱法》

239. 以下检测硝基呋喃的标准中，4 种硝

基呋喃代谢物的定量限均为 $0.5\mu g/kg$ 的有（　　）。

A. GB/T 18932.24—2005《蜂蜜中呋喃它酮、呋喃西林、呋喃妥因和呋喃唑酮代谢物残留量的测定方法液相色谱-串联质谱法》

B. GB 31656.13—2021《食品安全国家标准　水产品中硝基呋喃类代谢物多残留的测定　液相色谱-串联质谱法》

C. 农业部 783 号公告-1-2006《水产品中硝基呋喃类代谢物残留量的测定　液相色谱-串联质谱法》

D. 农业部 781 号公告-4-2006《动物源食品中硝基呋喃类代谢物残留量的测定　高效液相色谱-串联质谱法》

240. 依据农业部 1031 号公告-2-2008《动物源性食品中糖皮质激素类药物多残留检测　液相色谱-串联质谱法》，（　　）是同分异构体。

A. 泼尼松　　　　　　　B. 泼尼松龙

C. 地塞米松　　　　　　D. 倍他米松

241. 依据中华人民共和国农业农村部公告第 250 号和 GB 31650—2019《食品安全国家标准　食品中兽药最大残留限量》猪肉中不得检出的项目有（　　）。

A. 呋喃唑酮代谢物

B. 氯霉素

C. 甲氧苄啶

D. 五氯酚酸钠（以五氯酚计）

242. 前处理过程中需要使用固相萃取柱净化的标准有（　　）。

A. GB/T 21981—2008《动物源食品中激素多残留检测方法　液相色谱-质谱/质谱法》

B. GB 31656.13—2021《水产品中硝基呋喃类代谢物多残留的测定　液相色谱-串联-质谱法》

C. GB/T 22338—2008《动物源性食品中氯霉素类药物残留量测定》

D. GB 29690—2013《食品安全国家标准

动物性食品中尼卡巴嗪残留标志物残留量的测定 液相色谱-串联质谱法》

243. 依据 GB 23200.115—2018《食品安全国家标准 鸡蛋中氟虫腈及其代谢物残留量的测定 液相色谱-质谱联用法》，净化过程需要（ ）试剂。

A. PSA 粉末　　　　B. C$_{18}$ 粉末

C. 无水硫酸镁　　　D. 无水硫酸钠

244. 依据 GB 2763—2021《食品安全国家标准 食品中农药最大残留限量》，判定鸡蛋中氟虫腈时应包含（ ）。

A. 氟虫腈　　　　　B. 氟甲腈

C. 氟虫腈砜　　　　D. 氟虫腈硫醚

245. 依据 GB 31658.17—2021《食品安全国家标准 动物性食品中四环素类、磺胺类和喹诺酮类药物残留量的测定 液相色谱-串联质谱法》，Mcllvaine-Na$_2$EDTA 缓冲液配制需要使用到的试剂有（ ）。

A. 柠檬酸·一水

B. 磷酸氢二钠·十二水

C. 乙二胺四乙酸二钠·二水

D. 氢氧化钠

246. 依据 GB/T 21317—2007《动物源性食品中四环素类兽药残留量检测方法 液相色谱-质谱/质谱法与高效液相色谱法》，需要放入－18℃保存的样品是（ ）。

A. 猪肉　B. 猪肝　C. 牛奶　D. 草鱼

247. 依据农业部 1077 号公告-1-2008《水产品中 17 种磺胺类及 15 种喹诺酮类药物残留量的测定 液相色谱-串联质谱法》，以氘代环丙沙星为内标的是（ ）。

A. 洛美沙星　　　　B. 奥比沙星

C. 丹诺沙星　　　　D. 环丙沙星

248. 依据《牛、猪的肝脏和肌肉中卡巴氧和喹乙醇及代谢物残留量的测定 液相色谱-串联质谱法》（GB/T 20746—2006）检测猪肝中的喹乙醇，下列选项中关于采用的定量方法和扫描模式描述正确的是（ ）。

A. 内标法定量　　　B. 外标法定量

C. 负离子扫描　　　D. 正离子扫描

249. 兽药残留检测时，前处理过程需要用到试剂 PSA，其符合哪个标准的检测方法？（ ）

A. SN/T 3235—2012《出口动物源食品中多类禁用药物残留量检测方法 液相色谱-质谱/质谱法》

B. GB 23200.115—2018《食品安全国家标准 鸡蛋中氟虫腈及其代谢物残留量的测定 液相色谱-质谱联用法》

C. SN/T 1751.2—2007《进出口动物源食品中喹诺酮类药物残留量检测方法 第 2 部分：液相色谱-质谱/质谱法》

D. GB/T 21981—2008《动物源食品中激素多残留检测方法 液相色谱-质谱/质谱法》

三、判断题

250. 依据《食品安全国家标准 动物性食品中 β-受体激动剂残留量的测定 液相色谱-串联质谱法》（GB 31658.22—2022）和 GB/T 22338—2008《动物源性食品中氯霉素类药物残留量测定》，两种检测方法都使用基质配标，正离子模式扫描。（ ）

251. 依据 GB 31650—2019《食品安全国家标准 食品中兽药最大残留限量》，鸡肉和鸡蛋中氟苯尼考的最大残留限量均为 10μg/kg。（ ）

252. SN/T 3235—2012《出口动物源食品中多类禁用药物残留量检测方法 液相色谱-质谱/质谱法》适用于检测雄鱼中地西泮的残留量，其定量方式为外标法定量。（ ）

253. GB 31658.23—2022《食品安全国家标准 动物性食品中硝基咪唑类药物残留量的测定 液相色谱-串联质谱法》采用的扫描模式为正离子模式扫描，定量方法为内标法定量。（ ）

254. GB/T 20762—2006《畜禽肉中林可霉素、竹桃霉素、红霉素、替米考星、泰乐菌素、克林霉素、螺旋霉素、吉它霉素、

交沙霉素残留量的测定 液相色谱-串联质谱法》需要采用基质配标法，以外标法定量。（ ）

255. 依据 GB/T 21316—2007《动物源性食品中磺胺类药物残留量的测定 液相色谱-质谱/质谱法》，其配标方式为基质配标，定量方式为内标法定量。（ ）

256. 依据 GB/T 21316—2007《动物源性食品中磺胺类药物残留量的测定 液相色谱-质谱/质谱法》，鸡肉和牛奶可以采用同样的前处理方法。（ ）

257. 依据 GB/T 20756—2006《可食动物肌肉、肝脏和水产品中氯霉素、甲砜霉素和氟苯尼考残留量的测定 液相色谱-串联质谱法》，氟苯尼考残留量以氟苯尼考与氟苯尼考胺之和计。（ ）

258. 依据 GB/T 20756—2006《可食动物肌肉、肝脏和水产品中氯霉素、甲砜霉素和氟苯尼考残留量的测定 液相色谱-串联质谱法》，氯霉素、氟苯尼考、甲砜霉素的定量方式为内标法定量，扫描模式为负离子扫描。（ ）

259. 依据 GB/T 20756—2006《可食动物肌肉、肝脏和水产品中氯霉素、甲砜霉素和氟苯尼考残留量的测定 液相色谱-串联质谱法》，氯霉素、氟苯尼考、甲砜霉素的检出限均为 $1.0\mu g/kg$。（ ）

260. 依据 GB 31658.20—2022《食品安全国家标准 动物性食品中酰胺醇类药物及其代谢物残留量的测定 液相色谱-串联质谱法》，氟苯尼考的扫描模式为正离子扫描。（ ）

261. GB 31650.1—2022《食品安全国家标准 食品中 41 种兽药最大残留限量》是 GB 31650—2019《食品安全国家标准 食品中兽药最大残留限量》的增补版。（ ）

262. 鸡肉中恩诺沙星的最大残留限量需要参考 GB 31650.1—2022《食品安全国家标准 食品中 41 种兽药最大残留限量》。（ ）

263. 鸡肉中氧氟沙星的最大残留限量需要参考 GB 31650.1—2022《食品安全国家标准 食品中 41 种兽药最大残留限量》。（ ）

264. 依据 GB 23200.115—2018《食品安全国家标准 鸡蛋中氟虫腈及其代谢物残留量的测定 液相色谱-质谱联用法》，当计算结果含量超过 $1mg/kg$ 时，保留 3 位有效数字。（ ）

265. 依据 GB 23200.115—2018《食品安全国家标准 鸡蛋中氟虫腈及其代谢物残留量的测定 液相色谱-质谱联用法》，标准储备溶液（$100mg/L$）在 $-18℃$ 条件保存，有效期为 12 个月。（ ）

266. GB 23200.115—2018《食品安全国家标准 鸡蛋中氟虫腈及其代谢物残留量的测定 液相色谱-质谱联用法》采用的扫描方式为负离子模式扫描，定量方法为外标法定量。（ ）

267. 依据农业部 1077 号公告-1-2008《水产品中 17 种磺胺类及 15 种喹诺酮类药物残留量的测定 液相色谱-串联质谱法》，洛美沙星的内标是氘代环丙沙星。（ ）

268. 依据农业部 1077 号公告-1-2008《水产品中 17 种磺胺类及 15 种喹诺酮类药物残留量的测定 液相色谱-串联质谱法》，计算结果保留 2 位有效数字。（ ）

269. 依据农业部 1077 号公告-1-2008《水产品中 17 种磺胺类及 15 种喹诺酮类药物残留量的测定 液相色谱-串联质谱法》，各物质的最低定量限均为 $2.0\mu g/kg$。（ ）

四、填空题

270. 依据 GB 31650—2019《食品安全国家标准 食品中兽药最大残留限量》，尼卡巴嗪残留标志物是＿＿＿＿＿＿＿。

271. 依据 GB 29690—2013《食品安全国家标准 动物性食品中尼卡巴嗪残留标志物残留量的测定 液相色谱-串联质谱法》，样品经氨化乙酸乙酯提取，牛奶加＿＿＿＿＿沉淀蛋白，调节溶液 pH 至中性后，再用氨化乙酸乙酯提取。

272. 依据 GB/T 21311—2007《动物源性食品中硝基呋喃类药物代谢物残留量检测方法 高效液相色谱/串联质谱法》，样品经盐酸水解，＿＿＿＿＿＿＿＿过夜衍生。

273. 依据 GB 31656.13—2021《食品安全国家标准 水产品中硝基呋喃类代谢物多残留的测定 液相色谱-串联质谱法》，试样中残留的硝基呋喃类蛋白结合态代谢物在＿＿＿＿＿＿＿＿性条件下水解。

274. 依据 GB 31650—2019《食品安全国家标准 食品中兽药最大残留限量》，蛋的定义为：家养母禽所产的＿＿＿＿＿＿＿＿。

275. 依据 GB 31650—2019《食品安全国家标准 食品中兽药最大残留限量》，托曲珠利残留标志物为＿＿＿＿＿＿＿＿。

276. 氟苯尼考的残留标志物为＿＿＿＿＿

＿＿＿。

277. 恩诺沙星的残留标志物为＿＿＿＿＿

278. 依据 GB/T 20756—2006《可食动物肌肉、肝脏和水产品中氯霉素、甲砜霉素和氟苯尼考残留量的测定 液相色谱-串联质谱法》，样品中的氯霉素、甲砜霉素和氟苯尼考在碱性条件下，用＿＿＿＿＿＿＿＿提取，提取液旋转蒸干后，残渣用水溶解，经正己烷液液分配脱脂。液相色谱-串联质谱仪检测。

279. 依据 GB 31658.20—2022《食品安全国家标准 动物性食品中酰胺醇类药物及其代谢物残留量的测定 液相色谱-串联质谱法》，氯霉素的内标为＿＿＿＿＿＿＿＿。

280. 依据《食品安全国家标准 动物性食品中β-受体激动剂残留量的测定 液相色谱-串联质谱法》（GB 31658.22—2022），前处理过程中加入＿＿＿＿＿＿＿＿沉淀蛋白。

281. 依据农业部 1031 号公告-2-2008《动物源性食品中糖皮质激素类药物多残留检测 液相色谱-串联质谱法》，前处理过程中，组织样品用＿＿＿＿＿＿＿＿水解

282. 依据农业部 783 号公告-1-2006《水产品中硝基呋喃类代谢物残留量的测定 液相色谱-串联质谱法》，呋喃唑酮代谢产物 3-氨基-2-噁唑烷基酮的英文简写是＿＿＿＿＿＿＿＿

五、简答题

283. 简述 GB 31656.13—2021《食品安全国家标准 水产品中硝基呋喃类代谢物多残留的测定 液相色谱-串联质谱法》的检测原理。

284. 简述 GB 31658.20—2022《食品安全国家标准 动物性食品中酰胺醇类药物及其代谢物残留量的测定 液相色谱-串联质谱法》的检测原理。

285. 简述 GB 31658.20—2022《食品安全国家标准 动物性食品中酰胺醇类药物及其代谢物残留量的测定 液相色谱-串联质谱法》中液相色谱-串联质谱法定性测定的原则。

286. 简述残留标志物。

287. 简述《食品安全国家标准 动物性食品中β-受体激动剂残留量的测定 液相色谱-串联质谱法》（GB 31658.22—2022）的检测原理。

第二十三章

非法添加及补充检测方法标准

● 核心知识点 ●

　　《中华人民共和国食品安全法》明确规定禁止生产经营"用非食品原料生产的食品或者添加食品添加剂以外的化学物质和其他可能危害人体健康物质的食品，或者用回收食品作为原料生产的食品"。对尚未制定食品安全标准但风险评估证明存在安全隐患的，制定临时限量值和临时检验方法；对添加或可能添加的非食品用化学物质和其他可能危害人体健康的物质，市场监管总局会同国家卫生健康委等部门制定和公布《食品安全国家标准　食品中可能添加的非食用物质名录》及检验方法，并以动态管理方式更新禁止添加的物质清单，对上述方法无法检验的掺杂掺假食品，制定补充检验项目和检验方法。

　　2025 年食品安全监督抽检食品中常见的非法添加物质有碱性嫩黄、罗丹明 B、吗啡、可待因、罂粟碱等。以罗丹明 B 为例，其补充检验方法 BJS 201905《食品中罗丹明 B 的测定》中，规定了该方法的适用样品类型、检测原理、试剂和材料、仪器和设备、试样制备与保存、测定步骤、结果计算、精密度、检出限和定量限、确证实验等内容。

非法添加及补充检验方法标准是打击食品安全违法行为、保障公众健康的重要技术依据。本章依据食品非法添加及补充检验方法相关标准，详细介绍食品非法添加及补充检验方法的分类及实际应用。

通过本章的系统练习，读者将掌握非法添加及补充检验方法标准的基本要求、适用范围及分析步骤，学会结合实际样品运用这些方法检测非法添加物，为食品安全抽样检验提供有力的技术支撑。

第一节　基础知识自测

一、单选题

1. 按照 BJS 202405《食品中西地那非、他达拉非等化合物的测定》的要求，西地那非等标准储备液（200μg/mL）的贮存条件及有效期是（　　）。

A. －18℃避光贮存，有效期 6 个月

B. －20℃避光贮存，有效期 1 个月

C. －20℃避光贮存，有效期 3 个月

D. －18℃避光贮存，有效期 1 个月

2. 依据 BJS 202204《豆制品中碱性嫩黄等 11 种工业染料的测定》测定油豆皮中碱性嫩黄，其定量离子对为（　　）。

A. 268.0/147.1　　　B. 268.0/107.2

C. 254.2/147.1　　　D. 254.2/107.2

3. 依据 BJS 202204《豆制品中碱性嫩黄等 11 种工业染料的测定》测定腐竹中碱性嫩黄，计算结果应保留（　　）位有效数字。

A. 2　　　B. 3　　　C. 1　　　D. 4

4. 按照 BJS 201708《食用植物油中乙基麦芽酚的测定》的要求，乙基麦芽酚标准储备溶液（1mg/mL）的贮存条件及有效期是（　　）。

A. 4℃冰箱贮存，有效期 2 个月

B. 常温贮存，有效期 3 个月

C. 4℃避光贮存，有效期 1 个月

D. 4℃冰箱贮存，有效期 3 个月

5. 依据 BJS 201708《食用植物油中乙基麦芽酚的测定》测定芝麻油中的乙基麦芽酚，其定量离子对为（　　）。

A. 146.1/126.1　　　B. 141.1/71.0

C. 141.1/126.1　　　D. 146.1/71.0

6. 按照 BJS 201905《食品中罗丹明 B 的测定》的规定，罗丹明 B 标准储备液（100μg/mL）的贮存条件及有效期是（　　）。

A. －18℃避光贮存，有效期 6 个月

B. －20℃避光贮存，有效期 6 个月

C. －18℃避光贮存，有效期 3 个月

D. －20℃避光贮存，有效期 3 个月

7. 按照 BJS 201802《食品中吗啡、可待因、罂粟碱、那可丁和蒂巴因的测定》的要求，那可丁标准储备液（1.0mg/mL）的贮存条件及有效期是（　　）。

A. －18℃避光贮存，有效期 6 个月

B. －18℃避光贮存，有效期 1 年

C. －18℃贮存，有效期 1 年

D. －20℃避光贮存，有效期 6 个月

8. 依据 BJS 201802《食品中吗啡、可待因、罂粟碱、那可丁和蒂巴因的测定》检测火锅底料中的罂粟碱，称取试样（　　）进行试样处理。

A. 1g（精确至 0.01g）　B. 5g（精确至 0.01g）

C. 2g（精确至 0.01g）　D. 10g（精确至 0.01g）

9. 依据 BJS 201802《食品中吗啡、可待因、罂粟碱、那可丁和蒂巴因的测定》检测辣椒油中的吗啡，计算结果保留（　　）位有效数字。

A. 1　　　B. 2　　　C. 3　　　D. 4

10. BJS 201703《豆芽中植物生长调节剂的测定》规定了豆芽中 11 种植物生长调节剂的（　　）测定方法。

A. 高效液相色谱

B. 高效液相色谱-串联质谱

C. 气相色谱

D. 气相色谱-串联质谱

11. 按照 BJS 201703《豆芽中植物生长调节剂的测定》的要求，6-苄基腺嘌呤标准储备液（1mg/mL）的贮存温度是（　　）。

A. 4℃　　　　　　　B. 8℃

C. −18℃　　　　　　D. −20℃

12. 依据 BJS 201703《豆芽中植物生长调节剂的测定》检测豆芽中 6-苄基腺嘌呤，计算结果保留（　　）位有效数字。

A. 1　　　B. 2　　　C. 3　　　D. 4

13. BJS 201702《原料乳及液态乳中舒巴坦的测定》规定了原料乳及液态乳中舒巴坦的（　　）测定方法。

A. 高效液相色谱-串联质谱

B. 高效液相色谱

C. 气相色谱

D. 气相色谱-串联质谱

14. 依据 BJS 201702《原料乳及液态乳中舒巴坦的测定》测定液态乳中舒巴坦，称样量为（　　）。

A. 1g（精确至 0.01g）

B. 2g（精确至 0.01g）

C. 5g（精确至 0.01g）

D. 10g（精确至 0.01g）

15. 依据 BJS 201706《食品中氯酸盐和高氯酸盐的测定》测定猪肉中氯酸盐，试样的保存条件是（　　）。

A. 4℃避光保存　　　B. 4℃保存

C. −18℃避光保存　　D. −18℃保存

16. BJS 201710《保健食品中 75 种非法添加化学药物的检测》规定了保健食品中（　　）种非法添加化学药物的液相色谱-串联质谱检测方法。

A. 65　　　B. 75　　　C. 85　　　D. 63

17. 依据 BJS 201710《保健食品中 75 种非法添加化学药物的检测》，试样经（　　）提取后，采用液相色谱-串联质谱仪检测。

A. 乙腈　　　　　　B. 甲醇

C. 甲酸　　　　　　D. 0.1％甲酸-甲醇

18. 依据 BJS 201710《保健食品中 75 种非法添加化学药物的检测》检测保健食品中伪伐地那非，其定量离子对为（　　）。

A. 460/377　　　　　B. 460/432

C. 460/329　　　　　D. 460/420

19. 依据 BJS 201713《饮料、茶叶及相关制品中对乙酰氨基酚等 59 种化合物的测定》测定饮料中的氨基比林，当样品取样量为 1g，定容体积为 50mL 时，其定量限为（　　）。

A. 0.1mg/kg　　　　B. 0.25mg/kg

C. 0.5mg/kg　　　　D. 2.5mg/kg

20. 依据 BJS 201714《饮料、茶叶及相关制品中二氟尼柳等 18 种化合物的测定》，双氯芬酸钠的定量离子对为（　　）。

A. 295.9/295.9　　　B. 295.9/213.9

C. 286/213.9　　　　D. 286/213.9

21. 依据 BJS 201714《饮料、茶叶及相关制品中二氟尼柳等 18 种化合物的测定》测定饮料中的双氯芬酸钠时，在重复性条件下获得的两次独立测定结果的绝对差值不得超过算术平均值的（　　）。

A. 10％　　B. 5％　　C. 15％　　D. 20％

22. BJS 202209《食品中双醋酚丁等 19 种化合物的测定》采用的离子源是电喷雾离子源（ESI），其扫描模式为。

A. 正离子模式

B. 负离子模式

C. 正离子模式和负离子模式

D. 正离子模式或负离子模式

23. 依据 BJS 202209《食品中双醋酚丁等 19 种化合物的测定》，饮料、果蔬粉制备好的样品应怎样保存？（　　）

A. 0～4℃冷藏保存

B. 常温保存

C. 在 −18℃ 冷冻箱中保存

D. 4℃ 冰箱保存

24. 依据 BJS 202209《食品中双醋酚丁等 19 种化合物的测定》检测果冻中双醋酚丁，计算结果保留（　　）位有效数字。

A. 1　　　B. 2　　　C. 3　　　D. 4

25. BJS 202209《食品中双醋酚丁等 19 种化合物的测定》中，标准储备液（500mg/L）在 −18℃ 避光保存条件下，可使用（　　）。

A. 1 个月　　　　　B. 3 个月

C. 1 年　　　　　　D. 6 个月

26. 依据 BJS 202208《食品中硝苯地平及其降解产物的测定》，试样以（　　）超声提取，离心过滤后，提取液经液相色谱分离，采用液相色谱-串联质谱仪检测。

A. 含 5% 甲酸的乙腈水溶液

B. 乙腈

C. 甲醇

D. 乙酸乙酯

27. BJS 202209《食品中双醋酚丁等 19 种化合物的测定》不适用于下列哪类产品中中双醋酚丁等 19 种化合物的测定？（　　）

A. 压片糖果　　　　B. 蜜饯

C. 含乳饮料　　　　D. 饼干

28. 依据 BJS 202210《椰子汁饮料中 γ-壬内酯的测定》，试样中的 γ-壬内酯经固相萃取柱提取净化后，用（　　）进行分离和测定。

A. 高效液相色谱-串联质谱

B. 气相色谱-氢火焰离子化检测器

C. 气相色谱-串联质谱

D. 高效液相色谱

29. 依据 BJS 202306《粮食加工品中噻二唑、苯并噻二唑、噻菌灵及福美双的测定》，当样品取样量为 1g 时，其定量限为（　　）。

A. 5.0mg/kg　　　　B. 1.0mg/kg

C. 1.5mg/kg　　　　D. 2.5mg/kg

30. 依据 BJS 202307《蜂蜜中二羟基丙酮、甘露糖和蜜二糖的测定》检测洋槐蜂蜜中的甘露糖，其定量离子对为（　　）。

A. 319/147　　　　B. 319/73

C. 319/185　　　　D. 319/205

二、多选题

31. BJS 202405《食品中西地那非、他达拉非等化合物的测定》适用于饮料、糖果、果冻、饼干、咖啡、酒类及保健食品中西地那非、他达拉非等 95 种化合物的（　　）测定。

A. 定性　　B. 定量　　C. 筛查　　D. 初筛

32. BJS 202204《豆制品中碱性嫩黄等 11 种工业染料的测定》适用于（　　）中分散橙 11、分散橙 1、分散橙 3、分散橙 37、分散黄 3、二甲基黄、二乙基黄、碱性橙 22、碱性橙 21、碱性嫩黄、苏丹橙 G 的定性确证和定量测定。

A. 豆腐　　B. 豆皮　　C. 腐竹

D. 油豆皮　　E. 油豆腐

33. 依据 BJS 201708《食用植物油中乙基麦芽酚的测定》测定芝麻油中的乙基麦芽酚，其定性、定量离子对为（　　）。

A. 141.1/126.1　　　B. 141.1/71.0

C. 146.1/126.1　　　D. 146.1/71.0

34. 依据 BJS 201905《食品中罗丹明 B 的测定》测定花椒中的罗丹明 B，其定性、定量离子对为（　　）。

A. 443.2/361.2　　　B. 443.2/399.3

C. 443.2/372.5　　　D. 443.2/355.1

35. BJS 201802《食品中吗啡、可待因、罂粟碱、那可丁和蒂巴因的测定》规定了食品中（　　）的液相色谱-串联质谱测定方法。

A. 吗啡　　B. 可待因　　C. 罂粟碱

D. 那可丁　　E. 蒂巴因

36. 依据 BJS 201802《食品中吗啡、可待因、罂粟碱、那可丁和蒂巴因的测定》，用外标法定量的项目是（　　）。

A. 吗啡　　　　　　B. 可待因

C. 婴粟碱　　　　　　　D. 那可丁

E. 蒂巴因

37. BJS 201703《豆芽中植物生长调节剂的测定》适用于豆芽中（　　）、吲哚丁酸、2,4-滴二氯苯氧乙酸、4-氟苯氧乙酸、异戊烯腺嘌呤、氯吡脲、多效唑和噻苯隆的检测。

A. 6-苄基腺嘌呤　　　　B. 4-氯苯氧乙酸

C. 赤霉素　　　　　　　D. 吲哚乙酸

38. 依据 BJS 201703《豆芽中植物生长调节剂的测定》检测豆芽中 11 种植物生长调节剂时，采用负离子模式扫描的项目是（　　）。

A. 6-苄基腺嘌呤　　　　B. 4-氯苯氧乙酸

C. 吲哚乙酸　　　　　　D. 多效唑

E. 氯吡脲

39. BJS 201702《原料乳及液态乳中舒巴坦的测定》适用于（　　）中舒巴坦的测定。

A. 原料乳　　　　　　　B. 发酵乳

C. 调制乳　　　　　　　D. 风味发酵乳

40. BJS 201706《食品中氯酸盐和高氯酸盐的测定》适用于（　　）等食品中氯酸盐和高氯酸盐的测定。

A. 包装饮用水

B. 液体乳

C. 大米

D. 特殊医学用途的婴幼儿配方乳粉

41. BJS 201710《保健食品中 75 种非法添加化学药物的检测》适用于（　　）保健食品中 75 种非法添加物质的检测。

A. 片剂　　　　　　　　B. 口服液

C. 硬胶囊　　　　　　　D. 软胶囊

42. 依据 BJS 201710《保健食品中 75 种非法添加化学药物的检测》测定保健食品中羟基豪莫西地那非，其定性、定量离子对为（　　）。

A. 505/448　　　　　　B. 505/487

C. 505/393　　　　　　D. 505/377

43. 依据 BJS 201713《饮料、茶叶及相关

制品中对乙酰氨基酚等 59 种化合物的测定》测定茶叶中曲安西龙，其定性、定量离子对为（　　）。

A. 395.2/225.1　　　　B. 395.2/247.1

C. 395.2/325.1　　　　D. 395.2/357.1

44. BJS 201714《饮料、茶叶及相关制品中二氟尼柳等 18 种化合物的测定》适用于饮料、茶叶及相关制品中（　　）等 18 种抗风湿类化合物的测定。

A. 二氟尼柳　　　　　　B. 舒林酸

C. 双醋酚丁　　　　　　D. 醋氯芬酸

45. BJS 202209《食品中双醋酚丁等 19 种化合物的测定》适用于（　　）、果蔬粉、饼干、代用茶、配制酒和果酒中螺内酯、双醋酚丁等 19 种化合物的测定。

A. 压片糖果　　　　　　B. 蜜饯

C. 果冻　　　　　　　　D. 含乳饮料

46. 依据 BJS 202209《食品中双醋酚丁等 19 种化合物的测定》，当取样量为 1.0g，定容体积为 25mL，移取体积 1.0mL 并稀释至 2mL 时，定量限为 0.10mg/kg 的项目是（　　）。

A. 托吡酯　　　　　　　B. 新利司他

C. 氯苯丁胺　　　　　　D. 西酞普兰

E. 双醋酚丁

47. BJS 202208《食品中硝苯地平及其降解产物的测定》规定了食品（不含保健食品）中（　　）的液相色谱-串联质谱测定方法。

A. 硝苯地平

B. 去氢硝苯地平

C. 亚硝基硝苯地平

D. 去氢亚硝基硝苯地平

48. BJS 202208《食品中硝苯地平及其降解产物的测定》适用于（　　）、酒类等食品及胶囊、口服液、片剂等保健食品中硝苯地平及其降解产物去氢硝苯地平、去氢亚硝基硝苯地平的测定。

A. 果冻　　　　　　　　B. 代用茶

C. 特殊用途饮料　　　　D. 碳酸饮料

49. 依据 BJS 202209《食品中双醋酚丁等19种化合物的测定》测定果冻中帕罗西汀，其定性、定量离子对为（　　）。

A. 340.2/264.1　　　　B. 340.2/281.9

C. 330.1/192.2　　　　D. 330.1/151.1

50. BJS 202202《柑橘和苹果中顺丁烯二酸松香酯等5种化合物的测定》适用于柑橘类水果、苹果中（　　）的测定。

A. 顺丁烯二酸松香酯

B. 油酰一乙醇胺

C. 油酰二乙醇胺

D. 三乙醇胺油酸皂

E. 癸氧喹酯

51. BJS 202201《食品中爱德万甜的测定》第一法适用于（　　）、可可制品、巧克力和巧克力制品以及糖果、发酵乳和风味发酵乳、果冻、冷冻饮品、蛋制品、复合调味料中爱德万甜的测定。

A. 饮料　　　　　　　B. 酒类

C. 焙烤食品　　　　　D. 水果干

52. BJS 202211《植物源性食品中奥克巴胺的测定》适用于（　　）中奥克巴胺的定性和定量检测。

A. 柑橘类　　　　　　B. 柑橘类制品

C. 葡萄类　　　　　　D. 葡萄类制品

53. BJS 202303《食品中淫羊藿苷、金丝桃苷和补骨脂素的测定》适用于（　　）中淫羊藿苷、金丝桃苷和补骨脂素的测定。

A. 碳酸饮料　　　　　B. 配制酒

C. 火锅底料　　　　　D. 保健食品

54. BJS 202305《麦卢卡蜂蜜中2-甲氧基苯甲酸、2′-甲氧基苯乙酮、4-羟基苯基乳酸和3-苯基乳酸的测定》适用于麦卢卡蜂蜜中（　　）的测定。

A. 2-甲氧基苯甲酸

B. 2′-甲氧基苯乙酮

C. 4-羟基苯基乳酸

D. 3-苯基乳酸

55. BJS 202306《粮食加工品中噻二唑、苯并噻二唑、噻菌灵及福美双的测定》适用于（　　）中噻二唑、苯并噻二唑、噻菌灵和福美双的测定。

A. 挂面　　　　　　　B. 小麦粉

C. 大米　　　　　　　D. 薏仁米

56. BJS 202308《食品中溴酸盐的测定》适用于（　　）及其制品和（　　）中溴酸盐的测定。

A. 小麦粉　　　　　　B. 膨化食品

C. 大米粉　　　　　　D. 糯米粉

57. 依据 BJS 202310《豆芽、豆制品、火锅及麻辣烫底料中喹诺酮类、磺胺类、硝基咪唑类、四环素类化合物的测定》检测豆芽中依诺沙星，其定性、定量离子对为（　　）。

A. 321.1/156.2　　　　B. 321.1/303.3

C. 321.1/234.0　　　　D. 321.1/256.0

58. BJS 202106《食品中 3-乙酰基-2,5-二甲基噻吩的测定》适用于（　　）、火锅底料、风味发酵乳、婴幼儿配方乳粉、婴幼儿辅食肉泥等食品中 3-乙酰基-2,5-二甲基噻吩的测定。

A. 肉制品　　　　　　B. 膨化食品

C. 调味酱（料）　　　D. 果冻

59. BJS 202101《食品中对苯二甲酸二辛酯的测定》适用于（　　）等食品中对苯二甲酸二辛酯含量的测定。

A. 白酒　　B. 饮料　　C. 果冻　　D. 糕点

60. BJS 202008《蘑菇中 α-鹅膏毒肽等6种蘑菇毒素的测定》适用于蘑菇中 α-鹅膏毒肽、（　　）等6种蘑菇毒素的测定。

A. β-鹅膏毒肽

B. γ-鹅膏毒肽

C. 羧基二羟基鬼笔毒肽

D. 三羟基鬼笔毒肽

三、判断题

61. 按照 BJS 202204《豆制品中碱性嫩黄等11种工业染料的测定》的要求，碱性嫩黄标准储备液（1mg/mL）需要在 0～4℃ 保存，有效期为3个月。（　　）

62. 依据 BJS 201708《食用植物油中乙基

麦芽酚的测定》测定芝麻油中的乙基麦芽酚，当取样量为 10.00g、定容体积为 20mL 时，检出限为 30.0μg/kg。（　　）

63. 依据 BJS 201708《食用植物油中乙基麦芽酚的测定》测定菜籽油中的乙基麦芽酚，仪器参考条件中流动相为 A 为 0.1% 甲酸水溶液，B 为甲醇溶液。（　　）

64. 依据 BJS 201802《食品中吗啡、可待因、罂粟碱、那可丁和蒂巴因的测定》，样品用水或盐酸溶液分散均匀，用乙腈提取后，经盐析处理，离心，取上清液用液相色谱-串联质谱仪检测。（　　）

65. BJS 201703《豆芽中植物生长调节剂的测定》方法的原理是：试样经含 1% 甲酸的乙腈溶液匀浆提取，脱水，离心后，上清液经分散固相萃取净化，用高效液相色谱-串联质谱法测定，外标法定量。（　　）

66. 依据 BJS 201703《豆芽中植物生长调节剂的测定》检测豆芽中 4-氯苯氧乙酸，其方法检出限为 4μg/kg。（　　）

67. 依据 BJS 201702《原料乳及液态乳中舒巴坦的测定》测定液态乳中舒巴坦，计算结果保留三位有效数字。（　　）

68. BJS 201706《食品中氯酸盐和高氯酸盐的测定》规定了食品中氯酸盐和高氯酸盐含量的气相色谱-串联质谱测定方法。（　　）

69. 依据 BJS 201706《食品中氯酸盐和高氯酸盐的测定》测定液体乳中高氯酸盐，试样经提取、离心后，上清液经固相萃取柱净化，用液相色谱-串联质谱法测定，外标法定量。（　　）

70. 依据 BJS 201706《食品中氯酸盐和高氯酸盐的测定》，氯酸盐标准储备液（1mg/mL，以氯酸根计）应 4℃ 保存。（　　）

71. 依据 BJS 201710《保健食品中 75 种非法添加化学药物的检测》检测硬胶囊保健食品中伪伐地那非，当称样量为 1g 时，其检出限为 0.38μg/g。（　　）

72. BJS 201713《饮料、茶叶及相关制品中对乙酰氨基酚等 59 种化合物的测定》适用于饮料、茶叶及相关制品等食品中 59 种化合物单个或多个化合物的定性测定，必要时可参考本方法测定添加成分含量。（　　）

73. BJS 201714《饮料、茶叶及相关制品中二氟尼柳等 18 种化合物的测定》适用于饮料、茶叶及相关制品中二氟尼柳等 18 种抗风湿类化合物的测定，其他基质可参照本方法定量检测。（　　）

74. BJS 201714《饮料、茶叶及相关制品中二氟尼柳等 18 种化合物的测定》规定了饮料、茶叶及相关制品中二氟尼柳等 18 种抗风湿类化合物的气相色谱-串联质谱测定方法。（　　）

75. 依据 BJS 201714《饮料、茶叶及相关制品中二氟尼柳等 18 种化合物的测定》测定饮料中的二氟尼柳，当饮料称样量为 1g，定容体积为 50mL 时，其定量限为 2.5mg/kg。（　　）

76. BJS 202209《食品中双醋酚丁等 19 种化合物的测定》规定了食品中阿米洛利、茶碱、双醋酚丁等 19 种化合物的高效液相色谱-串联质谱测定方法。（　　）

77. 依据 BJS 202209《食品中双醋酚丁等 19 种化合物的测定》，当取样量为 1.0g，定容体积为 25mL，移取体积 1.0mL 并稀释至 2mL 时，双醋酚丁的检出限为 0.03mg/kg。（　　）

78. 依据 BJS 202209《食品中双醋酚丁等 19 种化合物的测定》检测果冻中双醋酚丁，在重复性条件下获得的两次独立测定结果的绝对差值不应超过算术平均值的 10%。（　　）

79. BJS 202208《食品中硝苯地平及其降解产物的测定》规定了食品（不含保健食品）中硝苯地平及其降解产物去氢硝苯地平、去氢亚硝基硝苯地平的液相色谱-串联质谱测定方法。（　　）

80. BJS 202206《苦丁茶中孔雀石绿的测定》方法的原理是：试样用酸化乙腈提取，提取液经分散固相萃取净化，采用液相色谱-串联质谱仪检测，外标法定量。（　　）

81. BJS 202203《饮料中香豆素类化合物的检测》方法中试样经甲醇超声提取，离心，提取液过膜后采用液相色谱-串联质谱仪检测。（　　）

82. 依据 BJS 202211《植物源性食品中奥克巴胺的测定》，当取样量 2g 时，奥克巴胺的定量限为 10μg/kg。（　　）

83. 依据 BJS 202212《植物源性食品中去甲乌药碱和曲托喹酚的测定》，去甲乌药碱定量离子对为 272.1/107.0。（　　）

84. BJS 202307《蜂蜜中二羟基丙酮、甘露糖和蜜二糖的测定》适用于蜂蜜和蜂蜜制品中二羟基丙酮、甘露糖和蜜二糖的测定。（　　）

85. BJS 202310《豆芽、豆制品、火锅及麻辣烫底料中喹诺酮类、磺胺类、硝基咪唑类、四环素类化合物的测定》适用于豆芽、豆制品、火锅及麻辣烫底料中喹诺酮类、磺胺类，硝基咪唑类和四环素类等 62 种化合物的测定。（　　）

86. BJS 202110《水产品及相关用水中 12 种卡因类麻醉剂及其代谢物的测定》中，利多卡因定量限为 1μg/kg。（　　）

87. BJS 202109《畜肉及内脏中肾上腺素、3,4-二羟基扁桃酸、4-羟基-3-甲氧基扁桃酸的测定》中，样品经甲酸-乙腈溶液提取，固相萃取柱净化。采用高效液相色谱-串联质谱仪检测，内标法定量。（　　）

88. 依据 BJS 202104《小麦粉中次磷酸盐的检测》，当小麦粉取样量为 0.5g，定容体积为 100mL 时，次磷酸盐（以次磷酸根计）定量限为 10.0mg/kg。（　　）

89. BJS 202103《蜂蜜中链霉素和双氢链霉素的测定液相色谱-串联质谱法》中，实验室需配备的离子源为电子轰击电离源（EI）。（　　）

90. BJS 202009《小麦粉中间苯二酚的测定高效液相色谱法》中，试样中的间苯二酚经甲醇提取，蛋白沉淀剂沉淀，采用液相色谱 C_{18}-Amide 柱分离，荧光检测器检测，外标法定量。（　　）

第二节　综合能力提升

一、单选题

91. 依据 BJS 202405《食品中西地那非、他达拉非等化合物的测定》检测配制酒中的西地那非，其定量离子对为（　　）。
A. 475.2/100.1　　　B. 475.2/283.1
C. 313.2/283.1　　　D. 313.2/283.1

92. 依据 BJS 202204《豆制品中碱性嫩黄等 11 种工业染料的测定》测定腐竹中碱性嫩黄，其定量限为（　　）。
A. 1.0μg/kg　　　B. 1.5μg/kg
C. 2.0μg/kg　　　D. 4.0μg/kg

93. 依据 BJS 201802《食品中吗啡、可待因、罂粟碱、那可丁和蒂巴因的测定》检测辣椒油中的那可丁，其定量离子对为（　　）。
A. 414.2/353.1　　　B. 414.2/220.2
C. 300.0/215.1　　　D. 300.0/165.2

94. 依据 BJS 201703《豆芽中植物生长调节剂的测定》检测豆芽中 6-苄基腺嘌呤，试样的保存温度是（　　）。
A. 4℃　　　B. 8℃
C. −18℃　　　D. −20℃

95. 依据 BJS 201702《原料乳及液态乳中舒巴坦的测定》测定液态乳中舒巴坦，其定性离子对为（　　　）。

A. 232.1/140.1　　　　B. 232.1/140.1

C. 232.1/64.0　　　　D. 232.1/61.0

二、多选题

96. BJS 201905《食品中罗丹明 B 的测定》适用于（　　　）、牛肉干、蜜饯、水果干制品中罗丹明 B 的测定和确证。

A. 半固态调味料　　　B. 花椒及花椒粉

C. 花椒油　　　　　　D. 辣椒

E. 辣椒粉

97. 依据 BJS 201703《豆芽中植物生长调节剂的测定》检测豆芽中 6-苄基腺嘌呤，其定量和定性离子对为（　　　）。

A. 224.2/133.0　　　B. 224.2/106.0

C. 224.2/142.5　　　D. 224.2/117.0

98. 依据 BJS 201702《原料乳及液态乳中舒巴坦的测定》测定液态乳中舒巴坦，其定性离子对为（　　　）。

A. 232.1/140.1　　　　B. 232.1/140.1

C. 232.1/64.0　　　　D. 232.1/61.0

99. 依据 BJS 201706《食品中氯酸盐和高氯酸盐的测定》测定鱼肉中的高氯酸盐，其定性、定量离子对为（　　　）。

A. 99.0/83.0　　　　B. 89.0/71.0

C. 101.0/85.0　　　　D. 107.0/89.0

100. 依据 BJS 201710《保健食品中 75 种非法添加化学药物的检测》测定保健食品中格列美脲，其定性、定量离子对为（　　　）。

A. 491/352　　　　　B. 491/126

C. 491/351　　　　　D. 491/253

三、判断题

101. BJS 202405《食品中西地那非、他达拉非等化合物的测定》适用于饮料、糖果、果冻、饼干、咖啡、酒类及保健食品中西地那非、他达拉非等 95 种化合物的筛查和定性确证。（　　　）

102. 依据 BJS 201703《豆芽中植物生长调节剂的测定》检测豆芽中 4-氯苯氧乙酸，其定量离子对为 184.8/126.7。（　　　）

103. 依据 BJS 201706《食品中氯酸盐和高氯酸盐的测定》测定大米中的高氯酸盐，其定量离子对为 99.0/83.0。（　　　）

104. 依据 BJS 201710《保健食品中 75 种非法添加化学药物的检测》检测片剂保健食品中硫代艾地那非，当称样量为 1g 时，其检出限为 0.81μg/g。（　　　）

105. BJS 202209《食品中双醋酚丁等 19 种化合物的测定》中，当取样量为 1.0g，定容体积为 25mL，移取体积 1.0mL，并稀释至 2mL 时，新利司他的定量限为 0.10mg/kg。（　　　）

四、填空题

106. 依据 BJS 202405《食品中西地那非、他达拉非等化合物的测定》检测配制酒中的去甲基他达拉非，其方法定量限为_____。

107. 依据 BJS 202204《豆制品中碱性嫩黄等 11 种工业染料的测定》测定腐竹中碱性嫩黄，在重复性条件下获得的两次独立测定结果的绝对差值不得超过算术平均值的_____。

108. 依据 BJS 201802《食品中吗啡、可待因、罂粟碱、那可丁和蒂巴因的测定》检测火锅底料中的可待因，其方法定量限为_____。

109. 依据 BJS 201703《豆芽中植物生长调节剂的测定》检测豆芽中 6-苄基腺嘌呤，其方法定量限为_____。

110. 依据 BJS 201702《原料乳及液态乳中舒巴坦的测定》测定液态乳中舒巴坦，其方法定量限为_____。

111. 依据 BJS 201706《食品中氯酸盐和高氯酸盐的测定》测定猪肉中的氯酸盐，其定量离子对为_____。

112. 依据 BJS 201710《保健食品中 75 种非法添加化学药物的检测》检测保健食品中伪伐地那非，称样量为_____（精确至 0.000 1g）。

113. BJS 201713《饮料、茶叶及相关制品

中对乙酰氨基酚等 59 种化合物的测定》规定了食品中对乙酰氨基酚等 59 种化合物检测的_____测定方法。

114. 依据 BJS 201714《饮料、茶叶及相关制品中二氟尼柳等 18 种化合物的测定》测定茶叶中的奥沙普秦，取适量有代表性的试样，粉碎机粉碎后过_____目筛，装入洁净容器中，密封并标记。

115. 依据 BJS 201714《饮料、茶叶及相关制品中二氟尼柳等 18 种化合物的测定》测定饮料中的二氟尼柳，采用的离子源为_____。

116. BJS 202209《食品中双醋酚丁等 19 种化合物的测定》采用的离子源是_____。

117. BJS 202208《食品中硝苯地平及其降解产物的测定》中，试样超声提取，离心过滤后，提取液经液相色谱分离，采用液相色谱-串联质谱仪检测，_____定量。

118. BJS 202209《食品中双醋酚丁等 19 种化合物的测定》中，当取样量为 1.0g，定容体积为 25mL，移取体积 1.0mL 并稀释至 2mL 时，双醋酚丁的检出限为_____。

119. BJS 202207《葡萄酒中 9 种卤代苯甲醚和卤代苯酚的测定》的测定原理是：葡萄酒中卤代苯酚（先经乙酰化生成相应的酯类）和卤代苯甲醚，经顶空固相微萃取（HS-SPME）法萃取富集后，用_____

检测，外标法定量。

120. BJS 202205《甘蔗及甘蔗汁中 3-硝基丙酸的测定》方法规定，当样品中检出 3-硝基丙酸时，可用高效液相色谱-串联质谱联用法进行确证，其定性/定量离子对为_____。

121. BJS 202304《果汁中植物源性成分的测定》方法一为_____。

122. BJS 202110《水产品及相关用水中 12 种卡因类麻醉剂及其代谢物的测定》规定，鱼、虾试样制备与保存方法为：取适量新鲜或解冻的供试组织绞碎，并使均质，_____以下冷冻保存，备用。

123. BJS 202108《蜂蜜中雷公藤甲素的测定》中，试样中雷公藤甲素（雷公藤内酯醇）经乙酸乙酯提取，N-丙基乙二胺固相萃取柱净化，用_____。

124. BJS 202107《食品中酸性大红 GR 的测定》中，用乙醇氨水溶液提取样品中的酸性大红 GR，利用_____进行净化，用反相液相色谱仪进行分析。

125. BJS 202105《橄榄油中脂肪酸烷基酯含量测定气相色谱-质谱法》中，8 种脂肪酸烷基酯检出限均为_____。

五、简答题

126. 简述按照 BJS 201905《食品中罗丹明 B 的测定》测定花椒中罗丹明 B 含量的试样前处理过程。

第二十四章

微生物、螨类检测方法标准

● **核心知识点** ●

一、定量检测项目相关

（一）菌落计数有效范围

1. GB 4789. 2—2022 菌落总数、GB 4789. 34—2016 双歧杆菌、GB 4789. 35—2016 乳酸菌计数：均选取菌落数在 30～300CFU 之间，无蔓延菌落的平板计数菌落总数。

2. GB 4789. 3—2016 大肠菌群：选取菌落数在 15～150CFU 之间的平板，分别计数平板上出现的典型和可疑大肠菌群菌落。

3. GB 4789. 10—2016 金黄色葡萄球菌、GB 4789. 14—2014 蜡样芽胞杆菌：选择有相应典型菌落的平板，且同一稀释度 3 个平板所有菌落数合计在 20～200CFU 之间的平板，计数典型菌落数。

4. GB 4789. 13—2012 产气荚膜梭菌：选取典型菌落数在 20～200CFU 之间的平板，计数典型菌落数。

5. GB 4789. 15—2016 霉菌和酵母计数：选取菌落数在 10～150CFU 的平板，根据形态分别计数霉菌和酵母。

6. GB 4789. 30—2016 单核细胞增生李斯特氏菌：选择有典型单核细胞增生李斯特氏菌菌落的平板，且同一稀释度 3 个平板所有菌落数合计在 15～150CFU 之间的平板，计数典型菌落数。

7. GB 4789. 38—2012 大肠埃希氏菌计数：选择菌落数在 10～100CFU 之间的平板，暗室中 360nm～366nm 波长紫外灯照射下，计数平板上发浅蓝色荧光的菌落。

（二）特殊培养条件

1. GB 4789. 2—2022 菌落总数：水产品 30℃±1℃培养 72h±3h。

2. GB 4789. 35—2016 乳酸菌计数：双歧杆菌 36℃±1℃厌氧培养 48h 至 72h，嗜热链球菌 36℃±1℃有氧培养 48h 至 72h，乳杆菌计数 36℃±1℃厌氧培养 48h 至 72h。

二、定性检测项目相关

（一）样品处理过程：沙门氏菌检验过程中乳粉样品在称取完成后勿调节 pH 值，勿混匀，需静置 60min±5min 后再进行增菌。而空肠弯曲菌检验时，不同样品进行处理的方式均不同。

（二）增菌过程：目的是修复受损菌体，提高检出率。多种致病菌项目检验过程需先预增菌再增菌。如致泻大肠埃希氏菌检验时，需先用非选择性的营养肉汤 36℃±1℃增菌 6h 后，再用选择性的肠道增菌肉汤 42℃±1℃进行增菌。

三、分离过程

（一）分离用培养基，因成分不同，所需灭菌处理的方式也不同，如沙门氏菌分离所用 BS 琼脂培养基、HE 琼脂培养基无需高温高压灭菌，只需煮沸处理即可。

（二）配制完成后的培养基储存条件也不一样，如 BS 琼脂培养基需临用前一天配制并倾注平板，第二天使用。

（三）需添加抗生素或增菌剂的培养基一般在临用前添加，且储存条件较短，如金黄色葡萄球菌分离用 Baird-Parker 琼脂培养基，融化后需在培养基 50℃ 左右时添加卵黄亚碲酸钾增菌剂，倾注平板后存储不得超过 48h。

四、生化鉴定

（一）当生化非典型时，需要补做生化项目。如沙门氏菌非典型生化结果时，需补做甘露醇和山梨醇试验，或者做 ONPG 试验等。

（二）培养基上出现不同菌落形态需进行不同生化试验。如饮用水中铜绿假单胞菌检验，CN 琼脂培养基上菌落为非蓝/绿色发荧光的菌落需进行产氨试验和 42℃ 生长试验，而不发荧光的红褐色菌落需进行产氨试验、氧化酶试验及荧光试验等。

（三）溶血试验需注意溶血情况。如金黄色葡萄球菌及 β 溶血性链球菌会产生完全透明的溶血环，单核细胞增生李斯特氏菌会在刺种点周围呈现狭窄、清晰、明亮的溶血圈，而斯氏李斯特氏菌在刺种点周围产生弱的透明溶血圈，伊氏李斯特氏菌产生宽的、轮廓清晰的完全溶血环等。

（四）生化项目需在规定时间内观察结果。如金黄色葡萄球菌血浆凝固试验需在 6h 内观察结果，产气荚膜梭菌牛奶发酵试验需在 5h 内观察结果，铜绿假单胞菌产氨试验在完成培养加入纳氏试剂后需在 10s 内观察颜色变化等。

（五）血清学试验。进行血清学试验前需进行自凝性检查。大肠埃希氏菌 O157：H7 进行血清学试验时，若 H7 血清不凝集需要穿刺接种半固体琼脂，检查动力，经连续传代 3 次，动力试验均阴性，才可确定为无动力株。

五、特殊培养条件

（一）沙门氏菌检验时，RVS 增菌肉汤需在 42℃±1℃ 条件下培养，TTB 增菌肉汤在低背景菌时放置 36℃±1℃ 条件下培养，在高背景菌时放置 42℃±1℃ 条件下培养。

（二）志贺氏菌检验时，增菌过程需在 41.5℃±1℃，厌氧培养 16h～20h。

（三）空肠弯曲菌检验时，25℃±1℃ 生长试验需在微需氧条件下培养，而 42℃±1℃ 生长试验需在有氧条件下进行培养。

（四）β 溶血性链球菌检验时，哥伦比亚 CNA 血琼脂培养基需厌氧培养。

（五）产气荚膜梭菌检验时，TSC 琼脂培养基需厌氧培养，而牛奶发酵试验时的含铁牛乳培养基在 46℃±0.5℃ 水浴中培养。

（六）蜡样芽胞杆菌检验过程，除溶菌酶耐性试验需在 36℃±1℃ 条件下培养外，其他过程均在 30℃±1℃ 条件下培养。

（七）单核细胞增生李斯特氏菌增菌过程需在 30℃±1℃ 条件下培养。

（八）克罗诺杆菌属检验时，mLST-VM 肉汤需在 41.5℃±1℃ 培养。

微生物、螨类检测方法标准是保障食品安全、防控微生物和螨类污染的重要技术支撑。本章围绕微生物、螨类检测方法标准，详细介绍微生物、螨类检验方法的注意事项、操作要点及实际应用。

通过本章的系统练习，读者将掌握微生物、螨类检测方法标准的基本要求、适用范围及操作步骤，学会结合实际案例运用这些方法评估食品的微生物和螨类污染状况，为食品安全抽样检测提供坚实的技术保障。

第一节 基础知识自测

一、单选题

1. 食源性病原微生物分离鉴定工作应在几级实验室进行？（ ）

A. 一级生物安全实验室

B. 一级或以上生物安全实验室

C. 二级或以上生物安全实验室

D. 无要求

2. 大肠菌群平板计数法适用于（ ）食品中大肠菌群的计数。

A. 大肠菌群含量较高的食品

B. 大肠菌群含量较低的食品

C. 任何食品均可以

D. 任何食品均不可以

3. 大肠菌群的定义是：在一定培养条件下能（ ）的需氧和兼性厌氧革兰氏阴性无芽孢杆菌。

A. 发酵乳糖、产酸不产气

B. 不发酵乳糖、不产酸但产气

C. 发酵乳糖、产酸产气

D. 不发酵乳糖、不产酸不产气

4. 大肠菌群计数检验时，样品匀液的 pH 值应在保持在（ ）范围内。

A. 6.0～7.0　　　　B. 6.5～7.5

C. 5.5～6.5　　　　D. 7.0～8.0

5. 沙门氏菌检验过程中，应挑取几个典型或可疑菌落进行生化验证？（ ）

A. 2 个　　　　　　B. 2 个以上

C. 4 个　　　　　　D. 4 个以上

6. 宋内志贺氏菌三糖铁试验的结果为（ ）。

A. A/A－－　　　　B. K/A－－

C. K/A＋－　　　　D. A/A＋－

7. 用于食品中致泻大肠埃希氏菌第一步增菌的液体培养基是（ ）。

A. 肠道菌增菌肉汤　　B. 营养肉汤

C. EC 肉汤　　　　D. 改良 EC 肉汤

8. 致泻大肠埃希氏菌检验时，应挑取 MAC 和 EMB 琼脂平板上的哪类菌接种 TSI 斜面？（ ）

A. 乳糖发酵的菌落

B. 乳糖不发酵的菌落

C. 乳糖迟缓发酵的菌落

D. 以上菌落均需要挑取

9. 肠出血性大肠埃希氏菌属于哪一类致泻大肠埃希氏菌？（ ）

A. 肠道致病性大肠埃希氏菌

B. 肠道侵袭性大肠埃希氏菌

C. 产肠毒素大肠埃希氏菌

D. 产志贺毒素大肠埃希氏菌

10. TCBS 平板在培养结束后，应在（ ）内挑取菌落进行副溶血性弧菌的生化鉴定。

A. 不超过 2 小时　　B. 不超过 1 小时

C. 不超过 3 小时　　D. 不超过 2.5 小时

11. 小肠结肠炎耶尔森氏菌动力试验时，在（ ）下培养时有动力。

A. 26℃　　B. 30℃　　C. 36℃　　D. 42℃

12. 空肠弯曲菌在改良 CCD 琼脂（mCCDA）上的形态为（ ）。

A. 淡粉色、扁平、有金属光泽

B. 灰白色、半球形、有金属光泽

C. 淡灰色、扁平、有金属光泽

D. 乳白色、扁平、有金属光泽

13. 当食品中金黄色葡萄球菌含量较高时，应选用哪种方法进行检验？（　　）

A. 定性法　　　　　　B. 平板计数法

C. MPN 法　　　　　　D. 上述方法均可

14. 金黄色葡萄球菌平板计数法检验时，应如何选择合适的平板进行计数？（　　）

A. 选择同一稀释度菌落数均在 20～200CFU 的 3 个平板进行菌落总数的合计

B. 选择同一稀释度菌落数均在 15～150CFU 的 3 个平板进行菌落总数的合计

C. 选择同一稀释度 3 个平板所有菌落数合计在 20～200CFU 之间的平板进行计数

D. 选择同一稀释度 3 个平板所有菌落数合计在 15～150CFU 之间的平板进行计数

15. 某一液体样品需进行产气荚膜梭菌项目的检验，若无法在 8 小时内进行检验时，该如何处理样品？（　　）

A. 及时置于 2～5℃保存

B. 及时置于－60℃低温冰箱中冷冻保存

C. 量取 25mL 样品加入等量缓冲甘油-氯化钠溶液，并尽快置于－60℃低温冰箱中冷冻保存

D. 量取 25mL 样品加入双倍量缓冲甘油-氯化钠溶液，并尽快置于－60℃低温冰箱中冷冻保存

16. 典型的产气荚膜梭菌在胰胨-亚硫酸盐-环丝氨酸（TSC）琼脂平板上的菌落颜色是（　　）。

A. 灰色　　B. 黑色　　C. 红色　　D. 白色

17. 按 GB 4789.12—2012 要求，产气荚膜梭菌牛奶发酵试验应在多长时间内观察结果？（　　）

A. 4 小时　　　　　　B. 6 小时

C. 5 小时　　　　　　D. 8 小时

18. 蜡样芽胞杆菌进行生化试验时，需在 36℃条件下进行的有（　　）。

A. 动力试验　　　　　B. 溶血试验

C. 根状试验　　　　　D. 溶菌酶耐性试验

19. 蜡样芽胞杆菌蛋白毒素晶体试验中，需用什么染料进行染色后再在光学显微镜下观察？（　　）

A. 结晶紫溶液　　　　B. 番红染液

C. 0.5％的碱性复红　　D. 络合碘

20. 依据 GB 4789.14—2014 要求，蜡样芽胞杆菌鉴定试验中，需要在厌氧环境下进行的生化鉴定项目是（　　）。

A. 溶菌酶耐性试验　　B. 葡萄糖利用试验

C. 甘露醇产酸试验　　D. V-P 试验

21. 霉菌和酵母计数检验时，应选取菌落数在（　　）之间的平板进行计数。

A. 15～150CFU　　　　B. 10～100CFU

C. 10～150CFU　　　　D. 20～200CFU

22. 霉菌用直接镜检法检验时，在标准视野下，发现霉菌菌丝长度超过标准视野（1.382mm）的（　　）时即记录为阳性。

A. 1/6　　B. 1/3　　C. 1/2　　D. 1/5

23. 坚硬的肉制品可将样品无菌剪切破碎或磨碎进行混匀，单次磨碎时间应控制在（　　）以内。

A. 2min　　B. 3min　　C. 1min　　D. 4min

24. 对于脂肪含量超过（　　）的肉制品，可根据脂肪含量加入适当比例的灭菌吐温－80 进行乳化混匀。

A. 0.1　　　B. 0.2　　　C. 0.3　　　D. 0.4

25. 经酸化工艺生产的乳清粉，应使用（　　）进行稀释。

A. pH 8.4±0.2 的磷酸氢二钾缓冲液

B. pH 8.4±0.2 的磷酸二氢钾缓冲液

C. pH 7.5±0.2 的磷酸氢二钾缓冲液

D. pH 7.5±0.2 的磷酸二氢钾缓冲液

26. 针对鲜蛋白样品，检验时初始液推荐使用方法为 1∶40 稀释，是因为（　　）。

A. 鲜蛋白过于浓稠

B. 稀释蛋白中溶菌酶的抑制作用

C. 降低鲜蛋白的腥味

D. 以上均不是

27. 生鲜虾类以检验卫生指示菌为目的时，

采取检样的部位为（　　）。

A. 腹节
B. 腮条
C. 胸部肌肉
D. 腹节内的肌肉

28. 若调味品样品中盐质量分数超过 10%，使用更高稀释度使初始悬浮液氯化钠总浓度不超过（　　）。

A. 0.01
B. 0.02
C. 0.03
D. 0.04

29. 依据标准 GB 4789.25—2024《食品安全国家标准 食品微生物学检验 酒类、饮料、冷冻饮品采样和检样处理》中规定，液体饮料适用于无乙醇或乙醇含量不超过质量分数（　　）的液体饮料、包装饮用水（包括饮用天然矿泉水），以及含有固体、半固体成分的液体饮料等。

A. 0.25%
B. 0.5%
C. 0.75%
D. 1%

30. 商业无菌项目检验时，样品开启后，用灭菌吸管或其他适当工具以无菌操作取出内容物（　　）至灭菌容器内，保存于 2～5℃冰箱中，在需要时可用于进一步试验，待该批样品得出检验结论后可弃去。

A. 至少 20mL（g）
B. 至少 30mL（g）
C. 至少 15mL（g）
D. 至少 10mL（g）

31. 干蛋品类样品取样时，用无菌勺或其他灭菌器具，除去上层蛋粉，以灭菌取样器取（　　）样心，随即用灭菌勺或其他合适的器具，以无菌操作将样心移至盛样器内。

A. 3 个或 3 个以上
B. 4 个或 4 个以上
C. 5 个或 5 个以上
D. 6 个或 6 个以上

32. 微生物检验过程中半固态乳制品处理，对于脂肪含量超过（　　）的产品，可根据脂肪含量加入适当比例的灭菌吐温-80 进行混匀。

A. 0.2
B. 0.3
C. 0.35
D. 0.4

33. 食品中致泻大肠埃希氏菌检验时，制备好的样品匀液应放置 36℃±1℃ 培养（　　）后，继续后续试验。

A.（6±1）h
B. 6h

C.（18±2）h
D. 18h

34. 在进行菌落总数项目的测定时，应根据对样品污染状况的估计，选择（　　）适宜稀释度的样品匀液（液体样品可包括原液），吸取 1mL 样品匀液于无菌培养皿内，每个稀释度做（　　）培养皿。

A. 1～3 个，1 个
B. 2～3 个，2 个
C. 2～3 个，1 个
D. 1～3 个，2 个

35. 巧克力样品采样时，应用无菌采样工具从（　　）个不同部位现场采集样品，放入同一个无菌采样容器内作为 1 件食品样品。

A. 5
B. 6
C. 7
D. 8

36. 下列选项中关于需融化后使用的琼脂培养基的熔化要求说法错误的是（　　）。

A. 熔化后的培养基放入 47～50℃ 的恒温装置中冷却保温，直至使用

B. 熔化后的培养基应尽快使用，放置时间不应超过 6h

C. 未用完的培养基不能重新凝固留待下次使用

D. 可采用高压锅中的层流蒸汽熔化

37. 选择性计数固体培养基性能测试时，目标菌的生长率一般应不小于（　　）。

A. 0.5
B. 0.6
C. 0.7
D. 0.8

38. 配置好的培养基分装时，培养基的体积不应超过容器体积的（　　）。

A. 2/3
B. 3/4
C. 4/5
D. 3/5

39. 依据 GB 4789.30—2016 要求，单核细胞增生李斯特氏菌平板计数法检验时，需接种什么平板进行计数？（　　）

A. PALCAM 琼脂平板

B. 李斯特氏菌显色平板

C. PALCAM 琼脂平板及李斯特氏菌显色平板

D. TSA-YE 琼脂平板

40. 双歧杆菌计数时，从样品稀释到平板倾注要求在多长时间内完成？（　　）

A. 15min
B. 20min
C. 25min
D. 30min

41. 大肠埃希氏菌 O157：H7/NM 在 TSI 试验的结果为（　　）。

A. 上红下黄，产气或不产气，不产硫化氢

B. 上红下红，产气或不产气，不产硫化氢

C. 上黄下黄，产气或不产气，不产硫化氢

D. 上红下黄，产气或不产气，产硫化氢

42. 大肠埃希氏菌 O157：H7/NM 检验时，O157 血清凝集，H7 血清不凝集，生化结果均符合，结果报告应为（　　）。

A. 检出大肠埃希氏菌 O157：H7

B. 检出大肠埃希氏菌 O157：NM

C. 检出大肠埃希氏菌 O157：H7/NM

D. 以上均不是

43. 大肠埃希氏菌 O157：H7/NM 免疫磁珠捕获法检验时，应取多少免疫磁珠悬液进行平板涂布？（　　）

A. 10 微升　　　　　　B. 30 微升

C. 50 微升　　　　　　D. 60 微升

44. 典型的大肠埃希氏菌 IMViC 试验结果是（　　）。

A. ＋＋－＋　　　　　　B. ＋－＋－

C. ＋＋－－　　　　　　D. －＋－＋

45. 大肠埃希氏菌平板计数法检验时，应选择菌落数在多少范围内的平板进行计数？（　　）

A. 10～100CFU　　　　B. 15～150CFU

C. 20～200CFU　　　　D. 10～150CFU

46. 大肠埃希氏菌平板计数法检验时，应记录平板上在 360～366nm 波长范围内能发（　　）荧光的菌落数。

A. 浅绿色　　　　　　B. 浅紫色

C. 浅红色　　　　　　D. 浅蓝色

47. 粪大肠菌群的定义是（　　）。

A. 一群在 36℃ 培养 24～48h 能发酵乳糖、产酸产气的需氧和兼性厌氧革兰氏阴性无芽孢杆菌

B. 一群在 36℃ 培养 24～48h 能发酵乳糖、产酸不产气的需氧和兼性厌氧革兰氏阴性无芽孢杆菌

C. 一群在 44.5℃ 培养 24～48h 能发酵乳糖、产酸产气的需氧和兼性厌氧革兰氏阴性无芽孢杆菌

D. 一群在 44.5℃ 培养 24～48h 能发酵乳糖、产酸不产气的需氧和兼性厌氧革兰氏阴性无芽孢杆菌

48. 克罗诺杆菌定性检验，应根据菌落特征、确证试验（生化鉴定）和/或 PCR 鉴定结果报告（　　）g（mL）样品中检出或未检出克罗诺杆菌。

A. 1　　　　B. 10　　　　C. 25　　　　D. 100

49. 依据《食品安全国家标准　食品微生物学检验蜡样芽胞杆菌检验》（GB 4789.14—2014），在 TSSB 琼脂平板上，蜡样芽胞杆菌的溶血现象为（　　）。

A. 草绿色溶血环或完全溶血环

B. 弱的透明溶血圈

C. 不溶血

D. 狭窄、清晰、明亮的溶血圈

50. 依据 GB 14963—2011《食品安全国家标准　蜂蜜》附录 A 要求，嗜渗酵母计数的培养条件为（　　）。

A. 28℃±1℃ 培养，观察并记录培养至第 5d

B. 28℃±1℃，避光培养，观察并记录培养至第 5d

C. 25℃±1℃，在培养 48h 后开始每日观察平板，培养 7d 结束

D. 25℃±1℃，避光培养，在培养 48h 后开始每日观察平板，培养 7d 结束

51. 依据 GB 14963—2011《食品安全国家标准　蜂蜜》附录 A 要求，嗜渗酵母计数的接种方式及接种量为（　　）。

A. 倾注，1mL

B. 涂布，0.1mL

C. 涂布，0.3mL、0.3mL、0.4mL

D. 膜过滤，10mL

52. 依据 GB 4789.40—2024《食品安全国家标准　食品微生物学检验克罗诺杆菌检验》的要求，确证试验时，每个平板至少挑取（　　）个可疑菌落，不足（　　）

个时挑取全部可疑菌落，分别划线接种于 TSA 平板，36℃±1℃培养 24h±2h。

A. 2，2　　　　　　　　B. 3，3

C. 4，4　　　　　　　　D. 5，5

53. 依据 GB 4789.41—2016《食品安全国家标准 食品微生物学检验 肠杆菌科检验》要求，平板倾注过程应分别吸取（　　）加入两个无菌平皿内作为空白对照。

A. 1mL 生理盐水

B. 1mL 磷酸盐缓冲液

C. 1mL BPW

D. 1mL 蒸馏水

54. 酸性软质水果在检测诺如病毒时，样品振荡处理过程需每隔（　　）检测一次 pH 值。

A. 5min　　　　　　　B. 10min

C. 15min　　　　　　　D. 20min

55. 典型的创伤弧菌在 CC 和 mCPC 平板上的形态为：圆形、扁平，光照下呈透明或中心不透明但边缘透明的（　　）。

A. 黄色至橘黄色菌落

B. 浅粉色至粉色菌落

C. 紫红色至紫色菌落

D. 蓝色至蓝紫色菌落

56. 下列选项关于小肠结肠炎耶尔森氏菌的革兰氏染色镜检结果描述正确的是（　　）。

A. 革兰氏阴性球杆菌，有时呈椭圆或杆状

B. 革兰氏阴性粗大杆菌

C. 革兰氏阳性球杆菌，有时呈椭圆或杆状

D. 革兰氏阳性芽孢杆菌

57. 粪链球菌在 KF 琼脂培养基的滤膜上呈现的典型特征是（　　）。

A. 大小不等的红色或粉红色菌落

B. 较小的紫红色菌落

C. 中等大小的紫红色菌落

D. 大小不等的紫红色菌落

58. 铜绿假单胞菌产氨试验时，在乙酰胺肉汤培养物中加入 1～2 滴钠氏试剂后，应在多长时间内观察结果？（　　）

A. 5s　　　B. 10s　　　C. 15s　　　D. 20s

59. 产气荚膜梭菌在 TSC 琼脂培养基的滤膜上呈现的特征是（　　）。

A. 红色或粉红色菌落　　B. 紫红色菌落

C. 黑色菌落　　　　　　D. 灰白色菌落

60. 依据 GB 4789.49—2024《食品安全国家标准 食品微生物学检验 产志贺毒素大肠埃希氏菌检验》中规定，以下哪种情况可判定为 *stx* 阳性？（　　）

A. *stx1* 和 *stx2* 的 Ct 值≥40

B. *stx1* 或 *stx2* 的 Ct 值<35，16S rDNA 基因的 Ct 值<35

C. *stx1* 和 *stx2* 的 Ct 值≥35 且<40，16S rDNA 基因的 Ct 值<35

D. *stx1* 和 *stx2* 的 Ct 值≥40，16S rDNA 基因的 Ct 值≥35

61. 五种致泻大肠埃希氏菌基因扩增后电泳结果均会出现的基因条带是（　　）。

A. *esc* V　　　　　　B. *stx1*

C. *ast* A　　　　　　D. *uid* A

62. 下列有关深加工预包装食品沙门氏菌检验增菌过程描述正确的是（　　）。

A. 移取 BPW 增菌液 1mL 转种于 10mL RVS 中，混匀后于 42℃±1℃下培养 18～24h

B. 移取 BPW 增菌液 1mL 转种于 10mL TTB 中，混匀后于 42℃±1℃下培养 18～24h

C. 移取 BPW 增菌液 0.1mL 转种于 10mL RVS 中，混匀后于 36℃±1℃下培养 18～24h

D. 移取 BPW 增菌液 1mL 转种于 10mL TTB 中，混匀后于 36℃±1℃下培养 18～24h

63. 菌落总数测定检验时，水产品的培养条件为（　　）。

A. 36℃±1℃培养 48h±2h

B. 30℃±1℃培养 72h±2h

C. 36℃±1℃培养 72h±2h

D. 30℃±1℃培养 72h±3h

64. 产气荚膜梭菌检验时应如何选择稀释度进行接种？（ ）

A. 选择 1～3 个稀释度进行接种

B. 选择 2～3 个稀释度进行接种

C. 选择 10^{-1}～10^{-6} 范围内 6 个稀释度进行接种

D. 选择 10^{-2}～10^{-6} 范围内 5 个稀释度进行接种

65. 固态食品进行肉毒梭菌检验时，应使用哪种缓冲液进行样品的处理？（ ）

A. 磷酸盐缓冲液

B. 蛋白胨缓冲液

C. 明胶磷酸盐缓冲液

D. 明胶蛋白胨缓冲液

66. 哪种情况下的雪糕不需要进行微生物项目的检验？（ ）

A. 添加活菌或益生菌的雪糕

B. 生产日期在 2022 年 3 月 7 日之前的雪糕

C. 生产日期在 2024 年 3 月 6 日之前的雪糕

D. 从大包装中分装的雪糕样品

67. 食品中菌落总数测定时，平板计数琼脂培养基倾注温度建议为（ ）。

A. 46～50℃   B. 46℃

C. 45℃   D. 46℃±1℃

68. 大肠菌群在 VRBA 固体培养基上呈现红色或者紫色是因为（ ）。

A. 大肠菌群能发酵 VRBA 培养基中的乳糖产酸，在酸碱指示剂的作用下呈现红色或者紫色

B. 大肠菌群不能发酵 VRBA 培养基中的乳糖，在酸碱指示剂的作用下呈现红色或者紫色

C. 大肠菌群能发酵 VRBA 培养基中的蛋白胨产碱，在酸碱指示剂的作用下呈现红色或者紫色

D. 大肠菌群不能发酵 VRBA 培养基中的蛋白胨，在酸碱指示剂的作用下呈现红色或者紫色

69. 依据 GB 4789.4—2024《食品安全国家标准 食品微生物学检验 沙门氏菌检验》要求，沙门氏菌增菌培养物应选择直径多大的接种环划线接种分离培养基？（ ）

A. 1mm   B. 2mm   C. 3mm   D. 4mm

70. 志贺氏菌三糖铁试验结果为斜面产碱底层产酸是因为（ ）。

A. 发酵乳糖，不发酵葡萄糖和蔗糖

B. 发酵蔗糖，不发酵乳糖和葡萄糖

C. 发酵葡萄糖，不发酵乳糖和蔗糖

D. 三种糖均发酵

71. 肠道聚集性大肠埃希氏菌能对什么细胞形成聚集性黏附？（ ）

A. Hela 细胞   B. Hep-2 细胞

C. CHO-K1 细胞   D. HK1 细胞

72. 食品中致泻大肠埃希氏菌检验时，增菌液增菌 6 个小时后，应取（ ）培养物接种至（ ）体积的肠道菌增菌肉汤中进行培养。

A. 1μL，30mL   B. 10μL，30mL

C. 1μL，50mL   D. 10μL，50mL

73. 食品中肉毒梭菌检验时，样品匀液需接种几支庖肉培养基？（ ）

A. 1 支   B. 2 支   C. 4 支   D. 6 支

二、多选题

74. 二级采样方案中设有的 n、c 和 m 值分别是指（ ）。

A. n：同一批次产品应采集的样品件数

B. c：最大可允许超出 m 值的样品数

C. m：微生物指标可接受水平限量值

D. m：微生物指标最高安全限量值

75. 以下哪种液体可作为食品中菌落总数检验用稀释液？（ ）

A. 无菌水

B. 无菌磷酸盐缓冲液

C. 无菌缓冲蛋白胨水

D. 无菌生理盐水

76. 以下培养基中，不宜采用高温高压湿热灭菌方式进行灭菌的有（ ）。

A. 木糖赖氨酸脱氧胆盐（XLD）琼脂

B. 亚硫酸铋（BS）琼脂

C. HE 琼脂

D. 结晶紫中性红胆盐琼脂（VRBA）

77. 以下培养基可用于食品中志贺氏菌分离的有（　　）。

A. EMB 琼脂平板

B. XLD 琼脂平板

C. MAC 琼脂平板

D. 志贺氏菌显色平板

78. 下列关于食品中副溶血性弧菌检验样品制备过程符合标准要求的有（　　）。

A. 非冷冻样品采集后应立即置 7～10℃冰箱保存，尽可能及早检验

B. 鱼类和头足类动物取表面组织、肠或鳃

C. 带壳贝类或甲壳类，应先在自来水中洗刷外壳并甩干表面水分，然后以无菌操作打开外壳，按要求取相应部分

D. 贝类取全部内容物，包括贝肉和体液

79. 下列选项中革兰氏染色结果为阴性的菌株有（　　）。

A. 蜡样芽胞杆菌

B. 单核细胞增生李斯特氏菌

C. 副溶血性弧菌

D. 铜绿假单胞菌

80. 副溶血性弧菌嗜盐性试验结果显示，该菌在哪个氯化钠浓度的胰胨水中能生长旺盛？（　　）

A. 3%氯化钠胰胨水

B. 6%氯化钠胰胨水

C. 8%氯化钠胰胨水

D. 10%氯化钠胰胨水

81. 若需要进行空肠弯曲菌检验，样品处理时需要取滤液进行增菌的样品有（　　）。

A. 苹果　　B. 蛋黄液　C. 冰激凌　D. 扇贝

82. 下列关于空肠弯曲菌增菌过程描述正确的是（　　）。

A. Bolton 肉汤预增菌需在 36℃±1℃、微需氧条件下培养 4h

B. 布氏肉汤预增菌需在 36℃±1℃、微需氧条件下培养 4h

C. Bolton 肉汤增菌需在 42℃±1℃、微需氧条件下培养 24～48h

D. 布氏肉汤增菌需在 42℃±1℃、微需氧条件下培养 24～48h

83. β 溶血性链球菌在光学显微镜下呈现的形态有（　　）。

A. 球形　　　　　　　B. 卵圆形

C. 短链状　　　　　　D. 长链状

84. 典型的蜡样芽胞杆菌在 MYP 琼脂平板上呈微粉红色，周围有白色至淡粉红色沉淀环，是因为（　　）。

A. 不发酵甘露醇，所以呈微粉红色

B. 发酵甘露醇，所以呈微粉红色

C. 产卵磷脂酶，所以周围有白色至淡粉红色沉淀环

D. 不产卵磷脂酶，所以周围有白色至淡粉红色沉淀环

85. 冷冻肉制品的解冻方式有（　　）。

A. 45℃以下不超过 15min

B. 18～27℃不超过 3h

C. 2～5℃不超过 18h

D. 18～27℃不超过 4h

86. 冰蛋品类食品采样的要求是（　　）。

A. 从容器顶部至底部钻取 3 个样心

B. 第 1 个样心在中心

C. 第 2 个样心在中心与边缘之间

D. 第 3 个样心在容器边缘附近

87. 生鲜鱼类在以检验致病菌为目的时，应采取检样的部位为（　　）。

A. 腮腺　　　　　　　B. 体表

C. 肌肉　　　　　　　D. 胃肠消化道

88. 依据标准要求，粮食制品冷冻样品的解冻方式有以下哪几种？（　　）

A. 45℃以下不超过 15min

B. 45℃以下不超过 18min

C. 18～27℃不超过 3h

D. 18～27℃不超过 4h

E. 2～5℃不超过 18h

89. 肉与肉制品采样和检样处理过程中，对于酸度或碱度过高的样品，可添加适量的 1mol/L NaOH 或 HCl 溶液调节 pH，以下属于允许范围内的有（　　）。

A. 7. 8　　B. 6　　　C. 7　　　D. 6. 7

90. 下列选项中关于商业无菌产品镜检过程描述正确的选项有（　　）。

A. 至少观察 5 个视野

B. 需记录菌体的形态特征

C. 需记录每个视野的菌落数

D. 保温后的样品与同批冷藏样品相比，菌数十倍或十倍以上的增长可判定为明显增殖

91. 食品微生物检验试验用水的要求是（　　）。

A. 电导率在 25℃ 时≤25μS/cm

B. 电阻率在 25℃ 时≥0.04MΩ/cm

C. 微生物污染不应超过 10^3CFU/mL

D. 电阻率≥0.4MΩ/cm

92. 成品培养基和试剂进行评价的方式有（　　）。

A. 定量方法　　　　　B. 半定量方法

C. 定性方法　　　　　D. MPN 法

93. 进行培养基生长率测试时，细菌和酵母菌、霉菌每个平板的接种水平分别是（　　）。

A. 细菌和酵母菌接种水平为每个平板 50～250CFU

B. 细菌和酵母菌接种水平为每个平板 50～300CFU

C. 霉菌接种水平为每个平板 30～150CFU

D. 细菌和酵母菌接种水平为每个平板 50～200CFU

94. 常见的导致培养基不能凝固的原因主要有（　　）。

A. 制备过程中过度加热

B. 低 pH 造成培养基酸解

C. 称量不正确

D. 琼脂未完全溶解

E. 培养基成分未充分混匀

95. 单核细胞增生李斯特氏菌在 PALCAM 琼脂培养基上的典型形态是（　　）。

A. 灰绿色菌落

B. 菌落周围有棕黑色水解圈

C. 菌落有黑色凹陷

D. 小的圆形菌落

96. 下列乳酸菌中需要厌氧培养的是（　　）。

A. 嗜热链球菌　　　　B. 婴儿双歧杆菌

C. 长双歧杆菌　　　　D. 鼠李糖乳杆菌

97. 大肠埃希氏菌 IMViC 试验，分别指什么试验。

A. I 指靛基质试验，M 指甲基红试验

B. Vi 指 VP 试验，C 指柠檬酸盐试验

C. I 指柠檬酸盐试验，M 指甲基红试验

D. Vi 指 VP 试验，C 指靛基质试验

98. 典型的副溶血性弧菌在 TCBS 平板上的形态是（　　）。

A. 圆形、半透明

B. 表面光滑的绿色菌落

C. 用接种环轻触有类似口香糖的质感

D. 菌落直径 2～3mm

99. 依据 GB 14963—2011《食品安全国家标准 蜂蜜》附录 A 要求，嗜渗酵母计数所用的培养基和稀释液为（　　）。

A. 孟加拉红平板　　　B. DG18 平板

C. 生理盐水　　　　　D. 30％葡萄糖溶液

100. 依据 GB 4789.15—2016《食品安全国家标准 食品微生物学检验 霉菌和酵母计数》的要求，霉菌、酵母计数可使用的培养基为（　　）。

A. 孟加拉红琼脂

B. DG18 琼脂

C. 沙氏琼脂

D. 马铃薯葡萄糖琼脂

101. 下列关于食品中肠杆菌科检验过程的描述，正确的是（　　）。

A. 从每个平板上至少挑取 5 个（小于 5 个全选）典型菌落进行确认

B. 如果有不同形态的典型菌落，则每种形态分别至少挑取 1 个菌落进行确认

C. 将所挑选的每一个菌落分别划线接种于营养琼脂平板

D. 用镍铬接种环挑取单个菌落涂于浸湿氧

化酶试剂的滤纸上，滤纸的颜色在 10s 内变成蓝紫色，判定为阳性反应

102. 依据 GB 4789.42—2016《食品安全国家标准 食品微生物学检验 诺如病毒检验》的要求，以下哪些食品需做诺如病毒检验？（　　　）

A. 胡萝卜　　　　　　　B. 花甲

C. 草莓　　　　　　　　D. 番茄

103. 进行食品中诺如病毒检验时，样品的处理有哪些注意事项？（　　　）

A. 样品一般应在 4℃ 以下的环境中进行运输

B. 实验室接到样品后应尽快进行检测，如果暂时不能检测应将样品保存在 −80℃ 冰箱中，试验前解冻

C. 样品处理和 PCR 反应应在单独的工作区域或房间进行

D. 每个样品可设置 2～3 个平行处理

104. 水产品样品进行创伤弧菌检验时应如何取样？（　　　）

A. 鱼类和头足类取其表面组织、肠和鳃

B. 贝类取全部内容物（包括贝肉和体液）

C. 甲壳类取整个动物或其中心部分（包括肠和鳃）

D. 带壳贝类或硬壳甲壳类，先用流动自来水冲洗外壳并用滤纸吸干表面水分，然后无菌操作打开外壳，按要求取相应部分

105. 大肠菌群典型菌落在远藤琼脂培养基上可能会具有哪些特征？（　　　）

A. 紫红色，具有金属光泽

B. 深红色，不带或略带金属光泽

C. 淡红色，中心颜色较深

D. 淡红色，周围有沉淀环

106. 铜绿假单胞菌在假单胞菌（CN）琼脂平板上可能会出现的典型菌落特征是（　　　）。

A. 蓝色或绿色的菌落

B. 紫外灯照射下发荧光的非蓝色且非绿色菌落

C. 紫外灯照射下不发荧光的红褐色菌落

D. 紫外灯照射下不发荧光的白色菌落

107. 依据 GB 4789.49—2024《食品安全国家标准 食品微生物学检验 产志贺毒素大肠埃希氏菌检验》规定，PCR 扩增目标基因序列包括（　　　）。

A. *stx*　　　　　　　　B. *stp*

C. *sth*　　　　　　　　D. 16S rDNA

108. 下列关于沙门氏菌在不同分离琼脂培养基上可能会出现的形态描述正确的是（　　　）。

A. BS 琼脂平板上呈现灰绿色的菌落，周围培养基不变色

B. XLD 琼脂平板上呈现为黄色菌落，不带黑色中心

C. HE 琼脂平板上呈现为黄色菌落，中心黑色

D. XLD 琼脂平板上呈现为粉色菌落，不带黑色中心

109. 依据 GB 4789.4—2024 要求，下列哪些生化试验结果符合典型沙门氏菌生化结果？（　　　）

A. H_2S 阴性

B. 靛基质阳性

C. 尿素阴性

D. 赖氨酸脱羧酶阳性

110. 请选出副溶血性弧菌在光学显微镜下可能呈现的形态（　　　）。

A. 棒状　　　　　　　　B. 海鸥状

C. 卵圆状　　　　　　　D. 螺旋状

111. 于硫酸锰营养琼脂平板上培养了 4 天的蜡样芽胞杆菌在光学显微镜下可能呈现的状态是（　　　）。

A. 有浅红色的游离芽胞

B. 有深红色的菱形蛋白结晶体

C. 少量菌体中央有椭圆形芽胞

D. 菌体呈短链状

112. 检验时可采用提高稀释度的方式来降低其抗菌活性的调味品有（　　　）。

A. 食醋　　　　　　　　B. 洋葱粉

C. 大蒜　　　　　　　　D. 胡椒

113. 依据标准 GB 4789.26—2023《食品安全国家标准 食品微生物学检验 商业无菌检验》要求，下列食品属于酸化食品的是（　　）。

A. 经添加酸度调节剂或通过其他酸化方法将食品酸化后，水分活度大于 0.85 且其平衡 pH 等于 4.6 的食品

B. 经添加酸度调节剂或通过其他酸化方法将食品酸化后，水分活度大于 0.85 且其平衡 pH 小于 4.6 的食品

C. 凡杀菌后平衡 pH 大于 4.6，水分活度大于 0.85 的食品

D. pH 小于 4.7 的番茄制品

114. 下列选项中关于单核细胞增生李斯特氏菌溶血试验说法不正确的是（　　）。

A. 可挑取单个可疑菌落穿刺接种血平板

B. 可产生狭窄的 β 溶血环

C. 可产生 α 溶血环

D. 不溶血

115. 依据 GB 4789.36—2016 要求，下列关于大肠埃希氏菌 O157：H7/NM 检验过程描述错误的是（　　）。

A. 取增菌液划线接种 CT-SMAC 平板或大肠埃希氏菌 O157 显色琼脂平板

B. 在 CT-SMAC 平板上，典型菌落为圆形、光滑、较小的无色菌落，中心呈现较暗的灰褐色

C. 生化鉴定时需在 CT-SMAC 或大肠埃希氏菌 O157 显色琼脂平板上挑取 5～10 个可疑菌落进行鉴定

D. 初步生化鉴定时，应选择 MUG 试验阳性的菌株继续进行后续的生化鉴定

116. 下列关于单核细胞增生李斯特氏菌形态及生化特征描述正确的有（　　）。

A. 该菌革兰氏染色结果为阳性短杆菌

B. 该菌木糖阳性

C. 该菌鼠李糖阴性

D. 该菌在半固体培养基上呈伞状生长

117. 下列关于蜡样芽胞杆菌根状试验的要点及注意事项描述正确的是（　　）。

A. 平板需室温干燥 1～2d

B. 培养时间不能超过 72h

C. 需用蜡样芽胞杆菌和蕈状芽孢杆菌标准株作为对照进行同步试验

D. 需在 36℃±1℃ 的条件下培养

118. 矿泉水中大肠菌群采用 15 管发酵法检验时，下列关于初发酵试验样品的接种方式及接种量正确的是（　　）。

A. 取水样原液 10mL 接种到 10mL 双料乳糖胆盐发酵培养液中，共接种 5 份

B. 取水样原液 1mL 接种到 10mL 双料乳糖胆盐发酵培养液中，共接种 5 份

C. 取水样原液 1mL 接种到 10mL 单料乳糖胆盐发酵培养液中，共接种 5 份

D. 取十倍稀释的水样稀释液 1mL 接种到 10mL 单料乳糖胆盐发酵培养液中，共接种 5 份

119. 以下关于肉毒梭菌检验样品的处理正确的是（　　）。

A. 含水量较高的固态样品取 25g 加入 25mL 明胶磷酸盐缓冲液中浸泡 30min 后均质

B. 含水量较低的固态样品取 25g 加入 50mL 明胶磷酸盐缓冲液中浸泡 30min 后均质

C. 液体样品取 25mL 加入 25mL 明胶磷酸盐缓冲液中均质混匀

D. 液态样品摇匀后量取 25mL 直接进行检验

120. 典型的肉毒梭菌在卵黄平板上的菌落形态为（　　）。

A. 菌落隆起或扁平、光滑或粗糙

B. 边缘规则，在菌落周围形成乳色沉淀晕圈

C. 斜视光下观察，菌落表面呈现珍珠样虹彩

D. 边缘不规则，在菌落周围形成乳色沉淀晕圈

121. 依据 GB 4789.4—2024 要求，下列关于沙门氏菌检验过程描述正确的

是（　　）。

A. 如有需要，可将预增菌的培养物在2～8℃冰箱保存不超过72h，再进行选择性增菌

B. 将已挑取菌落的分离琼脂平板于2～8℃保存，以备必要时复查

C. 进行血清学鉴定试验前需进行培养物自凝性检查

D. 多价O抗原的鉴定为选做项目

122. 现已知的具有Vi抗原的沙门氏菌菌型有（　　）。

A. 伤寒沙门氏菌

B. 甲型副伤寒沙门氏菌

C. 丙型副伤寒沙门氏菌

D. 都柏林沙门氏菌

123. 依据GB 4789.5—2012要求，下列关于志贺氏菌检验过程描述正确的是（　　）。

A. 液体样品处理时，振荡混匀即可，无须均质

B. 划线接种分离平板进行分离时，培养24h后出现菌落不典型或菌落较小不易观察，可继续培养至48h再进行观察

C. 初步生化试验时，自选择性琼脂平板上分别挑取2个以上典型或可疑菌落进行试验

D. 志贺氏菌血清学分型鉴定为必做项目

124. 依据GB 4789.47—2024《食品安全国家标准 食品微生物学检验 食用油脂制品采样和检样处理》的要求，瓶（桶）装样品无菌取样时，采用的消毒方式有以下哪几种方式？（　　）

A. 碘伏　　　　　　　B. 75%酒精

C. 火焰　　　　　　　D. 紫外灯照射

125. 关于食品中大肠菌群的检验过程，下列选项中描述正确的有（　　）。

A. MPN法检验时，应选择连续的3个稀释度接种LST肉汤

B. 平板计数法检验时，应选择2～3个适宜的连续稀释度接种

C. 平板计数法检验倾注培养基时，VABA琼脂凝固后无须再次覆盖VRBA琼脂

D. MPN法复发酵用培养基和平板计数法确证试验用培养基不一样

126. 为区别志贺氏菌和不活泼的大肠埃希氏菌，需要进行哪几项生化试验进行验证？（　　）

A. 葡萄糖胺试验

B. 棉子糖发酵试验

C. 西蒙氏柠檬酸盐利用试验

D. 粘液酸盐试验

127. 以下哪几项不是肠道侵袭性大肠埃希氏菌的生化特征？（　　）

A. 动力阳性

B. 赖氨酸脱羧酶阳性

C. 乳糖发酵阳性

D. H_2S阴性

128. 下列选项中致泻大肠埃希氏菌简称正确的是（　　）。

A. 肠道致病性大肠埃希氏菌（EPEC）

B. 产肠毒素大肠埃希氏菌（ETEC）

C. 肠道侵袭性大肠埃希氏菌（EAEC）

D. 肠道集聚性大肠埃希氏菌（EIEC）

129. PCR方法检测产肠毒素大肠埃希氏菌时，可选择的目标基因是（　　）。

A. *astA*　　　　　　　B. *lt*

C. *stp*　　　　　　　D. *sth*

130. PCR方法检测肠出血性大肠埃希氏菌时，可选择的目标基因是（　　）。

A. *escV*　　　　　　　B. *eae*

C. *stx1*　　　　　　　D. *stx2*

131. 依据GB 4789.29—2020要求，下列关于唐菖蒲伯克霍尔德氏菌在分离平板上的菌落形态描述正确的是（　　）。

A. 在mPDA平板上为紫色、光滑、湿润、边缘整齐的菌落

B. 在PCFA平板上为灰白色、光滑、湿润、边缘整齐的菌落

C. 在卵黄琼脂平板上为表面光滑、湿润的菌落，菌落周围形成乳白色混浊环

D. 在 mPDA 平板上为红色、光滑、湿润、边缘整齐的菌落

132. 以下属于唐菖蒲伯克霍尔德氏菌生化特征的有（　　）。

A. 葡萄糖阳性　　　　B. 木糖阳性

C. 氧化酶阴性　　　　D. V-P 阳性

133. 鲜乳中抗生素残留检测时，可能会用到的菌株有（　　）。

A. 嗜热链球菌

B. 植物乳杆菌

C. 嗜热脂肪芽孢杆菌

D. 鼠李糖乳杆菌

三、判断题

134. 灭菌检验用品记录灭菌时间及有效使用期限即可。（　　）

135. 按国家标准要求，实验室分离的菌株（野生菌株）经过鉴定后，可作为实验室内部质量控制的菌株。（　　）

136. 菌落总数是指食品检样经过处理，在一定条件下（如培养基、培养温度和培养时间等）培养后，所得每 g（mL）检样中形成的细菌菌落数。（　　）

137. 菌落总数计数时，应用放大镜或菌落计数器进行菌落计数，不可用肉眼进行计数。（　　）

138. 大肠菌群计数检验时，从制备样品匀液至样品接种完毕，全过程不得超过 15min。（　　）

139. 沙门氏菌检验中规定血清学鉴定为选做项目，非强制要求。（　　）

140. 将典型或可疑菌落接种三糖铁琼脂时，应先在斜面划线，再于底层穿刺。（　　）

141. 志贺氏菌没有鞭毛抗原。（　　）

142. 小肠结肠炎耶尔森氏菌检验时，检验样品的增菌液均需用碱处理液处理。（　　）

143. 小肠结肠炎耶尔森氏菌检验样品应在 26℃±1℃ 增菌 48～72h，增菌时间长短可根据对样品污染程度的估计来确定。（　　）

144. Bolton 肉汤制备所需的无菌裂解脱纤维绵羊或马血，可采用反复冻融的方式进行裂解。（　　）

145. 金黄色葡萄球菌血浆凝固酶试验中，凝固体积大于原体积的一半，即可判定为阳性结果。（　　）

146. β 溶血性链球菌就是化脓链球菌。（　　）

147. 采用蜡样芽胞杆菌 MPN 计数法检验时，每个稀释度的样品匀液需要接种 9 管胰酪胨大豆多黏菌素肉汤。（　　）

148. 散装蛋与蛋制品或现场制作蛋制品采样时，应用无菌采样工具从 5 个不同部位现场采集样品，放入一个无菌采样容器内作为一件食品样品。（　　）

149. 食品检验中，小型蟹类可不去壳，直接剪碎后称取 25g 样品放入含有 225mL 0.85% NaCl 溶液（海产品宜使用 3.5%～4.0% NaCl 溶液）或相应的 225mL 增菌液中，均质 1～2min 后进行后续试验。（　　）

150. 微生物检验过程中对固态乳制品处理时，黏稠的样品溶液进行梯度稀释在无菌条件下无须反复多次吹打吸管。（　　）

151. 微生物检验过程中对食醋样品处理时，需用 20%～30% 灭菌碳酸钠溶液调节 pH 至 7.0±0.5。（　　）

152. 商业无菌样品在保温过程中出现严重膨胀时，应立即取出并开启容器检查。（　　）

153. 油脂性商业无菌产品镜检时，涂片后需自然干燥，经火焰固定后用二甲苯流洗，再经自然干燥后镜检。（　　）

154. 选择性固体培养基性能测试时，目标菌的生长率一般应不小于 0.5，最低应为 0.1。（　　）

155. 在油镜或相差显微镜下观察时，单核细胞增生李斯特氏菌可出现轻微旋转或翻滚样的运动。（　　）

156. 单核细胞增生李斯特氏菌 MPN 法检

验时，当样品匀液的接种量大于 1mL 时，应接种至 10mL 的 LB1 肉汤培养基。（　　）

157. 乳杆菌属镜下菌体形态多样，呈长杆状、弯曲杆状或短杆状，无芽孢，革兰氏染色阳性。（　　）

158. 双歧杆菌计数培养时，一般选择培养 48h，若菌落无生长或生长较小可选择培养至 72h。（　　）

159. 嗜热链球菌在 MC 琼脂培养基平板上为乳白色中等大小菌落。（　　）

160. 乳酸菌是一类可发酵糖主要产生大量乳酸的细菌的通称，具有不能液化明胶、不产生吲哚、革兰氏阴性、无运动、无芽孢、触酶阴性、硝酸还原酶阴性及细胞色素氧化酶阴性的特征。（　　）

161. 克罗诺杆菌定性检验前增菌时，取检样 25g（mL）置于无菌容器中，加入 225mL 缓冲蛋白胨水（BPW），于 41℃±1℃ 保温振摇至检样充分溶解。（　　）

162. 克罗诺杆菌定性检验分离步骤时，轻轻混匀 mLST-Vm 肉汤培养物，使用 10μL 接种环各取 1 环增菌培养物，分别划线接种于 2 个克罗诺杆菌显色培养基平板，36℃±1℃ 培养 24h±2h，或按培养基要求条件培养。（　　）

163. 副溶血性弧菌为革兰氏阴性菌，呈棒状、弧状、卵圆状等多种形态，无芽孢，无鞭毛。（　　）

164. 蜡样芽胞杆菌为革兰氏阳性芽胞杆菌，芽孢呈椭圆形位于菌体中央或偏端，膨大于菌体。（　　）

165. 依据 GB 4789.2—2022《食品安全国家标准　食品微生物学检验　菌落总数测定》的要求，菌落数大于或等于 100CFU 时，第三位数字采用"四舍六入五留双"原则修约后，取前两位数字，后面用零代替位数；也可用十的指数形式来表示，按"四舍六入五留双"原则修约后保留两位有效数字。（　　）

166. 产气荚膜梭菌是有动力的革兰氏阳性芽孢杆菌。（　　）

167. 依据 GB 4789.40—2024《食品安全国家标准　食品微生物学检验克罗诺杆菌检验》的要求，选择性增菌需轻轻摇动混匀培养过的前增菌液，移取 1mL 转入 10mL mLST-Vm 肉汤中，41.5℃±1℃ 培养 24h±2h。（　　）

168. 创伤弧菌样品采集后应于 3h 内完成检验，若不能在规定时间内完成，则将样品置于 4℃ 条件下保存，并尽可能在 24h 内完成检验。（　　）

169. 创伤弧菌在 3% 氯化钠三糖铁琼脂斜面生长时，不会出现斜面颜色变黄的情况。（　　）

170. 散装食品或现场制作食品微生物样品采集时，用无菌采样工具从 n 个不同部位现场采集样品，放入 n 个无菌采样容器内作为 n 件食品样品。样品采集总量应满足微生物指标检验单位的要求。（　　）

171. 食品微生物检验菌落总数测定时，若所有稀释度（包括液体样品原液）平板均无菌落生长时，结果报告为 0CFU/g（mL）。（　　）

172. 所有的沙门氏菌 H_2S 试验结果均为阳性。（　　）

173. 依据 GB 4789.9—2014《食品安全国家标准　食品微生物学检验　空肠弯曲菌检验》要求，空肠弯曲菌马尿酸钠水解试验中，在加入茚三酮溶液后，无须振荡，在 36℃±1℃ 的水浴或培养箱中再温育 10min 后判读结果。（　　）

174. 糖或盐含量较高的腌渍制品类食品在检验时，应适当增加稀释液或增菌液的量，以减少对细菌的抑制作用。（　　）

175. 带壳籽类食品检验时，应将样品充分混合后称量 25g 放入盛有 225mL 稀释液或增菌液的无菌均质袋中，立即均质 1～2min 后检验。（　　）

176. 腌制果仁类食品检验时，应将样品充

分混合后称量 25g 放入盛有 225mL 生理盐水或增菌液的无菌均质袋中，均质后检验。（　　）

177. 凝胶糖果样品检验时，稀释液只能用无菌水。（　　）

178. 菌落总数计数时，当平板上无较大片状菌落生长时，可用于该稀释度平板的结果计数。（　　）

179. 按照金黄色葡萄球菌平板计数法检验要求，样品匀液接种平板时可以不用做平行试验。（　　）

180. 乳粉样品沙门氏菌检验项目取样时，应无菌操作称取 25g 样品，缓缓倾倒在装有 225mL BPW 的广口瓶或均质袋的液体表面，混匀，室温静置 60min±5min 后调 pH 至 6.8±0.2，置于相应的条件下培养。（　　）

181. 咸蛋黄样品检验时，初始液应使用灭菌蒸馏水。（　　）

182. 生鲜鱼类样品检验时，采取检样的部位为可食用部分。（　　）

183. 标准 GB 4789.25—2024《食品安全国家标准 食品微生物学检验 酒类、饮料、冷冻饮品采样和检样处理》中处理原则规定液体样品中如含有固体、半固体成分，样品体积在 200mL 以上的，直接将全部内容物均质后取样检验。（　　）

184. 依据 GB 4789.30—2016 要求，单核细胞增生李斯特氏菌 MPN 法检验时，LB2 增菌液只需接种李斯特氏菌显色平板进行培养后计数。（　　）

185. 大肠埃希氏菌 O157：H7/NM 血清学鉴定时，从营养琼脂平板上挑取分纯的菌落进行 H7 血清凝集试验，不凝集者无须重复试验直接报为无动力株。（　　）

186. 依据 GB 4789.41—2016《食品安全国家标准 食品微生物学检验 肠杆菌科检验》要求，典型菌落计数和确认时，若平板上的片状菌落不到平板的一半，而其余一半中菌落分布又很均匀，即可计算半个平板的菌落数后乘以 2，代表一个平板菌落数。（　　）

187. 依据 GB 4789.7—2013《食品安全国家标准 食品微生物学检验 副溶血性弧菌检验》要求，平板划线分离时应从增菌液距离液面 1cm 以下的区域蘸取菌液接种于 TCBS 平板。（　　）

188. 有包衣的糖果样品在取样时，先剪开样品外包装，剥去包衣后称取样品进行检验。（　　）

189. 食品中大肠菌群 MPN 法检验时，证实试验需用接种环从产气的 LST 肉汤管中分别取培养物 1mL，移种于煌绿乳糖胆盐肉汤（BGLB）管中，36℃±1℃ 培养 48h±2h，观察产气情况。（　　）

190. 食品中沙门氏菌检验时，需确保样品预增菌溶液的 pH 值在 7.0±0.2。（　　）

191. 志贺氏菌 O 抗原血清凝集试验时，出现不凝集的现象时，可认为志贺氏菌 O 抗原血清不凝集。（　　）

192. 食品中肉毒梭菌检验时，需接种样品匀液至 2 支 TPGYT 肉汤管中，于 35℃±1℃ 厌氧培养 5d。（　　）

193. A 型和 B 型肉毒梭菌在疱肉培养基中培养后，会使培养物变黑。（　　）

194. 食品中肉毒梭菌检验时，若增菌培养物 5d 无菌生长，可报告样品中未检出肉毒梭菌。（　　）

195. 食品中肉毒梭菌检验时，TPGYT 增菌液的毒素试验无须添加胰酶处理。（　　）

第二节　综合能力提升

一、单选题

196. 当某固体样品菌落总数十倍稀释度结果为 258、270，百倍稀释度结果为 35、37 时，结果报告应为（　　）。

A. 2.6×10^3 CFU/g

B. 3.6×10^3 CFU/g

C. 2.7×10^3 CFU/g

D. 3.1×10^3 CFU/g

197. 下列哪项不属于志贺氏菌的生化特征？（　　）

A. 尿素阳性

B. 赖氨酸脱羧酶阴性

C. β-半乳糖苷酶阴性

D. 甘露醇阳性

198. 依据 GB 4789.8—2016 规定，下列哪一项不是小肠结肠炎耶尔森氏菌的典型生化特征？（　　）

A. 鼠李糖阳性　　　　　　B. 26℃有动力

C. 尿素酶阳性　　　　　　D. 甘露醇阳性

199. 依据 GB 4789.10—2016 要求，下列关于金黄色葡萄球菌检验过程描述错误的是（　　）。

A. 定性检验所用增菌液为 7.5%NaCl 肉汤

B. MPN 法检验时，样品匀液需接种 7.5%NaCl 肉汤进行培养

C. 定性检验增菌液接种 Baird-Parker 平板，在规定的培养条件下培养后的可疑菌落需接种血平板进行溶血试验

D. MPN 法检验的 7.5%NaCl 肉汤培养物接种 Baird-Parker 平板，在规定的培养条件下培养后的可疑菌落需接种血平板进行溶血试验

200. 一般情况下，从下列哪种样品中分离的金黄色葡萄球菌在 Baird-Parker 平板上的颜色较典型菌落浅些，且外观可能较粗糙，质地较干燥？（　　）

A. 酱腌菜　　　　　　　　B. 饼干

C. 冰激凌　　　　　　　　D. 饮料

201. 下列细菌中，过氧化氢酶试验结果为阴性的是（　　）。

A. 单核细胞增生李斯特氏菌

B. 蜡样芽胞杆菌

C. 空肠弯曲菌

D. 化脓性链球菌

202. 下列关于产气荚膜梭菌生化特征描述错误的是（　　）。

A. 动力阳性　　　　　　　B. 明胶液化阳性

C. 硝酸盐还原阳性　　　　D. 乳糖发酵阳性

203. 下列哪项生化试验可以用于区分蜡样芽胞杆菌和蕈状芽孢杆菌？（　　）

A. V-P 试验

B. 根状试验

C. 溶血试验

D. 蛋白毒素晶体试验

204. 某液体样品进行蜡样芽胞杆菌 MPN 计数法检验时，从原液开始连续接种 3 个稀释度的样品原液及样品匀液至培养基中培养后，阳性管数为 3/3/0，查表得 MPN 值为 240，报告结果为（　　）。

A. 240MPN/mL

B. 24MPN/mL

C. 2400MPN/mL

D. 小于 240MPN/mL

205. 依据 GB 4789.15—2016 要求，下列哪项食品适用于第二法进行霉菌计数检验？（　　）

A. 蛋糕　　　　　　　　　B. 苹果醋

C. 番茄酱　　　　　　　　D. 瓜子

206. 某采用干燥脱水工艺制作的鸡精调味品，样品处理时应采用（　　）作为稀释液。

A. 0.85% 生理盐水　　　B. 0.9% 生理盐水

C. 磷酸盐缓冲液　　　　D. 缓冲蛋白胨水

207. 雪碧样品的霉菌及酵母项目检验时，若采用薄膜过滤法进行检验，应选择孔径不大于（　　）的滤膜进行过滤。

A. 0.22μm　　　　　　B. 0.45μm

C. 0.8μm　　　　　　　D. 0.85μm

208. 牛奶样品的单核细胞增生李斯特氏菌项目适用于什么方法进行检验？（　　）

A. 定性检验法　　　　　B. 平板计数法

C. MPN 计数法　　　　　D. 以上均可

209. 单核细胞增生李斯特氏菌平板计数法检验时，应如何选择平板进行计数？（　　）

A. 选择同一稀释度 3 个平板所有菌落数合计在 15～150CFU 之间且有典型菌落的平板进行计数

B. 选择同一稀释度 3 个平板所有菌落数合计在 15～150CFU 之间的平板进行计数

C. 选择同一稀释度 3 个平板所有菌落数合计在 20～200CFU 之间且有典型菌落的平板进行计数

D. 选择同一稀释度 3 个平板所有菌落数合计在 20～200CFU 之间的平板进行计数

210. 以下哪项不是典型大肠埃希氏菌 O157：H7/NM 的生化结果？（　　）

A. 山梨醇阴性　　　　　B. 靛基质阴性

C. 氧化酶阴性　　　　　D. MUG 试验阴性

211. 贝类产品进行大肠埃希氏菌计数时，可选择哪种方法进行检验？（　　）

A. MPN 法

B. 平板计数法

C. 两种方法均可以

D. 两种方法均不可以

212. 下列选项中关于大肠埃希氏菌检验平板倾注过程描述正确的是（　　）。

A. 冷至 45℃±0.5℃的 VRBA-MUG 倾注于每个平皿中。小心旋转平皿，将培养基与样品匀液充分混匀。待琼脂凝固后，再加 3～4mL VRBA-MUG 覆盖平板表层

B. 冷至 45℃±0.5℃的 VRBA 倾注于每个

平皿中。小心旋转平皿，将培养基与样品匀液充分混匀。待琼脂凝固后，再加 3～4mL VRBA 覆盖平板表层

C. 冷至 45℃±0.5℃的 VRBA-MUG 倾注于每个平皿中。小心旋转平皿，将培养基与样品匀液充分混匀。待琼脂凝固后，再加 3～4mL VRBA 覆盖平板表层

D. 冷至 45℃±0.5℃的 VRBA 倾注于每个平皿中。小心旋转平皿，将培养基与样品匀液充分混匀。待琼脂凝固后，再加 3～4mL VRBA-MUG 覆盖平板表层

213. 下列选项中关于大肠埃希氏菌 MPN 法检验的发酵过程描述正确的是（　　）。

A. 初发酵培养温度为 36℃±1℃，复发酵培养温度为 44.5℃±0.2℃

B. 初发酵及复发酵培养温度均为 36℃±1℃

C. 初发酵培养温度为 44.5℃±0.2℃，复发酵培养温度为 36℃±1℃

D. 初发酵及复发酵培养温度均为 44.5℃±0.2℃

214. 粪大肠菌群检验时，初发酵及复发酵所用培养基是（　　）。

A. 初发酵用培养基为 LST 肉汤，复发酵用培养基为 BGLB 肉汤

B. 初发酵用培养基为乳糖胆盐发酵培养基，复发酵用培养基为 BGLB 肉汤

C. 初发酵用培养基为 LST 肉汤，复发酵用培养基为乳糖发酵培养基肉汤

D. 初发酵用培养基为 LST 肉汤，复发酵用培养基为 EC 肉汤

215. 豆制品腐乳微生物检验时的稀释液适宜选择（　　）。

A. 0.85% 生理盐水　　B. 30% 葡萄糖溶液

C. 磷酸盐缓冲液　　　　D. 灭菌蒸馏水

216. 以下关于克罗诺杆菌典型生化特征描述正确的是（　　）。

A. 氧化酶阳性

B. L-赖氨酸脱羧酶阴性

C. L-鼠李糖阴性

D. D-蜜二糖阴性

217. 大肠埃希氏菌在 VRBGA 上的典型菌落是（　　）。

A. 有或无沉淀环的粉红色菌落

B. 有或无沉淀环的蓝色菌落

C. 无沉淀环的白色菌落

D. 有沉淀环的黄色菌落

218. 生蚝样品进行诺如病毒检验时，至少取多少个生蚝进行样品消化腺取样？（　　）

A. 2 个　　B. 4 个　　C. 5 个　　D. 10 个

219. 某保健食品（蜂胶）在进行微生物指标检验时，应在什么样的条件下将样品熔化？（　　）

A. 将样品置于 45℃水浴中不超过 30min 使样品熔化

B. 将样品置于 45℃水浴中不超过 15min 使样品熔化

C. 将样品置于 40℃水浴中不超过 30min 使样品熔化

D. 将样品置于 40℃水浴中不超过 15min 使样品熔化

220. 矿泉水中大肠菌群采用多管发酵法检验时，确证试验的接种量及接种方式是（　　）。

A. 初发酵试验阳性管中培养液充分摇匀后，取一接种环培养液，接种到 10mL 亮绿乳糖胆盐培养液中进行培养

B. 初发酵试验阳性管中培养液充分摇匀后，取一接种环培养液，接种到 10mL 双倍亮绿乳糖胆盐培养液中进行培养

C. 初发酵试验阳性管中培养液充分摇匀后，取 1mL 培养液，接种到 10mL 亮绿乳糖胆盐培养液中进行培养

D. 初发酵试验阳性管中培养液充分摇匀后，取 1mL 培养液，接种到 10mL 双倍亮绿乳糖胆盐培养液中进行培养

221. 以下不属于粪链球菌生化特征的是（　　）。

A. 45℃生长　　　　　B. 过氧化氢酶阴性

C. 胆汁肉汤阳性　　　D. 过氧化氢酶阳性

222. 某检验员在进行矿泉水样品铜绿假单胞菌检验时，CN 琼脂平板上生长了发荧光的非绿色菌落，这时他可以只进行哪两项生化项目便可确定该菌是否为铜绿假单胞菌？（　　）

A. 绿脓菌素试验和 42℃生长试验

B. 42℃生长试验和产氨试验

C. 42℃生长试验和氧化酶试验

D. 产氨试验和氧化酶试验

223. 矿泉水样品采用薄膜过滤法进行大肠菌群、粪链球菌、铜绿假单胞菌检验时，所用的滤膜孔径及材质是（　　）。

A. 大肠菌群及铜绿假单胞菌采用 $0.45\mu m$ 的亲水性微孔滤膜，粪链球菌采用 $0.22\mu m$ 的亲水性微孔滤膜

B. 大肠菌群及铜绿假单胞菌采用 $0.22\mu m$ 的亲水性微孔滤膜，粪链球菌采用 $0.45\mu m$ 的亲水性微孔滤膜

C. 均采用 $0.45\mu m$ 的亲水性微孔滤膜

D. 均采用 $0.22\mu m$ 的亲水性微孔滤膜

224. 下列哪项不属于产气荚膜梭菌的生化特征？（　　）

A. 明胶液化　　　　　B. 动力阳性

C. 硝酸盐还原阳性　　D. 乳糖发酵阳性

225. 关于食糖中螨的检验，以下说法正确的是（　　）。

A. 称取 25g 样品至 225mL 生理盐水中，溶解后进行后续试验

B. 称取 250g 样品至 1000mL 实验用水中，溶解后进行后续试验

C. 称取 250g 样品至 1000mL 锥形瓶中，加入实验用水至瓶的三分之二处，待溶解后继续加水至瓶口处后进行后续试验

D. 称取 250g 样品至 1000mL 锥形瓶中，加入生理盐水至瓶的三分之二处，待溶解后继续加生理盐水至瓶口处后进行后续试验

226. 典型的金黄色葡萄球菌在 Baird-Parker 平板上会有不透明圈和清晰带，是

因为（　　）。

A. 金黄色葡萄球菌有卵凝脂酶和脂肪酶，能分解卵黄，使菌落周围形成浑浊沉淀环（不透明圈）和卵凝脂环（清晰带）

B. 金黄色葡萄球菌有卵凝脂酶和脂肪酶，能分解卵黄和胰蛋白胨，使菌落周围形成浑浊沉淀环（不透明圈）和卵凝脂环（清晰带）

C. 金黄色葡萄球菌没有卵凝脂酶和脂肪酶，但能分解卵黄，使菌落周围形成浑浊沉淀环（不透明圈）和卵凝脂环（清晰带）

D. 金黄色葡萄球菌没有卵凝脂酶和脂肪酶，但能分解卵黄和胰蛋白胨，使菌落周围形成浑浊沉淀环（不透明圈）和卵凝脂环（清晰带）

227. 金黄色葡萄球菌在 Baird-Parker 平板上呈现黑色菌落，是因为（　　）。

A. 能生成 Fe_2S

B. 能还原亚碲酸钾

C. 能氧化亚碲酸钾

D. 培养基里面添加了卵黄

二、多选题

228. 依据标准要求，请选出菌落总数结果报告正确的选项。（　　）

A. <10CFU/g　　　　B. 75CFU/g

C. $1.5×10^2$CFU/g　　D. 13000CFU/g

229. 下列关于大肠菌群 MPN 法检验过程的描述，正确的是（　　）。

A. 初发酵试验时，每个样品选择 3 个适宜的连续稀释度的样品匀液（液体样品可以选择原液）进行接种

B. 初发酵试验时，培养 24 小时后导管内有气体产生时，可进行复发酵试验

C. 复发酵试验时，培养 24 小时后导管内有气体产生时，可计为大肠菌群阳性管

D. 初发酵试验时，培养 24 小时后导管内无气体产生时，可计为大肠菌群阴性

230. 以下关于大肠菌群平板计数法检验过程的描述，错误的是（　　）。

A. 平板菌落计数时应选取菌落数在 10～

150CFU 之间的平板

B. 平板菌落计数时，合并计数平板上出现的典型和可疑大肠菌群菌落

C. 证实实验时，应从 VRBA 平板上挑取 10 个不同类型的典型和可疑菌落，少于 10 个菌落的挑取全部典型和可疑菌落

D. 培养基倾注时，将培养基与样液充分混匀，待琼脂凝固后，翻转平板，置于 36℃±1℃培养 18～24h

231. 下列关于志贺氏菌在选择性琼脂培养基上的菌落形态描述正确的是（　　）。

A. MAC 琼脂平板上呈无色半透明

B. MAC 琼脂平板上呈浅粉红色半透明

C. XLD 琼脂平板上呈无色半透明

D. XLD 琼脂平板上呈粉红色半透明

232. 分解乳糖的致泻大肠埃希氏菌在 MAC 和 EMB 琼脂平板上的菌落特征是（　　）。

A. MAC 琼脂平板上为砖红色至桃红色菌落

B. MAC 琼脂平板上为无色或淡粉色菌落

C. EMB 琼脂平板上中心呈紫黑色带金属光泽

D. EMB 琼脂平板上中心呈紫黑色不带金属光泽

233. 下列选项中，能产生 β 溶血环的细菌有（　　）。

A. 化脓性链球菌　　　B. 金黄色葡萄球菌

C. 蜡样芽胞杆菌　　　D. 伊氏李斯特氏菌

234. 按国家标准要求，下列哪些平板需要正置培养？（　　）

A. 霉菌计数时的孟加拉红琼脂平板

B. 产气荚膜梭菌计数时的 TSC 琼脂平板

C. 菌落计数时的 PCA 琼脂平板

D. 大肠菌群计数时的 VRBA 琼脂平板

235. 定量检验时，需要选择且同一稀释度 3 个平板所有菌落数合计在 20～200CFU 之间的平板进行计数的检验项目有（　　）。

A. 金黄色葡萄球菌平板计数检验项目

B. 蜡样芽胞杆菌平板计数检验项目

C. 产气荚膜梭菌检验项目

D. 大肠埃希氏菌计数检验项目

236. 产品标准为 GB 7101—2022 的可乐样品，检验时稀释度的选择正确的是（　　）。

A. 大肠菌群项目可选择原液进行接种

B. 菌落总数项目可选择原液进行接种

C. 大肠菌群项目可选择十倍稀释度进行接种

D. 菌落总数项目可选择十倍稀释度进行接种

237. 依据 GB 4789.30—2016 要求，单核细胞增生李斯特氏菌检验时，可以在 30℃ 条件下进行培养的检验步骤有（　　）。

A. LB1 增菌过程　　　　B. LB2 增菌过程

C. 动力试验　　　　D. 溶血试验

238. 下列选项中氧化酶试验结果阳性的细菌有（　　）。

A. 副溶血性弧菌

B. 大肠埃希氏菌 O157：H7/NM

C. 铜绿假单胞菌

D. 克罗诺杆菌

239. 下列选项中有关大肠埃希氏菌计数检验的过程，描述错误的是（　　）。

A. 应调节样品匀液的 pH 值在 6.5～7.5 之间

B. MPN 法复发酵试验产气者，判为阳性管，查表报告结果

C. 大肠埃希氏菌在 EMB 平板上的典型菌落为具有黑色中心、有光泽或无光泽

D. 平板计数法选择菌落数在 10～100CFU 的平板，记录菌落数进行报告

240. 下列选项中关于食品中克罗诺杆菌检验，描述错误的是（　　）。

A. 若采用 PCR 方法进行确证试验，PCR 结果呈阳性时，可报告检出克罗诺杆菌

B. 采用 PCR 方法进行确证试验时，在质控系统正常的情况下，待测样品出现预期大小（282bp）的扩增条带，判定 PCR 结果为阳性

C. 在进行可疑菌落鉴定时，可优先选择最典型的菌落进行生化验证，若验证为阳性，则不需要再验证 TSA 平板上的其他菌落

D. 采用 MPN 法检验时，需称取 100g 样品加入 900mL 预热至 41℃±1℃ 的 BPW 中，进行十倍系列稀释，并选择 3 个梯度的样品匀液接种 mLST-Vm 肉汤（每个稀释度接种 3 根）进行培养

241. 下列细菌中，能在 3％氯化钠胰蛋白胨大豆琼脂平板上生长良好的细菌有（　　）。

A. 大肠埃希氏菌　　　　B. 副溶血性弧菌

C. 创伤弧菌　　　　D. 沙门氏菌

242. 依据 GB 4789.15—2016《食品安全国家标准 食品微生物学检验 霉菌和酵母计数》要求，下列关于霉菌平板计数法检验过程描述正确的有（　　）。

A. 平板倾注时应倾注 20～25mL 冷却至 46℃左右的马铃薯葡萄糖琼脂

B. 琼脂凝固后，翻转平板，倒置于 28℃± 1℃ 的培养箱中培养

C. 称取检样 25g 至 225mL 无菌稀释液中充分振荡，或用刀片式均质器均质 1～ 2min，制成 1：10 的样品匀液

D. 霉菌蔓延生长覆盖整个平板的可记录为菌落蔓延

243. 矿泉水中大肠菌群采用 6 管发酵法检验时，初发酵试验样品的接种方式及接种量正确的是（　　　）。

A. 取水样原液 10mL 接种到 10mL 双料乳糖胆盐发酵培养液中，共接种 1 份

B. 取水样原液 10mL 接种到 10mL 双料乳糖胆盐发酵培养液中，共接种 5 份

C. 取水样原液 50mL 接种到 50mL 双料乳糖胆盐发酵培养液中，共接种 1 份

D. 取水样原液 1mL 接种到 10mL 单料乳糖胆盐发酵培养液中，共接种 5 份

244. 某矿泉水样品需采用薄膜过滤法检验大肠菌群，实验室需准备哪些培养基、试

剂及耗材？（　　）

A. 营养琼脂培养基

B. 远藤琼脂培养基

C. 孔径为 $0.45\mu m$ 的亲水性微孔滤膜

D. 乳糖蛋白胨培养液

245. 矿泉水样品进行铜绿假单胞菌检测时，CN 琼脂平板上出现了不产荧光的红褐色菌落，此时应进行哪几项生化试验来鉴定该菌落是否为铜绿假单胞菌？（　　）

A. $42^\circ C$ 生长试验　　　B. 产氨试验

C. 氧化酶试验　　　　　D. 荧光试验

246. 依据 GB 5009 系列中关于维生素含量测定的规定，下列哪些维生素含量测定（微生物法）需要使用植物乳杆菌？（　　）

A. 烟酸和烟酰胺　　　B. 叶酸

C. 泛酸　　　　　　　D. 生物素

247. 依据 GB 4789.4—2024 要求，下列选项中关于沙门氏菌生化特征结果正确的有（　　）。

A. 甲型副伤寒沙门氏菌的赖氨酸脱羧酶试验结果为阴性

B. 大部分亚利桑那沙门氏菌不发酵乳糖

C. 当三糖铁试验出现上层产碱底部产酸，说明该沙门氏菌只发酵葡萄糖不发酵乳糖和蔗糖

D. 当 HE 琼脂平板上呈现中心发黑的绿色菌落，说明该沙门氏菌可分解培养基中含硫化合物生成 H_2S

248. 在进行食品中小肠结肠炎耶尔森氏菌的检验前，必须准备哪些培养基及试剂？（　　）

A. 需配制 225mL 磷酸盐缓冲液增菌液

B. 需配制改良克氏双糖铁琼脂斜面

C. 需准备各项生化验证所需的生化管

D. 需准备小肠结肠炎耶尔森氏菌 O 抗原血清

249. 进行食品用水样中的空肠弯曲菌检验前，实验室必须准备哪些材料用于试验？（　　）

A. 需配制 100mL Bolton 肉汤增菌液

B. 需准备孔径为 $0.45\mu m$ 的滤膜

C. 光学显微镜

D. 相差显微镜

250. 食品中金黄色葡萄球菌检验时，应注意哪些要点？（　　）

A. 并非所有样品中的金黄色葡萄球菌在 Baird-Parker 平板上都会有不透明圈和清晰带

B. 有部分金黄色葡萄球菌在血平板上也可能呈现白色菌落

C. 可疑菌落进行血浆凝固酶试验时，凝固体积小于原体积的一半时，直接报血浆凝固酶阴性

D. Baird-Parker 琼脂培养基在 $4^\circ C$ 冰箱保存时间不能超过 48 小时

251. 依据食品安全国家标准，以下微生物在进行鉴定时，必须进行溶血试验的菌株有（　　）。

A. 副溶血性弧菌

B. 蜡样芽胞杆菌

C. 产气荚膜梭菌

D. 单核细胞增生李斯特氏菌

252. 依据食品安全国家标准，以下微生物在进行鉴定时，需要进行三糖铁试验的菌株有（　　）。

A. 沙门氏菌

B. 志贺氏菌

C. 小肠结肠炎耶尔森氏菌

D. 副溶血性弧菌

253. 依据食品安全国家标准，以下微生物在进行鉴定时，需要进行触酶试验的菌株有（　　）。

A. 沙门氏菌　　　　　　B. 溶血性链球菌

C. 空肠弯曲菌　　　　　D. 蜡样芽胞杆菌

254. 进行乳粉中抗生素残留检验前，以下哪些物品是实验室需要准备的？（　　）

A. 嗜热脂肪芽孢杆菌

B. 嗜热链球菌

C. 溴甲酚紫葡萄糖蛋白胨培养基

D. TTC 溶液

255. 依据食品安全国家标准，以下微生物在进行鉴定时，可能需要用到 $0.45\mu m$ 滤膜的有（　　）。

A. 铜绿假单胞菌　　B. 空肠弯曲菌
C. 沙门氏菌　　　　D. 大肠菌群

三、判断题

256. 甲型副伤寒沙门氏菌赖氨酸脱羧酶生化鉴定结果应为阳性。（　　）

257. 进行沙门氏菌鉴定时，如赖氨酸脱羧酶和靛基质生化鉴定结果同时为阳性，可判定为非沙门氏菌。（　　）

258. 依据 GB 4789.8—2016 的要求，尿素酶试验阳性且 $26℃$ 有动力的菌落为可疑菌落，应挑取接种营养琼脂进行纯化，以用于后续生化验证。（　　）

259. 依据 GB 4789.9—2014 要求，空肠弯曲菌检验样品在处理时只有鲜乳、冰激凌、奶酪等样品需要调整 pH 值后进行增菌。（　　）

260. 空肠弯曲菌在光学显微镜下观察时，可呈现螺旋状运动。（　　）

261. 依据 GB 4789.11—2014 要求，β 溶血性链球菌检验过程中，只有接种哥伦比亚 CNA 血琼脂平板后需要在厌氧条件下培养。（　　）

262. 产气荚膜梭菌硝酸盐还原试验时，在固定的培养条件下培养完成后，滴加 $0.5mL$ 试剂甲和 $0.2mL$ 试剂乙，$15min$ 内出现红色，可判定为硝酸盐还原试验阳性；未变红则直接判定为硝酸盐还原试验阴性。（　　）

263. 霉菌直接镜检法检验时，某检验员在 50 个观察视野中发现 20 个阳性视野，此时霉菌视野百分数应报告为 40%。（　　）

264. 商业无菌产品是指产品内部没有微生物存在的产品。（　　）

265. 当食品中检出大肠埃希氏菌时，可推断食品中有肠道致病菌污染的可能性。（　　）

266. 胡萝卜样品在进行诺如病毒检验时，只需用无菌棉拭子使用 PBS 湿润后，用力擦拭食品表面（<$100cm^2$），并记录擦拭面积，无须再切开样品取内部中心部分。（　　）

267. 某番茄样品，诺如病毒基因检测 Ct 值大于 38，判定为检出诺如病毒基因。（　　）

268. 创伤弧菌和副溶血性弧菌能在 6% 氯化钠和 8% 氯化钠的胰胨水中生长旺盛。（　　）

269. 某矿泉水样品采用多管发酵法进行大肠菌群检验，若所有乳糖胆盐发酵管均为阴性反应，可报告 100mL 水样中未检出大肠菌群。（　　）

270. 某矿泉水样品采用薄膜过滤法检验大肠菌群，当平板上无菌落生长时，结果报告应为<1CFU/100mL。（　　）

271. 某桶装水样品检验时，CN 琼脂培养板上生长了 16 个绿色菌落，此时检验员可直接进行菌落计数并报告 250mL 样品中铜绿假单胞菌的数量为 16CFU。（　　）

272. 依据 GB 8538—2022《食品安全国家标准 饮用天然矿泉水检验方法》的要求，铜绿假单胞菌检验时，CN 琼脂平板应在 $36℃±1℃$ 培养 $48h±2h$ 后观察结果并计数。（　　）

273. 某调味品样品盐质量分数为 15%，可用 0.85% 的生理盐水稀释至百倍后取样品匀液接种平皿用于测定菌落总数。（　　）

274. 进行鲜奶中抗生素残留检测时，实验室需提前活化好嗜热链球菌并准备好 TTC 水溶液。（　　）

275. 产气荚膜梭菌在 TSC 琼脂培养基上呈黑色，是因为能将培养基中的硫酸盐还原为硫化氢，硫化氢再与铁盐反应生成黑色的硫化亚铁，从而使菌落呈黑色。（　　）

276. 典型的大肠埃希氏菌在 EMB 平板上会呈现金属光泽，是因为大肠埃希氏菌在培养过程中分解乳糖产生大量的酸，导致培养基中的染料析出结晶形成绿色金属光

泽。（ ）

277. 粪大肠菌群包括大肠菌群。（ ）

四、填空题

278. 食品微生物检验实验室工作面积和总体布局应能满足从事检验工作的需要，实验室布局宜采用＿＿＿＿＿＿流程，避免交叉污染。

279. 食品采样方案可分为＿＿＿＿＿采样方案。

280. 样品的采集应遵循＿＿＿＿＿的原则。

281. 菌落总数计数时，应选取菌落数在 30～300CFU 之间、＿＿＿＿＿的平板计数菌落总数。

282. MPN 法是统计学和微生物学结合的一种＿＿＿＿＿检测方法。

283. 沙门氏菌血清学鉴定试验中，首先需进行＿＿＿＿＿。

284. 制备好的亚硫酸铋琼脂培养基保存时间不宜超过＿＿＿＿＿h。

285. 志贺氏菌增菌过程的培养条件是＿＿＿＿＿。

286. 致泻大肠埃希氏菌是一类能引起人体以＿＿＿＿＿症状为主的大肠埃希氏菌。

287. 常见的致泻大肠埃希氏菌主要包括肠道致病性大肠埃希氏菌、＿＿＿＿＿、产肠毒素大肠埃希氏菌、产志贺毒素大肠埃希氏菌、＿＿＿＿＿。

288. 副溶血性弧菌嗜盐性试验应接种浓度为 0%、＿＿＿＿＿、＿＿＿＿＿、＿＿＿＿＿的胰蛋白胨水。

289. 金黄色葡萄球菌血浆凝固酶试验时，需＿＿＿＿＿观察一次，共观察＿＿＿＿＿h。

290. 产气荚膜梭菌检验时应选择典型菌落数在＿＿＿＿＿之间的平板进行计数。

291. 根状试验时，蜡样芽胞杆菌菌株在营养琼脂平板上呈＿＿＿＿＿生长。

292. 干酪取样时，应用灭菌刀（勺）从＿＿＿＿＿和＿＿＿＿＿分别取出有代表性的适量样品，称取 25g 检样，放入装有

225mL 稀释液或增菌液的无菌容器中，选择合适的方式均质后检验。

293. 商业无菌样品保温前后 pH 相差＿＿＿＿＿时判为显著差异。

294. 大肠埃希氏菌平板计数法检验时，应选择菌落数在 10～100CFU 之间的平板，暗室中＿＿＿＿＿波长紫外灯照射下，计数平板上发浅蓝色荧光的菌落。

295. 当食品中存在粪大肠菌群时，可推断食品有被＿＿＿＿＿污染的可能性。

296. 粪大肠菌群检验过程中，从制备样品匀液至样品接种完毕，全过程不得超过＿＿＿＿＿。

297. 副溶血性弧菌在＿＿＿＿＿中的反应为底层变黄不变黑，无气泡，斜面颜色不变或红色加深，有动力。

298. GB 14963—2011《食品安全国家标准 蜂蜜》附录 A 中规定，嗜渗酵母的最佳计数范围是＿＿＿＿＿。

299. 肠杆菌科是指在给定条件下发酵葡萄糖产酸、氧化酶＿＿＿＿＿的需氧或兼性厌氧革兰氏阴性无芽孢杆菌。

300. 依据 GB 8538—2022《食品安全标准 饮用天然矿泉水检验方法》的要求，粪链球菌检验时，矿泉水的取样量为＿＿＿＿＿mL。

301. 食糖中螨的检验需要在样品溶解后加实验用水至瓶口处，且不溢出。用洁净的玻片盖在瓶口上，使玻片与液面接触，静置＿＿＿＿＿后，取下镜检。

302. 依据 GB 5009.211—2022《食品安全国家标准 食品中叶酸的测定》要求，保存 2 周以上的鼠李糖乳杆菌，实验前宜＿＿＿＿＿以保证细菌活力。

303. 谷薯类、肉蛋乳类、果蔬菌藻类、豆类及坚果类等食品试样中天然存在的叶酸宜采用＿＿＿＿＿进行试样提取。

五、简答题

304. 请解释三级采样方案：$n=5$，$c=3$，$m=1000CFU/g$，$M=10000CFU/g$ 的

含义。

305. 请简要写出大肠菌群平板计数法检验程序，需明确培养步骤的培养条件。

306. 请以沙门氏菌 O 抗原为例，简要描述血清凝集试验的过程。

307. 请以副溶血性弧菌为例，简要写出三糖铁试验的过程及结果。

308. 请简要描述金黄色葡萄球菌在 Baird-Parker 平板及血平板上呈现的菌落形态。

309. 请写出独立包装大于 1000g 的干酪、再制干酪、干酪制品的采样方式。

310. 请简要描述食品微生物检验中菌落总数测定时菌落总数的计算方法。

311. 请写出产气荚膜梭菌牛奶发酵试验的原理及操作过程。

312. 请简述蜡样芽胞杆菌蛋白毒素结晶试验的过程及注意事项。

313. 请简要写出铜绿假单胞菌绿脓菌素试验的步骤及结果。

第二十五章

食品 DNA 检测方法标准

● **核心知识点** ●

一、主要应用

（一）成分检测：主要是植物源性成分、动物源性成分检测，识别食品中是否含有未经标注的物种成分；

（二）转基因检测：确认食品是否含有转基因成分；

（三）微生物检测：病毒检测，菌株鉴定，细菌毒株基因鉴定；

二、带入原则

（一）食品配料可能带入源性成分；

（二）食品加工生产线混用，可能带入其他源性成分

三、质量控制

按照标准要求使用阳性对照、阴性对照、空白对照。

食品 DNA 检测方法标准是保障食品真实性及打击掺假行为的重要技术依据。本章围绕食品 DNA 检测方法标准，详细介绍食品 DNA 的检测方法、制定原则及实际应用。通过本章的系统练习，读者将掌握食品 DNA 检测方法标准的基本要求、适用范围及操作步骤，学会结合实际案例运用 DNA 检测方法验证食品的真实性，为食品安全抽样检验提供有力的技术支持。

第一节　基础知识自测

一、单选题

1. 检测结果为含有转基因成分的样品的保存期为（　　）个月。

A. 3　　　　B. 6　　　　C. 9　　　　D. 12

2. 采用 GB/T 19495.4—2018《转基因产品检测　实时荧光定性聚合酶链式反应（PCR）检测方法》检测转基因产品的 PCR 循环数为（　　）。

A. 30　　　B. 35　　　C. 40　　　D. 45

3. 采用 GB/T 19495.4—2018《转基因产品检测　实时荧光定性聚合酶链式反应（PCR）检测方法》检测转基因产品的质量控制要求为：阴性对照的内源基因检测 Ct 值≤30，转化事件特异性检测 Ct 值≥（　　）。

A. 30　　　B. 35　　　C. 40　　　D. 45

4. 采用 GB/T 19495.4—2018《转基因产品检测　实时荧光定性聚合酶链式反应（PCR）检测方法》检测转基因产品的质量控制要求为：阳性对照的内源基因检测 Ct 值≤30，转化事件特异性检测 Ct 值≤（　　）。

A. 30　　　B. 35　　　C. 40　　　D. 45

5. 采用 GB/T 19495.4—2018《转基因产品检测　实时荧光定性聚合酶链式反应（PCR）检测方法》检测转基因产品的结果判定为：测试样品外源基因检测 Ct 值≥40，内源基因检测 Ct 值≤（　　），则可判定该样品不含所检基因或品系。

A. 30　　　B. 35　　　C. 40　　　D. 45

6. 采用 GB/T 19495.4—2018《转基因产

品检测　实时荧光定性聚合酶链式反应（PCR）检测方法》检测转基因产品的结果判定为：测试样品外源基因检测 Ct 值≤（　　），内源基因检测 Ct 值≤30，判定该样品含有所检基因或品系。

A. 30　　　B. 35　　　C. 40　　　D. 45

7. 采用 GB/T 19495.4—2018《转基因产品检测　实时荧光定性聚合酶链式反应（PCR）检测方法》检测转基因产品的结果判定为：测试样品外源基因检测 Ct 值在 35～40，应调整模板浓度，重做实时荧光 PCR。再次扩增后的外源基因检测 Ct 值≥（　　），则可判定为该样品不含所检基因或品系。

A. 30　　　B. 35　　　C. 40　　　D. 45

8. 采用 GB/T 19495.4—2018《转基因产品检测　实时荧光定性聚合酶链式反应（PCR）检测方法》检测转基因产品，各基因片段的实时荧光 PCR 扩增的最低检出限（LOD）为（　　）%。

A. 0.01　　B. 0.05　　C. 0.1　　D. 0.5

9. 采用 GB/T 19495.5—2018《转基因产品检测　实时荧光定量聚合酶链式反应（PCR）检测方法》进行转基因产品定量检测，制作标准曲线时需设置至少（　　）个浓度点。

A. 4　　　　B. 5　　　　C. 6　　　　D. 7

10. 采用 GB/T 19495.5—2018《转基因产品检测　实时荧光定量聚合酶链式反应（PCR）检测方法》进行转基因产品定量检测，其质量控制要求为：空白对照的内标准基因扩增 Ct 值≥40，品系特异性序列扩增 Ct 值≥（　　）。

A. 30　　B. 35　　C. 40　　D. 45

11. 采用 GB/T 19495.5—2018《转基因产品检测　实时荧光定量聚合酶链式反应（PCR）检测方法》进行转基因产品定量检测，其质量控制要求为：阴性对照的内标准基因扩增 Ct 值≤（　　），品系特异性序列扩增 Ct 值≥40。

A. 30　　B. 35　　C. 40　　D. 45

12. 采用 GB/T 19495.5—2018《转基因产品检测　实时荧光定量聚合酶链式反应（PCR）检测方法》进行转基因产品定量检测，其质量控制要求为：阳性对照的内标准基因扩增 Ct 值≤30，品系特异性序列扩增 Ct 值≤（　　）。

A. 30　　B. 35　　C. 40　　D. 45

13. 采用 GB/T 19495.5—2018《转基因产品检测　实时荧光定量聚合酶链式反应（PCR）检测方法》进行转基因产品定量检测，各品系特异性序列的实时荧光 PCR 扩增定量检测限（LOQ）为（　　）%（拷贝数百分比）。

A. 0.05　B. 0.1　　C. 0.5　　D. 0.75

14. 依据 NY/T 675—2003《转基因植物及其产品检测　大豆定性 PCR 方法》，对 *CaMV35S* 基因的 PCR 产物进行酶切时，采用的限制性内切酶是（　　）。

A. EcoR Ⅰ　　　　　B. Pst Ⅰ
C. Xmn Ⅰ　　　　　D. Not Ⅰ

15. SN/T 1195—2003《大豆中转基因成分定性 PCR 检测方法》中采用的大豆内源基因是（　　）。

A. *Lectin*　　　　　B. *Lectin-KVM*
C. *LAT52*　　　　　D. *SPS*

16. 农业部 953 号公告-6-2007《转基因植物及其产品成分检测　抗虫转 *Bt* 基因水稻定性 PCR 方法》中水稻内源基因 *SPS* 的片段大小为（　　）bp。

A. 277　　B. 285　　C. 180　　D. 195

17. 依据 SN/T 2051—2008《食品、化妆品和饲料中牛羊猪源性成分检测方法　实时 PCR 法》，其质量控制要求为：阴性对照、阳性对照的 HEX 荧光信号检出，并出现典型的扩增曲线，Ct 值应小于（　　），而无 FAM 荧光信号检出。

A. 35　　B. 40　　C. 28　　D. 25

18. 依据 SN/T 2051—2008《食品、化妆品和饲料中牛羊猪源性成分检测方法实时 PCR 法》，其结果判定为：Ct 值≤（　　）视为有效值，Ct 值＞（　　）视为无效值。

A. 35　　B. 40　　C. 28　　D. 25

19. SN/T 2051—2008《食品、化妆品和饲料中牛羊猪源性成分检测方法实时 PCR 法》标准中方法的测定低限为（　　）%。

A. 1　　　B. 0.1　　C. 0.5　　D. 0.01

20. SN/T 2584—2010《水稻及其产品中转基因成分实时荧光 PCR 检测方法》标准中质量控制要求为：阴性对照的内源基因有荧光增幅现象且 Ct 值小于或等于（　　），外源基因无荧光增幅现象。

A. 35　　B. 40　　C. 28　　D. 36

21. 依据 SN/T 2978—2011《动物源性产品中鸡源性成分 PCR 检测方法》，若将可疑阳性的 PCR 扩增产物进行核酸序列测定，与 GEENBANK 中鸡线粒体 DNA 相对应片段的序列比对，其片段大小正确，同源性达到（　　）%以上，则确证含有鸡源性成分。

A. 95　　B. 96　　C. 98　　D. 99

22. SN/T 2978—2011《动物源性产品中鸡源性成分 PCR 检测方法》标准中，阳性对照的 PCR 产物片段大小为（　　）bp。

A. 131　　B. 118　　C. 226　　D. 312

23. 采用 GB/T 38164—2019《常见畜禽动物源性成分检测方法　实时荧光 PCR 法》标准对常见畜禽动物源性成分进行实时荧光 PCR 检测，该方法的检出限（LOD）为（　　）%（质量分数）。

A. 0.1　　B. 0.5　　C. 1　　D. 0.01

24. GB/T 38164—2019《常见畜禽动物源性成分检测方法 实时荧光 PCR 法》标准的内参照基因扩增，结果荧光通道有荧光信号检出，且出现典型的扩增曲线，Ct 值应＜（　　）。

A. 30　　B. 35　　C. 36　　D. 40

25. GB/T 38164—2019《常见畜禽动物源性成分检测方法 实时荧光 PCR 法》标准中阳性对照的质控要求为：荧光通道有荧光信号检出，且出现典型的扩增曲线，Ct 值≤（　　）。

A. 40　　B. 36　　C. 30　　D. 35

26. GB/T 38164—2019《常见畜禽动物源性成分检测方法 实时荧光 PCR 法》标准的结果判定中，如 Ct 值≤（　　），则判定被检样品阳性。

A. 40　　B. 36　　C. 30　　D. 35

27. SN/T 3731.5—2013《食品及饲料中常见禽类品种的鉴定方法 第 5 部分：鸭成分检测 PCR 法》中扩增的是鸭线粒体（　　）基因。

A. 细胞色素 C 氧化酶Ⅲ

B. *cytb*

C. 18S rRNA

D. 16S rRNA

28. SN/T 3731.5—2013《食品及饲料中常见禽类品种的鉴定方法 第 5 部分：鸭成分检测 PCR 法》中扩增的鸭线粒体基因片段大小为（　　）bp。

A. 226　　B. 260　　C. 118　　D. 312

29. 采用 SN/T 3731.5—2013《食品及饲料中常见禽类品种的鉴定方法 第 5 部分：鸭成分检测 PCR 法》标准检测，若将可疑阳性的 PCR 扩增产物进行核酸序列测定，与鸭线粒体细胞色素 C 氧化酶Ⅲ基因相对应片段的序列比对，其片段大小正确，同源性达到（　　）%以上，则确证含有鸭成分。

A. 98　　B. 97　　C. 99　　D. 95

30. SN/T 3731.5—2013《食品及饲料中常见禽类品种的鉴定方法 第 5 部分：鸭成分检测 PCR 法》标准的最低检出限（LOD）为（　　）mg/kg。

A. 100　　B. 10　　C. 1　　D. 200

31. SN/T 3730.8—2013《食品及饲料中常见畜类品种的鉴定方法 第 8 部分：猪成分检测 实时荧光 PCR 法》标准中，实时荧光 PCR 扩增设置（　　）个循环。

A. 45　　B. 40　　C. 35　　D. 30

32.《鸭血中鸭鸡鹅源性成分的测定》（BJS 202309）标准采用（　　）定量测定方法。

A. 普通 PCR　　　　　　B. 实时荧光 PCR

C. 液滴数字 PCR　　　　D. 巢式 PCR

33.《鸭血中鸭鸡鹅源性成分的测定》（BJS 202309）标准的质量控制中要求扩增平行重复测试结果的相对标准偏差应小于或等于（　　）%。

A. 15　　B. 20　　C. 25　　D. 30

34.《鸭血中鸭鸡鹅源性成分的测定》（BJS 202309）标准中样品前处理时，需将样品置于（　　）℃恒温干燥箱中烘干水分。

A. 70　　B. 60　　C. 80　　D. 100

35. 依据《鸭血中鸭鸡鹅源性成分的测定》（BJS 202309），DNA 纯度要求 A260/A280 值在（　　）之间时，适宜于本方法。

A. 1.5～1.8　　　　　　B. 1.8～2.0

C. 1.6～2.0　　　　　　D. 1.7～2.0

36.《鸭血中鸭鸡鹅源性成分的测定》（BJS 202309）标准中，线性标准曲线以鸡（或鹅）质量占总质量的百分比为横坐标，鸡（或鹅）基因拷贝数占总基因拷贝数百分比为纵坐标进行绘制，决定系数 R^2 值应大于等于（　　）。

A. 0.99　　　　　　　　B. 0.995

C. 0.95　　　　　　　　D. 0.999

37. 依据《鸭血中鸭鸡鹅源性成分的测定》（BJS 202309），该标准的检出限为（　　）%。

A. 0.01　　B. 0.05　　C. 0.1　　D. 0.5

38. 依据《鸭血中鸭鸡鹅源性成分的测定》（BJS 202309），该标准的定量限为（　　）%。

A. 0.01　　B. 0.05　　C. 0.1　　D. 0.5

39. 《食品中多种动物源性成分检测实时荧光 PCR 法》（BJS 201904）中猪源性成分检测基因是（　　）。

A. *cytb*　　B. *nad5*　　C. *RPA1*　　D. *Lectin*

40. 《食品中多种动物源性成分检测实时荧光 PCR 法》（BJS 201904）中鼠源性成分检测基因是（　　）。

A. *cytb*　　B. *nad5*　　C. *RPA1*　　D. *Lectin*

41. 依据《食品中多种动物源性成分检测实时荧光 PCR 法》（BJS 201904），PCR 扩增反应程序为：95℃ 5min；（　　）个循环（95℃ 15s，58℃ 1min，收集荧光）。

A. 30　　B. 35　　C. 40　　D. 50

42. 依据《食品中多种动物源性成分检测实时荧光 PCR 法》（BJS 201904），阳性对照的质量控制要求为：有 FAM 荧光信号检出，且出现典型的扩增曲线，Ct 值≤（　　）。

A. 30　　B. 35　　C. 36　　D. 40

43. 依据《食品中多种动物源性成分检测实时荧光 PCR 法》（BJS 201904），结果判定标准为：如有 FAM 荧光信号检出，Ct 值≤（　　），且出现典型的扩增曲线，则判定为被检样品阳性。

A. 28　　B. 25　　C. 30　　D. 35

44. 依据《食品中多种动物源性成分检测实时荧光 PCR 法》（BJS 201904），污染判定标准为：在 DNA 浓度相对差值在 20% 以内的情况下，本方法所检测生鲜肉与阳性对照差值＞6，或肉制品与阳性对照差值＞10，且结果可独立重复，提示该源性成分含量低于（　　）%。

A. 0.5　　B. 1　　C. 2　　D. 5

45. 《植物蛋白饮料中植物源性成分鉴定》（BJS 201707）方法中检测植物源性成分采用的扩增方法是（　　）。

A. 普通 PCR 方法

B. 实时荧光 PCR 方法

C. 巢式 PCR 方法

D. 数字 PCR 方法

46. 《植物蛋白饮料中植物源性成分鉴定》（BJS 201707）方法中检测核桃源性成分的目标基因是（　　）。

A. *Jugr2*

B. *Ara b2*

C. *Prudu1*

D. 2S albumim mRNA

47. 《植物蛋白饮料中植物源性成分鉴定》（BJS 201707）方法中检测花生源性成分的目标基因是（　　）。

A. *Jugr2*

B. *Ara b2*

C. *Prudu1*

D. 2S albumim mRNA

48. 《植物蛋白饮料中植物源性成分鉴定》（BJS 201707）方法中检测杏仁源性成分的目标基因是（　　）。

A. *Jugr2*

B. *Ara b2*

C. *Prudu1*

D. 2S albumim mRNA

49. 《植物蛋白饮料中植物源性成分鉴定》（BJS 201707）方法中检测芝麻源性成分的目标基因是（　　）。

A. *Jugr2*

B. *Ara b2*

C. *Prudu1*

D. 2S albumim mRNA

50. 《植物蛋白饮料中植物源性成分鉴定》（BJS 201707）方法中检测榛子源性成分的目标基因是（　　）。

A. *Jugr2*　　　　B. *Prudu1*

C. *oleosin*　　　　D. *Lectin*

51. 《植物蛋白饮料中植物源性成分鉴定》（BJS 201707）方法中检测大豆源性成分的目标基因是（　　）。

A. *Jugr2*　　　　B. *Prudu1*

C. *oleosin*　　　　D. *Lectin*

52.《植物蛋白饮料中植物源性成分鉴定》（BJS 201707）方法中内参照检测基因是（　　）。

A. mRNA　　　　　　B. 12S rRNA

C. 16S rRNA　　　　　D. 18S rRNA

53.《植物蛋白饮料中植物源性成分鉴定》（BJS 201707）方法中质量控制要求为：阳性对照应有 FAM 荧光信号检出，且 FAM 通道出现典型的扩增曲线，Ct 值≤（　　）。

A. 25　　B. 30　　C. 35　　D. 40

54.《植物蛋白饮料中植物源性成分鉴定》（BJS 201707）方法中质量控制要求为：内参对照应有荧光对数增长，且荧光通道出现典型的扩增曲线，相应的 Ct 值<（　　）。

A. 25　　B. 30　　C. 35　　D. 40

55.《植物蛋白饮料中植物源性成分鉴定》（BJS 201707）方法中结果判定标准为：如 Ct 值≤（　　），则判定为被检样品阳性。

A. 25　　B. 30　　C. 35　　D. 40

56.《植物蛋白饮料中植物源性成分鉴定》（BJS 201707）方法中结果判定标准为：如 Ct 值≥（　　），则判定为被检样品阴性。

A. 25　　B. 30　　C. 35　　D. 40

57.《鳕鱼及其制品中裸盖鱼、油鱼和南极犬牙鱼源性成分检测》（BJS 201907）方法中检测鱼源性成分采用的扩增方法是（　　）。

A. 普通 PCR 方法

B. 实时荧光 PCR 方法

C. 巢式 PCR 方法

D. 数字 PCR 方法

58.《鳕鱼及其制品中裸盖鱼、油鱼和南极犬牙鱼源性成分检测》（BJS 201907）方法中检测裸盖鱼源性成分的目标基因是（　　）。

A. NADH$_2$　　　　　B. *Cytb*

C. *CK*　　　　　　　D. 18S rRNA

59.《鳕鱼及其制品中裸盖鱼、油鱼和南极犬牙鱼源性成分检测》（BJS 201907）方法中检测油鱼源性成分的目标基因是（　　）。

A. NADH$_2$　　　　　B. *Cytb*

C. *CK*　　　　　　　D. 18S rRNA

60.《鳕鱼及其制品中裸盖鱼、油鱼和南极犬牙鱼源性成分检测》（BJS 201907）方法中检测南极犬牙鱼性成分的目标基因是（　　）。

A. NADH$_2$　　　　　B. *Cytb*

C. *CK*　　　　　　　D. 18S rRNA

61.《鳕鱼及其制品中裸盖鱼、油鱼和南极犬牙鱼源性成分检测》（BJS 201907）方法中内参照基因是真核生物（　　）。

A. mRNA　　　　　　B. 12S rRNA

C. 16S rRNA　　　　　D. 18S rRNA

62.《鳕鱼及其制品中裸盖鱼、油鱼和南极犬牙鱼源性成分检测》（BJS 201907）方法中质量控制要求为：阳性对照的荧光通道出现典型的扩增曲线，相应的 Ct 值应<（　　）。

A. 25　　B. 30　　C. 35　　D. 40

63.《鳕鱼及其制品中裸盖鱼、油鱼和南极犬牙鱼源性成分检测》（BJS 201907）方法中质量控制要求为：阴性对照的 Ct 值应≥（　　）。

A. 25　　B. 30　　C. 35　　D. 40

64.《鳕鱼及其制品中裸盖鱼、油鱼和南极犬牙鱼源性成分检测》（BJS 201907）方法中质量控制要求为：PCR 空白对照的 Ct 值应≥（　　）。

A. 25　　B. 30　　C. 35　　D. 40

65.《鳕鱼及其制品中裸盖鱼、油鱼和南极犬牙鱼源性成分检测》（BJS 201907）方法中质量控制要求为：空白提取对照的 Ct 值应≥（　　）。

A. 25　　B. 30　　C. 35　　D. 40

66.《鳕鱼及其制品中裸盖鱼、油鱼和南极犬牙鱼源性成分检测》（BJS 201907）方法中质量控制要求为：内参照反应的荧光通道出现典型的扩增曲线，相应的 Ct 值应＜（ ）。

A. 25　　B. 30　　C. 35　　D. 40

67.《鳕鱼及其制品中裸盖鱼、油鱼和南极犬牙鱼源性成分检测》（BJS 201907）方法中结果判定标准为：如 Ct 值＜（ ），且质量控制符合要求，则判定为检出相应物种源性成分。

A. 25　　B. 30　　C. 35　　D. 40

68.《鳕鱼及其制品中裸盖鱼、油鱼和南极犬牙鱼源性成分检测》（BJS 201907）方法中结果判定标准为：如 Ct 值≥（ ），且质量控制符合要求，则判定为未检出相应物种源性成分。

A. 25　　B. 30　　C. 35　　D. 40

69. 依据《鳕鱼及其制品中裸盖鱼、油鱼和南极犬牙鱼源性成分检测》（BJS 201907），裸盖鱼引物探针的检出限范围为（ ）。

A. 0.1%～5%　　　B. 1%～10%
C. 1%～2%　　　　D. 0.1%～2%

70. 依据《鳕鱼及其制品中裸盖鱼、油鱼和南极犬牙鱼源性成分检测》（BJS 201907），油鱼引物探针的检出限范围为（ ）。

A. 0.1%～5%　　　B. 1%～10%
C. 1%～2%　　　　D. 0.1%～2%

71. 依据《鳕鱼及其制品中裸盖鱼、油鱼和南极犬牙鱼源性成分检测》（BJS 201907），南极犬牙鱼引物探针的检出限范围为（ ）。

A. 0.1%～5%　　　B. 1%～10%
C. 1%～2%　　　　D. 0.1%～2%

72.《果汁中植物源性成分的测定》（BJS 202304）方法中内参照实时荧光 PCR 扩增的循环数是（ ）。

A. 35　　B. 40　　C. 45　　D. 50

73.《果汁中植物源性成分的测定》（BJS 202304）方法中蔓越莓和芒果实时荧光 PCR 扩增的循环数是（ ）。

A. 35　　B. 40　　C. 45　　D. 50

74.《果汁中植物源性成分的测定》（BJS

202304）方法中梨、桃和苹果实时荧光 PCR 扩增的循环数是（ ）。

A. 35　　B. 40　　C. 45　　D. 50

75.《果汁中植物源性成分的测定》（BJS 202304）方法中质量控制要求为：阳性对照应有 FAM 荧光信号检出，且 FAM 通道出现典型的扩增曲线，Ct 值≤（ ）。

A. 35　　B. 40　　C. 45　　D. 50

76.《果汁中植物源性成分的测定》（BJS 202304）方法中质量控制要求为：内参对照应有荧光对数增长，且荧光通道出现典型的扩增曲线，相应的 Ct 值＜（ ）。

A. 30　　B. 35　　C. 40　　D. 45

77. 依据《果汁中植物源性成分的测定》（BJS 202304），对于黑加仑、蓝莓、树莓、木瓜、桑葚、椰子、猕猴桃、杏和山楂的结果判定标准为：若 Ct 值≤（ ），则判定为被检样品阳性。

A. 30　　B. 35　　C. 40　　D. 45

78. 依据《果汁中植物源性成分的测定》（BJS 202304），对于黑加仑、蓝莓、树莓、木瓜、桑葚、椰子、猕猴桃、杏和山楂的结果判定标准为：若 Ct 值≥（ ），则判定为被检样品阴性。

A. 30　　B. 35　　C. 40　　D. 45

79. 依据《果汁中植物源性成分的测定》（BJS 202304），对于蔓越莓和芒果的结果判定标准为：若 Ct 值≤（ ），则判定为被检样品阳性。

A. 30　　B. 35　　C. 40　　D. 45

80. 依据《果汁中植物源性成分的测定》（BJS 202304），对于蔓越莓和芒果的结果判定标准为：若 Ct 值≥（ ），则判定为被检样品阴性。

A. 30　　B. 35　　C. 40　　D. 45

81. 依据《果汁中植物源性成分的测定》（BJS 202304），对于蔓越莓和芒果的结果判定标准为：若 40.0＜Ct 值＜45.0，则重复试验一次。若再次扩增后 Ct 值仍为＜45.0，则判定被检样品（ ）。

A. 阳性　　　　　　　B. 阴性
C. 可疑　　　　　　　D. 不适用本方法

82. 依据《果汁中植物源性成分的测定》（BJS 202304），对于梨和桃的结果判定标准为：若 Ct 值≤（　　），则判定为被检样品阳性。

A. 30　　B. 35　　C. 40　　D. 45

83. 依据《果汁中植物源性成分的测定》（BJS 202304），对于梨和桃的结果判定标准为：若 Ct 值≥（　　），则判定为被检样品阴性。

A. 35　　B. 40　　C. 45　　D. 50

84. 依据《果汁中植物源性成分的测定》（BJS 202304），对于梨和桃的结果判定标准为：若 45.0＜Ct 值＜50.0，则重复试验一次。若再次扩增后 Ct 值仍为＜50.0，则判定被检样品（　　）。

A. 阳性　　　　　　　B. 阴性
C. 可疑　　　　　　　D. 不适用本方法

85. 依据《果汁中植物源性成分的测定》（BJS 202304），对于苹果的结果判定标准为：若 Ct 值≤（　　），则判定为被检样品阳性。

A. 30　　B. 35　　C. 40　　D. 45

86. 依据《果汁中植物源性成分的测定》（BJS 202304），对于苹果的结果判定标准为：若 Ct 值≥（　　），则判定为被检样品阴性。

A. 35　　B. 40　　C. 45　　D. 50

87. 依据《果汁中植物源性成分的测定》（BJS 202304），对于苹果的结果判定标准为：若 40.0＜Ct 值＜50.0，则重复试验一次。若再次扩增后 Ct 值仍为＜50.0，则判定被检样品（　　）。

A. 阳性　　　　　　　B. 阴性
C. 可疑　　　　　　　D. 不适用本方法

88. 《果汁中植物源性成分的测定》（BJS 202304）方法中 DNA 条形码法扩增的循环数为（　　）。

A. 30　　　B. 35　　　C. 40　　　D. 45

89. 《果汁中植物源性成分的测定》（BJS 202304）方法中 DNA 条形码法扩增 *rbcL* 基因片段的电泳长度为（　　）bp 左右。

A. 200　　　　　　　B. 275
C. 300　　　　　　　D. 450

90. 《果汁中植物源性成分的测定》（BJS 202304）方法中 DNA 条形码法扩增 *psb*A-*trn*H 基因片段的电泳长度为（　　）bp 左右。

A. 200　　　　　　　B. 275
C. 300　　　　　　　D. 450

91. 《果汁中植物源性成分的测定》（BJS 202304）方法中 DNA 条形码法对基因测序序列质量控制要求为：*rbcL* 基因片段经过双向序列拼接后，保证测序峰图的长度≥（　　）bp。

A. 150　　　　　　　B. 160
C. 200　　　　　　　D. 280

92. 《果汁中植物源性成分的测定》（BJS 202304）方法中 DNA 条形码法对基因测序序列质量控制要求为：*psb*A-*trn*H 基因片段经过双向序列拼接后，保证测序峰图的长度≥（　　）bp。

A. 150　　B. 160　　C. 200　　D. 280

93. GB 4789.42—2016《食品安全国家标准 食品微生物学检验 诺如病毒检验》采用的检测方法是（　　）。

A. 普通 PCR 方法
B. 实时荧光 PCR 方法
C. 巢式 PCR 方法
D. 数字 PCR 方法

94. 依据 GB 4789.42—2016《食品安全国家标准 食品微生物学检验 诺如病毒检验》，实时荧光 RT-PCR 反应的循环数是（　　）。

A. 30　　B. 35　　C. 40　　D. 45

95. 依据 GB 4789.42—2016《食品安全国家标准 食品微生物学检验 诺如病毒检验》，实验室接到样品后应尽快进行检测，如果暂时不能检测应将样品保存在

（　　）℃冰箱中，试验前解冻。

A. 4　　　　　　　　B. 0

C. −80　　　　　　 D. −20

96. RNA 提取常用的提取液是（　　）。

A. CTAB　　　　　　B. SDS

C. Trizol　　　　　 D. 酚-氯仿

97. 依据 GB 4789.6—2016《食品安全国家标准 食品微生物学检验 致泻大肠埃希氏菌检验》，取生化反应符合大肠埃希氏菌特征的菌落进行 PCR 确认试验，菌落悬浮采用的是（　　）%灭菌生理盐水。

A. 0.85　　B. 1　　　C. 1.5　　D. 0.5

98. 依据 GB 4789.6—2016《食品安全国家标准 食品微生物学检验 致泻大肠埃希氏菌检验》，取生化反应符合大肠埃希氏菌特征的菌落进行 PCR 确认试验，每个样品初筛需检测（　　）个目标基因。

A. 10　　B. 12　　　C. 15　　　D. 18

99. 依据 GB 4789.6—2016《食品安全国家标准 食品微生物学检验 致泻大肠埃希氏菌检验》，取生化反应符合大肠埃希氏菌特征的菌落进行 PCR 确认试验，PCR 反应的循环数是（　　）。

A. 30　　B. 35　　　C. 40　　　D. 45

100. 依据 GB 4789.35—2023《食品安全国家标准 食品微生物学检验 乳酸菌检验》，实时荧光 PCR 法鉴定乳酸菌时 PCR 反应的循环数是（　　）。

A. 30　　B. 35　　　C. 40　　　D. 45

101. GB 4789.49—2024《食品安全国家标准 食品微生物学检验 产志贺毒素大肠埃希氏菌检验》标准中结果有效性原则为：阴性对照的 *stx1* 和 *stx2* 均无荧光对数增长；16S rDNA 基因有荧光对数增长，相应的 Ct 值应<（　　）。

A. 30　　B. 35　　　C. 40　　　D. 45

二、多选题

102. 定性 PCR 检测时应设立（　　），必要时还必须设立（　　）。

A. 阳性目标 DNA 对照

B. 阴性目标 DNA 对照

C. 试剂空白对照

D. 提取空白对照

E. PCR 抑制剂对照

103. 转基因产品核酸检测实验室一般分区包括（　　）。

A. 试剂贮存和准备区

B. 样品制备区

C. 核酸制备区

D. 扩增区

E. 核酸产物分析区

104. 以下哪些选项属于 DNA 提取的方法？（　　）

A. 酚-三氯甲烷法　　　B. PVP 法

C. CTAB 法　　　　　　D. 硅土法

E. SDS 法

105. 以下哪些选项属于 DNA 提取使用的共沉淀剂？（　　）

A. 异源核酸　　　　　　B. 糖原

C. PEG　　　　　　　　D. 鲑鱼精 DNA

E. 青鱼精 DNA

106. 下列基因属于油菜籽内源基因的是（　　）。

A. *HMGI/Y*　　　　　B. *CruA*

C. *adhI*　　　　　　 D. *zSS Ⅱb*

107. 下列基因属于玉米内源基因的是（　　）。

A. *HMGI/Y*　　　　　B. *CruA*

C. *adhI*　　　　　　 D. *zSS Ⅱb*

108. 下列基因属大豆内源基因的是（　　）。

A. *Lectin*　　　　　　B. *Lectin-KVM*

C. *LAT52*　　　　　　D. *SPS*

109. 下列基因属于水稻内源基因的是（　　）。

A. *SPS*　　　　　　　B. *SAH7*

C. *PLD*　　　　　　　D. *GOS*

110. 采用 GB/T 19495.4—2018《转基因产品检测 实时荧光定性聚合酶链式反应（PCR）检测方法》检测转基因产品时质量

控制要求有哪些？（　　）

A. 阳性对照　　　　　B. 阴性对照

C. 空白对照　　　　　D. 平行对照

111. 采用 GB/T 19495.5—2018《转基因产品检测 实时荧光定量聚合酶链式反应（PCR）检测方法》进行转基因产品定量检测，需设置哪些对照实验？（　　）

A. 阳性对照

B. 阴性对照

C. 空白对照

D. 提取 DNA 空白对照

E. PCR 反应的空白对照

112. 基因芯片制作时，在氨基修饰后的玻片表面上连接双功能偶联剂，可以使用下列哪种试剂作为偶联剂？（　　）

A. 戊二醛　　　　　B. 对苯异硫氰酸酯

C. 甲醇　　　　　　D. 乙酸乙酯

113. 依据 NY/T 675—2003《转基因植物及其产品检测 大豆定性 PCR 方法》，对 *CaMV35S* 基因的 PCR 产物进行酶切，酶切后两个片段的长度为（　　）bp。

A. 80　　B. 90　　C. 115　　D. 130

114. NY/T 675—2003《转基因植物及其产品检测大豆定性 PCR 方法》标准中检测的外源基因有哪些？（　　）

A. *CaMV35S*

B. *nos*

C. *Cp4-epsps*

D. *CaMV35S-CTP4*

E. *Lectin*

115. 依据《鸭血中鸭鸡鹅源性成分的测定》（BJS 202309），样品前处理时，称取的粉末样品中应加入（　　），然后置恒温水浴处理。

A. PBS 缓冲液　　　　B. 水

C. 蛋白酶 K　　　　　D. TE 缓冲液

116.《食品中多种动物源性成分检测实时荧光 PCR 法》（BJS 201904）方法中，鼠源性成分包括哪些源性成分？（　　）

A. 海狸鼠　　B. 小鼠　　C. 大鼠

D. 豚鼠　　　E. 竹鼠

117.《食品中多种动物源性成分检测实时荧光 PCR 法》（BJS 201904）方法中结果判定标准为：如（　　），则判定为被检样品阴性。

A. Ct 值≥30　　　　　B. Ct 值≥35

C. Ct 值≥36　　　　　D. 无 Ct 值

118.《果汁中植物源性成分的测定》（BJS 202304）方法中植物源性成分的测定方法是（　　）。

A. 普通 PCR 方法

B. 实时荧光 PCR 方法

C. 巢式 PCR 方法

D. DNA 条形码方法

119.《果汁中植物源性成分的测定》（BJS 202304）方法中，DNA 条形码法针对叶绿体基因（　　）基因片段进行扩增。

A. *rbc*L　　　　　　B. *psb*A-*trn*H

C. *trn*L　　　　　　D. *mat*K

120. 依据 GB 4789.6—2016《食品安全国家标准 食品微生物学检验 致泻大肠埃希氏菌检验》，取生化反应符合大肠埃希氏菌特征的菌落进行 PCR 确认试验，以下选项哪些属于致泻大肠埃希氏菌的目标基因？（　　）

A. EPEC　　　　　　B. STEC/EHEC

C. EIEC　　　　　　D. ETEC

E. EAEC

121. 依据 GB/T 23814—2009《莲蓉制品中芸豆成分定性 PCR 检测方法》，用内切酶 Apa Ⅰ 对 PCR 扩增产物进行酶切分析，阳性样品的酶切片段大小为（　　）bp。

A. 81　　B. 85　　C. 103　　D. 120

三、判断题

122. 转基因产品检测结果可以表示为"＋"或"－"。（　　）

123. 转基因产品检测阴性结果可以表述为"0"或"－"。（　　）

124. 在同一管 PCR 反应体系中可以同时扩增多个产物。（　　）

125. 定性 PCR 检测转基因产品时无须检测物种内源基因。（　　）

126. 转基因检测的核酸提取所用的移液器使用后，可以用于 PCR 体系配置。（　　）

127. 采用 GB/T 19495.4—2018《转基因产品检测　实时荧光定性聚合酶链式反应（PCR）检测方法》检测转基因产品时，空白对照是指 PCR 反应的空白对照。（　　）

128. 荧光定量 PCR 中，每个模板的 Ct 值与该模板起始拷贝数的对数存在线性关系，起始拷贝数越多，Ct 值越小。（　　）

129. 采用 GB/T 19495.5—2018《转基因产品检测　实时荧光定量聚合酶链式反应（PCR）检测方法》标准进行转基因产品定量检测，制作标准曲线时的每个浓度的 PCR 应最少设置 2 个平行。（　　）

130. 采用 GB/T 19495.5—2018《转基因产品检测　实时荧光定量聚合酶链式反应（PCR）检测方法》标准进行转基因产品定量检测时，质量控制要求为：若扩增平行重复测试结果（转基因品系百分含量）的相对标准偏差≥25％，则应重新进行实验。（　　）

131. 采用 GB/T 19495.5—2018《转基因产品检测　实时荧光定量聚合酶链式反应（PCR）检测方法》标准进行转基因产品定量检测时，质量控制要求为：若提取平行重复的测试结果（转基因品系百分含量）的相对标准偏差≥35％，则应重新进行实验，重新进行的实验应从制备测试样开始。（　　）

132. 转基因检测中，在试样 PCR 扩增时应设置 GMO 阴性对照、GMO 阳性对照和空白对照。（　　）

133. 采用 SN/T 1196—2018《转基因成分检测　玉米检测方法》第一法对玉米样品 DNA 提取液进行外源基因的 PCR 测试，如果阴性目标 DNA 对照和扩增试剂对照均未出现扩增条带，阳性目标 DNA 对照和待测样品均出现预期大小的扩增条带，则可判定待测样品中含有该外源基因。（　　）

134. 采用 SN/T 2978—2011《动物源性产品中鸡源性成分 PCR 检测方法》标准检测时，在实验成立的前提下，若样品出现 131bp 左右大小的扩增产物则判定为阳性。（　　）

135. GB/T 38164—2019《常见畜禽动物源性成分检测方法　实时荧光 PCR 法》标准的结果判定中，如 35.0＜Ct 值＜40.0，则重复一次。如再次扩增后 Ct 值仍＜40.0，则判定被检样品阳性。（　　）

136.《鸭血中鸭鸡鹅源性成分的测定》（BJS 202309）标准中扩增的靶基因是线粒体基因。（　　）

137.《鸭血中鸭鸡鹅源性成分的测定》（BJS 202309）标准中扩增的靶基因是核基因组单拷贝基因 $RPA1$。（　　）

138. 标准 GB 4789.42—2016《食品安全国家标准　食品微生物学检验　诺如病毒检验》中，实验用水均为无 DNase 超纯水。（　　）

139. 标准 GB 4789.42—2016《食品安全国家标准　食品微生物学检验　诺如病毒检验》中，实验使用的玻璃容器、离心管、移液器吸嘴等耗材均需无 RNase。（　　）

140.《鸭血中鸭鸡鹅源性成分的测定》（BJS 202309）标准中，制作标准曲线时，根据试样 PCR 扩增反应结果，从绘制标准曲线用的样品值中选取 5 个适宜的点，无须空白点即可绘制线性标准曲线。（　　）

141.《鸭血中鸭鸡鹅源性成分的测定》（BJS 202309）标准的质量控制中有 4 项要求，这些要求若有一条及以上不符合，应重新进行试验，重新进行的试验应从制备测试样品开始。（　　）

142.《鸭血中鸭鸡鹅源性成分的测定》（BJS 202309）标准的检出限为 0.5％。（　　）

143.《植物蛋白饮料中植物源性成分鉴定》（BJS 201707）方法中样品需设置两个平行的反应体系，内参照和对照各 1 个反应体系。（　　　）

144.《鳕鱼及其制品中裸盖鱼、油鱼和南极犬牙鱼源性成分检测》（BJS 201907）适用于鳕鱼、鳕鱼片、鳕鱼扒等生鲜或速冻鳕鱼产品（不包含鱼丸、鱼糕、鱼饼、鱼肠、鱼豆腐、鱼肝油等加工产品）中裸盖鱼、油鱼和南极犬牙鱼源性成分的定性检测。（　　　）

145.《鳕鱼及其制品中裸盖鱼、油鱼和南极犬牙鱼源性成分检测》（BJS 201907）方法中 PCR 扩增实验对照要求为：分别设置阳性对照、阴性对照、PCR 空白对照、空白提取对照各一个。（　　　）

146.《果汁中植物源性成分的测定》（BJS 202304）方法中，DNA 条形码法中基因克隆质量控制要求为：阳性对照转化感受态细胞长出大量菌落，空白对照无菌落。（　　　）

147.《果汁中植物源性成分的测定》（BJS 202304）方法中 DNA 条形码法结果判定标准为：若 90%≤样品序列与数据库相似度＜95%，则重复实验；若再次检测后，相似度≥95%，则检测结果为相似度最高的物种；若相似度仍＜95%，则本方法不适用于该样品。（　　　）

148.GB 4789.42—2016《食品安全国家标准 食品微生物学检验 诺如病毒检验》采用的检测方法是普通 PCR 方法。（　　　）

149.GB 4789.42—2016《食品安全国家标准 食品微生物学检验 诺如病毒检验》中，使用的实验用水均为无 RNase 超纯水。（　　　）

150.GB 4789.42—2016《食品安全国家标准 食品微生物学检验 诺如病毒检验》样品处理一般应在 4℃以下的环境中进行运输。实验室接到样品后应尽快进行检测，如果暂时不能检测应将样品保存在−20℃冰箱中，试验前解冻。（　　　）

151.GB 4789.42—2016《食品安全国家标准 食品微生物学检验 诺如病毒检验》检测有效性判定要求为：过程控制（C～G 反应孔）需满足提取效率≥1%；如提取效率＜1%，需重新检测；但如提取效率＜1%，检测结果为阳性，也可酌情判定为阳性。（　　　）

152.GB 4789.42—2016《食品安全国家标准 食品微生物学检验 诺如病毒检验》检测有效性判定要求为：扩增控制（H～J 反应孔）需满足抑制指数＜2.00；如抑制指数≥2.00，需比较 10 倍稀释食品样品的抑制指数；如 10 倍稀释食品样品扩增的抑制指数＜2.00，则扩增有效，且需采用 10 倍稀释食品样品 RNA 的 Ct 值作为结果；10 倍稀释食品样品扩增的抑制指数也≥2.00 时，扩增可能无效，需要重新检测；但如抑制指数≥2.00，检测结果为阳性，也可酌情判定为阳性。（　　　）

153.GB 4789.42—2016《食品安全国家标准 食品微生物学检验诺如病毒检验》检测结果判定标准为：若待测样品的 Ct 值≥45 时，则判定为诺如病毒阴性。（　　　）

154.GB 4789.42—2016《食品安全国家标准 食品微生物学检验 诺如病毒检验》检测结果判定标准为：若待测样品的 Ct 值≤40 时，则判定为诺如病毒阳性。（　　　）

155.GB 4789.42—2016《食品安全国家标准 食品微生物学检验 诺如病毒检验》检测结果判定标准为：若待测样品的 Ct 值大于 40，小于 45 时，应重新检测。（　　　）

156.GB 4789.6—2016《食品安全国家标准 食品微生物学检验 致泻大肠埃希氏菌检验》中，取生化反应符合大肠埃希氏菌特征的菌落进行 PCR 确认试验时，菌落悬浮采用的是 TE 缓冲液。（　　　）

157.GB 4789.6—2016《食品安全国家标准 食品微生物学检验 致泻大肠埃希氏菌检验》中，取生化反应符合大肠埃希氏菌

特征的菌落进行 PCR 确认试验时，空白对照应无条带出现，阴性对照仅有 *uidA* 条带扩增。（　　）

158. GB 4789.6—2016《食品安全国家标准 食品微生物学检验 致泻大肠埃希氏菌检验》中，取生化反应符合大肠埃希氏菌特征的菌落进行 PCR 确认试验时，实验的阳性对照中应出现所有目标条带。（　　）

159. GB 4789.6—2016《食品安全国家标准 食品微生物学检验 致泻大肠埃希氏菌检验》中，取生化反应符合大肠埃希氏菌特征的菌落进行 PCR 确认试验时，97%以上大肠埃希氏菌为 *uidA* 阳性。（　　）

160. GB 4789.35—2023《食品安全国家标准 食品微生物学检验 乳酸菌检验》标准中乳酸菌的鉴定是必做项目。（　　）

161. GB 4789.35—2023《食品安全国家标准 食品微生物学检验 乳酸菌检验》中，实时荧光 PCR 鉴定的对照要求为：阳性对照出现典型扩增曲线，Ct 值≤30。（　　）

162. GB 4789.35—2023《食品安全国家标准 食品微生物学检验 乳酸菌检验》中，实时荧光 PCR 鉴定的对照要求为：阴性对照和空白对照无典型扩增曲线或 Ct 值≥40。（　　）

163. GB 4789.35—2023《食品安全国家标准 食品微生物学检验 乳酸菌检验》中，实时荧光 PCR 鉴定的结果判读为：当样品检测 Ct 值≥40 时，判定样品结果为某种乳酸菌阴性。（　　）

164. GB 4789.35—2023《食品安全国家标准 食品微生物学检验 乳酸菌检验》中，实时荧光 PCR 鉴定的结果判读为：当检测 35<Ct 值<40 时，重复试验，若重复试验结果检测 Ct 值≥40，则判定为某种乳酸菌阴性，否则，判定为某种乳酸菌阳性。（　　）

165. GB 4789.40—2024《食品安全国家标准 食品微生物学检验 克罗诺杆菌检验》标准中 PCR 鉴定是选做项目。（　　）

166. GB 4789.49—2024《食品安全国家标准 食品微生物学检验 产志贺毒素大肠埃希氏菌检验》标准中结果有效性原则要求为：阳性对照的 *stx1*、*stx2* 和 16S rDNA 基因均有荧光对数增长，相应的 Ct 值<30。（　　）

167. GB 4789.49—2024《食品安全国家标准 食品微生物学检验 产志贺毒素大肠埃希氏菌检验》标准中实时荧光定量 PCR 结果判定标准为：*stx1* 和 *stx2* 的 Ct 值≥35，则判定为 *stx* 阴性。（　　）

168. GB 4789.49—2024《食品安全国家标准 食品微生物学检验 产志贺毒素大肠埃希氏菌检验》标准中实时荧光定量 PCR 结果判定标准为：*stx1* 和 *stx2* 的 Ct 值≥40，则判定为 *stx* 阴性。（　　）

169. GB 4789.49—2024《食品安全国家标准 食品微生物学检验 产志贺毒素大肠埃希氏菌检验》标准中 *stx* 基因筛选的 PCR 结果判定标准为：*stx1* 和 *stx2* 的 Ct 值均≥35 且<40，应重新进行实时荧光定量 PCR 扩增实验。再次扩增后 *stx1* 或 *stx2* 的 Ct 值<40，16S rDNA 基因的 Ct 值<35，判定为 *stx* 阳性；若 *stx1* 和 *stx2* 的 Ct 值≥40，则判定为 *stx* 阴性。（　　）

170. 芯片式数字 PCR 通过微流控芯片实现对原始反应体系的分割，这种分割方式具有稳定性好、均一性好的优点。（　　）

171. 转基因植物定量检测中，样品 DNA 中的内源基因和外源基因的拷贝数的比值（百分数）即为样品中相应的转基因植物品系的相对百分含量。（　　）

第二节 综合能力提升

一、单选题

172. 转基因产品检测的定性 PCR 方法的特异性必须通过有效实验加以证明，阳性误差率应小于等于（　　）%。

A. 1　　　　B. 5　　　　C. 10　　　　D. 20

173. 在 PCR 扩增反应液中加入 UDG 酶，并以 dUTP 代替（　　），可防止以前 PCR 扩增产物所致的遗留污染。

A. dATP　　　　　　B. dTTP

C. dGTP　　　　　　D. dCTP

174. 采用 GB/T 19495.5—2018《转基因产品检测 实时荧光定量聚合酶链式反应（PCR）检测方法》标准进行转基因产品定量检测时，在对实际样品中转基因品系进行定量时，需要测定（　　），以弥补质粒 DNA 与植物基因组 DNA 的背景差异。

A. Ct 值

B. Cf 值

C. 样品 DNA 浓度

D. 标准物质 DNA 浓度

175. 基因芯片检测法在制备寡核苷酸探针时，一般在其 5′ 或 3′ 端进行（　　）修饰，以利于其在玻片表面的固定。

A. 氨基　　B. 羧基　　C. 羟基　　D. 羧基

176. 采用 SN/T 1195—2003《大豆中转基因成分的定性 PCR 检测方法》标准进行大豆样品转基因检测时，若样品的内源基因 *Lectin* 扩增为阳性，样品的外源基因 *CaMV35S*、*nos* 或 *CP4-epsps* 中仅有一个为阳性，则判定被检样品的检测结果可疑，应按照（　　）标准中规定的方法进行确证实验。

A. SN/T 1204　　　　B. NY/T 675

C. GB/T 19495.4　　D. GB/T 19495.6

177. 用核酸蛋白分析仪测定 DNA 浓度时，1 OD_{260} 寡核苷酸约为（　　）$\mu g/mL$。

A. 33　　　B. 50　　　C. 30　　　D. 40

178. GB/T 38164—2019《常见畜禽动物源性成分检测方法 实时荧光 PCR 法》标准的内参照基因为（　　）基因。

A. 18S rRNA　　　　B. *cytb*

C. 12S rRNA　　　　D. 16S rRNA

179.《鸭血中鸭鸡鹅源性成分的测定》（BJS 202309）标准的质量控制中要求，液滴数字 PCR 体系分割过程中产生的有效微滴的总数量不得低于仪器理论数的（　　）%。

A. 60　　　B. 70　　　C. 80　　　D. 90

180.《鸭血中鸭鸡鹅源性成分的测定》（BJS 202309）标准的质量控制中要求，阴性对照与空白对照中阳性微滴数应小于实际有效微滴数的（　　）%。

A. 0.02　　B. 0.03　　C. 0.04　　D. 0.05

181.《食品中多种动物源性成分检测实时荧光 PCR 法》（BJS 201904）方法中，DNA 提取过程用异丙醇沉淀核酸后，需用（　　）%乙醇洗涤沉淀。

A. 60　　　B. 70　　　C. 80　　　D. 90

182.《植物蛋白饮料中植物源性成分鉴定》（BJS 201707）方法中结果判定标准为：如 35.0＜Ct 值＜40.0，则重复试验一次。如再次扩增后 Ct 值仍为 35.0＜Ct 值＜40.0，则判定被检样品。（　　）

A. 阳性　　　B. 阴性

C. 可疑　　　D. 检出××源性成分

183.《果汁中植物源性成分的测定》（BJS 202304）方法中对于黑加仑、蓝莓、树莓、木瓜、桑葚、椰子、猕猴桃、杏和山楂的结果判定标准为：若 35.0＜Ct 值＜40.0，则重复试验一次。若再次扩增后 Ct 值仍为＜40.0，则判定被检样品（　　）。

A. 阳性　　　　　　B. 阴性

C. 可疑　　　　　　D. 不适用本方法

184.《果汁中植物源性成分的测定》（BJS 202304）方法中 DNA 条形码法针对（　　）基因片段进行扩增。

A. 叶绿体　　　　　　B. 线粒体

C. 细胞核　　　　　　D. 溶酶体

185.《果汁中植物源性成分的测定》（BJS 202304）方法中，DNA 条形码法对基因测序序列进行质量核验，平均 QV ≥ 40，QV < 20 的碱基数不超过序列总长度的（　　）%。

A. 1　　　B. 2　　　C. 3　　　D. 4

186. 依据 GB 4789.6—2016《食品安全国家标准 食品微生物学检验 致泻大肠埃希氏菌检验》，取生化反应符合大肠埃希氏菌特征的菌落进行 PCR 确认试验，97% 以上大肠埃希氏菌为（　　）阳性。

A. uidA　　B. EIEC　　C. ETEC　　D. EAEC

187. GB 4789.40—2024《食品安全国家标准 食品微生物学检验 克罗诺杆菌检验》标准中，PCR 鉴定是从（　　）平板上挑取 2～3 个克罗诺杆菌可疑菌落。

A. TSA　　　　　　B. 显色培养基

C. 增菌液　　　　　D. BPW 培养基

二、多选题

188. 定性 PCR 检测对象包括转基因的（　　）等外源基因。

A. 启动子　　　　　　B. 终止子

C. 抗性筛选基因　　　D. 目的基因

189. 定性 PCR 检测方法实际的检测低限与（　　）、（　　）以及（　　）有关。

A. 测试样品

B. DNA 提取方法

C. 模板 DNA 质量和（或）数量

D. 方法的绝对低限

190. 以下选项哪些属于核酸检测实验的关键试剂？（　　）

A. 核酸提取试剂　　　B. 内切酶

C. Taq 酶　　　　　　D. 引物

E. 探针

191. 下列基因属于启动子基因的是（　　）。

A. pCaMV 35S　　　　B. tNOS

C. pFMV 35S　　　　　D. pNOS

E. pTA29

192. 下列基因属于终止子基因的是（　　）。

A. tNOS　　B. tOCS　　C. t35S

D. tg7　　　E. tE9

193. 下列哪些属于阳性目标 DNA 对照。（　　）

A. 参照 DNA

B. 从可溯源的标准物质中提取的 DNA

C. 含有已知序列阳性样品（或生物）中提取的 DNA

D. 空质粒 DNA

194. GB 4789.49—2024《食品安全国家标准 食品微生物学检验 产志贺毒素大肠埃希氏菌检验》中，哪些步骤采用了 PCR 检测方法？（　　）

A. stx 毒力基因初筛

B. stx 阳性增菌液增菌后

C. stx 毒力基因鉴定

D. 血清学试验

195. 目前，PCR 检测方法已被运用于哪些微生物的检测标准中？（　　）

A. 乳酸菌

B. 致泄大肠埃希氏菌

C. 创伤弧菌

D. 产志贺毒素大肠埃希氏菌

E. 克罗诺杆菌

196. GB/T 38132—2019《转基因植物品系定量检测数字 PCR 法》适用于以下哪些转基因品系的检测？（　　）

A. 玉米 MON810　　　B. 玉米 MON89034

C. 玉米 MIR162　　　D. 大豆 GTS-40-3-2

197. 采用 GB/T 19495.4—2018《转基因产品检测 实时荧光定性聚合酶链式反应（PCR）检测方法》检测转基因产品，需要做哪些空白对照？（　　）

A. 样品前处理空白对照

B. DNA 提取空白对照

C. PCR 反应的空白对照

D. 电泳空白对照

三、判断题

198. 转基因产品检测阴性结果可以表述为"不含转基因成分"。（　　）

199. 转基因产品检测不同实验区域可以使用一套清洁用具，按照试剂贮存和准备区、样品制备区、核酸制备区、扩增区的方向清洁。工作结束后应立即对工作区域进行清洁。（　　）

200. 如果 DNA 提取液和加入了目标核酸的 DNA 提取液均未出现扩增，而单独检测目标核酸时能出现扩增，则说明 DNA 提取液中存在 PCR 抑制物。（　　）

201. 采用 GB/T 19495.5—2018《转基因产品检测 实时荧光定量聚合酶链式反应（PCR）检测方法》标准进行转基因产品定量检测，制作标准曲线时，50 拷贝为定量下限模板浓度，必须设置。（　　）

202.《鸭血中鸭鸡鹅源性成分的测定》（BJS 202309）标准中，标准曲线绘制用 DNA 提取可以和待测样品 DNA 提取分批次进行。（　　）

203.《鸭血中鸭鸡鹅源性成分的测定》（BJS 202309）标准中，PCR 扩增时每个测试样品和绘制标准曲线用的样品分别设置 3 次平行液滴数字 PCR 扩增反应，以平均值为检测结果，扩增平行重复测试结果的相对标准偏差应≤25％。（　　）

204.《果汁中植物源性成分的测定》（BJS 202304）方法中 DNA 条形码法结果判定标准为：样品序列与数据库相似度≥95％，则检测结果为相似度最高的物种。（　　）

205.《果汁中植物源性成分的测定》（BJS 202304）方法中 DNA 条形码法结果判定标准为：若样品序列与数据库相似度＜90％，则本方法不适用于该样品。（　　）

206. GB 4789.42—2016《食品安全国家标

准 食品微生物学检验 诺如病毒检验》检测过程中，如果实验室没有过程控制病毒，可以不使用。（　　）

四、填空题

207. 转基因产品检测，检测结果应来自同一实验室样品的两份测试样品。当一份测试样品的结果为阳性，另一份测试样品的结果为阴性时，应_____检测。

208. 每个 PCR 反应管内的荧光信号到达设定的阈值时所经历的循环数称为_____。

209. 采用 NY/T 675—2003《转基因植物及其产品检测大豆定性 PCR 方法》做大豆转基因成分检测，如果在 GMO 阴性对照 PCR 反应中，除 *Lectin* 基因得到扩增外，还有其他外源基因得到扩增，则说明_____。

210. 采用 NY/T 675—2003《转基因植物及其产品检测大豆定性 PCR 方法》做大豆转基因成分检测，如果空白对照中扩增出了产物片段，则说明_____。

211. SN/T 2978—2011《动物源性产品中鸡源性成分 PCR 检测方法》标准中，PCR 扩增的是鸡_____ DNA。

212. SN/T 3730.8—2013《食品及饲料中常见畜类品种的鉴定方法 第 8 部分：猪成分检测 实时荧光 PCR 法》标准中，实时荧光 PCR 扩增的是猪线粒体_____基因。

213.《鸭血中鸭鸡鹅源性成分的测定》（BJS 202309）标准中，所有试剂均用无_____酶污染的容器分装。

214. GB 4789.40—2024《食品安全国家标准 食品微生物学检验 克罗诺杆菌检验》标准中，PCR 鉴定是从_____平板上挑取 2～3 个克罗诺杆菌可疑菌落。

215. GB 4789.40—2024《食品安全国家标准 食品微生物学检验 克罗诺杆菌检验》标准中，PCR 鉴定选取的是_____基因。

216. GB 4789.40—2024《食品安全国家标

准 食品微生物学检验 克罗诺杆菌检验》标准中，PCR 鉴定目标基因的长度为_____ bp。

217. GB 4789.44—2020《食品安全国家标准 食品微生物学检验 创伤弧菌检验》标准中，PCR 鉴定目标基因的长度为_____ bp。

五、简答题

218. 简述基因克隆的主要步骤。

219. 核酸检测实验的关键试剂有哪些？

220. 简述 CTAB 法提取 DNA 的主要步骤。

221. 简述普通 PCR 检测转基因成分的主要步骤。

222. 核酸检测如何防止污染？

答　案

第一部分　法律法规知识

第一章　食品安全抽样检验相关法律法规及规章

1. B；2. B；3. B；4. A；5. B；6. B；7. C；
8. C；9. C；10. B；11. D；12. C；13. B；
14. B；15. D；16. A；17. C；18. C；
19. C；20. D；21. D；22. C；23. B；24. D；
25. C；26. D；27. C；28. A；29. D；
30. C；31. C；32. D；33. A；34. B；
35. D；36. C；37. B；38. A；39. C；40. B；
41. C；42. B；43. D；44. D；45. D；46. C；
47. D；48. D；49. C；50. B；51. C；52. B；
53. B；54. B；55. C；56. D；57. A；
58. D；59. A；60. B；61. C；62. D；
63. C；64. B；65. C；66. D；67. A；68. B；
69. C；70. D；71. A；72. B；73. A；
74. A；75. B；76. B；77. D；78. D；
79. D；80. B；81. D；82. B；83. C；
84. A；85. C；86. D；87. C；88. A；
89. D；90. B；91. A；92. D；93. A；
94. C；95. C；96. C；97. B；98. C；99. B；
100. C；101. D；102. A；103. C；104. B；
105. B；106. D；107. C；108. A；109. B；
110. A；111. D；112. C；113. B；114. B；
115. A；116. C；117. A；118. C；119. B；
120. A；121. C；122. A；123. B；124. B；
125. A；126. B；127. D；128. A；129. A；
130. D；131. B；132. B；133. C；134. D；
135. B；136. D；137. C；138. C；139. A；
140. D；141. A；142. B；143. D；144. B；
145. B；146. A；147. B；148. D；149. C；
150. B；151. B；152. A；153. C；154. B；
155. D；156. C；157. A；158. B；159. D；

160. C；161. ABC；162. ABD；
163. ABCD；164. ABC；165. ABC；
166. ABCD；167. ABCD；168. ABCD；
169. ABCDE；170. ABC；171. ABCD；
172. ABCD；173. ABCD；174. ABCD；
175. ABCD；176. BC；177. AC；178. AB；
179. ABC；180. AC；181. ABCD；
182. ACD；183. ACD；184. ABCD；
185. ABCD；186. ABC；187. ABCD；
188. ABCD；189. ABC；190. ABC；
191. ABD；192. ABCD；193. ABCD；
194. ABCD；195. ABCD；196. AB；
197. AB；198. ABCD；199. AD；
200. ABC；201. ACD；202. ABC；
203. ABC；204. ABC；205. ABD；
206. BCD；207. ABD；208. ABCD；
209. ABCD；210. AB；211. ABCD；
212. ABC；213. BCD；214. ACD；
215. ACD；216. CD；217. CD；
218. ABCD；219. ABCD；220. ABCD；
221. ABCD；222. ABCD；223. BC；
224. ABC；225. ABC；226. ABD；
227. ABCD；228. AC；229. ABCD；
230. ABCD；231. ABCD；232. ABC；
233. CD；234. AB；235. ACD；236. AC；
237. ABC；238. BD；239. ABCD；
240. AB；241. ABCDE；242. ABD；
243. CD；244. ACD；245. ABC；246. BC；
247. ABCD；248. ABCDE；249. BCD；
250. ABD；251. AC；252. ABCE；

253. ABCDE；254. AD；255. ABCE；
256. CDE；257. ABCDE；258. AC；
259. ABD；260. BDE；261. BCE；
262. ADE；263. ABCE；264. AB；
265. ABD；266. ABCD；267. ABE；
268. BCD；269. ABCD；270. BC；
271. BD；272. ABCDE；273. ABC；
274. BCD；275. ACDE；276. ABD；
277. ABCDE；278. ABCDE；279. AB；
280. ABCDE；281. BC；282. BE；
283. AD；284. BD；285. CDE；286. CE；
287. AE；288. BCD；289. BD；290. ACD；
291. BDE；292. ABD；293. ABCDE；
294. ABCD；295. CD；296. BDE；
297. ABCE；298. BCD；299. ABCDE；
300. BC；301. ABE；302. ABC；
303. ABCDE；304. AE；305. ABD；
306. ACD；307. ABCDE；308. ABCD；
309. ABE；310. ABCE；311. ABDE；
312. CD；313. BCDE；314. ABCDE；
315. BCD；316. BD；317. ABCD；
318. ABCDE；319. ABC；320. BCD；321.
√；322. ×；323. ×；324. √；325. √；
326. ×；327. ×；328. √；329. √；
330. ×；331. ×；332. ×；333. √；334.
√；335. √；336. √；337. √；338. ×；
339. ×；340. ×；341. ×；342. ×；
343. ×；344. √；345. ×；346. √；
347. ×；348. ×；349. ×；350. √；
351. ×；352. ×；353. ×；354. √；
355. ×；356. ×；357. ×；358. ×；
359. ×；360. ×；361. ×；362. ×；
363. ×；364. ×；365. ×；366. ×；
367. ×；368. ×；369. ×；370. ×；
371. ×；372. ×；373. ×；374. ×；
375. ×；376. ×；377. √；378. ×；
379. ×；380. ×；381. ×；382. √；
383. ×；384. ×；385. √；386. ×；
387. ×；388. ×；389. ×；390. ×；
391. ×；392. √；393. ×；394. ×；

395. ×；396. ×；397. ×；398. ×；
399. ×；400. ×；401. ×；402. √；403.
√；404. ×；405. ×；406. √；407. ×；
408. ×；409. ×；410. ×；411. √；
412. ×；413. ×；414. √；415. ×；416.
√；417. ×；418. ×；419. ×；420. ×；
421. ×；422. √；423. √；424. ×；
425. ×；426. ×；427. √；428. √；
429. ×；430. ×；431. ×；432. ×；433.
√；434. ×；435. √；436. ×；437. ×；
438. √；439. ×；440. ×；441. A；
442. C；443. C；444. C；445. A；446. A；
447. B；448. A；449. D；450. D；451. B；
452. B；453. C；454. C；455. A；456. D；
457. A；458. C；459. D；460. B；461. B；
462. D；463. C；464. D；465. A；466. B；
467. D；468. A；469. A；470. A；471. B；
472. D；473. C；474. D；475. D；476. D；
477. C；478. C；479. C；480. D；
481. ABC；482. ABCD；483. ACD；
484. BCD；485. ABCD；486. ABC；
487. ABD；488. ABCD；489. ABDE；
490. ABCD；491. AD；492. AC；
493. ABCD；494. ABD；495. ACD；
496. ABCD；497. ACD；498. ABD；
499. ABDE；500. AD；501. ACD；
502. ACDE；503. BCE；504. ABE；
505. BCE；506. ACDE；507. BCDE；
508. ABC；509. ABCD；510. ABC；
511. ABCD；512. BCDE；513. ABDE；
514. ABDE；515. ABCD；516. ABDE；
517. ABCD；518. ACDE；519. ABDE；
520. BCE；521. ×；522. ×；523. √；
524. ×；525. ×；526. ×；527. ×；528.
√；529. ×；530. ×；531. ×；532. ×；
533. ×；534. √；535. ×；536. ×；
537. ×；538. ×；539. ×；540. ×；
541. ×；542. ×；543. ×；544. ×；
545. ×；546. ×；547. ×；548. ×；
549. ×；550. ×；551. ×；552. ×；

553.×；554.×；555.×；556.√；

557.×；558.×；559.×；560.×；

561.一企一证；

562.县级以上；

563.监督抽检，评价性抽检，风险监测；

564.分级；

565.食品安全检查员；

566.最先；

567.承诺达标合格证；

568.食用农产品销售记录；

569.清洗，去皮，切割；

570.食品生产经营者，监督检查人员；

571.水分变化；

572.保密审查；

573."谁办案、谁录入、谁负责"；

574.教育；

575.事实；

576.风险监测；

577.技术机构，委托协议；

578.经营场所，仓库，成品库待销产品；

579.防拆封；

580.分包，转包；

581.被抽样食品生产经营者，食品集中交易市场开办者，网络食品交易第三方平台提供者；

582.当场，在5个工作日内，一次；

583.被抽检食品名称，规格，商标，生产日期或者批号，不合格项目，标称的生产者名称，地址，被抽样单位名称，地址；

584.预防为主，风险管理，全程控制，社会共治，科学，严格；

585.科学合理、安全可靠；

586.名称，规格，数量，生产日期或者生产批号，保质期，进货日期，供货者名称，地址，联系方式；

587.研发报告，产品配方，生产工艺，安全性和保健功能评价，标签，说明书，样品；

588.消除影响，恢复名誉，赔偿损失，赔礼道歉；

589.发证机关，获证机构名称和地址，检验检测能力范围，有效期限，证书编号，资质认定标志；

590.日管控，周排查，月调度；

591.答：抽检监测计划和工作方案的具体内容包括工作原则、任务批次、食品品种、以及抽样环节、抽样方法、抽样数量等抽样工作要求，检验项目、检验方法、判定依据等检验工作要求，抽检结果及汇总分析的报送方式和时限，还有法律、法规、规章和食品安全标准规定的其他内容等。

592.答：①检出婴幼儿配方食品、婴幼儿辅助食品、特殊医学用途配方食品等食品中重要安全指标不符合食品安全标准的；②检出生物化学毒素、致病菌等，可能导致人体急性、亚急性健康损害的；③检出食品中违法添加的非食用物质，可能导致人体急性、亚急性健康损害的；④检出农兽药残留，可能导致人体急性、亚急性健康损害的；⑤其他严重不符合食品安全标准，可能导致人体急性、亚急性健康损害的。

593.答：①文字、符号、数字的字号、字体、字高不规范，出现错别字、多字、漏字、繁体字，或者外文翻译不准确以及外文字号、字高大于中文等的；②净含量、规格的标示方式和格式不规范，或者对没有特殊贮存条件要求的食品，未按照规定标注贮存条件的；③食品、食品添加剂以及配料使用的俗称或者简称等不规范的；④营养成分表、配料表顺序、数值、单位标示不规范，或者营养成分表数值修约间隔、"0"界限值、标示单位不规范的；⑤对有证据证明未实际添加的成分，标注了"未添加"，但未按照规定标示具体含量的；⑥国家市场监督管理总局认定的其他情节轻微，不影响食品安全且没有故意误导消费者的情形。

594.答：①当事人的姓名或者名称、地址等基本情况；②违反法律、法规、规章的事实和证据；③当事人陈述、申辩的采纳情况及理由；④行政处罚的内容和依据；⑤行政处罚的履行方式和期限；⑥申请行政复议、提起行政诉讼的途径和期限；⑦作出行政处罚决定的市场监督管理部门的名称和作出决定的日期。

595.答：①警告、通报批评；②罚款、没收违法所得、没收非法财物；③暂扣许可证件、降低资质等级、吊销许可证件；④限制开展生产经营活动、责令停产停业、责令关闭、限制从业；⑤行政拘留；⑥法律、行政法规规定的其他行政处罚。

596.答：①婴幼儿配方乳粉产品配方注册申请书；②申请人主体资质文件；③原辅料的质量安全标准；④产品配方；⑤产品配方研发与论证报告；⑥生产工艺说明；⑦产品检验报告；⑧研发能力、生产能力、检验能力的材料；⑨其他表明配方科学性、安全性的材料。

597.答：①食品、食品添加剂、食品相关产品中的致病性微生物，农药残留、兽药残留、生物毒素、重金属等污染物质以及其他危害人体健康物质的限量规定；②食品添加剂的品种、使用范围、用量；③专供婴幼儿和其他特定人群的主辅食品的营养成分要求；④与卫生、营养等食品安全要求有关的标签、标志、说明书的要求；⑤食品生产经营过程的卫生要求；⑥与食

品安全有关的质量要求；⑦与食品安全有关的食品检验方法与规程；⑧其他需要制定为食品安全标准的内容。

598.答：一、推进粮食节约减损；二、遏制餐饮行业食品浪费；三、加强公共机构餐饮节约；四、促进食品合理利用；五、严格执法监督；六、强化组织实施。

599.答：①风险程度高以及污染水平呈上升趋势的食品；②流通范围广、消费量大、消费者投诉举报多的食品；③风险监测、监督检查、专项整治、案件稽查、事故调查、应急处置等工作表明存在较大隐患的食品；④专供婴幼儿和其他特定人群的主辅食品；⑤学校和托幼机构食堂以及旅游景区餐饮服务单位、中央厨房、集体用餐配送单位经营的食品；⑥有关部门公布的可能违法添加非食用物质的食品；⑦已在境外造成健康危害并有证据表明可能在国内产生危害的食品；⑧其他应当作为抽样检验工作重点的食品。

600.答：①调换样品、伪造检验数据或者出具虚假检验报告的；②利用抽样检验工作之便牟取不正当利益的；③违反规定事先通知被抽检食品生产经营者的；④擅自发布食品安全抽样检验信息的；⑤未按照规定的时限和程序报告不合格检验结论，造成严重后果的；⑥有其他违法行为的。

第二部分　食品检验检测基础知识

第二章　食品化学分析基础知识

1.C；2.D；3.B；4.C；5.C；6.B；7.A；8.D；9.A；10.B；11.B；12.D；13.C；14.D；15.A；16.D；17.B；18.C；19.C；20.A；21.B；22.C；23.B；24.B；25.A；26.B；27.D；28.C；29.A；30.D；31.B；32.D；33.A；34.D；35.C；36.B；37.A；38.A；39.D；

40.B；41.C；42.A；43.D；44.B；45.C；46.A；47.C；48.D；49.B；50.A；51.C；52.A；53.D；54.A；55.B；56.C；57.C；58.C；59.D；60.C；61.B；62.A；63.D；64.B；65.C；66.A；67.D；68.A；69.B；70.A；71.C；72.D；73.A；74.B；75.D；76.C；

77. A；78. D；79. C；80. B；81. ABC；
82. ABCD；83. ABC；84. ABCD；
85. ABC；86. BCD；87. AD；88. ABCD；
89. ACD；90. ABCD；91. ABCD；
92. ABCD；93. AD；94. ABCD；
95. ABD；96. CD；97. ABCD；98. BC；
99. BD；100. ABCD；101. ABCD；
102. AB；103. ABCD；104. AB；
105. ABD；106. ABCD；107. ABC；
108. ACD；109. BD；110. ABC；111. AC；
112. ABC；113. ABC；114. ABD；
115. BCD；116. ABC；117. AD；
118. ABCD；119. CD；120. ABCD；
121. ABCD；122. AB；123. ABD；
124. BCD；125. ABC；126. ABD；
127. BCD；128. ACD；129. BD；130. AC；
131. ABCD；132. ABD；133. BCD；
134. ABD；135. AD；136. AC；
137. ABCD；138. ABCD；139. BC；
140. ABCD；141. ACD；142. BCD；
143. ABC；144. BC；145. ABD；
146. ABCD；147. CD；148. AB；149. AD；
150. BCD；151. ABCD；152. ABC；
153. BC；154. AD；155. BC；156. ABD；
157. ABC；158. BCD；159. AC；
160. ACD；161. ×；162. √；163. √；
164. √；165. ×；166. ×；167. √；168.
√；169. √；170. ×；171. √；172. ×；
173. √；174. √；175. ×；176. √；177.
√；178. √；179. √；180. ×；181. √；
182. √；183. ×；184. √；185. √；186.
√；187. √；188. √；189. √；190. √；
191. √；192. ×；193. √；194. √；
195. ×；196. ×；197. ×；198. √；199.
√；200. √；201. √；202. √；203. √；
204. ×；205. √；206. √；207. √；208.
√；209. √；210. ×；211. √；212. ×；
213. √；214. ×；215. √；216. ×；
217. ×；218. √；219. √；220. √；
221. C；222. B；223. D；224. C；225. B；

226. A；227. B；228. C；229. B；230. D；
231. A；232. A；233. C；234. B；235. D；
236. C；237. A；238. B；239. C；240. D；
241. ABD；242. BCD；243. ABCD；
244. ABC；245. AB；246. ABD；
247. ABC；248. ABC；249. ABCD；
250. ABC；251. BCD；252. ACD；
253. CD；254. BCD；255. AD；256. BCD；
257. AB；258. BC；259. CD；260. BC；
261. ×；262. √；263. ×；264. ×；265.
√；266. √；267. ×；268. √；269. √；
270. √；271. ×；272. √；273. ×；274.
√；275. ×；276. ×；277. √；278. ×；
279. √；280. √；

281. 感官检查，物理检测，化学分析法，仪器分析法，生物化学分析法；

282. 四，国家标准，行业标准，地方标准，企业标准；

283. 游离态脂肪，结合态脂肪；

284. 折光率；

285. 蛋白质，灰分；

286. 镧溶液；

287. 天蓝色，黑色；

288. 蓝色，红色；

289. 浓硫酸；

290. 固有酸度，发酵酸度，总酸度；

291. 95~105；

292. 白色或浅灰色，恒重；

293. 所有酸性成分，未离解的酸的浓度，已离解的酸的浓度；

294. 总糖；

295. 总膳食纤维；

296. 答：①正确选取样品量；②增加平行测定次数，减少偶然误差；③进行对照试验；④开展空白试验；⑤校正仪器和标定溶液；⑥严格遵守操作规程。

297. 答：①样品经初步灼烧后，取出冷却，从灰化容器边缘慢慢加入少量无离子水，使水溶性盐溶解，让被包住的碳粒暴露出来，在水浴上蒸发至干涸，置于 120~

130℃烘箱中充分干燥，再灼烧到恒重。②经初步灼烧后，放冷，加入几滴硝酸或双氧水，蒸干后再灼烧至恒重，利用它们的氧化作用来加速碳粒的灰化。也可以加入10%碳酸铵等疏松剂，使灰分呈松散状，促进未灰化的碳粒灰化。③加入醋酸镁、硝酸镁等助灰化剂，使残灰不熔融而呈松散状态，避免碳粒被包裹，可大大缩短灰化时间。

298.答：①此法适用于脂类含量较高、结合态脂类含量较少、能烘干且不易吸湿结块的样品的测定。②索氏提取法测得的只是游离态脂肪，而结合态脂肪测不出来。此法是经典方法，对大多数样品结果比较可靠，但费时间、用量大，且需专门的索氏抽提器。

299.答：①反应液的碱度，直接影响反应的速度、反应进行的程度及测定结果；②热源强度，应控制在使反应液在两分钟内沸腾；③沸腾时间；④滴定速度。

300.答：①取用碱性蓝-6B或百里酚酞作指示剂；②用酚酞试纸作外指示剂；③取少许试样（但应保证试验精度为前提，多加些溶剂）；④加酚酞指示剂至溶有试样的混合溶剂中，然后再加入适量饱和食盐水（中性），再进行滴定，由食盐水溶液层的颜色来确定终点；⑤进行电位差滴定。

第三章 食品仪器分析基础知识

1. A；2. A；3. C；4. B；5. C；6. C；7. D；
8. C；9. C；10. B；11. D；12. A；13. A；
14. A；15. A；16. C；17. B；18. B；
19. C；20. A；21. A；22. B；23. D；
24. A；25. B；26. C；27. C；28. D；
29. D；30. A；31. D；32. B；33. A；
34. A；35. B；36. C；37. D；38. C；
39. D；40. A；41. A；42. D；43. B；
44. A；45. C；46. A；47. A；48. B；
49. C；50. A；51. B；52. A；53. D；
54. A；55. D；56. A；57. C；58. D；

59. A；60. B；61. D；62. B；63. C；
64. A；65. B；66. D；67. C；68. D；
69. D；70. A；71. B；72. D；73. C；
74. A；75. D；76. B；77. C；78. D；
79. D；80. C；81. ABC；82. ABCD；
83. AD；84. BC；85. ABCD；86. ABC；
87. AC；88. ABCD；89. ABC；90. BC；
91. ABD；92. AD；93. BC；94. AB；
95. ABC；96. BCD；97. ABCD；98. AC；
99. ABCD；100. ABC；101. BC；102. CD；
103. BD；104. BC；105. AC；106. BC；
107. AC；108. CD；109. AB；110. AD；
111. ABD；112. BCD；113. ACD；
114. BD；115. BCD；116. ABD；
117. ABCD；118. BC；119. ABC；
120. AC；121. BCD；122. ABC；
123. ABD；124. BCD；125. ABD；
126. BC；127. ABCD；128. AB；129. BC；
130. AB；131. BCD；132. BCD；133. CD；
134. BD；135. BCD；136. AD；137. AB；
138. ABC；139. BCD；140. ABD；
141. ABC；142. ABD；143. ABC；
144. ABD；145. ABD；146. ABC；
147. ABCD；148. ABCD；149. ABCD；
150. ACD；151. ABC；152. CD；
153. ABD；154. ABCD；155. ABCD；
156. ABC；157. BCD；158. ABD；
159. ABC；160. ACD；161. ×；162. √；
163. ×；164. √；165. ×；166. √；
167. ×；168. √；169. √；170. √；171. √；172. ×；173. √；174. √；175. ×；
176. ×；177. √；178. ×；179. √；
180. ×；181. √；182. √；183. √；184. √；185. √；186. ×；187. ×；188. ×；
189. ×；190. √；191. √；192. ×；193. √；194. ×；195. ×；196. ×；197. ×；
198. ×；199. √；200. ×；201. √；
202. ×；203. √；204. √；205. √；
206. ×；207. √；208. ×；209. ×；210. √；211. ×；212. ×；213. √；214. ×；

215. √；216. √；217. √；218. ×；
219. ×；220. ×；221. B；222. A；
223. C；224. B；225. C；226. D；227. A；
228. B；229. C；230. B；231. A；232. C；
233. D；234. B；235. C；236. A；237. A；
238. A；239. C；240. A；241. BC；
242. ABC；243. AB；244. ABCD；
245. BC；246. ABCD；247. BCD；
248. BC；249. ABCD；250. ABC；
251. ABD；252. ABC；253. ABCD；
254. ABD；255. ABCD；256. ABC；
257. ABD；258. AD；259. ABCD；
260. AB；261. √；262. ×；263. √；
264. ×；265. ×；266. √；267. ×；268.
√；269. √；270. ×；271. ×；272. √；
273. √；274. ×；275. ×；276. √；277.
√；278. ×；279. √；280. ×；
281. 光电倍增管；
282. 保留时间；
283. 峰面积；
284. 锐线；
285. 分离度；
286. 内标物；
287. 调整保留时间；
288. 助色团；
289. 相似相溶；
290. 碎片离子峰；
291. 减压阀；
292. 惰性；
293. 氦气；
294. 离子；
295. 碎片离子；

296. 答：气相色谱仪组成部分包括气路系统、进样系统、分离系统（色谱柱）、检测系统、记录系统、温度控制系统；气相色谱分离原理是基于不同物质在流动相与固定相间具有不同的分配系数。

297. 答：紫外分光光度计由光源、单色器、吸收池、检测器和记录器组成。光源需在较宽的区域内提供紫外连续电磁辐射；单

色器用于将电磁辐射分离出不同波长的成分；吸收池用以放参比溶液和待测物溶液；检测器可检测光信号（将光信号变成电信号进行检测）；记录器则将信号记录并显示成一定的读数。

298. 答：脱气就是驱除溶解在溶剂中的气体。（1）脱气是为了防止流动相从高压柱内流出时，释放出气泡。这些气泡进入检测器后会使噪声剧增，甚至不能正常检测（2）流动相中溶解的氧会与某些固定相作用，破坏它们的正常功能。对水及极性溶剂的脱气尤为重要，因为氧在其中的溶解度较大。

299. 答：全扫描、选择离子监测扫描、多反应监测扫描、母离子扫描、子离子扫描、中性丢失扫描。

300. 答：ESI 为电喷雾离子源，即样品先带电再喷雾，带电液滴在去溶剂化过程中形成样品离子，从而被检测。ESI 是液相离子化，主要利用电场作用使液体样品雾化并带电，然后通过脱溶剂化过程形成气相离子。APCI 为大气压化学电离源，即样品先形成雾，然后电晕放电针对其放电，在高压电弧中，样品被电离，经去溶剂化形成离子，最后进行检测。APCI 是气相离子化，主要利用电晕放电离子化。

第四章　食品微生物分析基础知识

1. A；2. C；3. B；4. B；5. D；6. A；7. D；
8. A；9. B；10. A；11. D；12. A；13. C；
14. D；15. C；16. B；17. D；18. B；19. C；
20. C；21. C；22. D；23. B；24. C；
25. A；26. B；27. C；28. D；29. C；
30. A；31. B；32. A；33. D；34. B；
35. D；36. B；37. A；38. A；39. B；
40. D；41. A；42. C；43. A；44. C；
45. B；46. D；47. A；48. ABC；
49. ABCD；50. ABCD；51. ABCD；
52. AD；53. ABC；54. ABCD；55. ABCD；
56. ABCD；57. ABCD；58. ABCD；

59. AD；60. ABCD；61. ABCD；

62. ABCD；63. BC；64. ABD；65. ABCD；

66. ABCD；67. CD；68. ABC；69. ABCD；

70. ABC；71. ABCD；72. ABCD；

73. ABCDE；74. ABCD；75. ABCD；

76. ABC；77. ABCD；78. BD；79. ABC；

80. ABCD；81. ABCD；82. ABCD；

83. ABCD；84. CD；85. AB；86. ABCD；

87. ABCD；88. ABCD；89. ABCD；

90. ABCD；91. AB；92. AC；93. ABCD；

94. ABD；95. ABCD；96. ABCD；

97. ABCD；98. ABCD；99. ABC；

100. ABCD；101. ABC；102. ABCD；

103. ABC；104. √；105. ×；106. ×；

107. ×；108. √；109. √；110. ×；

111. ×；112. ×；113. √；114. √；

115. ×；116. ×；117. √；118. √；

119. ×；120. √；121. √；122. √；

123. ×；124. √；125. ×；126. √；127. √；128. √；129. √；130. √；131. √；

132. ×；133. √；134. ×；135. √；136. √；137. ×；138. ×；139. √；140. ×；

141. √；142. √；143. √；144. ×；145. √；146. √；147. ×；148. √；149. ×；

150. √；151. ×；152. ×；153. √；154. √；155. √；156. √；157. √；158. ×；

159. √；160. √；161. √；162. ×；

163. ×；164. ×；165. √；166. √；167. √；168. A；169. B；170. D；171. B；

172. C；173. B；174. C；175. D；176. B；

177. B；178. C；179. A；180. C；181. D；

182. B；183. C；184. B；185. D；186. C；

187. A；188. B；189. D；190. A；191. D；

192. ABCD；193. ABCD；194. ABC；

195. ABCD；196. ABC；197. AB；

198. ABCD；199. ABCD；200. AB；

201. ABCD；202. ABCD；203. ABCD；

204. ABCD；205. √；206. √；207. √；

208. √；209. √；210. √；211. ×；

212. ×；

213. 脱色；

214. 外在蛋白；

215. 抗逆性；

216. 有性繁殖；

217. 无性孢子；

218. 病毒增殖；

219. 选择透过性；

220. 浓度差；

221. 个体生长；

222. 目的基因；

223. 答：①革兰氏阳性菌肽聚糖的含量与交联程度都比较高，肽聚糖层次多，所以细胞壁较厚，壁上的间隙较小，媒染后形成的结晶紫-碘复合物就不易被洗脱出细胞壁，加上它基本上不含脂质，乙醇洗脱时细胞壁非但没有出现缝隙，反而使肽聚糖层的网孔因脱水而变得通透性更小，导致紫蓝色的结晶紫-碘复合物就留在细胞内而使细胞呈蓝紫色。②而革兰氏阴性菌的肽聚糖含量与交联程度较低，层次也少，故其细胞壁较薄，壁上的孔隙较大，再加上细胞壁的脂质含量高，乙醇洗脱后，细胞壁因脂质被溶解而使孔隙更大，所以结晶紫-碘复合物极易脱出细胞壁，乙醇脱色后细胞呈无色。

224. 答：①形态微小，结构简单；②代谢旺盛，繁殖快速；③适应性强，易变异；④种类繁多，分布广泛。

225. 答：①将混合菌用无菌生理盐水制成悬液，②将此菌悬液通过一个无菌的细菌过滤器，③取滤液在含有血清、酵母膏以及甾醇等营养丰富的培养基平板上涂布并培养，④选取固体培养基上呈"油煎蛋"状的菌落，即为支原体。

第五章 食品DNA分析基础知识

1. D；2. A；3. D；4. B；5. A；6. B；7. D；

8. A；9. C；10. B；11. A；12. C；13. A；

14. B；15. A；16. D；17. D；18. C；

19. B；20. ABCD；21. ABC；22. ABC；

23．ABCD；24．ABCD；25．ABCDE；
26．ABCD；27．ABCD；28．ABCD；
29．ABC；30．ABCD；31．ACD；
32．ABCD；33．ACD；34．ABC；
35．ABCD；36．ABC；37．ABD；
38．ABCD；39．ABCDE；40．ABCDE；
41．ABCD；42．ABCDE；43．AC；
44．ABC；45．√；46．√；47．×；48．×；
49．√；50．√；51．×；52．√；53．×；
54．×；55．×；56．√；57．×；58．√；
59．×；60．√；61．√；62．√；63．B；
64．D；65．A；66．C；67．B；68．AC；
69．ACD；70．ABCD；71．ABC；
72．ABCDE；73．×；74．×；75．×；76．
√；77．√；78．阈值；79．高；80．cDNA；
81．高；82．特异性，敏感性；83．减少；
84．非特异性；85．氢；86．熔解温度；87．
平台；88．碱基配对；89．微滴式，芯片式；
90．泊松；91．数字；92．条形码；93．位点
突变；94．微；95．碱基互补配对；96．原位
合成法；

97．答：PCR是一种选择性体外扩增DNA
的方法。其原理类似于细胞内发生的DNA
复制，在试管中给DNA的体外合成提供
合适条件——模板、dNTP、寡核苷酸引
物、DNA聚合酶、合适的缓冲液系统，以
及DNA变性、复性及延伸的温度与时间
等，就能够特异地扩增任何目的基因或
DNA片段。

98．答：PCR全过程包括三个基本步骤，
即双链DNA模板加热变性成单链（变
性）；在低温条件下引物与单链DNA互补
配对（退火）；在适宜温度下Taq DNA聚
合酶以单链DNA为模板，利用4种脱氧
核苷三磷酸（dNTP）催化引物引导的
DNA合成（延伸）。这三个基本步骤构成
的循环重复进行，可以使特异性DNA扩
增达到数百万倍（$>2×10^6$）。

99．答：①引物长度一般为15～30bp；
②引物的3′末端是PCR延伸的起始端，不
能进行任何修饰，也没有形成二级结构的
可能，一般3′端也不能发生错配，而引物
的5′端可以被修饰；
③GC的含量合理，一般为40％～60％；
④避免引物自身和引物之间的互补；
⑤碱基应随机分布，选择缺乏连续单一核
苷酸的区域作为引物序列，这样可以减少
引物-引物同源互补的机会；
⑥避开产物的二级结构区。

100．答：①PCR的前处理和后处理需在不
同的房间或不同的隔离工作台上进行。即
整个PCR操作要在不同的隔离区（标本处
理区，PCR扩增区，产物分析区）进行，
特别是阳性对照需在另一个隔离环境中贮
存、加入。
②试剂需要分装，每次取完试剂后盖紧塞
子。PCR反应时将反应成分制备成混合
液，然后再分装到不同的反应管中，这样
可减少操作，避免污染。
③改进实验操作，如戴一次性手套，PCR
实验应配置专用的微量可调加样器，这套
加样器绝不能用于PCR反应产物的分析。
使用一次性移液器吸头、反应管，避免反
应液的飞溅等。
④检查结果的重复性。
⑤经常处理仪器设备等潜在的PCR污染
源，减少污染可能。

101．答：TaqMan探针法定量PCR的原
理是通过在PCR反应体系中加入一个特异
性荧光标记的探针，当探针保持完整时，
5′端荧光基团的荧光会被3′端淬灭基团淬
灭，从而检测不到荧光信号。在PCR的退
火期，探针与模板发生特异性杂交；在
PCR的延伸期，引物在Taq酶作用下沿
DNA模板延伸到达探针处，由于所用Taq
酶具有5′→3′外切活性，会发生置换反应，
使5′端标记的荧光基团FAM（羧基荧光
素）与3′端标记的淬灭基团TAMRA（羧
基四甲基罗丹明）分离，荧光信号得到释
放，这时荧光探测系统就能检测到光密度

的增加。模板每复制一次，就有一个探针被切断，伴随着一个荧光信号被释放。由于被释放的荧光基团数和 PCR 产物数是一对一的关系，故可根据 PCR 反应液中的荧光强度计算出初始模板的数量，从而达到定量和定性的目的。

第三部分　国家食品安全抽样检验信息系统
第六章　国家食品安全抽样检验信息系统

1. D；2. C；3. B；4. C；5. B；6. B；7. C；8. D；9. C；10. C；11. C；12. D；13. B；14. D；15. A；16. A；17. C；18. D；19. C；20. D；21. C；22. A；23. A；24. A；25. B；26. A；27. D；28. B；29. C；30. A；31. C；32. C；33. D；34. C；35. D；36. C；37. A；38. D；39. A；40. B；41. D；42. D；43. A；44. A；45. C；46. B；47. B；48. A；49. D；50. B；51. A；52. A；53. C；54. B；55. D；56. A；57. D；58. D；59. D；60. D；61. C；62. D；63. A；64. A；65. ABC；66. ABCD；67. ABCD；68. ABC；69. ABCD；70. BC；71. ABCD；72. ACD；73. ABD；74. AD；75. ABCD；76. AC；77. ABD；78. CD；79. ACD；80. BCD；81. ABCD；82. ABCD；83. ABCD；84. ABCD；85. AB；86. ABCD；87. AB；88. AB；89. BCD；90. ABD；91. ABC；92. BD；93. ABC；94. AC；95. ABCD；96. BC；97. BCD；98. BCD；99. CD；100. ABD；101. AB；102. ABCD；103. AB；104. ABCD；105. ABCD；106. ABCD；107. ABC；108. ABC；109. AC；110. ABCD；111. ABCD；112. ABCD；113. AB；114. ABCD；115. BD；116. ABCD；117. AB；118. ABC；119. ABCD；120. ABCD；121. BCD；122. ABCD；123. CD；124. ACD；125. ABCD；126. BCD；127. ABCD；128. ACD；129. ABC；130. ABCD；131. ABC；

132. ABC；133. BCD；134. ABCD；135. BC；136. √；137. √；138. ×；139. ×；140. √；141. ×；142. √；143. √；144. ×；145. ×；146. √；147. √；148. √；149. √；150. √；151. √；152. ×；153. √；154. √；155. ×；156. √；157. √；158. ×；159. √；160. ×；161. √；162. ×；163. ×；164. √；165. ×；166. ×；167. √；168. √；169. √；170. √；171. ×；172. √；173. √；174. √；175. ×；176. ×；177. ×；178. √；179. √；180. √；181. ×；182. √；183. √；184. ×；185. √；186. √；187. ×；188. √；189. √；190. √；191. ×；192. ×；193. ×；194. ×；195. ×；196. B；197. C；198. C；199. B；200. A；201. D；202. B；203. C；204. D；205. B；206. D；207. C；208. D；209. B；210. B；211. C；212. A；213. B；214. B；215. D；216. AB；217. ABD；218. ABC；219. AC；220. BCD；221. BCD；222. ACD；223. BC；224. AB；225. ABCD；226. ABC；227. ABCD；228. ABCD；229. ABCD；230. CD；231. ABC；232. ABCD；233. ABCD；234. AB；235. ABCD；236. ×；237. ×；238. ×；239. ×；240. ×；241. ×；242. √；243. ×；244. √；245. ×；246. ×；247. ×；248. ×；249. ×；250. ×；251. ×；252. √；253. ×；254. √；

255. 公共管理，是否为账号管理员；

256. 该县级监管部门有基础表权限的人员，

拥有该县级基础表权限的检验机构人员；

257.婴幼儿配方食品；

258.公共管理；

259.省级监管部门联络员；

260.本省及以下未领取；

261.委托；

262.GZ；

263.当日20点至次日早7点；

264.90；

265.本机构管理员；

266.省局管理员；

267.北京CA，华测CA；

268.普通个人证书，移动端数字证书，普通单位数字证书，资质章单位数字证书；

269.监管人员；

270.检验机构公章，检验检测专用章；

271.食品分类，抽样单编号，任务类别；

272.正在抽样；

273.管理员；

274.异议申报，核查处置；

275.答：由省市县各级监管部门管理员指派机构人员做基础表的编制工作。①若地区只选择省，机构用户可编制该省局的基础表；②若地区选择省、市，机构用户可编制该市局的基础表；③若地区选择省、市、县，机构用户可编制该县局的基础表；④若选择食品大类，可以做这个食品大类

下的所有食品细类的基础表。

276.答：建立报送分类A、建立报送分类B、添加四级食品分类、设置校验规则、激活报送分类状态。

277.答：抽样单删除后，确认是否需要审核并完成。任务下达后在"正在抽样"中的任务删除后不需要审核，如抽样单已经提交或者从检测退修回来的任务则都需审核。"正在抽样"中的任务即未提交（仅保存）过的抽样单。抽样单删除通过后进入已删除列表，此时系统将释放抽样单编号和抽样名额，才可重新提交抽样单。

278.答：核查处置完毕的任务需退回到待审核的状态下才能做异议登记延期。如抽样环节为流通时，生成的生产和经营处置任务都已处置完毕或处置完毕其中一条，那么两条处置任务都需要在办理中或待审核状态下才能做异议登记延期操作。

279.答：①当填报人员提交"启动情况"后，在操作列会出现【延期】按钮，当处置时限超期后，可进行延期操作，延期无须审核，延期过的任务在"延期列表"菜单中记录。②需要进行延期时，点击【延期】按钮，会出现弹窗，需填写延期天数、延期原因并上传文件，最后点击确走方可延期成功。注：第一次延期天数不能超过30天，第二次及以后无限制。

第四部分　食品安全监督抽检实施细则

第七章　食品安全监督抽检实施细则

1.C；2.B；3.B；4.D；5.A；6.B；7.D；
8.C；9.A；10.D；11.D；12.B；13.A；
14.B；15.A；16.B；17.C；18.D；
19.A；20.D；21.C；22.B；23.A；
24.D；25.C；26.C；27.A；28.B；29.C；
30.D；31.A；32.A；33.B；34.C；
35.C；36.A；37.D；38.B；39.D；
40.C；41.A；42.C；43.D；44.A；

45.C；46.A；47.B；48.C；49.B；50.B；
51.C；52.B；53.B；54.C；55.C；56.D；
57.C；58.A；59.C；60.B；61.A；
62.C；63.B；64.D；65.A；66.B；67.C；
68.D；69.C；70.A；71.B；72.C；
73.C；74.A；75.D；76.B；77.D；
78.C；79.A；80.C；81.B；82.D；
83.C；84.A；85.D；86.B；87.D；

88. C；89. B；90. C；91. A；92. B；93. B；
94. C；95. A；96. B；97. A；98. ABCE；
99. ABDE；100. ABCD；101. ABCD；
102. ABC；103. ABCDE；104. AB；
105. ABCDE；106. ABCD；107. AC；
108. ABC；109. AB；110. ABCDE；
111. BD；112. AC；113. CD；114. ACD；
115. AC；116. ABD；117. BC；118. AB；
119. ABC；120. ABCDE；121. ABCD；
122. ABCDE；123. BCD；124. ABCD；
125. ABCD；126. ACD；127. BC；
128. ABCD；129. AB；130. ABCD；
131. ABD；132. ABCD；133. ACD；
134. ABCE；135. BC；136. AD；
137. ABCD；138. ABDE；139. ABD；
140. AD；141. ABD；142. ABCD；
143. ABCD；144. ABCE；145. ABC；
146. ABCDE；147. ABC；148. AB；
149. ABCDE；150. ABCDE；151. ACD；
152. ABD；153. BC；154. AB；
155. ABDE；156. ABCDE；157. ACD；
158. ABD；159. ABCDE；160. ABC；
161. BD；162. ACD；163. CD；
164. ABCE；165. ABCDE；166. ABCD；
167. ABCD；168. BC；169. ABCE；
170. BCD；171. ABD；172. ABCD；
173. BCD；174. AB；175. ABCD；
176. BD；177. ABC；178. CD；179. AC；
180. BC；181. ABCD；182. ABCD；
183. BD；184. BC；185. ABCD；186. AD；
187. ABCD；188. BCD；189. ACD；
190. ABCD；191. AB；192. ABCD；
193. ABCD；194. ABC；195. ×；196. ×；
197. √；198. √；199. ×；200. √；
201. ×；202. ×；203. √；204. √；
205. ×；206. √；207. √；208. ×；
209. √；210. √；211. ×；212. √；
213. √；214. ×；215. √；216. ×；
217. √；218. ×；219. ×；220. √；
221. ×；222. √；223. √；224. ×；

225. √；226. ×；227. √；228. ×；
229. √；230. ×；231. ×；232. ×；
233. √；234. √；235. √；236. √；
237. ×；238. ×；239. √；240. √；
241. ×；242. ×；243. ×；244. √；
245. √；246. √；247. ×；248. √；
249. √；250. ×；251. √；252. ×；
253. √；254. √；255. ×；256. √；
257. ×；258. √；259. √；260. √；
261. √；262. ×；263. √；264. ×；
265. √；266. √；267. ×；268. ×；
269. √；270. √；271. √；272. √；
273. √；274. √；275. ×；276. ×；
277. ×；278. √；279. √；280. ×；
281. √；282. ×；283. √；284. √；
285. √；286. ×；287. ×；288. √；
289. ×；290. ×；291. ×；292. √；
293. ×；294. √；295. C；296. B；297. C；
298. A；299. C；300. B；301. D；302. A；
303. D；304. C；305. A；306. C；307. C；
308. A；309. B；310. A；311. C；312. C；
313. C；314. B；315. D；316. A；317. A；
318. A；319. C；320. A；321. A；322. B；
323. ABD；324. ACD；325. ABD；
326. ABC；327. BCD；328. ABD；
329. ABCD；330. ACD；331. BCD；
332. CD；333. AD；334. ACDE；
335. AD；336. BC；337. BD；338. AC；
339. BC；340. ABC；341. AD；342. ABD；
343. AB；344. AD；345. AB；346. CD；
347. ABCD；348. ABC；349. BC；
350. ×；351. ×；352. ×；353. ×；
354. ×；355. ×；356. √；357. √；
358. ×；359. √；360. √；361. ×；
362. √；363. ×；364. ×；365. ×；
366. √；367. ×；368. ×；369. ×；
370. ×；371. ×；372. √；373. √；
374. ×；375. √；376. √；377. √；
378. √；

379. 专用小麦粉；

380. 分别；

381. 产品明示；

382. 防拆封；

383. GB 5009.96—2016；

384. GB 2762—2022；

385. 花色挂面；

386. 100；

387. GB 5009.22—2016；

388. GB 5009.15—2023；

389. GB 5009.97—2023；

390. 2；

391. 加工工艺类型；

392. GB/T 19681—2005；

393. SB/T 10371—2003；

394. GB 5009.246—2016；

395. BJS 201802；

396. 整顿办函〔2011〕1 号；

397. 风味发酵乳；

398. GB 8537—2018；

399. 商业无菌；

400. GB/T 31321—2014；

401. GB 19295—2021；

402. 罐头工艺；

403. GB 19300 附录 B；

404. 批号；

405. 豆干再制品；

406. 坚果与籽类食品；

407. 复合蛋白饮料；

408. 60%；

409. 叶用莴苣；

410. 08.03.02 "熏、烧、烤肉类（熏肉、叉烧肉、烤鸭、肉脯等）；

411. ≤20mg/kg；

412. 食用植物调和油；

413. 熏、烧、烤（或油炸）肉制品；

414. 答：根据《食品安全监督抽检实施细则（2025 年版）》规定，出具抽检检验报告，检验报告中检验结论有三种方式作出判定。①检验项目全部符合相应依据的法律法规或标准要求的，检验结论为："经抽样检验，所检项目符合××××要求"；②检验项目有不符合相应依据的法律法规或标准要求的，检验结论为："经抽样检验，××项目不符合××××要求，检验结论为不合格"；③检验项目既不符合食品安全标准，又不符合产品明示标准或质量要求的，检验结论为："经抽样检验，××项目不符合××××（食品安全标准）要求、××××（产品明示标准或质量要求）要求，检验结论为不合格"。

415. 答：蛋制品包括再制蛋、干蛋类、冰蛋类和其他类。①再制蛋是指以禽蛋为原料，添加或不添加辅料，经盐、碱、糟、卤等不同工艺加工制成的蛋制品，如皮蛋、咸蛋、水煮蛋、糟蛋、卤蛋等。②干蛋类是指以禽蛋为原料，经去壳、加工处理、脱糖、干燥等工艺制成的蛋制品，如全蛋粉、蛋黄粉、蛋白粉、蛋白片等。③冰蛋类是指以禽蛋为原料，经去壳、加工处理、冷冻等工艺制成的蛋制品，如冰全蛋、冰蛋黄、冰蛋白等。④其他类是指以禽蛋或上述蛋制品为主要原料，经一定加工工艺制成的其他蛋制品，如鸡蛋干、松花蛋肠、蛋黄酪、全蛋液、蛋黄液、蛋白液等。

416. 答：①应在包装车间或企业自行选择的其他清洁作业区内进行样品分装并密封。样品需盛装在企业经过消毒的包装或无菌包装中。②采用二级或三级采样方案的，应从 5 个大包装中分别取出样品用于微生物检验。对于液态大包装样品，应在采样前摇动液体，使其达到均质；对于固态大包装样品，应当从同一包装的不同部位分别取出适量样品混合。③在抽样单的备注栏注明"样品在清洁作业区分装"等类似文字。

417. 答：理化项目按照《食品安全国家标准 消毒餐（饮）具》（GB 14934—2016）附录 A.1 的方法现场处理样品，处理后的样液分成两份，其中 1/2 作为检验样液，1/2 作为备份样液，将检验样液和备份样液带回。检验样液及备份样液一般均不少于400mL。抽取样品量、检验及复检备份所需样品量可根据检验和复检需要适量调整。微生物项目样品按照《食品安全国家标准 消毒餐（饮）具》（GB 14934—2016）附录A.2的方法现场采样，将棉拭子或纸片置于无菌袋中尽快送达实验室（若采用附录A.2.1发酵法的方法采样，须在4小时内送达），应保存采样记录及采样时间。采样过程中应按照A.2.3.2要求取空白对照样品。

418.答：磺胺类（总量）项目至少包含磺胺嘧啶、磺胺二甲嘧啶、磺胺甲基嘧啶、磺胺甲噁唑、磺胺间二甲氧嘧啶、磺胺邻二甲氧嘧啶、磺胺间甲氧嘧啶、磺胺氯哒嗪、磺胺噻唑、磺胺二甲异噁唑、磺胺甲噻二唑，如检出其他磺胺药物残留，一并计入磺胺类（总量）进行判定。磺胺类（总量）有检出时，需在检验项目说明中写明检出的磺胺药物名称及含量。

419.答：带包装或附加标签的蔬菜，以标识的生产者、产品名称、生产日期等内容一致的产品为一个抽样批次；现场抽样时，简易包装或散装的蔬菜，以同一产地、生产者或进货商，同一生产日期或进货日期的同一种产品为一个抽样批次；网络抽样时，无包装的蔬菜以收到的同一订单、同一种产品为一个抽样批次。从同一批次蔬菜中视情况分层、分方向结合或只分层或只分方向，抽取无明显瘀伤、腐烂、长菌或其他表面损伤的样品。除去泥土、黏附物及萎蔫部分。抽样全过程所有用具不应对样品造成二次污染。

420.答：食用菌、炒米、大蒜的二氧化硫；豆豉、酱油、黄酒、红枣、丁香、肉桂、蓝莓中苯甲酸也是很多有的；面粉、油条的铝；花椒中的山梨酸。

421.答：由于多数食品添加剂属于水溶性物质，因此汤汁中的食品添加剂含量较高，从而导致带汤汁检测和不带汤汁检测结果差异较大，针对此种情况，建议检测食品添加剂时混合制样检测，检测样品中食品添加剂的实际使用情况。

422.答：GB 5009.35—2023《食品安全国家标准 食品中合成着色剂的测定》标准要求，液体试样和粉状固体试样应分别混合均匀，半固体试样取固液共存物进行匀浆混合，固体试样（带核蜜饯凉果需先去核，取可食部分）经电动搅拌器粉碎等方式混合均匀，密封，制备好的试样在 —18℃保存。

423.答：①所有食品安全监管工作和违法行为的处理都应当按照《中华人民共和国食品安全法》优先于其他法律的原则来处理。②依据《中华人民共和国食品安全法》法律法规开展的食品安全抽检工作发现的食品问题，都应当用《中华人民共和国食品安全法》处置。③根据调查结果，具体违法行为是不符合食品安全标准、标签说明书不符合《中华人民共和国食品安全法》等有关规定还是其他，应当对照相应条款定性并处罚。

424.答：检测铅时取可食部分；检测食品添加剂时要带壳处理；检测酸价时需去壳去绿膜。

425.答：带壳坚果用无菌工具（锤子等）打开将可食部分（不去包衣）充分混合，称量25g放入盛有225mL稀释液或增菌液的无菌均质袋中，均质后检验。

426.答：以猪肉、马肉等其他肉类为原料，使用食品添加剂加工后冒充驴肉制品的行为，违反《食品安全国家标准 食品添加剂使用标准》（GB 2760—2024）第3.1条"不应掩盖食品本身或加工过程中的质量缺陷或以掺杂、掺假、伪造为目的而使用食品添加剂"的基本要求，应当认定为生产经营掺假、掺杂，不符合食品安全标准的食品，应依据《中华人民共和国食品安全法》第一百二十四条第一款第四项、第二款进行处罚，涉嫌犯罪的还应移送公安机关。

第五部分　基础标准知识

第八章　食品添加剂使用标准

1. C；2. A；3. B；4. A；5. B；6. C；7. D；
8. B；9. A；10. A；11. B；12. B；13. B；
14. C；15. A；16. D；17. B；18. B；19. B；
20. D；21. D；22. A；23. A；24. A；
25. B；26. C；27. B；28. D；29. A；
30. A；31. B；32. B；33. D；34. D；
35. D；36. A；37. ABD；38. ABCD；
39. ABCD；40. ABCD；41. ABD；
42. ACD；43. CD；44. ABCD；45. BC；
46. AD；47. ABCD；48. ABCD；49. BD；
50. ACD；51. ABCD；52. BC；53. CD；
54. BD；55. AB；56. CD；57. CD；
58. AD；59. BC；60. ABC；61. ACD；
62. ABC；63. AD；64. ABCD；65. ABCD；
66. ABCD；67. BCD；68. BC；69. ABCD；
70. ABCD；71. ABCD；72. ABCD；
73. ABC；74. ABD；75. BC；76. BD；
77. ABC；78. ACD；79. ABCD；
80. ABCD；81. AC；82. √；83. ×；
84. ×；85. √；86. √；87. ×；88. ×；
89. √；90. √；91. √；92. ×；93. √；
94. √；95. ×；96. ×；97. ×；98. √；
99. ×；100. √；101. √；102. √；103.
√；104. √；105. √；106. ×；107. ×；
108. √；109. ×；110. ×；111. ×；
112. ×；113. √；114. √；115. √；116.
√；117. A；118. C；119. B；120. C；
121. C；122. D；123. C；124. C；125. B；
126. B；127. A；128. A；129. D；130. C；
131. A；132. A；133. B；134. B；135. C；
136. C；137. D；138. A；139. B；140. A；
141. D；142. C；143. A；144. A；145. A；
146. B；147. A；148. C；149. B；150. A；
151. A；152. D；153. D；154. B；155. A；
156. B；157. AD；158. ABC；159. ABC；
160. BD；161. AB；162. BC；163. ABCD；

164. BCD；165. ABCD；166. ABCD；
167. BCD；168. ABCD；169. BCD；
170. AD；171. BC；172. AC；173. ABD；
174. BCD；175. BD；176. ABCD；
177. AB；178. ABCD；179. BC；180. √；
181. ×；182. √；183. ×；184. ×；
185. 答；186. ；187. ×；188. √；
189. ×；190. ×；191. √；192. √；
193. ；194. √；195. ×；196. ×；197.
√；198. √；199. √；200. ×；201. ×；
202. ；203. ；204. ；205. √；
206. ×；207. ×；208. ×；209. ×；210.
√；211. √；212. ×；213. ×；214. ×；
215. ×；

216. 合成香料；

217. 防腐剂；

218. 抗氧化剂；

219. 当量；

220. 残留量；

221. 儿茶素；

222. 油脂；

223. 表面；

224. 亚铁氰根；

225. 胭脂红酸；

226. 增加；

227. 液体中的量；

228. 冲调；

229. 保鲜；

230. 不得；

231. 适量；

232. 13～36；

233. 国际编码；

234. 最大使用量；

235. 甜味剂；

236. 答：食品添加剂使用时应符合①不应
对人体产生任何健康危害；② 不应掩盖食

品腐败变质；③ 不应掩盖食品本身或加工过程中的质量缺陷或以掺杂、掺假、伪造为目的而使用食品添加剂；④ 不应降低食品本身的营养价值；⑤ 在达到预期效果的前提下尽可能降低在食品中的使用量。

237. 答：根据 GB 2760—2024《食品安全国家标准 食品添加剂使用标准》，果酱中日落黄、苋菜红和柠檬黄的最大使用量分别为 0.5g/kg、0.3g/kg、0.5g/kg。该果酱中苋菜红检出结果 0.34g/kg＞最大使用量 0.3g/kg；日落黄和柠檬黄比例之和 = 0.33/0.5＋0.35/0.5＝1.36＞1。因此，该果酱所检苋菜红、日落黄和柠檬黄比例之和项目不符合 GB 2760—2024《食品安全国家标准 食品添加剂使用标准》的要求，检验结论为不合格。

238. 答：鸭脖熟食属于熟肉制品，根据 GB 2760—2024《食品安全国家标准 食品添加剂使用标准》，不得使用苯甲酸及其钠盐（包括苯甲酸，苯甲酸钠）。酱油、食醋、鸡精中的苯甲酸及其钠盐（包括苯甲酸，苯甲酸钠）的最大使用量分别为 1.0g/kg、1.0g/kg 和 0.6g/kg。由企业提供的配料表可知，酱油中零添加防腐剂，不考虑带入，则该食品苯甲酸钠（以苯甲酸计）最大可带入量 ＝ 1.0g/kg×3％＋0.6g/kg×2％＝0.042g/kg。该鸭脖熟食的检出值为 0.078g/kg，大于该熟食配料最大可带入量，因此，该鸭脖熟食所检苯甲酸钠（以苯甲酸计）项目不符合 GB 2760—2024《食品安全国家标准 食品添加剂使用标准》的要求，检验结论为不合格。

239. 答：桃汁属于果蔬汁（浆）类饮料，赤藓红（以赤藓红计）最大使用量为 0.05g/kg。根据 GB 2760—2024《食品安全国家标准 食品添加剂使用标准》，赤藓红（以赤藓红计）以即饮状态计，相应的固体饮料按稀释倍数增加使用量。该款固体饮料赤藓红（以赤藓红计）最大使用量＝0.05×(50＋5)/5＝0.55(g/kg)，该

样品检出赤藓红（以赤藓红计）0.30g/kg，小于最大使用量 0.55g/kg，因此，该款固体饮料所检赤藓红（以赤藓红计）项目符合 GB 2760—2024《食品安全国家标准 食品添加剂使用标准》的要求，检验结论为合格。

240. 答：发酵乳、含乳饮料、葡萄酒、黄酒、豆豉、干红枣中的苯甲酸；食用菌、炒米、大蒜中的二氧化硫；橄榄油中的羟基酪醇；咖啡类饮料、茶饮料中的咖啡因；茶饮料中的茶多酚。

第九章　食品中真菌毒素限量

1. D； 2. B； 3. C； 4. C； 5. B； 6. A； 7. D；
8. A； 9. B； 10. C； 11. D； 12. D； 13. C；
14. B； 15. B； 16. B； 17. A； 18. D；
19. A； 20. A； 21. D； 22. D； 23. B；
24. C； 25. A； 26. AC； 27. ABCD；
28. AD； 29. ABCD； 30. ABC； 31. ABCD；
32. AB； 33. CD； 34. AB； 35. ABCD；
36. ×； 37. ×； 38. ×； 39. ×； 40. ×；
41. √； 42. √； 43. √； 44. ×； 45. ×；
46. ×； 47. √； 48. ×； 49. ×； 50. √；
51. C； 52. B； 53. B； 54. A； 55. D；
56. D； 57. A； 58. A； 59. D； 60. C；
61. ABCD； 62. BC； 63. ABD； 64. ABCD；
65. ABCD； 66. ABCD； 67. ABD； 68. AC；
69. ABD； 70. CD； 71. √； 72. ×； 73. ×；
74. ×； 75. ×； 76. ×； 77. √； 78. ×；
79. √； 80. √；

81. 赭曲霉毒素 A；

82. μg/kg；

83. 真菌；

84. 出粉率；

85. 限量；

86. 可食用；

87. 膳食暴露量；

88. 粉状产品；

89. 山楂；

90. 葡萄酒；

91. 答：豆豉属于发酵豆制品。《食品安全国家标准 食品中真菌毒素限量》（GB 2761—2017）中规定，发酵豆制品中黄曲霉毒素 B_1 限量值为 5.0μg/kg。发酵豆制品中黄曲霉毒素 B_1 检测值超标的原因，可能是生产企业使用的原料受到黄曲霉等霉菌污染，也可能是生产加工过程中卫生条件控制不严、生产工艺不达标。

92. 答：GB 2761—2017《食品安全国家标准 食品中真菌毒素限量》3.1 规定"无论是否制定真菌毒素限量，食品生产和加工者均应采取控制措施，使食品中真菌毒素的含量达到最低水平"。该食品生产和加工者在明知葡萄干含有较高赭曲霉毒素 A 的情况下，对该未出口的同一批次产品不采取任何控制措施以降低食品中真菌毒素的含量的行为是不正确的。

93. 答：依据 GB 2761—2017《食品安全国家标准 食品中真菌毒素限量》规定，小麦粉中脱氧雪腐镰刀菌烯醇的限量为 1000μg/kg，该项目按 GB 5009.111—2016《食品安全国家标准 食品中脱氧雪腐镰刀菌烯醇及其乙酰化衍生物的测定》规定的方法测定。

第十章　食品中污染物限量

1. D；2. B；3. B；4. A；5. C；6. A；7. D；8. B；9. B；10. B；11. B；12. C；13. D；14. B；15. B；16. A；17. B；18. D；19. C；20. B；21. D；22. C；23. C；24. D；25. B；26. A；27. C；28. D；29. D；30. C；31. A；32. B；33. D；34. C；35. C；36. D；37. ABCD；38. ABCD；39. AB；40. ABC；41. ABD；42. ABCD；43. ABCD；44. ABCD；45. AB；46. ABCD；47. ABCD；48. AB；49. BD；50. CD；51. ABC；52. BC；53. ABCD；54. ABCD；55. ABC；56. CD；57. ABC；58. ABCD；59. ABCD；60. ABC；61. AB；62. AB；63. BD；64. AC；65. ABCD；66. ABCD；67. √；68. √；69. √；70. √；71. √；72. √；73. √；74. ×；75. √；76. √；77. √；78. √；79. √；80. √；81. √；82. √；83. ×；84. ×；85. √；86. √；87. ×；88. ×；89. √；90. √；91. √；92. ×；93. ×；94. √；95. √；96. √；97. B；98. C；99. D；100. A；101. D；102. B；103. C；104. C；105. B；106. D；107. C；108. C；109. C；110. D；111. C；112. D；113. B；114. D；115. C；116. C；117. D；118. D；119. A；120. B；121. D；122. D；123. A；124. A；125. A；126. D；127. B；128. A；129. ABCD；130. AD；131. AB；132. ABC；133. AB；134. ABC；135. ABD；136. ABC；137. ABCD；138. ABCD；139. ABC；140. ABCD；141. AB；142. AB；143. ABCD；144. BC；145. AD；146. BC；147. ABCD；148. AB；149. ABCD；150. BCD；151. ABCD；152. CD；153. AD；154. AC；155. BC；156. ABCD；157. ABCD；158. BCD；159. √；160. ×；161. ×；162. ×；163. ×；164. √；165. ×；166. √；167. √；168. √；169. ×；170. √；171. ×；172. √；173. √；174. ×；175. ×；176. ×；177. ×；178. √；179. ×；180. √；181. ×；182. √；183. √；184. ×；185. ×；186. √；187. √；188. ×；

189. 植物蛋白；

190. 茎类；

191. 机械；

192. 放射性物质；

193. 可食用；

194. 脱水率；

195. 8∶1；

196. 0.2；

197. 豆类；

198. 蔬菜和水果；

199. 答：根据 GB 2762—2022《食品安全国家标准 食品中污染物限量》规定，鲜鲢鱼的镉限量为 0.1mg/kg，鲢鱼干制品检出镉含量为 0.31mg/kg，大于鲜鲢鱼镉限量，则需考虑干制品折算脱水率判定。干制品折算脱水率限量＝（1－鲢鱼干制品水分含量）/（1－鲜鲢鱼水分含量）]×0.1＝（1－15.0%）/（1－75.0%）×0.1mg/kg＝0.34mg/kg。该鲢鱼干制品镉含量为 0.31mg/kg，小于折算脱水率限量值。因此，该鲢鱼所检镉项目镉（以 Cd 计）符合 GB 2762—2022《食品安全国家标准 食品中污染物限量》的要求，检验结论为合格。

200.答：造成食品中苯并[a]芘不合格的主要原因有：食品在烘烤或熏制时直接受到污染；食品成分高温烹调加工时发生热解或热聚反应所形成；食品加工时受机油和食品包装材料等污染；植物性食品吸收土壤、水和大气中的苯并[a]芘而被污染；在柏油路上晒粮食受到污染；企业在生产时没有严格挑拣原料和进行相关检测；生产经营企业采用的工艺控制不当。

第十一章 食品中农药最大残留限量

1. B；2. C；3. B；4. A；5. C；6. B；7. C；
8. B；9. A；10. A；11. B；12. D；13. C；
14. D；15. C；16. B；17. A；18. B；
19. D；20. C；21. B；22. C；23. C；
24. A；25. B；26. B；27. A；28. A；
29. A；30. B；31. C；32. A；33. A；
34. A；35. D；36. A；37. ABCD；
38. ABC；39. ABC；40. BD；41. ABCD；
42. BCD；43. AC；44. ABCD；45. ACD；
46. ABCD；47. AB；48. ABCD；
49. ABCD；50. BCD；51. AC；52. AD；
53. ABC；54. ABD；55. AD；56. ABCD；
57. ABCD；58. ABCD；59. CD；60. AD；
61. AB；62. ABCD；63. ABCD；64. ABD；
65. ABCD；66. AD；67. AC；68. CD；69.
√；70. ×；71. √；72. √；73. √；
74. ×；75. √；76. √；77. ×；78. √；

79. √；80. √；81. √；82. √；83. √；
84. √；85. ×；86. ×；87. ×；88. √；
89. √；90. √；91. ×；92. √；93. √；
94. ×；95. C；96. A；97. C；98. D；
99. B；100. C；101. B；102. C；103. B；
104. B；105. C；106. D；107. A；108. B；
109. C；110. B；111. C；112. C；113. B；
114. C；115. A；116. C；117. C；118. C；
119. B；120. D；121. D；122. B；123. B；
124. D；125. C；126. A；127. C；
128. ABCD；129. ABD；130. ABD；
131. CD；132. ABCD；133. ABD；
134. AC；135. ABCD；136. BCD；
137. BCD；138. BCD；139. ABC；
140. ABCD；141. ABCD；142. ACD；
143. BC；144. ABCD；145. ABC；
146. AC；147. ABCD；148. ABCD；
149. AB；150. ABCD；151. CD；152. AB；
153. AD；154. ABCD；155. AB；
156. ABCD；157. ABC；158. BC；
159. AB；160. √；161. √；162. √；163.
√；164. √；165. √；166. ×；167. √；
168. √；169. √；170. √；171. √；
172. ×；173. √；174. √；175. ×；
176. ×；177. √；178. ×；179. √；

180. 最大残留限量；

181. 每日允许摄入量；

182. 再残留限量；

183. 残留物；

184. 杀虫剂；

185. 杀菌剂；

186. 甲氨基阿维菌素苯甲酸盐 B1a；

187. 调味料；

188. 290；

189. 全薯；

190. 答：问题 1：芒果属于核果类水果，制样时须去核，取全果制样，残留量计算应计入果核的重量。

问题 2：吡唑醚菌酯和噻虫胺的主要用途分别是杀菌剂和杀虫剂。

问题3：该机构采用 GB 23200.121—2021《食品安全国家标准 植物源性食品中 331 种农药及其代谢物残留量的测定 液相色谱-质谱联用法》对芒果的吡唑醚菌酯、噻虫胺项目进行检测。

问题4：该方法采用 QuEChERS 前处理技术。

191. 答：问题1：韭菜属于鳞茎类蔬菜，测定部位为整株。

问题2：腐霉利和甲拌磷的主要用途分别是杀菌剂和杀虫剂。

问题3：GB 23200.113—2018《食品安全国家标准 植物源性食品中 208 种农药及其代谢物残留量的测定 气相色谱-质谱联用法》采用配有电子轰击源（EI）的气相色谱-三重四极杆质谱联用仪。

问题4：甲拌磷的残留物是甲拌磷及其氧类似物（亚砜、砜）之和，以甲拌磷表示。

问题5：根据 GB 23200.113—2018《食品安全国家标准 植物源性食品中 208 种农药及其代谢物残留量的测定 气相色谱-质谱联用法》的规定，计算结果保留两位有效数字，含量超 1mg/kg 时，保留三位有效数字。因此，该韭菜中腐霉利的检验结论不正确。

192. 答：问题1：该检验机构应采用 GB 23200.115—2018《食品安全国家标准 鸡蛋中氟虫腈及其代谢物残留量的测定 液相色谱-质谱联用法》对鸡蛋中氟虫腈进行检测。

问题2：该标准采用配备 ESI 源的液相色谱-三重四极杆质谱联用仪。

问题3：检测氟虫腈项目至少需要 16 枚鸡蛋制备样品。

问题4：氟虫腈的残留物为氟虫腈、氟甲腈、氟虫腈砜、氟虫腈硫醚之和，以氟虫腈表示。

第十二章 食品中兽药最大残留限量

1. B；2. C；3. B；4. B；5. D；6. B；7. A；
8. C；9. A；10. A；11. B；12. C；13. D；
14. B；15. B；16. A；17. B；18. C；19. C；
20. A；21. A；22. A；23. A；24. A；
25. A；26. A；27. B；28. D；29. D；
30. B；31. B；32. C；33. C；34. C；35. A；
36. A；37. C；38. B；39. D；40. C；41. B；
42. B；43. A；44. A；45. C；46. A；
47. C；48. D；49. B；50. A；51. B；52. C；
53. C；54. C；55. C；56. B；57. D；58. D；
59. D；60. C；61. C；62. C；63. C；64. D；
65. C；66. A；67. A；68. B；69. C；
70. B；71. D；72. C；73. B；74. A；
75. A；76. ABC；77. BCDE；78. ABCDE；
79. ABCD；80. ABCD；81. BCDE；
82. ABC；83. CD；84. CD；85. CD；
86. ABD；87. AB；88. CD；89. BC；
90. ABCD；91. ABC；92. ABC；
93. ABDE；94. ABCD；95. ABDE；
96. ABCDE；97. ABC；98. ABCD；
99. ABC；100. ABCDE；101. BCD；
102. ABCDE；103. ABCD；104. ABCD；
105. ABCD；106. ABCD；107. ACDE；
108. AB；109. BCD；110. ABCD；
111. ABC；112. ABDE；113. CDE；
114. ABCD；115. ABCE；116. AB；
117. ABCD；118. ABCD；119. ABCD；
120. ABCDE；121. ABCDE；122. ABCD；
123. AB；124. ×；125. √；126. ×；127. √；128. √；129. ×；130. √；131. √；
132. √；133. ×；134. √；135. ×；
136. ×；137. √；138. √；139. √；140. √；141. ×；142. √；143. ×；144. ×；
145. √；146. ×；147. √；148. ×；149. √；150. ×；151. √；152. √；153. √；
154. ×；155. √；156. √；157. ×；158. √；159. ×；160. ×；161. √；162. √；
163. √；164. B；165. D；166. A；167. D；
168. C；169. D；170. D；171. A；172. C；
173. A；174. ABCDE；175. CD；
176. ABCDE；177. ABC；178. BCD；

179. ×；180. ×；181. ×；182. √；
183. ×；184. √；185. ×；186. ×；
187. ×；188. ×；

189. 药物原形，代谢产物；

190. 肌肉，脂肪；

191. 单一衍生物，药物分子片段；

192. 家养母禽；

193. 235；

194. 皮＋肉；

195. 100；

196. 不得检出；

197. 托曲珠利砜；

198. 喹诺酮类合成抗菌；

199. 孔雀石绿、林丹、呋喃西林、呋喃妥因、呋喃它酮、呋喃唑酮、氯霉素、沙丁胺醇、莱克多巴胺、克伦特罗等。

200. 答：《食品安全国家标准 食品中兽药最大残留限量》（GB 31650—2019）中的鱼是指包括鱼纲、软骨鱼和圆口鱼的水生冷血动物，不包括水生哺乳动物、无脊椎动物和两栖动物。但应注意，此定义可适用于某些无脊椎动物，特别是头足动物。

201. 答：《食品安全国家标准 食品中兽药最大残留限量》（GB 31650—2019）的食品动物是指供人食用或其产品供人食用的动物。

第十三章 食品中营养强化剂

1. A；2. C；3. B；4. C；5. B；6. B；7. C；
8. A；9. D；10. D；11. A；12. C；13. C；
14. A；15. B；16. D；17. C；18. D；
19. B；20. A；21. B；22. A；23. D；
24. A；25. D；26. D；27. C；28. B；29. B；
30. C；31. B；32. C；33. C；34. D；35. D；
36. A；37. A；38. C；39. A；40. B；
41. ABCD；42. ABCD；43. ABCD；
44. ABCD；45. ABCD；46. ABC；
47. ABCD；48. CD；49. ABCD；
50. ABCD；51. ABCD；52. ACD；
53. ACD；54. AB；55. AB；56. ABCD；
57. ABCD；58. ABCD；59. ABD；

60. ABC；61. ABCD；62. AB；63. AB；
64. ABCD；65. ABCD；66. ABCD；
67. ABCD；68. ABCD；69. BCD；
70. ABCD；71. ABD；72. BCD；73. ABC；
74. ABCD；75. ABC；76. ABCD；
77. ABC；78. CD；79. ABCD；80. ABCD；
81. ×；82. √；83. ×；84. ×；85. √；
86. √；87. √；88. ×；89. √；90. ×；
91. √；92. √；93. √；94. √；95. √；
96. √；97. √；98. ×；99. √；100. √；
101. √；102. √；103. √；104. √；
105. ×；106. √；107. √；108. ×；
109. ×；110. √；111. √；112. √；113. √；114. A；115. D；116. A；117. B；
118. D；119. C；120. A；121. A；122. A；
123. B；124. B；125. A；126. ACD；
127. AD；128. ABD；129. AD；
130. ABCD；131. ABD；132. BC；
133. BC；134. ACD；135. ABC；136. AB；
137. AB；138. √；139. √；140. √；141. √；142. √；143. √；144. √；145. √；
146. √；147. √；

148. 天然或人工合成；

149. 250～1000mg/kg；

150. 烟酸，烟酰胺；

151. 肌醇（环己六醇）；

152. D-泛酸钠，D-泛酸钙；

153. 氯化胆碱，酒石酸氢胆碱；

154. 0.06～0.1g/kg；

155. 调制乳粉（儿童用乳粉和孕产妇用乳粉除外），饮料类（14.01 及 14.06 涉及品种除外）；

156. 低聚半乳糖含量（以干基计）、葡萄糖含量（以干基计）、乳糖含量（以干基计）、硫酸灰、pH、铅（Pb）（选择其中 2 项作答即可）；

157. 左旋肉碱（L-肉碱），左旋肉碱酒石酸盐（L-肉碱酒石酸盐）；

158. 硫酸铜，葡萄糖酸铜，柠檬酸铜，碳酸铜；

159. 调制乳；

160. 牛磺酸，维生素 D；

161. 3～6mg/kg；

162. 维生素 C；

163. 答：该婴儿配方奶粉合格。依据 GB 14880—2012《食品安全国家标准 食品营养强化剂使用标准》附录 C.2，营养强化剂低聚半乳糖（乳糖来源）、低聚果糖（菊苣来源）、多聚果糖（菊苣来源）、棉子糖（甜菜来源）在婴幼儿配方食品中单独或混合使用时，限量不得超过 64.5g/kg。该样品中低聚半乳糖、低聚果糖、棉子糖总量为 56.4g/kg，低于 64.5g/kg 的限量要求，因此该婴儿配方奶粉合格。

164. 答：该判定不正确。依据 GB 14880—2012《食品安全国家标准 食品营养强化剂使用标准》附录 A，饮料类中酪蛋白磷酸肽的限量指标为 ≤1.6 g/kg，但对于固体饮料，其限量指标需要按冲调倍数增加使用量，不能直接使用饮料类中酪蛋白磷酸肽的限量指标进行判定，应该进行折算。

165. 答：该做法不妥当。依据 GB 14880—2012《食品安全国家标准 食品营养强化剂使用标准》表 C.2，核苷酸的来源有 $5'$ 单磷酸胞苷（$5'$-CMP）、$5'$ 单磷酸尿苷（$5'$-UMP）、$5'$ 单磷酸腺苷（$5'$-AMP）、$5'$-肌苷酸二钠、$5'$-鸟苷酸二钠、$5'$-尿苷酸二钠、$5'$-胞苷酸二钠，且其在婴幼儿配方食品中使用量为 0.12～0.58g/kg（以核苷酸总量计），该机构未检测 $5'$ 单磷酸腺苷（$5'$-AMP），故其做法不符合要求。

第十四章　食品中致病菌限量

1. A；2. D；3. B；4. D；5. B；6. D；7. B；
8. A；9. C；10. B；11. B；12. A；13. C；
14. C；15. C；16. B；17. B；18. C；19. A；
20. D；21. C；22. A；23. C；24. B；25. B；
26. C；27. C；28. C；29. C；30. B；31. D；
32. D；33. A；34. B；35. C；36. C；
37. ACD；38. ABCD；39. ABCD；40. AC；

41. AC；42. ABCD；43. ABCD；
44. ABCD；45. ABCD；46. AB；47. AC；
48. AB；49. ABCD；50. AD；51. AB；
52. AB；53. ABCD；54. CD；55. AB；
56. BC；57. ABC；58. AC；59. ABCD；
60. ABCD；61. BD；62. ABCD；63. AB；
64. CD；65. ABD；66. ABC；67. AD；
68. AC；69. CD；70. AC；71. AD；
72. AB；73. ×；74. √；75. √；76. ×；
77. √；78. √；79. ×；80. √；81. √；
82. √；83. √；84. √；85. √；86. √；
87. ×；88. √；89. √；90. √；91. √；
92. √；93. ×；94. √；95. √；96. ×；
97. ×；98. √；99. √；100. √；101. √；
102. √；103. √；104. √；105. √；
106. ×；107. A；108. C；109. C；110. C；
111. ABCD；112. AB；113. BCD；
114. BC；115. ×；116. ×；117. √；
118. 无霉变；

119. 微生物；

120. 鲜蛋；

121. 酵母菌；

122. 550；

123. 50；

124. 沙门氏菌；

125. 200；

126. 0；

127. 铜绿假单胞菌；

128. 100；

129. 10；

130. 1；

131. 2×10^2；

132. 10^3；

133. 答：①样品处理及预增菌：无菌称取 25g（mL）样品至 225mL BPW 增菌液中，36℃预增菌 8～18h。

②增菌：取预增菌培养物 2mL，分别加入到 SC 增菌液及 TTB 增菌液中（各 1mL），SC 增菌液 36℃增菌 18～24h，TTB 增菌液 42℃增菌 18～24h。

③分离及可疑菌落选择：增菌后的培养液划线接种 BS 琼脂平板及 HE 琼脂平板（或 XLD 琼脂平板或沙门氏菌属显色培养基平板）。于36℃±1℃分别培养40～48h（BS 琼脂平板）或18～24h（XLD 琼脂平板、HE 琼脂平板、沙门氏菌属显色培养基平板）后观察结果。各琼脂平板上可疑菌落特征为 BS 琼脂平板上菌落为黑色有金属光泽、棕褐色或灰色，菌落周围培养基可呈黑色或棕色，有些菌株形成灰绿色的菌落，周围培养基不变；HE 琼脂平板菌落为蓝绿色或蓝色，多数菌落中心黑色或几乎全黑色，有些菌株为黄色，中心黑色或几乎全黑色。XLD 琼脂平板上菌落呈粉红色，带或不带黑色中心，有些菌株可呈现大的带光泽的黑色中心，或呈现全部黑色的菌落，有些菌株为黄色菌落，带或不带黑色中心；沙门氏菌属显色培养基平板按照显色培养基的说明进行判定。

④生化鉴定：如三糖铁、赖氨酸脱羧酶、靛基质、尿素、KCN、ONPG 等试验。

⑤血清学鉴定：进行多价血清鉴定、血清学分型。

⑥结果报告：综合以上生化试验和血清学鉴定的结果报告 25g（mL）样品中检出或未检出沙门氏菌。

第十五章　食品标签

1. D；2. C；3. A；4. C；5. A；6. C；7. A；8. C；9. D；10. B；11. C；12. A；13. C；14. B；15. C；16. C；17. D；18. D；19. C；20. B；21. D；22. D；23. B；24. C；25. C；26. B；27. A；28. C；29. D；30. D；31. C；32. AB；33. ABCD；34. ABCD；35. BCD；36. ABC；37. ABC；38. AD；39. ABCD；40. ABC；41. ABCD；42. ABC；43. ABC；44. ABCD；45. ABD；46. ABCD；47. ABCD；48. ABCD；49. ABCD；50. ABCD；51. ABCD；52. ABD；53. ABCD；54. ABCD；

55. ABCD；56. ABCD；57. ABCD；58. AB；59. ABC；60. ABC；61. ACD；62. BD；63. BC；64. ABCD；65. ABCD；66. ABC；67. ABCD；68. ABCD；69. ABCD；70. ABCD；71. AC；72. ABC；73. ABCD；74. ABCD；75. ABCD；76. AB；77. ACD；78. ABCD；79. ABCD；80. ACD；81. ABCD；82. ABCD；83. √；84. √；85. √；86. ×；87. √；88. √；89. ×；90. √；91. √；92. ×；93. ×；94. ×；95. ×；96. √；97. √；98. ×；99. √；100. ×；101. ×；102. ×；103. √；104. √；105. √；106. ×；107. √；108. √；109. ×；110. √；111. ×；112. √；113. √；114. ×；115. √；116. √；117. √；118. √；119. √；120. √；121. ×；122. √；123. √；124. √；125. ×；126. ×；127. C；128. C；129. A；130. A；131. A；132. D；133. B；134. A；135. A；136. B；137. C；138. A；139. A；140. D；141. D；142. D；143. B；144. B；145. C；146. D；147. C；148. D；149. B；150. D；151. A；152. C；153. B；154. C；155. ABC；156. ABC；157. ABD；158. AD；159. ABD；160. ABCD；161. ABCD；162. ABCD；163. ABCD；164. ABCD；165. BCD；166. ACD；167. CD；168. ABCD；169. ABCD；170. ABD；171. ACD；172. ABCD；173. ABC；174. BC；175. BD；176. ABCD；177. ACD；178. ABC；179. ABC；180. ACD；181. ABD；182. BCD；183. ABCD；184. ABCD；185. ABC；186. ABCD；187. ABCD；188. ABCD；189. ABCD；190. AB；191. ABCD；192. ABD；193. ABD；194. ABCD；195. ABCD；196. ×；197. √；198. ×；199. ×；200. √；201. √；202. ×；203. ×；204. √；205. ×；206. √；207. ×；208. √；209. ×；210. √；

211. √；212. √；213. √；214. ×；
215. ×；216. √；217. √；218. √；219. √；220. √；221. √；222. √；223. ×；
224. √；225. √；226. √；227. √；
228. ×；229. √；230. ×；231. ×；
232. ×

233. 保质期；

234. 真实属性；

235. 递减；

236. 辐照食品；

237. 营养标签；

238. 现制现售食品；

239. 核心营养素；

240. 不饱和；

241. 特殊膳食用食品；

242. 含量声称；

243. 答：当事人经营标签不符合食品安全标准的预包装食品，违反了 GB 7718—2011《食品安全国家标准 预包装食品标签通则》3.7"不应与食品或者其包装物（容器）分离"及《中华人民共和国食品安全法》第六十七条第一款第（九）项"法律、法规或者食品安全标准规定应当标明的其他事项"的规定，构成了经营标签不符合食品安全标准的预包装食品的违法行为。

244. 答：①膳食纤维 3.2g/100g，13%（NRV%）；②膳食纤维（以可溶性膳食纤维计）2.5g/100g，10%（NRV%）；③膳食纤维（以不可溶性膳食纤维计）0.7g/100g，3%（NRV%）。

第六部分　产品标准和检验方法标准知识
第十六章　酒类产品检验相关标准

1. C；2. A；3. D；4. C；5. B；6. B；7. B；
8. C；9. D；10. B；11. D；12. A；13. C；
14. B；15. C；16. C；17. C；18. B；19. C；
20. D；21. C；22. C；23. D；24. B；
25. A；26. C；27. A；28. A；29. B；
30. D；31. C；32. C；33. A；34. A；
35. A；36. A；37. B；38. D；39. B；
40. B；41. A；42. B；43. C；44. C；45. C；
46. A；47. C；48. B；49. A；50. D；
51. B；52. A；53. AD；54. AB；55. BCD；
56. ABC；57. AD；58. AC；59. ABCD；
60. AC；61. ABC；62. ABC；63. ABC；
64. ACD；65. BCD；66. ACD；67. ABCD；
68. ABCD；69. ABC；70. AC；71. CD；
72. ABC；73. ABCD；74. ABC；
75. ABCD；76. AB；77. AB；78. BCD；
79. ABC；80. BC；81. BD；82. ABC；83.
√；84. √；85. ×；86. √；87. ×；88.
√；89. ×；90. √；91. √；92. √；93.
√；94. √；95. √；96. √；97. √；98.

√；99. √；100. √；101. √；102. √；
103. ×；104. √；105. √；106. √；
107. ×；108. A；109. C；110. C；111. C；
112. B；113. A；114. B；115. B；116. C；
117. B；118. B；119. D；120. C；121. C；
122. A；123. A；124. B；125. B；126. B；
127. D；128. C；129. C；130. C；131. A；
132. D；133. A；134. B；135. D；136. B；
137. B；138. C；139. C；140. C；141. D；
142. D；143. C；144. B；145. A；146. D；
147. C；148. C；149. B；150. B；151. C；
152. AC；153. AD；154. CD；155. BCD；
156. BC；157. ABC；158. ABCD；
159. BC；160. AD；161. ABD；162. AC；
163. ABC；164. AC；165. ABCD；
166. ABC；167. ABD；168. AB；
169. ACD；170. CD；171. ABCD；
172. ×；173. ×；174. ×；175. √；
176. ×；177. ×；178. ×；179. √；180.
√；181. √；182. ×；183. √；184. √；

185. √；186. ×；187. √；188. ×；189.
√；190. ×；191. ×；192. √；193. √；
194. ×；195. ×；196. √；

197. 酸酯总量；

198. 酱香；

199. 高温堆积；

200. 清蒸清烧；

201. 酒海；

202. 米香型；

203. 半固态；

204. 掐头去尾；

205. 陈肉酝浸；

206. 窖池；

207. 露酒；

208. 非糖固形物；

209. 答：白酒十二大香型有浓香型白酒、清香型白酒、米香型白酒、凤香型白酒、豉香型白酒、芝麻香型白酒、特香型白酒、兼香型白酒、老白干香型白酒、酱香型白酒、董香型白酒、馥郁香型白酒。

210. 答：白酒感官品评主要有外观、香气、口味口感、风格四个方面。

211. 答：该家检验机构出具的三份报告均不合理。

1. 依据 GB/T 11858—2008《伏特加（俄得克）》的要求，伏特加酒的酒精度应大于等于 37.0%vol，该产品酒精度项目不符合 GB/T 11858—2008《伏特加（俄得克）》的要求；

2. GB 5009.225—2023《食品安全国家标准 酒和食用酒精中乙醇浓度的测定》第二法 不适用于啤酒中乙醇浓度的测定；

3. 依据 GB/T 16289—2018《豉香型白酒》的要求，"标签按 GB 2757 和 GB 7718 执行，酒精度实测值与标签标示值允许差为±1.0% vol。"因此，该豉香型白酒酒精度项目符合 GB/T 16289—2018《豉香型白酒》产品标签标识要求。

212. 答：酱香型白酒的铅项目采用 GB 2762—2005《食品安全国家标准 食品中污染物限量》判定存在问题，应采用 GB 2757—1981《蒸馏酒及配制酒卫生标准》进行判定；浓香型白酒的总酸项目采用的检测方法存在问题，同时存在多做酸酯总量项目的问题。根据 GB/T 10781.1—2021《白酒质量要求 第 1 部分：浓香型白酒》的要求，总酸的测定应按 GB/T 10345—2022《白酒分析方法》执行，生产日期小于 1 年的产品无须测定酸酯总量项目。

213. 答：1. 按原料不同分为葡萄白兰地和水果白兰地。葡萄白兰地又分为葡萄原汁白兰地与葡萄皮渣白兰地，水果白兰地分为水果原汁白兰地和水果皮渣白兰地。

2. 按生产工艺分为调配白兰地和风味白兰地。

第十七章 产品标准

1. C；2. D；3. C；4. B；5. D；6. C；7. C；
8. C；9. B；10. B；11. C；12. D；13. A；
14. A；15. A；16. C；17. D；18. B；
19. C；20. A；21. B；22. C；23. C；24. B；
25. A；26. B；27. D；28. A；29. C；
30. D；31. C；32. B；33. B；34. C；35. A；
36. C；37. D；38. B；39. B；40. C；41. A；
42. A；43. C；44. C；45. C；46. C；47. B；
48. C；49. C；50. B；51. C；52. C；53. C；
54. A；55. C；56. D；57. A；58. B；
59. D；60. A；61. B；62. B；63. A；
64. C；65. A；66. A；67. D；68. B；
69. C；70. A；71. C；72. D；73. C；
74. C；75. C；76. D；77. A；78. B；
79. C；80. C；81. D；82. A；83. D；
84. ABCD；85. BD；86. ABC；87. ACD；
88. ABCD；89. ABC；90. ABD；91. ABC；
92. ABC；93. AB；94. ABCD；95. ABD；
96. AC；97. ACD；98. BCD；99. ABC；
100. ABC；101. ABC；102. AC；
103. ABD；104. ABCD；105. ABC；
106. ACD；107. AB；108. AB；109. CD；

110. ACD；111. ACD；112. ABD；
113. AB；114. AC；115. CD；116. ABCD；
117. AC；118. ABCD；119. BC；
120. ABC；121. ACD；122. AB；123. BD；
124. AB；125. AC；126. ABCD；127. BC；
128. AC；129. AC；130. BC；131. ABCD；
132. ABCD；133. AC；134. AC；135. AB；
136. ABCD；137. ABCD；138. BC；
139. AB；140. CD；141. AB；142. ABCD；
143. AD；144. AC；145. AC；146. BC；
147. ABC；148. BD；149. BD；150. BC；
151. BD；152. AC；153. AB；154. CD；
155. AD；156. AD；157. BC；158. AD；
159. AB；160. AD；161. ABC；162. AB；
163. √；164. ×；165. ×；166. √；
167. ×；168. ×；169. √；170. √；
171. ×；172. ×；173. √；174. √；
175. ×；176. √；177. ×；178. ×；179. √；180. √；181. √；182. √；183. ×；
184. ×；185. √；186. √；187. √；188. √；189. ×；190. ×；191. √；192. √；
193. √；194. √；195. ×；196. √；197. √；198. ×；199. √；200. √；201. √；
202. √；203. √；204. ×；205. √；206. √；207. √；208. √；209. ×；210. ×；
211. √；212. ×；213. C；214. A；
215. D；216. B；217. B；218. A；219. D；
220. B；221. C；222. AC；223. AB；
224. ACD；225. BC；226. AB；227. ×；
228. ×；229. ×；230. ×；231. ×；
232. ×；233. √；234. ×；235. ×；236. √；237. ×；238. √；239. ×；240. ×；

241. 蛋白质，脂肪，水分，灰分，膳食纤维；

242. 食用氢化油，人造奶油（人造黄油），起酥油，代可可脂（包括类可可脂），植脂奶油，粉末油脂；

243. 脂肪，水分，食盐含量；

244. 5%，低糖；

245. 冰醋酸，乙酸酐，结晶紫；

246. 1.0；

247. 氯化钡，硫酸钡；

248. 红曲菌属红曲霉；

249. 250℃，250℃；

250. 135℃±2℃；

251. 答：①山梨酸钾与酒石酸氢钠反应生成难溶于乙醇的酒石酸钾白色沉淀；②山梨酸钾和溴发生加成反应而使溴的棕黄色消失；③山梨酸钾中的不饱和基团在紫外光区有特征吸收。

252. 答：在酸性介质中，靛蓝铝色淀溶解成色素，其染料结构中的氨基被三氯化钛还原分解成氨基化合物。

253. 答：工夫红茶根据茶树品种和产品要求的不同，分为大叶种工夫红茶和中小叶种工夫红茶两种产品。

254. 答：用一种或几种食用原料，添加或不添加辅料、食品添加剂、食品营养化剂，经加工制成定量包装的、供直接饮用或冲调饮用、乙醇含量不超过质量分数为0.5%的制品，也可称为饮品，如碳酸饮料、果蔬汁类及其饮料、蛋白饮料、固体饮料等。

第十八章　元素及常规理化检测方法标准

1. B；2. A；3. D；4. B；5. A；6. C；7. B；
8. B；9. C；10. A；11. B；12. C；13. B；
14. B；15. A；16. B；17. B；18. C；19. D；
20. C；21. B；22. B；23. A；24. A；
25. C；26. C；27. C；28. D；29. C；30. C；
31. A；32. C；33. C；34. B；35. A；
36. C；37. C；38. C；39. B；40. C；41. A；
42. A；43. C；44. C；45. B；46. A；
47. A；48. B；49. C；50. C；51. B；52. D；
53. B；54. A；55. A；56. D；57. B；
58. B；59. C；60. D；61. A；62. C；
63. B；64. B；65. C；66. B；67. A；68. B；
69. D；70. C；71. B；72. C；73. B；74. C；
75. C；76. B；77. C；78. A；79. B；80. D；
81. C；82. A；83. ABC；84. ABC；

85. ABCD；86. AB；87. ABCD；

88. ABCD；89. ABCD；90. ABCD；

91. BCD；92. BCD；93. ACD；94. ABCD；

95. ACD；96. ABC；97. CD；98. ABCD；

99. ABCD；100. ABC；101. AD；

102. BCD；103. ABCDE；104. AB；

105. BD；106. ABC；107. ACD；

108. ABCD；109. ABCD；110. ABCD；

111. ABC；112. AC；113. ABC；

114. BCD；115. ABCD；116. ABC；

117. ABCD；118. AB；119. BC；120. BC；

121. ABC；122. BCD；123. BCD；

124. ACD；125. AB；126. ABC；

127. ABD；128. AB；129. BCD；

130. ABCD；131. ABCD；132. ABD；

133. AB；134. BD；135. ABC；136. BCD；

137. ABC；138. BD；139. AD；140. ABD；

141. ACD；142. AB；143. CD；144. AB；

145. ABC；146. ABCD；147. AB；

148. ×；149. √；150. ×；151. √；152. √；153. ×；154. ×；155. √；156. √；

157. ×；158. √；159. √；160. √；

161. ×；162. √；163. √；164. √；165. √；166. √；167. √；168. ×；169. √；

170. √；171. ×；172. √；173. √；174. √；175. ×；176. √；177. ×；178. √；

179. √；180. ×；181. √；182. ×；183. √；184. √；185. ×；186. √；187. ×；

188. √；189. √；190. √；191. √；

192. ×；193. √；194. √；195. ×；196. √；197. ×；198. √；199. ×；200. √；

201. √；202. √；203. ×；204. √；

205. ×；206. ×；207. √；208. ×；

209. C；210. A；211. B；212. B；213. A；

214. C；215. B；216. B；217. A；218. B；

219. A；220. A；221. B；222. C；223. C；

224. D；225. A；226. B；227. D；228. A；

229. AB；230. ABC；231. ABC；

232. ABCD；233. ACD；234. AB；

235. ABC；236. AC；237. AB；238. AC；

239. ACD；240. BC；241. ABC；

242. ACD；243. ×；244. √；245. √；

246. ×；247. √；248. ×；249. √；250. √；251. √；252. √；253. √；254. √；

255. √；256. √；257. √；258. ×；259. √；260. √；261. ×；262. √；263. √；

264. ×；265. √；

266. 凯氏定氮法，分光光度法；

267. 五价砷；

268. 五价砷，一甲基砷，二甲基砷；

269. 电感耦合等离子体质谱法；

270. 甲基汞，乙基汞；

271. C_{18} 分析柱（150mm×4.6mm，5μm）；

272. 充氮蒸馏法；

273. 重量法；

274. 电位滴定法；

275. 高效液相色谱法，离子色谱法；

276. 不溶性膳食纤维；

277. 锗-132；

278. 酸值；

279. 电热干燥箱法；

280. 电感耦合等离子体发射光谱法；

281. 水合硅酸镁；

282. 答：试样中甲基汞经超声波辅助 5mol/L 盐酸溶液提取后，使用 C_{18} 反相色谱柱分离，分离后的目标化合物经过雾化由载气送入电感耦合等离子体炬焰中，经过蒸发、解离、原子化、电离等过程，大部分转化为带正电荷的离子，经离子采集系统进入质谱仪，质谱仪根据质荷比进行分离测定。以保留时间和质荷比定性，外标法定量。

283. 答：设定仪器最佳条件，待基线稳定后，测定汞形态混合标准溶液（10μg/L），确定无机汞、甲基汞、乙基汞各形态的分离度，待分离度（$R>1.5$）达到要求后，将甲基汞标准系列溶液按质量浓度由低到高分别注入液相色谱-原子荧光光谱联用仪中进行测定，以标准系列溶液中目标化合物的浓度为横坐标，以色谱峰面积为纵坐标，制作标准曲线。

284. 答：食品中的结合态脂肪必须用强酸使其游离出来，游离出的脂肪易溶于有机溶剂。试样经盐酸水解后用无水乙醚或石油醚提取，除去溶剂即得游离态和结合态脂肪的总含量。

285. 答：16 种稀土元素包括钪（Sc）、钇（Y）、镧（La）、铈（Ce）、镨（Pr）、钕（Nd）、钐（Sm）、铕（Eu）、钆（Gd）、铽（Tb）、镝（Dy）、钬（Ho）、铒（Er）、铥（Tm）、镱（Yb）、镥（Lu）。

286. 答：指示剂滴定法测定食品中过氧化值原理是经制备的油脂试样在三氯甲烷-冰乙酸溶液中溶解，其中的过氧化物与碘化钾反应生成碘，用硫代硫酸钠标准滴定溶液滴定析出的碘。用过氧化物相当于碘的质量分数或 1kg 样品中活性氧的毫摩尔数表示过氧化值的量。

第十九章　食品添加剂检测方法标准

1. B；2. B；3. D；4. B；5. A；6. A；7. A；
8. B；9. B；10. A；11. D；12. B；13. B；
14. A；15. A；16. B；17. B；18. A；
19. A；20. B；21. B；22. C；23. B；
24. A；25. B；26. A；27. B；28. C；
29. A；30. C；31. A；32. A；33. C；
34. C；35. D；36. B；37. A；38. A；
39. C；40. A；41. A；42. B；43. A；
44. A；45. A；46. B；47. A；48. C；
49. D；50. A；51. C；52. C；53. D；
54. B；55. C；56. B；57. D；58. C；59. A；
60. C；61. A；62. A；63. A；64. D；
65. B；66. C；67. B；68. D；69. B；70. A；
71. B；72. B；73. B；74. C；75. B；76. A；
77. A；78. C；79. C；80. B；81. C；82. B；
83. C；84. B；85. B；86. A；87. D；
88. A；89. B；90. D；91. B；92. ACD；
93. ABCD；94. ABC；95. ABC；96. BD；
97. BC；98. AB；99. BC；100. ABCD；
101. ABC；102. BC；103. AB；
104. ABCD；105. ABCDE；106. ABCD；
107. AC；108. ABCD；109. BCDE；
110. ABCDE；111. AB；112. ABC；
113. BCD；114. CD；115. ABC；116. AB；
117. AB；118. ABCD；119. ABC；
120. AB；121. ABCD；122. ABC；
123. AB；124. BC；125. ABCD；
126. ABCD；127. BCD；128. BCD；
129. ABCD；130. ABD；131. ABC；
132. ABCD；133. ABC；134. ABCD；
135. ABCD；136. ABC；137. ACD；
138. AB；139. ABC；140. BC；
141. ABCD；142. ABC；143. BC；
144. BCD；145. BC；146. AD；147. ACD；
148. ABC；149. BCD；150. ABCD；
151. ABC；152. AB；153. AC；
154. ABCD；155. ABCD；156. ABD；
157. ABCD；158. AB；159. ABCD；
160. ABC；161. AB；162. ABC；
163. ABCD；164. ACD；165. ABC；
166. AB；167. BCD；168. ABCD；
169. ABCD；170. ABCD；171. ABCDE；
172. √；173. √；174. ×；175. ×；
176. ×；177. ×；178. √；179. √；180.
√；181. √；182. √；183. √；184. √；
185. √；186. √；187. √；188. √；189.
√；190. √；191. √；192. √；193. √；
194. √；195. √；196. √；197. ×；198.
√；199. ×；200. ×；201. ×；202. √；
203. √；204. √；205. √；206. √；207.
√；208. √；209. √；210. √；211. ×；
212. √；213. ×；214. √；215. √；216.
√；217. √；218. √；219. ×；220. √；
221. √；222. √；223. ×；224. ×；
225. ×；226. √；227. ×；228. √；229.
√；230. √；231. C；232. C；233. A；
234. D；235. C；236. A；237. C；238. B；
239. A；240. B；241. AB；242. ABC；
243. AC；244. ABC；245. ABCD；
246. ABCDE；247. ABCD；248. BC；
249. ABCD；250. ABCDE；251. ABCD；

252. ABCD；253. ABCD；254. BD；

255. ABCD；256. ABCD；257. ABCD；

258. ABC；259. CD；260. ABCD；

261. ×；262. √；263. ×；264. √；

265. ×；266. √；267. ×；268. ×；269.

√；270. √；271. √；272. ×；273. ×；

274. ×；275. √；276. ×；277. √；278.

√；279. √；280. ×；

281. 环己醇亚硝酸酯，环己醇；

282. N,N-二氯环己胺；

283. 沉淀蛋白质；

284. 安赛蜜；

285. 中性氧化铝固相萃取柱；

286. 亚铁氰化钾和乙酸锌溶液；

287. 保留时间，相对离子丰度；

288. 0.9078；

289. 亚铁酒石酸盐；

290. 葡萄汁酵母菌；

291. 亚硝酸钠；

292. 答：准确称取 2g 试样于具塞离心管中，加入 25mL 乙醇氨水溶液，涡旋后超声或振摇提取，重复提取 2 次后合并上清液定容至 50mL。准确吸取提取液 10mL，氮气浓缩至 3mL，加入 5%甲醇水溶液溶解，作为待净化液。将待净化液过混合型弱阴离子交换反相固相萃取柱，用 6mL 2%甲酸水溶液和 6mL 甲醇淋洗，再用 6mL 2%氨化甲醇溶液洗脱，在 50℃下用氮气浓缩至近干，准确加入 2mL pH 值为 9.0 的乙酸铵缓冲溶液溶解，过滤待测。

293. 答：试样经氢氧化钾乙醇溶液皂化，液液萃取净化、浓缩后，用正相高效液相色谱仪通过硅胶柱将维生素 D 与其他杂质分离，将收集的馏分浓缩后，再经反相色谱柱分离维生素 D_2 与维生素 D_3，紫外检测器检测，内标法（或外标法）定量。当试样中不含维生素 D_2 时，可用维生素 D_2 作内标测定维生素 D_3；当试样中不含维生素 D_3 时，可用维生素 D_3 作内标测定维生素 D_2。否则，用外标法测定。

294. 答：标准溶液浓度是否准确校正；乳粉的皂化是否完全；皂化温度及时间是否足够；石油醚萃取是否充分；是否将萃取液洗涤至中性；浓缩前是否充分除去水分；氮吹浓缩至近干；正向馏分收集是否精准控制。

295. 答：调节 pH 的目的是为了沉淀蛋白质，原理是每种蛋白质都有等电点，在此 pH 值条件下，蛋白质不带电荷，因此破坏了原来蛋白质溶液中由于带电荷互相排斥而维持的稳定溶解状态，此时的蛋白质溶解度最低，或者不溶解，因而会沉淀。

296. 答：1. 皂化：试样经热水溶解后，加入抗坏血酸及 BHT，随后加入无水乙醇和氢氧化钾溶液，于 80℃恒温水浴震荡皂化 30min；

2. 提取：将皂化液用水转入分液漏斗中，加入石油醚-乙醚混合液，振荡萃取，将下层溶液转移至另一分液漏斗中，重复萃取一次，合并两次有机相。

3. 洗涤：多次用水洗涤石油醚-乙醚提取液，直至将醚层洗至中性（可用 pH 试纸检测下层溶液 pH 值），去除下层水相。

4. 浓缩：将洗涤后的醚层经无水硫酸钠滤入旋转蒸发瓶或氮气浓缩管中，于 40℃水浴中减压蒸馏或气流浓缩至近干。用甲醇分次将残留物溶解并转移定容至容量瓶中，过膜待测。

第二十章　生物毒素检测方法标准

1. D；2. A；3. B；4. A；5. C；6. B；7. D；

8. A；9. A；10. D；11. A；12. C；13. D；

14. A；15. C；16. A；17. B；18. D；

19. B；20. B；21. A；22. A；23. C；

24. D；25. A；26. ACDE；27. ABCDE；

28. ABD；29. AB；30. BCDE；31. ABCD；

32. AB；33. ACDE；34. ABCE；35. ABE；

36. ×；37. √；38. ×；39. ×；40. ×；

41. ×；42. ×；43. ×；44. √；45. ×；

46. √；47. √；48. ×；49. √；50. ×；

51. ×；52. √；53. ×；54. ×；55. C；

56. A；57. D；58. B；59. B；60. A；

61. D；62. B；63. C；64. B；65. ACD；

66. ACD；67. ABD；68. ×；69. ×；

70. ×；71. ×；72. ×；73. ×；74. ×；

75. ×；76. √；77. ×；78. √；79. ×；

80. ×；81. ×；82. √；83. ×；84. ×；

85. √；86. ×；

87. 柱回收率验证；

88. 空白值；

89. 磷酸二氢钾；

90. 40℃±1℃；

91. 365nm；

92. 30～60℃；

93. ESI$^+$；

94. 三位；

95. 430nm；

96. 7d；

97. 三氯化铝，蓝色；

98. 450nm 或 630nm，反比；

99. 3 个月；

100. 液氮；

101. 激发波长 274nm，发射波长 440nm；

102. 氯化铝溶液；

103. β-葡萄糖苷酸/硫酸酯复合酶；

104. 答：GB 2761—2017《食品安全国家标准 食品中真菌毒素限量》的应用原则为 1）无论是否制定真菌毒素限量，食品生产和加工者均应采取控制措施，使食品中真菌毒素的含量达到最低水平；2）本标准列出了可能对公众健康构成较大风险的真菌毒素，制定限量值的食品是对消费者膳食暴露量产生较大影响的食品；3）食品类别（名称）说明（附录A）用于界定真菌毒素限量的适用范围，仅适用于本标准。当某种真菌毒素限量应用于某一食品类别（名称）时，则该食品类别（名称）内的所有类别食品均适用，有特别规定的除外；4）食品中真菌毒素限量以食品通常的可食用部分计算，有特别规定的除外。

105. 答：事先将低温下保存的免疫亲和柱恢复至室温。准确移取 5mL 上清提取液，于 40～50℃下氮气吹干，加入 2mL 水充分溶解残渣，待免疫亲和柱内原有液体流尽后，将上述样液移至玻璃注射器筒中。将空气压力泵与玻璃注射器相连接，调节下滴速度，控制样液以每秒 1 滴的流速通过免疫亲和柱，直至空气进入亲和柱中。用 5mL PBS 缓冲盐溶液和 5mL 水先后淋洗免疫亲和柱，流速为每秒 1～2 滴，直至空气进入亲和柱中，弃去全部流出液，抽干小柱。准确加入 2mL 甲醇洗脱亲和柱，控制每秒 1 滴的下滴速度，收集全部洗脱液至试管中，在 50℃下用氮气缓缓地将洗脱液吹至近干，加入 1.0mL 初始流动相，涡旋 30s 溶解残留物，0.22μm 滤膜过滤，收集滤液于进样瓶中以备进样。

第二十一章　农药残留检测方法标准

1. A；2. B；3. C；4. B；5. B；6. D；7. D；

8. B；9. A；10. B；11. B；12. A；13. D；

14. B；15. A；16. B；17. C；18. B；19. D；

20. C；21. D；22. A；23. C；24. A；

25. B；26. A；27. C；28. D；29. A；

30. D；31. A；32. C；33. D；34. A；

35. A；36. B；37. C；38. D；39. C；40. B；

41. C；42. A；43. B；44. A；45. C；

46. B；47. D；48. A；49. A；50. C；

51. B；52. D；53. C；54. A；55. C；

56. D；57. A；58. B；59. C；60. D；

61. D；62. A；63. B；64. A；65. C；

66. D；67. A；68. A；69. D；70. A；

71. A；72. C；73. B；74. D；75. A；

76. C；77. D；78. B；79. A；80. D；

81. B；82. A；83. A；84. B；85. C；

86. A；87. B；88. ABCD；89. ABC；

90. ABD；91. ABCD；92. ABCDE；

93. ABCD；94. ACD；95. ABCDE；

96. ABCE；97. ABCD；98. ABCDE；

99. BCD；100. BCDE；101. AB；

102. ABCDE；103. ABCD；104. BC；

105. ABC；106. BD；107. DE；108. AD；

109. ACD；110. ACD；111. DE；112. AE；

113. AB；114. ABCD；115. ABDE；

116. ABDE；117. ABCD；118. ABCDE；

119. ABCE；120. AD；121. ABCDE；

122. ABC；123. AD；124. AC；125. ACE；

126. DE；127. ABE；128. ACDE；

129. ACE；130. ABC；131. CD；132. AE；

133. CD；134. ABC；135. ACDE；

136. ABDE；137. ABC；138. ABE；

139. ABCD；140. ABD；141. ACDE；

142. ×；143. ×；144. ×；145. ×；

146. ×；147. ×；148. ×；149. ×；150.

√；151. √；152. ×；153. ×；154. ×；

155. ×；156. ×；157. ×；158. √；

159. ×；160. ×；161. ×；162. ×；

163. ×；164. √；165. ×；166. ×；

167. ×；168. ×；169. ×；170. ×；

171. ×；172. √；173. ×；174. √；

175. ×；176. ×；177. ×；178. √；179.

√；180. ×；181. ×；182. ×；183. ×；

184. √；185. ×；186. √；187. √；

188. ×；189. ×；190. ×；191. ×；

192. ×；193. ×；194. ×；195. √；

196. ×；197. √；198. ×；199. ×；

200. ×；201. √；202. ×；203. ×；

204. ×；205. A；206. D；207. C；208. A；

209. A；210. B；211. D；212. D；213. A；

214. D；215. A；216. C；217. B；218. C；

219. A；220. A；221. C；222. B；223. A；

224. CD；225. BC；226. ABD；227. AB；

228. ABCD；229. AD；230. BD；231. BD；

232. AC；233. ABDE；234. ADE；

235. ACDE；236. ABDE；237. BCDE；

238. ABDE；239. ABD；240. ABE；

241. ABCD；242. BC；243. ABCE；

244. ×；245. √；246. ×；247. ×；

248. ×；249. ×；250. ×；251. √；252.

√；253. ×；254. ×；255. √；256. ×；

257. ×；258. ×；259. ×；260. √；

261. ×；262. ×；263. √；264. ×；

265. ×；266. ×；267. ×；268. √；269.

√；270. √；271. ×；272. ×；273. ×；

274. ×；275. ×；276. √；277. √；

278. √；

279. 6；

280. 负化学离子源（NCI）；

281. 荧光检测器和柱后衍生系统；

282. 465nm；

283. 火焰光度检测器；

284. 高速组织捣碎机；

285. 50min；

286. 荧光检测器和柱后衍生系统；

287. 解卷积（deconvolution）；

288. 20min，$30\mu L$；

289. 0.05；

290. $425\mu m$；

291. 4g 硫酸镁、1g 氯化钠；

292. ±2.5%；

293. 1 年；

294. 答：①资料性附录是标准中提供附加信息的部分，旨在帮助用户更好地理解和使用标准的内容。它不包含强制性要求或规范，而是提供背景信息、示例、解释或其他有助于理解标准的技术细节。②规范性附录是国家标准中的一种附录类型，其内容包含需要被遵循的规则、准则或要求。这些附录与标准文本本身具有同等效力，是标准的重要组成部分。③区别为资料性附录主要提供信息或背景资料，以帮助读者更好地理解标准的内容，而不包含强制性要求。它们是可选的，用户可以根据需要选择是否参考。规范性附录则不同，其内容具有强制性，必须被严格遵守，以确保标准的有效实施。

295. 答：①同一实验室是指测试在同一个实验室环境中进行，确保环境条件（如温度、湿度等）一致。②同一操作者是指测试由同一个人执行，确保操作手法和判断标准一致。③相同设备是指使用相同的测试设备，避免因设备差异导致的系统误差。④相同测试方法是指采用相同的测试方法和步骤，确保测试过程的一致性。⑤短时间内是指测试在短时间内完成，减少因时间推移导致的环境变化或设备漂移。⑥相互独立的测试是指两次测试是相互独立的，即每次测试都是独立进行的，不受前一次测试结果的影响。测试结果的一致性要求绝对差值不超过算术平均值的15%，即两次独立测试结果的绝对差值（｜结果1－结果2｜）必须小于或等于这两个结果算术平均值的15%。这意味着，两次测试结果之间的差异不能太大，必须在平均值的一定范围内，以确保测试结果的可靠性。超过15%的情况不超过5%：在大量重复测试中，只有不超过5%的测试结果对之间的绝对差值可以超过算术平均值的15%。这是一个统计上的要求，确保在大多数情况下（95%以上），测试结果的一致性是满足要求的。这意味着，即使在某些情况下，测试结果可能会出现较大差异，但这种情况出现的概率必须很低（不超过5%）。

296.答：试样中的灭蝇胺经乙酸铵-乙腈混合溶液提取、强阳离子交换萃取柱净化后，用高效液相色谱仪进行分离，在215nm处六元环上的π电子被激发，用紫外检测器检测。根据标准物质色谱峰的保留时间定性，外标法定量。

297.答：强阳离子交换萃取柱（SCX）和阳离子交换萃取柱（MCX）都是基于离子交换色谱的固相萃取柱，主要用于分离和纯化带正电的化合物。

SCX（强阳离子交换萃取柱）的固定相通常由强酸性官能团（如磺酸基，—SO₃H）键合到硅胶或聚合物基质上。由于磺酸基的强酸性，SCX 在较宽的 pH 范围（pH 1～14）内都能保持稳定的离子交换能力。

MCX（阳离子交换萃取柱）的固定相通常

由中等酸性官能团（如羧基，—COOH）键合到硅胶或聚合物基质上。由于羧基的酸性较弱，MCX 的离子交换能力受 pH 值影响较大，通常在 pH 2～8 范围内有效。

298.答：SN/T 1923—2007《进出口食品中草甘膦残留量的检测方法 液相色谱-质谱/质谱法》中，试样用水提取，经阳离子交换柱（CAX）净化，与 9-芴基甲基三氯甲烷［9-Fluorenylmethyl chloroformale（FMOC-Cl）］衍生化反应后，用液相色谱-质谱/质谱测定，内标法定量。

299.答：禁用农药是指停止生产和销售，并在所有农作物上都不能使用的农药。如高毒农药对硫磷，已经全面停止生产销售，任何作物不可使用。典型例子还包括六六六、滴滴涕。限用农药是指在有些农作物上不能用，在有些作物可以使用。例如，毒死蜱，三唑磷禁止在蔬菜上使用，但在其他作物可以使用。

第二十二章　兽药残留检测方法标准

1. A；2. D；3. D；4. A；5. A；6. B；
7. D；8. D；9. A；10. C；11. C；12. C；
13. B；14. C；15. A；16. B；17. B；
18. A；19. D；20. C；21. A；22. B；
23. B；24. D；25. C；26. A；27. D；
28. D；29. D；30. A；31. C；32. B；33. C；
34. C；35. D；36. A；37. D；38. A；
39. B；40. C；41. A；42. C；43. C；44. B；
45. C；46. D；47. A；48. B；49. A；
50. C；51. D；52. D；53. C；54. C；55. D；
56. D；57. B；58. A；59. C；60. B；61. C；
62. D；63. A；64. A；65. A；66. D；
67. C；68. A；69. C；70. C；71. A；
72. D；73. A；74. B；75. D；76. BC；
77. ABCD；78. AB；79. AB；80. BCD；
81. BCD；82. ABCD；83. BC；84. ABC；
85. ABCD；86. ABCD；87. ABCD；
88. ABCD；89. ABCD；90. BCD；91. AD；
92. ABCD；93. ABCD；94. ABCD；

95. ABD；96. ABC；97. AD；98. AD；
99. AD；100. ABC；101. ABC；102. AB；
103. BC；104. ABCD；105. ABD；
106. ABD；107. ABCD；108. AB；
109. ABD；110. ABD；111. ABC；
112. ABC；113. ABD；114. ABCD；
115. ABCD；116. ABCD；117. AB；
118. ABCD；119. AB；120. AC；
121. BCD；122. AB；123. BCD；124. AB；
125. ABD；126. AB；127. AB；128. AB；
129. ABCD；130. ABC；131. ACD；
132. ABCD；133. ABD；134. AB；
135. CD；136. BC；137. AD；138. AB；
139. ABD；140. BC；141. BCD；
142. ABCD；143. BC；144. ACD；
145. ABD；146. AB；147. AB；148. AC；
149. ABD；150. AB；151. ABD；
152. ABC；153. ABC；154. ABD；
155. BC；156. √；157. ×；158. √；
159. ×；160. ×；161. √；162. ×；163.
√；164. √；165. ×；166. √；167. ×；
168. ×；169. ×；170. √；171. √；
172. ×；173. √；174. ×；175. ×；176.
√；177. √；178. ×；179. √；180. √；
181. √；182. √；183. √；184. √；
185. ×；186. √；187. √；188. ×；189.
√；190. √；191. ×；192. √；193. ×；
194. √；195. √；196. ×；197. √；
198. ×；199. √；200. √；201. √；202.
√；203. ×；204. √；205. √；206. ×；
207. √；208. √；209. ×；210. B；
211. B；212. D；213. A；214. D；215. B；
216. A；217. D；218. C；219. C；220. A；
221. A；222. B；223. C；224. C；225. B；
226. C；227. A；228. A；229. D；
230. ABCD；231. AB；232. BD；233. BD；
234. ACD；235. BC；236. AB；237. BC；
238. BCD；239. CD；240. CD；241. ABD；
242. AC；243. ABC；244. ABCD；
245. ABCD；246. ABCD；247. ABCD；

248. AD；249. AB；250. ×；251. ×；
252. √；253. √；254. ×；255. ×；
256. ×；257. ×；258. √；259. ×；
260. ×；261. √；262. ×；263. √；264.
√；265. √；266. √；267. √；268. ×；
269. √；

270. 4,4′-二硝基均二苯脲；

271. 三氯乙酸；

272. 邻硝基苯甲醛；

273. 酸；

274. 带壳蛋；

275. 托曲珠利砜；

276. 氟苯尼考与氟苯尼考胺之和；

277. 恩诺沙星与环丙沙星之和；

278. 乙酸乙酯；

279. 氯霉素-D$_5$；

280. 高氯酸；

281. 氢氧化钠/碱；

282. AOZ；

283. 答：试样中残留的硝基呋喃类蛋白结合态代谢物在酸性条件下水解，经2-硝基苯甲醛衍生化，用乙酸乙酯液液萃取，高速离心净化，液相色谱-串联质谱法测定，内标法定量。

284. 答：试样中残留的氯霉素、甲砜霉素、氟苯尼考和氟苯尼考胺用2%氨化乙酸乙酯溶液提取，正己烷脱脂，氨化乙酸乙酯反萃取，液相色谱-串联质谱法测定，内标法定量。

285. 答：在同样测试条件下，试料溶液中酰胺醇类药物及其代谢物的保留时间与标准工作液中酰胺醇类药物及其代谢物的保留时间相对偏差在±2.5%以内，且检测到的相对离子丰度，应当与浓度相当的校正标准溶液相对离子丰度一致，其允许偏差应符合：相对离子丰度＞50时，允许偏差为±20；相对离子丰度为20～50时，允许偏差为±25；相对离子丰度为10～20时，允许偏差为±30；相对离子丰度≤10时，允许偏差为±50。

286.答：动物用药后在靶组织中与总残留物有明确相关性的残留物。其可以是药物原形、相关代谢物，也可以是原形与代谢物的加和，或者是可转化为单一衍生物或药物分子片段的残留物总量。

287.答：试料中残留的β-受体激动剂，酶解、高氯酸沉淀蛋白质后，经乙酸乙酯、叔丁基甲醚萃取，固相萃取柱净化，液相色谱-串联质谱法测定，内标法定量。

第二十三章　非法添加及补充检测方法标准

1.C；2.A；3.A；4.D；5.C；6.A；7.B；
8.C；9.C；10.B；11.D；12.C；13.A；
14.C；15.C；16.B；17.B；18.B；19.A；
20.A；21.C；22.C；23.D；24.C；
25.D；26.A；27.C；28.B；29.A；
30.D；31.AB；32.ABCDE；33.AB；
34.BD；35.ABCDE；36.CDE；
37.ABCD；38.ABD；39.AC；40.ABC；
41.ABCD；42.BD；43.AD；44.ABD；
45.ABC；46.CDE；47.ABD；48.BCD；
49.CD；50.ABCDE；51.ABC；52.AB；
53.BCD；54.ABCD；55.BD；56.AB；
57.BC；58.ABC；59.ABCD；60.ABC；
61.√；62.×；63.×；64.√；65.√；
66.×；67.√；68.×；69.×；70.√；
71.×；72.√；73.√；74.√；75.√；
76.√；77.√；78.×；79.√；80.√；
81.×；82.√；83.√；84.√；85.√；
86.√；87.√；88.×；89.×；90.√；
91.A；92.C；93.B；94.C；95.A；
96.ABC；97.ABD；98.BC；99.AC；
100.AB；101.×；102.√；103.√；104.
√；105.×；
106.0.1mg/kg；
107.20％；
108.40μg/kg；
109.10μg/kg；
110.1.0μg/kg；

111.83.0/67.0；
112.1g；
113.液相色谱-串联质谱；
114.40；
115.电喷雾离子源（ESI）；
116.电喷雾离子源（ESI）；
117.外标法；
118.0.03mg/kg；
119.气相色谱-串联质谱仪；
120.118.0/46.0；
121.实时荧光PCR法；
122.－18℃；
123.液相色谱-串联质谱测定；
124.聚酰胺吸附法；
125.0.500mg/kg；

126.答：

提取：准确称取1g（精确至0.01g）试样置于50mL塑料离心管中，准确加入10.0mL含0.1％甲酸的甲醇水溶液，混匀，加入陶瓷均质子两颗，于涡旋混合器上涡旋15min，于8000r/min离心10min，取3mL提取液层溶液过0.45μm有机相滤膜后待净化。

净化：准确移取1.0mL提取液至混合型阳离子固相萃取柱中，依次用3mL 0.1％甲酸水溶液、3mL水、3mL甲醇淋洗固相萃取柱。用6mL氨水甲醇溶液洗脱目标物，并收集洗脱液，洗脱溶液在45℃下，用氮气吹至近干，残渣用0.5mL含0.1％甲酸的乙腈水溶液溶解，过0.22μm有机相滤膜上机测定。

第二十四章　微生物、螨类检测方法标准

1.C；2.A；3.C；4.B；5.D；6.B；7.B；
8.D；9.D；10.B；11.A；12.C；13.B；
14.C；15.D；16.B；17.C；18.D；19.C；
20.B；21.C；22.A；23.C；24.B；
25.A；26.B；27.D；28.A；29.B；
30.B；31.A；32.A；33.B；34.D；
35.A；36.B；37.C；38.A；39.C；
40.A；41.C；42.B；43.C；44.C；

45. A；46. D；47. C；48. D；49. A；
50. D；51. B；52. D；53. C；54. B；
55. A；56. A；57. A；58. B；59. C；
60. B；61. D；62. D；63. D；64. C；65. C；
66. D；67. A；68. A；69. C；70. C；
71. B；72. B；73. C；74. ABD；75. BD；
76. ABCD；77. BCD；78. ABCD；79. CD；
80. BD；81. AC；82. AC；83. ABC；
84. AC；85. ABC；86. ABCD；87. ABCD；
88. ACE；89. CD；90. ABC；91. ABC；
92. ABC；93. AC；94. ABCDE；
95. ABCD；96. BCD；97. AB；98. ABCD；
99. BD；100. AD；101. ABC；
102. ABCD；103. ABCD；104. ABCD；
105. ABC；106. ABC；107. AD；
108. ABCD；109. CD；110. AC；
111. ACD；112. BCD；113. AB；114. CD；
115. ACD；116. AD；117. ABC；
118. ACD；119. ABD；120. ACD；
121. ABC；122. ACD；123. ABC；
124. BC；125. AB；126. ACD；127. ABC；
128. AB；129. BCD；130. ABCD；
131. ABC；132. ABC；133. AC；134. ×；
135. √；136. ×；137. ×；138. √；
139. ×；140. √；141. √；142. ×；143.
√；144. √；145. √；146. ×；147. ×；
148. √；149. √；150. ×；151. √；
152. ×；153. √；154. √；155. √；
156. ×；157. √；158. √；159. √；
160. ×；161. ×；162. √；163. ×；
164. ×；165. ×；166. ×；167. √；
168. ×；169. ×；170. ×；171. ×；
172. ×；173. √；174. √；175. ×；
176. ×；177. ×；178. √；179. √；
180. ×；181. √；182. ×；183. ×；184.
√；185. ×；186. √；187. ×；188. ×；
189. ×；190. ×；191. ×；192. ×；193.
√；194. ×；195. √；196. C；197. A；
198. A；199. C；200. C；201. D；202. A；
203. B；204. B；205. C；206. D；207. C；

208. C；209. A；210. B；211. A；212. D；
213. A；214. D；215. D；216. B；217. A；
218. D；219. C；220. A；221. D；222. B；
223. C；224. B；225. C；226. A；227. B；
228. ABCD；229. AB；230. ABD；
231. ABCD；232. ACD；233. ABCD；
234. AB；235. AB；236. AD；237. ABC；
238. AC；239. BD；240. AD；241. BC；
242. AD；243. BC；244. ABCD；
245. BCD；246. ACD；247. ACD；
248. BC；249. ABCD；250. ABD；
251. BCD；252. ABD；253. BCD；
254. AC；255. ABD；256. ×；257. ×；
258. ×；259. √；260. ×；261. √；
262. ×；263. ×；264. ×；265. √；266.
√；267. ×；268. ×；269. √；270. ×；
271. ×；272. ×；273. ×；274. √；275.
√；276. √；277. ×；
278. 单方向工作；
279. 二级和三级；
280. 随机性、代表性；
281. 无蔓延菌落生长；
282. 定量；
283. 培养物自凝性检查；
284. 48；
285. 41.5℃±1℃，厌氧培养16～20h；
286. 腹泻；
287. 肠道侵袭性大肠埃希氏菌，肠道聚集性大肠埃希氏菌；
288. 6%，8%，10%；
289. 半小时，6；
290. 20～200CFU；
291. 粗糙山谷状；
292. 表层，深层；
293. 0.5 及以上；
294. 360～366nm；
295. 肠道致病菌；
296. 15min；
297. 3%氯化钠三糖铁琼脂；
298. 15～150CFU；

299. 阴性；

300. 250；

301. 15min；

302. 连续传种 2～3 代；

303. 酶解提取法；

304. 答：含义为从一批产品中采集 5 个样品，若 5 个样品的检验结果均小于或等于 m 值（≤1000CFU/g），则这种情况是允许的；若≤3 个样品的结果（X）位于 m 值和 M 值之间（1000CFU/g＜X≤10000CFU/g），则这种情况也是允许的；若有 4 个及以上样品的检验结果位于 m 值和 M 值之间，则这种情况是不允许的；若有任一样品的检验结果大于 M 值（＞10000CFU/g），则这种情况也是不允许的。

305. 答：检检程序为称取 25g（mL）样品，加入 225mL 稀释液，均质；10 倍系列稀释；选择 2～3 个适宜稀释度的样品匀液，倾注 VRBA 平板；平板凝固后 36℃±1℃ 培养 18～24h；计数典型和可疑菌落；接种 BGLB 肉汤 36℃±1℃ 培养 24～48h；记录结果并报告。

306. 答：在玻片上划出两个约 1cm×2cm 的区域，挑取待测菌培养物，各放约一环于玻片上的每一区域上部，在其中一个区域下部加一滴多价菌体（O）血清，在另一区域下部加入一滴生理盐水作为对照。再用无菌的接种环或针将两个区域内的待测菌培养物分别与血清和生理盐水研成乳状液。将玻片倾斜摇动混合 1min，并对着黑暗背景进行观察，与对照相比，出现可见的菌体凝集者为阳性反应。

307. 答：挑取纯培养的单个可疑菌落，转种 3% 氯化钠三糖铁琼脂斜面并穿刺底层，于 36℃±1℃ 培养 24h 后观察结果。副溶血性弧菌在 3% 氯化钠三糖铁琼脂中的反应为底层变黄不变黑、无气泡，斜面颜色不变色或红色加深，有动力。

308. 答：金黄色葡萄球菌在 Baird-Parker 平板上呈圆形、表面光滑、凸起、湿润、菌落直径为 2～3mm，颜色为灰黑色至黑色，有光泽，常有浅色（非白色）的边缘，周围绕以不透明圈（沉淀），其外常有一清晰带。在血平板上，形成菌落较大，呈圆形、光滑凸起、湿润，颜色为金黄色（有时为白色），菌落周围可见完全透明溶血圈。

309. 答：根据产品的形状和类型，可分别使用下列方法取样：①在距边缘不小于 10cm 处，把取样器向产品中心斜插到一个平表面，进行一次或几次采样；②将取样器垂直插入一个面，并穿过产品中心到对面采样；③从两个平面之间，将取样器水平插入产品的竖直面，插向产品中心采样；④若产品是装在桶、箱或其他大容器中，或是将产品制成压紧的大块时，将取样器从容器顶斜穿到底进行采样。

310. 答：①若只有一个稀释度平板上的菌落数在适宜计数范围内，计算两个平板菌落数的平均值，再将平均值乘以相应稀释倍数，作为每 g（mL）样品中菌落总数结果；②若有两个连续稀释度的平板菌落数在适宜计数范围内时，按公式计算；③若所有稀释度的平板上菌落数均大于 300CFU，则对稀释度最高的平板进行计数，其他平板可记录为多不可计，结果按平均菌落数乘以最高稀释倍数计算；④若所有稀释度的平板菌落数均小于 30CFU，则应按稀释度最低的平均菌落数乘以稀释倍数计算；⑤若所有稀释度（包括液体样品原液）平板均无菌落生长，则以小于 1 乘以最低稀释倍数计算；⑥若所有稀释度的平板菌落数均不在 30～300CFU 之间，其中一部分小于 30CFU 或大于 300CFU 时，则以最接近 30CFU 或 300CFU 的平均菌落数乘以稀释倍数计算。

311. 答：①原理为：产气荚膜梭菌能分解乳糖产酸，使酪蛋白凝固，同时产生大量气体，将凝固的酪蛋白冲成蜂窝状，有时可将液面向上推挤，甚至冲开试管帽，称为"暴烈发酵"。②操作步骤为：取生长旺盛的 FTG 培养液 1mL 接种于含铁牛乳培养基，在 46℃±0.5℃水浴中培养 2h 后，每小时观察一次有无"暴烈发酵"现象，5h 内不发酵者为阴性。

312. 答：挑取纯培养的单个可疑菌落接种于硫酸锰营养琼脂平板上，30℃±1℃培养 24h±2h，并于室温放置 3～4d，挑取培养物少许于载玻片上，滴加蒸馏水混匀并涂成薄膜。经自然干燥，微火固定后，加甲醇作用 30s 后倾去，再通过火焰干燥，于载玻片上滴满 0.5% 碱性复红，放火焰上加热（微见蒸气，勿使染液沸腾）持续 1～2min，移去火焰，更换染色液再次加温染色 30s，倾去染液用洁净自来水彻底清洗、晾干后镜检。观察有无游离芽孢（浅红色）和染成深红色的菱形蛋白结晶体。如发现游离芽孢形成的不丰富，应再将培养物置室温 2～3d 后进行检查。

313. 答：将 CN 琼脂上呈蓝色或绿色菌落的纯培养物分别接种在绿脓菌素测定培养基上，36℃±1℃培养 24h±2h，加入三氯甲烷 3～5mL，可捣碎培养基并充分振荡使培养物中的绿脓菌素溶解于三氯甲烷，待三氯甲烷提取液呈蓝色时，用吸管将三氯甲烷移到另一试管中，并加入 1mol/L 的盐酸 1mL，振荡后，静置片刻。如上层盐酸液出现粉红色到紫红色时为阳性，表示被检物中有绿脓菌素存在。

第二十五章　食品 DNA 检测方法标准

1. D；2. C；3. C；4. B；5. A；6. B；7. C；
8. A；9. B；10. C；11. A；12. B；13. B；
14. C；15. A；16. A；17. C；18. A；
19. B；20. D；21. C；22. A；23. C；
24. A；25. D；26. D；27. C；28. A；
29. B；30. A；31. A；32. C；33. C；
34. C；35. B；36. A；37. C；38. D；
39. A；40. B；41. B；42. A；43. C；
44. C；45. B；46. A；47. B；48. C；49. D；

50. C；51. D；52. D；53. C；54. B；55. C；
56. D；57. B；58. A；59. B；60. C；
61. D；62. B；63. C；64. C；65. C；66. B；
67. B；68. B；69. A；70. B；71. C；72. C；
73. C；74. D；75. A；76. A；77. B；
78. C；79. C；80. D；81. A；82. D；
83. D；84. A；85. C；86. D；87. A；
88. B；89. B；90. D；91. B；92. D；93. B；
94. D；95. C；96. C；97. A；98. B；
99. A；100. C；101. A；102. ABCDE；
103. ABCDE；104. ABCDE；
105. ABCDE；106. AB；107. CD；
108. AB；109. ACD；110. ABC；
111. ABCDE；112. AB；113. AC；
114. ABCD；115. AC；116. ABCDE；
117. BD；118. BD；119. AB；
120. ABCDE；121. AC；122. ×；123. ×；
124. √；125. ×；126. ×；127. ×；128.
√；129. ×；130. √；131. √；132. √；
133. ×；134. ×；135. √；136. ×；137.
√；138. ×；139. √；140. ×；141. √；
142. ×；143. ×；144. √；145. √；146.
√；147. √；148. ×；149. √；150. ×；
151. √；152. √；153. ×；154. ×；
155. ×；156. ×；157. ×；158. √；159.
√；160. ×；161. √；162. √；163. √；
164. √；165. ×；166. √；167. ×；168.
√；169. √；170. √；171. ×；172. B；
173. B；174. B；175. A；176. A；177. A；
178. A；179. A；180. B；181. B；182. C；
183. A；184. A；185. A；186. A；187. A；
188. ABCD；189. ACD；190. ABCDE；
191. ACDE；192. ABCE；193. ABC；
194. AC；195. ABCDE；196. ABCD；
197. BC；198. ×；199. ×；200. √；
201. ×；202. ×；203. √；204. √；205.
√；206. ×；

207. 重新进行；

208. Ct 值；

209. 检测过程中发生了污染，须查找原因重新检测；

210.检测过程中发生了污染，须查找原因重新检测；

211.线粒体；

212.atp8；

213.DNA；

214.TSA；

215.内转录间隔（its）；

216.282；

217.519；

218.答：PCR 产物连接 PCR 载体，连接反应体系共 10μL，其中包含 PCR 产物 1μL、5×T4DNA 连接反应缓冲液 2μL、PCR 载体（25ng/μL）2μL、无菌双蒸水 4μL，4℃过夜连接。

将感受态细胞置于冰上，在超净工作台中，向 100mL 感受态细胞悬液中加入 1μL 的连接产物，轻轻旋转离心管以混匀内容物，冰上放置 30min。将离心管置于 42℃恒温水浴锅中 90s，然后快速转移到冰上放置 2min，注意不要摇动离心管。向离心管中加入 900μL LB 液体培养基。

219.答：关键试剂包括：核酸提取试剂、RNase、蛋白酶 K、阴性对照标准物质、阳性对照标准物质、Taq DNA 聚合酶、各种限制性内切酶、引物、探针、菌种。

220.答：称取 100mg 样品至 2mL 离心管中，加入 CTAB 热裂解液，混匀后于 65℃温育。加入三氯甲烷，混匀后离心抽提，以去除多糖和蛋白质。取上清液至新的离心管中，加入 0.6 倍体积经 4℃预冷的异丙醇，于−20℃沉淀核酸，离心后，用乙醇洗涤核酸。室温下核酸干燥后，用水或 TE 缓冲液溶解 DNA。

221.答：核酸 DNA 提取；DNA 含量测定；PCR 反应体系配置及扩增；琼脂糖凝胶电泳；分析电泳结果；根据结果书写原始记录。

222.答：1.严格实施实验室分区管理，各区的工作服、实验用具等应区分标记，不能混用；

2.样品管理要有明确的标识，样品制备过程应避免交叉污染；

3.实验过程进行质量控制，设置阴性对照、阳性对照、空白对照等；

4.避免扩增污染，在 PCR 扩增反应液中加入 UDG 酶，并以 dUTP 代替 dTTP，防止以前 PCR 扩增产物所致的遗留污染。